普通高等教育"十二五"规划教材·油气储运工程专业
2016年中国石油和化学工业优秀出版物奖·教材奖一等奖

油气储运工程实训

吴全才 主编
王立岩 李良 副主编

中国石化出版社

内 容 提 要

本书是根据油气储运工程专业教学改革及普通本科高校向应用技术型高校转型的需要，以及提高油气储运工程专业学生操作技能和职业素质的培养需要而编写的。本书以实际任务为主线，将理论知识与实训内容紧密结合，按照从简到繁、从易到难、从软件到硬件、从理论到实践的模式安排实训课程内容。全书分为油气储运工程专业实训、油气储运工程仿真实训、油气储运工程拆装实训、Auto CAD 绘图实训、CADWorx 绘图实训 5 部分。

可作为普通高等院校油气储运工程、石油工程技术、石油化工等相关专业实训教材，也可作为企业培训教材和从事油气储运工程的技术人员参考用书。

图书在版编目(CIP)数据

油气储运工程实训/吴全才主编．—北京：
中国石化出版社,2014.8(2022.7重印)
普通高等教育“十二五”规划教材
ISBN 978-7-5114-2872-1

Ⅰ.①油… Ⅱ.①吴… Ⅲ.①石油与天然气储运-高等学校-教材 Ⅳ.①TE8

中国版本图书馆 CIP 数据核字(2014)第 162965 号

中国石化出版社出版发行

地址：北京市东城区安定门外大街58号
邮编：100011　电话：(010) 57512500
发行部电话：(010) 57512575
http：//www.sinopec-press.com
E-mail：press@sinopec.com
北京科信印刷有限公司印刷
全国各地新华书店经销
*
787×1092毫米 16开本 27.75印张 699千字
2014年9月第1版　2022年7月第2次印刷
定价：56.00元

《油气储运工程实训》

编　委　会

主　　编　吴全才

副 主 编　王立岩　李　良

编写人员　陈禹汀　王　钰　邹雪梅

前言

PREFACE

《油气储运工程实训》是根据油气储运工程专业教学改革及普通本科高校向应用技术型高校转型的需要,以及提高油气储运工程专业学生操作技能和职业素质的培养需要而编写的。工程实训是高等工科院校相关专业学生的必修课程,是学生实践与理论相结合的极好机会,可以提高大学生的工程实践能力。学生一旦步入社会,步入工作岗位,就会发现他们在学校所进行的工程实训,与社会企业的需求具有很好的一致性,凡是接受过工程实训的学生,不仅为学习其他相关的技术基础课程和专业课程打下了基础,而且同时具有一定的工程技术素养。为学生将来进入社会与企业、更好地融入新的工作群体、展示与发挥自己的才能创造了有利的条件。

本书以实际任务为主线,将理论知识与实训内容紧密结合,按照从简到繁、从易到难、从软件到硬件、从理论到实践的模式安排实训课程内容。全书分为油气储运工程专业实训、油气储运工程仿真实训、油气储运工程拆装实训、Auto CAD 绘图实训、CADWorx 绘图实训 5 部分。油气储运工程拆装实训部分包括管路拆装、阀门拆装及检修、机泵拆装、减速器拆装拆装、浮头式换热器的拆装实训;油气储运工程专业实训部分包括油品分析、油库工艺、等温输油管道实训;油气储运工程仿真实训部分包括离心泵、换热器、压缩机、加热炉、罐区、输气站、常减压炼油、精馏塔、吸收解吸仿真实训;Auto CAD 绘图实训部分包括二维平面图、三维建模实训;CADWorx 绘图实训包括 CADWorx 绘制智能 P&ID 图样、钢结构及设备建模、三维布管实训。

本书由沈阳工业大学吴全才、王立岩、李良、邹雪梅、陈禹汀、王钰编写,全书由吴全才统稿。本书可作为普通高等院校油气储运工程专业实训教材,也可作为从事油气储运工程的工程技术人员参考用书及企业培训教材。

由于编者的水平和经验有限,书中难免有不妥之处,恳请读者批评指正。

目录

CONTENTS

第1章　油气储运工程拆装实训

1.1　管路拆装实训

管路的连接是根据相关标准和图纸要求，将管子与管子或管子与管件、阀门等连接起来，以形成一套严密整体从而达到使用目的。

管路的连接方法有多种，化工管路中最常见的有螺纹连接和法兰连接。螺纹连接主要适用于镀锌焊接钢管的连接，它是通过管子上的外螺纹和管件上的内螺纹拧在一起而实现的。此外，管螺纹连接时，一般要加聚四氟乙烯等作为填料。法兰连接是通过连接法兰及紧固螺栓、螺母、压紧法兰中间的垫片而使管道连接起来的一种方法，具有强度高、密封性能好、适用范围广、拆卸安装方便的特点。通常情况下，采暖、煤气、中低压工业管道常采用非金属垫片，而在高温高压和化工管道上常使用金属垫片。

1.1.1　实训目的

（1）掌握管路流程图的识读；

（2）认识管路常用管件、阀门及掌握阀门的选用与安装；

（3）掌握填写管路材料清单及准确列出所需的工具和易耗品清单；

（4）掌握管路的组装、管路的试压、管路的拆除操作规程。

1.1.2　管路拆装技能基础

1. 管路的标准化　管道标准化是为了简化管子、管件与阀门的品种规格，便于成批生产，使得同一直径的管子与管件、阀门均能实现相互连接，具有互通性，互换性，以满足设计、安装、维护、检修工作的需要。管道标准化的主要内容是统一管子、管件与阀门的主要参数与结构尺寸，其中最重要的内容是直径和压力的标准化、系列化，即所谓公称直径系列和公称压力系列。

（1）公称直径。根据生产实践的需要，按照一定的科学规律人为地规定一系列标准直径，称为公称直径。公称直径以往也称为公称通径或名义直径，以符号 *DN* 表示，其后附加公称直径的尺寸，单位为 mm。例如，*DN* 100，即表示公称直径为 100mm 的管子及其管件、阀门等。优先选用的 *DN* 数值可查 GB/T 1047—2005。

由于管子的规格大多以外径为标准，而管子的内径随管壁的厚度不同而略有差异，如外径为 57mm，壁厚度为 3.5mm 和外径为 57mm 壁厚为 5mm 的无缝钢管，都称它为公称直径为 50mm 的钢管，但它们的内径分别为 50mm 和 47mm。而对于管道的各种附件和阀门的公称直径，一般都等于它们的实际内径。

（2）公称压力。与公称直径一样，根据生产实践的需要，按照一定的科学规律人为地规定一系列标准压力，称为公称压力，以符号 *PN* 表示，其后附加公称压力的数值，单位为

MPa。例如，*PN* 4.0，即表示公称压力为 4.0MPa 的管子及其附件。

公称压力的数值，一般是指管内工作介质的温度 0~120℃范围内的最高允许工作压力。管道的最大工作压力应等于或小于公称压力。由于管材的机械强度因温度的升高而下降，所以最大工作压力亦随介质温度升高而减小。

根据公称直径及公称压力，可以确定管子、阀门、管件、法兰、垫片的结构尺寸和连接尺寸。另外根据公称压力还可以按有关标准来确定管道的连接结构形式和选择合适的密封材料等。

2. 管子　炼化及管道输送流体中所用管子的种类繁多，由于输送流体物料的性质和工艺条件不同，用于连接设备和输送流体物料的管子不仅要满足输送流体物料的要求，还要满足耐温(高温或低温)、耐压(高压或低压)、耐腐蚀、导热等性能的要求。常用管材分成金属管和非金属管两大类。

金属管包括钢管(无缝钢管、有缝钢管)、铸铁管(普通铸铁管、高硅铸铁管)、有色金属管(铜管、铅管、铝管)等。

非金属管包括陶瓷管、塑料管、玻璃管、橡胶管等。

还可以按照以下方法进行分类：

(1) 按生产方法分类。

① 无缝管：热轧管、冷轧管、冷拔管、挤压管、顶管。

② 焊管：按工艺分为电弧焊管、电阻焊管(高频、低频)、气焊管、炉焊管。

③ 焊缝管：按焊缝分为直缝焊管、螺旋焊管。

(2) 按断面形状分类。

① 简单断面钢管：圆形钢管、方形钢管、椭圆形钢管、三角形钢管、六角形钢管、菱形钢管、八角形钢管、半圆形钢管等。

② 复杂断面钢管：不等边六角形钢管、五瓣梅花形钢管、双凸形钢管、双凹形钢管、瓜子形钢管、圆锥形钢管、波纹形钢管、表壳钢管等。

(3) 按壁厚分类：薄壁钢管、厚壁钢管。

(4) 按用途分类：管道用钢管，热工设备用钢管，机械工业用钢管，石油，地质钻探用钢管，容器钢管，学工业用钢管，特殊用途钢管等。

(5) 管子的规格、型号、适用范围：各种管子的规格、型号、适用范围可查相关数据手册。

① 金属管材。金属管材在管道工程中应用极为广泛，常用的有焊接钢管、无缝钢管、铸铁管、硅铁管、铜管、铝管、铅管、钛管及不锈钢管等。

• 焊接钢管也称为有缝钢管，分为低压流体输送钢管及电焊钢管两大类。

a. 低压流体输送钢管是由扁钢管坯卷成管形并沿缝焊接而成的，因为它常用来输送水和煤气，故俗称为水煤气管。水煤气管可分为镀锌的和不镀锌的、普通的和加厚的、带螺纹的和不带螺纹的等类型。

水煤气管广泛应用在小直径的低压管路上，如给水、煤气、暖气、压缩空气、蒸汽、凝结水、废气、真空及某些物料管路。普通钢管正常工作压力不大于 0.6MPa(表压)，加厚钢管正常工作压力不大于 1MPa(表压)。正常工作温度不宜超过 175℃。

b. 电焊钢管分为螺旋缝电焊钢管和直缝电焊钢管两种。电焊钢管一般用于压力不高或无严格要求的管路上。电焊钢管的正常工作温度不宜超过 200℃。螺旋缝钢管外径为 108~720mm，而直缝钢管又分为小直径电焊钢管和大直径电焊钢管两类，小直径电焊钢管外径为 5~152mm，大直径电焊钢管又称为钢板卷管，其外径为 150~450mm。

● 无缝钢管是由圆钢坯加热后，经穿管机穿孔轧制(热轧)而成的，或者再经过冷拔而成为外径较小的管子，因为它没有接缝，所以称为无缝钢管。

无缝钢管按照制造方法的不同，又分为热轧无缝钢管和冷拔无缝钢管两类。热轧无缝钢管的规格：外径为 32~630mm，壁厚为 25~75mm，管长为 4~125m；冷拔无缝钢管的规格：外径为 2~150mm，壁厚为 0.25~14mm，管长为 1.5~9m。

无缝钢管强度高，可用在重要管路上，如高压蒸汽和过热蒸汽的管路，高压水和过热水管路，高压气体和液体管路以及输送燃烧性、爆炸性和有毒害性的物料管路等。各种热交换器的管子大都采用无缝钢管。中、低压管路无缝钢管的最高工作温度：碳钢为 250℃；优质碳钢(如 10#钢)为 450℃。高压管路均用优质碳钢(20#钢)制成的无缝钢管，最高工作温度为 200℃。

输送强腐蚀性或高温介质时，采用不锈、耐酸钢或耐热钢制的无缝钢管。这种无缝钢管也可热轧而成，或再冷拔成尺寸较小的管子。热轧管的规格：外径为 6~89mm，壁厚为 1~7mm，长度为 1.5~7m。耐热钢管最高工作温度为 850℃。

输送高压水时，可以采用厚壁无缝钢管，它的外径为 12~219mm，壁厚为 3.5~4.0mm，长度为 3~4m，最高工作温度为 375℃。

● 铸铁管分为普通铸铁管和硅铁管两种类型。

普通铸铁管一般用灰铸铁铸造，耐腐蚀性好，但质脆，不抗冲击。常用于埋地给水管道、煤气管道和室内排水管道。

给水铸铁管有低压(p=0.45MPa)、常压(p=0.75MPa)和高压(p=1MPa)三种，直径 50~1500mm，壁厚 7.5~30mm，管长分别为 3m、4m、6m。管端形状分承插式和法兰式两种，其中以承插式最常用。

普通排水铸铁管只有承插式一种。直径 50~200mm，壁厚 4~7mm，长度有 0.5m、1m、15m、2m 等多种，但一般为 2m。

排水铸铁管比给水铸铁管壁薄，承口较浅，使用时可根据外形加以识别。

● 硅铁管可分为高硅铸铁管和抗氯硅铸铁管两种。

高硅铸铁管能抵抗多种强酸的腐蚀，而含钼的抗氯硅铸铁可抵抗各种浓度和温度的盐酸，因此是很好的耐腐蚀管材。高硅合金铸件硬度高，只能用金刚石砂轮修磨或用硬质合金刀具来加工。高硅合金铸件受到轻微敲击、局部受热或急剧冷却时，皆易破裂，但是由于其耐腐蚀性好，所以广泛应用于化工管路中。

高硅铸铁管和抗氯硅铸铁管的内径为 32~300mm，壁厚为 1.0~1.6mm，长度为 150~2000mm。用于输送公称压力低于 0.25MPa 的腐蚀性介质。硅铁管的耐热性能好，可达 900℃。硅铁管的两端有供连接用的凸肩，利用对开式的松套法兰连接。

● 铜管现有纯铜管和黄铜管两种。纯铜管和黄铜管都是拔制或挤压制成的无缝管，主要用于制造换热设备、制氧设备中的低温管路以及机械设备中的油管和控制系统的管路。

拔制纯铜管外径为 3~360mm，壁厚为 0.5~1.0mm；压制纯铜管外径为 30~280mm，壁厚为 5~30mm。管长均为 1~6m，随着管子外径与制造方法而异。拔制的盘状纯铜管直径较小，每盘管子长度从十几米至数十米，黄铜管外径为 3~195mm。当工作温度高于 250℃时，不宜在压力下使用纯铜管和黄铜管。纯铜管和黄铜管可以采用焊接连接、法兰连接和螺纹连接。

• 铝管是拔制而成的无缝管，它主要用来输送浓硝酸、醋酸、甲酸以及其他介质，但不能抗碱液。铝管外径为6~120mm，壁厚为1~10mm，管长可达6m。当工作温度高于160℃时，不宜在压力下使用铝管。铝管的连接采用焊接连接和法兰连接。

• 铅管对硫酸具有良好的耐蚀性，因此广泛应用于硫酸工业中，但由于铅管有强度低、密度大、抗热性能差等缺点，故近来已逐渐被各种耐酸合金管与塑料管所代替。

铅管的内径为8~150mm，壁厚为2~10mm。内径小于55mm的铅管多制成盘管；内径大于60mm时才做成直管，每根长2~2.5m。由于铅易于碾压、锻制和焊接，所以大直径的铅管很容易用铅板焊制而成；也可以在铅中加入8%~10%(质量分数)的锑，而形成铅锑合金，此合金通常称为硬铅，它可用于铸造铅管。铅管的连接可采用焊接连接和法兰连接。工作温度高于140℃时，则不宜选用铅管。

• 钛管具有相对密度小、强度高、耐腐蚀性能良好的优点。钛管已广泛用于航空、航天、海洋、医药、仪表等各个领域。

• 不锈钢管具有良好的耐腐蚀性能，广泛用于化学工业、化肥工业、石油工业、医药工业等领域。

② 非金属管材。非金属管材在管道工程中广泛应用，它具有质量轻及耐腐蚀性能良好的优点，尤其是在化工管道工程中占有重要地位，有逐渐代替金属管材的趋势。

塑料管具有优良的化学稳定性，耐腐蚀，不受酸、碱、盐、油类等介质的侵蚀；同时，不燃烧，无不良气味，质地轻而坚，相对密度小。塑料管管壁光滑，容易切割，并可制成各种颜色，广泛用于化工管路、排水管路及煤气管路中。

塑料管材种类较多，应用最多的是硬聚氯乙烯塑料管，其次还有软聚氯乙烯塑料管、酚甲醛塑料管、聚乙烯塑料管、尼龙塑料管等。

• 硬聚氯乙烯塑料是用聚氯乙烯树脂加入稳定剂、润滑剂等材料制成，它能抵抗任何浓度的各种酸类、碱类和盐类的腐蚀，但不能抵抗强氧化剂(如浓硝酸、发烟硫酸等)以及芳香族碳氢化合物和氯化碳氢化合物的作用。

硬聚氯乙烯塑料管可以输送压力为0.05~0.6MPa和温度为-10~40℃的腐蚀性介质，其最高温度为60℃。由于塑料管传热性差，可不用保温。我国生产硬聚氯乙烯塑料管的公称直径为8~200mm，长度在3m以上。硬聚氯乙烯塑料管的连接有焊接和法兰连接两种形式。

• 软聚氯乙烯塑料管用于输送压力为0.05~0.2MPa，温度为-10~40℃的腐蚀性介质。

• 酚甲醛塑料能抵抗多种酸类(硝酸、铬酸和浓度在50%以下的硫酸)的作用，但不能抵抗苯胺、溴、碘等溶剂的作用。酚甲醛塑料管可分为两种：一种是用酚甲醛树脂加入填料(纯石棉、石棉掺石墨粉、石棉掺砂)为主要成分所制成的石棉酚醛塑料管，通称"法奥利特"管；另一种是用浸渍过酚甲醛树脂的棉布卷压而成的夹布酚醛塑料管。夹布酚醛塑料管的公称直径为25~150mm，管长为1500~2000mm，试验压力为0.5~0.8MPa，宜于输送压力低于0.3MPa及温度低于80℃(最高温度为100℃)的介质。石棉酚醛塑料管的公称直径为32~200mm，管长为1000~2000mm，试验压力为0.3~0.3MPa，主要用来输送酸性介质，最高温度为120℃。酚醛塑料管的管端都带有凸肩，可用活套法兰连接。

• 聚乙烯塑料管应用于燃气管道工程中的埋地管道部分，其公称直径为20~250mm，普通管壁厚为2.3~14.8mm，加厚管壁厚为3~22.7mm。聚乙烯塑料管的连接方法为电熔焊、对接焊、热熔承插焊，其特点是管件本身带有发热元件。

• 尼龙塑料是一种工程塑料。尼龙塑料管强度高，使用温度范围广。尼龙塑料管的连接采用管件和专用黏结剂连接。连接时用专用溶剂涂入管材及管件的接触面并溶解表面，然后蒸发，使接触面紧密接触，从而产生高强度永久性密闭接口。尼龙塑料管使用温度为-20～70℃，其规格直径为 15～200mm。

③玻璃管和有机玻璃管。玻璃管的耐化学腐蚀性很好，除氢氟酸、含氟磷酸、热的浓磷酸以及浓碱液外，对大多数酸类、稀碱液及有机溶剂等均耐腐蚀。用于制造化工管路的玻璃管，有热稳定性与耐腐蚀性能良好的硼玻璃管和不透明的石英玻璃管两类。玻璃管的优点是耐腐蚀性好，清洁、透明、易于清洗，流体阻力小，价格低廉；它的缺点是耐压低，容易损坏。玻璃管可用于温度为-30～150℃且温度急变不超过 80℃的介质，高强度玻璃管的工作压力可达 0.8MPa。

• 硼玻璃管的外径为 25～150mm，长度为 1～3m；不透明的石英玻璃管的外径为 70～250mm，长度为 1100～1440mm。小直径的透明石英玻璃管也有生产。

• 玻璃管可以采用承插式、活套法兰和套筒式的连接方式。有机玻璃管除了具有玻璃管的优点外，还具有强度高、耐温性能好的优点，逐步应用于有腐蚀性介质的管道工程中。

• 玻璃钢管是以玻璃纤维制品(玻璃布、玻璃带、玻璃毡)为增强材料，以合成树脂为黏结剂，经过一定的成型工艺制作而成。玻璃钢管集中了玻璃纤维和合成树脂的优点，具有相对密度小、强度高、耐高温、耐腐蚀、耐电绝缘、隔声、隔热等性能，广泛用于化学工业管道系统中。

玻璃钢管的公称直径为 20～1000mm，常温下最高工作压力为 3MPa，最高工作温度为 150℃。玻璃钢管的连接方式有法兰连接和承插连接两种。

• 橡胶管是天然或人造生橡胶与填料的混合物，经加热硫化后制成的挠性管子。橡胶管能耐多种酸碱液的腐蚀，但不耐硝酸、有机酸和石油产品的腐蚀。橡胶管根据结构的不同，可以分为纯胶的小直径管、橡胶帆布挠性管和橡胶螺旋钢丝挠性管等数种。根据用途不同，可以分为抽吸管、压力管和蒸汽管等数种。抽吸管内径为 25～357mm，长度为 7～9m，试验压力为 0.15～0.3MPa；压力管内径为 13～152mm，长度为 7～20m，试验压力为 0.3～1.5MPa，其容许的工作温度在 40℃以下；蒸汽管内径为 13～76mm，长度为 20m，试验压力为 3MPa，其容许的工作温度在 175℃以下。

• 石墨可分为天然石墨和人造石墨两种。目前大多以人造石墨(如电极石墨)为主。在人造石墨的制造过程中，由于高温焙烧而逸出挥发物，以致形成很多细微的孔隙，不但影响它的机械强度和加工性能，而且在使用这样的石墨制成的设备和管子用于有压力的介质时，介质会渗透出来。因此，石墨化工设备及管子需要采用适当的方法来填充孔隙，使其具有不透性。这样的石墨就称不透性石墨。用不透性石墨制造的管子称为不透性石墨管。

• 不透性石墨管按生产方法可分为压型不透性石墨管和浸渍类不透性石墨管两种。不透性石墨管化学性质稳定，线膨胀系数小，导热性好，不污染介质，因而能耐酸碱腐蚀，耐温度急变，并能保证产品的纯度，所以在盐酸、硝酸、硫酸、制碱工业中得到广泛的应用。

不透性石墨管的直径为 20～250mm，壁厚为 5～38.5mm，管长为 1.5～4m，宜在压力低于 0.3MPa 及温度小于 170℃的场合使用。

• 陶瓷管耐腐蚀性能好，用来输送工作压力不大于 0.2MPa、温度在 150℃以下的腐蚀性介质。

混凝土管和钢筋混凝土管可在专门的工厂预制，也可在现场浇制。混凝土管和钢筋混凝土管有三种形式：承插式、企口式、平口式。

• 混凝土管的管径一般不超过600mm，长度不大于1m。为了抵抗外压力，直径大于400mm时，一般配加钢筋，制成钢筋混凝土管，其长度在1~3m。

混凝土管和钢筋混凝土管便于就地取材，制造方便，而且可根据抗压的不同要求制成无压管、低压管、预应力管等，所以在排水管道系统中得到普遍应用。混凝土管和钢筋混凝土管除用做一般自流排水管道外，钢筋混凝土管也可用作泵站的压力管及倒虹管。它们的主要缺点是抗酸、碱侵蚀及抗渗性能较差，管节短，接头多，施工复杂。在地震烈度大于8度的地区及饱和松砂、淤泥土质、冲填土、杂填土的地区不宜敷设。另外大管径自重大，搬运不方便。

• 衬里管又称为复合管。这种管材的管壁由两种不同的材料组成，管壁外层是强度较高的金属材料，管壁内层是耐腐蚀金属材料或非金属材料或者是无毒材料，两者经过特殊工艺，紧密地结合在一起，成为复合管。衬里材料很多，属于金属的有铅、铝及不锈钢等；属于非金属材料的有搪瓷、玻璃、普通塑料、无毒塑料及橡胶等。衬里管可用于输送各种不同的腐蚀性介质，无毒材料衬里管可以用于输送生活饮水及室内供气和供热管道。衬里管的应用可大大节省贵金属，降低工程费用，所以已获得广泛应用。

3. 管件　把管子安装成管道时，需要接上各种配件，使管路能够联接、拐弯、变径或分支，这些配件如短管、弯头、三通、异径管等通常称为管道附件，简称管件。

管件具有联接管子、改变管路方向、接出支管及封闭管路的作用，是管道工程中不可缺少的配件。

①低压流体输送钢管管件低压流体输送钢管的管件已经标准化，可锻铸铁螺纹管件及管件组对实例示意如图1-1、图1-2所示。

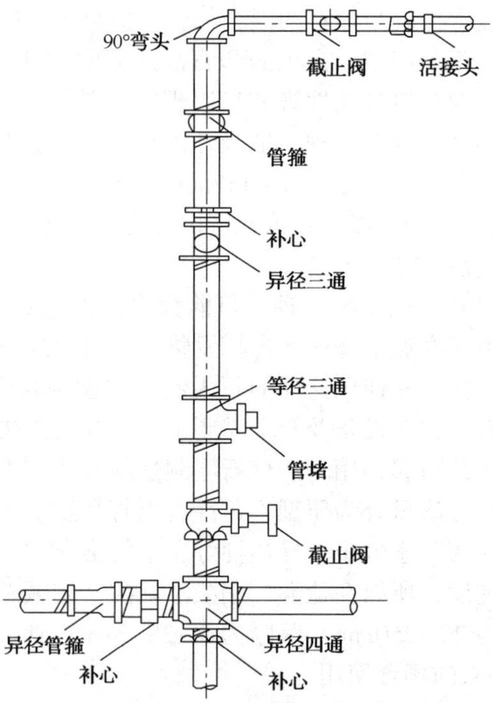

图1-1　管件组对实例示意图

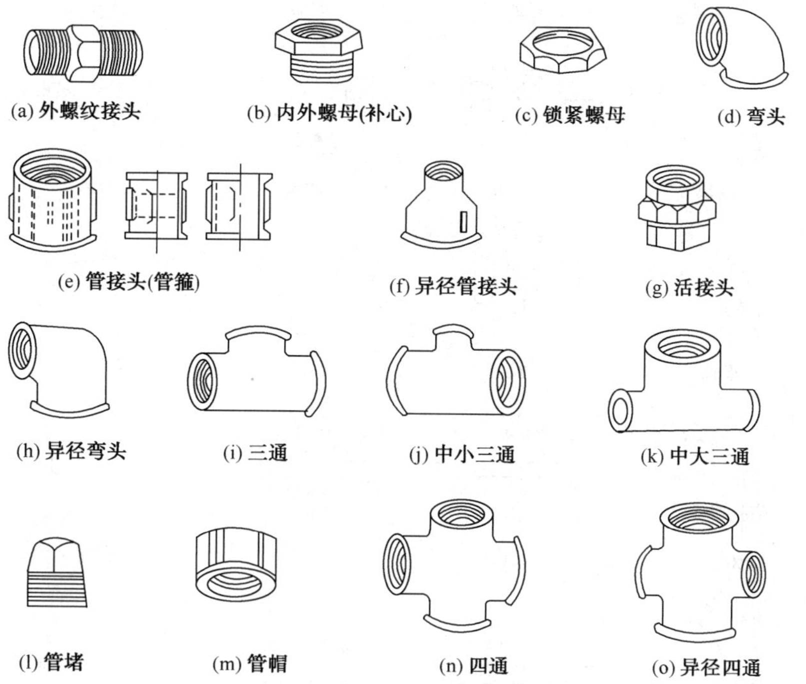

图 1-2　可锻铸铁螺纹管件示意图

② 无缝钢管和有色金属管管件。根据管道安装施工的要求，钢管的管件也逐渐走向标准化，并由专门工厂进行生产。施工现场常见的定型管件有冲压弯头、挤压三通、顶拉焊接三通、铸造、锻造三通、同心或偏心异径管、管帽等，如图 1-3 所示为对焊钢制管件结构示意图。

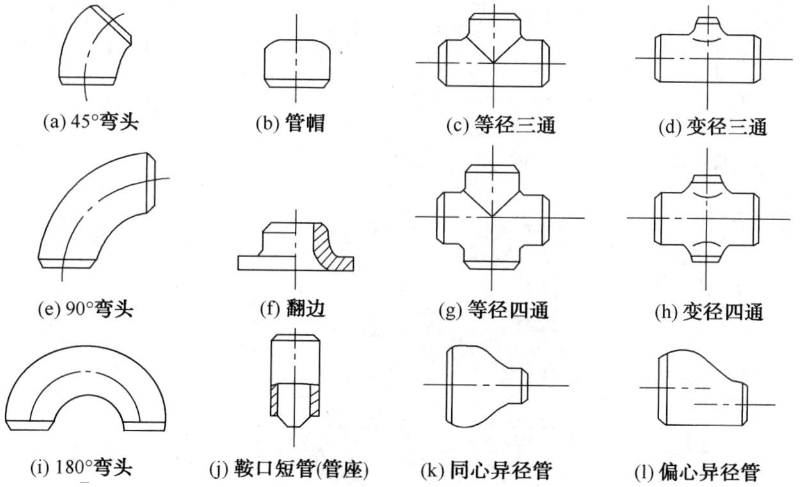

图 1-3　对焊钢制管件结构示意图

③铸铁管件。铸铁管件已标准化。给水铸铁管件及排水铸铁管件有弯头、三通、四通、异径等，柔性抗震排水铸铁管件也有弯头、三通、四通、异径管等，如图 1-4～图 1-6 所示。

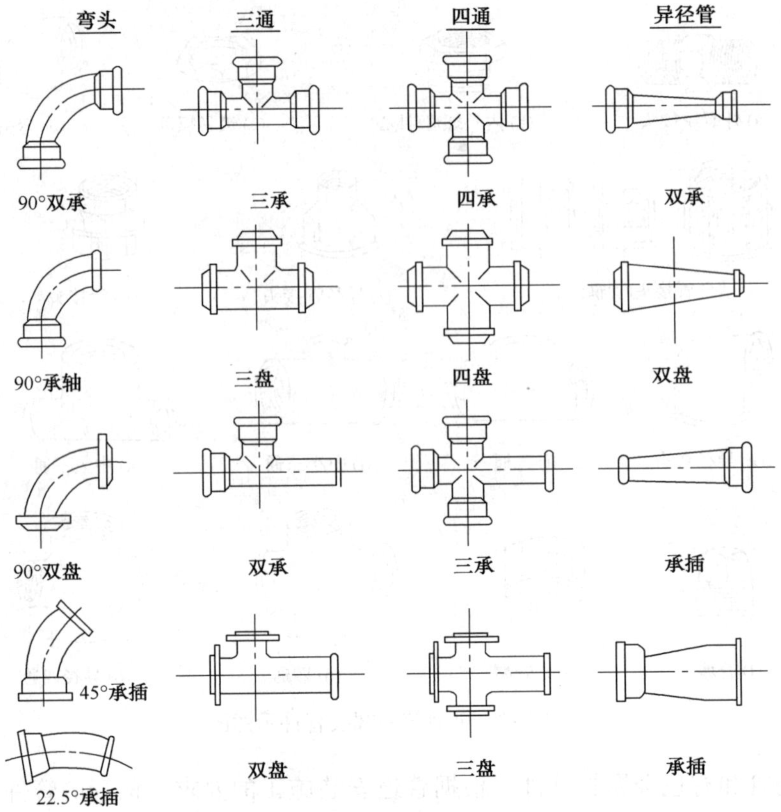

图 1-4　给水铸铁管件

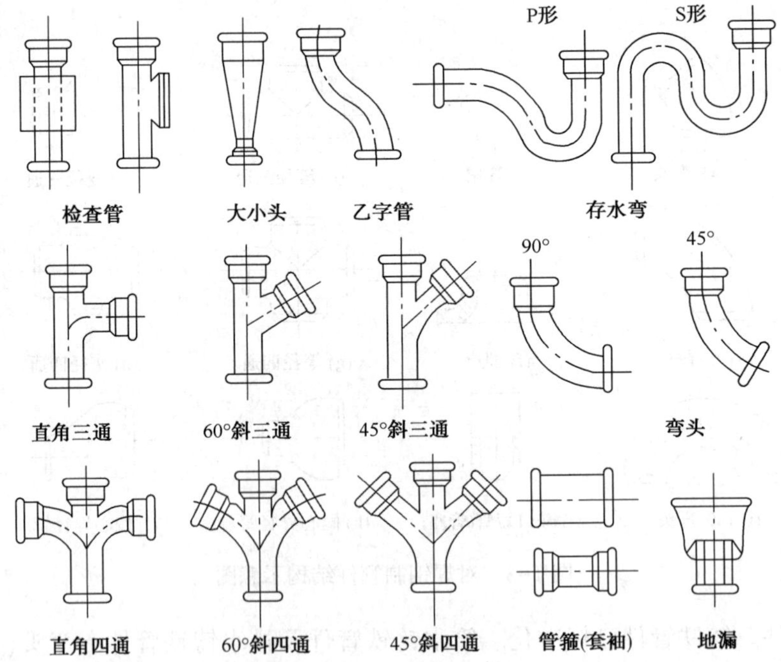

图 1-5　排水铸铁管件

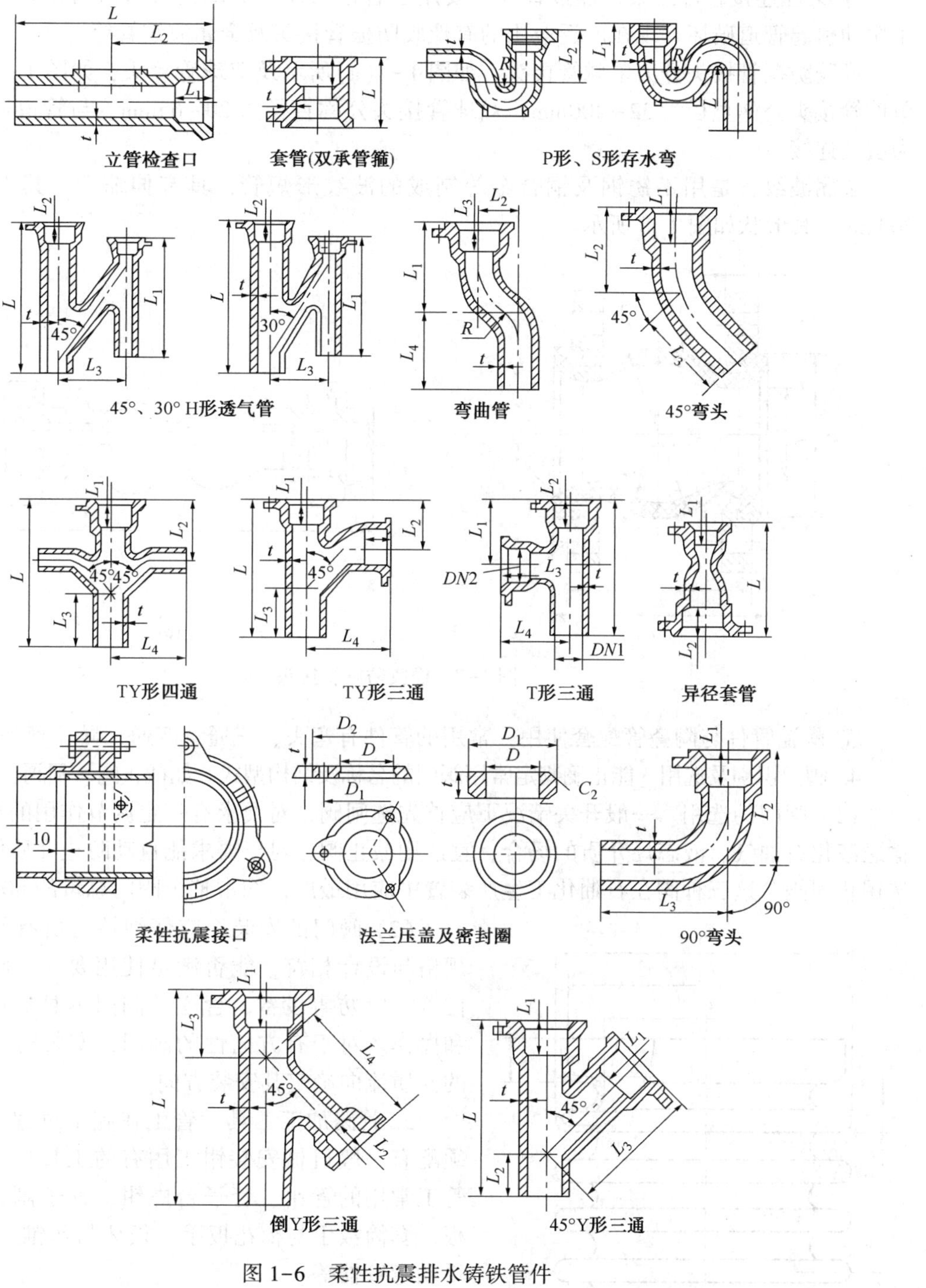

图 1-6　柔性抗震排水铸铁管件

④ 塑料管件。硬聚氯乙烯塑料管件有弯头、三通、四通、P 形及 S 形存水弯等，其规格已标准化，与管材规格相匹配。排水用管件尺寸同排水铸铁管件尺寸。酚醛塑料管管件有弯头、三通、四通、异径管等。

⑤ 塑铝复合管件。塑铝复合管件有弯头、三通、锁母等，是塑铝复合管的专用连接件。

⑥ 柔性连接管件。柔性连接管件主要用于管道易发生振动处及管道与设备连接处，防止振动引起管道破坏。现在广泛应用的有橡胶防振管接头及金属波纹管等。

橡胶防振管接头分为单球管接头，如图 1-7(a)所示及双球管接头，如图 1-7(b)所示。单球管接头公称直径为 32~400mm，双球管接头公称直径为 20~65mm，与管道连接方式均为法兰连接。

金属波纹管是用不锈钢及铜合金等制成的波纹形短管，具有伸缩性。其直径为 15~200mm，其形状如图 1-8 所示。

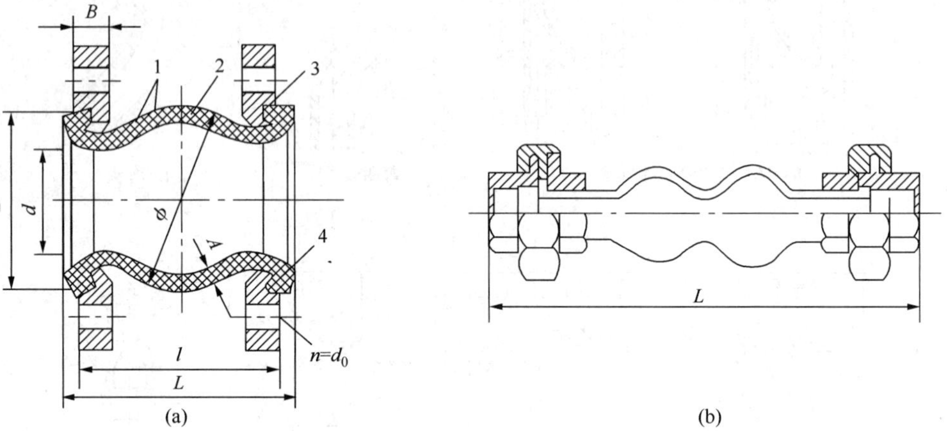

图 1-7　橡胶防震管接头

⑦ 陶瓷管件与陶瓷管配套使用，常用的管件有弯头、三通、四通、异径管等。

4. 阀门识别及选用　能正确判定常用阀门的名称及结构型式。如截止阀、闸阀、球阀等。

(1) 阀门的选用。一般开关情况下应首先选闸阀，对要求有一定调节作用的开关场合和输送液化石油气、液态烃介质的场合，宜选用截止阀，对于要求能自动防止介质倒流的场合选用止回阀。这三种阀在石油化工生产装置中应用最广，约占整个阀门总量的 80%。

(2) 阀门的安装。应仔细核对所有阀门的型号规格与设计相符，能否满足使用要求。阀门的安装位置不应妨碍设备、管道及阀门本身的拆装、维修和操作。对于有方向性的阀门，安装时应根据管道的介质流向确定其安装方向。

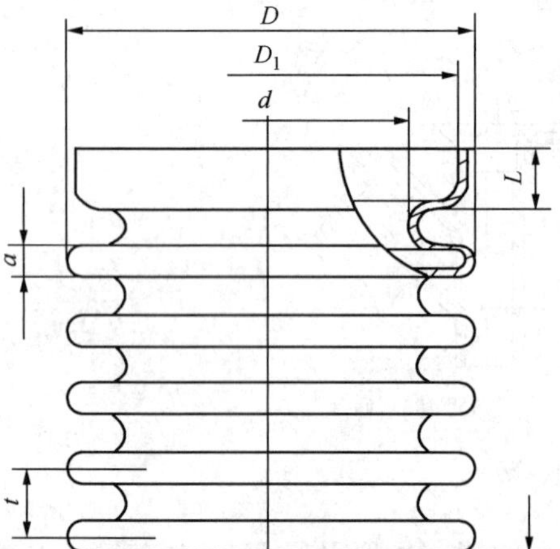

图 1-8　金属波纹管形状

5. 管路加工工具　管工在施工过程中，除了必须配有一般机械安装钳工用有的工具外，还需要有管工常用的管钳、管子台虎钳、管子割刀、管子铰板、套筒扳手与梅花扳手、板牙与丝锥、捻口工具、手动弯管器等。

(1) 管钳。管钳(又称管子钳、管子扳手)有张开式和链条式两种，如图 1-9 所示。它可以用于夹持和旋转各种管子和管路附件。

张开式管钳，由钳柄、套夹和活动钳口组成。活动钳口与钳柄用套夹相连，钳口上有齿轮以便咬牢管子使之转动，钳口张开的大小用螺母进行调节。

链条式管钳是用于较大管径及狭窄的地方拧动管子。由钳柄、钳头和链条组成。它是依靠链条来咬住管子转动的。

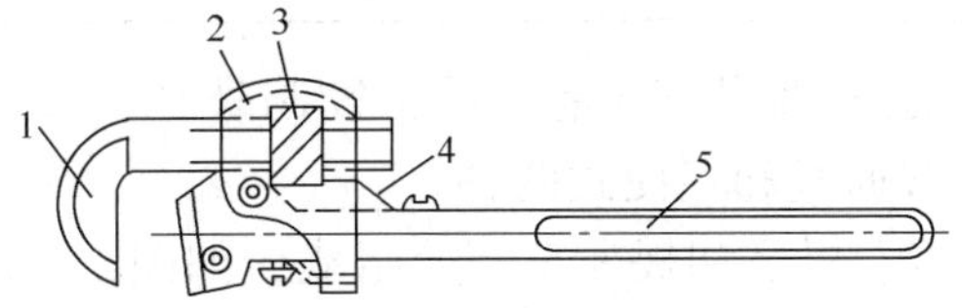

(a) 张开式

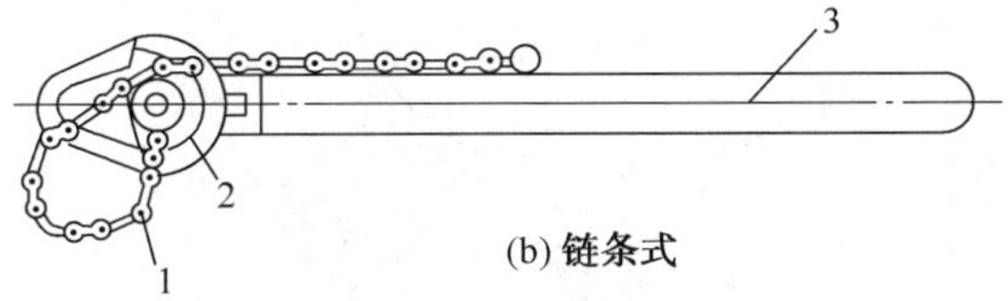

(b) 链条式

图 1-9　管钳

(a)1—活动钳口；2—套夹；3—螺母；4—弹簧；5—钳柄

(b)1—链条；2—钳头；3—钳柄

使用管钳时，需要两手动作协调，松紧合适，防止打滑。扳动管钳钳柄时，不要用力过大，更不允许在钳柄上加套管。当钳柄末端高出使用者头部时，不得用正面拉吊的方式扳动钳柄。不得用于拧紧六角螺栓和带棱的工作，也不得将它作撬杠和锤子使用。管钳的钳口和链条上通常不应沾油，但是长期不用时应该涂油保护。

(2) 管子台虎钳。管子台虎钳(又称管压力钳、龙门压力钳)安装在钳工工作台上，可固定工件，便于对工件进行加工。如用来加紧锯切管子或对管子套制螺纹等，如图 1-10 所示。管子台虎钳按夹持管子直径的不同，可以分为 $\phi \leq 50$mm、$\phi \leq 80$mm、$\phi \leq 100$mm 和 $\phi \leq 150$mm 四种规格。

(3) 管子割刀。管子割刀(又称割管器)用于割切各种金属管子，如图 1-11 所示。其规格见表 1-1。常用的是可切割直径 $\phi \leq 50$mm 的管子，具有操作简便、速度快、切口断面平整的优点，缺点是管子端口受到挤压后管径缩小变形。

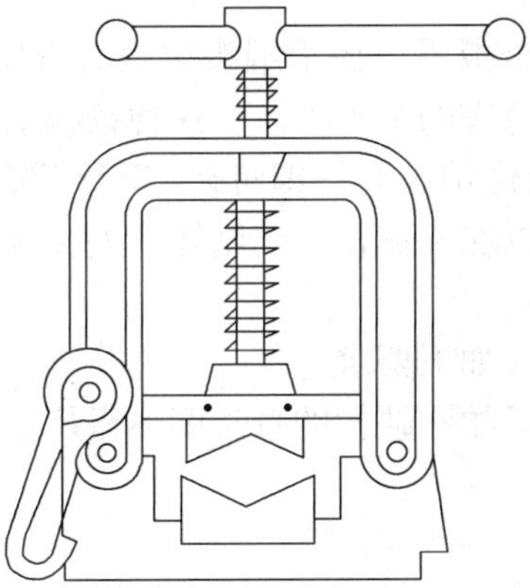

图 1-10　管子台虎钳

图 1-11　管子割刀

表 1-1　管子割刀的规格

型号	1	2	3	4
割断管子公称直径/mm	≤25	15~50	25~80	50~100

（4）管子铰板。管子铰板(俗称代丝)是用手工铰制外径为 6~100mm 各种钢管外螺纹(外丝扣)的主要工具，分为普通式和轻便式两种。

普通式铰板主要是由板体、扳手和板牙三部分组成，如图 1-12 所示。每种规格的管子铰板都分别附有几套相应的板牙，每套板牙可以套两种尺寸的螺纹，见表 1-2。

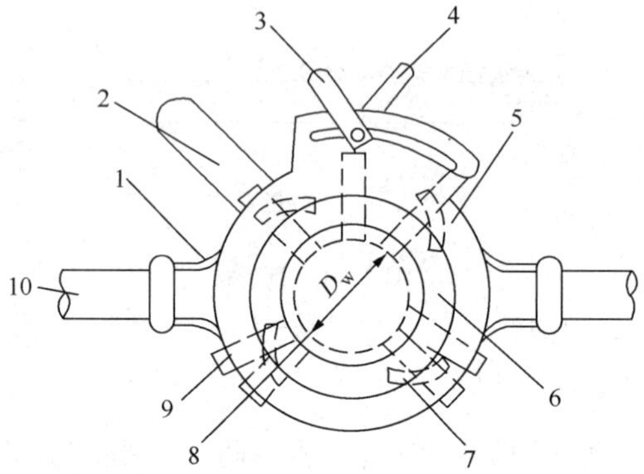

图 1-12　普通式管子铰板

1—铰板本体；2—后卡爪滑盘板；3—标盘固定螺钉板；4—板牙松紧螺钉；5—活动标盘；6—固定盘；7—板牙滑轨；8—板牙(共 4 块)；9—后卡爪 3 个顶件；10—扳手

表 1-2　管子铰板规格

型式	型号	螺纹种类	螺纹直径/mm	每套板牙规格/mm
轻便式	Q7A—1 SH—76	圆锥 圆柱	*DN* 6~25 *DN* 15~40	*DN* 6、*DN* 10、*DN* 15、*DN* 20、*DN* 25 *DN* 15、*DN* 20、*DN* 25、*DN* 32、*DN* 40
普通式	114 117	圆锥	*DN* 15~50 *DN* 5~100	*DN* 15~20，*DN* 25~32，*DN* 40~50 *DN* 50~80，*DN* 80~100

轻便式(小型)管子铰板如图 1-13 所示，它只有一个扳手。扳手端头内备有 R1/2 管螺纹，以便操作者根据施工场地具体情况，选配一根长短适宜的扳手把。在这种铰板上挂有一个作用类似自行车飞轮的“千斤”。当调整扳手两侧的调位销 5 时，即可使“千斤”按顺时针或逆时针方向起作用。由于这种铰板体积较小，除了可以在工作台上套制螺纹外，开可以在已安装的管道系统中的管子端部就地套制螺纹(图 1-14)。

不论采用哪种方法套螺纹，所套出螺纹的质量标准应如下要求：

螺纹端正，不偏扣，不乱扣，表面光滑，无毛刺，断扣和缺扣的总长度不得超过螺纹全长的 10%。

在螺纹纵向方向上不得断缺处相靠。

螺纹要有一定的锥度，松紧程度要适当。

螺纹长度以安装连接后尚外露 2~3 扣为宜。

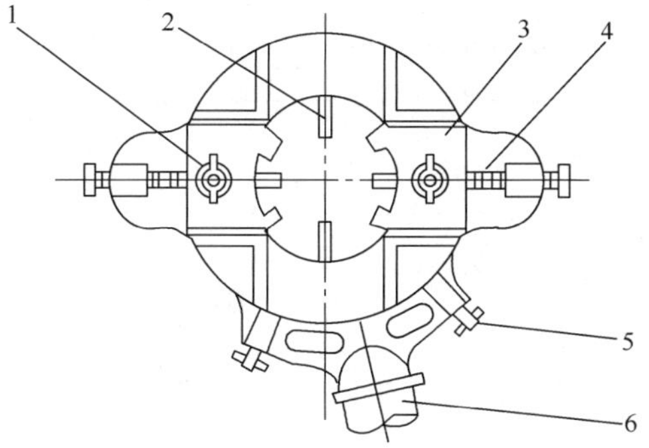

图 1-13　轻便式(小型)管子铰板结构

1—螺纹；2—顶杆；3—板牙；
4—定位螺钉；5—调位销；6—板牙

图 1-14　用轻型管子铰板在已安装管道端部套螺纹

(5) 套筒扳手和梅花扳手。特别适用于各种工作空间狭窄和特殊位置的部位来拧紧和松开六角头螺栓、螺钉和螺母。他们都是以六角头头部对边距离(即扳手尺寸 *S*)为公称尺寸大小不同成套组成，如图 1-15、图 1-16 所示，对应规格见表 1-3、表 1-4。

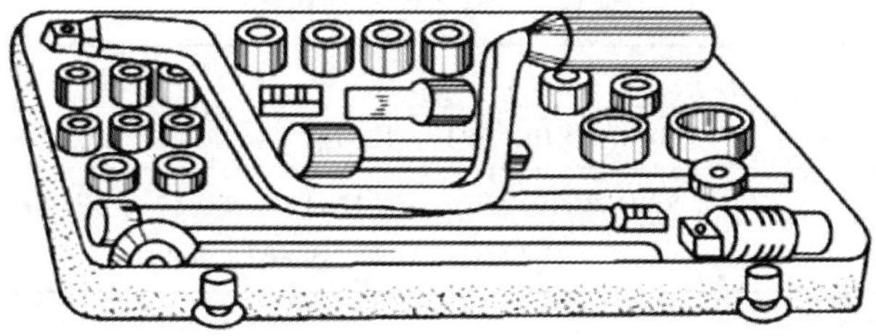

图 1-15　套筒扳手

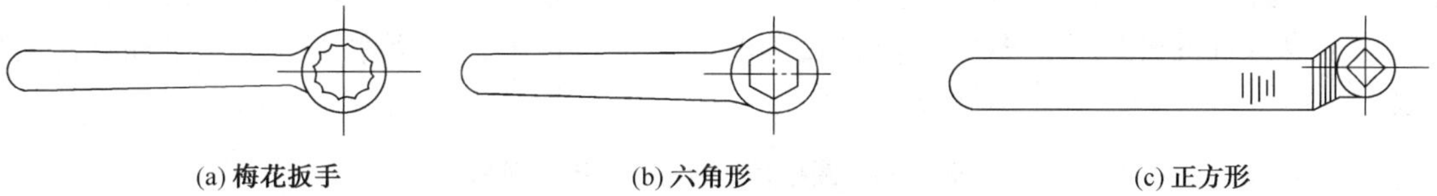

(a) 梅花扳手　(b) 六角形　(c) 正方形

图 1-16　梅花扳手

表 1-3　套筒扳手规格表

品种	配套项目			
	套筒头规格（螺弱对边距离）/mm	方孔或方榫尺寸/mm	手柄及连接头	接头
小 12 件	4，5，5.5，7，8，9，10，12	7	棘轮扳手，活络头手柄，通用型手柄，长接杆	—
6 件	12，14，17，19，22	13	弯头手柄	—
9 件	10，11，12，14，17，19，22，24			

续表

品种	配套项目			
	套筒头规格（螺弱对边距离）/mm	方孔或方榫尺寸/mm	手柄及连接头	接头
10 件	10，11，12，14，17，19，22，24，27	13	弯头手柄	—
13 件	10，11，12，14，17，19，22，24，27	13	棘轮扳手，活络头手柄，通用手柄	直接头
17 件	10，11，12，14，17，19，22，24，27，30，32		棘轮扳手，滑行头手柄，摇手柄，长接杆，短接杆	直接头、万向接头，旋具接头
28 件	10，11，12，13，14，15，16，17，18，19，20，21，22，23，24，25，26，27，28，29，30，32			
大 19 件	22，24，27，30，32，36，41，46，50，55，65，75	20	棘轮扳手，滑行头手柄，弯头手柄，加力杆，接杆	活络头，滑行头

表 1-4 梅花扳手规格表

mm

成套扳手	6 件	5.5×7，8×10，12×14，14×17，19×22，24×27
	8 件	5.5×7，8×10，9×11，12×14，14×17，17×19，19×22，22×27
单件扳手		5.5×7，8×10，(9×11)，12×14，(14×17)，17×19，(19×22)，22×24，24×27，30×32，36×41，46×50

注：带括号的扳手尽可能不采用。

（6）螺纹板牙和螺纹丝锥。管螺纹板牙（又称管子板牙）分为圆柱管螺纹板牙和圆锥管螺纹板牙两种，对应规格见表 1-5、表 1-6。使用时，将其安装在板牙架上或机床上，用来套制管子或管件的外螺纹。管螺纹丝锥使用时安装在铰杠上，用于手工加工管子和管件的内螺纹。

表 1-5 圆柱管螺纹板牙（55°）规格

螺纹直径		1in（25.4mm）牙数/牙	板牙外径/mm	板牙厚度/mm
mm	in			
15	$\frac{1}{2}$	19	38	10
20	$\frac{3}{4}$	14	55	16
25	1	11	65	18
32	$1\frac{1}{4}$	11	75	20
40	$1\frac{1}{2}$	11	90	22
50	2	11	105	32

表 1-6　圆锥管螺纹板牙(55°、60°)规格

螺纹直径		1in(25.4mm)牙数/牙	板牙外径/mm	板牙厚度/mm	
mm	in			55°	60°
15	$\frac{1}{2}$	19，18	38	18	18
20	$\frac{3}{4}$	14	45	18	18
25	1	11，11.5	65	30	28
32	$1\frac{1}{4}$	11，11.5	65	30	28
40	$1\frac{1}{2}$	11，11.5	75	32	30
50	2	11，11.5	105	36	32

(7) 电动工具

① 电锯。电锯由电动机带动钢锯条做往复直线运动，用于切断管径较大的管子。

② 砂轮切割机(又称无齿锯)。由电动机带动砂轮轮片高速(40m/s)旋转来切断金属管子。特点是切断管子的端面光滑，但是有少数飞边，只需用锉刀除去即可。

③ 电剪。可用于薄钢板的直线和曲线剪切，最大剪切厚度为 2.5mm，剪切最小半径为 30mm。

④ 自爬式电动切管机。主要用来切割管径在 200～1000mm，壁厚 20mm 的金属管材，也可以用于钢管焊接时的坡口加工。

⑤ 磁轮气割机。具有永磁行走车轮，能够直径吸附在低碳钢管表面，自动完成对管子圆周方向的切割。其切割管径大于 108mm，切割面的表面粗糙度可达 25μm。

⑥ 冲击电钻(又称电锤)。主要用于在混凝土、砖墙、岩石上面进行钻孔、开槽等作业。

⑦ 手枪电钻和手电钻。适用于不便在固定钻床上加工的金属材料的钻孔和检修安装现场钻孔。一般最大钻孔直径为 13mm。手电钻的钻孔直径比手枪电钻大，最大钻孔直径可以达到 32mm。

6. 常用工机具的使用与维护　常用工机具有管子台虎钳和管钳。

(1) 管子台虎钳。必须垂直和牢固的固定在工作台上，钳口应与工作台边缘相平或稍微往里一些，不得伸出工作台边缘。

上钳口在滑道内应能自由移动，且压紧螺杆和滑道应经常加油。

装夹工件时，不得对不适合钳口尺寸的工件上钳，对于过长的工件，必须将其伸出部分支撑稳固。

装夹脆性或软性的工件时，应用布、铜皮等包裹工件夹持部分，且不能夹得过紧。

装夹工件时，必须穿上保险销。旋转螺杆时，用力适当，严禁用锤击或夹装套管的方法扳紧手柄。工件夹紧后，不得再去挪动其外伸部分。

使用完毕，应擦净油污，合上钳口；长期停用，应涂油存放。

(2) 管钳。使用管钳时，应使两手动作协调，松紧适度，并应防止打滑。

扳动管钳的钳柄时，不得用力过猛，或在钳柄上加装套管；当钳柄尾部高出操作者头部时，不得采取正面攀吊的方式扳动钳柄。

钳口和链条上不得沾油，使用完后妥善存放，长期停用应涂油保护。

严禁用管钳拧紧六角头螺栓等工件，不得将管钳当做撬杠或锤子使用。

当管子细而管钳大时，手握钳柄的位置应在前部或中部，以减少扭力，防止管钳因过力而损坏；当管子粗而管钳小时，要手握管钳的中部或后部，并用一只手按住钳头，使钳口咬紧而不致打滑。扳转钳柄要稳，不允许因拧过头，而用倒拧的方法进行校正。

管钳要经常清洗和涂油，避免锈蚀。不允许用小规格的管钳拧大口径的管子接头，也不允许用大规格的管钳拧小口径的管接头，容易造成管钳损坏。

(3) 活扳手。活扳手使用时不得在钳口内加入垫片，且应使钳口紧贴螺母或螺钉的棱面。活扳手在每次使用前应将活动钳口收紧。

(4) 呆扳手。呆扳手应选用合适的规格，钳口套上螺钉或螺母的六角棱面后，不得有晃动的现象，并应平卡到底。如果螺钉或螺母的棱面上有毛刺时，应另外处理，不得用锤子等强力将扳手的钳口打入。

(5) 管子割刀。使用割刀时，应始终让割刀在垂直于管子中心线的平面内平稳切割，不得偏斜。每转动 1~2 周进刀一次，但进给量不易过大，并应对切口处加冷却润滑剂，以延长使用寿命。

当管子快要切断时，应松开割刀，取下割管器，然后折断管子，严禁一割到底。

管子切割后，应用刮刀或半圆锉等休整关口内侧的缩口和毛刺。

割刀使用完毕后，除净油污。长期不用则涂油防锈。

1.1.3 管路常见故障及处理方法

炼化厂一般都具有跑、冒、滴、漏的特点。泄漏是炼化厂的一大隐患，泄漏可引起火灾、燃爆、腐蚀(设备、仪表、建筑、人员)、物料损失、能量损失、环境污染、产生噪声等。管路在运行过程中，除了泄漏，往往还会发生堵塞等故障。所以，在生产过程中，要经常检查，及时排除事故隐患。表 1-7 列出了管路常见的故障及处理方法。

表 1-7 管路常见的故障及处理方法

常见故障	原因	处理方法
管泄漏	①裂纹； ②孔洞(管内外腐蚀、磨损)； ③焊接不良	装旋塞；缠带；打补丁；箱式堵漏；更换
管道堵塞或流量小	①杂质堵塞； ②阀不能开启	连接旁通，设法清除管道杂质或更换管段；检查阀盘与阀杆；更换阀部件；更换阀门
管振动	①流体脉动； ②机械振动	用管支撑固定或撤掉管支撑，但必须保证强度
管弯曲	管支架不良	调整管支撑
法兰泄漏	①螺栓松动； ②密封垫片损坏； ③法兰有砂眼	紧固螺栓、更换螺栓，更换密封垫；更换法兰
阀泄漏	①压盖填料不良，杂质附着在其表面； ②阀不能关闭(内漏)； ③阀体有砂眼	紧固填料函；更换压盖填料；更换阀部件或阀；更换阀门

1.1.4　实训装置

管路拆装实训装置见图 1-17，管路工艺流程图见图 1-18。

图 1-17　管路拆装实训装置

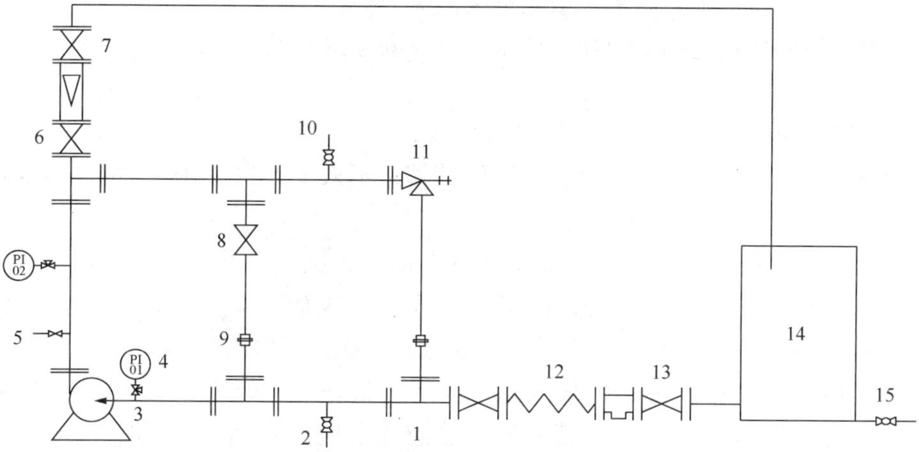

图 1-18　管路工艺流程图

1—三通；2—排污阀；3—离心泵；4—压力表；5—取样阀；6—截止阀；7—流量计；8—连通阀；9—活接；10—排气阀；11—安全阀；12—连接软管；13—过滤器；14—储罐；15—出料阀

1.1.5　实训内容

给定本实训的管路系统，在拆除后安装恢复原样，以此训练管路安装的基本技能。管路的安装工作包括：管路安装、法兰和螺纹接合、阀门安装、测量仪表安装和试压。

1.1.5.1　准备工作

1. 工具准备　根据管径粗细准备适合的活扳手、套管扳手、眼镜扳手、双头呆扳手、钢丝钳子、管钳子、老虎钳、尖嘴钳、剪子、圆榔头、一字螺丝刀、十字螺丝刀、钢卷尺、水平尺、人字梯等。

2. 设备、材料准备 根据管路工艺流程图准备材料、备件和设备。

(1) 2.5MPa 手动试压泵一台；

(2) 备品与原管路系统相同的管件(法兰、弯头、三通、四通、管箍、对丝、活接头等)、测量仪表(0~1.6MPa 压力表、-0.1~1.6MPa 真空压力表)、阀门(球阀、闸阀、截止阀、止回阀等)；

(3) 备件(螺栓、螺母、垫片、橡胶板、石棉板、生料带等)。

1.1.5.2 管路拆卸与安装

1. 管路拆卸 根据管路拆装实训装置进行拆装。

(1) 首先按照管路的拆装要求及相关的设备、阀门、仪表等配备相应的拆装工器具，包括高处管路拆装时需要准备两个木凳，以便于拆装。

(2) 拆装时首先要将动力电源关闭，并挂警示牌，检查无误后才准许工作。

(3) 管路拆装一般是拆卸与安装顺序正好相反，拆卸时一般是从高处往下逐步拆卸，注意拆卸每一零部件都要按顺序进行编号，并按照顺序依次摆在地面上，每组学生在拆装时要相互配合，防止管路或管件掉落而砸伤手脚或地面。

(4) 所有仪表拆装时要轻拿轻放，防止破碎。认真观察各种阀门的结构和区别，了解其使用特点，拆装时要注意阀门的方向和具体位置。

(5) 所有密封部位的密封材料一般在拆装后需要更换。

(6) 拆装过程中要树立团结协作、严肃认真、安全第一的指导思想，服从实训指导教师的统一安排。

2. 管路安装 根据管路工艺流程图进行安装。

(1) 管路的安装应保证横平竖直，水平管其偏差不大于15mm/10m，但其全长不能大于50mm，垂直管偏差不能大于10mm。

(2) 法兰与螺纹接合 法兰安装要做到对得正、不反口、不错口、不张口。紧固法兰时要做到：未加垫片前，将法兰密封面清理干净，其表面不得有沟纹；垫片的位置要放正，不能加入双层垫片；所有螺栓都应该按照螺帽在上方的顺序紧固，在紧螺栓时要按对称位置的顺序拧紧，防止法兰面倾斜发生泄漏，紧好之后螺栓两头应露出2~4扣，另外螺栓紧固用臂力即可，不需要套管紧固；管道安装时，每对法兰的平行度、同心度应符合要求。

(3) 装配过程中应使用水平尺进行测量，要注意保证管道的横平竖直，严禁发生倾斜。管路支架固定可靠，不能松动。

(4) 螺纹接合时，管道端部应加工外螺纹，利用螺纹与管箍、管件和活管接头配合固定。其密封则主要依靠锥管螺纹的咬合和在螺纹之间加敷的密封材料来达到。常用的密封材料是白漆加麻丝或生料带，缠绕在螺纹表面，然后将螺纹配合拧紧。

(5) 阀门安装 阀门安装时应把阀门清理干净，关闭好，然后进行安装。单向阀、截止阀及调节阀安装时应注意介质流向，阀的手轮应便于操作。

(6) 转子流量计安装 安装玻璃转子流量计时，应使转子流量计的最小分度值处于下方，垂直安装在无振动的管道上，转子流量计的中心线与铅垂线的夹角应不超过5°。为保证转子流量计在使用时的测量精确度，被测流体的常用流量建议在转子流量计分度流量上限值的 60%以上为好。

1.1.5.3　水压试验

管路安装完成后，要进行管路的试漏检验，在启动水泵前务必由指导教师进行开车前检查，没有问题后才准许送电运行。

运行后若局部有泄漏，不需要断电。可用工具进行紧固，若还是不能解决泄漏问题，需要停泵后检查垫片的情况。

管路的操作压力不同，输送的物料不同，试验的要求也不同。当管路系统进行水压试验时，试验压力为 3.0 个大气压(表压)，在试验压力下维持 5min，未发现渗漏现象，则水压试验即为合格并填写压力试验报告。

1.1.5.4　管路拆装实训评分

1. 试运行　开泵试运行，并填写试运行记录单。注意事项：

(1) 调整流量计至规定流量，并稳定液体流量；

(2) 启动和停泵，均按操作规程进行；

(3) 试运行结束停车，填写试运行记录单，试运行结束。

2. 实训考核　上交领料单、压力试验报告单、试运行记录单，完成管路拆装实训，进行现场考核。

管路拆装评分见表 1-8。

表 1-8　管路拆装评分表

项目	考核内容及评分标准	考核记录	得分
1 管路拆除（20 分）	①准备工作(10 分) 领用工具不合适，每多一个或少一个扣 1 分；领用材料不合适，每多一个或少一个扣 1 分；未向水槽补充水，扣 2 分；水补充不够，扣 1 分；管内液体不排放扣 2 分；排液不净扣 1 分；排液前相关阀门所处状态不正确扣 1 分。最多扣 10 分		
	②拆除过程操作规范(10 分) 工具、管件等不摆放在台子上，一次扣 1 分；工具使用不正确，一次扣 1 分；工具、零件等掉落，一次扣 1 分；不是由上至下拆除扣 3 分；泵出口阀未关闭扣 2 分；不用盲板盖住泵出口扣 2 分。最多扣 10 分		
2 管路安装（20 分）	①管件、阀门安装正确(10 分) 残余垫片清理不彻底，一处扣 1 分；垫片或盲板选择不正确，一处扣 1 分；阀门装反扣 3 分；垫片多装、少装、漏装，一处扣 1 分；垫片位置装错，一处扣 1 分。最多扣 10 分		
	②安装过程操作规范(10 分) 工具、管件等不摆放在台子上，一次扣 1 分；工具使用不正确，一次扣 1 分；工具、零件等掉落，一次扣 1 分；盲板漏装，一处扣 2 分；不是由下至上安装扣 3 分。最多扣 10 分		

续表

项目	考核内容及评分标准	考核记录	得分
3 压力试验（20 分）	①试压过程操作规范(10 分) 未向试压泵注水扣 2 分；注水不够扣 1 分；连接试压泵未加垫圈扣 2 分；试压前相关阀门未打开，一处扣 1 分；带压紧固扣 3 分；不卸压直接拆除盲板扣 3 分；卸试压泵前未关闭相关阀门扣 2 分；卸压时急开阀门扣 1 分；卸压时漏水扣 1 分。最多扣 10 分		
	②压力试验合格(10 分) 不保压，不重装，扣 10 分；重装后不保压扣 8 分；未经指导教师允许试压扣 8 分。最多扣 10 分		
4 流体输送（20 分）	①管路重新安装(8 分) 工具、管件等不摆放在台子上，一次扣 1 分；工具使用不正确，一次扣 1 分；工具、零件等掉落，一次扣 1 分；垫片多装、少装、漏装，一处扣 1 分；盲板未抽除，一处扣 2 分。最多扣 8 分		
	②开停车操作规范(12 分) 开泵前泵前阀门开、闭状态不正确，每错一处扣 1 分；开泵前未关出口阀门扣 2 分；阀门操作不正确，一次扣 1 分；启动离心泵后不开泵出口阀门扣 2 分；开泵后有泄漏，一处扣 2 分；停泵前未关泵出口阀门扣 2 分；停泵后不排液扣 2 分；排液过程漏液扣 1 分。最多扣 12 分		
5 文明施工（20 分）	未经指导教师允许进行下一步操作，一次扣 5 分；串岗，每一人次扣 2 分；未按要求穿工作服，每一人次扣 2 分；发生伤害事故，每一人次扣 2 分；实训结束后不做卫生扣 5 分，卫生不合格扣 3 分。最多扣 20 分		
合计			

1.2　阀门拆装及检修实训

在一般炼化厂检修与维护中，阀门工作量占据了总工作量的一大部分。处理不好会直接影响工厂的经济效益和安全运行生产。掌握阀门拆装的工艺方法和工艺要求，有着很重要的意义。

1.2.1　实训目的

（1）掌握阀门的检修；

（2）了解阀门的选用；

（3）掌握阀门常见缺陷的处理；

（4）掌握阀门的拆装。

1.2.2　阀门的检修

1.2.2.1　阀门检修的准备工作

1. 准备好工量具　常用工具、量具、研磨器具、试验设备等。

2. 备品、备件及材料　易损易磨件、研磨材料、垫料、涂料、填料及相关材料的准备。

3. 做好配合工种的安排和准备工作　焊工、架子工、电工、机修工的安排。

4. 安全措施　学习安全规程和质量要求，作好检修记录，配合运行人员，检查隔离措施情况。

1.2.2.2　阀门填料的检修

阀门盘根密封严密与否，直接与检修和维护的质量有关，是大小修与维护工作中的一项很重要的工作。

1. 盘根的规格与使用　盘根大多数是绳状，截面大多是方形，规格有 6mm、8mm、10mm、15mm……30mm 等多种。目前 300MW 以上的机组所用的缠绕柔性石墨填料成环状，其截面也是方形或三角型，使用时可直接填入。绳状填料用多少切多少，切口成 45°斜口，弯成环状填入填料函。

2. 阀门填料检修注意事项　阀门填料的种类有铜丝石棉橡胶盘根、镍丝石棉橡胶盘根、缠绕柔性石墨盘根等。

（1）填料压盖与阀杆的间隙不能过大，一般为 0.1~0.2mm，阀杆与填料接触的部分要光滑，腐蚀深度不能超过 0.1mm，填料开裂或太干都不能使用。填料压盖要平整不能有弯曲变形，压盖螺丝紧力要均匀，四周间隙要一致。

（2）更换旧填料时，盘根钩子的硬度不能大于阀杆材料的硬度。换新填料时，各层接口应错开 180°，上下搭接，每装入 1~2 层应用压盖压紧一次，不能装满一次性压紧。每一层填料都要压实，对于填料函较深的阀门应制作专门的加压盖保证每一层填料都要压实。然后拧紧压盖螺丝时，压盖伸入填料函的深度为可深入部分的 1/3，且不得小于 5mm，以便留有热紧余量。

1.2.2.3　阀门的一般解体检修

1. 解体前应全面检查　检查的内容有：

（1）首先将阀门外部清理干净，进行外部检查，根据痕迹判断是否有外漏和裂纹，并查阅运行记录。

（2）把阀门开关一次，松紧是否一致，判断阀杆是否弯曲、卡涩，置阀门于开启位置。

2. 解体检查内容及要求　解体检查包括阀体、阀盖、阀瓣(阀盘)、阀座、阀瓣(阀盘)与阀座。

（1）解体后，检查阀杆的弯曲和磨损腐蚀情况，阀杆与填料接触的部位应光滑平直，阀杆腐蚀和磨损深度不应超过 0.1mm，阀杆弯曲不得超过 0.1mm，否则应更换新杆，但材质应与原材质相同。

（2）检查阀体与阀盖有无裂纹、砂眼，一般高压阀门对于应力集中的部位着重检查，如有威胁的裂纹或缺陷应更换或补焊处理。

（3）检查阀瓣(阀盘)与阀座间的密封面或阀线擦伤、冲刷和磨损情况，如麻点或凹坑的深度在 0.5mm 以内用研磨的方法处理，如超过 0.5mm 应车削或堆焊后车削再作研磨处理。

（4）阀瓣(阀盘)与阀座等认真清理，并仔细检查有无损坏，配合是否良好，高压阀门螺栓还应做金相检查和长度检查，不合格的应处理。

1.2.2.4　研磨工艺步骤

1. 用研磨砂研磨　研磨过程分为三个阶段。

（1）粗研。利用一准备好的研磨头或研磨座，分别对阀芯和阀座密封面进行研磨，研去麻点和较深的划痕。即可采用机械研磨。是否决定粗研可根据密封面损坏程度。

（2）中研。粗研后或针对较小的缺陷，用较细的研磨砂或研磨膏进行手工或机械研磨，但要更换新的研磨胎具，中研后密封面基本达到平整光亮，用铅笔法检查达到严密贴合的要求。

（3）细研。这是阀门研磨的最后一道工序，一般采用手工研磨。细研不需要研磨胎具，而是用本身的阀瓣对着阀座进行研磨，采用研磨膏稍加一点机油，轻轻来回研磨。一般顺转60°~100°左右，再反方向转40°~90°，要经常进行检查不可研磨时间过长。达到在密封面上出现一圈光亮的凡尔线，最后用机油研磨达到极高的光洁度。

对于闸板阀的研磨按上面的方法步骤在平板上进行研磨，阀盘的材料要比阀座密封面的材料软一点，一般多研磨阀盘。但平板需用标准平板用着色法检查，达到每平方厘米有两个点以上。

2. 用砂布研磨　用砂布研磨速度快质量也较好，一般使用在机械研磨中，原则上分三步进行。

对于有严重缺陷的阀门可以先进行车削或堆焊后车削再研磨。

砂布研磨应注意，要经常检查，不可研的时间太长，只要缺陷消除即可更换细砂布或抛光砂布。

阀门密封面研磨质量的检查常用色印法或线痕法检查。

1.2.2.5　组装与水压实验

1. 组装　组装包括组装前的检查、准备及顺序组装。

（1）组装前的检查与准备。全面检查各零部件，清理干净并符合要求，螺栓能将螺母拧到底，并用黑铅粉或二硫化钼粉擦亮，按要求准备好填料和垫料。

（2）按解体程序的反方向顺序组装。

① 把平面轴承涂上黄干油，连同螺丝套筒一起装入阀盖支架上的轴承座内。

② 把阀瓣装在阀杆上，使其能自由转动，但锁紧螺母不可松动。

③ 将阀杆穿入填料盒，再套上填料压盖旋入套筒中，至阀门全开位置。

④ 将阀体清扫干净，阀瓣和阀座擦拭干净。

⑤ 将涂有涂料的垫片装入阀体与阀盖的法兰之间，将阀盖按拆装记号正确地扣在阀体上，对称旋紧联接螺栓，并使法兰四周间隙一致。

2. 水压实验　阀门组装好后，要进行水压实验检测组装质量。

（1）实验要求：高压阀门一般焊接在管道上，与锅炉管道整体进行水压实验。对于拆卸下的阀门组装好后立即进行水压实验。

（2）试验一般步骤：

① 充水排净阀门内的空气后，缓慢进水升压，不可产生较大的冲击现象。

② 试压泵打压时，压力应逐渐升压到工作压力的1.5倍试验压力，保持5min，压力保持不变，再把压力降到工作压力进行检查。合格无渗漏，即可将水放掉擦干。

（3）高压焊接阀门一般是在管道上检修，不拆下来，其严密试验是和锅炉水压试验一同进行。对于拆卸下来的焊接阀门则用退火后的钢垫垫好后再进行打压试验。

（4）试验好后将水放掉，并擦干净。

3. 阀门与管路连接注意事项　阀门与管路或设备之间的连接正确与否会直接影响到管路阀门产生跑、冒、滴、漏现象的机率。

(1) 法兰螺栓拧紧完毕后，需用塞尺检查法兰四周间隙，检查法兰有无不平行现象。

(2) 对于合金钢螺栓，应在拧紧前和拧紧后用千分尺分别测量各螺栓的长度，并作好记录，根据记录计算螺栓的伸长率，并应符合规定标准。

(3) 阀门与管道连接时，不能强行对口，否则会影响阀门的正常工作，甚至会拉坏阀体。

(4) 安装电动阀门时，阀杆向上，并保持垂直。

(5) 阀门的传动机构应在阀门安装好后才能安装，以防损坏传动零件及电气设备，传动装置安装中，应做到传动正确，开关灵活，操作方便。

(6) 大容量锅炉的阀门较多，相关的阀门采用集中布置，既便于操作，又整齐美观。

1.2.2.6　给水调节阀的检修

1. 给水调节阀结构　给水调节阀结构如图 1-19 所示。

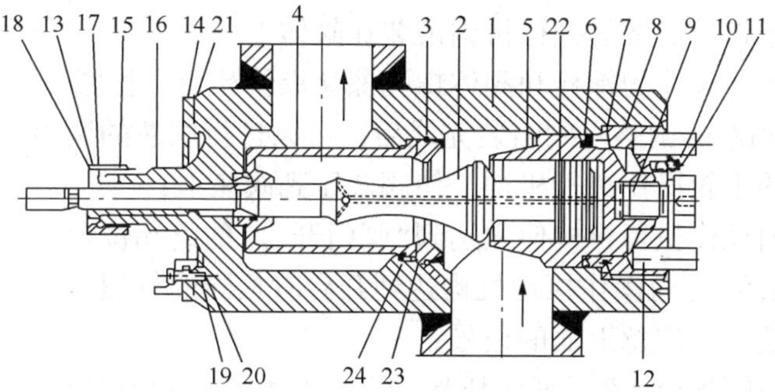

图 1-19　给水调节阀结构图

1—阀体；2—阀芯(连阀杆)；3—阀座；4—消声罩；5—自密封闷头；6—自密封填料；7—填料压圈；8—保持螺丝；9—并紧螺丝；10—锁紧螺钉；11—张力垫片；12—圆销；13—轧兰螺帽；14—导向垫圈；15—轧兰；16—石墨填料圈；17—附加圈；18—锁紧螺钉；19—螺栓；20—张力垫圈；21—定位圈；22—活塞环；23—盘形弹簧；24—定位销

2. 解体检查　在解体前做好安全工作，按如下顺序进行：

(1) 检查阀门内无压介质，并冷却到常温；所有的线路已经切断；到执行机构的液动系统已经泄压。

(2) 在轭架与阀体的连接法兰处作上拆装记号。

(3) 用葫芦吊牢执行机构。

(4) 拆卸执行机构轴，活塞杆与阀芯(阀杆)之间的联轴节。

(5) 将轭架与阀体的螺栓拆下。

(6) 将执行机构连同轭架小心吊起移开。

(7) 松开锁紧螺钉，拧松压兰螺帽。

(8) 松开并取下锁紧螺钉、并紧螺丝、保持螺丝。

(9) 清理阀体、锁紧螺钉、并紧螺丝、保持螺丝，并用二硫化钼粉擦螺丝。

(10) 将保持螺丝连续旋拧两次。

(11) 拧松并紧螺丝并退出两圈。

(12) 运用并紧螺丝将自密封闷头拉紧，直到填料压圈与保持螺丝靠足。

(13) 重复步骤(11)、步骤(12)直到自密封闷头用手拉动。

(14) 小心把阀杆、阀芯拉出来。

(15) 检查阀芯与阀座密封面，如损坏进行互研，损坏严重必须分别研磨。

(16) 清理所有零部件。

3. 组装　解体检查完成后，可以进行阀的组装。

(1) 将填料和填料压圈小心地装入阀体。

(2) 将阀杆穿进自密封闷头。

(3) 将自密封闷头连同阀芯小心地装入阀体。

(4) 将保持螺丝和阀体螺纹擦涂黑铅粉后，拧紧保持螺丝(填料压圈必须顶住阀体肩阶)，并拧松 1/8 圈。

(5) 同样将并紧螺丝、锁紧螺丝和自密封闷头螺丝孔的螺纹擦涂黑铅粉后，拧紧。

(6) 将准备好的填料装好(石墨石棉盘根)。

(7) 按拆装记号将带轭架的执行机构吊装在阀体上。

(8) 将连接轭架与阀体的螺栓和阀体螺孔擦涂黑铅粉后，拧紧。

4. 给水调节阀阀芯的调整　阀组装完成后，可以进行阀芯的调整。

(1) 用阀门上的手轮操作执行机构，使阀芯压到阀座上；

(2) 向返回方向操作执行机构使之达到“阀门开启”的终端位置；

(3) 向“阀门关闭”方向操作执行机构达到开启时相同的行程；

(4) 将联轴节装上，注意上面的记号；

(5) 拧紧联轴节螺栓(注意：当联轴节螺栓尚未拧紧时切勿操作执行结构，否则阀杆和联轴节的螺纹会受到损坏)；

(6) 移动标尺直到指针指到 0 位；

(7) 将执行机构操作到“阀门开启”的终端位置，同时检查指针是否指在相应位置；

(8) 如果不是，将执行机构操作到中间位置，同时将联轴节螺栓松开；

(9) 通过转动阀杆来调整误差，再将联轴节螺栓拧紧；

(10) 进行“开启”和“关闭”操作，以检查标尺上的指示与实际行程是否相符；

(11) 如有必要，按上述程序再进行调整(注意：切勿在阀芯与阀座接触时转动阀杆，这样会损坏阀线)；

(12) 拧紧联轴节螺栓，但扭矩要合适。

1.2.2.7　气动调节阀

气动调节阀结构如图 1-20 所示。气动调节阀由气动执行机构、阀体、阀盖、阀芯、阀座等组成。

1. 拆装工艺　在解体前做好安全工作：确认阀门内介质无压，并冷却到常温；所有的线路已经切断；执行机构的液动系统已经泄压。按如下顺序进行：

(1) 将阀门开启位置，即阀芯与阀座脱离接触位置；

(2) 卸下阀杆连接部件，拆开推杆与阀杆；

(3) 去除膜室内信号压力，拆下气源管路；

(4) 用勾板子旋松支架处的圆螺母，从阀上拆下执行机构；

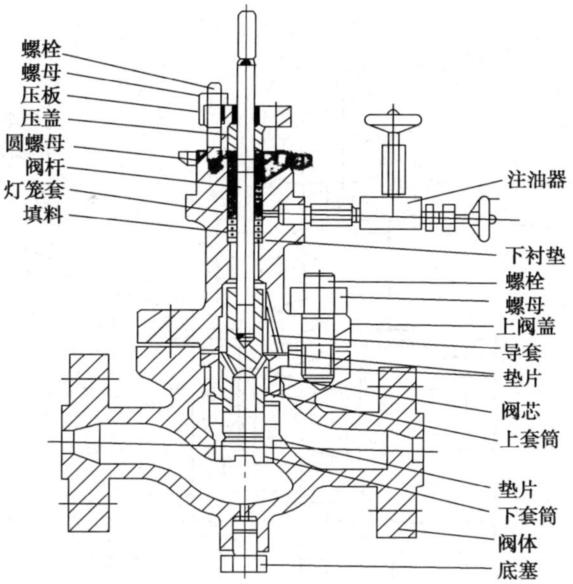

图 1-20 气动调节阀结构图

(5) 卸下上阀盖上的螺母，拧松压板上螺母，拆下上阀盖；

(6) 清除填料，取出阀杆；

(7) 取出阀芯，卸下上、下垫片，取出套筒，再取出缠绕垫片，拆卸分离型套筒，须用专用工具；

(8) 回装按解体顺序反顺序进行；

(9) 调整阀门，作开关试验。

2. 质量标准　阀组装完成后，可以进行阀芯的调整。

(1) 各接合面无裂纹、冲刷、腐蚀、无径向沟痕。

(2) 阀杆无冲刷、腐蚀磨损、弯曲度<0.05mm，螺纹无毛刺。

(3) 上下阀盖、阀芯、阀座保持同心，阀盖与阀杆配间隙 0.30~0.35mm。

1.2.2.8　弹簧式安全阀的检修

弹簧式安全阀结构如图 2-21 所示。弹簧式安全阀由阀体、阀盖、弹簧、反冲盘、导向套、弹簧调节螺栓、阀杆等组成。

1. 安全阀的检修　安全阀的检修与阀门检修基本相同，本节就其特殊内容叙述。

(1) 安全阀的解体检查。安全阀在检修前应解体检查，以便了解各个部件的状态，以确定检修内容和方法。在解体前应测量和记录各部尺寸，如弹簧的长度、弹簧调整螺母位置、重锤位置、各处间隙、节流阀开度等。这样有利于检修后的组装和调整工作。

(2) 安全阀解体后应对如下部件进行检查：

① 检查安全阀弹簧。可用小锤敲打弹簧，听其声音以判断有无裂纹等损坏。若声音清亮则说明弹簧没有损坏；若声音嘶哑则说明有损坏，应仔细查出损坏的地方。然后再由金属检验人员作 1~2 点金相检查。

② 检查活塞环(胀圈)有无缺陷，并测量胀圈接口的间隙。在活塞室内间隙应为 0.20~0.30mm，在活塞室外自由状态其间隙应为 1mm。检查活塞有无裂纹，检查活塞室有无裂纹、

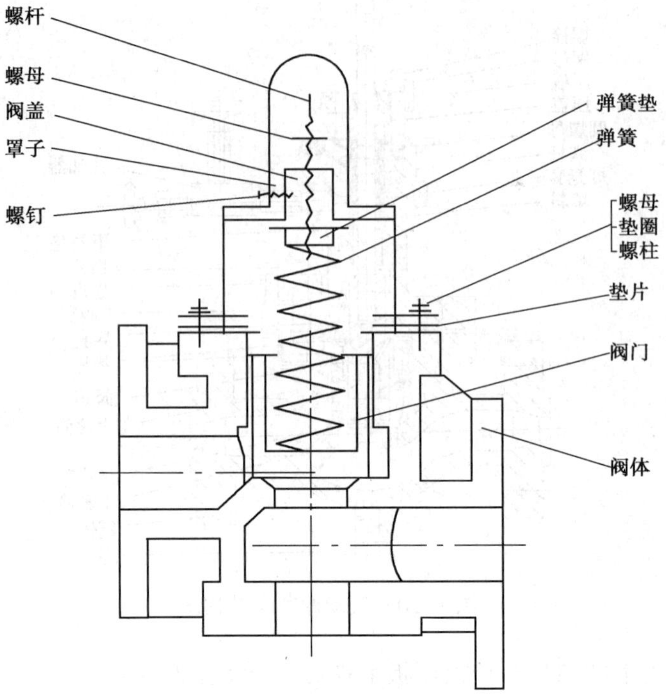

图 1-21 弹簧式安全阀结构图

沟槽和麻坑。

③ 检查安全阀阀头和阀座的密封面有无沟槽和麻坑等缺陷。

④ 检查弹簧安全阀的阀杆有无弯曲。检查时可将阀杆夹在车床上用千分表检查。阀杆的弯曲每 500mm 长度允许的弯曲不超过 0.05mm。

⑤ 检查安全阀法兰连接螺丝有无裂纹、拉长、丝扣损坏等缺陷，并由金属检验人员做金相检查。

(3) 安全阀的检修。

① 密封面研磨。安全阀阀头和阀座密封面的研磨方法和阀门密封面研磨相同，但要求更高。先用研磨头和研磨座分别研磨阀座和阀头，达到要求后将阀头与阀座合研，至全面接触的宽度为阀座密封面宽的 1/2 为止，其表面粗糙度要求应达 0.012μm。

② 活塞环与活塞室检修。活塞环(涨圈)断裂后应更换新的。活塞环应光滑，一般要用零号砂布铺在平板上对其上下面进行研磨，研磨时应用两只手的母指和中指将其压住，沿圆周方向反复转动，切不可直线移动以免活塞环断裂。

(4) 安全阀的组装。安全阀各部件检修完后在组装时，应根据解体前测量的记录进行组装工作，各处尺寸、间隙等如有变动也要做好记录保存。

(5) 安全阀的冷态校验。安全阀检修好后可进行冷态校验，可保证热态校验一次成功、缩短热校验时间，并且减少了由于校验安全阀时锅炉超过额定压力运行的时间。安全阀的冷态校验可在专用的校验台上进行。

(6) 安全阀的热校验。检修后锅炉点火升压校验安全阀，是锅炉检修的最后一项工作。校验安全阀合格后，锅炉即可投入运行或备用。安全阀校验时应很好地进行组织工作，以缩短校验时间，各个安全阀争取一次校验成功。

2. 安全阀校验时安全注意事项　安全阀组装完成后，要进行冷态和热态校验。

(1) 安全阀做冷态试验时，应由专人控制高压给水进入校验台的入口阀，防止阀开得过大致超压过多，开阀门时应慢慢地开，均匀的升压。避免高压给水烫伤工作人员。

(2) 冷态校验时一定要把校验台内部和管道内部清理干净，防止有铁渣等把安全阀密封面搞坏。

(3) 在热校验安全阀当压力超过锅炉工作压力时，工作人员应站远些，以防蒸汽喷出造成烫伤事故。

(4) 在热校验安全阀时应由一人负责统一指挥，各工作人员加强联系，参与人员不可过多，以免造成混乱。

1.2.3　阀门常见缺陷的处理

1.2.3.1　阀体泄漏的原因和消除方法

1. 原因　制造时铸造质量不合格，主要是铸造应力过大，在热应力的作用下产生和扩大裂纹，阀体有裂纹或砂眼在厂家未消除或者是阀体在补焊中产生应力裂纹。

2. 消除方法　在漏点或应力比较集中的部位，在此处用砂轮磨光，露出金属光泽，用4%硝酸溶液浸蚀，便可显示出全部裂纹，然后铲净有裂纹和砂眼的金属层，并开出焊接坡口，进行补焊。补焊后热处理消除焊接应力。

1.2.3.2　阀门护口泄漏的原因和消除方法

1. 原因　填料材质选错或质量不合格、密封圈内径过大或未装、填料压盖未压紧或因压得过紧而把填料压酥、填料压盖与阀杆或填料函的间隙过大、阀杆弯曲超过质量标准或阀杆缺陷较严重、填料加装未按要求进行操作。

2. 消除方法　按介质参数和填料函的间隙选择填料，按加装操作要求更换新填料，每一圈填料都要压紧并留有热紧余量，热态时要热紧几次。填料压盖四周间隙要一致。阀盖或填料压盖泄漏要及时拧紧，如仍然泄漏须冷态处理检查阀杆有无贯穿性丝纹或其他缺陷，并作出处理。

1.2.3.3　阀瓣与阀座密封面泄漏的原因和消除方法

1. 阀门没有关严或卡涩　应改进操作，重新开启后再关闭。若为电动门，应检查行程指示是否正确，如不正确，则应松开联轴器，按照前面所讲的阀芯的调整的方法对阀芯(或阀杆)进行重新调整，使其能关闭严密。如调整正确，但阀门仍然关不严密，就应考虑可能是阀线上有缺陷，这样应在阀门停用后进行解体检查和处理。

2. 研磨质量差　应改进研磨方法，重新解体研磨。

3. 阀瓣与阀杆间隙过大　造成阀瓣下垂或接触不好，应重新调整阀瓣与阀杆间隙，或更换阀瓣和螺母。

4. 密封面材质不良或被杂质卡住　应重新更换或堆焊研磨密封面，清除杂质。高低压旁路阀、减温水调节阀，阀瓣与阀座密封面泄漏时应配对研磨，严重缺陷应先车削再研磨。

1.2.3.4　自密封泄漏

进一步拧紧吊紧螺丝，如已无余量则应在阀门停用后更换新的密封圈，并检查自密封处是否有贯穿性丝纹或其他缺陷。

1.2.3.5 **弹簧式安全阀泄漏的原因**

除研磨质量外，主要是由安全阀未跳前，安全阀内的蒸汽作用于阀芯上的力与弹簧作用于阀芯上使之密封的力相平衡时，少量的蒸汽往往会以极高的速度通过阀线间隙逸出，使阀线受到吹扫冲刷损伤，造成泄漏。弥补的方法，可以采用特殊材质的阀芯-阀座结构，或采用辅助启闭装置，如前面说的外加负载弹簧安全阀。

1.2.4 阀门的选用

1.2.4.1 **根据流量特性选用阀门**

选用阀门首先掌握介质的性能、流量特性，以及温度、压力、流速、流量等性能，然后，结合工艺、操作、安全诸因素，选用相应类型、结构形式、型号规格的阀门。

阀门启闭件及阀门流道的形状使阀门具备一定的流量特性。在选择阀门时候，必须考虑到这一点。

1. 截断和接通介质用阀门　通常选择流阻较小、流道为直通式的阀门。这类阀门有闸阀、截止阀、柱塞阀。向下闭合式阀门，由于流道曲折，流阻比其他阀门高，故较少选用。但是，在允许有较高流阻的场合，也可以选用闭合式阀门。

2. 控制流量用的阀门　通常选择易于调节流量的阀门。如调节阀、节流阀、柱塞阀，因为它的阀座尺寸与启闭件的行程成正比例关系。旋转式(如旋塞阀、球阀、碟阀)和挠曲阀体式(夹管阀、隔膜阀)阀门也可以用于节流控制，但通常仅在有限的阀门口径范围内适用。在大多数情况下，人们通常采用改变截止阀的阀瓣形状后作节流用。应该指出，用改变闸阀或截止阀的开启高度来实现节流作用是极不合理的。因为，管路中介质在节流状态下，流速很高，密封面容易被冲刷磨损，失去切断密封作用，同理，用节流阀作为切断装置也是不合理的。

3. 换向分流用阀门　根据换向分流需要，这种阀门可以有三个或者更多的通道，适宜于选用旋塞阀和球阀。大部分换向分流用的阀门都选用这类阀门。在某些情况下，其他类型的阀门，用两只或更多只适当地相互连接起来，也可以用作介质地换向分流。

4. 带有悬浮颗粒地介质用阀门　如果介质带有悬浮颗粒，最适于采用其启闭件沿密封面地滑动带有擦拭作用地阀门，如平板闸阀。

1.2.4.2 **根据连接形式选用阀门**

阀门用于管路的连接形式有多种，其中最主要的有螺纹、法兰及焊接连接。

1. 螺纹连接　这种连接通常是将阀门进出口端部加工成锥管或直管螺纹，使之旋入锥管的螺纹接头或管道上。由于这种连接可能出现较大的泄漏沟道，故可以采用密封剂、密封胶带或填料来堵塞这些沟道。如果阀体的材料是可以焊接的，螺纹连接后还可以进行密封焊。如果连接部件的材料是允许焊接的，但膨胀系数差异很大，或者工作温度的变化幅度范围较大，螺纹连接部必须进行密封焊。螺纹连接的阀门主要是公称通径在 50mm 以下的阀门。如果公称通径过大，连接部的安装和密封都十分困难。

为了便于安装和拆卸螺纹连接的阀门，在管路系统的适当位置上可以使用管接头。公称通径在 50mm 以下的阀门可以使用管套节作为管接头，管套节的螺纹将连接的两部连在一起。

2. 法兰连接　法兰连接的阀门，其安装和拆卸都比较方便。但是比螺纹连接的笨重，相应价格也比较高，故适用于各种通径和压力的管道连接。但是，当温度超过 350℃时，由于螺栓、垫片和法兰蠕变松弛，会明显地降低螺栓的负荷，对受力较大的法兰连接而言，就可能产生泄漏。

3. 焊接连接　这种连接适用于各种压力和温度，在较苛刻的条件下使用时候，比法兰连接更为可靠。但是焊接连接的阀门拆卸和重新安装都比较困难，所以它的使用通常限于能长期可靠地运行，或使用条件苛刻、温度较高的场合，如火力发电站、核能工程、乙烯工程的管道上。

公称通径在 50mm 以下的焊接阀门通常具有焊接插口来承接带平面端的管道。由于承插焊接在插口于管道间形成缝隙，因而有可能使缝隙受到某些介质的腐蚀，同时管道的振动会使连接部位疲劳，因此承插焊接的使用也受到一定的限制。

在公称通径较大，使用条件苛刻，温度较高的场合，阀体通常采用坡口对焊连接，同时，对焊缝有严格的要求。

1.2.4.3　根据介质性能选用阀门

许多介质都有一定的腐蚀性；同一种介质，随着温度、压力和浓度的变化，其腐蚀性也不同。因此，应该根据材料腐蚀性能，选择适宜于该介质的阀门。

1. 铸铁阀门　灰铸铁阀门：适用于水、蒸汽、石油产品、氨，能在绝大多数的醇、醛、醚、酮、酯等腐蚀性较低的介质中工作。不适用于盐酸、硝酸等介质，但能用于浓硫酸中，这是因为浓硫酸能对其金属表面产生一层钝化膜，以阻止浓硫酸对铸铁的腐蚀。

2. 碳素钢阀门　碳素钢阀门的耐蚀性能与灰铸铁相近，稍逊于灰铸铁。

3. 不锈钢阀门　不锈钢阀门耐大气性优良，能耐硝酸和其他氧化性介质，也能耐碱、水、盐、有机酸及其他有机化合物的腐蚀。但不耐硫酸、盐酸等非氧化性酸的腐蚀，也不耐不干燥的氯化氢、氧化性的氯化物和草酸、乳酸等有机酸。

含钼 2%~4%的不锈钢，如 Cr18Ni12M02Ti 等，其耐蚀性能比铬镍不锈钢更为优越，它在非氧化性酸和热的有机酸、氯化物中的耐蚀性能比铬镍不锈钢好，抗孔蚀性也好。

4. 铜阀门　铜阀门对水、海水、多种盐溶液、有机物有良好的耐蚀性能。对不含氧或氧化剂的硫酸、磷酸、醋酸、稀盐酸等有较好的耐蚀性，同时对碱有很好的抗力。但不耐硝酸、浓硫酸等氧化性酸的腐蚀，也不耐熔融金属、硫和硫化物的腐蚀。切忌与氨接触，因为它能使铜及铜合金产生应力腐蚀破裂。选用时应该注意，铜合金的牌号不同，其耐腐蚀性有一定的差异。

5. 铝阀门　对强氧化性的浓硝酸的耐蚀性好，能耐有机酸和溶剂。但在还原性介质、强酸、强碱中不耐蚀。铝的纯度越高，耐蚀性越好，但强度随之下降，只能用作压力很低的阀门或阀门衬里。

6. 钛阀门　钛是活性金属，在常温下能生成耐蚀性很好的氧化膜。它能耐海水、各种氯化物和次氯酸盐、显氯、氧化性酸、有机酸、碱等的腐蚀。但它不耐较纯的还原性酸，如硫酸、盐酸的腐蚀，却耐含有氧化剂的硝酸腐蚀。钛阀门对孔蚀有良好的抗力，但在红发烟硝酸、氯化物、甲醇等介质中会产生应力腐蚀。

7. 锆阀门　锆也属于活性金属，表面能生成紧密的氧化膜，它对硝酸、铬酸、碱液、熔碱、盐液、尿素、海水等有良好的耐蚀性能，但不耐氢氟酸、浓硫酸、王水的腐蚀，也不耐湿氯和氧化性金属氯化物的腐蚀。

8. 陶瓷阀门　以二氧化硅为主熔化烧结制成的阀门，如氧化锆、氧化铝、氮化硅等，除有极高的耐磨、耐温、隔热性能外，还具有很高的耐蚀能力，除不耐氧氟酸、氟硅酸和强碱外，能耐热浓硝酸、盐酸、王水、盐溶液和有机溶剂等介质。这类阀门如使用了其他材料，选用时，应该考虑其他材料的耐蚀性能。

9. 玻璃阀门　以二氧化硅为主熔化烧结制成的阀门，其耐蚀性能与陶瓷阀门相同。

10. 搪瓷阀门　以二氧化硅为主熔化并烧搪在黑色金属制品上，其耐蚀性能与陶瓷阀门相同。

11. 玻璃钢阀门　玻璃钢的耐蚀性能随着它的胶粘剂而异。环氧树脂玻璃钢能在盐酸、磷酸、稀硫酸和一些有机酸中使用；酚醛玻璃钢的耐蚀性能较好；呋喃玻璃钢有较好的耐碱、耐酸以及综合性耐蚀性能。

12. 塑料阀门　塑料具有一定的耐蚀性能，随着塑料种类的不同，其耐蚀性差异较大。

1.2.4.4　根据介质的温度和压力选用阀门

选用阀门除了考虑介质的腐蚀性能、流量特性、连接形式外，介质的温度和压力是重要的参数。

1. 阀门的使用温度　阀门的使用温度是由制造阀门的材质所确定的。阀门常用材料的使用温度如下：

灰铸铁阀门使用温度为-15~250℃。

可锻铸铁阀门使用温度为-15~250℃。

球墨铸铁阀门使用温度为-30~350℃。

高镍铸铁阀门最高使用温度为400℃。

碳素钢阀门使用温度为-29~450℃，在《电站阀门 一般要求》(JB/T 3595—2002)中推荐使用温度 $t<425$℃。

1Cr5Mo 合金钢阀门最高使用温度为 550℃。

12Cr1MoVAi 合金钢阀门最高使用温度为 570℃。

1Cr18Ni9Ti、1Cr18Ni12M02Ti 不锈钢阀门使用温度为-196~600℃。

铜合金阀门使用温度为-273~250℃。

塑料阀门最高使用温度：

尼龙为 100℃；

氯化聚醚为 100℃；

聚氯乙烯为 60℃；

聚三氟氯乙烯-60~120℃；

聚四氟乙烯-180~150℃。

橡胶隔膜阀，因橡胶种类不同，其使用温度各不相同：

天然橡胶为 60℃；

丁腈橡胶、氯丁橡胶为 80℃；

氟橡胶为 200℃；

阀门衬里用橡胶、塑料时，以橡胶、塑料的耐温性能为准。

陶瓷阀门，因其耐温急变性差，一般用于 150℃以下的工况条件。最近出现一种超性能陶瓷阀门，能耐 1000℃以下的高温。

玻璃阀门，耐温急变性差，一般用于 90℃以下的工况条件。

搪瓷阀门，耐温性能受到密封圈材料的限制，最高使用温度不超过 150℃。

2. 阀门使用的压力　阀门的使用压力是由制造阀门的材料所确定的。

灰铸铁阀门允许使用的最大公称压力为 1MPa；

可锻铸铁阀门允许使用的最大公称压力为 2.5MPa；

球墨铸铁阀门允许使用的最大公称压力为 4.0MPa；

铜合金阀门允许使用的最大公称压力为 2.5MPa；

钛合金阀门允许使用的最大公称压力为 2.5MPa；

碳素钢阀门允许使用的最大公称压力为 32MPa；

合金钢阀门允许使用的最大公称压力为 300MPa；

不锈钢阀门允许使用的最大公称压力为 32MPa；

塑料阀门允许使用的最大公称压力为 0.6MPa；

陶瓷、玻璃、搪瓷阀门允许使用的最大公称压力为 0.6MPa；

玻璃钢阀门允许使用的最大公称压力为 1.6MPa。

3. 阀门温度与压力之间的关系　阀门使用温度与压力有着一定的内在联系，又相互影响。其中，温度是影响的主导因素，一定压力的阀门仅适应于一定温度范围，阀门温度的变化能影响阀门使用压力。

例如：一只碳素钢阀门的公称压力为 10MPa，当介质工作温度为 200℃时，其最大工作压力 p_{20} 为 10MPa；当介质工作温度为 400℃时，其最大工作压力 p_{40} 为 5.4MPa；当介质工作温度为 450℃时，其最大工作压力 p_{54} 为 4.5MPa。

1.2.4.5　根据流量、流速确定阀门的通径

阀门的流量与流速主要取决于阀门的通径，也与阀门的结构型式对介质的阻力有关，同时与阀门的压力、温度及介质的浓度等诸因素有着一定内在联系。阀门的流道面积与流速、流量有着直接关系，而流速与流量是相互依存的两个量。当流量一定时，流速大，流道面积便可小些；流速小，流道面积就可大些。反之，流道面积大，其流速小；流道面积小，其流速大。介质的流速大，阀门通径可以小些，但阻力损失较大，阀门易损坏。流速大，对易燃易爆介质会产生静电效应，造成危险；流速太小，效率低，不经济。对黏度大和易爆的介质，应该取较小的流速。油及黏度大的液体根据黏度大小选择流速，一般取 0.1～2m/s。

一般情况下，流量是已知的，流速可由经验确定。通过流速和流量可以计算阀门的公称通径。

1.2.4.6 根据工况条件和工艺操作综合确定阀门的结构型式

1. 工艺要求　氨对铜有腐蚀作用，不能选用铜材制作的阀门。在介质中含有氨的工艺流程中，截止阀的结构与一般阀门不同，其密封面是用巴氏合金制作的。

双流向的管线应该选用无方向性的阀门。在炼油厂，重质油管停止运行后，要用蒸汽反向吹扫管线，以防重油凝固堵塞管线，因而不宜采用截止阀。因为介质反向流入时，容易冲蚀截止阀密封面，应该选用闸阀为佳。

对某些有析晶或含有沉淀物的介质，不宜选用截止阀和闸阀，因为它们的密封面容易被析晶或沉淀物磨损。选用球阀或旋塞阀较合适，也可选平板闸阀，但最好采用夹管阀。

在闸阀的选型上，明杆单闸板比暗杆双闸板适应腐蚀性介质；单闸板适于黏度大的介质；楔式双闸阀板对高温和对密封面变形的适应性比楔式单闸板要好，不会出现因温度变化产生卡阻现象，特别是比不带弹性的单闸板优越。

需要准确地调节小流量时，不宜选用截止阀，应该采用针形阀或节流阀。在需要保持阀后的压力温度时，应该采用减压阀。对高压和超高压介质，常采用直角式截止阀，因为直角式截止阀通常是锻钢制作的，锻钢的耐压能力相对比铸钢强。

2. 经济合理性　对腐蚀性介质而言，如果温度和压力不高，应该尽量采用非金属阀门；如果温度和压力较高，可用衬里阀门，以节约贵重金属。在选择非金属阀门时，仍应考虑经济合理性。例如，在能够用聚氯乙烯的情况下，就不用聚四氟乙烯，因为聚四氟乙烯比聚氯乙烯的价格要高。

对温度较高、压力较大的场合，应该根据温度和压力的情况合理选用；若普通碳素钢阀门能满足使用要求，就不宜采用合金钢阀门，因为合金钢阀门价格要高得多。

对于黏度较大的介质，要求有较小的流阻，应该采用Y形直流式截止阀、闸阀、球阀、旋塞阀等流阻小的阀门。流阻小的阀门，能源消耗少。

对于低压力、大流量的水、空气等介质，选用大口径闸阀和蝶阀比较合理。蝶阀可作截断用，又能作节流用。

3. 安全可靠性　一般水蒸气管道上可采用球墨铸铁阀门和铸钢阀门。但在室外蒸汽管道上，若停止供汽、水易结冰而使阀门破裂，特别是在我国北方。因此，宜采用铸钢或锻钢阀门，同时要做好阀门的防冻保温工作。

乙炔类易燃易爆的介质，对密封性要求高。压力在0.6MPa以下时，应该采用隔膜阀但不宜用在真空设备的管道上。

对危害性很大的放射性介质和剧毒介质，应该采用波纹管结构的阀门，以防介质从填料函中泄漏。

对于带有驱动装置(电动、液动、气动)的阀门，除要求驱动装置安全可靠外，还要根据工况条件的不同，选用相应的驱动装置。例如，在需要防火的工况条件下，应该选用液动、气动装置的阀门；必须选用电动装置的阀门时，其电动装置应该为防爆型，以避免电弧引起火灾。

4. 操作和维修方便　对于大型阀门和处于高空、高温、高压、危险、远距离的阀门，应该选用齿轮传动、链条传动或带有电动装置、气动装置、液动装置的阀门。

在操作空间受到限制的场合，不宜采用明杆闸阀，以选用暗杆闸阀为好。最好是用蝶阀。对需要快关、快开的阀门，不宜采用一般的闸阀、截止阀，应该根据其他要求，选用球阀、旋塞阀、蝶阀、快开闸阀等。

闸阀和截止阀是阀门中使用量最大的两类阀门，选用时应综合考虑。闸阀流阻小，输送介质的能耗少，但维修困难；截止阀结构简单，维修方便，但流阻较大。水和蒸汽在截止阀中，压力降不大，因而截止阀在水、蒸汽之类介质管道上得到普遍的使用。但在石油产品等黏度较大的介质中，闸阀虽然维修困难，仍然被大量采用。在焊接连接的管道中，应该尽量选用焊接连接的截止阀，不宜选用焊接连接的闸阀。因为在管道上修理闸阀的密封面比修理截止阀的密封面困难得多，而且闸阀在温度变化大的情况下闸板与阀座容易被卡死。

1.2.4.7 自动阀门的选用

自动阀门的选用与一般阀门一样，除要考虑经济合理性、经久耐用外，还要求自动阀门动作灵敏、可靠、调节准确等性能。

1. 止回阀的选用　止回阀的作用是只允许介质向一个方向流动，而且阻止反方向流动。常用的止回阀分升降式和旋启式两种。

在高压和小口径的设备或管道上，通常选用升降式止回阀。要求压力降小的管道，不宜选用升降式止回阀，因其流阻大，而应该选用蝶式止回阀或旋启式止回阀。在压力波动大和有特殊要求的管道上，为了防止阀瓣产生水锤而损坏，应该选用有缓冲装置的旋启式止回阀。口径较大时，选用多瓣旋启式止回阀。在锅炉给水泵的出口处，应该选用专用的空排止回阀，以防止介质倒流，提高泵的效率。用于水泵吸入管底部的止回阀应该选用底阀。

普通的旋启式止回阀或升降式止回阀应该尽量避免口径过大。为了以最小的流速使止回阀瓣全开或开到合适位置，在某些使用情况下，安装止回阀的口径必须比相应的管子的口径要小一些。

为了满足各种用途的需要，止回阀也有多种多样，如：球形止回阀、螺纹升降式截止止回阀、工作无冲击的旋启式止回阀、斜瓣止回阀、圆锥隔膜式止回阀等。

根据介质的不同，阀瓣可以全部用金属制作，也可在金属上镶嵌皮革、橡胶、或者采用合成盖面、热喷涂其他合金材料。

2. 减压阀的选用　减压阀是通过启闭件的节流，将进口压力降至某一个需要的出口压力，并能在进口压力及流量变动时，利用本身介质能量保持出口压力基本不变的阀门。

3. 安全阀的选用　安全阀是一种自动阀门，它不借助任何外力而是利用介质本身的力来排出一额定数量的流体，以防止系统内压力超过预定的安全值。当压力恢复正常后，阀门自行关闭并阻止介质继续流出。安全阀用于锅炉、压力容器和其他受压设备上，作为防超压的安全保护装置。对于一些重要的受压系统，有时需设置两种以上的超压保护装置，在此种情况下，安全阀往往作为最后的一道保护装置，因而其可靠性对设备和人身的安全具有特别重要的意义。

（1）杠杆重锤式安全阀。靠移动重锤位置或改变重锤重力来调节压力。这种安全阀只能固定在设备上，重锤本身质量一般不超过60kg，以免操作困难。铸铁材料制造的杠杆重锤式安全阀适用于公称压力 $PN \leqslant 1.6$MPa、介质温度 $t \leqslant 200$℃的工作条件下；碳素钢材料制造的杠杆重锤式安全阀适用于公称压力 $PN \leqslant 4.0$MPa、介质温度 $t \leqslant 450$℃的工作条件下。杠杆重锤式安全阀主要用于水、蒸汽等工作介质。

（2）弹簧直接载荷式安全阀。是利用压缩弹簧的力以平衡阀瓣的压力，并使其密封。弹簧直接载荷式安全阀具有结构简单、反应灵敏、可靠性好等优点。但因依靠弹簧加载，其载荷大小受到限制，因而不能用于很高压力和很大口径的场合。此外，当被防护系统正常运行时，这种安全阀关闭件密封面上的比压力决定于阀门整定压力同系统正常运行压力之差，是一个不大的值，所以要达到良好的密封效果就比较困难。特别是当阀门关闭件为金属密封面和当阀门整定压力同系统正常运行压力比较接近时，更是如此。这时为了保证必需的密封性往往需要采取特殊的结构型式和进行极精细的加工和装配。弹簧直接载荷式安全阀有封闭式和不封闭式两种。一般易燃、易爆或有毒介质选用封闭式。蒸汽或惰性气体等可选用不封闭式。弹簧直接载荷式安全阀有的带扳手，有的不带扳手。扳手的作用是检查阀瓣的灵敏度。

（3）先导式安全阀。是一种依靠从导阀排出介质来驱动或控制的安全阀，该导阀本身应是符合标准要求的直接载荷式安全阀。由于先导式安全阀的主阀通常利用工作介质压力加载，其载荷大小不受限制，因而可用于高压、大口径的场合。同时，因其主阀可设计成依靠工作介质压力密封的形式，或者可以对阀瓣施加直接载荷式安全阀大得多的载荷，因而主阀的密封性容易得到保证。此外，这类安全阀的动作可以较少受背压变化的影响，但是先导式安全阀的可靠性同主阀和导阀两者有关，而且结构比较复杂，为了提高可靠性，规范往往要求采用多重先导控制管路。这样就更增加了整个保护系统的复杂程度。基于上述原因，先导式安全阀与弹簧直接载荷式安全阀无论在流程工业还是在电力工业中都有着广泛的应用，并各自发展、共同构成了安全阀结构发展的主流。

（4）安全阀的选用要求。选用安全阀时，通常由操作压力决定安全阀的公称压力，由操作温度决定安全阀的使用温度范围，由计算出的安全阀的定压值决定弹簧或杠杆的调压范围，根据使用介质决定安全阀的材料和结构形式，根据安全阀的排放量计算出安全阀的喷嘴截面积或喷嘴直径，以选取安全阀型号和个数。

弹簧直接载荷式安全阀的工作压力等级共有五种工作压力级。选择时，除了注明产品型号、名称、介质、温度外，还应该注明弹簧的压力等级。

安全阀的进出和出口分别处于高压和低压两侧，所以连接法兰也相应的需采用不同的压力等级。

当介质经由安全阀排放时，其压力降低，体积膨胀，流速增加，故安全阀的出口通径大于进口通径。对于微启式安全阀，其出口通径等于进口通径，这是因为其排量小，又常用于液体介质。而全启式安全阀的排量大，多用于气体介质，故其出口通径一般比公称通径大一级。

安全阀应该有足够的灵敏度，当达到开启压力时，应该无阻碍地开启；当达到排放压力时，阀瓣应该全部开启，并达到额定排量，当压力降到回座压力时，阀门应该及时关闭，并保持密封。

当装设两只安全阀时，其中一个为控制安全阀，另一个为工作安全阀。控制安全阀的开启压力应该略低于工作安全阀的开启压力，以避免两个安全阀同时开启而使排气量过多。

4. 疏水阀的选用　疏水阀是从储有蒸汽的密闭容器内自动排出凝结水，同时保持不泄漏新鲜蒸汽的一种自动装置，在必要时也允许蒸汽按照预定的流量通过。在现代社会中，蒸汽广泛地应用于工业生产和生活设施中，无论在蒸汽的输送管道系统，还是利用蒸汽来进行加热、干燥、保温、消毒、蒸煮、浓缩、换热、采暖、空调等工艺过程中所产生的凝结水，都需要通过蒸汽疏水阀排除干净，而不允许蒸汽泄漏掉。

（1）机械型蒸汽疏水阀。这类疏水阀主要有密闭浮子式、敞口向上浮子式、敞口向下浮子式等。这类型式的蒸汽疏水阀的工作原理运用了古老的阿基米德原理，性能可靠，能排出饱和水；但是体积比较大，较笨重。又由于颠簸摇摆的环境对其阻汽排水性能有相当的影响，因此，不能在火车、轮船及有较大震动的装置上使用。

（2）热静力型蒸汽疏水阀。这类疏水阀主要有蒸汽压力式蒸汽疏水阀、双金属片式或热弹性元件式蒸汽疏水阀、液体或固体膨胀式蒸汽疏水阀。这类疏水阀几乎与机械型疏水阀同时出现，最初是金属膨胀式蒸汽疏水阀，利用阀杆材料冷缩热胀的物理性能和凝结水温度的变化而实现阻汽排水作用。但是这种型式的蒸汽疏水阀不能适应蒸汽压力变化较大和凝结水水量稳定的场合，后来研制出利用液体膨胀的压力平衡波纹管式蒸汽疏水阀，以上问题得到了初步解决。随着材料科学技术的发展，双金属片得到了广泛应用，研制出了双金属片式蒸汽疏水阀，它是利用双金属片受到温度变化而产生的变形实现阻汽排水作用的。这种疏水阀体积小、重量轻，能排除大量空气，但是成本高。

(3) 热动力型蒸汽疏水阀。这类疏水阀有盘式蒸汽疏水阀、脉冲式蒸汽疏水阀、迷宫式蒸汽疏水阀、孔板式蒸汽疏水阀。盘式蒸汽疏水阀是利用蒸汽的流速与凝结水流速的差别而实现阻汽排水动作，这种蒸汽疏水阀体积小、重量轻、结构简单，但排空气性能较差。脉冲式蒸汽疏水阀也具有体积小、重量轻的特点，但结构复杂，制造精度要求高、价格贵。

(4) 疏水阀的选用。由于各种型式的蒸汽疏水阀各有不同的优缺点和不同的适用条件，因此多年以来各种型式的蒸汽疏水阀长期并存，应用于各种工业管道中。在诸多型式的疏水阀中，必须正确地选择适合某一系统中的疏水阀，因为这对系统的正常运行影响很大，选择恰当可提高热效率和节省燃料。

1.2.5　阀门的安装

阀门的安装是阀门配套于管道和装置的重要一步，其安装质量的好坏，直接影响以后的使用和维修。

1.2.5.1　阀门安装要求

无论哪类阀门，其安装应该确保安全，有利于操作、维修和拆装。

首先，维修工和管道工应该学会识别管线安装图及各类阀门表示符号，按图施工；必要时，对一般阀门安装位置和走向的改进，有自行处理的能力。

安装阀门时，阀门的操作机构离操作地面宜在 1.2m 左右。当阀门的中心和手轮离操作地面超过 1.8m 时，应该对操作频繁的阀门设置操作平台。阀门较多的管道，阀门尽量集中安装在平台上，便于操作。

对高度超过 1.8m 并且不经常操作的单个阀门，可采用链轮、延伸杆、活动平台以及活动梯等设施。当阀门安装在操作地面以下时，应该设置伸长杆或地井。为安全起见，地井应该加盖板。

水平管道上的阀门，其阀杆最好垂直向上，不宜将阀杆朝下安装；阀杆朝下不仅操作、维修不便，阀门还容易腐蚀。落地阀门安装位置倾斜，也会使操作不便。

并排安装在管道上的阀门，应该有操作、维修、拆装的空间位置，其手轮之间的净距不得小于 100mm；如间距较窄，应该将阀门交错排列。

对开启力矩大、强度较低、脆性和重量较大的阀门，应该设置阀架，以便支撑阀门，并减少支管道上的阀门，尽量将阀门安装在靠近总管道的位置上。

减压阀不应该安装在靠近容易受冲击的地方，应该考虑其所在位置振动较小、环境宽敞、便于维修。

室内设备或管道上的蒸汽安全阀，应该引至室外偏僻处排放蒸汽。油气安全阀，如果需要排放在大气中，其安装位置应该高于屋顶。对于有毒、易燃易爆的介质，安全阀应该由封闭管线排放收集。

1.2.5.2　阀门安装姿态

阀门的安装与其他机械设备安装一样，有一个安装姿态问题，阀门的正确安装姿态应是内部结构、型式符合介质的流向，安装姿态符合阀门结构型式的特定要求和操作要求。另外，正确姿态含有整齐划一、美观大方之感，它是现代艺术造型中，技术性与艺术性两者有机的结合。

1. 阀门安装方向　不少阀门对介质的流向都有具体规定，安装时应该使介质的流向与阀体上箭头的指向一致。阀门上没有注明箭头时，应该按照阀门的结构原理正确识别，切勿装反，否则，将会影响使用效果，甚至引起故障，造成事故。

(1) 闸阀一般没有规定介质流向，但用于深冷介质的闸阀，为了防止关闭后阀腔内介质因温升而膨胀，造成危险，在介质进口侧的闸板上有一个卸压孔。

截止阀(除特殊截止阀外)介质的流向一般从阀瓣下方流经密封面。安装时，应该按照阀体箭头指向识别方向。如果介质流向从密封面流经阀座下面，截止阀关闭后，填料仍受压，不利于填料更换；开启时操作费力，开启后介质阻力增大，密封面会受到冲蚀。因此，截止阀的方向不能装反。

(2) 止回阀的介质流向是从阀瓣下面冲开阀瓣；旋启式止回阀的阀体上有箭头指示，其介质是从阀瓣密封面流向出口端的；如果安装反向，容易造成事故。

(3) 蝶阀一般是有方向性的。安装时介质流向与阀体上所示箭头方向一致，即介质应该从阀的旋转轴(或阀杆)向密封面方向流过。中心垂直板式蝶阀的安装无方向性。

(4) 节流阀的介质流向也有方向性，阀体上有箭头指示。介质流向应是自下而上，装反了会影响节流阀的使用效果和寿命。

(5) 安全阀的介质流向从阀瓣下向上流动，如果反向安装，将会酿成重大事故。

(6) 减压阀的介质流向应该与阀体上箭头指向一致，如果反向安装，将根本不起减压作用。

(7) 疏水阀的介质流向因结构型式的不同而异，应该按照产品说明书和指示箭头方向安装。热动力式疏水阀，介质流经过滤网至阀座中心孔，从密封面上流出；脉冲式疏水阀，介质流经控制室至阀瓣排泄孔流出或者介质从阀座上面向下流出；钟形浮子式疏水阀，介质流经吊桶下面，再经排出孔排出；浮球式疏水阀，介质从阀上面流入，然后从阀下面的排出孔排出；浮桶式疏水阀，介质从浮桶上面流入，经过浮桶从排出孔流出；波纹管式疏水阀，介质流经波纹管，使波纹管伸长而打开阀瓣后流出；双金属式疏水阀，介质流经双金属片后，从排出孔排出。

(8)大多数隔膜阀的介质流向均为双向性。球阀、旋塞阀的介质流向为双向性，三通或四通阀门为多方向性流向。

2. 阀门安装姿态　不同类型的阀门有不同的安装姿态。

(1) 闸阀是双闸板结构的，应该直立安装，即阀杆处于铅垂位置，手轮在上面。对单闸板结构的，可在任意角度上安装，但不允许倒装。对带有传动装置的闸阀，如齿轮、蜗轮、电动、气动、液动闸阀，按照产品说明书安装，一般阀杆铅垂安装为好。

(2) 截止阀、节流阀可安装在设备或管道的任意位置，带传动装置的阀门应该按照产品说明书规定安装。截止阀阀杆水平安装会使阀瓣与阀座不同轴线，有位移现象，密封面容易掉线，发生泄漏，因此，截止阀阀杆应该尽量铅垂安装为好。节流阀需经常操作、调节流量，压安装在较宽敞的位置。

(3) 升降式止回阀，只能水平安装在管道上，阀瓣的轴线呈铅垂状。弹簧立式升降式止回阀、旋启式止回阀可水平安装在管道上，也可安装在介质自下向上流动的竖管上。旋启式摇杆销轴安装时应该保持水平位置。

（4）球阀、蝶阀和隔膜阀可安装在设备和管道上的任意位置，但带有传动装置的，应该直立安装，即传动装置处于铅垂位置。安装应该注意有利操作和检查。三通球阀宜直立安装。

（5）旋塞阀可在任意位置上安装，但应该有利观看沟槽、方便操作。对三通或四通旋塞阀适用于直立或小于 90°装在管道上。

（6）安全阀不管是杠杆式或弹簧式，都应该直立安装，阀杆与水平面应该保持良好的垂直度。安全阀的出口应该避免有背压现象，如出口有排泄管，应该不小于该阀的出口通径。

（7）为了操作、调整、维修的方便，减压阀一般安装在水平管道上。安装的方法和要求应该按产品说明书规定。波纹管式减压阀用于蒸汽时，波纹管向下安装，用于空气时阀门反向安装。

（8）疏水阀一般安装在水平管道上，热动力式还可安装在其他方向。疏水阀具体安装方法按照使用说明书进行。疏水阀安装地方通常在饱和蒸汽管的末端或最低点，蒸汽伴热管的末端最低点，蒸汽不经常流动的死端，但又是最低点；经常处于热备用状态的设备进汽管的最低点；蒸汽系统的减压阀前、调节阀前位置；蒸汽分水器及蒸汽加热等设备下部及需要经常疏水的地方。

1.2.5.3　**阀门防护设施**

在安装时，为了保持操作温度，在阀门外部设置保温设施；为了防止金属、砂粒等异物侵入阀内，损坏密封面，需要设置过滤器和冲洗阀；为了保持压缩空气净化，在阀前需设置油水分离器或者空气过滤器；考虑到操作时能检查阀门工作状态，需要设置仪表和检查阀；为了阀后的安全，需要设置安全阀或止回阀；考虑到阀门的连续工作，便于维修，设立了并联系统或旁路系统等。以上这些防护设施，目的就是力图使阀门正常工作。

1. 安全阀的防护设施　一般情况下，安全阀前后不设置隔断阀，只有在个别情况下，安全阀前后才设置隔断阀。如介质中含有固体杂质，影响安全阀起跳后不能关严时，要在安全阀前面安装一只带铅封的闸阀，闸阀应该在全开位置，闸阀与安全阀之间装设一只通往大气的 *DN* 20 的检查阀。

当安全阀泄放的蜡、酚等介质在常温下为固体状态时，或者减压汽化而使轻质液态烃等介质温度低于 0℃时，安全阀需加蒸汽伴热。

用于腐蚀性介质的安全阀，视阀门耐蚀性能，考虑在阀进口处加耐腐蚀的防爆膜。

气体安全阀一般按其通径，设置一个旁路阀，作为手动放空用。

2. 止回阀的防护设施　为了防止止回阀泄漏或失效后介质倒流，引起产品质量下降，造成事故等不良后果，止回阀前后设置一个或两个切断阀。如果设置两个切断阀，可便于止回阀拆卸下来维修。

3. 疏水阀的防护设施　疏水阀安装通常分为有带旁通管和不带旁通管之分；有凝结水回收和凝结水回收和凝结水不回收之分；排水量大以及其他特殊要求的疏水阀，可采用并联形式的安装设施。

（1）带旁通管的疏水阀，其主要作用在管道开始运行时，用来排放大量的凝结水。检修疏水阀时候，用旁通管排放凝结水是不适当的，这样会使蒸汽窜入回水系统，破坏其他热用设备和回水系统压力的平衡。一般情况下，可不装旁通管。只是对加热温度有严格要求，连续生产的热用设备才装旁通管。

(2) 凝结水回收的疏水阀安装设施，凝结水从较高处流入疏水阀前，设置有切断阀(隔断阀)、过滤器，切断阀前有冲洗管。疏水阀后有切断阀、止回阀，凝结水回收管，疏水阀与切断阀之间有检查管。

(3) 凝结水不回收的疏水阀安装设施，凝结水从疏水阀排出后，直接流入明沟，没有其他设施。

(4) 冲洗管的作用是放气和冲洗管道，上有排污阀。检查管的作用是检查疏水阀工作状态的，上有切断阀。过滤器(又称除污器)设置在疏水阀前面，热动力式疏水阀自身有过滤器的，可不设过滤器，其他疏水阀一般都设置过滤器。止回阀是防止凝结水倒流到疏水阀内而设置的，它用在凝结水回收系统中。

(5) 减压阀安装设施的三种形式：①活塞式减压阀立式安装；②活塞式减压阀水平安装；③薄膜式和波纹管式减压阀安装。

(6) 减压阀前后装有压力表，以便观察阀前后压力变化情况。阀后还装有封闭式安全阀，以防止减压阀失效后，阀后压力超过正常压力时起跳，保护阀后系统。泄水管装在阀前切断阀前面，主要是排水和冲洗作用，有的采用疏水阀。

(7) 旁通管主要作用是当减压阀出现故障后，关闭减压阀前后的切断阀，打开旁通阀，手工调节流量，起临时流通作用，以便检修减压阀或更换减压阀。

(8) 对于阀前管线长，介质带杂物较多的，应该设置过滤器，过滤器在减压阀前，压缩空气要求净化程度较高的，可不安装泄水管，应该在减压阀前装置油水分离器，必要时装置空气过滤器。减压阀后的管道应该比阀门公称通径大0.25~0.5倍。

1.2.5.4 阀门安装作业

1. 阀门的安装　应该按照阀门使用说明书和有关规定执行。阀门安装前，应该对试压过的阀门，查对规格型号是否相符。核实无误后，做好阀门内外的清洁，检查阀门各个部件，没有装填料的，应该按照介质的工作条件选好填料，并装好。开启阀门，检查阀门转动是否灵活，密封面有无碰伤。确认无疑后，可着手安装。

安装阀门的管道和设备，应该进行吹扫和冲洗，清除管道和设备中油污、焊渣和其他杂物，以防擦伤阀门密封面，堵塞阀门。

2. 超过 *DN* 100 的阀门安装　应该有起吊工具和设备，起吊的绳索应该系在阀门的法兰处或支架上，轻吊轻放。不允许把绳索系在阀杆和手轮上，以免损坏工件。

3. 安装法兰连接的阀门　阀门法兰与管道法兰应该平行，法兰间隙适当，不应该出现错口、翻口或张口等缺陷。法兰间的垫片应该放置正中，不能偏斜。螺栓应该对称匀紧，不可过紧或过松，螺栓拧好后，用塞尺检查法兰间各方位的预留间隙，间隙应该合适、一致。

4. 安装螺纹阀门　安装螺纹阀门最好在阀门两端设置活接头，螺纹密封材料，视情况用铅油麻纤维、聚四氟乙烯生胶带或密封胶，注意不要把密封材料弄到阀门内腔里。对铸铁和非金属阀门，螺纹不要拧得过紧，以免胀破阀门。

5. 安装焊接连接阀门　安装焊接连接阀门时，阀门与管道接口要对准，管道应该能够微量移动，避免阀门受到管道的约制，可防止阀体发生变形。阀门与管道对准后点焊好，然后全开启闭件，按照焊接规范进行施焊，整体焊牢，不能有气孔、夹渣、咬肉、裂纹等缺陷。焊接完毕后，应该对焊缝进行检查，对一些重要部位的阀门焊接处还应该进行X射线检查，然后对管道和阀门进行吹扫、冲洗。

1.2.6 阀门的操作

阀门安装好后，操作人员应该能熟悉和掌握阀门传动装置的结构和性能，正确识别阀门方向、开度标志、指示信号。还能熟练准确地调节和操作阀门，及时果断地处理各种应该急故障。阀门操作正确与否，直接影响使用寿命，关系到设备和装置平稳生产，甚至整个系统的安全。

1.2.6.1 手动阀门的操作

手动阀门，是通过手柄、手轮操作的阀门，是设备管道上使用普遍的一种阀门。它的手柄、手轮旋转方向顺时针为关闭，逆时针为开启。但也有个别阀门开启与上述开启相反。因此，操作前应该注意检查启闭标志后再操作。

1. 阀门上的手轮、手柄的操作　阀门上的手轮、手柄的操作是按照正常人力设计的，因此，在阀门使用上规定，不允许操作者借助杠杆和长扳手开启或关闭阀门。手轮、手柄的直径(长度)≤320mm 的，只允许一个人操作；直径≥320mm 的手轮，允许两人共同操作，或者允许一人借助适当的杠杆(长度一般不超过 0.5m)操作阀门。但隔膜阀、夹管阀、非金属阀门是严禁使用杠杆或长扳手操作的，也不允许过猛关阀门。

2. 闸阀和截止阀的操作　闸阀和截止阀之类的阀门，关闭或开启到头(即下死点或上死点)要回转 1/4~1/2 圈，使螺纹更好密合，有利操作时检查，以免拧得过紧，损坏阀件。有的操作人员习惯使用杠杆和长扳手操作，认为关闭力越大越好，其实不然。这样会造成阀门过早损坏，甚至酿成事故。除撞击式手轮外，实践证明，过大过猛地操作阀门，容易损坏手柄、手轮，擦伤阀杆和密封面，甚至压坏密封面。手轮、手柄损坏或丢失后，不允许用活扳手代用，应该及时配制。

较大口径的蝶阀、闸阀和截止阀，有的设有旁通阀，它的作用是平衡进出口压差的，减少开启力。开启时，应该先打开旁通阀，待阀门两边压差减小后，再开启阀门。关闭阀门时，首先关闭旁通阀，然后再关闭阀门。

3. 蒸汽介质的阀门的操作　开启蒸汽介质的阀门时，必须先将管道预热，排除凝结水，开启时，要缓慢进行，以免产生水锤现象，损坏阀门和设备。

4. 球阀、蝶阀、旋塞阀操作　开启球阀、蝶阀、旋塞阀时，当阀杆顶面的沟槽与通道平行，表明阀门在全开启位置；当阀杆向左或向右旋转 90°时，沟槽与通道垂直，表明阀门在全关闭位置。有的球阀、碟阀、旋塞阀以扳手与通道平行为开启，垂直为关闭。三通、四通阀门的操作应该按照开启、关闭、换向的顺序进行。操作完毕后，应该取下活动手柄。

5. 有标尺的闸阀和节流阀的操作　对有标尺的闸阀和节流阀，应该检查调试好全开或全闭的指示位置。明杆闸阀、截止阀也应记住它们全开和全关位置，这样可以避免全开时顶撞死点。阀门全关时，可借助标尺和记号，发现关闭件脱落或闸板下降时顶住异物，以便排除故障。

6. 阀门操作的注意事项　不同的阀门有不同的操作方式。

(1) 操作阀门时，不能把闸阀、截止阀等阀门作节流阀用，这样容易冲蚀密封面，使阀门过早损坏。

(2) 新安装的管道、设备、阀门，内面脏物、焊渣等杂物较多，常开阀门密封面上也容易粘有脏物，应该采用微开方法，让高速介质冲走这些异物，再轻轻关闭。经过几次这样微开微闭便可冲刷干净。

(3) 有的阀门关闭后，温度下降，阀件收缩，使密封面产生细小缝隙，出现泄漏，这样应该在关闭阀门后，在适当的时候再关闭一次阀门。

1.2.6.2 **带驱动装置阀门的操作**

带驱动装置阀门不靠手动来开启、关闭阀门，而是靠电动、电磁动、液动、气动等能源来启闭阀门的。操作者应该对带驱动装置阀门的结构原理、操作规程有全面的了解，并具有独立操作和处理事故的能力。

1. 电动装置驱动的阀门的操作　电动装置在启动时，应该按照电气盘上的起动按钮，电动机随即开动，阀门开启，到一定时间，电动机自动停止运转，在电气盘上的“已开启”信号灯应该明亮；如果阀门关闭时候，应该按照电气盘上的关闭按钮，阀门向关闭方向运转，到一定时间，阀门全关，这时“已关闭”信号灯已亮。阀门运转中，正处于开启或关闭的中间状态的信号灯应该相应指示。阀门指示信号与实际动作相符，并能关得严、打得开，说明电动装置正常。如果运转中，或阀门已全开或全关时，信号灯不亮，而事故信号灯打开，说明传动装置不正常。这时需要检查原因，进行修理，重新调试。重新调试可参照阀门电动装置使用说明书。

电动装置因故障或关闭不严，需及时处理时，应该将动作把柄拨至手动位置，顺时针方向转动手轮为关闭阀门，逆时针方向转动手轮开启阀门。

电动装置在运转中不能按照反向按钮，由于错误动作需要纠正时，应该先按照停止按钮，然后再启动。

2. 电磁动阀门的操作　按照动启动按钮，阀门在电磁力的驱动下，随即开启。切断电源，电磁力消失，阀瓣借助流体自身压力或加上弹簧压力，把阀门关闭。

3. 气动、液动阀门的操作　气动或液动阀门，在汽缸体上方和下方各有一个气管或液管，与动力源联通(气力或液力)，关闭阀门时，打开上方管道的控制阀，让压缩空气或带压液体进入缸体上部，使活塞向下驱动阀杆关闭阀门。反之，关闭汽缸上部管道的进气(液)阀，打开其回路阀，使介质回流，同时打开汽缸下部管道控制阀，使压缩空气或带压液体进入缸体下部，使活塞向上驱动阀杆打开阀门。

气动阀门还有常开式和常闭式两种形式。常开式只是活塞上部有气管，下部是弹簧，需要关闭时候，打开气管控制阀，使压缩空气进入汽缸上部，压缩弹簧，关闭阀门。当要开启阀门时候，打开回路阀，气体排出，弹簧复位，使阀门开启。常闭式气动阀门正好与常开式气动阀门相反，弹簧在活塞上部，气管在汽缸下部，打开控制阀后，压缩空气进入汽缸，阀门开启。

气动、液动装置驱动的阀门运转是否正常，可以从阀杆上下位置，反馈在控制盘上的信号等方面反映出来：如果阀门关闭不严，可调整汽缸底部的调节螺母，使调节螺母调下一点，即可消除。

如果气动、液动装置出现故障，而需要及时开启或关闭时，应该采用手动操作。有一种气动装置，在汽缸上部有一个圆环杆与阀杆连接，阀门气动不能动作时，需要用一杠杆套在圆环中，抬起圆环为开启，压紧圆环为关闭。这种手动机构很吃力，只能解决暂时困难。现有一种气动带手动闸阀，阀门在正常情况下，手动机构上手柄处于气动位置。当气源发生故障或者气流中断后，首先切断气源通路。并打开汽缸回路上回路阀，并将手动机构上手柄从气动位置扳到手动位置，这时开合螺母与传动丝杆啮合，转动手轮即可开启或关闭阀。

1.2.6.3　**自动阀门的操作**

自动阀门的操作不多，主要是操作人员在启用时调整和运行中的检查。

1. 安全阀　安全阀在安装前就经过了试压、定压，为了安全起见，有的安全阀需要现场校验。如电站上蒸汽安全阀，需要现场校验，称之为“热校验”。在进行校验时，应该有组织、有准备的进行，并应该分工明确。热校验应用标准表，定压值不准的，应该按规定调整。弹簧选用的压力段与使用压力相适应，重锤应该左右调整至定压值，固定下来。

安全阀运行时间较长时，操作人员应该注意检查安全阀，检查时，人避开安全阀出口处，检查安全阀的铅封，用手扳起有扳手的安全阀，间隔一段时间开启一次，泄除脏物，校验安全阀的灵活性。

2. 疏水阀　疏水阀是容易被水污等杂物堵塞的阀门。启用时，首先打开冲洗阀，冲洗管道，有旁通管的，可以打开旁通阀作短暂冲洗。没有冲洗管和旁通管的疏水阀，可拆下疏水阀，打开切断阀冲洗后，再关好切断阀，装上疏水阀，然后再打开切断阀，启用疏水阀。并联疏水阀，如果排放凝结水不影响的话，可采用轮流冲洗，轮流使用的方法：操作时，先关上疏水阀前后的切断阀，然后，再打开另一疏水阀前后的切断阀。也可打开检查阀，检查疏水阀工作情况，如果蒸汽冲出较多，说明该阀工作不正常，如果只排水，说明工作正常。回过头来，再打开刚才关闭的疏水阀的检查阀，排出存下的凝结水，如果凝结水不断地流出，表明检查管前后的阀门泄漏，需找出是哪一个阀门泄漏。不回收凝结水的疏水阀，打开阀前的切断阀便可使疏水阀工作，工作正常与否，可从疏水阀出口处检查得到。

3. 减压阀　减压阀启用前，应该打开旁通阀或冲洗阀，清扫管道脏物，管道冲洗干净后，关闭旁通阀和冲洗阀，然后启用减压阀。有的蒸汽减压阀前有疏水阀，需要先开启，再微开减压阀后的切断阀，最后把减压阀前的切断阀打开，观看减压阀前后的压力表，调整减压阀调节螺钉，使阀后压力达到预定值，随即慢慢地开启减压阀后的切断阀，校正阀后压力，直到满意为止。固定好调节螺钉，盖好防护帽。

如果减压阀出现故障或要修理时，应该先慢慢地打开旁通阀，同时关闭阀前切断，手工大致调节旁通阀，使减压阀后压力基本上稳定在预定值上下，再关闭减压阀后的切断阀，更换或修理减压阀。待减压阀更换或修理好后，再恢复正常。

4. 止回阀　止回阀的操作应该避免因阀门关闭而造成的过高的冲击力，还应该避免阀门关闭件的快速振动动作。

为了避免因关闭阀门而形成的过高冲击压力，阀门必须迅速关闭，从而防止形成极大的倒流速度，该倒流速度就是在阀门突然关闭时形成冲击压力的原因。因此，阀门的关闭速度应该与顺流介质的衰减速度正确匹配。

阀门的活动件若磨损过快，则会导致阀门过早失灵。为了防止这种情况发生，必须避免关闭件产生快速振荡动作。这种关闭件的快速振荡动作，可以通过选定能够迫使关闭件有稳定介质流动速度的阀门来予以避免。这种理想的情况不是经常可以获得地的。例如，假使顺流介质的速度变化范围很大，则最小的流速就不足以迫使关闭件稳定地停止。在这种情况下，关闭件的运动可在其动作行程的一定范围内用阻尼器来加以抑制。如果介质为脉动流，则止回阀应该尽可能置于远离脉动源的地方。关闭件的快速振荡也是由极度的介质扰动所引起，凡是存在这种情况，止回阀应该安置在介质扰动最小的地方。

1.2.6.4 **阀门操作中注意事项**

阀门操作的过程，同时也是检查和处理阀门的过程。需要注意事项如下：

1. 高温阀门　当温度升高到200℃以上时，螺栓受热伸长，容易使阀门密封不严，这时需要对螺栓进行“热紧”，在热紧时，不宜在阀门全关位置上进行。以免阀杆顶死，导致以后开启困难。

2. 阀门防冻　气温在0℃以下的季节，对停汽和停水的阀门，要注意打开阀底螺丝堵头，排出凝结水和积水，以免冻裂阀门。对不能排除积水的阀门和间断工作的阀门应该注意保温工作。

3. 压盖及填料　填料压盖不宜压得过紧，应该以阀杆操作灵活为准。那种认为压盖压得越紧越好是错误的，因为它会加快阀杆的磨损，增大操作扭力。没有保护措施条件下，不要随便带压更换或添加盘根填料。

4. 及时发现问题及解决　在操作中通过听、闻、看、摸所发现的异常现象，操作人员要认真分析原因。属于能力范围内可解决的，应该及时消除，需要修理工解决的，不要勉强凑合，以免延误修理时机。

5. 操作记录　操作人员应该有专门日志或记录本，注意记载各类阀门运行情况，特别是一些重要的阀门、高温高压阀门和特殊阀门(包括阀门的传动装置)，写明阀门发生的故障及其原因、处理方法、更换的零件等。建立专门日志，责任明确，有利加强管理。

1.3 机泵拆装实训

1.3.1 实训目的

(1) 掌握离心泵及压缩机机械结构；

(2) 了解机泵检修规程；

(3) 掌握离心泵及压缩机的拆卸与安装；

(4) 了解离心泵及压缩机试车及验收。

1.3.2 离心油泵的拆装

1.3.2.1 **离心油泵简介**

1. 用途　用来输送不含固体颗粒的石油、汽油、煤油及柴油等石油产品，也可用来输送清水或其他无腐蚀性的液体。被输送介质温度在Y型及YS型卧式离心油泵内为-45~400℃。

2. 型号意义　离心油泵50Y-60×2。

50——泵吸入口直径，mm；

Y——离心式油泵代号；

60——泵设计点单级扬程值，m；

2——叶轮个数，级数。

1.3.2.2　离心式油泵检修规程

1. 检修周期及内容　检修周期分为小修 3~4 个月；大修 12~18 个月。检修内容分为大修内容和小修内容。

（1）小修

① 检修机械密封或更换填料；

② 检修轴承、调整间隙和校核联轴节同轴度；

③ 清扫并修理冷却水、封油和润滑系统；

④ 检查修理在运行中发生的缺陷和渗漏或更换零件并紧固各部位螺栓。

（2）大修

① 包括小修项目；

② 解体检查各零部件磨损、腐蚀和冲蚀程序，必要时进行修理和更换；

③ 检修和调整主轴心线不直度；

④ 校核转子径向与端面跳动，必要时做静平衡；

⑤ 检查轴承；

⑥ 检查调整轴套、填料、压盖、口环、耐磨衬板、环形压出室、泵体和脱架等各处的间隙；

⑦ 测量并调整泵体水平度，消除泵体上因进出口管线支架下沉和吊装松动带来的附加应力；

⑧ 校验压力表，更换润滑油。

2. 检修方法及质量标准

（1）主轴部分

① 轴颈的圆柱度不得大于轴径的 1/2000，最大不得超过 0.03mm。且表面不得有伤痕，表面粗糙度 Ra 不高于 0.8μm。

② 以两轴颈为基准，测联轴节和轴中段的径向跳动，其允许误差 0.03~0.05mm。

③ 键与槽结合应紧密，不许加垫片，键与轴的键槽配合过盈量应符合要求(N9/h9)。

（2）转子部分

① 转子的跳动量不得超过 0.04~0.08mm。

② 轴套与轴不得采用同一种材料，以免咬死；

③ 轴套端面对轴心的垂直度不得大于 0.01mm；

④ 轴套与轴的接触面粗糙度均不低于 1.6μm，采用 D/d 配合(H7/h6)。

（3）叶轮

① 叶轮在轴上的配合一般采用 D/gd(H7/js6)配合；

② 新装叶轮应找静平衡，找静平衡时在叶轮外径上允许的不平衡重在 3000r/min 工作时，叶轮不得大于 3~10g 的规定；

③ 叶轮应用去重法进行平衡，但削去的厚度不得大于壁厚的 1/3；

④ 叶轮应无砂眼、穿孔、裂纹或因冲蚀使壁厚严重减薄；

⑤ 叶轮与轴配合时，键顶部应有 0.1~0.4mm 间隙。

（4）滚动轴承

① 径向轴承与轴配合采用 k6 配合；

② 止推轴承与轴配合采用 js6 配合，止推轴承不应压死，一般有 0.02～0.06mm 间隙；

③ 滚动轴承拆装时，应使用专用工具，要求采用热装，用热油加热到 100～120℃，但严禁直接用火焰加热；

④ 滚动轴承的滚子与滑道表面应无腐蚀，坑疤与斑点。

（5）轴向密封

① 压盖和静环座必须均匀把紧；

② 压盖和填料函止口的配合为 D4/d4(H7/h8)；

③ 机械密封压盖中，静环内端面防转槽根部与防转销应保持有 1～2mm 轴向间隙，以防止压不紧密封圈和蹩劲；

④动环安装。

零件质量应严格符合技术标准；机械密封的弹簧旋向和轴的转动方向要一致，弹簧压缩量一定要符合规定要求，不要任意加大或减小压缩量。

（6）壳体部分

① 壳体密封环与叶轮的间隙 0.60～1.00mm；

② 环形压出室和耐磨衬板之间的配合采用 D4/d4(H8/h8)；

③ 托架止口和泵体的配合采用 D/d(H7/h7)。

（7）联轴节

① 联轴节与轴配合采用 D/gd(H7/js6)；

② 联轴节两端面间隙一般为 3～5mm；

③ 安装弹性圆柱联轴节时，其橡胶圈与柱销应为过盈配合并有一定压紧力，橡胶圈与联轴节的直径间隙应为 1～1.5mm；

④ 联轴节找正时，电动机下边的垫片每组不得超过 4 块。

3. 维护

（1）离心泵不得采用关小进口阀的办法控制流量；

（2）经常检查出口压力变动和泵体震动情况；

（3）严格执行《炼化厂设备润滑管理制度》各项规定；

（4）保持封油压力比泵出口压力高 0.5～1.5kgf/cm^2；

（5）检查泵运转无杂音，发现有异常状态时应及时处理；

（6）经常检查备用泵状态，每班手动盘车(180°)一次；

（7）发现不符合本规程规定时应立即处理；

（8）热油泵停车时，每隔半小时盘车一次，直到 100℃为止，但密封油、冷却水要正常供给到常温；

（9）定期校验压力表。

1.3.2.3 50Y-60×2 离心式油泵的拆卸步骤

1. 拆卸准备　先拆除联轴器护罩放油。

（1）拆除联轴器护罩；

（2）盘车、检查转手有无卡阻或不均匀现象，以判断转子状况；

（3）装上找正表架，检测联轴器同轴度；

（4）放油、松开或卸下轴承上丝堵，将废油盘放置在丝堵处，作好接油准备，然后，将放油丝堵挟下，注意不要使油流出油盘以外；

(5) 断开与托架联节的附属管道；

(6) 拆下中间联轴器，同时检查联轴器柱销及橡胶弹性圈有无损坏，旋上螺母，摆放规整。

2. 拆卸泵的主体　拆泵盖及转子部分。

(1) 将脱架联轴器一端支撑好，拆下螺栓，均匀顶入顶丝，将泵盖、脱架与转子部分整体从泵体中抽出；

(2) 注意事项：

① 在旋入顶丝时，两端用力一定要均匀，随检查，随拧入，随调整，注意扳手的力度，不可用蛮力，力感较重时应停下检查原因；

② 在整体抽出过程中，要注意另一端的支撑；

③ 即将全部抽出时，要支撑泵盖下部；

④ 保护好泵盖与泵体的垫片，整体拆下后，立即测量垫片厚度，作好记录。

3. 检查清洗及测量　检查清洗泵体内腔、测量密封环内孔直径及拆卸叶轮。

(1) 检查清洗泵体内腔，测量泵体前密封环内孔直径作好记录；

(2) 平稳放置转子整体(与泵体座分离)，由叶轮端开始，依次将叶轮螺母、二级叶轮、级间隔板、级间轴套、一级叶轮、定位套、机械密封弹簧盒盖及静环、轴套、键拆卸下来；

(3) 注意事项：

① 拆卸端支撑尽可能距拆卸部件进些，随拆随向后移；

② 每拆一个零件时留意相互间是否有垫片，若有，应测量记录其厚度；

③ 每拆一个零件时应测量它们的安装位置，并作好记录；

④ 拆卸机械密封弹簧盒前，仔细检查轴套上有无位置记号，若没有，则先做好记号后再拆卸。

(4) 将泵端联轴节用力拆下，同时拆下键，拆卸时注意：

① 拉力顶尖要对正中心，及轴端顶尖眼或顶尖垫的中心孔；

② 拉力爪一定要咬住联轴节，拉爪距离要调整好；

③ 施力时不得过快、过猛，当感觉拉力相当大时，若联轴节不移动，则应停止施力，用铜棒或铜锤适当敲击震动，或用煤油浸润后再拆卸；

④ 联轴节即将拉出时，要托住拉力和联轴节，一同搬出。

4. 拆卸剩余部件　拆卸两端轴承盖及轴承。

(1) 拆卸两端轴承盖和防护罩，测量记录垫片厚度，拆卸时注意：

① 端盖两端螺栓拆除后，可用锤柄轻击，稍有缝隙，可用夹把改锥分离；

② 分离端盖时，应注意保护垫片，避免损坏；同时，用棉纱在下端接住残油。

(2) 将叶轮螺帽拧在轴端，然后用铜锤轻击，将后轴承打出后，将轴整体抽出。

(3) 将拆下的零件依次清洗，并顺序整齐地放置在干净的托盘中。

1.3.2.4　泵主要零部件的检测

1. 泵转子部件的检测　检测目的和方法。

(1) 检测目的　泵转子部件是靠由所有装配在轴上的零件组成的整体。

对转子部件进行检测是为了避免因各种误差积累，以至在总装配形成的误差现象。由于各零件装配的相对位置是由叶轮螺母来固定，因此各接触面的制造误差(端面垂直度误差)就集中反映在转子部件上，若各部位的径向跳动量大，则泵在运转时就容易产生转子与固定元件间的研磨现象，由此可见，对转子部件所提出的跳动允差都是为了保证泵有较高的容积效率不产生研磨为前提。

(2) 检测方法　将整个转子部件装入托架，以托架孔座轴线为基准轴线，用千分表测量，千分表在回转一周中读数的最大差值为该截面的跳动值。

2. 泵轴　检测目的及数据分析。

(1) 检测目的

① 检测各主要配合面与相配零件的间隙或过盈，判断是否在配合公差带范围内；

② 检测泵轴的形位误差，并判断其合格性。

(2) 检测部位的分析　泵轴是泵的主要零件，其上装有联轴器、叶轮、轴套等零件，靠轴承在泵体中旋转，从而传递原动机的功率，它的精度直接影响装在轴上零件的跳动量，为了防止误差积累造成研磨现象，因此，在泵轴的配合部位上必须提出配合性质及形位公差的要求。通过总装配图及泵轴零件图，可了解轴与各零件配合性质及其形位公差的要求。对于泵轴上某一具体部位的公差要求，可自行讨论，填写在实验报告上。

(3) 检测工具及器具

① 外径千分尺、内径千分尺或内径百分表，分别测量各配合部位上轴或孔的实际尺寸；

② 平台、磁性表座、V 形铁及千分表，测量跳动及对称度、平行度误差。

(4) 检测方法及数据处理

① 用外径千分尺、内径千分尺或内径百分表分别测量配合部位的实际尺寸，从而确定其间隙或过盈是否在配合公差带内；

② 径向跳动及端面跳动的测量。泵轴的基准轴线 $\phi35js6$ 两处用 V 形铁模拟，即将 $\phi35js6$ 两部等高支承在 V 形铁上。测量其跳动值。

③ 键槽尺寸的检测。键槽尺寸应包括 $d-t$、$d+t$(t 为轴槽深度)及轴键槽宽度 b，轴键槽长度 l，它们都有公差要求，其值可查表得出，或在有关零件图中查找。按有关规定，键与轮毂底部应有 0.1~0.4mm 的间隙，可计算或目测，并判断是否合格。

对于轮、毂联轴器、轴套、定位套、级间轴套及第一、第二级叶轮等，在检修时可用外径千分尺或外卡钳测量 $d-t$，用游标卡尺测量 $d+t$，键槽宽度 b，轴键槽长度 l 精度为 0.02mm。

在测量前应将有关尺寸及相互关系列表表示，以便在测量时加以对照比较。

④键槽对称度及平行度误差的检测。检测部位。$\phi25js6$ 及 $\phi22h6$ 两处的键槽，其对称度及平行度公差见相关图示。一般情况下，键槽只须控制对称度误差，但由于 $\phi22h6$ 处键槽与长度之比大于 8，按 GB/T 1096—2003、GB/T 1095—2003 规定，还必须控制平行度误差。

检测及数据处理。对称度误差的测量：用 V 形铁支承轴两端，并使其等高，以模拟基准轴线将与键槽宽度相等的量块组塞进键槽，模拟被测零件中心面，调正泵轴，使量块沿径向与平板平行，即千分表在 A、B 处数值不变，两处数值分别为 a_1、a_2，则可计算该截面的对称度误差 a，$a=|a_1-a_2|$。

3. 转子的静平衡　振动对机泵的危害很大，振动会使机泵轴承很快损坏，零部件严重磨损，或造成“抱轴”停车事故，尤其当振动频率与设备基础的固有频率相等时，会产生“共振”，共振能使设备在很短的时间内造成严重损坏。

叶轮的静不平衡是引起机泵振动的主要原因之一，转子的不平衡指的是转子的重心和旋转中心线不相重合。因此在转动过程中，产生不平衡的离心力，而引起设备的振动。

叶轮的静不平衡产生于制造过程和使用过程之中。

在制造中，由于叶轮毛坯铸造的壁厚不均匀，铸造材料密度不均匀，在机加工过程中的圆度误差或同轴度误差，在热处理过程中产生变形等原因。在使用过程中，由于冲蚀、磨蚀、汽蚀等原因，都可以造成叶轮的不平衡。为了消除机泵振动，应经常调整叶轮的“不平衡”。

(1) 叶轮静平衡调整。叶轮调整静平衡俗称“叶轮找静平衡”，这是组装新泵时的重要工序，又是在检、维修中常常遇到的问题，熟练地掌握叶轮静平衡的找正方法是技术人员不可缺少的技能。

① 在下列情况下叶轮需要找静平衡：

制造厂在组装新泵前，叶轮必须找静平衡；

修复后的叶轮；

泵要更换新的叶轮；

机泵振动时故障分析的一部分；

机泵在腐蚀介质中运行一段时间后；

叶轮受到汽蚀作用，使叶轮受到不同程度损坏时；

节能或改造时，切割后的叶轮。

② 找正方法。一般用“去重法”找静平衡。

③ 静平衡找正工具。找正用平台、静平衡支架、叶轮心轴、胶泥或不同重量的卡子、称重天平、手工找正用砂轮机(风机或电机)、铣削用工具、做去重标记用的丹青或红丹粉等。

④ 施工步骤。

在平台上调整好静平衡支架，要求纵向和横向水准仪气泡在中间位置；

把加工合格的心轴涂些润滑油装入叶轮轴孔；

把装好心轴的叶轮轻轻放在平衡支架的刀口上，使叶轮缓慢地顺时针旋转；

待叶轮静止后，在其垂线上部粘上适当重量的胶泥，再缓慢旋转叶轮，调整胶泥重量，直到胶泥可以静止在任何角度上；

在胶泥(或卡子)的反方向的对称点上用丹青做好标记(此处即是去重位置)取下胶泥并称重，此胶泥重量即是不平衡重量；

在涂红丹的地方，用砂轮或铣削工具在叶轮幅板上去掉与胶泥相同的重量；

由于一次去重不准，需多次重复直到叶轮去重位置可以静止在任意角度上。

(2) 叶轮找静平衡的注意事项。

① 叶轮如果有砂眼、气孔、冲蚀等缺陷，应在补焊后再做静平衡；

② 盖板“去重”的厚度不得大于盖板厚度的 1/3；

③ 去重后的痕迹要求光滑均匀，以免增大叶轮的摩擦功率损失。

4. 相配零件配合性质的检测　由装配图可查找有关零件的配合性质，用相应量具测量，由此判断其合格性，将结果填写在实验报告中。

轴承、托架与轴的配合：轴承的公差可在国家标准中查找，同学们可根据实际间隙或过盈判断其合格与否。轴承外径应采用测微器及量块检测，详见《几何量公差与检测实验指导书(第五版)》中有关章节。轴承内径可用内径百分表测量。

形位误差的测量：由于所有零件在制造出厂时已有合格证，因此不需单独检测。如果发现转子零件的检测不合格，才单独对有关零件进行检测，以节约检修时间。

5. 机械密封的检测　见 1. 3. 2. 6。

1. 3. 2. 5　50Y 60 ×2 **离心式油泵的安装**

1. 安装步骤　先安装轴承并检测，然后安装泵联轴节键，防尘盖、轴套、密封组件。

(1) 用热装法将轴承装入轴上，并使内圈贴紧轴肩，在有轴承锁母的一端，先套入止推垫，将其中一舌折成 90°卡入轴上的槽内，再旋紧锁母，然后将与锁母相对的止推舌用夹把改锥折下 90°卡入缺口中。

(2) 将轴连同轴承装入托架，轴承外圈推到端部(弹簧挡圈)后，将轴承端盖套入，用压铅法测定间隙量 F 在 0. 1~0. 2mm 之间，并计算出应加垫片厚度(记录)。加入垫片后，将两端端盖安装好，用手盘车检查轴承安装情况，若过紧，则应查找原因，再重新安装。

(3) 检查测量轴各部分跳动值，并作好记录。

(4) 将泵联轴节键安装到位。

(5) 将防尘盖、轴套、密封组件(包括静环压盖)键，泵盖、定位套、一级叶轮、级间隔板、级间轴套、二级叶轮、叶母依次安装到位。同时注意：

① 安装后轴套和级间轴套径向跳动值不得大于 0. 04mm，记录实测数据；

② 一级、二级叶轮口环处径向跳动值不得大于 0. 06mm，记录实测数据；

③ 一级叶轮吸入口端面与泵盖间隙不得大于 3mm，记录实测数据；

④ 二级叶轮吸入口端面与泵盖间隙不得大于 3mm，记录实测数据；

⑤ 测量一级、二级叶轮口环间隙值，记录实测数据；

⑥ 静环压盖垫片厚度要保证机械密封有合适的压量，记录实测数据；

⑦ 泵盖与泵体的垫片厚度，要保证二级叶轮入口端面与泵体之间的间隙符合标准，记录实测数据。

(6) 以上装配符合要求，检修数据记录完整后，便可进入总装。

(7) 转子组件装入泵体后，进行盘车，检查有无摩擦或卡阻现象，若有异常，则应查找原因，排除故障。

(8) 转子盘车正常后，将中间联轴节与电机、连接。

(9) 用钢板尺对泵与电机进行初步找正。

(10) 好找正数架和百分表，用一个联轴器销连接中间联轴节，然后进行找正，将找正后的数据作好记录。

(11) 轴承箱丝堵装好，加好润滑油后，拧好上部丝堵。

(12) 联轴器护罩及外部管线恢复连接。

2. 设备安装间隙的测量及调整　设备的零部件在组装或某些组件在总装配时，相互之间往往要留有间隙，这些间隙大于或小于标准值时，都会直接影响设备的性能，使该设备不能正常运转。

在设备检修的安装工作中，常会发现有些部位的间隙值能够使用适合的量具直接量取，从而确认安装的正确性，而有些部位的间隙在安装后，由于零部件的遮挡，而无法使用量具直接测量。因此，也就无法确认安装的精度，这时在实际工作中，往往就需要采取间接的测量方法，即压量法。

压量法中普遍采用的材料是铅条和保险丝，利用这两种材料可塑测量和计算，从而确认安装间隙的实际值，故又称为压铅法。

设备的安装间隙有多种情况，这里只介绍滚动轴承与轴承盖安装间隙的压量法。此法在压量法中有一定的代表性，掌握此法后，其他安装压量，便只是异曲同工而已。

（1）压量法测量滚动轴承安装时的轴向间隙

① 先取适当直径的保险丝，将其盘成滚动轴承外径相等的环形，用少量脂抹在保险丝圈均布的 3~4 点上，然后将其推入轴承腔，使其与轴承面粘住。

② 再用同样直径的保险丝盘成与轴承端盖止口部外径相等的环形，将其套入端盖根部。

③ 将轴承端盖与轴承箱装配，并用螺栓紧固，在紧固中一定要注意螺母旋入要均匀，这样才能使压出的保险丝厚薄均匀，必要时可用塞尺检查端盖间隙是否均匀。

④ 轴承端盖紧到一定程度(小于保险丝直径)后，重新将轴承端盖拆下，取下保险丝片(注意其上下左右，即 0°、90°、180°、270°的相对位置)，用外径千分尺在 0°、90°、180°、270°四点测量内外保险丝片的厚度精确值，分别作好记录。

⑤ 正确的压量，每个保险丝片的四点数值应是相等的。即：

$$\delta_1'=\delta_2'=\delta_3'=\delta_4'；\ \delta_1=\delta_2=\delta_3=\delta_4$$

⑥ 若出现数值不等时，如相对 180°的数值差不大时，则可取平均值。即：

$$\delta=(\delta_1+\delta_2+\delta_3+\delta_4)/4$$

⑦ 若相对 180°数值相差较大时，则应重新压量取值，此时，应总结上次经验，注意旋紧端盖时要用力均匀，避免吃偏现象再次出现。

（2）压量数据与间隙情况的分析

① $\delta=\delta'$，即端盖间隙压量 δ 与轴承轴向间隙压量 δ'，这种情况下，端盖加垫的厚度 δ_i 即为轴承轴向间隙 δ_j。

② δ'，即端盖间隙压量 δ 大于轴承轴向间隙压量 δ'，这种情况下轴承轴向间隙，需计算并选用适当厚度 δ_i 的垫片，若轴承轴向间隙要求为 δ，则 $\delta_i=\delta-\delta'+\delta_j$。即端盖间隙压量 δ 小于轴承轴向间隙压量，这种情况一般很少遇到。一旦出现这种情况，应首先检查前后轴承在轴承箱中的安装位置，是否太靠另一端了；前轴承端盖的垫片厚度有无再减薄的余量。如果不是这些原因或上述部位无法调整，则应将转子拆出，在轴承与轴肩部加垫片来进行调整，所加垫片必须是金属材质且塑性较小。该垫片厚度若为 δ_Z，则 $\delta_Z>\delta'-\delta$。经过以上校正后，再重新压量；然后根据测量和计算的结果，选取合适的端盖垫片以获得正确的轴承轴向间隙值。

3. 联轴器的找正　联轴器的找正又称联轴器的对中，对中可分为冷对中和热对中，这里只介绍冷对中。

(1) 找正时偏移情况的分析。在联轴器找正时，一般可能遇到下列 4 种情况。

① $s_1=s_3$，$a_1=a_3$。这表示两联轴器是处于既平行又同心的正确位置，此时两轴的中心线必位于一条线上，符合安装要求，这里 s_1、s_3 和 a_1、a_3 表示在联轴器上方 0°和下方 180°两个位置上的轴向间隙和径向间隙。

② $s_1=s_3$，$a_1\neq a_3$。表示两联轴器虽然互相平行，但不同心，这时两轴的中心线之间有平行的径向位移，其偏心距为：$e=(a_3-a_1)/2$。

③ $s_1\neq s_3$，$a_1=a_3$。这表示两联轴器互相不平行，同心不同轴。这时两轴的中心线之间有倾斜的角位移(倾斜角为 α)，两联轴器不平行，同心不同轴。

④ $s_1\neq s_3$，$a_1\neq a_3$。这表示两联轴器既不平行又不同心，这时两联轴器的中心线之间既有径向位移，又有角位移。两联轴器既不平行，也不同心不同轴。

联轴器之间处于后三种情况时，都不符合要求，故皆需要改正，直至获得第一种正确的情况为止。一般在安装设备时，首先将从动机泵安装好，使其轴处于水平，然后安装主动机(电机)，所以找正时只需调整主动机，即在主动机的支脚下面用加减垫片的方法或左右移动来进行调整。

(2) 找正测量的方法。联轴器在找正时主要测量其同轴度(径向位移或径向间隙)和平行度(角位移或轴向间隙)。根据测量时所用工具的不同，其测量方法一般分为两类。

① 用钢板尺、直角尺和塞尺测量联轴器的同轴度。这种找正方法简单，但精度不高，一般只能用于不需要精密找正中心的粗糙的低速设备。有时在精密找正之前，也应用这种方法进行预找正。

采用这种方法找正时，用钢板尺或直角尺靠在机器联轴器一侧，使其与联轴器圆柱面贴实，观察尺口与电机联轴器圆柱面间的间隙，如间隙前后均匀，利用塞尺测量，验证后换到相对的一侧，同样测量，若间隙值相等，则说明联轴器在此截面内同心，但必须转向 90°后再相对测量，若间隙相等，则联轴器处于基本同心状态。如间隙前后不均匀，可用塞尺测量出前后差值，再在另一侧测量验证后，方可判定电机轴线与设备轴线不平行，然后进行调整。

② 利用表架和百分表测量联轴器Ⅰ、联轴器Ⅱ的同轴度和平行度。这种方法是利用卡箍将表架固定在设备的联轴器Ⅱ的径向截面和轴向端面上。因为有了精密度较高的百分表来测量径向间隙和轴向间隙，所以这种方法的精密度很高，适用于需要精确找正中心的精密、高速的大型设备。

在测量联轴器Ⅰ、联轴器Ⅱ的同轴度(径向间隙)和平行度(轴向间隙)时，常用一点法来进行测量，所谓一点法是指在测量一个位置上的径向间隙时，同时又测量同一位置上的轴向间隙。测量时，先装好表架，并穿上 1~2 个柱销将联轴器联接，使两联轴器向着相同的方向一齐旋转。首先使表架位于上方垂直的位置 0°，测量出径向间隙 a_1 和轴向间隙 s_1，然后将两联轴器顺次旋转到 90°、180°、270°三个位置，分别测量出 a_1、s_1、a_3、s_3、a_4、s_4；将测得的数值记在记录图中，当两联轴器重新转到 0°位置时，再次测得径向间隙和轴向间隙的数值，记为 a'_1、s'_1，此处 a'_1、s'_1 数值应与 a_1、s_1 相等，若 $a'_1\neq a_1$(两次测量的数据不相等)、$s'_1\neq s_1$，则必须查找产生的原因(一般情况是由于轴向窜动引起的)，并予以消除，然后再继续进行测量，直到所测得的数值正确为止。最后所得的数据应符合以下条件：

$$a_1+a_3=a_2+a_4,\ s_1+s_3=s_2+s_4$$

在测量过程中，如果由于基础的结构影响，无法测量联轴器最低位置上径向间隙 a_3 和轴向间隙 s_3，则可根据其他 3 个已测得的间隙数值推算而得：

$$a_3=a_2+a_4-a_1,\ s_3=s_2+s_4-s_1$$

最后，比较对称点上的两个径向间隙和轴向间隙的数值（如 a_1 和 a_3；s_1 和 s_3），若对称点的数值相差不超过规定的数值（0.05～0.10mm），则符合要求，否则要进行调整。调整时通常采用在垂直方向加减主动机支架下的垫片或在水平方向移动主动机位置的方法来实现。

对于粗糙、小型的设备，在调整时，根据偏移情况采取逐渐近似的经验方法来进行调查，即逐次试加或试减垫片，以及左右敲打移动主机，对于精密的和大型的机器设备，在调整时，则应通过计算来确定应加或减垫片的厚度和左右的移动量。

（3）找正计算和调整。联轴器的径向间隙和轴向间隙测量完毕后，就可根据移动情况进行调整，在调整时，一般先调整轴向间隙，使两联轴器平行；然后调整径向间隙，使两联轴器同心，为了准确快速的进行调整，应先经过近似计算，确定在主动机支脚下应加减的垫片厚度 b，b 为 0°轴向间隙 s_1 和 270°轴向间隙 s_3 的差，即 $b=s_1-s_3$。

径向间隙和轴向间隙全部调整好后，必须满足下列条件：

$$a_1=a_2=a_3=a_4,\ s_1=s_2=s_3=s_4$$

这表示主动机轴和从动机轴的中心线已位于一条线上。

在调整联轴器前，先要调整好两联轴器端面之间的间隙，此间隙应大于轴的轴向窜动量。

4. 滑动轴承间隙的测量和调整 包括滑动轴承间隙、轴瓦间隙的测量和调整。

（1）滑动轴承间隙。滑动轴承的轴瓦轴颈之间的配合间隙，有顶间间隙和侧间间隙两处。顶间间隙的功用是为了保持液体摩擦，所以其数值与轴颈的转速、直径、压强以及润滑油的黏度等因素有关，但在一般情况下可取顶间间隙 $\Delta=0.001\sim0.002$mm，d 为轴颈的直径。侧间间隙的功用是为了积聚和冷却润滑油，以利于形成油楔，其值在水平面上为顶间间隙的一半，即 $\Delta/2$，愈向下愈小。

（2）轴瓦间隙的测量和调整。在调整轴瓦间隙之前，必须先要检查和测量间隙。一般常采用压铅法来测量顶间隙。测量时，先打开轴承盖，用直径为 1.5～2 倍顶间隙而长度为10～15mm 的保险丝，分别放在轴颈上和轴瓦结合面上，因为轴颈表面光滑，保险丝容易滑落，需涂点润滑脂粘在轴颈上，然后装上轴承盖，均匀地拧紧螺母，用塞尺检查轴瓦结合面间的间隙应均匀相等；最后打开轴承，用千分尺测量被压扁的保险丝的厚度，然后用下式算出轴承顶间隙的平均值：

$$\Delta=(b_1+b_2+b_3)/3-(a_1+a_2+a_3+c_1+c_2+c_3)/6$$

式中 Δ——轴承的平均顶间隙/mm；

b_1、b_2、b_3——轴颈上各段保险丝压扁后的厚度/mm；

a_1、a_2、a_3、c_1、c_2、c_3——轴瓦结合面上各段保险丝压扁后的厚度/mm；

若实际测得的顶间隙值小于标准值，则应该在上下轴瓦的结合面加入垫片；若实际顶间隙值大于标准值，则应该减去垫片或刮削结合面来进行调整。轴瓦和轴颈之间的侧间隙则无法用压铅法来进行测量，通常是采用塞尺来测量，(虽然塞尺也可以用来直接测量顶间隙)，塞尺塞进间隙中的长度不应小于轴径的1/4，若侧间隙太小，可以刮削瓦口来增大间隙；而侧间隙稍大一点一般来说影响不大。

(3) 滑动轴承。装配时，除了径向配合间隙需要检查和调整外，对于轴向负荷的轴承还应检查和调整轴向间隙，检查轴向间隙，将轴推移到极端位置，然后用塞尺或千分表测量，装配时，应当保证轴向间隙 C 的值在0.1~0.8mm的范围内，当轴向间隙不符合要求时，可以刮削轴瓦端面或调整止推螺钉来调整。

1.3.2.6　机械密封的拆装

1. 概述　机械密封也称之为轴向断面机械密封，简称为断面密封。这种密封与其他轴的密封(O形圈密封，填料函密封等)相比，具有体积小、摩擦功率损失小(一般只有填料函密封的1/5~1/3)、无泄漏、寿命长等特点。所以我国20世纪60年代末已广泛使用在石油化工产品的输送机械上，近年来我国从国外引进数套大型石油化工装置的输送机械(泵及压缩机)搅拌设备(凝聚釜、聚合釜中……)的轴封几乎全部采用机械密封。这是因为炼化产品及其原料具有易燃、易爆、有毒的特性，在输送过程中严禁泄漏之故。端机械密封使用广泛的原因还在于：压力范围宽，从1~42MPa；温度范围广，从-190~450℃。但是端面机械密封也有其缺点：

① 结构较复杂；

② 加工精度高；

③ 加工成本高；

④ 密封失效后更换困难。

随生产自动化、程序化程度的提高，机械密封的生产成本将大幅度下降，再由于材料使用中辅助手段的先进，机械密封的使用寿命有的长达几年。所以现已被广泛地采用。

2. 机械密封原理　机械密封是一种旋转轴用密封，常称为“端面密封”(之所以称为“端面密封”，主要是为了区别于“填料密封”)。又可称为带有缓冲补偿机构，通过与轴大体垂直，并做相对转动的两个密封端面进行密封的“摩擦装置”。简单地讲，就是用一个或几个摩擦副来解决轴封部位泄漏的装置。

3. 机械密封的组成结构　机械密封主要分4大部分：

① 端面密封副，由动环和静环组成；

② 补偿缓冲机构，由推环及弹簧元件为主要零件组成；

③ 由O形圈或V形密封圈等零件起辅助密封作用；

④ 传动机构，带动动环与轴同步旋转。

由于机械密封结构不同，零件也不完全一样，但基本上都如此。机械密封一般存在5个泄漏点：

第一处是静环座与机泵壳体之间的密封，一般用耐油橡胶巴金垫或退火的薄铝板制成；

第二处是静环与静环座之间的密封，一般是O形橡胶圈或聚四氟乙烯材料制造的V形密封圈；

第三处是“摩擦副”，静环一般由石墨烧结的筒料浸渍环氧树脂或呋喃树脂经加工制成。

动环一般由金属陶瓷或硬质合金制成，摩擦面表面粗糙度要求 0.1μm 下，平面度偏差 ≤0.0009mm；

第四处是动环与轴套之间的密封，一般由橡胶 O 形圈或聚四氟乙烯材料制造的 V 形密封圈来密封；

第五处是轴套与轴肩处的密封，一般由耐油巴金垫或退火的薄铝板制成。

4. 机械密封的分类　机械密封的分类一般按下列几种情况：

(1) 从摩擦副的受力情况可分为：平衡型机械密封和非平衡型机械密封；

(2) 从摩擦副的数量上可分为：单端面机械密封和双端面机械密封；

(3) 从使用上可分为：外装型机械密封和内装型机械密封；

(4) 从密封的结构上可分为：多弹簧、单弹簧和波纹管型机械密封；

(5) 混合型机械密封即弹簧和波纹管组合在一起的机械密封。如 151 型机械密封，由于结构的不同也就决定了它们的使用特点以及应用范围。

① 单端面非平衡型机械密封。

非平衡型机械密封的特点：弹簧压缩量大，所以弹簧比压调节范围大，容易安装。在介质压力波动大的情况下一般采用这种结构，但使用条件是 $P_{介} \leq 0.5$MPa。

② 平衡型机械密封。平衡型机械密封结构较复杂，安装调节量小，所以安装时弹簧的压缩量要计算准确，安装数据要精确测量，细心调整。否则不是端向比压小造成泄漏就是动环压在轴上，失去浮动性而泄漏。但平衡型适应压力范围宽从 0.3~3MPa。

③ 双端面机械密封。双端面机械密封即：有两个摩擦副组合在一起。在两个摩擦副中间注入密封液，密封液一般为经过冷却过滤的介质，以大于设备操作压力的 0.05~0.15MPa 由专用泵输入，并有自循环回路。使用特点：多用于输送高温、高压、有毒介质，如高温裂解油等，但造价高，管理复杂。

④ 多弹簧机械密封采用一组小弹簧(8~18 个)的结构，使弹簧作用力均匀的分布在动环上。因此摩擦副受力平稳、均匀。不受转向影响，使用范围广泛，如图 1-22 所示。但不适用于输送结晶、较黏稠和含有杂质(如污水泵)的介质，因为弹簧小，杂质沉积上容易失效。

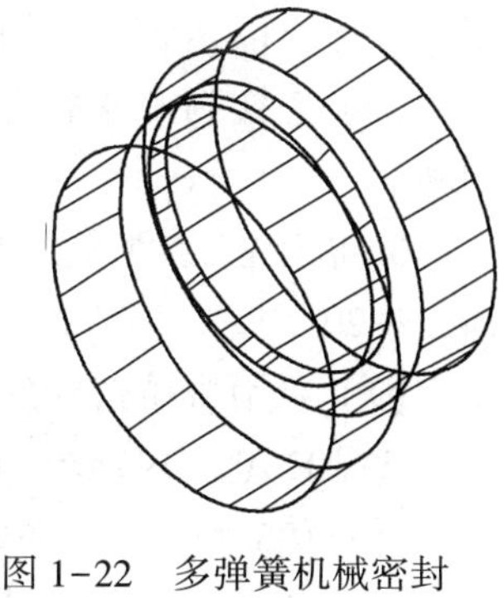

图 1-22　多弹簧机械密封

⑤ 单弹簧机械密封。采用一个大弹簧的结构，大弹簧即起静环磨损后补偿作用，又起传动作用，但是摩擦副受力不均匀，在使用中，注意弹簧旋向应与轴转动方向相反。或使弹簧随轴转动时越转越紧。大弹簧结构密封适用于输送较黏稠，含有少量杂质的介质。

⑥ 波纹管机械密封。这种密封是以弹性波纹管替代弹簧，摩擦副受力均匀，转动平稳，不受转向限制又适宜在含有杂质的介质中运行，克服了单弹簧和多弹簧的缺点但制造费用高，工艺复杂。

5. 机械密封主要参数

(1)端面比压(内装式)。摩擦副中静止副面上的压强：

$$P_{端比}=P_{弹比}+P_{介比}=P_{弹比}+P_{介比}\times 3.14\times(D_2^2-D_0{}^2)/(D_2^2-D_1^2)=P_{弹比}+P_{介比}\times K_{内}$$

式中 $P_{端比}$——端面比压；

$P_{弹比}$——弹簧比压；

$P_{介比}$——介质比压；

D_0——密封轴套直径；

D_1——密封面的内径；

D_2——密封面的外径；

$K_{内}$——内装机械密封的载荷系数，表示介质比压加到摩擦副上的载荷程度：

$$K_{内}=负荷面积/接触面积=(D_2^2-D_0^2)/(D_2^2-D_1^2)$$

$K_{内}$值的讨论：

① $K_{内}=0$（全平衡型）。此时端面比压只等于弹簧比压，介质对动环的轴向作用力平衡，只有弹簧力作用在动环上。

② $0<K_{内}<1$（部分平衡型）。此时介质压力一部分作用在摩擦副上。

③ $K_{内}\leqslant 1$ 非平衡型）。此时介质对动环的轴向作用力全部作用在静环上。

④ $K_{内}<0$ 无实际意义。

（2）平衡系数。平衡系数用β表示，$\beta=(1-K_{内})\times 100\%$，它表示介质比压在摩擦副上的卸载强度。

如$\beta=0.25$，表示只有介质比压的75%作用在静止副的端面上，或者说介质比压可卸载25%。一般说来当介质压力（压强）大于0.5MPa时应采用平衡型。β值是机械密封一个很重要的参数，在机械密封型号中都要标明，以备实际工作中选用。

β值的常用范围是15%~45%，生产厂家为了便于安排生产，β值限定了五个等级，即15%、20%、25%、30%、40%。用户可根据介质压力、介质黏度、介质的润滑性来选用适当的β值，以达到满意的密封效果。

（3）怎样判断平衡型和非平衡型机械密封主要从从动环结构上判断或从轴套结构上判断。

6. 机械密封型号及国标　共七种标准型式作为泵用机械密封在国内广泛使用（JB/T 1472—2011）。

（1）泵用机械密封的七种型式：

① 103 型：内装单端面单弹簧非平衡型并圈弹簧传动机械密封；

② B103 型：内装单端面单弹簧平衡型并圈弹簧传动机械密封；

③ 104 型：内装单端面单弹簧平衡型套传动机械密封；

④ B104 型：内装单端面单弹簧平衡型套传动机械密封；

⑤ 105 型：内装单端面多弹簧非平衡型螺钉传动机械密封；

⑥ B105 型：内装单端面多弹簧平衡型螺钉传动机械密封；

⑦ 114 型：外装单端面单弹簧过平衡型拨叉传动机械密封。

（2）机械密封型号表示。

波纹管机械密封的型号按以下方法进行标记：

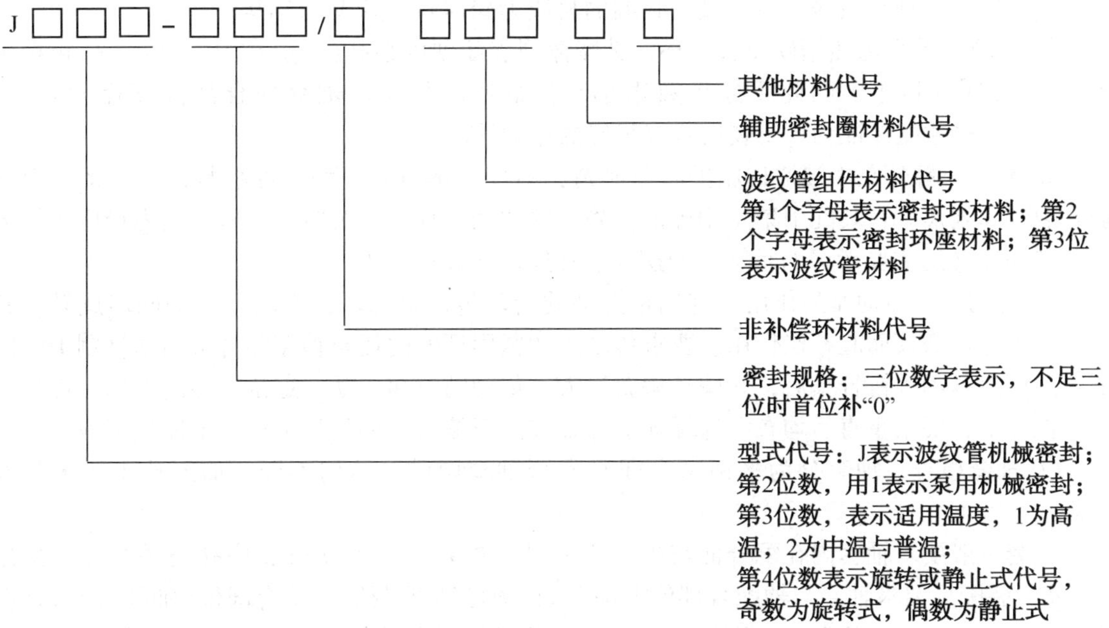

例如：J113 型内装、单端面、旋转式波纹管机械密封，安装轴径为 70mm(070)，非补偿环材料为硬质合金(U)密封环，波纹管组件材料为浸树脂石墨(B)密封环、铬钢(E)环座、铬镍钼钢(G)波纹管；辅助密封材料为柔性石墨(C)；其他材料为铬镍钢(F)。

7. 机械密封的合理选型　机械密封的选型是生产中常遇到的实际问题，选型一般指两种情况：一种是结构选型，另一种是选取机械密封的平衡值。

（1）在下列情况下要考虑选型问题

① 使用中的机械密封，经常因某一故障检修或运转周期很短而要考虑原密封选型是否合理；

② 生产装置改造后，流程有变化，原机泵的流量、压力、温度中的某个或几个参数有了改变，就要考虑机械密封重新选型；

③ 生产装置改造需要配备新的机泵时，要考虑选取机械密封的型式；

④ 原机泵设计密封选定的不合理，要考虑重新选型问题。

（2）结构造型

① 介质易结晶，有沉淀物宜采用单弹簧或波纹管型式的机械密封；

② 介质较清洁但介质压力经常波动宜采用多弹簧机械密封，因弹簧压力能均匀地分配在动环上；

③ 输送腐蚀性介质的机泵应选用耐腐蚀型机械密封或改装成外装式机械密封；

④ 当机泵输送的是在常温常压下是气态性的介质时(如丙烷、丁二烯、异丁烯、丁烷等)在摩擦副端面下不易形成液膜，宜采用平衡型机械密封；

⑤ 当机泵输送的是高温(T>90℃)高压(P>2MPa)介质，宜选用双端面机械密封。

8. 机械密封的拆装　机械密封是一个精密的组件，而采用机械密封的设备却不都是精密的设备，因而人们往往由于安装不很注意而造成设备泄漏，甚至损害密封元件是使用中常发生的事。

（1）安装前机械密封的检查。下面以使用较普遍的 111 型为例：111 型机械密封为内装，多弹簧，平衡型机械密封，其密封圈的材质为聚四氟乙烯 V 形结构。

① 动环。动环为热镶硬质合金环，其摩擦副表面硬度很高(一般在 *HRA* 86~93)粗糙度 *Ra* 值在 0.1μm 以下，因此摩擦系数很小，合金环内径应比轴套配合部位直径大 0.5~1.0mm，这样才能保证动环安装后具有很好的浮动性。

② 静环。静环是由浸渍树脂的石墨制造，石墨环本身是一种脆性材料，在摩擦面上不能有裂纹和划痕。在装配中禁止用锤击。静环的内径与轴有相对转动，所以其内径应比轴径大 1~2mm。(这主要考虑的是轴的偏摆和静环座的安装误差等因素)。

③ 传动座。传动座的作用，首先是把轴的转动传递给动环，使动环与轴同步旋转，其次是由于静环磨损而起补偿作用。要求传动座的紧固环的内径与轴套配合采用基轴制 H8/h8 配合。以免紧固螺钉拧紧后，紧固环偏斜过大。传动销钉起传动、定位、导向作用，当它安装在推环上，要求垂直、均布。这样才能保证装配压缩后动环只是平动，不发生歪斜。

④ 轴套检查。轴套分为平衡型和非平衡型轴套两种。结构不同，加工技术要求基本一样。

轴套一般要求轴套内孔配合面与外表面同轴度误差不大于 0.06，内孔与轴的配合采用 H7/g6，装配后要求轴套与轴配合部位滑动自如。轴套与密封圈的结合部位(轴外表面)粗糙度要求 0.8*Ra* 以上。安装密封圈轴套肩应有圆滑倒角。否则在装密封圈时，容易擦伤唇边，而使密封失效。

⑤ V 形密封圈。V 形密封圈的组成材料是聚四氟乙烯，其内径和外径均是密封面，所以它的设计尺寸和粗糙度要求都很严格。它与动环密封面及轴套表面均应达到过盈配合。

⑥ 片的选择。在机械密封装置中，有两处需要用垫片密封，一处是轴套内垫片，另一处是静环座垫片。垫片材质一般选用耐油橡胶巴金垫，聚四氟乙烯板或金属铝垫片。厚度 $\delta=0.1\sim0.2$mm。

耐油橡胶巴金垫具有易制做的优点，但受使用条件的限制，如各种溶剂往往把垫片溶胀，并且易开裂、破损，导致其使用周期短(一般是一次性使用)。

聚四氟乙烯板制作垫片，受使用温度的限制，当物料温度高于 90℃时，易变形，检修中更换频繁。

金属铝垫片，耐有机溶剂腐蚀，耐高温，可以反复使用多次，但制作较复杂。需首先把薄板加工成型尺寸，然后退火处理(用气焊火焰烤至发白，然后在水中冷却)，这样制成的垫片塑性好、强度高。

⑦ 环座(俗称压盖)。静环座一般有铸铁或铸不锈钢两种。

安装前应检查安装密封圈部位应有过渡倒角，倒角表面粗糙度要求在 0.7μm 以下。静环定位销与销孔配合，选用过渡配合销钉长度应比静环开口深度短 1~2mm，以免静环顶在销钉上。

(2) 机械密封的安装及调整

① 静环座装配：

首先把定位销装入静环座销孔，用木棒敲入(不得使用铁锤，否则容易磕碰密封面或密封倒角)，防转销不得松动；

静环密封圈装在静环上，松紧适度；

静环座内涂以润滑油，把装好密封圈的石墨静环的缺口对准防转销位置放好；

把静环座按照工具装配图样放好，用手转动压紧螺母使静环平缓压入静环座。把环座垫片涂上黄甘油，粘在静环座上，以免安装时垫片脱落。

② 平衡型机械密封压量的调解与安装：

按照装配位置把动环座套在轴套上，并紧固；

轴套与动环密圈配合部位涂上润滑油，动环孔对准传动销轻轻压入，注意密封圈的唇边不得卷曲，并注意动环在自由状态下，定位肩与硬质合金环留下 5~6mm 的空间[这样避免预压缩(3~4mm)时，硬质合金环压在轴套定位肩上，造成动环失去浮动性]；

检查动环内孔与轴套之间有环向间隙 0.25~0.5mm。

③ 非平衡型机械密封弹簧压量的计算及安装：

用深度尺测量静环座底部至静环密封面的距离，并记下数值 a；

测量机械密封自由状态下动环座至动环密封面尺寸 b；

用下式计算传动座在轴套的安装位置：

$$c-(a+b)+d=e$$

式中 a——静环密封面至静环座底面距离；

b——机械密封自由状态总高度；

c——轴套的总长度(或轴套到静环座底面的距离)；

d——动环压缩量；

e——动环座在轴套上的安装位置。

把动环座以 e 尺寸固定在轴套上；

注意：静环座密封垫片和轴套密封垫片的设计厚度不能随意改变，否则，会影响装配后的动环压量。

④ 密封的安装与动环压缩量的检测：

动环压缩量的调整决定着机泵装配的成败，是关键的一步。

在压盖内静环的摩擦面上涂上润滑油，顺轴头套入；

把合格的轴套密封垫片套在轴肩上，并在与轴套配合部位涂上润滑油；

把装有转动副的轴套从轴头穿入，要求配合部位滑动自由，必须反复试几次，这是下步检查弹簧压缩量必备条件；

把泵头装在泵支架上，并用螺栓紧固，要求结合面贴实；

把静环座用螺栓连接在泵头上，紧固；

此时检查摩擦副的弹簧压缩量(设计压量，平衡型一般 3~5mm，非平衡型 4~6mm)。

⑤ 调试：

用钢板尺或深度尺，抵在轴套尾部，并在轴上作一个标记。记下尺上数值 A，此时是动环自由状态的数值。

用螺丝刀抵住轴套尾部向下压至死点，机轴套与轴定位肩贴实，记下此时钢板尺至标记的数值 B，用读数 B 减去动环自由状态数值 A。

当 $B-A=4\sim5$mm 之间，即调整完毕。

调整压缩量时有下列两种情况：

一是 $B-A=0$ 时，轴套不动。有三种可能：轴套和轴配合过紧不能相对滑动，动环和静环没有接触，轴肩垫把轴套卡死。应当把轴挫一下，或把动环座向静环方向前调 5~6mm 或修理轴肩垫的内外尺寸。

二是 $B-A<3$mm 此时说明弹簧压缩量不够。应该把传动座向静环方向调整 1~2mm 后再把动环座紧固在轴套上，直到 $B-A=4\sim5$mm 为止。

9. 机械密封的失效及延长机泵的运转周期　机泵检修往往是由于机械密封失效造成的，机械密封的使用寿命决定了机泵的间隙周期，运行良好的密封可以使用一年以上，运行差的十天半月就要检修一次。造成机械密封失效的因素有：温度、压力、操作、制造、安装、装配、材质等。

（1）化工工艺对机械密封使用的影响

① 化工生产由于温度、压力、液面的大幅度波动，易造成汽蚀。汽蚀引起密封端面受力忽大忽小，机泵也伴随着振动，此时对静环的破坏很大。

② “抽空”会造成密封副在干摩擦工况下运行，很快引起端面烧毁，或密封圈焦化，从而使密封副失效。

③ 使用橡胶 O 形圈做动环或静环密封圈时要考虑介质本身对橡胶件的影响，如溶解、溶胀、起化学反应。

④ 物料易结晶，机泵在较长时间处在备用状态，要考虑结晶对机械密封的影响，起动前先要用蒸汽在密封腔处预热一下，缓慢盘车数周后，再起动机泵。

（2）其他原因

① 采取橡胶 O 形圈做密封圈，要考虑橡胶硬度要求和使用温度。橡胶硬度低，使 O 形圈变形而影响动环浮动性。另外使用温度一般不能超过 90℃，在大于 90℃的情况下使用，橡胶圈易老化而失去密封作用。

② 物料中的杂质管线中的铁锈、焊渣滞留在密封腔内或沉积在弹簧周围，加速密封副的磨损或使弹簧失效。

③ 安装时弹簧压缩量大，端面比压过高，在运行中摩擦热积聚很快，以致温度迅速升高使橡胶或四氟密封圈焦化而失效泄漏。

④ 摩擦热的积聚、升高，使石墨静环浸渍的树脂焦化，使静环强度降低而加快了磨损速度，缩短了机械密封的使用寿命。

（3）机械密封的冷却与冲洗

为了保证机械密封性能的稳定，使其达到长期运转的目的，必须解决“摩擦副”进行冷却和冲洗。冷却和冲洗一般是同时进行，使“摩擦副”周围介质流动而带走摩擦热及磨损下来的污物，另一种方法是在高温泵中采用经过过滤、冷却的介质从冲洗孔中注入，从而对“摩擦副”进行冷却，冲洗。

（4）冷却、冲洗的几种形式

① 闭路自冲洗。冲洗路线：介质从机泵出口引出经过滤器由静环座孔进入机泵。适用于低温物料泵，如碳四泵、水泵等。介质要求清洁，介质温度如果高于 90℃时，冲洗液要经过适当冷却，如加水冷器或盘管空冷。

② 反向自冲洗。冲洗路线：介质从密封盖上引出，进入机泵入口。适用于压力较高的清洁介质机泵，可用阀门调节反向量，减轻“摩擦副”的端面比压。也能起到清洗、冷却的作用。

(5) 过滤器在机泵冲洗中的应用

机械密封冲洗液往往就是介质本身，某些介质要反复使用，如溶剂、萃取剂等，经反复使用的介质，质量逐渐恶化，机械密封冲洗液要求清洁干净，为了保证“密封副”处在一种良好的状态下运行，冲洗液必须经过过滤。

过滤器一般安装在冲洗管线上，所以要求小型化并且要易安装、易清理、结构简单。

过滤网孔一般取60~100目。

安装在冲洗管线上的过滤器一般有三种结构：

① 斜插式。此种结构有方向性，安装时注意液体流向。拆卸时旋下丝堵，抽出滤网即可清理。

② “十”字形过滤器。此结构过滤器安装在立管上，滤网点焊在骨架上，结构为轴屉式结构，清理时旋下管堵，抽出骨架既可清理。

③ “杯”形过滤器。杯形骨架外表面或内表面附上一层过滤网，杯形骨架悬吊在环形支撑上，清理时旋下螺栓，移开上盖，即可取出过滤器清理。过滤器可根据实际情况设计成多种多样结构。

1.3.2.7 **泵试车与验收**

1. 试车前的检查与准备　检修记录齐全、准确。

(1) 热油泵在启动前必须预热，预热速度为50℃/h；

(2) 润滑油、封油、冷却水系统不堵不漏；

(3) 轴封无渗漏；

(4) 盘车无轻重不匀的感觉。

2. 试车与验收　带负荷试运转2h，符合下列要求可认为检修质量合格。

(1) 滚动轴承温度不大于70℃；

(2) 轴承震动值不大于下列要求：1500r/min为0.09mm，3000r/min为0.06mm；

(3) 运转平稳，无杂音；封油、冷却水和润滑油系统工作正常，附属管线无泄漏；

(4) 电流不超过额定值；

(5) 流量、压力平稳，达到铭牌压力的90%或满足生产需要；

(6) 轴封泄漏在下列范围内：机械密封泄漏不超过5滴/min；填料密封泄漏不超过10滴/min。

1.3.3 活塞式压缩机的拆装

1.3.3.1 **活塞式压缩机检修的主要内容**

活塞式压缩机在石油炼化厂中有着广泛的用途，主要用来压缩空气，原料气或中间过程气体介质等等，以满足化工生产工艺需要。活塞式压缩机结构比较复杂，易损件比较多，需要定期进行检修，从而确保生产正常进行。

1. 检修周期　活塞式压缩机的检修有三种形式：大修(10~12个月)、中修(6~8个月)、小修(1~3个月)。

2. 检修内容

(1) 小修。对压缩机进行小修一般包括以下内容：

① 检查并紧固各连接螺栓和十字头销(包括地脚螺栓)；

② 检查及清除气阀部件上的结焦及污垢；
③ 检查或更换阀片、弹簧、阀座及升高限制器；
④ 检查或更换填料箱密封圈；
⑤ 检查及修理注油器、逆止阀、润滑油过滤网、油管接头等润滑系统；
⑥ 检查调整传动带或联轴器。

一般来说，对压缩机进行小修是有针对性的，常常是针对压缩机某一零件的故障进行修理。如易损件气阀等，应随时注意观测，发生故障及时更换。

（2）中修。中修一般包括以下内容：
① 包括小修内容；
② 清除气室、水夹套内污物，测量汽缸内壁磨损情况；
③ 检查、修理或更换活塞、活塞环、导向环及活塞杆；
④ 检查、刮研连杆大小头瓦，调查间隙或更换；
⑤ 检查和调整活塞上点间隙；
⑥ 检查、修理或更换全部的压力表、温度计、安全阀和循环阀；
⑦ 检查、清理或更换逆止阀；
⑧ 检查清理冷却水系统；
⑨ 更换润滑油。

（3）大修。大修一般包括以下内容：
① 包括中修内容；
② 解体、清洗整台压缩机；
③ 检查：十字头部件、曲轴部件、十字头滑道的磨损情况，必要时修理或更换；
④ 校正各部件的中心与水平；
⑤ 检查、修理或更换各冷却器、分离器，如需要还要进行水压、气密实验；
⑥ 曲轴、十字头销、连杆、连杆螺栓、活塞杆进行探伤检查；
⑦ 检查及调整飞轮跳动；
⑧ 检查及修理基础；
⑨ 防腐处理，刷漆。

以上为压缩机的基本检修内容，在工厂实际检修过程中，可根据被检修机器的情况做适当的增加或减少。

1.3.3.2 活塞式压缩机的拆检步骤及主要零件的检测

1. 主机拆检内容　压缩机在拆检时要进行以下内容的测量：
（1）活塞塞杆在行程上的摆动量；
（2）活塞塞在前后止点的间隙；
（3）活塞塞在汽缸镜面径向间隙；
（4）汽缸水平度、汽缸中心线与滑道中心线同轴度；
（5）活塞杆大头轴瓦与曲柄销径向间隙，大头定位时还须检查轴向间隙；
（6）十字头滑履与滑道的径向间隙；
（7）十字头销与连杆小头瓦的间隙，主轴瓦与主轴颈径向及轴向间隙。

2. 主机解体步骤　对压缩机进行解体时一般按以下步骤进行：

(1) 打开气阀阀盖，拆气阀并将气阀、阀盖与相应的安装位置做上标记；

(2) 旋下汽缸螺母，取下汽缸盖，如汽缸盖重量比较大，应使用行车；

(3) 拆卸活塞杆与十字头连接装置，卸下活塞、活塞杆，在拆卸过程中应避免碰伤十字头滑道与汽缸内镜面；

(4) 拆下制油器、填料函，拆卸过程中应注意其排列的顺序并做好记号；

(5) 打开活塞杆大头连接螺栓及十字头销，取出连杆(对于多级压缩机，其活塞杆的级数与其连接的螺杆及大头盖，均应对应做上标记，以免装配时装错，并且不要使用锤、铁棒等硬物敲击)；

(6) 拆下十字头，拆卸时应避免敲击；

(7) 拆卸曲轴。

3. 主要零部件的检修及质量标准：

(1) 机身与中体

① 机座的纵向、横向水平度偏差不得超过 0.05mm/m。卧式、V 形、W 形压缩机的水平度应放在主轴承座上测量，立式压缩机在机座贴合面上测量。L 形压缩机在机座法兰面上测量。

② 各列滑道中心线平行度为 0.1mm/m，此标准一般靠机加工来保证。

③ 滑道圆柱度为 0.4~0.6mm。

④ 机座存油处进行煤油试漏，2~4h 不得有渗漏。

(2) 曲轴

① 曲轴进行探伤或放大镜检查，不允许有裂纹等缺陷，主轴颈与曲柄销擦伤面积不得大于 2%，深度不得大于 0.1mm。

② 主轴颈与曲柄销的圆柱度见表 1-9。

表 1-9　主轴颈与曲柄销的圆柱度

轴颈直径/mm	<100	100~200	200~300	300~400
主轴颈/mm	0.10	0.20	0.25	0.30
曲柄销/mm	0.12	0.22	0.30	0.35

在检测过程中，请将测量数据列表，并根据标准判断该轴是否合格。

(3) 轴瓦(包括主轴瓦、连杆大小头瓦)和滚动轴承

① 轴承合金与瓦壳结合必须良好，不应有裂纹，气孔和分层，表面不允许有碰伤划痕等缺陷，轴承合金的磨损量超过原厚度的 1/2 时应重新浇瓦；

② 主轴瓦背与轴承座孔应均匀接触，接触面积不小于总面积的 60%；

③ 轴瓦与轴应均匀接触，接触点总面积不小于总面积的 70%。

(4) 连杆

① 连杆不允许有裂纹等缺陷；

② 连杆大小头孔中心线平行度为 0.06mm/m；

③ 连杆螺栓必须用放大镜或探伤检查是否有裂纹，连杆螺杆头、螺母与连杆接触的轴承面应均匀接触；

④ 十字头销或活塞销最大磨损量与圆柱度标准见表 1-10。

表 1-10　十字头销或活塞销最大磨损量与圆柱度标准　mm

十字头销或活塞销直径	直径最大磨损量	圆柱度允许最大值
40 以下	0. 15	0. 03
40~70	0. 20	0. 05
70 以上	0. 20	0. 06

（5）十字头

① 履与滑道应均匀接触，径向间隙为：$(0.6\sim0.8)\times10^{-3}d$，$d$ 为十字头外径，并位于滑道受力小的一侧；

② 端面对滑道垂直度为 0. 02/100，此条件一般以机加工来保证。

（6）活塞和活塞环

① 活塞和活塞杆凸肩支承面应均匀接触，保证密封；

② 活塞与活塞环表面应光滑无裂纹、砂眼、伤痕等缺陷；

③ 活塞与汽缸间隙，如果是铸铁活塞为$(0.8\sim1.2)D/1000$，D 为活塞外径，如果是铸铝，间隙为$(1.6\sim2.4)D/1000$；

④ 活塞的圆度和圆柱度标准见表 1-11；

表 1-11　活塞的圆度和圆柱度标准　mm

汽缸内径	圆度	圆柱度
100~150	0. 3	0. 3
150~400	0. 4	0. 4
400~450	0. 5	0. 5
550~700	0. 6	0. 6
700~850	0. 7	0. 7

⑤ 活塞环置于汽缸内应与汽缸内壁均匀接触，用灯光检验时整个圆周上漏光不多于两处，总长不超过 45°，且距开口处不小于 30°；

⑥ 活塞环端面平面度及端面平行度规定，见表 1-12。

表 1-12　活塞环端面平面度及端面平行度　mm

活塞环外径	允差	活塞环外径	允差
<150	0. 04	150~400	0. 05
400~700	0. 07	>700	0. 10
<150	0. 04		

（7）活塞杆

① 活塞进行探伤或放大镜检查时不允许有裂纹；

② 活塞杆直线度不得小于 0. 1mm/m；

③ 活塞杆圆柱度不得小于 0. 1~0. 3mm。

（8）汽缸

① 汽缸内壁表面应光洁，无裂纹、砂眼、锈疤和拉毛。如出现沟槽长度超过 1/4 圆周长或深超过 0. 2~0. 5mm 时应镗缸或镶缸套；

② 汽缸内圆的圆柱度和圆度应满足表1-13的规定；

表1-13 汽缸内圆的圆柱度和圆度标准 mm

内径	圆度	圆柱度
100~150	0.20	0.10
150~300	0.25	0.15
300~450	0.30	0.20
450~600	0.35	0.25
600~800	0.40	0.30
800~1000	0.45	0.35

③ 汽缸多次镗缸后，其缸径扩大值不应超过原缸径的1%，但内径超过2mm时，应另配制活塞及活塞环；

④ 汽缸的水平度或垂直度不应超过0.05mm/m。

(9) 阀片与阀座

①阀片表面应平整光洁，不允许有裂纹、伤痕、麻点等缺陷；

②阀座密封面不允许有擦伤而降低其密封性，即不允许有划痕、麻点；

③阀片与阀座应接触良好。

1.3.3.3 活塞式压缩机的装配

活塞式压缩机各零部件清洗、检测后就要对它进行安装调试，压缩机的安装应按一定的步骤进行。安装质量的好坏，将直接影响到压缩机的运转和使用，所以是一项十分重要而又复杂的工作。本节介绍的内容只是一些主要的安装要求，对于实际应用中压缩机的安装，可适当结合具体情况加以应用。

1. 汽缸的组装　汽缸的组装包括汽缸水压实验、测量汽缸的水平度及同轴度。

(1) 汽缸气体工作容积和水腔均应进行水压实验，不得渗漏，气体压力≤40MPa时，实验压力为工作压力的1.5倍，气体压力>40MPa时，实验压力为工作压力的1.25倍，汽缸水腔部分试验压力为0.3MPa。

(2) 在平卧汽缸中，汽缸的水平度不得大于0.05mm/m，测量时应在汽缸沿轴向前、中、后3个不同位置测量。

(3) 汽缸中心线应与十字头滑道中心线重合，同轴度满足标准要求。

对于L型、V型、W型等中小型压缩机，常采用整体安装法，不用检测汽缸与滑道的同轴度要求，其安装的正确度靠结合面的定位凸肩来保证。

2. 曲轴、轴承的安装　曲轴、轴承的安装包括曲轴水平度测量、曲轴中心线与机体十字头滑道中心线的垂直度测量、轴瓦瓦背与轴承座孔或斜垫的贴合度测量、轴瓦与轴或轴销的贴合度测量。

(1) 曲轴的水平偏差不大于0.1mm/m，在测量水平度时，应将曲轴颈转至上、下、左、右4个不同位置测量。

(2) 曲轴中心线与机体十字头滑道中心线的垂直度偏差不大于0.1mm/m。

(3) 检查轴瓦瓦背与轴承座孔或斜垫的贴合度。

对于厚壁瓦，在瓦背上涂色油，然后将瓦背分别和与之接触的座孔等对研，转动数次，转动角一般不超过 30°，然后取下，检查接触面接触情况，不符合要求可修刮瓦背，必要时也可修刮轴承座孔。

对于薄壁瓦，瓦背不修刮，安装时用木块垫在瓦结合面上，用手锤轻轻敲入。

（4）检查轴瓦与轴或轴销的贴合度。

对于厚壁瓦，在轴颈或销上涂上色油，先将轴瓦放在轴颈或曲柄销上，沿圆周方向转动数次，进行粗略研刮。然后将轴瓦装到机体或连杆大头上固定，用螺栓锁紧，以能盘动车为限，进行数次盘车对研、修刮，直至贴合度合格为止。轴承承受轴颈或销压力情况要求刮研后接触点的合理分布，即要求接触点均匀分布在轴瓦中间的 100°~200°范围内，并且沿轴瓦长度方向以中间研点少些，而前、后端则要求多一些。

（5）对于薄壁瓦，瓦与轴之间的贴合度完全靠机加工来保证，一般不需要刮研。轴瓦与轴颈或曲柄销的间隙测量常用方法有以下两种：

① 压铅法。当轴瓦刮好后，在主轴颈或曲柄销两端上横放直径比间隙值大 1/3 的铅丝，装上轴瓦，拧紧轴承盖上螺母将轴瓦压紧。拆开并测量被压扁了的铅丝厚度即为轴瓦之径向间隙。

② 塞尺检查。分别测出 X_1、X_2、X_3之值，其中 $X_1=X_2=X_3/2$。

3. 连杆、十字头组装　连杆、十字头组装包括连杆组装及字头的装配。

（1）连杆组装

① 连杆装配时，连杆螺栓拧紧力矩应符合规定值，可用测力扳手或采用螺栓伸长量来测定，连杆螺栓头及螺母的支承面与连杆支承面应均匀接触，相邻两接触点必须同居与 45°扇形面内，螺栓拧紧后应做防松处理并锁牢；

② 刮研连杆大头轴瓦和小头衬套(当轴瓦为薄壁瓦时可不刮研)，使其与曲柄销和十字头销的接触面积为总面积的 70%，接触点应均匀分布；

③ 刮研连杆大头轴瓦和小头衬套与相配合的零件的径向间隙和轴向间隙应符合图纸要求，定位端的两侧间隙应均匀分布。

（2）字头的装配

① 刮研十字头滑板，使其与机体滑道接触面积占总面积的 60%，接触点应均匀分布；

② 十字头滑板与机体滑道的径向间隙为(0.0006~0.0008)D，D 为十字头的直径，整体式十字头的滑道间隙由机加工来保证；

③ 十字头销的连接螺栓，滑板的连接螺栓，十字头与活塞杆的联结均应拧紧和防松处理。

4. 填料和刮油环的组装填料和刮油环的组装包括填料盒端面研磨及各填料环的装配顺序。

（1）油、水、气孔道应清洁和畅通；

（2）各填料环的装配顺序不得互换；

（3）填料与各填料环端面、填料盒端面的接触应均匀，其接触面面积不应小于端面面积的 70%；

（4）填料、刮油器与活塞杆的接触面积应符合设备技术文件的规定；当无规定时，其接触面积不应小于该组环面积的 70%，且接触应均匀；

（5）刮油刃口不应倒圆；刃口应朝向来油方向；

（6）填料和刮油器组装后，各处间隙应符合设备技术文件的规定，并应能自由转动；

(7) 填料压盖的锁紧装置应锁牢。

5. 活塞组件安装　活塞组件安装包括活塞与活塞杆连接、安装活塞装入汽缸及测量汽缸前后的间隙。

(1) 当活塞与活塞杆采用锥面连接时，两者应仔细研合，保证锥面接触均匀，当采用凸肩连接时，结合端面应刮研，使接触均匀，拧紧活塞螺母后应采取防松措施；

(2) 活塞环在活塞槽内的沉入量应为 0.25~0.5，轴向间隙要满足标准要求；

(3) 整体支撑环安入环槽的方法，将支撑环、活塞及锥套一起加热至 120℃，或在沸水内煮一小时，在板上将支撑环压入，由于压板内孔需不断扩大，需要准备数块内径不同的压板，压入后，将组合件加热至 120℃保温 3h，随加热器一起冷却，以保证支撑环与活塞很好地贴合；

(4) 活塞环的安装方法，装入后活塞环应能自由转动；

(5) 活塞装入汽缸时可借助导向工具，安装时注意各活塞开口应相互错开，开口位置不要对准汽缸的排气阀和注油孔；

(6) 浇有巴氏合金的活塞环与汽缸镜面应均匀接触，其接触面积应大于总面积的 60%；

(7) 用软铅条从气阀孔伸入缸内，测量汽缸前后的间隙，应符合图纸的规定，铅条压扁量不应超过铅条直径的 1/3。

6. 气阀的安装　气阀组装后，阀片及弹簧运动时无卡住和歪斜现象，气阀开启高度应符合图纸要求，同一气阀弹簧长度应相同。

气阀用煤油进行气密实验，在 5min 内允许有不连续的油滴渗漏，但其数目不得超过标准的规定；气阀中心连接螺母拧紧后应锁紧或铆死。

7. 润滑油系统的安装要求　油管不允许有急弯、折扭和压扁现象；润滑油系统的管路、阀门等应进行气密和强度实验，对与润滑油系统应以 6kgf/cm^2 压力进行实验，对与汽缸、填料润滑油系统应以工作压力 1.5 倍进行实验；油管与供油处联结时须使润滑油内无气泡后方可进行；润滑油系统回油管应有 3/1000 的坡度，方可使油顺利流回油箱。

8. 安全阀的组装　安全阀应进行气密实验，实验压力为工作压力的 1.5 倍；安全阀的起跳压力为工作压力的 1.05~1.1 倍调整，调整时用空气等无害气体；当系统工作压力超过 300kgf/cm^2 时，最好设置两个安全阀；安全阀芯与阀座应相互仔细研磨，以保证气密性；安全阀应定期检查、修理、校验和更换。

1.4　减速器拆装实训

1.4.1　实训目的

(1) 通过对减速器的拆装与观察，了解减速器的整体结构、功能及设计布局；

(2) 通过减速器的结构分析，了解其如何满足功能要求和强度、刚度要求、工艺(加工与装配)要求及润滑与密封等要求，分析了解各种附件的功能；

(3) 通过对减速器中某轴系部件的拆装与分析，了解轴上零件的定位方式、轴系与箱体的定位方式、轴承及其间隙调整方法、密封装置、需润滑的零件的润滑方法；

(4) 通过对不同类型减速器的分析比较，加深对机械零、部件结构设计的感性认识，为机械零、部件设计打下基础；

(5) 培养对减速器主要零件尺寸的目测和测量能力，了解齿轮减速器各部分尺寸的大致比例关系；

(6) 了解拆装工具的使用以及减速器各部件拆装的顺序；

(7) 掌握减速器调整和维修的基本方法。

1.4.2 实训设备和工具

1.4.2.1 实训设备

(1) 展开式双级斜齿圆柱齿轮减速器拆装模型，分流式两级斜齿圆柱齿轮减速器拆装模型，JZQ-250 型二级展开式圆柱齿轮减速器见图 1-23。

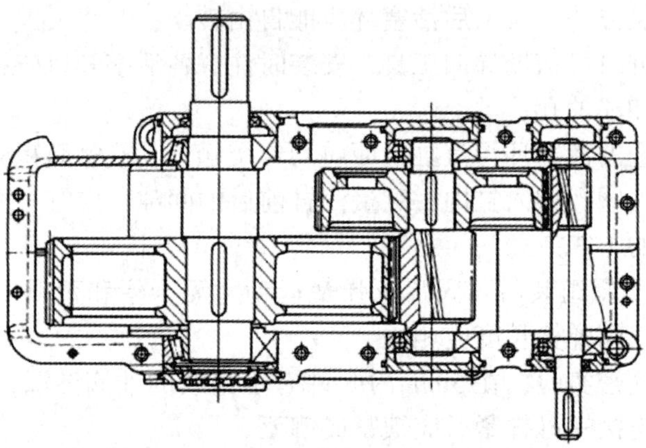

图 1-23 JZQ-250 型二级展开式圆柱齿轮减速器

(2) 观察、比较用减速器 WD130 蜗杆减速器、NGW31 摆线针轮减速器、JZQ250 双级斜齿圆柱齿轮减速器。

1.4.2.2 实训工具

活动扳手、手锤、钢直尺、游标卡尺等。

1.4.2.3 减速器的类型与结构

减速器是一种由封闭在箱体内的齿轮、蜗杆蜗轮等传动零件组成的传动装置，装在原动机和工作机之间用来改变轴的转速和转矩，以适应工作机的需要。由于减速器结构紧凑、传动效率高、使用维护方便，因而在工业中应用广泛。

减速器常见类型有以下三种：圆柱齿轮减速器、锥齿轮减速器和蜗杆减速器，如图 1-24 所示。

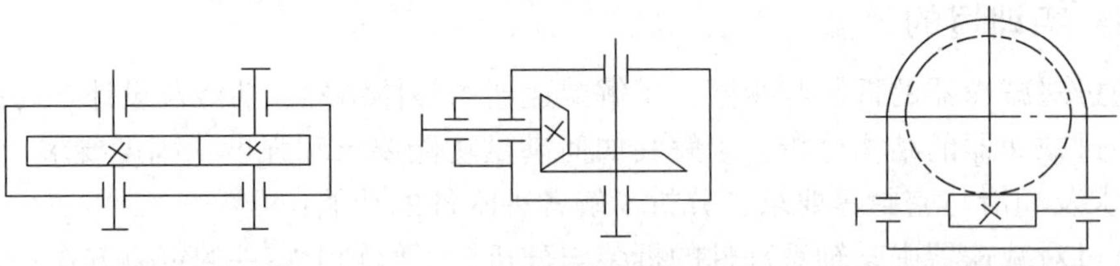

(a) 单级圆柱齿轮减速器　(b) 锥齿轮减速器　(c) 下置式蜗杆减速器

图 1-24 减速器的类型

在圆柱齿轮减速器中，按齿轮传动级数可分为单级、两级和多级。蜗杆减速器又可分为蜗杆上置式和蜗杆下置式。

两级和两级以上的减速器的传动布置形式有展开式、分流式和同轴式三种形式，见图 1-25所示。展开式用于载荷平稳的场合，分流式用于变载荷的场合，同轴式用于原动机与工作机同轴的特殊的工作场合。

减速器的结构随其类型和要求的不同而异，一般由齿轮、轴、轴承、箱体和附件等组成。图 1-26 为单级圆柱齿轮减速器的结构与实体图。

箱体为剖分式结构，由箱盖和箱座组成，剖分面通过齿轮轴线平面。箱体应有足够的强度和刚度，除适当的壁厚外，还要在轴承座孔处设加强肋，以增加支承刚度。

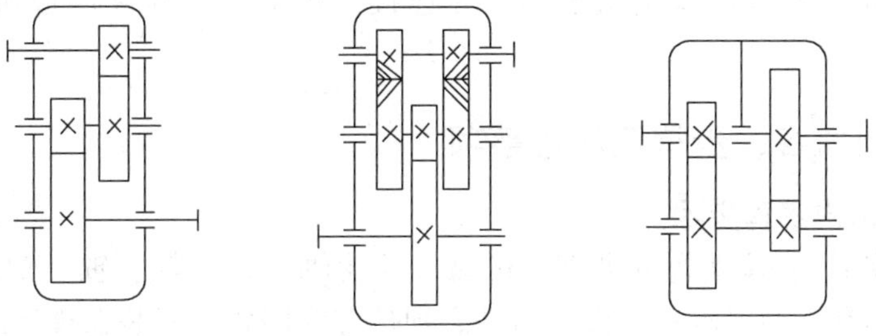

(a) 展开式　(b) 分流式　(c) 同轴式

图 1-25　减速器传动布置形式

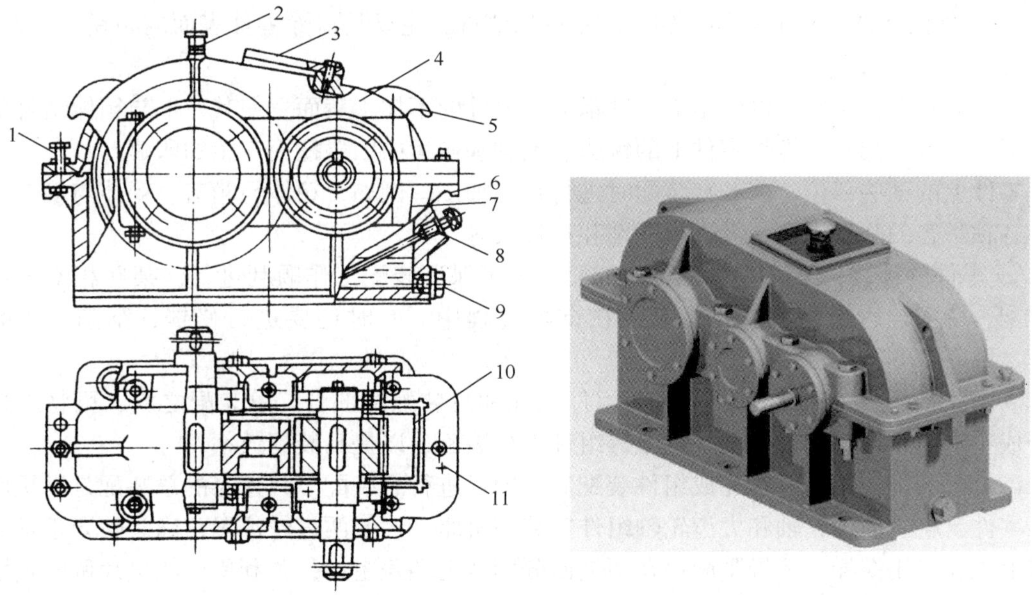

图 1-26　单级圆柱齿轮减速器结构与实体图

1—起盖螺钉；2—通气器；3—视孔盖；4—箱盖；5—吊耳；6—吊钩；
7—箱座；8—油标尺；9—油塞；10—油沟；11—定位销

一般先将箱盖与箱座的剖分面加工平整，合拢后用螺栓联接并以定位销定位，找正后加工轴承孔。对支承同一轴的轴承孔应一次镗出。装配时，在剖分面上不允许用垫片，否则将不能保证轴承孔的圆度误差在允许范围内。

箱盖与箱座用一组螺栓联接。为保证轴承孔的联接刚度，轴承座安装螺栓处做出凸台，并使轴承座孔两侧联接螺栓尽量靠近轴承座孔。安装螺栓的凸台处应留有扳手空间。

为便于箱盖与箱座加工及安装定位，在剖分面的长度方向两端各有一个定位圆锥销。箱盖上设有窥视孔，以便观察齿轮或蜗杆蜗轮的啮合情况。

窥视孔盖上装有通气器，使箱体内外气压平衡，否则易造成漏油。为便于拆卸箱盖，其上装有起盖螺钉。为拆卸方便，箱盖上设有吊耳或吊环螺钉。为搬运整台减速器，在箱座上铸有吊钩。

箱座上设有油标尺用来检查箱内油池的油面高度。最低处有放油油塞，以便排净污油和清洗箱体内腔底部。箱座与基座用地脚螺栓连接，地脚螺栓孔端制成沉孔，并留出扳手空间。

1.4.3 实训内容、步骤及注意事项

1.4.3.1 实训内容和步骤

1. 减速器的装配　减速器由机座、机盖、齿轮轴、大齿轮、轴、轴承与端盖等组成。减速器装配后应达到下列要求：零件和组件必须按照配图要求安装在规定的位置，整机性能符合设计要求；固定连接必须牢固；齿轮副啮合灵活，传动平稳，轴承间隙调整合适；润滑良好，无渗漏现象。

(1) 减速器的装配：

① 零件的清洗、整形和补充加工。零件的清洗，主要是清除零件表面的防锈油、灰尘、切屑等。

零件的整形，主要是修整箱盖、轴承盖等铸件的不加工表面，使其外形与箱体结合部位的外形相一致。同时，修整零件上的锐边、毛刺和搬运中因碰撞而产生的印痕。

零件上的某些部位，需要在装配时进行补充加工。例如，箱体与箱盖、箱体与箱盖、箱体与各轴承盖的联接螺孔，需进行配钻和攻螺纹等。

② 零件的预装。零件的预装又称试配。为了保证装配工作顺利进行，某些相配零件应先试配，待配合达到要求后再拆下。在试配过程中，有时还要进行修锉、刮削、研磨等工作。

③ 组件装配。减速器装配可分为组件装配和总装配两部分。总装配之前，可将减速器划分成主动齿轮轴、大齿轮轴、端盖等组件先行装配，以提高装配效率。

(2) 总装配与调整。在完成组件装配后，即可进行总装配。减速器的总装配是以机座为基准零件，将主动齿轮轴和大齿轮轴组件安装在机座上，使两齿轮位置正确。啮合正常，然后装上机盖，用螺栓、螺母紧固；在两端面分别装上端盖组件，并利用调整垫片调整轴承的轴向间隙；装上螺塞等零件，注入工业齿轮油润滑，装上视孔盖组件，总装配完毕。

(3) 试车。将减速器接上电动机，并用手转动试转，一切符合要求后接上电源，用电动机带动空转试车。试车时需运转 30min 以上，要求运转平稳，噪声小，固定连接处无松动，油池和轴承的温升不超过规定要求。

2. 减速器的拆卸　在拆卸设备时，应按照与装配相反的顺序进行，一般按照从外向内、先拆成部件或组件、再拆成零件的顺序进行。

（1）拆卸箱盖时应先拆开联接螺钉与定位销，再用起盖螺钉将盖、座分离，然后利用盖上的吊耳或环首螺钉起吊。拆开的箱盖与箱座应注意保护其结合面，防止碰坏或擦伤。

（2）拆卸时用力应适当，特别要注意对主要部件的拆卸，不能使其发生任何程度的损坏。

（3）拆装轴承时须用专用工具，不得用锤子乱敲。无论是拆卸还是装配，均不得将力施加于外圈上通过滚动体带动内圈，否则将损坏轴承滚道。

（4）用锤击法冲击齿轮时，必须垫加较软的衬垫，或用较软材料的锤子（如铜锤）或冲棒，以防损坏齿轮表面。

（5）拆卸下的零件应尽快清洗和检查。在一对相互配对的齿轮同一面做好标记，以便装配时容易辨认。

（6）在拆卸旋转轴时，应注意尽量不破坏原来的平衡状态。

3. 滚动轴承的装配与拆卸　滚动轴承是一种精密部件，认真做好装配前的准备工作，对保证装配质量和提高装配工作的效率都是非常重要的。

（1）滚动轴承装配的技术要求。

① 按轴承的规格准备好装配所需的工具和量具。

② 按图样要求认真检查与轴承相配合的零件，并用煤油或汽油将其清洗、擦拭干净后涂上润滑油。

③ 检查轴承型号与图样所标识的是否一致，并把轴承清洗干净。对于表面无防锈油涂层并包装严密的轴承可不进行清洗，尤其是对有密封装置的轴承，严禁清洗。

④ 安装滚动轴承时，应将轴承上带有标记代号的端面装在可视方向，以便于更换时进行查对。

⑤ 滚动轴承在轴上或装入轴承座孔后，不允许有歪斜的现象。

⑥ 在同一根轴的两个滚动轴承中，必须使其中一个轴承在受热膨胀时留有轴向移动的余地。

⑦ 装配滚动轴承时，压力（或冲击力）应直接加在待配合套圈的端面上，不允许通过滚动体传递压力。

⑧ 轴承端面应与轴肩或支承面贴实。

⑨ 装配过程中应保持清洁，防止异物进入轴承内部。

⑩ 装配后的轴承应转动灵活，噪声小，工作温度不超过 50℃。

（2）滚动轴承常用的装配方法。滚动轴承多数为较小过盈配合的装配，装配时常采用压入（或敲入）法、温差法和液压套合法等。

① 压入（或敲入）法。采用手锤施力时，不能用手锤直接敲打轴承外圈；应使用垫套或铜棒，将轴承敲到轴上。用力应均匀，且施加在轴承内圈端面上；轴承装到轴承座内孔时，力应均匀地施加在轴承外圈端面上。

借助套筒施力时，可用压力机将轴承压入轴和轴承座孔内。若无专用套筒，可采用手锤与铜棒沿零件四周对称、均匀敲入，达到装配目的。

② 温差法。加热法：采用将轴承加热、使内圈涨大的方法。加热时，温度控制在 80～100℃之间，加热后取出轴承，用比轴颈尺寸大 0.05mm 左右的测量棒测量轴承孔径，若尺寸合适应迅速将轴承推入轴颈。

冷冻法：将轴承放置在工业冰箱或冷却介质中冷却，取出轴承后，立即测量轴承外径缩小量，若尺寸合适，立即进行装配。

③ 液压套合法。由手动泵产生的高压油进入轴端，经通路引入轴颈环形槽中，使轴承内孔胀大，再利用轴端螺母旋紧，将轴承装入。此法适用于轴承尺寸和过盈量较大、又需要经常拆装的场合，也用于可用敲击的精密轴承装配。

（3）滚动轴承的拆卸方法。对于圆柱滚子轴承的拆卸，可以用压力机将轴承压出；也可采用顶拔器拉出的方法。圆锥滚子轴承若直接装在锥形轴颈上，或装在紧定套上，拆卸时，先拧松锁紧螺母，然后用软金属棒和锤子，向锁紧螺母方向敲击，可将轴承拆下。

4. 齿轮的装配　齿轮装配质量的高低，直接影响着传动齿轮的工作可靠性和使用寿命，某些齿轮本身的材质、加工精度并不差，但装配后即出现异常，甚至机械事故。因此装配与调整对于齿轮的使用具有重要的作用。

（1）齿轮装配的技术要求

① 齿轮装配的技术要求主要决定于传动装置的用途和精度。如高精度的传动机构的齿轮要求齿轮传动精度与间隙符合公差要求；低速重载的齿轮侧重于要求接触精度；高速传动机构的齿轮侧重于要求工作平稳性、接触精度和侧隙。

② 保证齿轮有准确的安装中心距和适当的齿侧间隙。间隙过小，齿轮转动不灵活，甚至卡齿，加速齿轮磨损；间隙过大，换向空程大，而且会产生冲击。

③ 保证齿面有一定的接触面积和正确的接触部位。接触面积和接触部位是互相联系的，接触部位不正确，同时反映了两啮合齿轮相互位置的误差。

（2）齿轮装配后的检查

齿轮装配后要进行检查，检查的主要项目有齿圈径向跳动和端面圆跳动等。装配后常出现的误差有两种：一是齿轮在轴上的偏摆，产生的原因是齿轮内孔与齿轮端面的垂直度误差较大或因齿轮内孔在与轴径装配时产生了较大的变形；二是齿圈径向跳动误差，产生此误差的主要原因是滚齿加工时的加工误差或因齿轮分度圆轴线与轴径轴线之间的同轴度误差。

① 齿侧间隙的检查。齿侧间隙是指齿轮副啮合轮齿非工作面间法线间的空隙。齿侧间隙的作用在于补偿加工误差和安装误差、补偿热变形，避免运转时发生卡死现象，保证齿轮自由回转，储存润滑油，有良好的润滑和散热条件，不引起大的冲击。齿侧间隙的大小与齿轮模数、精度等级和中心距有关。齿轮间隙的检查方法常用的有压铅法和百分表测量法。

压铅法。该方法准确，应用较多。具体方法是：在两齿轮的齿间放入一些铅丝，其直径根据间隙大小选定，长度以压上 3 个齿为宜，然后均匀转动齿轮，使铅丝通过啮合而被压扁。厚度小的是工作侧隙，最厚的是齿顶间隙，厚度较大的是非工作侧隙。齿轮的工作侧隙和非工作侧隙之和即为齿侧间隙。厚度均用千分尺测量。

百分表法。此法用于较精确的啮合。具体方法是：把其中一个齿轮固定，将接触百分表齿面的另一个齿轮从一侧啮合转到另一侧啮合，百分表的最大读数与最小读数之差，即为齿侧间隙。若齿侧间隙超过规定，可通过变动齿轮轴向位置和刮研齿面进行调整。

② 齿轮接触精度的检查。对于传递动力的齿轮，要求齿接触状况良好，即接触面积大而均匀，避免发生过大的载荷集中，保证齿轮的承载能力，达到减小磨损和延长使用寿命的目的。齿轮的接触精度是用接触斑点范围的大小来表示的，通常用着色法检查。具体检查步骤如下：

在小齿轮齿面上涂色；

将与之啮合的大齿轮与小齿轮对滚 3~4 圈；

检查两齿轮的接触面积及位置。

5. 减速器部件的测量　测量齿轮端面至箱体内壁的距离，测量输出端大齿轮外圆至箱体内壁的距离和输入端小齿轮外圆至箱体内壁的距离，测量输出端大齿轮外圆至下箱体底面的距离，测量阶梯轴的各段直径、测量阶梯轴不同直径处的长度，测量齿轮轮毂宽度和轴承宽度，测量外圆直径、齿宽、两齿轮的中心距，轴的直径，测量各种螺栓直径，测量两轴承孔间中心距、中心高、上下箱体壁厚、地脚凸缘厚度与宽度、上下箱体联接凸缘厚度与宽度、轴承旁凸台宽度与高度、筋板厚度等。将测得的数据填入表 1-14~表 1-17。

表 1-14　减速器的结构尺寸　mm

名称		数据	名称		数据
中心距	高速级		油尺高度		
	低速级		油塞高度		
箱盖上凸缘尺寸	厚度		轴承两侧箱盖联接凸缘尺寸	厚度	
	宽度			宽度	
箱座下凸缘尺寸	厚度		轴承两侧箱座联接凸缘尺寸	厚度	
	宽度			宽度	
地脚凸缘尺寸	厚度		箱盖筋板厚度	上筋板	
	宽度			下筋板	
减速器的最大外形尺寸	长		箱体的内部尺寸	长度	
	宽			宽度	
	高			深度	
中心高				厚度	

表 1-15　减速器中联接件测量结果

名　称	数　量	直径/长度	螺纹孔距
地脚螺栓			
轴承旁联接螺栓			
箱盖与箱座联接螺栓			
箱盖与箱座联接定位销			
观察孔螺钉			
起盖螺钉			

表 1-16 三根轴上零件的相互位置尺寸　mm

	齿轮至箱体内壁的轴向尺寸	轴承里端面至箱体内壁的轴向尺寸	齿轮至齿轮轴向距离
高速轴	—	—	
中间轴	—	—	
低速轴	—	—	

表 1-17 减速器的主要参数

<table>
<tr><td rowspan="3">齿 数</td><td></td><td colspan="3">小齿轮</td><td colspan="3">大齿轮</td></tr>
<tr><td>高速级</td><td colspan="3">$Z_1=$</td><td colspan="3">$Z_2=$</td></tr>
<tr><td>低速级</td><td colspan="3">$Z_3=$</td><td colspan="3">$Z_4=$</td></tr>
<tr><td colspan="2" rowspan="2">传动比
$i=i_1i_2$</td><td colspan="2">高速级 i_1</td><td colspan="2">低速级 i_2</td><td colspan="2">总传动比 i</td></tr>
<tr><td colspan="2"></td><td colspan="2"></td><td colspan="2"></td></tr>
<tr><td colspan="2" rowspan="2">模数 m/mm</td><td colspan="3">高速级</td><td colspan="3">低速级</td></tr>
<tr><td colspan="3"></td><td colspan="3"></td></tr>
<tr><td colspan="2" rowspan="2">齿宽 b 及齿宽系数 φ_d/mm</td><td colspan="3">高速级</td><td colspan="3">低速级</td></tr>
<tr><td>小齿轮 $b=$</td><td>大齿轮 $b=$</td><td>$\varphi_d=$</td><td>小齿轮 $b=$</td><td>大齿轮 $b=$</td><td>$\varphi_d=$</td></tr>
<tr><td rowspan="2">轴承</td><td></td><td colspan="2">第一根轴</td><td colspan="2">第二根轴</td><td colspan="2">第三根轴</td></tr>
<tr><td>型 号</td><td colspan="2"></td><td colspan="2"></td><td colspan="2"></td></tr>
</table>

1.4.3.2 注意事项

(1) 实训前认真阅读实训指导书，通过图纸，资料了解结构特点，分析拆装顺序。

(2) 拆装时应该轻拿轻放，避免损坏减速器各零件；减速器拆装过程中，若需搬动，只准搬动模型，并注意人身安全。

(3) 拆装过程中不准用锤子或其他工具打击任何零件；测量工具不要碰撞其他物品，以保持精度的要求。

(4) 拆卸箱盖时应先拆开联接螺钉与定位销，再用起盖螺钉将盖、座分离，然后利用盖上的吊耳或环首螺钉起吊。拆开的箱盖与箱座应注意保护其结合面，防止碰坏或擦伤。

(5)拆装轴承时须用专用工具，不得用锤子乱敲。无论是拆卸还是装配，均不得将力施加于外圈上通过滚动体带动内圈，否则将损坏轴承滚道。

(6)拆装过程中同学之间要相互配合与关照，以防砸伤手脚。

1.5 浮头式换热器的拆装实训

1.5.1 实训目的

(1) 通过图纸，资料了解浮头式换热器结构特点，分析其拆卸顺序按要求进行测绘、绘图。

(2) 通过对浮头式换热器的拆装与观察，了解其整体结构、功能及设计布局；理解浮头式换热器故障产生的原因。

(3) 通过浮头式换热器的结构分析，了解其如何满足功能要求和强度、刚度要求、工艺要求及密封等要求。认真结合教材进行分析、讨论，详细了解结构特点和工作原理(冷热介质流程、流向)。

(4) 掌握专用工具的使用方法、螺栓螺母的紧固方法、法兰垫片安装方法、浮头式换热器装配顺序、管程和壳程的压力试验方法。

1.5.2 实训设备和工具

1.5.2.1 实训设备

浮头式换热器见图 1-27。

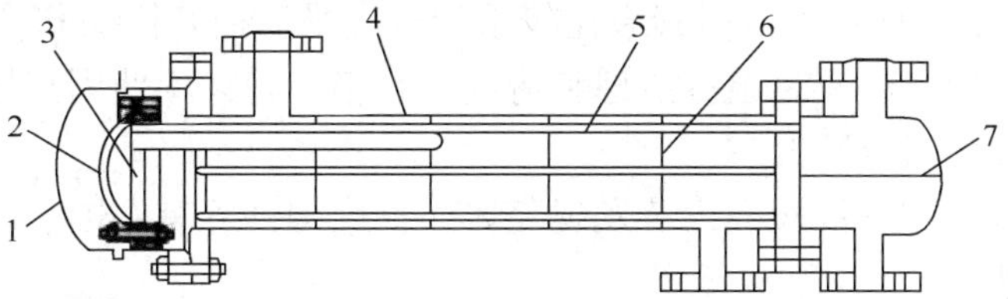

图 1-27 浮头式换热器

1—壳盖；2—浮头盖；3—浮头管板；4—壳体；5—传热管；6—支持板；7—折流板

1.5.2.2 实训工具

活动扳手、套筒扳手、梅花扳手、手锤、钢直尺、游标卡尺等。

1.5.3 实训内容、步骤及注意事项

1.5.3.1 实训内容

(1) 浮头式换热器拆卸及组装步骤；

(2) 拆装工具的使用方法；

(3) 法兰垫片的安装方法；

(4) 螺栓螺母的紧固方法；

(5) 管程壳程的水压试验方法。

1.5.3.2 实训步骤和注意事项

1. 实训步骤 拆装实训前，应根据实训计划熟悉现场的每一项实训内容的位置、工作量和难度，以便于做好各工种、各工序之间的工作协调。根据实训内容编制详细的拆装方案。拆装方案经指导教师批准后方可进行实训。准备好实训所需的检修工具和材料。

(1) 用起吊工具将前封头吊住，将前封头与筒体螺栓松开，可用松动剂配合，注意对称松开，并留顶上一对螺栓不拆下，等最后起吊时拆下，放在垫木上，螺栓单独放好，如有必要请划好对齐线。

(2) 移动起重工具到后封头，将后封头吊住，同样松开螺栓，最后拧下顶上两个螺栓，并将后封头吊起，轻轻放在指定位置，用木块垫上(注意放稳，螺栓单独放在一起，不要与前封头螺栓混在一起)。

(3) 拆浮头，吊住浮头，拆下浮头与浮头钩圈螺柱，单独放在一起，注意别被落下的浮头钩碰伤人，应拉住轻轻放在地上(应放倒)，然后将浮头放到地上，并用木块垫好，注意放实。

(4) 移动吊车至前封头的位置，用钢丝绳吊住管板吊耳，通过起吊时向前产生的分力，使管束往外拉，重新捆管束的位置，通过起吊的办法产生向前分力，继续使管束往外移动，一直到管束中心到筒体边缘时，捆住管束中心，将吊车移到外侧，吊起产生分力将管束拉出来，然后放在垫木上。若无吊耳，则应用钢丝绳捆住浮头侧的管板与管子连接处，并通过吊车拉手拉葫芦产生向前分力，使管束前进移动，若实在不行，可垫木块用外力使其水平

移动。

(5) 按要求进行测绘，注意数据的完整，应仔细检查是否全。

(6) 将管束抽出清理。对安装标高在 2m 以下的且管束比较轻的换热器，可采用人力、倒链等方法抽芯。对安装标高在 2m 以上的换热器，应采用抽芯机和卷扬机配合进行抽芯，对安装标高在 2m 以下的换热器，但管束比较重的也应采用抽芯机抽芯。

(7) 换热器拆开后，应及时进行清理和清洗，管箱、管束均使用高压水进行冲洗，冲洗结果应确认合格，方可试压回装。

(8) 清洗干净后，应进行检查，若发现壳体、管束构件等有腐蚀、变形、裂纹时等，应及时反映，进行处理。

(9) 一般规定。凡拆卸、检查、清扫过的换热器，在回装后都必须进行试压，试验压力按照设计压力的 1.25 倍进行。对于不允许有微量残留液体或由于结构或支架等原因不允许用水进行试压的换热器，可采用气压试验，气压实验的压力为设计压力的 1.15 倍。

(10) 换热器进行试压时，应把与之相对应的管口全部用盲板封死，插入式盲板的最小厚度，选取如表 1-18 所示。

表 1-18　试压用插入式盲板的最小厚度　　mm

<table>
<tr><th rowspan="2">试验压力/MPa</th><th colspan="15">公称直径</th></tr>
<tr><th>40</th><th>50</th><th>70</th><th>80</th><th>100</th><th>125</th><th>150</th><th>200</th><th>250</th><th>300</th><th>350</th><th>400</th><th>450</th><th>500</th><th>600</th></tr>
<tr><td>0.4</td><td rowspan="13">6</td><td rowspan="10">6</td><td rowspan="8">6</td><td rowspan="6">6</td><td rowspan="5">6</td><td rowspan="5">8</td><td rowspan="5">10</td><td rowspan="5">12</td><td rowspan="4">12</td><td rowspan="3">12</td><td rowspan="2">12</td><td rowspan="2">12</td><td rowspan="3">18</td><td rowspan="2">18</td><td rowspan="2">18</td></tr>
<tr><td>0.6</td></tr>
<tr><td>1.0</td><td rowspan="2">18</td><td>18</td><td rowspan="2">25</td><td>24</td></tr>
<tr><td>1.6</td><td rowspan="2">20</td><td>20</td><td rowspan="3">32</td><td>30</td></tr>
<tr><td>2.5</td><td rowspan="2">18</td><td rowspan="2">24</td><td rowspan="2">28</td><td>22</td><td>38</td></tr>
<tr><td>3.2</td><td rowspan="3">10</td><td rowspan="3">12</td><td rowspan="2">14</td><td rowspan="3">20</td><td rowspan="2">25</td><td rowspan="8">36</td><td rowspan="8"></td></tr>
<tr><td>4.5</td><td rowspan="2">8</td><td rowspan="3">28</td><td rowspan="2">34</td><td>34</td><td rowspan="7">38</td></tr>
<tr><td>6.4</td><td rowspan="2">8</td><td rowspan="3">18</td><td rowspan="2">34</td><td>40</td></tr>
<tr><td>8.0</td><td rowspan="3">10</td><td rowspan="3">12</td><td rowspan="3">16</td><td rowspan="4">26</td><td>38</td><td rowspan="5"></td></tr>
<tr><td>9.0</td><td rowspan="4">10</td><td rowspan="4">34</td><td rowspan="3">28</td><td rowspan="4"></td></tr>
<tr><td>10.0</td><td rowspan="3">8</td><td rowspan="3">22</td></tr>
<tr><td>11.0</td><td rowspan="2">12</td><td rowspan="2">14</td><td rowspan="2">18</td></tr>
<tr><td>12.5</td><td>28</td><td></td></tr>
</table>

(11) 试压完毕，立即拆除相应的与试压有关的辅助部件。

(12) 回装时先安装封头或内浮头，首先将密封面清理干净，并仔细检查密封面确定无影响回装的缺陷后在密封面上均匀涂抹一层黄油；然后开始回装封头或内浮头，在回装到封头与壳体间还有约 100mm 的间距时，将封头垫片放到壳体密封面上，垫片放置时必须要放在垫片的槽内并放正、放平，并将垫片压牢，如垫片无法自行贴在密封面上，可以用透明胶带将其粘在密封面上或用生料带将垫片吊在壳体的密封面上；最后缓慢将封头或内浮头扣好并对称紧固，紧固前应最终确认垫片是否放正，第一遍紧固时应以 60% 的紧固力矩对称紧固，第二遍紧固时应以 100% 的紧固力矩对称紧固，第三遍紧固时应以 100% 的紧固力矩逐条螺栓顺序紧固。

（13）换热器安装完毕后，擦净壳体表面，实训工具归类放好，实训场地清理干净。

2. 实训注意事项　实训拆装换热器大型设备，接触专门起重工具，龙门吊车架及其辅助工具等，而且实训场地环境复杂，有一定的危险性，应该引起高度的重视。

（1）换热器属于大型设备，应有专门起重工具，龙门吊车架及其辅助工具等。

（2）准备好专用工具及常用工具等。

（3）压力表要轻拿轻放。

（4）注意人员之间的协作精神，并有专人指挥。

（5）若为第一次拆装，应将换热器内管、置换清洗干净，并进行吹扫。

（6）打压试验时，打压速度不要过快，以免超压。

（7）记录拆卸先后顺序，专人保管拆下的各个零件(不能混)，尽可能考虑做好各方面的准备工作。

（8）拆卸、紧固换热器螺栓和接管法兰螺栓时，应按交叉、对称的顺序进行，拆卸的螺栓应就近摆放整齐，若集中保管应分别装箱并标识好，换热器封头螺栓紧固时，至少应分 3 遍进行，起点应相互错开 120°。拆卸、回装及抽芯时，不得损伤密封面，并将拆卸下的零部件做好标记，妥善保管。

（9）吊装换热器管束时，不得用钢丝绳或锐利的吊具直接捆绑管束，宜采用吊带对其有保护措施的吊具吊装。

（10）拆下的管束水平放置时，必须支撑在管板或支持板上。

（11）管束在回装前应仔细检查管束及壳体的内部，确认无杂物后方可回装。

（12）拆下的螺栓应逐个清洗、检查，确认无问题后方可继续使用，用于 250℃以上的螺栓应涂二硫化钼油脂。

（13）注意隔板的方向，螺栓与孔对齐，不许有歪斜现象，注意螺栓对角拧紧。注意保证装配质量，否则须拆卸后重新装配。

（14）参加实训的同学必须穿工装、戴安全帽，注意人身安全，听从实训现场指导教师的指挥。

第2章 油气储运工程专业实训

2.1 离心泵性能曲线测试实训

2.1.1 实训目的

(1) 掌握离心泵性能曲线的测试方法;

(2) 了解综合实验台的工作原理和操作规程;

(3) 掌握实验方式选择和实验过程设计的正确方法;

(4) 加深对离心泵性能的理解，熟悉离心泵选用的技术参数。

2.1.2 实训内容及原理

2.1.2.1 实训内容

(1) 在现有的综合实验系统上，设计完成泵的性能曲线测试过程;

(2) 自主设计实训过程，进行离心泵性能曲线测试过程，测出泵的流量、扬程、转速和转矩等特性参数并进行数据处理与计算;

(3) 根据测取和计算后的数据绘制流量-扬程、流量-轴功率、流量-效率的关系曲线;

(4) 完成实训报告。

2.1.2.2 实训装置

(1) 过程流体综合实验系统。计算机数据采集与控制流体综合实验系统流程图见图2-1。

(2) 系统主要设备技术参数。离心泵技术参数(两台)型号：IS65-50-160，扬程：25m，效率：65%，流量：32m^3/h，制造厂：天津水泵厂，转速：2900r/min，汽蚀余量：2.0m。

电动机铭牌技术参数(制造厂：天津市小型电机厂)。型号：Y132S1-1，转速：2900r/min，功率：5.5kW，电压：380V，频率：50Hz，电流：11A，接法：Δ。

(3) 系统仪表仪器:

压力表——测量泵的出口压力;

真空压力表——测量泵的进口真空度;

JSC 型转矩转速测量仪——测量转矩转速;

JSC 扭矩传感器——测量转矩转速;

LUGB 型涡街流量传感器——测量流量;

XSJ 型流量积算器仪——测量流量;

MLH 压力传感器——测量泵的出口压力;

MS—2 真空传感器——测量泵的进口真空度。

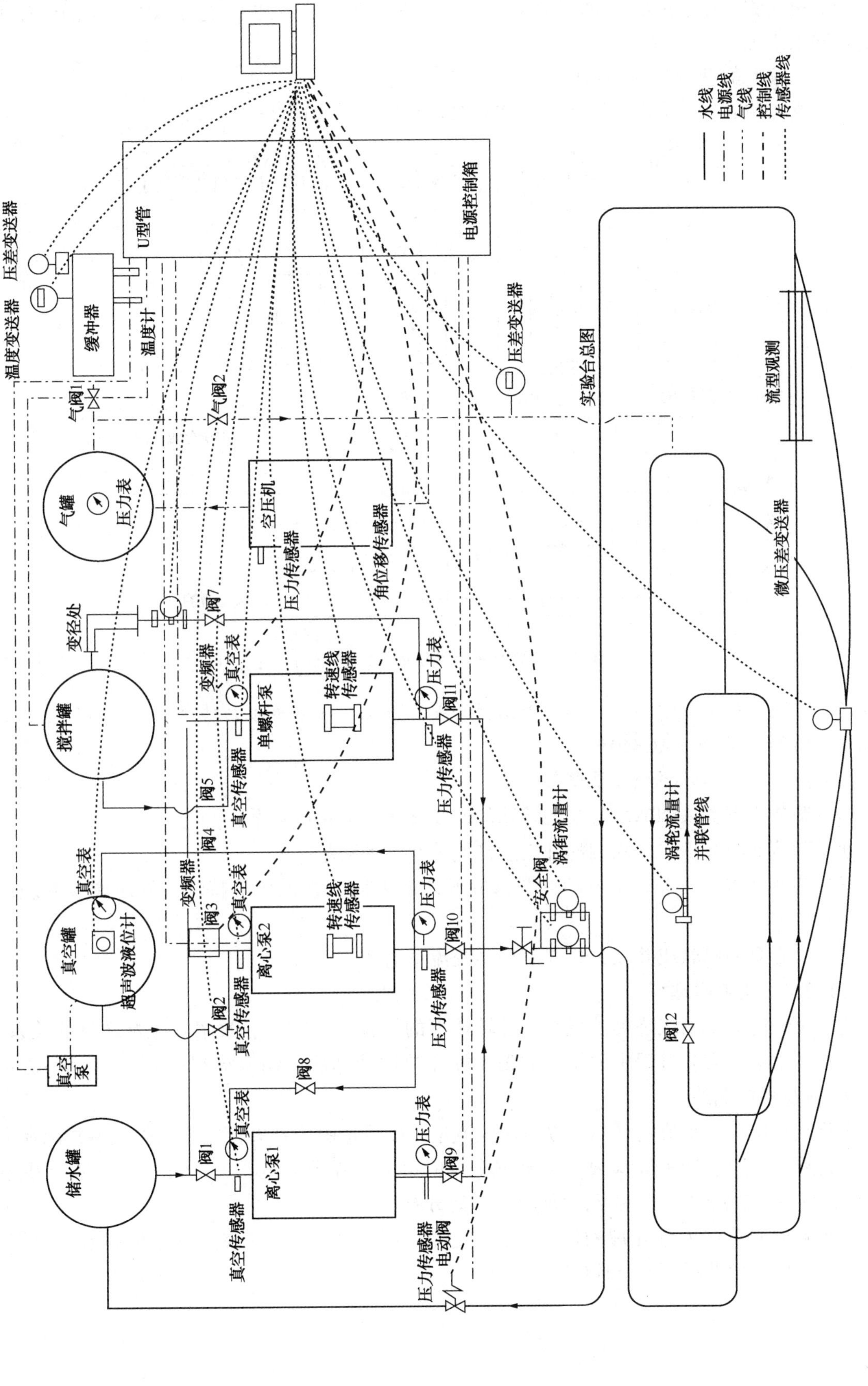

图2-1　流体综合实验系统图

(4) 出水管选用 $\phi76\times3.5$ 的无缝钢管，进水管选用 $\phi57\times3.5$ 的无缝钢管，泵的调速可由变频器来实现；

(5) 变频器的型号为 ACS401。

(6) 本实验有关的简单流程图本实验系统简单流程图见图 2-2。

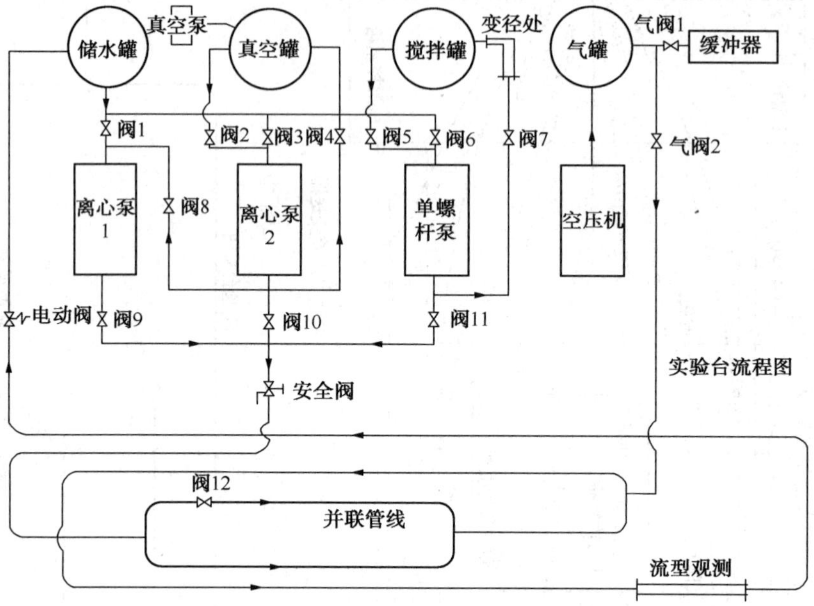

图 2-2　离心泵特性实验系统流程图

说明：图中标出了该实验的各个传感器的安装位置。并且离心泵转速调节可由变频器来实现。变频器的型号为 ACS401。

(7) 流体综合实验系统流量调节方法：

通过调节变频器来调节离心泵的转速从而实现系统流量的调节；

通过调节离心泵出口处阀门的开启度来调节系统的流量；

通过调节液体循环系统中电动调节阀的开启度来调节管道压降特性，从而调节系统的流量；

通过离心泵的串联或并联方式来实现系统流量的调节。

2.1.2.3　**实训原理**

离心泵性能曲线测试是测试泵在一定转速下的扬程、轴功率、效率与流量之间的关系。通过实验，记录下实验过程中的相关数据，并在数据处理后绘制出扬程-流量、功率-流量和效率-流量性能曲线。

实验应从出口微小流量开始，逐渐增大流量。按流量由小到大依次逐点测试出并记录下流量、扬程、转速、转矩等参数，直至超出泵的最大工作流量的 15%为止。测量点至少取 13 个以上，并使各流量点从小到大都较均匀地分布。

对所测取的数据进行处理和计算，获得泵轴功率、水功率(有效功率)和效率等数据，然后绘制成曲线即获得泵性能曲线。

2.1.2.4　**实训要求**

1. 基本要求　学生在进行实训之前，必须先完成设计报告，并由指导教师审核通过后，才能在教师的指导下进行操作。

2. 报告包括的内容及要求　实训目的、实训内容、实训装置、实训方法、实训原理、实训步骤、实训过程中要采集和处理的数据表，给出数据处理的计算过程和结果并进行结果分析。

2.2　活塞式空气压缩机性能测试实训

2.2.1　实训目的

(1) 了解压缩机主要部件和结构；

(2) 掌握压缩机的使用和维护；

(3) 掌握测试压缩机吸、排气温度，转速和排气量的基本方法。

2.2.2　测量系统、测量原理及步骤

2.2.2.1　**测量系统**

1. 测量系统　WS0.4/6 型空气压缩机（简称空压机，见图 2-4）；储气罐；缓冲器；喷嘴；U 形管；温度计；GOS-622B 型双轨迹示波器；YD-15 型动态电阻应变仪；1151 差压变送器；WC 温度传感器；计算机。

2. 喷嘴测量装置　喷嘴测量装置见图 2-3。

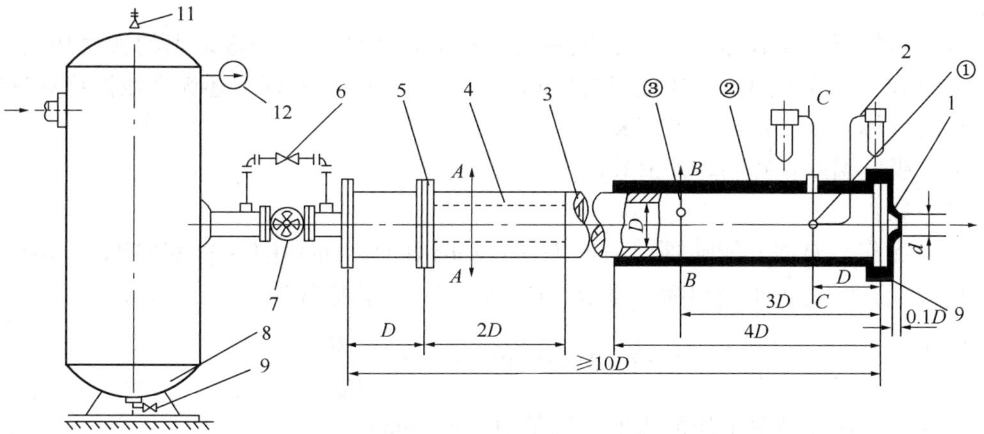

图 2-3　喷嘴测量装置示意图

1—喷嘴；2—压差计；3—低压箱；4—导板；5—隔板；6—调压阀(微调)；7—调压阀；8—储气罐；9—排液阀；10—水银温度计；11—安全阀；12—压力表；①—测压点；②—保温层；③—测温点；d—喷嘴直径；D—低压箱直径($D \geqslant 4d$)

(1) 活塞式压缩机排气管气流，呈脉动特性，且属于非稳定流动状态，为了消除或减少气流脉动的影响，在空气压缩机的排气管道上，必须安装一个容器足够大的缓冲器。测量时，一般利用与压缩机成套的储气罐作为缓冲器。在储气罐后面安装压力调解阀，喷嘴节流装置和 U 形管压差计等，这样就可以进行压缩机排气量的测量，压力调解阀用以调节储气

罐内的空气压力的大小。

（2）喷嘴节流装置、低压箱。由于储气罐后安装压力调节阀，致使调节阀后的气流出现涡旋，为了稳定气流，压力调节阀后安装低压箱，在低压箱内安装#字形隔板。低压箱的尺寸要求如下：内径 $D_1 \geqslant 4D$（D 为喷嘴直径）且不得小于 60cm，长度 $L \geqslant 40D$，如果总长度为上述推荐值的 2~3 倍，低压箱内可以不安装井字形隔板，在低压箱右侧端面 $4D$ 处的截面上，安装温度计和 U 形管液柱式差压计，用来测量喷嘴前和喷嘴后的温度和压差值。喷嘴示意图如图 2-5 所示。

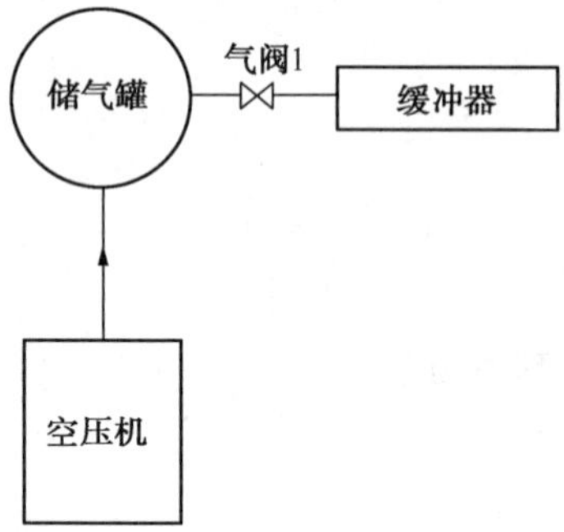

图 2-4　空气压缩机的流程图

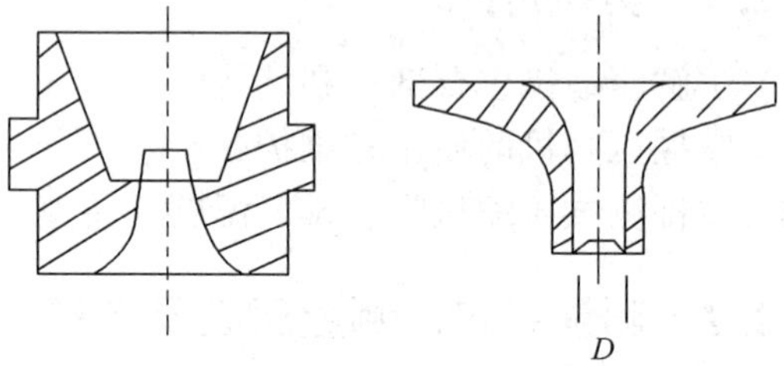

图 2-5　测量小排气量的喷嘴及测量大排气量的喷嘴

2.2.2.2　测量原理、 方法及步骤

1. 测量原理及方法　测量空气压缩机的排气量，视被测压缩机的大小，应使机器运转 1.5~2h 以上，待参数稳定后方可进行。记录不少于 3 套数据，每次间隔 15min 左右，记录以下数据：

喷嘴前后的压差值 H（mmH_2O），喷嘴前后的温度 t_1（℃），测量地点的大气压 p_0，压缩机的第一级吸气温度 t_0（℃），压缩机的实际转速 n（r/min）。根据上述 5 个数据计算排气量：

喷嘴前气体温度：$T_1 = t_1 + 273$（K）

压缩机吸气温度：$T_0 = t_0 + 273$（K）

喷嘴系数：

根据喷嘴前的温度 t_1 和喷嘴前后的差压值（mmH_2O，$1mmH_2O = 9.8064Pa$），由图 2-6，查出喷嘴线性，由表 2-1 查出喷嘴系数：$C = 0.996$，计算排气量 Q（m^3/min）：

$$Q = 36.3536 \times 10^{-6} \times CD^2 T_0 \sqrt{\frac{H}{P_0 T_1}}$$

计算额定转速 n 情况下压缩机的排气量 Q_0（m^3/min）。

$$Q_0 = [n]/n \times Q$$

注：上述公式为近似计算公式，当转速与额定转速相差不大时，可以使用上述公式。

2. 测量步骤和注意事项　测量步骤包括开车前准备和开机。

（1）开车前准备工作。盘车一周以上，注意是否有不正常的音响。检查润滑系统，油箱内油面高度，注油口注油。

（2）开机步骤。开启冷却水。打开压缩机启动开关，是储气罐的表压在两个大气压下，运行 30min 以上。待出口压力和温度稳定后开始测量，每种压力测量两次，每次间隔 10min。调节储气罐阀门变化压力。测量完毕后，切断电源停车，关闭冷却水，做好结束清理工作。

表 2-1　喷嘴系数表

喷嘴系数 性线 \ 喷嘴直径/mm	3. 18	4. 76	6. 35	9. 53	12. 70	19. 05	25. 40	34. 98	50. 80	63. 50	76. 20	101. 00	127. 00	152. 40	203. 20	254. 00	304. 80
A	0. 920	0. 934	0. 943	0. 950	0. 956	0. 961	0. 965	0. 959	0. 974	0. 977	0. 980	0. 988	0. 986	0. 990	0. 992	0. 994	0. 995
B	0. 928	0. 940	0. 947	0. 954	0. 958	0. 968	0. 967	0. 971	0. 977	0. 980	0. 982	0. 986	0. 990	0. 992	0. 994	0. 995	0. 995
C	0. 933	0. 944	0. 950	0. 957	0. 960	0. 965	0. 969	0. 973	0. 979	0. 988	0. 984	0. 988	0. 991	0. 993	0. 994	0. 995	0. 995
D	0. 936	0. 947	0. 958	0. 958	0. 961	0. 967	0. 971	0. 975	0. 981	0. 988	0. 986	0. 990	0. 992	0. 994	0. 995	0. 995	0. 995
E	0. 940	0. 949	0. 955	0. 960	0. 963	0. 969	0. 978	0. 977	0. 982	0. 985	0. 988	0. 992	0. 994	0. 994	0. 995	0. 995	0. 995
F	0. 943	0. 951	0. 956	0. 961	0. 965	0. 970	0. 974	0. 979	0. 983	0. 986	0. 990	0. 992	0. 994	0. 995	0. 995	0. 995	0. 995
G	0. 945	0. 953	0. 957	0. 963	0. 966	0. 972	0. 976	0. 980	0. 984	0. 988	0. 992	0. 992	0. 995	0. 995	0. 995	0. 995	0. 995
H	0. 947	0. 955	0. 958	0. 964	0. 968	0. 973	0. 977	0. 981	0. 986	0. 990	0. 992	0. 993	0. 995	0. 995	0. 995	0. 995	0. 995
I	0. 949	0. 956	0. 959	0. 965	0. 969	0. 974	0. 979	0. 988	0. 988	0. 991	0. 993	0. 994	0. 995	0. 995	0. 995	0. 995	0. 995
J	0. 951	0. 957	0. 960	0. 966	0. 970	0. 976	0. 980	0. 984	0. 990	0. 992	0. 994	0. 995	0. 995	0. 995	0. 995	0. 995	0. 995
K	0. 958	0. 958	0. 961	0. 967	0. 971	0. 977	0. 981	0. 985	0. 990	0. 992	0. 994	0. 995	0. 995	0. 995	0. 995	0. 995	0. 995
L	0. 955	0. 960	0. 963	0. 969	0. 973	0. 978	0. 982	0. 986	0. 991	0. 993	0. 995	0. 995	0. 995	0. 995	0. 995	0. 995	0. 995
M	0. 957	0. 961	0. 965	0. 970	0. 974	0. 980	0. 983	0. 988	0. 992	0. 994	0. 995	0. 995	0. 995	0. 995	0. 995	0. 995	0. 995
N	0. 958	0. 963	0. 966	0. 972	0. 976	0. 982	0. 985	0. 990	0. 993	0. 994	0. 995	0. 995	0. 995	0. 995	0. 995	0. 995	0. 995
O	0. 959	0. 964	0. 968	0. 973	0. 977	0. 983	0. 986	0. 991	0. 994	0. 995	0. 995	0. 995	0. 995	0. 995	0. 995	0. 995	0. 995
P	0. 960	0. 965	0. 969	0. 975	0. 979	0. 984	0. 988	0. 992	0. 994	0. 995	0. 995	0. 995	0. 995	0. 995	0. 995	0. 995	0. 995
Q	0. 961	0. 966	0. 970	0. 976	0. 980	0. 985	0. 990	0. 992	0. 995	0. 995	0. 995	0. 995	0. 995	0. 995	0. 995	0. 995	0. 995
R	0. 962	0. 967	0. 971	0. 977	0. 981	0. 986	0. 990	0. 993	0. 995	0. 995	0. 995	0. 995	0. 995	0. 995	0. 995	0. 995	0. 995

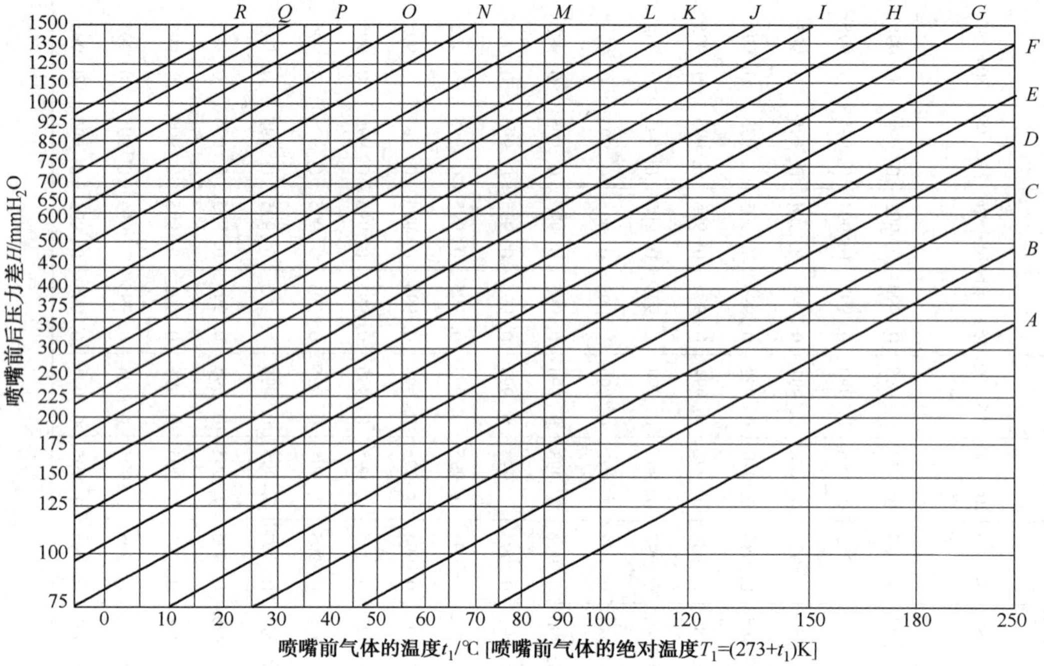

图 2-6　选择喷嘴系数特性线图

(3) 注意事项。注意用电安全，注意皮带轮的安全。不得随意乱动仪器。待压缩机出口温度稳定后再测量。调节阀要慢慢开启。

2.3　混输流型观测及管道压降测定实训

2.3.1　实训目的

(1) 观测流型，加深理解气液比和流速对流型的影响；

(2) 掌握实训装置的基本操作方法；

(3) 通过管道压降的测定，加深理解气液比和流速对管道压降大小的影响。

2.3.2　实训步骤和实训数据记录处理

2.3.2.1　混输流型观测实训内容、装置、原理、步骤

1. 内容　观测不同气液比时管道内的流型；观测气液比相同而流体速度不同时的管道内流体流型。

2. 实训装置　装置流程图见图 2-7。

3. 实训原理　两相流就是根据构成系统的相态分为气-液系、液-液系、液-固系、气-固系等。气相和液相可以以连续相形式出现，如气体-液膜系统；也可以离散的形式出现，如气泡-液体系统，液滴-气体系统。固相通常以颗粒或团块的形式处于两相流中。

两相流的流动形态有多种，除了同单相流动那样区分为层流和湍流外，还可以依据两相

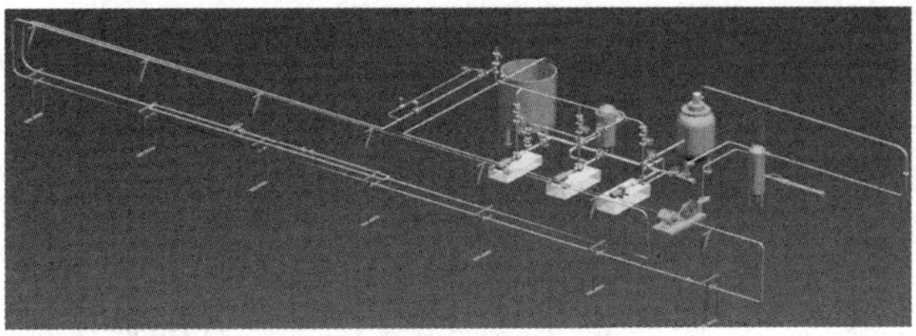

图 2-7　实训装置流程图

相对含量(常称为相比)、相界面的分布特性、运动速度、流场几何条件(管内、多孔板上、沿壁面等)划分流动形态。对于管内气液系统，随两相速度的变化，可产生气泡流、塞状流、层状流、波状流、冲击流、环状流、雾状流等形态；对于多孔板上气液系可以产生自由分散的气泡、蜂窝状泡沫、活动泡沫、喷雾等形态。

水平不加热管中两相流的流动型式：

(1) 泡状流：气泡趋于管道上部，下部较少。其分布与流速关系很大。液相流速增大，分布趋于均匀。

(2) 塞状流：气泡聚结长大而形成气塞，与垂直上升流中弹状流相似。大气塞后有小气泡，由泡状流过渡而来。

(3) 分层流：出现在气相和液相流速都比较小的情况；两相完全分离，气相在管道上方流动；气液之间有明显的分界面。

(4) 波状流：气相流速足够高时，由于气相的作用，在界面上产生一个扰动波，扰动波向前推进向波浪一样，形成波状流。

(5) 弹状流：在波状流基础上，随着气相流速的增加，会使这些扰动波碰到流道的顶部表面，形成气弹。

(6) 环状流：受重力作用，周向液膜厚度不均匀。出现在气相流速较高、流量比较大，而液相流速较低时。当壁面粗糙时，液膜可能不连续。

图 2-8 为水平不加热管中两相流的流动型式。

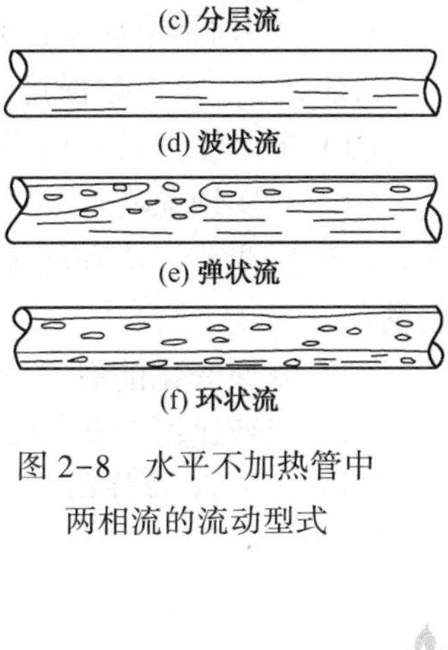

(a) 泡沫流

(b) 塞状流

(c) 分层流

(d) 波状流

(e) 弹状流

(f) 环状流

图 2-8　水平不加热管中两相流的流动型式

在流体循环系统管道中设置一段透明管段，通过调节离心泵出口处阀门的开启度和压缩机储气罐的排气量来实现气液比的调节，由于气液比的变化，将引起管道内的流体流型的变化，从而观测到流型与气液比的关系。可通过调节管道气体和液体的流量，在调节的同时保持气液比不变，但管道内的流动速度将发生变化，此时来观察管道内流体的流动状态，从而观测到流速对流型的影响。实训原理流程图见图 2-9。

4. 实训操作步骤　实训操作步骤包括向液罐内注入水、启动泵、启动空气压缩机等，具体如下：

(1) 向液罐内注入所需的水，罐内液位应保持在 1.0m

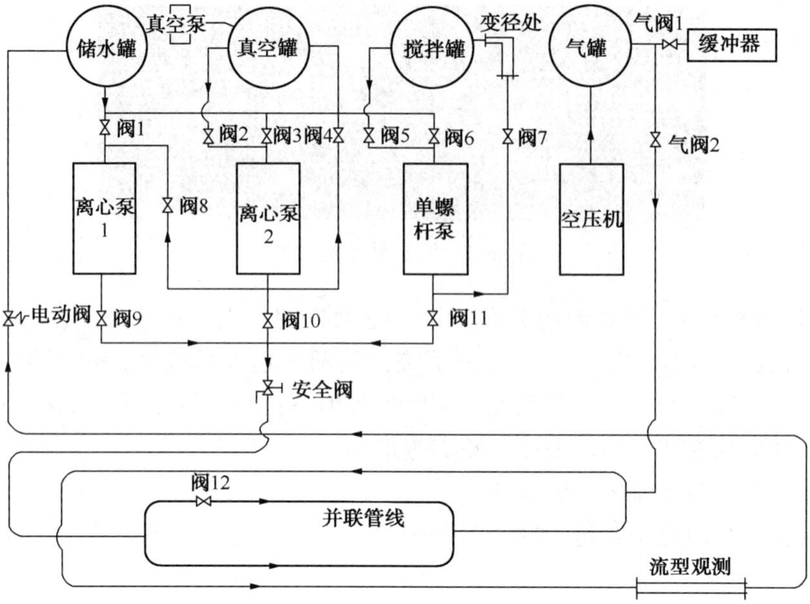

图 2-9　实训原理流程图

以上；

（2）检查并打开泵吸入管段上吸入阀，让水自流进泵内；

（3）关闭离心泵出口处的排出阀，等泵启动后再打开；

（4）打开质量流量计的电源，打开数据采集和控制系统；

（5）打开变频调速器，将泵选择旋钮调至要所需的泵位置；

（6）启动空气压缩机，使其稳定工作，然后打开压缩机出口处储气罐排出阀；

（7）将变频器的频率设定在 5Hz 左右，启动泵，然后再调整频率至所需转速；

（8）在实训过程中，过调节变频器或离心泵的排出阀来调节液体流量；

（9）读取并记录不同流量下液体质量计的读数，观察不同读数下管内流体流动状态直至获取所需的全部数据；

（10）停止空气压缩机工作；

（11）停泵前要先调低变频器至 10Hz 以下，然后使离心泵停止工作；

（12）实训结束后要注意关掉所有的电源开关。

2.3.2.2　**实训数据记录处理**

（1）记录流型转变前后液体与气体各自的质量流量，并计算气液比数值。

（2）在实训前先计算好气液比不变条件下，不同的气体和液体流量并列出数据表，根据计算好数据调节气体和液体的流量，观察流型的变化情况，记录下流型转变前后液体和气体流量。

（3）流型变化前后气液比数值见表 2-2。

（4）气液比不变条件下，流型转变前后液体和气体的流量表，见表 2-3。

（5）实训数据分析。针对观察测取的数据进行分析并得出结论，绘制出流型变化区域图。

表 2-2　气液比与流型关系

项目			1	2	3	4	5	6
气液比/%		气体流量/(kg/h)						
		流型						
		液体流量/(kg/h)						
		流型						
		气体流量/(kg/h)						
		流型						
		液体流量/(kg/h)						
		流型						
		气体流量/(kg/h)						
		流型						
		液体流量/(kg/h)						
		流型						

表 2-3　流体速度与流型关系

项目			1	2	3	4	5	6
气液比/%	流量/流型/流速	气体流量/(kg/h)						
		流型						
		液体流量/(kg/h)						
		流型						
		气体流速/(m/s)						
		液体流速/(m/s)						
	流量/流型/流速	气体流量/(kg/h)						
		流型						
		液体流量/(kg/h)						
		流型						
		气体流速/(m/s)						
		液体流速/(m/s)						
	流量/流型/流速	气体流量/(kg/h)						
		流型						
		液体流量/(kg/h)						
		流型						
		气体流速/(m/s)						
		液体流速/(m/s)						

2.3.2.3　管道压降测定实训内容、装置、原理、步骤

1. 实训内容　测定气液比相同而流体速度不同时一定长度管道内的压降数值。
2. 实训装置　实训装置流程图见图 2-7。
3. 实训原理　通过调节离心泵出口处阀门的开启度和压缩机储气罐的排气量来实现气

液比的调节，由于气液比的变化，将引起管道内的压降发生变化，从而测定管道压降与气液比的关系；可通过调节管道气体和液体的流量，在调节的同时保持气液比不变，但管道内的流动速度将发生变化，此时来测定流体在管道内的压力降，从而测得流速对管道压力降的影响。实训原理流程图见图 2-9。

4. 实训操作步骤　实训操作步骤包括泵内注满水、启动泵、启动空气压缩机等，具体如下：

（1）起动前，必须打开泵的进口阀门 3，并将泵内注满水，把泵的出口阀 10 调至微开。打开电动调节阀。关闭气阀 1，打开气阀 2。关闭实验台的其他所有阀门。

（2）检查泵的一般机械状态，泵轴必须可以自由转动。

（3）检查电机、各类仪表仪器的准备情况。

（4）打开质量流量计的电源，打开数据采集和控制系统。

（5）打开变频调速器，将泵选择旋钮调至要所需的泵位置。

（6）启动空气压缩机，使其稳定工作(约 20min)，然后打开压缩机出口处储气罐排出阀。

（7）将变频器的频率设定在 5Hz 左右，启动泵，然后再调整频率至所需转速。

（8）打开所测定管段上的压差计开关。

（9）在实训过程中，通过调节变频器或离心泵的排出阀来调节液体流量。

（10）读取并记录不同流量下液体质量计和压差计的读数，直至获取所需的全部数据。

（11）实训完毕后，先关闭电机，再停车变频器。然后停止运转压缩机。

（12）实训结束后要注意关掉所有的电源开关。

2.3.2.4　实训数据记录处理

（1）记录不同气液比下的液体与气体质量流量计读数，并计算气液比数值。

（2）在实训前先计算好气液比不变条件下，不同的气体和液体流量并列出数据表，根据预先计算好数值调节气体和液体的质量流量，读取并记录压差计读数。

（3）不同气液比的管道压降数值见表 2-4。

表 2-4　气液比与压降变化关系

项目			1	2	3	4	5	6
气液比/%		气体流量/(kg/h)						
		流型						
		液体流量/(kg/h)						
		流型						
		压降/MPa						
		气体流量/(kg/h)						
		流型						
		液体流量/(kg/h)						
		流型						
		压降/MPa						
		气体流量/(kg/h)						
		流型						
		液体流量/(kg/h)						
		流型						
		压降/MPa						

(4)气液比不变条件下，液体和气体的质量流量与管道压降关系见表 2-5。

表 2-5　流量与管道压降关系

项目			1	2	3	4	5	6
气液比/%	流量/流型/压降	气体流量/(kg/h)						
		流型						
		液体流量/(kg/h)						
		流型						
		压降/MPa						
	流量/流型/压降	气体流量/(kg/h)						
		流型						
		液体流量/(kg/h)						
		流型						
		压降/MPa						
	流量/流型/压降	气体流量/(kg/h)						
		流型						
		液体流量/(kg/h)						
		流型						
		压降/MPa						

(5) 实训数据处理与分析。对测取的数据进行计算，计算出流体的流动速度并分析流速和气液比对管道压降的影响，并得出结论；绘制出流体流速与管道压降的变化关系曲线；将测定结果与常用计算公式的计算结果进行比较，分析其误差及其原因。

2.4　温度断续控制系统实训

2.4.1　实训目的

(1) 了解二位式温度控制系统的结构与组成；

(2) 掌握位式控制系统的工作原理及其调试方法。

2.4.2　温度断续控制系统实训

2.4.2.1　温度断续控制系统实训设备及原理

1. 实训设备　TKGK-1 型过程控制实验装置；位式控制器 GK-05；变频器 GK-07-2；万用表一只；计算机系统。

2. 实训原理

(1) 温度传感器。温度测量通常采用热电阻元件(感温元件)，利用金属导体的电阻值随温度变化而变化的特性来进行温度测量的。其电阻值与温度间的关系式为

$$R_t = R_{t_0}[1+\alpha(t-t_0)]$$

式中　R_t——温度为 t(如室温 20℃)时的电阻值；

R_{t_0}——温度为 t_0(通常为 0℃)时的电阻值；

α——电阻的温度系数。

可见，由于温度的变化，导致了金属导体电阻的变化，只要设法测出电阻值的变化，就可达到温度测量的目的。

虽然大多数金属导体的电阻值随温度的变化而变化，但是它们并不都能作为测温用的热电阻。作为热电阻的材料一般要求是：电阻温度系数小、电阻率要大、热容量要小；在整个测温范围内，应具有稳定的物理、化学性质和良好的重复性；并要求电阻值随温度的变化呈线性关系。

但是，要完全符合上述要求的热电阻材料实际上是有困难的。根据具体情况，目前应用最广泛的热电阻材料是铂和铜。本装置使用的是铂电阻元件 Pt100，并通过温度变送器(测量电桥或分压采样电路或者 AI 人工智能工业调节器)将电阻值的变化转换为电压信号。

铂电阻元件是采用特殊的工艺和材料制造，它具有很高的稳定性和耐震动等特点，还具有较强的抗污染能力。在 0~650℃的温度范围内，铂电阻与温度的关系为：

$$R_t = R_{t_0}(1+At+Bt^2+Ct^3)$$

式中 R_t——温度为 t(如室温 20℃)时的电阻值；

R_{t_0}——温度为 t_0(通常为 0℃)时的电阻值；

A、B、C——常数，一般 $A=3.90802\times10^{-3}$，$B=-5.802\times10^{-7}$，$C=-4.2735\times10^{-12}$。R_t-t 的关系称为分度表，用分度号来表示。

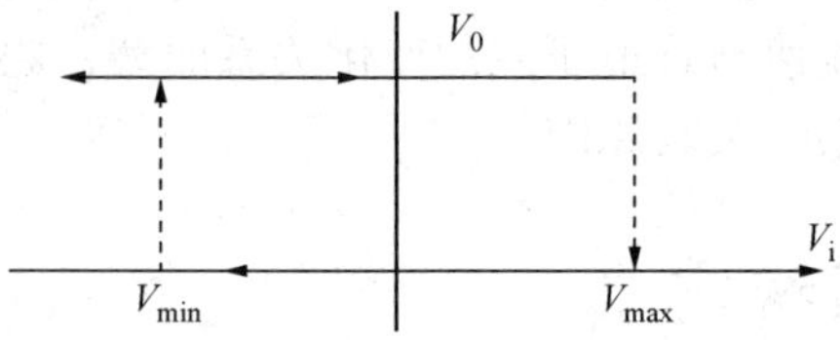

图 2-10　V_0与 V_{min}、V_{max}、V_i关系图

(2) 二位式温度控制系统。二位控制是位式控制规律中最简单的一种。本实训的被控对象是电热丝，被控制量是复合水箱中内套的水温 T，温度变送器把被控制量 T 转变为反馈电压 V_i，它与二位调节器设定的上限输入 V_{max} 和下限输入 V_{min} 比较，从而决定二位调节器的输出信号；调节器的输出电压 V_0(5V)作为执行元件的控制信号。V_0 与 V_{min} 和 V_{max} 的关系如图 2-10所示，图 2-11 为位式控制系统的方块图。

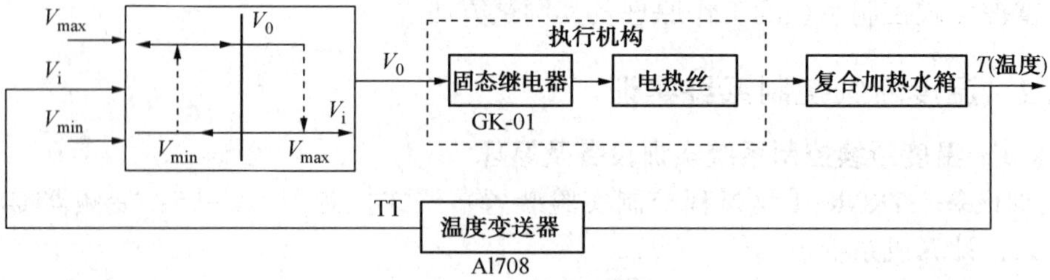

图 2-11　位式控制系统的方块图

由图 2-10 可见，V_0 与 V_i 的关系不仅有死区存在，而且还有回环，因而图 2-11 所示的系统实质上是一个典型的非线性控制系统。执行器只有“开”或“关”两种极限工作状态，故称这种控制器为两位调节器。该系统的工作原理是：当被控制的水温 T 减小到小于设定下限

值时，即 $V_i \leqslant V_{min}$ 时，调节器的输出为 V_0(5V)，执行元件(固态继电器)接通，使热丝接通 220V 电源加热(图 2-12)。随着水温 T 的升高，V_i 也不断增大，当增大到大于设定上限值时，即 $V_i \geqslant V_{max}$ 时，则两位调节器的输出 V_0 由 5V 降到 0，此时固态继电器释放，切断电热丝的供电。由于这种控制方式具有冲击性，易损坏元器件，只是在对控制质量要求不高的系统才使用。

温度给定值是由 GK-05 挂件上的给定信号源给定，其中 RP_1 电位器用于设定 V_{min}，RP_2 电位器用于设定 V_{max}(要求 $V_{max}-V_{min} \geqslant 1V$)。被控对象为复合水箱中的电热丝，被控制量为内套的水温，它由铂电阻 Pt100 测定，并经温度变送器 AI708 送到位式控制挂件 GK-05 的 V_i 端。位式控制是根据测得温度与设定温度上、下限进行比较，发出使固态继电器通断的控制信号，从而达到控制水箱中水温的目的。

由过程控制原理可知，双位控制系统的输出是一个断续控制作用下的等幅振荡过程，如图 2-13 所示。因此，不能用连续控制作用下的衰减振荡过程的温度品质指标来衡量，而用振幅和周期作为品质的指标。一般要求振幅小、周期长。然而，对同一双位控制系统来说，若要振幅小，则周期必然短；若要周期长，则振幅必然大。因此通过合理选择中间区以使振幅在限定范围内，而又尽可能获得较长的周期。

2.4.2.2 温度断续控制系统实训内容与步骤

1. 实训内容　本实训的被控对象是电热丝，被控制量是复合水箱中内套的水温 T。

2. 实训步骤　参照产品使用说明书，按图 2-11 所示的方块图，利用 TKGK-1 型实验装置组成控制系统。位式控制器输出端 V_0 接加热器控制信号的输入端 TR，GK-05 给定信号分别接 V_{max} 和 V_{min}，将 AI-708 的变送输出信号 TT 接到 GK-05 的 V_i 端。

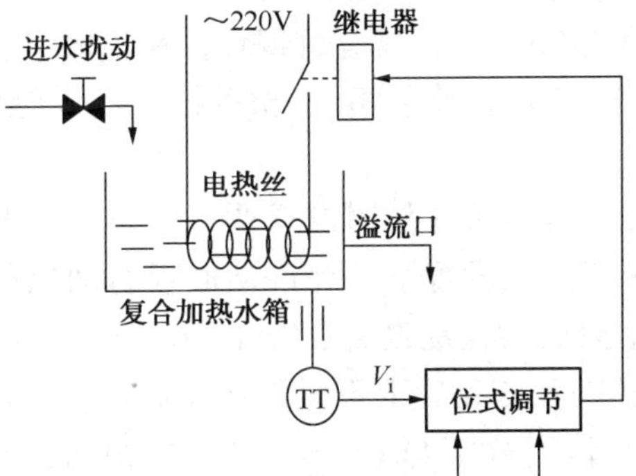

图 2-12　电位式控制系统结构图

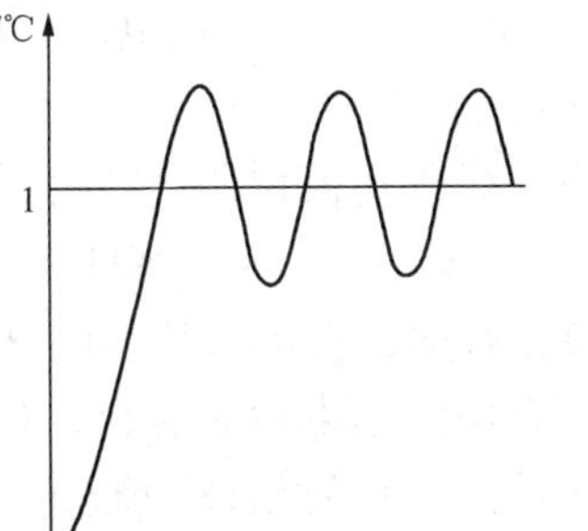

图 2-13　双位控制系统的响应曲线

(1) 启动电源，分别调节好 V_{min} 和 V_{max} 的设定值；

(2) 打开 GK-01 上的加热开关，使系统投入运行；

(3) 系统运行后，通过计算机监控软件记录水温变化过程的实时曲线。

(4) 适量改变 V_{max} 和 V_{min} 的大小，重复实验步骤(3)；

(5) 打开阀 1 和阀 6，关闭阀 2、阀 3、阀 4 和阀 5、阀 7、阀 8，启动实验装置的供水系统，给复合水箱的外套水箱加流动冷却水，重复上述的实验步骤。

2.5 智能仪表的温度控制系统实训

2.5.1 实训目的

(1) 了解智能仪表的使用及参数的自整定;
(2) 掌握设计温度二位控制系统。

2.5.2 温度控制系统实训

2.5.2.1 温度控制系统实训设备及原理

PID 参数自整定包括参数自动整定(auto-tuning)和参数在线自校正(self tuning on-line)。

具有自动整定功能的控制器,能通过一按键就由控制器自身来完成控制参数的整定,不需要人工干预,它既可用于简单系统投运,也可用于复杂系统预整定。运用自动整定的方法与人工整定法相比,无论是在时间节省方面还是在整定精度上都得以大幅度提高,这同时也就增加了经济效益。

1. 实训设备 TKGK-1 过程控制实验装置,位式控制器 GK-04;变频器 GK-07-2;AI-708 智能调节器。

2. AI-708 智能调节仪简介 AI-708 智能调节仪适合在化工、石化、火电、制药、冶金等行业做高精度测量、显示、变送、位式/人工智能/PID 调节或报警等功能。其 AI 人工智能调节可实现较为理想的温度控制。

(1) 特点与用途。AI-708 型仪表,具备 0.2 级精度,可编程输入,通过参数设置即可选择热电偶、热电阻、线性电阻和电压(电流)的输出,具备位式调节、AI 人工智能调节、通信、变送和上限、下限、正偏差、负偏差等报警功能,具有可编程模块化输出,支持时间比例(继电器触点开关、SSR 电压、可控硅无触点开关及单相/三相可控硅过零触发信号等)和线性电流(包括 0~10mA 及 0~20mA 等)。

(2) 主要参数功能说明。Ctr_1(控制方式):$Ctr_1=0$,采用位式调节,只适合要求不高的场合。$Ctr_1=1$,采用 AI 人工智能调节/PID 调节,该设置下,允许从面板启动执行自整定功能。$Ctr_1=2$,启动自整定参数功能,自整定结束后会自动设置 3 或 4。$Ctr_1=3$,采用 AI 人工智能调节,自整定结束后仪表自动进入该设置,在该设置下不允许从面板启动自整定参数功能,以防止误操作重复启动自整定。$Ctr_1=4$,该方式下与 $Ctr_1=3$ 时基本相同,但其参数 P 定义为原来的 10 倍,即可将参数 P 放大 10 倍,获得更精细的控制。

HIAL(上限报警)。测量值大于 *HIAL+dF* 值时,仪表将产生上限报警。测量值小于 *HIAL-dF* 值时,仪表将解除上限报警。设置 *HIAL* 到其最大值(9999)可避免产生报警作用。

LOAL(下限报警)。测量值小于 *LOAL-dF* 时产生下限报警,当测量值大于 *LOAL+dF* 时下限报警解除。设置 *LOAL* 到其最小值(-1999)可避免产生报警作用。

dHAL(正偏差报警)。采用 *AI* 人工智能调节时,当正偏差(测量值 *PV* 减给定值 *SV*)大于 *dHAL+dF* 时产生正偏差报警。当偏差小于 *dHAL-dF* 时正偏差报警解除。设置 *dHAL*=9999 时,负偏差报警功能被取消。

dLAL(负偏差报警)。采用 *AI* 人工智能调节时,当负偏差(测量值 *PV* 减给定值 *SV*)大于

$dLAL+dF$ 产生负偏差报警，当偏差小于 $dLAL-dF$ 时负偏差报警解除。设置 $dLAL=9999$ 时，负偏差报警功能被取消。

dF(回差)。回差用于避免因测量输入值波动而导致位式调节频繁通断或报警频繁产生/解除。另外：Sn(输入规格)、CF(系统功能选择)、$M5$(保持参数)，P(速率参数)等(详见AI 人工智能工业调节器使用说明书)。

3. 温度二位控制原理与调试方法　调试方法指智能调节器作为二位调节器时的参数设置。

(1) AI-708 智能调节器作为二位调节器时的参数设置。

控制方式：$Ctr_1=0$

输入规格：$SN=21$(PT100)

输入下限值：$dIL=0$

输入上限值：$dIH=100$

输出方式：$OP_1=0$

输出下限值：$OPL=0$

输出上限值：$OPH=100$

回差：$dF=0.3$

系统功能选择：$CF=4$

通信地址：$Addr=00$(0mA)

通信波特率：$BAUd=100$(10mA)

运行及上电信号处理：$RUN=1$

(2) AI-708 作为二位调节器时的工作原理。当 PV(测量温度)减小到小于 $SV-dF$(设定温度减回差)时，调节器输出 DC12V 控制电压；当 PV 增大到大于 $SV+dF$(设定温度加回差)时，调节器输出控制电压为 0；调节器输出的电压直接控制固态继电器的通断，以控制是否加热，从而达到控制温度的目的。

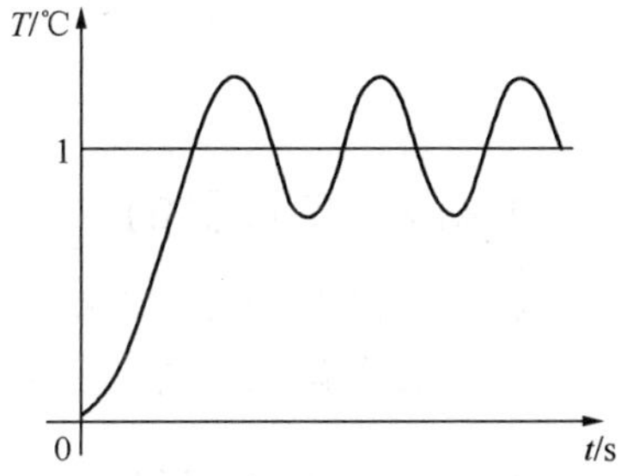

图 2-14　二位控制系统的过程曲线

由过程控制原理可知，二位控制系统的输出是一个断续控制作用下的等幅振荡过程，如图 2-14 所示。

因此不能用连续控制作用下的衰减振荡过程的温度品质指标来衡量，而用振幅和周期作为品质的指标。一般要求振幅小，周期长，然而对同一双位控制系统来说，若要图 2-13 二位控系统的过程曲线振幅小，则周期必然短；若要周期长，则振幅必然大。

因此通过合理选择中间区以使振幅在限定范围内，而又尽可能获得较长的周期。

(3) 二位控制系统方框图与结构图见图 2-15 和图 2-16。

2.5.2.2　温度控制系统实训步骤

(1) 按图 2-15、图 2-16 完成实验系统的连线工作。

(2) 按实验原理中的说明，先对 AI-708 智能仪表进行参数和给定值的设置，然后打开 GK-01 上的加热开关，使系统投入自动运行。

(3) 以复合加热水箱作为被控对象，手动控制交流电机使之恒速往复合加热水箱内套加水。

(4) 用上位机采集实时数据并显示过渡过程曲线：将 AI-708 的温度检测信号输出端

"TT"接单片机控制屏 GK-03 的信号输入端"TT"；设置单片机回路 5 参数 $St=2$、$CH=100$、$CL=0$；用串行通信线将 GK-03 与上位机相连，以便实验时观察过程的曲线。

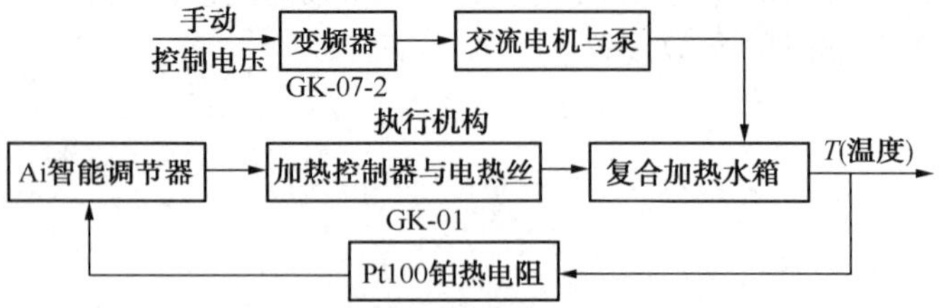

图 2-15　智能仪表温度控制系统方块图

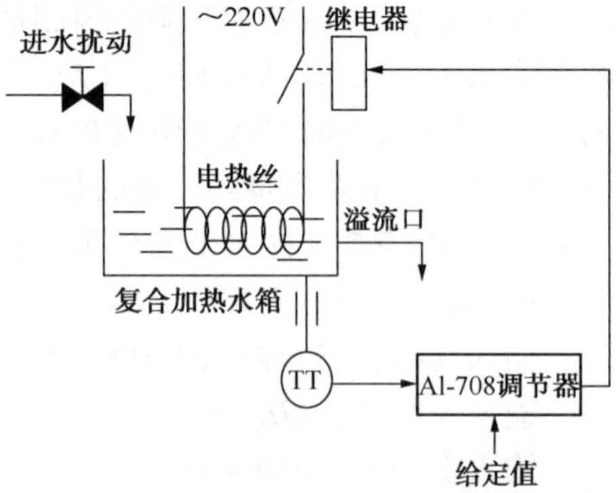

图 2-16　二位控制系统结构图

（5）参考 2.4 温度断续控制系统实训的步骤，改变设定温度值，记录在不同温度下的过程曲线。

（6）用直流电机驱动泵向加热水箱打水作为扰动，并记录过程曲线。

2.5.2.3　**温度控制系统实训要求**

（1）实训前必须做好预习；

（2）严格按照实训步骤进行操作。

2.6　换热器综合实训

2.6.1　实训目的

（1）熟悉套管式、螺旋板式、列管式换热器的结构，掌握其传热性能及测试计算方法；

（2）加深认识顺流、逆流对传热性能的影响。

2.6.2　换热器综合实训

2.6.2.1　**换热器综合实训装置及原理**

1. 实训装置　本装置上的套管式、螺旋板式、列管式换热器(图 2-17~图 2-19)，都属于间壁式金属换热器，热交换介质为冷热水。图 2-20 为换热器综合实验台装置简图。

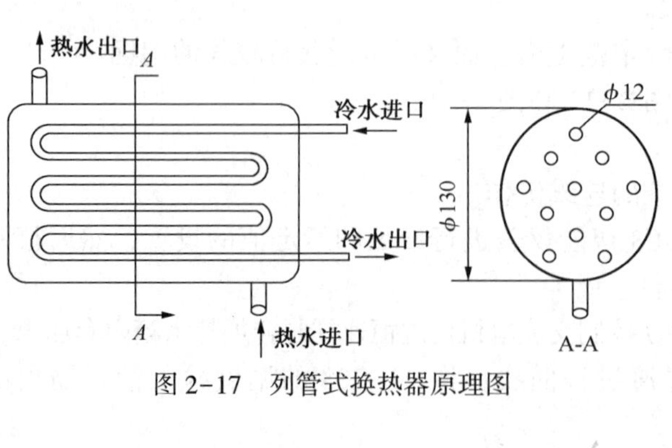

图 2-17　列管式换热器原理图

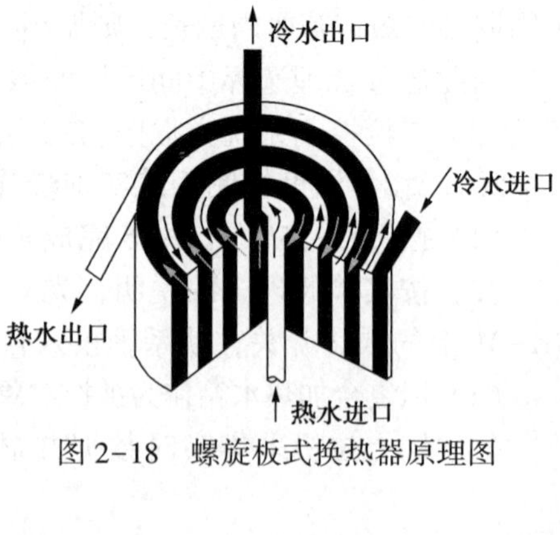

图 2-18　螺旋板式换热器原理图

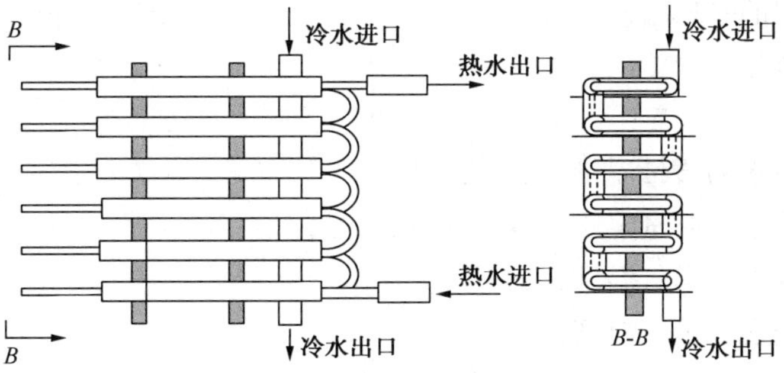

图 2-19 套管式换热器原理图

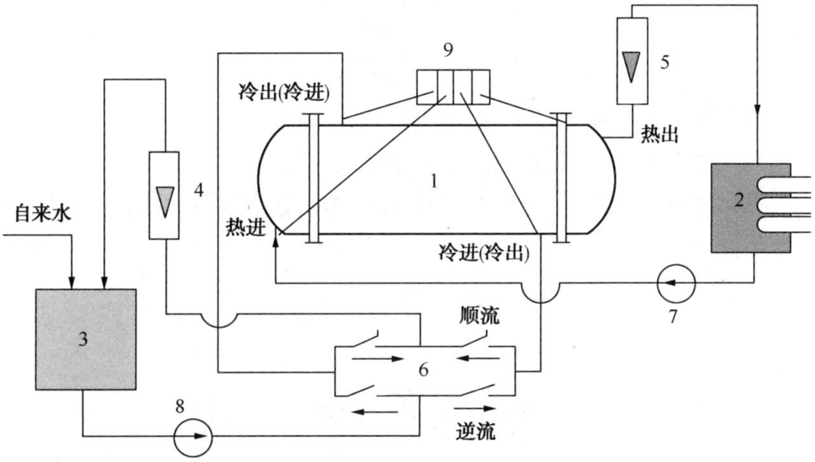

图 2-20 换热器综合实验台装置简图

1—换热器；2—热水箱；3—水池；4—冷水转子流量计；5—热水转子流量计；6—顺、逆流冷水换向开关；7—热水泵；8—冷水泵；9—冷、热水温度数显表

如图 2-19 所示，换热器中使用冷热水交换热量，冷水通过换向阀门组可以任意调整为顺流和逆流形式。热水加热系统采用自动限温和自动控温，冷热水的进出口温度采用数字显示表通过琴键开关转换来测量。实验台有关参数见表 2-6。

表 2-6 实验台参数

换热器总传热面积/m²			电加热器功率/kW			热水泵	
列管式	螺旋管式	套管式	自动	手动	手动	功率/W	允许水温/℃
1.05	0.65	0.45	1	2	2	60	<80

2. 换热器原理　换热器的热计算公式为传热方程和热平衡方程式。

$$Q=KF\Delta t_m$$

$$Q_r=G_rC_{pr}(t_{r1}-t_{r2})$$

$$Q_L=G_LC_{pL}(t_{L1}-t_{L2})$$

式中 Q——换热器整个传热面上的热流量，W；

K——总传热系数，W/(m²·℃)；

F——总传热面积，m²；

Δt_m——换热器的平均温差,℃;

Q_r——热水放热量，W;

Q_L——冷水吸热量，W;

G_r、G_L——热、冷水的质量流量，kg/s;

C_{pr}、C_{pL}——热、冷水的质量定压热容，J/(kg·℃);

t_{r1}、t_{r2}——热水的进、出口温度,℃;

t_{L1}、t_{L2}——冷水的进、出口温度,℃。

其中的平均温差，不论顺流、逆流都可采用对数平均温差的形式。

$$\Delta t_m = \frac{\Delta t_{max} - \Delta t_{min}}{\ln \frac{\Delta t_{max}}{\Delta t_{min}}}$$

式中 Δt_{max}——冷、热水在换热器某一端最大的端差,℃;

Δt_{min}——冷、热水在换热器某一端最小的端差,℃。

以热水放热量为基准，设热水放热量和冷水吸热量之和的平均值为换热器的整个传热面上的热流量，则有：

$$Q = \frac{Q_r + Q_L}{2} \qquad (\mathrm{W})$$

$$\delta = \frac{Q_r - Q_L}{Q} \times 100\%$$

$$K = \frac{Q}{F\Delta t_m} \qquad [\mathrm{W/(m^2 \cdot ℃)}]$$

热、冷流体的质量流量 G_r、G_L是根据浮子流量计体积流量读数转换来的，计算中可以按 $L/h = 0.000278\mathrm{kg/s}$ 来换算。

2.6.2.2 换热器综合实训步骤

(1) 熟悉实验台的工作流程和各个仪表的工作原理、使用方法;

(2) 选择需要测试的换热器;

(3) 按顺流或逆流方式调整好冷水换向阀门;

(4) 热水箱充水至溢流管水平面，冷水进出管路连接好。

(5) 接通电源，启动电加热器;

(6) 调整控温仪，使加热水温被控制在 75℃以下的某一指定温度;

(7) 当自动电加热器第一次动作以后，可切断手动电加热器开关，这时水箱加热系统就进入自动控制温度的状态;

(8) 启动冷水泵，并调整到合适流量。经过一段时间，冷热水热交换达到相对稳定状态(所谓相对稳定状态，是指利用琴键开关和温度数字显示表观测换热器冷热水的进出口温度，其不随时间变化的状态)，注意测定传热性能曲线时要改变几个冷热水的流量参数。

2.6.2.3 换热器综合实训数据处理

(1) 当状态稳定后，记录相关参数;

(2) 计算总传热系数及热平衡误差;

(3) 绘制换热器温度分布简图和传热性能曲线;

① 以换热器入口和出口位置为横坐标,以温度为纵坐标,绘制换热器顺逆流温度分布简图;

② 以冷水流量为横坐标,以传热系数为纵坐标,绘制换热器传热性能曲线;

③ 以热水流量为横坐标,以传热系数为纵坐标,绘制换热器传热性能曲线。

2.7 应用旋转黏度计测定流体流变性实训

2.7.1 实训目的

(1) 掌握用旋转黏度计测定流体的流变性质的方法;

(2) 根据测试的数据学会计算流变参数的方法,学会分析流变曲线的方法。

2.7.2 实训仪器、原理及步骤

2.7.2.1 实训仪器及原理

主要仪器设备与材料有旋转黏度计(图 2-21)、恒温水浴、原油。

旋转黏度计如图 2-21 所示,以高细分驱动步进电机带动传感器指针,通过游丝和转轴带动转子旋转。如果转子未受到液体的阻力,游丝传感器指针与步进电机的传感器指针在同一位置。反之,如果转子受到液体的黏滞阻力,游丝产生扭矩与黏滞阻力抗衡,最后达到平衡。这时分别通过光电传感器输出信号给 16 位微电脑处理器进行数据处理,最后在带夜视功能液晶屏幕上显示液体的黏度(mPa · s)。

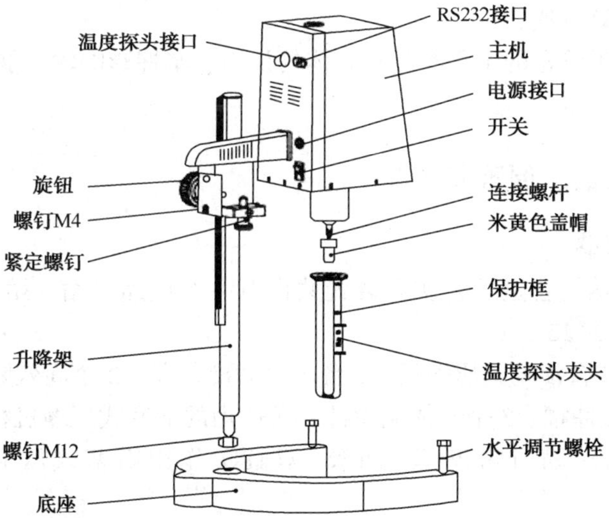

图 2-21 旋转黏度计装置图

测量的一般原则:高黏度的样品选用小体积转子和慢的转速,低黏度的样品选用大体积转子和快的转速。当估计不出被测样品的大致黏度时,应先设定为较高的黏度,试用从小体积到大体积的转子和由慢到快的转速。

2.7.2.2 实训内容

(1) 测定油样的黏度;

(2) 掌握旋转黏度计的操作方法。

2.7.2.3 实训步骤

(1) 取出油样杯,倒入10~20mL实验油样,调整其至水平;

(2) 取出适合的转子安装在黏度计上,调整转子高度,直至转子完全浸没在油样中;

(3) 打开恒温水浴的电源开关,将温度调整至实验要求的最高温度,待温度稳定后再进行黏度测定;

(4) 打开黏度计的电源开关,调整转子按钮至对应的种类;

(5) 调整转速按钮,将转速设定至实验要求的最低转速;

(6) 以上工作准备完毕后,按测量按钮,进行黏度测量;

(7) 调整转速按钮,逐渐升高转速,测定同一温度下不同转速的样品黏度值;

(8) 调整恒温水浴上的温度按钮,逐渐升高温度,待温度稳定后重复步骤(7)。

2.8 输气管道输送能力与末端储气量测定实训

2.8.1 实训目的

(1) 了解输气管路的总流程,活塞式压缩机的工作特点,输气管道末端储气作用;

(2) 熟悉输气管线上流量计、压差计、压力表、温度计以及各种阀门的使用操作情况,输气管道末端储气能力的测量方法;

(3) 掌握输气管路基本参数变化对流量的影响,活塞式压缩机操作步骤和方法,输气管道末端储气能力的计算方法;

(4) 对天然气管道输送的工程实际有总体的认识,掌握影响输气能力的工艺参数,并学会计算管道末端的储气量。

2.8.2 实训仪器、原理及步骤

2.8.2.1 实训仪器

(1) 实训流程:输气管道工艺实训装置共设有一个压缩机站,站内设有两台空气压缩机,其详细流程见图2-22。

(2) 实训仪器:2台活塞式压缩机、2台风冷后冷却器、2个高效除油过滤器、2座6m^3储气罐、2座0.3m^3缓冲罐、3个气体流量计。所使用的活塞式压缩机特性如下:

本实验所使用的压缩机为V型-两极-双缸单作用活塞式压缩机。压缩机参数见表2-7。

表2-7 压缩机参数

型号	额定压力/MPa	容积流量/(m^3/min)	定额排气压力/MPa		转速/(r/min)	轴功率/kW	吸气温度/℃		排气温度/℃
VF-3.5/7	0.7	3.5	一级	二级	980	≤19	一级	二级	≤180

2.8.2.2 **实训原理**

（1）流量基本公式

$$Q = C_0 \left[\frac{(P_Q^2 - P_Z^2) D^5}{\lambda Z \Delta_* TL} \right]^{0.5}$$

式中 Q——工程标准状况下的输气量，m^3/s；

C_0——常数，$C_0 = 0.03848$；

Δ_*——天然气对空气的相对密度；

P_Q——输气管计算段的起点压力，Pa；

P_Z——输气管计算段的终点压力，Pa；

D——管道内径，m；

Z——天然气在管输条件下的压缩因子；

T——输气温度，$T = 273 + t_{pj}$，t_{pj} 为输气管道的平均温度；

L——输气管计算段长度，m；

λ——水力摩阻系数，按下式计算：

$$\frac{1}{\sqrt{\lambda}} = -2.01\lg\left[\frac{K}{3.71d} + \frac{2.51}{Re\sqrt{\lambda}}\right]$$

式中 K——钢管内壁等效绝对粗糙度，mm，取 $K = 0.05$mm；

d——管内径，m；

Re——雷诺数。

（2）储气开始时平均压力 p_{pjmin} 按下式计算：

$$p_{pjmin} = \frac{2}{3}\left(p_{1min} + \frac{p_{2min}^2}{p_{1min} + p_{2min}}\right)$$

式中 p_{1min}——储气开始时压缩机出口压力；

p_{2min}——储气开始时管路末端压力。

（3）储气结束后平均压力 p_{pjmax} 按下式计算：

$$p_{pjmax} = \frac{2}{3}\left(p_{1max} + \frac{p_{2max}^2}{p_{1max} + p_{2max}}\right)$$

式中 p_{1max}——储气结束时压缩机出口压力；

p_{2max}——储气结束时管路末端压力。

（4）管道储气能力 V_S 按下式计算：

$$V_S = \frac{\pi D^2}{4} \frac{p_{pjmax} - p_{pjmin}}{p_0} \frac{T_0}{TZ} l_z$$

式中 p_0——工程标准状况下的压力，$p_0 = 101325$Pa；

Z——p_0、T_0 下的压缩因子，$Z_0 = 1$；

T_0——工程标准状况下的温度，$T_0 = 293$K。

2.8.2.3　实训步骤

预习指导书，熟悉实验设备和输气流程(图 2-22)，清楚实验原理，设计实验方案。做好开启压缩机前的准备工作。

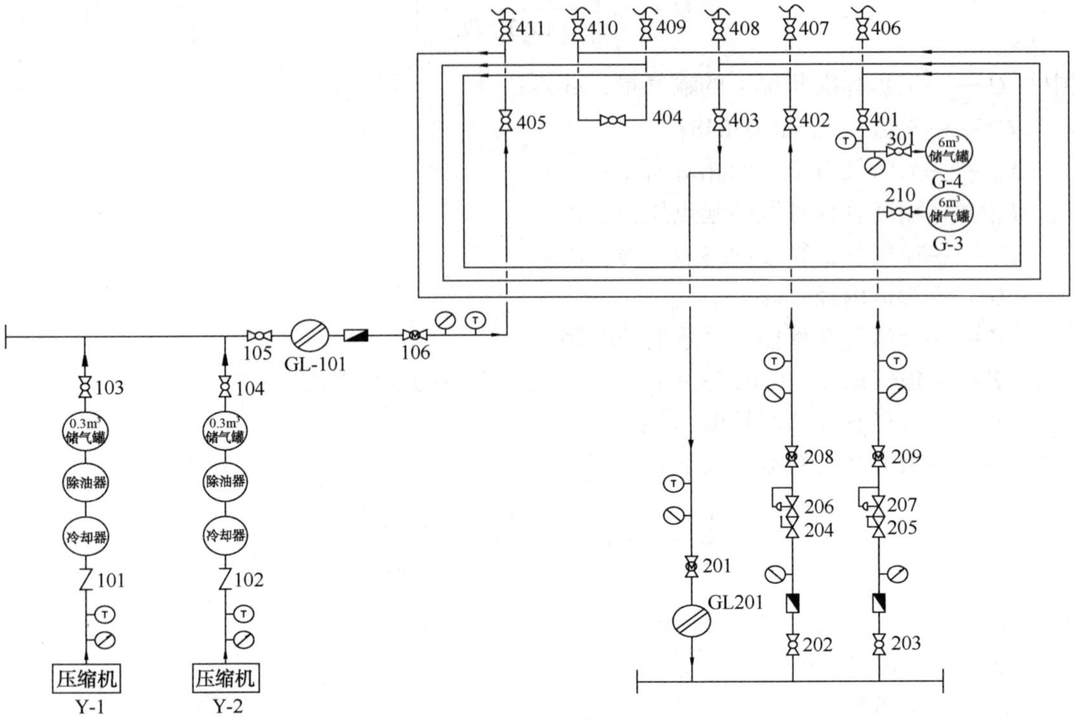

图 2-22　输气流程示意图

(1) 空气压缩机作业区应保持清洁和干燥。

(2) 燃、润油料均添加充足；各连接部位紧固，各运动机构及各部位阀门开闭灵活；各防护装置齐全良好，储气罐内无存水；空气压缩机应在无载状态下启动，启动后低速空运转，检视各仪表指示值符合要求，运转正常后，逐步进入载荷运转。

(3) 作业中，储气罐内压力不得超过铭牌额定压力，安全阀应灵敏有效。进、排气阀、轴承及各部件应无异响或过热现象。

(4) 发现下列情况之一时应立即停机检查，找出原因并排除故障后，方可继续作业：

① 漏水、漏气、漏电或冷却水突然中断；

② 压力表、温度表、电流表指示值超过规定；

③ 排气压力突然升高，排气阀、安全阀失效；

④ 机械有异响或电动机电刷发生强烈火花。

(5) 当电动空气压缩机运转中突然停电时，应立即切断电源，等来电后重新在无载荷状态下起动。

(6) 停机后，应关闭冷却水阀门，打开放气阀，放出各级冷却器和储气罐内的油水和存气，方可离开。

(7) 根据自己设计的实验方案，进行实验。

(8) 将所记录数据代入公式，计算理论流量。

(9) 用流量公式反推实际的水力摩阻系数。

2.9 石油产品闪点、燃点和密度测定实训

2.9.1 实训目的

(1) 通过实训掌握石油产品的闪点、燃点和油品密度的测定方法；
(2) 了解石油产品闪点和燃点的含义，了解石油产品密度测定的意义；
(3) 了解一些实训仪器的性能，掌握其使用方法。

2.9.2 实训仪器及实训步骤

2.9.2.1 实训仪器

1. 石油产品闪点、燃点测定实训仪器　ZHK301 型开口闪点全自动测定仪，见图 2-23。
应用范围：测定石油产品闪点及燃点。
技术指标：测定范围：40~400℃；准确度：±1℃；点火气体：液化气、煤气(压力<10kPa)。输出接口:RS-232接口;使用电源:交流(220±22)V,频率(50±2.5)Hz;环境温度:10~35℃。
2. 石油产品密度测定实训仪器　SY-01 石油产品密度试验仪，见图 2-24。

图 2-23　ZHK301 型开口闪点全自动测定仪

图 2-24　SY-01 石油产品密度试验仪

应用范围：测定原油、石油产品及石油产品与非石油产品混合物密度。
技术指标：温控范围：室温~99℃。
控温精度：±0.5℃。
温控范围：2~100℃任意设定。

2.9.2.2 石油产品闪点、燃点的测定步骤

(1) 将适宜温度的试样装入试验杯中，使弯月面的顶部恰好至装样刻线。如果注入试验杯中的试样过多时，则可用移液管或其他适当的工具取出多余的试样。如果试样沾到仪器的外壁时，则需倒出试样，洗净烘干，重新再装试样，要除去试样表面上的气泡。

(2) 用点火器点燃试验火焰，并调节火焰直径到 4mm 左右，与仪器上金属比较小球的直径相同。

(3) 开始加热时，试样的开温速度为每分钟 14~17℃，当试样达到低于预期闪点 56℃时，要减慢加热速度，在达到预期闪点前约 28℃，升温速度应控制在每分钟 5~6℃。

（4）在预期闪点前28℃时，开始试验火焰扫划，温度计上的温度每升高2℃就扫划一次。试验火焰需在通过温度计的直径垂直线上或沿着半径至少有150mm的圆弧线上划过试验杯的中心。扫划动作要平稳，连续进行。试验火焰的中心必须在试验杯边缘面上约2mm以内的平面上移动。先向一个方向扫划，下次再向相反的方向扫划。试验火焰每次越过试验杯所需时间约1s。

（5）当试验液面上任何一点出现闪火时，立即记下读数。

注意：不要把有时在试验火焰周围产生的浅蓝色光环与真正的闪点相混淆。

（6）测得试样的闪点之后，还需要测定燃点，应继续加热，使试样的升温速度为每分钟(4±1)℃。然后，进行点火试验，试样接触火焰后立即着火并能继续燃烧不少于5s，此时立即从温度计读出温度作为燃点的测定结果。

2.9.2.3　**石油产品密度测定步骤**

（1）将均匀的试样小心地沿量筒壁倾入清洁的密度计量筒中，防止溅泼避免生成气泡，当试样表面有气泡聚集时，可用一片清洁的滤纸除去。在转移的过程中，尽可能使易挥发试样中低沸点组分的蒸发损失减少到最低程度。当使用金属密度计量筒测定深色试样时，应确保试样液面装满量筒上边缘5mm以内，以保证能准确读取石油密度计读数。当使用恒温浴时，其液面应高于密度计量筒中试样的液面。

（2）将盛有试样的密度计量筒，垂直地放在没有空气流动的地方，要确保试样温度在完成测定所需的时间内没有显著变动，在这期间，环境温度的变化应不大于2℃。否则，应使用恒温浴，以避免过大的温度变化。石油密度计轻轻地放在试样中，待石油密度计静止后，将石油密度计压入试样约两个刻度，再放开。在试样液面以上的石油密度计杆管部分应保持尽量少被试样粘附，因为杆管上多余的试样会影响所得的石油密度计读数。对低黏度试样，放开石油密度计时要轻轻地转动一下，以帮助它在离开密度计量筒壁的地方静止下来自由地漂浮，应有充分的时间让石油密度计静止；对高黏度的试样，让全部空气泡升到表面，除去气泡，并应等等待足够长的时间，使石油密度计静止，达到平衡。

（3）当石油密度计静止并离开密度计量筒壁自由地漂浮时，读取试样的弯月面上缘与石油密度计刻度相切的点即为石油密度计数值。读数时，视线要与试样的弯月面上缘成一水平面。观察深色试样时，眼睛要稍高于液面，读取试样的弯月面上缘与石油密度计刻度相切的点即为石油密度计数值。

2.10　油库工艺实训

2.10.1　实训目的

本实训是基础理论知识在专业问题上的应用，通过实训学会用基础理论知识解决专业问题的方法，并综合所学的知识分析实训中所产生的现象，从而更牢固地掌握所学的理论知识，逐步掌握理论联系实际的本领，提高分析问题、解决问题的能力。

2.10.2　实训仪器及实训步骤

2.10.2.1　**实训仪器**

1. 实训仪器　实训仪器设有3台离心泵，其中两台型号为50FB-40，额定流量14.4m³/h，转速 2900r/min，扬程 40m。使用电机为防爆三相异步电动机，型号 BJO242-2A101，功率 7.5kW，频率 50Hz，转速 2900r/min，另一台为 40F-40。3 台泵安装方式为并联，可以将地上罐和地下罐中的水打入高架罐。另外，实训装置还设有 1 台水环式真空泵，型号为 SZ-1，最大真空度 84%，吸气量 0.5～1.5m^3/min，最大压力 1.0kgf/cm^2，排气量 1.0～1.5m^3/min，转速 1450r/min，水的耗量 10L/min，使用电机为防爆三相异步电动机，型号为 BJO2-41-4，与之相连的系统有真空罐和汽水分离器，用这个系统将离心泵内抽成真空，使水充满，排出泵内气体这是启泵前必须做的准备工作。

除此之外，主要的还有两个标准罐，一个容积为 700L，另一个为 300L，精密等级约为 0.1 级，两个罐顶联有电磁阀，由装置的仪表切换开关控制。用这套装置校核流量计。

仪表有 9 块 XSF-40 型流量积算仪，用这些表显示泵出口汇管，自流干管、地下罐出口、地上罐出口及 5 个鹤管的流量，还可显示高架罐和地上罐液位的仪表等。

2. 实验前的准备工作　首先，按通电源，使仪表处于工作状态，检查工艺流程是否畅通，然后将各泵出口阀关上准备灌泵，本实验可利用高架罐与泵之间的液位差进行自流灌泵，打开排气阀，水和气就从管内排向地沟，停一段时间，等泵内吸入段的气体排完，关上排气阀，就可启泵了。如果这时泵还不能启动，其原因可能是高架罐的液位不够，不能将气排出管线，可启用真空泵。

真空泵的启用方法：首先是灌泵，然后开关几次泵的排出阀，使气体排出后，即可启泵，使泵处于工作状态，如果泵的出口压力表针不稳，可采用憋压方法(慢慢开出口阀，待泵压稳定后，再将出口阀全部打开)，这时泵就能在正常状态下工作了，接着可进行各项实训。

2.10.2.2　**实训内容**

1. 自流管路　自行设计的自流管路。

(1) 目的：为了掌握自流管路系统的特性，确定高架罐液位高度与鹤管流量之间的变化关系。

(2) 流程：自行设计。

(3) 计算：根据对自流管路系统的水力计算，在同一坐标纸上绘制各管段特性曲线，利用管路串并联关系，画出总的管路特性曲线，根据要求的工作量可求出高架罐液位的高度。

2. 泵在单一管路上的工作实训　一般油库用泵尽量要求一泵多用，而且在实际生产中，往往利用一台泵分别进行收发输转的业务，并要求在高效区工作，而且不发生汽蚀，这就提出了泵的合理安装问题。

(1) 目的：为了掌握泵的工作特性，确定泵是否在高效区工作。

(2) 流程：自行设计。实测泵在各单一管线上工作流量及扬程，校核泵是否在高效区工作。也可给出几个流量值，测出既定管路的摩阻损失，画出管路特性曲线，校核工作点，及该点泵的实际吸入高度。

增大泵吸入端摩阻，观察泵的工作状态。可利用逐渐关小闸阀，观察泵的流量、压力的变化情况。因吸入端摩阻上升，在吸入端($H_{实吸} > H_{S允}$)，实际摩阻大于泵的允许吸入高度，这样泵的实际吸入高度被破坏，而不能正常工作。从而说明泵的吸入端的位差和吸入管路摩阻有一定关系。

（3）计算：对每段管路进行水力计算，绘制管路特性曲线，校核泵在不同状态下的工作状况。

3. 泵在分支管路上的工作实训　通过对分支管路系统的测试，校核泵与管路的泵和工作点。

（1）目的：在输油过程中，泵和管路组成一个统一的系统。工作中遵守质量和能量守恒的自然规律，若泵和管路任何一方特性发生变化都会引起全系统参数的变化。在油库设计中，经常要求泵与分支管路共同工作，来完成一定的生产任务。如同时接卸数个油槽车的油或同时向灌桶间发油亭送油等。因此，为使泵能在高效区工作，在已给定泵的扬程和流量的情况下，如何正确选择管径、管长、绘制特性曲、找出工作点是很重要的。如已知管径、管长需在要求的流量下选择合适的泵。

（2）流程：自行设计。

（3）计算 $Q_{罐}$、$Q_{鹤}$，测定 H、$H_{实吸} < H$。

如水池液位在最低时，泵可能发生汽蚀，不能正常工作。此时观察两个分支管路里流量的变化情况，有何异常现象，根据观察的现象和所测结果分析产生的原因。通过以上实训和讨论搞清，泵与管路系统配合工作的特性。

4. 环向管网的实训　通过对环向管网的计算和测试弄清环向管网的特性，掌握环向管网水力计算的一般原则。根据实训数据分析流量有何不同；若开两支路时，两路间流向怎样。

（1）目的：在油库设计中经常遇到泵与管路或环形管网（如固定或消防管路，生活区居民供水管网）。

（2）流程：自行设计。

实训操作流程可安排如下：

① 开不同鹤管；

② 同时全开；

③ 对开。

实训数据记录于表 2-8。

表 2-8　油库实训记录表

实训项目＿＿＿＿＿＿

点次		各点压力/MPa													各点流量/(m^3/h)									各点液位/m			备注
		1#泵进口	1#泵进口	2#泵进口	2#泵进口	3#泵进口	3#泵进口	泵进口汇管	泵出口汇管	1#鹤管	2#鹤管	3#鹤管	4#鹤管	5#鹤管	泵出口汇管	自主干管	地下罐	地上罐	1#鹤管	2#鹤管	3#鹤管	4#鹤管	5#鹤管	高架管	地下罐	地上罐	

实训人员＿＿＿＿＿＿　记录人＿＿＿＿＿＿　日期＿＿＿＿＿＿

2.11 油罐呼吸阀实训

2.11.1 实训目的

本实训主要目的是通过呼吸阀的动作现象，增强感性认识，验证所学理论，巩固和加深对全天候机械呼吸阀动作规律的认识。油罐呼吸阀是确保油罐正常运行的主要附属设备，本实训对机械呼吸阀要求验证阀盘与重块重量计算公式，通过验算掌握机械呼吸阀的使用及控制油罐承压的方法。

2.11.2 实训仪器、原理及实训步骤

2.11.2.1 实训原理

呼吸阀一般由压力阀和真空阀组成，当罐内压力达到油罐的设计允许压力时，压力阀阀盘被顶开，气体从罐内排出，当罐内气体压力达到油罐的设计允许真空度时，罐外空气顶开真空阀进入罐内，从而保证油罐在其允许压力范围内工作，而不至于因为超过其强度极限而被破坏。呼吸阀的设计与油罐呼吸密切相关，从储油过程来看，油罐呼吸有 3 种动作情况：

① 因气温缓变，罐内气体温度发生变化，油罐小流量呼吸；

② 当进行收发油作业时，伴随罐内气体体积变化，造成油罐较大流量呼吸；

③ 天气骤变等情况造成大流量呼吸。

呼吸阀的控制要求是，在罐内气体压力不大于控制压力的前提下，保证呼吸阀在各种作业和环境中都满足油罐呼吸所需的通气量。即为防止油罐发生危险，就必须将油罐所受到的控制压力和最大通气量综合起来考虑。

油罐呼吸阀的呼吸包括收发油时的大呼吸和热效应引起的呼吸，因而设计最大呼吸量应从这两方面着手。

（1）吸气阀的最大通气量可用下式计算：

$$Q_{qi}^{z} = 1.2\left(Q_{y}^{z} + V_{max}\frac{\Delta t^{z}}{273}\sigma\right)$$

式中 Q_{qi}^{z}——通过吸气阀的气体体积理论流量，m^3/h；

1.2——安全系数；

Q_{y}^{z}——油罐油品的最大输出流量，m^3/h；

V_{max}——油罐最大气体空间，一般取油罐的容积，m^3；

Δt^{z}——单位时间内气体空间温度变化率，在夏季气温骤变时可达 0.5℃/min；

σ——考虑到由于油面温度的变化而使罐内气体空间中油品蒸气浓度发生变化而引入的系数，储存煤油、轻油等乙类油品时 $\sigma=1.2 \sim 1.5$，储存汽油等甲类油品时 $\sigma=2 \sim 3$。

（2）呼气阀呼出量计算如下：

$$Q_{qi}^{y} = 1.2\left(Q_{y}^{y} + V_{max}\frac{\Delta t^{y}}{273}\sigma\right)$$

式中 Q_{y}^{y}——油罐油品最大输入流量，m^3/h；

Δt^{y} ——单位时间内气体空间温度上升率。

呼吸阀的口径设计计算：

呼吸阀的压降 p 由 3 部分组成：

$$p = \Delta p_0 + \Delta p_f + \Delta p_m$$

式中 Δp_0——气流通过防火器时产生的压降，防火器与呼吸阀是串联安装 $\Delta p_0 \approx 10\text{kgf/m}^2$；

Δp_f ——阀盘的静压力，$\Delta p_f = np$，常取 $n = 0.75$；

Δp_m ——气流通过呼吸阀时，因克服摩阻而造成的压降 $\Delta p_m = \varepsilon \dfrac{8Q_{qi}^2}{\pi^2 g d^4}\gamma$；

γ ——计算压力阀时 γ 指油气与空气混和气体的密度；计算真空阀时为空气的密度；

Q_{qi} ——通过呼吸阀的气体计算流量，计算压力阀时 $Q_{qi} = Q_{qi}^{y}$；计算真空阀时 $Q_{qi} = Q_{qi}^{z}$。

求得 Q_{qi} 和 p 值后，就可以算出阀座直径 d：

$$d = 4\sqrt{\frac{8Q_{qi}^2\gamma\varepsilon}{\pi^2 g[p(1-n) - \Delta p_0]}}$$

当阀门刚刚打开的瞬时，$Q_{qi} = 0$。阀门重力与阀盘静压力 Δp_f 所形成的作用力平衡，即：

$$G = \Delta p_f \frac{\pi d^2}{4} = np\frac{\pi d^2}{4}$$

由此，$G = \dfrac{npQ_{qi}}{2}\sqrt{\dfrac{2\varepsilon\gamma}{g[p(1-n) - \Delta p_0]}}$

由于呼气阀的控制压力大于吸气阀的控制压力，所以呼气阀流通截面积小于吸气阀的流通截面积。另外，在夏季温差较大时，吸气阀 Δt^{z} 引起的吸气量比呼气阀 Δt^{y} 引起的呼气量大，因此呼吸阀口径的选取以吸气阀为主。为了制造方便，常把呼气阀做成和吸气阀相同的直径，呼吸阀的通气量 Q_{qi}的计算中取 Q_y^z 和 Q_y^y 之中较大者，用 Q_y 表示，可简化为：

$$Q_{qi} = 1.2\left(Q_y + V_{max}\frac{\Delta t}{273}\sigma\right)$$

为了节约，常取 $1.2Q_y$ 与 $1.2V_{max}\Delta t\sigma/273$ 中较大者为正常工作值，按此值选阀。目前，只有在测得呼吸阀性能曲线、掌握额定压下的额定流量后，再结合油罐正常呼吸流量方能确定口径和数量。

2.11.2.2　**实训仪器**

(1) *DN* 100 全天候机械呼吸阀 1 台；

(2) 高压离心风机 1 台；

(3) 5m^3储气罐 1 座；

(4) SERIES—471 型风速仪 1 台，0.5 级精度；

(5) 压差计 1 个；

(6) 普通天平；

(7) 实验装置见图 2-25。

根据实际观察，自己写出图中仪器代码 1~10 的具体名称。

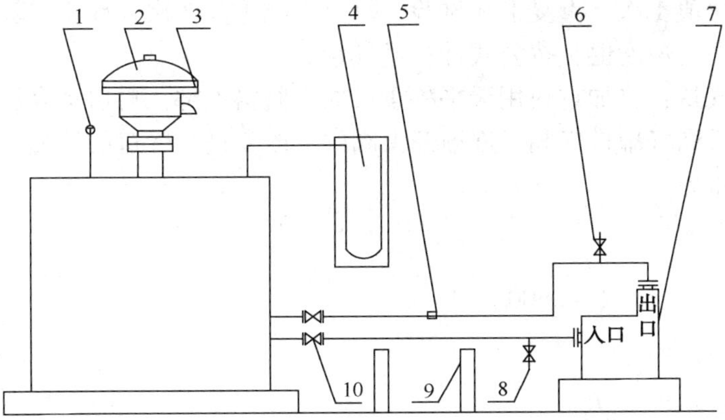

1______________
2______________
3______________
4______________
5______________
6______________
7______________
8______________
9______________
10______________

图 2-25　实验装置图

2.11.2.3　实训步骤

1. 开启压力实训　本实训需要在储气罐内的压力大于和小于大气压两种情况下分别进行测量。

(1) 打开储气罐的放气阀，使其罐内压力等于大气压力后关闭该阀。

(2) 启动高压离心风机后，慢慢打开储气罐进气阀，使储气罐内的压力逐步升高或降低，此时注意观察阀盘是否松动，当阀盘开始松动并且处于开启状态，由连通的微差压计上读出储气罐的压力值，既全天候机械呼吸阀的开启压力。

(3) 每分钟读数 1 次，然后将阀盘分别转动为 90°、180°，重复上述试验，每一个工况重复 3 次，取其平均值。

(4) 测定加重块的开启压力试验：将加重块用天平秤重后放入阀盘上部，再启动高压离心风机，慢慢打开储气罐进气阀，使储气罐内的压力逐步升高，当阀盘开始松动并且处于开启状态，由微差压计上读出储气罐的压力值，既全天候机械呼吸阀的开启压力。

(5) 开启压力计算公式。

全天候机械呼吸阀是利用阀盘的重量控制油罐的呼气压力和进气压力，其计算公式如下：

$$G = p_{开启} \pi d^2/4$$

式中　G——阀盘和所加重块的总质量，kg；

d——阀座环的内径，cm；

$p_{开启}$——油罐呼吸阀阀盘开始松动并且处于开启状态的压力，kgf/cm^2。

2. 通气量实训　本实训需要在储气罐内的压力大于大气压情况下进行。

(1) 打开储气罐的放气阀，使其罐内压力等于大气压力后关闭该阀。

(2) 启动高压离心风机后，慢慢打开储气罐进气阀或储气罐排气阀，逐渐开大阀门，调节进气管道的风速，用表 2-9 分别记录不同进气管道风速下的储气罐内的压力值。

表 2-9　通气量实训记录表

试验序号	1	2	3	4	5	6
储气罐压力/MPa						
通气量/(m^3/h)						
备　注						

（3）每个测点每分钟读流速值1次，重复上述试验，每个工况重复3次，计算得算术平均值，即为截面内的管道风速平均速度值，按公式计算通气量。

（4）测定加重块的阀盘通气量：将加重块用天平秤重后放入阀盘上部，再启动高压离心风机，慢慢打开储气罐进气阀或储气罐排气阀，逐渐开大阀门，改变进气管道的风速，分别记录不同风速下的储气罐内的压力。

（5）通气量计算公式：

$$Q=3600A\cdot V$$

式中 Q——通气量，m^3/h；

A——测量口段测试管截面积，m^2；

V——截面内的气流平均速度，m/s。

2.12 石油产品凝点、冷滤点和水分测定实训

2.12.1 实训目的

（1）通过实训掌握石油产品的凝点、冷滤点和所含水分这3种物性的测定方法；

（2）了解石油产品凝点和冷滤点的含义；了解测定石油产品水分的意义；

（3）了解测试仪器的性能，掌握其使用方法。

2.12.2 实训仪器及实训步骤

2.12.2.1 实训仪器

实训仪器有凝点测定装置、水分测定器及石油产品冷滤点试验器，见图2-26。实训材料有：

试杯：玻璃制，平底筒形；

套管：黄铜制，平底筒形；

温度计：选择与被测试样对应的温度计；

过滤器：各部件均为黄铜制，内有黄铜镶嵌363目的004号不锈钢丝网；

吸量管：玻璃制，20mL处有一刻线；

三通阀：玻璃制，分别与吸量管上部、抽空系统和大气相通。

试剂：溶剂油（需符合GB 1922—2006中90号或SH 0005—1990的规定）；无水乙醇（化学纯）；苯（化学纯）；柴油。

2.12.2.2 实训步骤

1. 凝点及冷滤点的测定　凝点亦称凝固点，油样不流动时的最高温度（或刚刚流动时的最低温度）叫凝点。冷滤点衡量轻柴油低温性能的重要指标，具体来说，就是在规定条件下，柴油开始堵塞发动机滤网的最高温度。在选用柴油牌号时，应该以冷滤点的具体数值作为参考依据。进行油品的凝点和冷滤点测试前必须将所含水分排出（否则其测量结果不准确），然后测量凝点和冷滤点，它们之间关系密切而不可分，应了解油品的这些基本物性。

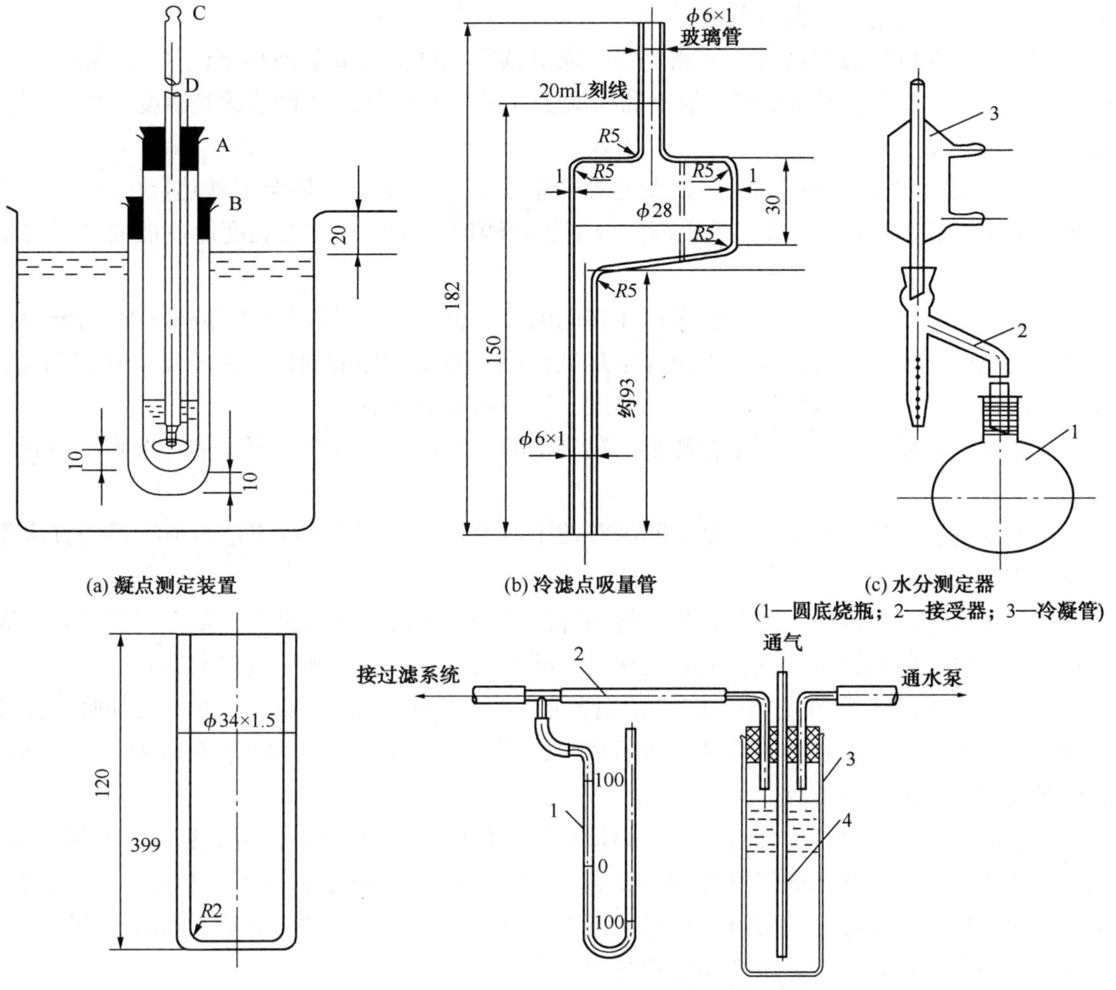

(a) 凝点测定装置　(b) 冷滤点吸量管　(c) 水分测定器（1—圆底烧瓶；2—接受器；3—冷凝管）

(d) 试杯　(e) 减压系统组装图（1—U形管压力差计；2—橡皮管；3—稳压水槽；4—导气管）

图 2-26　凝点测定装置、水分测定器及冷滤点测定使用的仪器

将油样放在玻璃试管中并放到石油产品凝点测定器中，进行不断冷却，直到将试管倾斜45°而油面能在1min内保持不变的温度，即为该油样的凝点。

冷滤点，试样在规定的条件下冷却，当试样不能流过过滤器或20mL试样流过过滤器的时间大于60s或不能完全流回试杯时的最高温度，以℃（按1℃的整数）表示。冷滤点是衡量轻柴油低温性能的重要指标，使用冷滤点测定器测量其值。

2. 凝点测定　从水浴中取出装有试样和温度计的试管，擦干外壁，然后放入凝点测定器中。凝点测定器的温度要比试样的预期凝点低7~8℃。温度必须准确到±1℃。

（1）准备工作。试样实验前需要脱水，并测量其含水量，脱水后将其注入干燥、清洁的试管中，使液面满到环形标线处。用橡胶塞将温度计固定在试管中央，使水银球距管底8~10mm。将装有试样和温度计的试管，垂直浸在（50±1）℃的水浴中，直至试样的温度达到（50±1）℃为止。

（2）逐渐降低试样温度，当试样温度冷却到预期的凝点时，将凝点测定器倾斜成45°，并将这样的倾斜状态保持1min。此后，从凝点测定器中取出测定试管，垂直放置观察试管里面的液位是否有过移动的迹象。

（3）当液面位置有移动时，从测定器中取出试管，将试管重新预热至试样达(50±1)℃，然后用比上次实验温度低4℃或其他更低的温度重新进行测定，直到某试验温度能使液面位置停止移动为止。

（4）当液面位置没有移动时，从测定器中取出试管，重新预热至试样达(50±1)℃，然后用比上次实验温度高4℃或其他更高的温度进行测定，直到某试验温度能使液面位置有了移动为止。

（5）找出凝点的温度之后，就采用比移动的温度低2℃(或采用比不移动的温度高2℃)重新进行实验，如此重复实验，直至确定某试验温度能使试样的液面停留不动，而提高2℃又能使液面移动时。就取使液面不动的温度，作为试样的凝点。

（6）试样的凝点必须进行平行测定。第二次测定时的开始温度，要比第一次测出的凝点高2℃。

（7）精确度。平行测定两个结果间的差数不应大于2℃。取平行测定两个结果的算术平均值，作为试样的凝点。

（8）注意事项。油样一定要装到试管的环形线处，不可过多或过少。凝点温度计必须固定在试管中央，使水银球距试管壁处处相等。凝点测定其倾斜时间一定要掌握好。

3. 冷滤点测定　在规定条件下冷却试样到一定温度时，用1.961kPa的压力抽吸，让试样通过一个363目过滤器，并以1℃间隔降温，测定出60s内通过过滤器的试样不足20mL时的最高温度，即为冷滤点。

（1）准备工作。试样中如有杂质，必须将试样加热到15℃以上，用不起毛的滤纸过滤；试样中如含有水，应加入煅烧并冷却的食盐、硫酸钠或无水氯化钙处理，脱水后才能进行测定；按照试样预期冷滤点设定试验冷槽的温度。也可按预期冷滤点，准备不同温度和数目的冷浴。在整个操作过程中，冷浴要搅拌均匀。

（2）安装仪器。按照如图2-25(e)所示，安装温度计、吸量管，过滤器要垂直放于试杯底部，然后置其于热水浴中，使油温达到(30±5)℃。打开套管口的塞子，将准备好的试杯垂直放置于预先冷却到预定温度冷槽的套管内。连接抽真空系统。将抽真空系统与吸量管上的三通阀连接好。在进行测定前，不要使吸量管与抽真空系统接通。启动水流泵进行抽空，U型管压差计应稳定在指示压差为1961Pa(200mmH_2O)。

（3）测定冷滤点。当试样冷却到比预期温度稍高时(一般比冷滤点高5~6℃)，开始第一次测定。转动三通阀，使抽空系统与吸量管接通，同时用秒表计时。当试样上升到吸量管20mL刻线处，关闭三通阀，同时秒表停止计时，转动三通阀，使吸量管与大气相通，试样自然流回试杯。

（4）确定冷滤点。每降低1℃，重复测定操作，直至60s通过过滤器的试样不足20mL为止。记下此时的温度，即为试样冷滤点。

（5）试训仪器洗涤与整理。试验结束时，将试杯从套管中取出，加热熔化，倒出试样，洗涤试验设备。用溶剂油清洗试杯、三通阀等，最后再分别用吹风机吹干。

（6）数据处理和报告。取两次重复试验结果的算术平均值，报告为本试验结果。

（7）精密度。用下述规定判断试验结果的可靠性。

重复性：同一操作者重复测定的两个结果之差，不应超过下式计算的数值：

$$r=0.033(30-X)$$

式中　r——重复性最高允许值,℃；

X——两个测定结果的平均值,℃。

再现性：有两个实训室各自提出的结果之差，不应超过下式计算的数值：

$$R=0.092(30-X)$$

式中　R——再现性最高允许数值,℃。

(8) 注意事项。过滤系统、减压系统要按标准规定组装，测定时要保持 U 型管压差，使之稳定在 1961Pa($200mmH_2O$)；按试样冷滤点的范围，按规定控制好冷槽温度；试样中如有杂质应过滤除去;)转动和关闭三通阀时要平稳，不能使过滤系统振荡，同时启动和停止秒表，保证计时准确；过滤网的孔径大小直接影响试样过滤的结果，因此，不锈钢滤网经过 20 次测定后要重新更换，以保证滤网的目数为 363。

4. 试样水分测定　一定量的试样与无水溶剂混合，进行蒸馏测定其水分含量并以百分数表示。水分通常以游离状态，悬浮状态或溶解状态存在。在低分情况下，这些微量水从燃料中呈细小冰晶析出，引起过滤器或燃料系统其他部位堵塞，影响燃料的正常供应。原油含水导致蒸馏过程波动，造成系统压力增大，动力消耗增加，严重时甚至引起分馏塔超压或出现冲塔事故。

(1) 将试样瓶的试样摇动 5min；

(2) 向预先洗净并烘干的圆底烧瓶加入摇匀的试样 100g，精确到 0.1g。再用量筒量取 100mL 脱过水的溶剂油注入圆底烧瓶中摇匀，投入一些石棉丝或石棉布；

(3) 将已洗净并烘干的接收器支管口涂上一层火棉胶，使支管的斜口进入圆底瓶 15~20mm。然后在接收器上连接直管冷凝管。冷凝器管的内壁要预先用棉花擦干。安装时，冷凝管与接收器的轴心线要重合，冷凝管下端的斜切面要与接收器的支管管口相对，为了避免蒸汽逸出，应在塞子缝隙上涂抹火棉胶。

(4) 启动电炉升温，控制冷凝管的斜口每秒滴下 2~4 滴液体。

(5) 蒸馏将近结时，如冷凝管内壁沾有水滴，应使圆底烧瓶中的混合物在短时间内进行剧烈沸腾，利用冷凝的溶剂将水滴尽量洗入接收器中。

(6) 接收器中收集的水体积不再增加，而且溶剂的上层完全透明时，应停止加热，回流时间不应超过 1h。若利用溶剂冲洗水滴无效，可用金属选绑有橡皮或塑料头，把冷凝器内壁的水滴刮进接收器中。

(7) 圆底烧瓶冷却后，将仪器拆卸，读出接收器中收集水的体积。

计算　试样的水分质量分数：

$$X=\frac{100V}{G}$$

式中　V——在接收器中收集水的体积，mL；

G——试样的质量，g。

2.13 石油产品馏程的测定实训

2.13.1 实训目的

(1) 掌握测定发动机燃料、溶剂油和石油产品的馏分组成的方法;

(2) 理解烃类挥发性是决定烃类产生潜在的爆炸蒸气趋势的主要决定因素;

(3) 了解挥发性对车用汽油和航空汽油的决定性作用，会影响发动机启动；了解高沸点组分的存在能明显地影响燃烧时固体沉淀物的形成程度。

2.13.2 实训仪器及实训步骤

2.13.2.1 实训仪器

石油产品馏程测定器需符合《石油产品馏程测定装置技术条件》(SH/T 0121—1992)的各项规定，包括温度计、秒表、带自耦变压器的电炉，如图 2-27 所示。

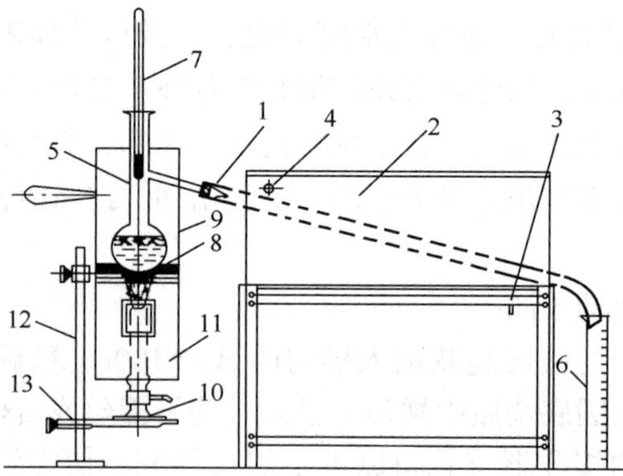

图 2-27　馏程测定器

1—冷凝管；2—冷凝器；3—进水支管；4—排水支管；5—蒸馏烧瓶；6—量筒；7—温度计；8—石棉垫；9—玻璃上罩；10—酒精喷灯；11—玻璃下罩；12—铁架台；13—支撑铁板

2.13.2.2 实训步骤

1. 实训准备工作　烃类挥发性是决定烃类产生潜在的爆炸蒸气趋势的主要决定因素。挥发性对车用汽油和航空汽油也是起着决定性的作用，在高温或高海拔地区或两种情况都具备的条件下使用时，会影响启动、升温和气阻趋势。在车用汽油和航空煤油和其他燃料中，高沸点的组分的存在能明显地影响燃烧时固体沉淀物的形成程度。石油产品规格通常包括馏程范围，以保证产品具有适当的挥发性能。本实训适用于测定发动机燃料、溶剂油和石油产品的馏分组成。

(1) 试样中有水时，试验前应进行脱水。

(2) 在蒸馏前，冷凝器 2 的冷凝管 1 要用缠在铜丝或铝丝上的软布擦拭内壁，除去上次蒸馏剩下的液体。

(3) 在蒸馏汽油时，冷凝器 2 的进水支管 3 要套上带夹子的橡皮膏，然后用冰块或雪装满水槽，再注入冷水浸过的冷凝管。蒸馏时水槽中的温度必须保持在 0~5℃。

(4) 蒸馏溶剂油、喷气燃料、煤油及其他石油产品时，冷凝器 2 的进水和排水支管都要套上橡皮膏，让冷水经过进水支管3流入水槽，再经过排水支管4流走，流出的水温度要调节到不高于30℃；在蒸馏含蜡液体燃料(凝点高于-5℃)的过程中，控制水温在50~70℃之间。

(5) 蒸馏烧瓶5可以用轻质汽油洗涤，再用空气吹干。在必要时，用铬酸洗液或碱液洗除蒸馏烧瓶中的积碳。

(6) 用清洁、干燥的100mL量筒6，量取试样100mL注入蒸馏烧瓶中，不要使液体流入蒸馏烧瓶的支管内。量筒内的试样体积是按凹液面的下边缘计算，观察时眼睛要保持与液面在同一水平面上；注入蒸馏烧瓶时试样的温度应为(20±3)℃。

(7) 用插好温度计7的软木塞，紧密地塞在盛有试样的蒸馏烧瓶口内，使温度计和蒸馏烧瓶的轴心线互相重合，并且使水银球的上边缘与支管焊接处的下边缘在同一平面。

(8) 装有汽油或溶剂油的蒸馏烧瓶，要安装在符合SH/T 0121图7(甲)规定的石棉垫上；装有煤油、喷气燃料或轻柴油的蒸馏烧瓶要安装在符合SH/T 0121图7(乙)规定的石棉垫上；装有重柴油或其他重质油料的蒸馏烧瓶，要安装在符合SH/T 0121图7(丙)规定的石棉垫上。

蒸馏烧瓶5的支管要用紧密的软木塞与冷凝管1的上端相连接。支管插入冷凝管内的长度要达到25~40mm，但不能与冷凝管内壁接触。

在软木塞的连接处均涂上火棉胶之后，将上罩9放在石棉垫上，把蒸馏烧瓶罩住。

注：蒸馏汽油时，加热器和下罩温度都不应高于室温。

(9) 量取过试样的量筒不需经过干燥，就放在冷凝管下面，并使冷凝管下端插入量筒中(暂时互相不接触)不得少于25mm，也不得低于100mL的标线。量筒的口部要用棉花塞好，才进行蒸馏；蒸馏汽油时，量筒要浸在装着水的高型烧杯中，烧杯中的液面要高出量筒的100mL标线。量筒的底部要压有金属重物，使量筒不能浮起。在蒸馏过程中，高型烧杯中的水温应保持在(20±3)℃。

2. 流程测定　装好仪器之后，先记录大气压力。

(1) 开始对蒸馏烧瓶均匀加热；蒸馏汽油或溶剂油时，从加热开始到冷凝管下端滴下第一滴馏出液所经过的时间为5~10min；蒸馏航空汽油，为7~8min；蒸馏喷气燃料、煤油、轻柴油时，为10~15min；蒸馏重柴油或其他重质油料时，为10~20min。

(2) 第一滴馏出液从冷凝管滴入量筒时，记录此时的温度作为初馏点。

(3) 蒸馏达到初馏点之后，移动量筒，使其内壁接触冷凝管末端，让馏出液沿着量筒内壁流下。此后，蒸馏速度要均匀，每分钟馏出4~5mL，这速度一般应相当于每10s，馏出20~25滴。以每10s相应的滴数，检查蒸馏速度时，可以将量筒内壁与冷凝末端离开片刻。蒸馏重柴油时，最初馏出10mL的蒸馏速度是每分钟2~3mL，继续下去的蒸馏速度是每分钟4~5mL。

(4) 在蒸馏过程中要记录与试样的技术标准中所要求的事项，例如：

① 试样的技术标准要求馏出百分数(如10%、50%、90%)的温度，那么当量筒中馏出液的体积达到技术指定的百分数时，就立即记录馏出温度。试验结束时，温度计的误差，应根据温度计检定证上的修正数进行修正；馏出温度受大气压力的影响，应根据步骤(12)进行修正；

② 如果试样的技术标准要求在某温度(例如100℃、200℃、250℃、270℃)的馏出百分

数，那么当蒸馏温度达到相当于技术标准所指定的温度时，就立即记录量筒中馏出液的体积。在这种情况下，温度计的误差，应预告根据温度计检定证上的修正数进行修正；馏出温度受大气压力的影响，也应预告根据步骤(12)进行修正。

(5) 在蒸馏汽油或溶剂油的过程中，当量筒中的馏出液体达到90mL时，允许对加热强度作最后一次调整，要求在3~5min内达到干点。如要求终点而不要求干点时，应在2~4min内达到终点；在蒸馏喷气燃料、煤油、轻柴油过程中，当量筒中的液面达到95mL时，不要改变加热强度，并记录从95mL到终点所经过的时间。如果这段时间超过3min，这次试验无效。

(6) 蒸馏达到试样技术标准要求的终点(如馏出95%、96%、97.5%、98%等)时，除记录馏出温度外，应同时停止加热，让馏出液流出5min，就记录量筒中的液体体积；蒸馏喷气燃料或煤油时，如果在尚未达到技术要求的馏出98%已把试样蒸干，再次试验就允许在馏出液达到97.5%时记录馏出温度并停止加热，让馏出液流出5min，然后记录量筒中液体的体积。如果量筒中液体体积小于98mL，应重新进行试验。

(7) 如果试样的技术标准规定有干点的温度，那么对蒸馏烧瓶的加热要达到温度计的水银柱停止上升而开始下降为止，同时记录温度计所指示的最高温度作为干点。在停止加热后，让馏出液流出5min，就记录量筒中的体积。

(8) 蒸馏时，所有读数都要精确至0.5mL和1℃。

(9) 试验结束时，取出上罩，让蒸馏烧瓶冷却5min后，从冷凝管卸下蒸馏烧瓶。卸下温度计及瓶塞之后，将蒸馏烧瓶中热的残留物仔细地倒入10mL的量筒内。待量筒冷却到(20±3)℃，记录残留物的体积，精确至0.1mL。

(10) 试样的100mL减去馏出液和残留的总体积所得之差，就是蒸馏的损失。

(11) 对于馏程不明的试样，试验时要记录下列温度。

① 初馏点；

② 馏出10%、20%、30%、40%、50%、60%、70%、90%、97%的温度；

这试样在确定近似牌号之后，在按照该牌号的技术标准所规定的各项馏程要求重新进行馏程测定。

(12) 大气压力对馏出温度影响的修正：

① 大气压力高于102.7kPa(770mmHg)或低于100.0kPa(750mmHg)时，馏出温度所受大气压力的影响按下式计算修正数C：

$$C = 0.0009(101.3 - p)(273 + t) \text{ 或 } C = 0.00012(760 - p)(273 + t)$$

式中 p——试验时大气压力，kPa(或mmHg)；

t——温度计读数，℃。

此外，也可以查表2-10得到的馏出温度修正常数k，按下式简捷地算出修正数C：

$$C = k \times (101.3 - p) \times 7.5 \text{ 或 } C = k \times (760 - p)$$

馏出温度在大气压力p时的数据t和在101.3kPa(760mmHg)时的数据t_0，存在如下的换算关系：$t_0 = t \pm c$。

② 实际大气压力在100.0~102.7kPa(750~770mmHg)范围内，馏出温度不需要进行上述的修正，即认为$t=t_0$。

(13) 精密度。重复测定两个结果之差不应大于如下数值：

① 初馏点是 4℃；
② 干点和中间馏分是 2℃和 1mL；
③ 残留物是 0.2mL。

表 2-10　馏出温度修正常数 *k*

馏出温度/℃	*k*	馏出温度/℃	*k*	馏出温度/℃	*k*	馏出温度/℃	*k*
11~20	0.035	101~10	0.045	191~200	0.056	281~290	0.067
21~30	0.036	111~120	0.047	201~210	0.057	291~300	0.068
31~40	0.037	121~130	0.048	211~220	0.059	301~310	0.069
41~50	0.038	131~140	0.049	221~230	0.060	311~320	0.071
51~60	0.039	141~150	0.050	231~240	0.061	321~330	0.072
61~70	0.041	151~160	0.051	241~250	0.062	331~340	0.073
71~80	0.042	161~170	0.053	251~260	0.063	341~350	0.074
81~90	0.043	171~180	0.054	261~270	0.065	351~360	0.075
91~100	0.044	181~190	0.055	271~280	0.066		

(14) 报告。试样的馏程用各重复测定结果的算术平均值表示。

2.14　石油产品条件黏度的测定实训

2.14.1　实训目的

(1) 掌握测定石油产品的恩氏条件黏度；

(2) 了解油品的黏度是评价油品流动性能的指标，在油品输送和使用过程中，黏度对流量和压力降影响很大，是石油化工设计中必不可少的物理参数。

2.14.2　实训仪器及实训步骤

2.14.2.1　实训仪器

恩氏黏度计及附件。附件包括恩氏黏度计接收瓶、恩氏黏度计(图 2-28)、250mL 烧杯。

2.14.2.2　实训步骤

1. 实训准备工作　本方法适用于石油产品与其他液体产品的测定。可以初步判定导热油的质量指标，确定导热油的输送条件和工艺指标控制。

(1) 试样含有水或机械杂质时，在实验前应进行脱水处理，用滤纸过滤除去机械杂质。

(2) 检查仪器，打开电源开关、加热开关，温度表、秒表是否显示正常。在实验之前让“计时/保持”按钮开关处于弹起及高位状态，使计时器复位清零。

(3) 恒温浴中加入丙三醇(甘油)浸至内容器的扩大部分为止。

(4) 确保实验所用玻璃仪器及恩氏黏度计的内容器洁净、干燥，流出口无杂物，保持畅通。黏度计插入恒温浴中并用夹子固定在支架上，将木塞插入流出管的小孔内。

(5) 旋转铁三角架的调整螺丝，调整黏度计的位置，使内容器中的 3 个尖钉的位置都处于同一水平面上，再将空接收瓶放在内容器的流出管下端。

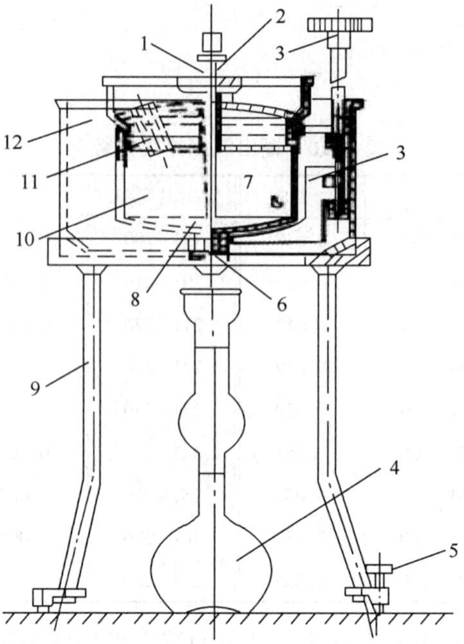

图 2-28 恩氏黏度计

1—木塞插孔；2—木塞；3—搅拌器；4—接受瓶；5—水平调节螺丝；6—流出孔；
7—小尖钉；8—球面形底；9—铁三脚架；10—内容器；11—温度计插孔；12—外容器

2. 实训步骤 首先测定恩氏黏度计的水值来校正该仪器，标准黏度计的水值应等于(51±1)s，再用恩氏黏度计测定其试样的黏度。

(1) 将达到室温的试样缓慢倒入内容器中，直至 3 个尖钉的尖端刚好被试样淹没为止，但油中不能留有气泡。倒好后将内容器的盖子盖好，注意不要碰到木塞(防止木塞松动，试样流出)。

(2) 打开电源开关和加热开关，在温控仪面板上按试样的规定，设定温度开始加热，同时打开搅拌开关开始搅拌。

(3) 加热速度要均匀，油浴锅的温度要比试剂规定的温度高一点，当试样温度快要接近规定温度时，停止加热，使试样自动升温。当试样温度恰好达到规定温度后，保持恒温5min，然后迅速提起木塞，同时按下"计时/保持"开关，使按钮处于按下及低位状态，计时器开始计时。当接收瓶中的试样达到 200mL 刻度线时，计时结束，再按下"计时/保持"按钮，立刻松手，让按钮开关弹起及处于高位状态，计时结束。显示值会停留在当前时间(即试样流出 200mL 的运动时间)，记录时间；如需再次测试，使计时器复位清零。同理，再次测试开始时按下"计时/保持"开关，使按钮处于按下及低位状态，重复试验。

(4) 将内容器中未流完的试样，用废液瓶代替接受瓶继续接收，直至流完；

(5) 关闭电源开关，断开电源，将接受瓶中的试样倒入废液桶中；

(6) 将内容器、流出口、接受瓶、温度计清洗干净，将仪器和实验台面擦拭干净；

(7) 数据处理。试样在温度 t℃的恩氏黏度 E_t，其单位为条件黏度，按下式计算：

$$E_t = t_1/K_{20}$$

式中 t_1——试样在试验温度 t℃时从黏度计流出 200mL 的时间，s；

K_{20}——黏度计的水值，s，标准黏度计的水值为(51±1)s；

测出的恩氏黏度(条件黏度)查运动黏度与恩氏黏度换算表。对于更高黏度(mm^2/s),需按下式换算:

$$E_t = 0.135\gamma_t$$

式中 E_t——石油产品在温度 t 时的恩氏黏度,条件黏度;

γ_t——石油产品在温度 t 时的运动黏度,mm^2/s。

(8) 精密度。即重复性,指同一分析重复测定两个流出的时间之差,不应大于表 2-11 中的数值。

表 2-11 流出时间的重复性允许值

流出时间/s	≤250	251~500	501~1000	>1000
重复性/s	1	3	5	10

取重复测定两个结果的算数平均值,作为试样的恩氏黏度。

(9) 注意事项及常见问题。

① 温度计、仪器要按时校正;

② 氏黏度计的水值应每 4 个月至少校正一次;

③ 恩仪器采用 220V 交流电,为保证安全,仪器必须接地;

④ 用木塞塞住黏度计流出孔时,既保证严密又不可过分用力压木塞,以免磨损木塞;

⑤ 在提起木塞时,不允许木塞从内容器盖内拔出,拔木塞时,大拇指应同时按住内容器盖子,防止盖子随拔木塞时一同拔起,导致黏度计移动而测量温度不准;

⑥ 仪器使用前请在恒温浴(外容器)内加入介质至容器扩大部分,方可通电加热,否则会烧坏电热管;

⑦ 仪器长期不用时,放掉恒温浴内的介质,用抹布将仪器水渍、污渍擦净,然后罩上罩布。

2.15 石油产品中含硫量的测定实训

2.15.1 实训目的

(1) 掌握石油产品中硫含量的测定方法和原理;

(2) 可以判断油品的含硫量,控制油品出厂质量,指导下游部门生产;

(3) 了解硫对石油产品加工及质量影响极大,特别是对金属设备的腐蚀严重。

2.15.2 实训仪器及实训步骤

2.15.2.1 实训仪器

石油产品硫含量测定器(图 2-29)及其附件。附件包括:吸滤瓶:500~1000mL,滴定管:25mL,吸量管:2mL、5mL、10mL;洗瓶,真空泵。

2.15.2.2 实训步骤

1. 实验准备工作 硫含量的测定必须在空气流动的室内进行,但要避免剧烈的通风。

(1) 仪器安装之前,仔细用蒸馏水冲净将吸收器、液滴收集器及烟道;灯及灯芯用石油

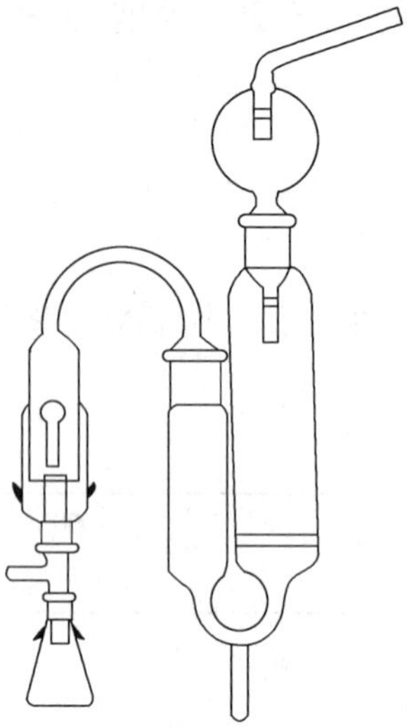

图 2-29　硫含量测定器

醚洗涤并干燥。

（2）按下述步骤，将试样装入灯中；

① 在灯上燃烧无烟的石油产品，按下列数量注入清洁、干燥的灯（无须预告称量）中：含微量硫（硫含量在 0.05%以下）的低沸点的产品（如航空汽油），其注入量为 4~5mL；硫含量在 0.05%以上及高沸点的产品（如汽油、煤油），其注入量为 1.5~3mL（具体数量视硫含量而定）。

将灯用穿有灯芯的灯芯管塞上。灯芯的下端沿着灯的底部周围放置。当石油产品把灯芯浸润后，即将灯芯管外的灯芯剪断，使之与灯芯的上边缘齐平。然后将灯点燃，调整火焰，使其高度为 5~6mm。随后把灯火熄灭，用灯罩将灯盖上，在分析天平上称量，精确至 0.004g。依照同样方法将试样装入第 2 个灯中；将标准正庚烷或 95%乙醇或汽油（不必称量）装入作空白试验的第 3 个灯中。

② 单独在灯中燃烧而发生浓烟的石油产品（含大量芳香烃或不饱和烃和高温裂解产品、催化裂化产品等）以及高沸点的石油产品（如柴油），则取 1~2mL 注入于预先连同灯芯及灯罩一起称量（精确至 0.0004g）过的洁净、干燥的灯中；然后，往灯中注入标准正庚烷或 95%乙醇或汽油，成 1∶1 或 2∶1 的比例，在必要时用 3∶1（体积比）的比例，使所有组成的混合液在灯中燃烧的火焰不带烟。试样和注入标准正庚烷或 95%乙醇或汽油所组成的混合液的总体积为 4~6mL。依照同样方法将试样装入第 2 个灯中，将标准正庚烷或 95%乙醇或汽油（不必称量）装入作空白试验的第 3 个灯中。

（3）用橡皮管将吸滤瓶与水流泵或真空泵连接起来，并将玻璃三通栓的一端穿过胶塞插入瓶颈中，另两端用橡皮管和吸收器相连接。第 3 套吸收器也用橡皮管及玻璃弯管连接到吸滤瓶的胶塞上，以便 3 套仪器同时进行试验。

往吸收器的大容器里装入用蒸馏水小心洗涤过的玻璃珠或玻璃棒约达 2/3 高度。并用吸量管准确地注入 0.3%碳酸钠溶液 10mL，用量筒注入蒸馏水 10mL。在吸滤瓶与抽气泵及液滴收集器与三通栓之间的橡皮管套上螺旋夹子。

2. 实训步骤　仪器装妥后，室内环境条件达到要求，可以进行实训。

（1）开动真空泵，使空气自全部吸收器均匀而和缓的通过。然后自灯上取下灯罩，将所有灯点燃，放在烟道的下面，使灯芯管的边缘不高过烟道的下边 8mm 处。点灯时须用不含硫的火苗（不许用火柴点灯），例如酒精灯火苗。每个灯的火焰高度须调整为 6~8mm（调整火焰高度时，用针挑拨里面的灯芯）。在所有的吸收容器中，吸收空气的速度要保持均匀，并用螺旋夹调整，使火焰不带黑烟。

（2）使每个灯里的试样完全燃尽。如果用标准正庚烷或 95%乙醇或汽油稀释过的试样，当燃尽后，再向灯中注入 1~2mL 标准正庚烷或 95%乙醇或汽油，全部燃烧尽。

（3）试样燃尽后将灯熄灭，盖上灯罩，经过 3~5min 后，关闭水流泵或真空泵。

（4）拆开仪器并以洗瓶中的蒸馏水喷射洗涤液滴收集器、烟道及吸收器上部。将洗涤的蒸馏水收集于曾在其中用 0.3%碳酸钠溶液吸收二氧化硫的吸收器中。在吸收器中加入 1~2 滴指示剂，如此时吸收器中的溶液呈红色，则认为此次试验无效，应重做试验，此时应减少燃烧的试样量。

(5) 加入试剂后，以 0.05N(N 为当量浓度)盐酸溶液滴定。为了在滴定时搅拌溶液，在吸收器的玻璃管处接上橡皮管，并用橡皮球或泵对溶液进行打气或抽气搅拌；先将空白试液(标准正庚烷或 95%乙醇或汽油燃烧后所生成的物质的吸收液)滴定至呈现红色为止，作为空白试验，然后滴定含有试样燃烧生成物的溶液。当溶液呈现出已滴定的空白试验所呈现的红色时，即为滴定终点。

(6) 试样的燃烧量依下法测定：

① 燃烧未稀释的试样时，当燃烧完毕后，将灯放在分析于平上称量(精确至 0.0004g)。计算盛有试样的灯在试验前的质量间的差数，作为试样的燃烧量。

② 燃烧稀释过的试样时，计算盛有试样灯的质量与未装试样的清洁干燥灯的质量间的差数，作为试样的燃烧量。

(7) 计算。试样的硫含量 X 按下式计算：

$$X = \frac{(V - V_i) \times K \times 0.0008}{G} \times 100\%$$

式中 V——滴定空白试液所消耗盐酸溶液的体积，mL；

V_i——滴定吸收试样燃烧生成物和溶液所消耗盐酸溶液的体积，mL；

K——换算为 0.05N 盐酸溶液的修正系数(是盐酸的实际当量与 0.05N 之比值)；

0.0008——单位体积 0.05N 盐酸溶液所相当的硫含量，g/mL；

G——试样的燃烧量，g。

(8) 精密度。重复测定两个结果间的差数，不应超过下列数值：

硫含量/%	允许差数
≤0.1	0.006%
>0.1	最小测定值的 6%

(9) 报告。取重复测定两个结果的算术平均值，作为试样的硫含量。

2.16 石油产品运动黏度的测定和动力黏度计算实训

2.16.1 实训目的

(1) 掌握石油产品运动黏度的测定方法和原理；

(2) 了解油品的黏度是评价油品流动性能的指标，在油品输送和使用过程中，黏度对流量和压力降影响很大，是石油化工设计中必不可少的物理参数。

(3) 油品的黏度与其化学组成密切相关，它反映了油品的烃类组成特性。所以是柴油、喷气燃料和润滑油的重要质量指标。

2.16.2 实训仪器及实训步骤

2.16.2.1 实训仪器

1. 毛细管黏度计　毛细管黏度计应符合《玻璃毛细管黏度计技术条件》[SH/T 0173—92

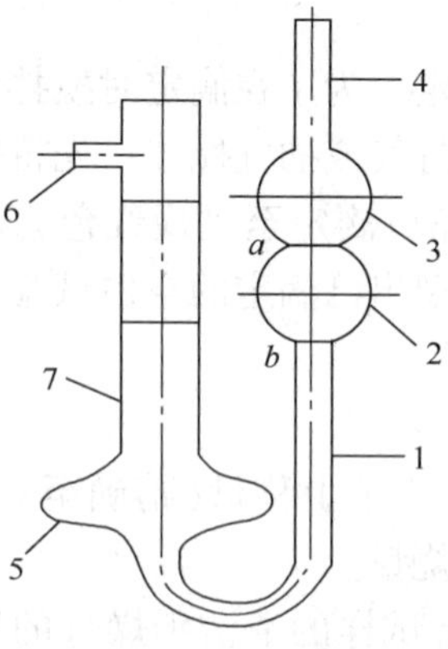

图2-30 毛细管黏度计

1—毛细管；2、3、5—扩张部分；4、7—管身；6—支管；a、b-标线

(2004)]，见图2-30。一组毛细管的内径分别为0.4、0.6、0.8、1.0、1.2、1.5、2.0、2.5、3.0、3.5、4.0、5.0、6.0(单位：mm)。支黏度计必须按《工作毛细管黏度计检定规程》(JJG 155—1991)进行检定并确定常数。测定试样的运动黏度时，应根据试样的温度选用适当的黏度计，务使试样的流动时间不少于200s，内径为0.4mm黏度计，流动时间不少于350s。

2. 恒温浴　带有透明壁或装有观察孔的恒温浴，其高度不小于180mm，容积不小于2L，并附有自动搅拌装置和自动控温系统(精确到±0.1℃)。根据测定的条件，在恒温浴中注入表2-12中列举的任一液体。

表2-12　不同温度恒温浴所使用的液体

测定温度/℃	恒温浴液体
50~100	透明矿物油、甘油、25%硝酸铵水溶液(其表面浮有一层透明矿物油)
20~50	水
0~20	水与冰或乙醇与干冰的混合物
-50~0	乙醇与干冰的混合物或无铅汽油

3. 玻璃水银温度计　分度为0.1℃，测定温度-30℃以下的黏度时，可以使用同样分度的玻璃合金温度计或其他玻璃液体温度计。

4. 秒表　分度为0.1s。这个秒表专供测定黏度使用，不应移作它用。用来测定运动黏度的秒表、毛细管黏度计，温度计、都必须定期进行检定。

2.16.2.2　**实训步骤**

1. 运动黏度的测定　调节恒温浴温度，使达到测定温度。

(1) 试油如含水，试验前必须先脱水，并用滤纸过滤，除去机械杂质，将过滤后的试油放入小烧杯中。

(2) 装入试油前，黏度计必须用轻汽油或石油醚洗涤干净，如沾有污垢，可先用铬酸洗液再用蒸馏水等仔细洗净，然后放入烘箱烘干，或用经棉花滤过的热空气吹干。

(3) 将橡皮管套在选好的黏度计支管6上，将黏度计倒置，并用大拇指堵住管身7的管口，然后将管身4的一端插入小烧杯所盛的试油中。此时用橡皮球从橡皮管的一端将试油吸入黏度计中到达标线b处，同时注意黏度计中试油不得产生气泡和裂隙。当液面正好到达标线b时，从烧杯中提起黏度计，并迅速将它倒置过来，恢复正常位置，将管身外壁所沾试油拭去，让试油自由流下。从支管6上取下橡皮管套在管身4上，以备试验时吸油之用。在管身7上端套上一个软木塞，以便用夹子夹住软木塞将黏度计固定在恒温浴中。

(4) 将黏度计浸入恒温浴，使黏度计扩张部分3浸入一半，并用夹子将黏度计固定在支架上。将黏度计毛细管调整成垂直位置，须用铅垂线从两个交叉的方向检查毛细管1的垂直位置。

(5) 恒温浴中温度计的水银球位置，必须与黏度计的毛细管1中点处于同一水平面。为了使温度指示准确，最好使用全浸式温度计，并使水银线只有10mm露出在恒温浴液面之上。使用全浸式温度计时，如果它的测温刻度露出恒温浴的液面高于10mm，应按照下式计算温度计液柱露出部分的补正数 t，才能准确地测量出液体的温度。

$$t = K \times h \times (t_1 - t_2)$$

式中 K——水银温度计采用 $K=0.00016$，酒精温度计采用 $K=0.001$；

h——露出在浴面上的水银柱或酒精柱高度用温度计的度数表示；

t_1——测定黏度时的规定温度，℃；

t_2——接近温度计液柱露出部分的空气温度，℃；

试验时取 t_1 减去 t 作为温度计上的温度读数。

(6) 将恒温浴调节到规定的温度，试验温度必须保持恒定到±0.1℃。装好油的黏度计，在规定温度的恒温浴内经过如表 2-13 所规定的预热时间，才可以开始测定。

表 2-13 黏度计在恒温浴中的恒温时间

试验温度/℃	100	40	20	-50~0
恒温时间/min	20	50	10	15

(7) 用橡皮球通过管身 4 所套着的橡皮管将试油吸入扩张部分 2，使油面稍高于标线 a，但不得高出恒温浴的液面，并且注意不要让毛细管和扩张部分 2 中的液体产生气泡或裂隙。让试油自动流下，当液面正好达到标线 a 时，开动秒表，当液面下降达到标线 b 时，停住秒表。记录试油流经的时间(s)。在测定中，恒温浴的温度要保持不变，记录测定时间的温度，准确到 0.1℃，并注意自由流下的试油中不应有气泡。

(8) 每个试样至少重复测定 4 次，各次流动时间与其算术平均值的差数应符合如下要求：在温度 15~100℃测定黏度时，这个差数不应超过算术平均值的±0.5%；在-30~15℃测定黏度时，这个差数不应超过算术平均值的±1.5%；在低于-30℃测定黏度时，这个差数不应超过算术平均值的±2.5%。然后，取不少于 3 次的流动时间所得算术平均值，作为试样的平均流动时间。

2. 黏度计算　运动黏度计算和动力黏度的计算。

(1) 运动黏度计算。在温度 t 时，试样的运动黏度 ν_t，mm^2/s，按下式计算：

$$\nu_t = C \times \tau_t$$

式中 C——黏度计常数，mm^2/s^2；

τ_t——试样的平均流动时间，s；

(2) 动力黏度的计算。在温度 t 时，试样的动力黏度 η_t(MPa·s)按下式计算：

$$\eta_t = \rho_t \times \nu_t$$

式中 ν_t——在温度 t 时试样的运动黏度，mm^2/s；

ρ_t——在温度 t 时试样的密度，g/cm^3。

3. 精密度　分为同一操作者和不同操作者。

(1) 同一操作者，用同一试样重复测定两个结果之差，不应超过下列数值：

测定黏度的温度/℃	重复性/%
100~15	算术平均值的 1.0
15~-30	算术平均值的 3.0
低于-30~-60	算术平均值的 5.0

(2) 不同操作者，在两个实验室提出的两个结果之差，不应超过下列数值：

测定黏度的温度/℃	再现性/%
100~15	算术平均值的 2.2

取重复测定两个结果的算术平均值，作为试样的运动黏度。

2.17 煤油烟点的测定实训

2.17.1 实训目的

(1) 掌握煤油烟点的测定方法和原理;

(2) 测定煤油无烟点火焰的最大高度;

(3) 了解灯用煤油的规定要求，必须控制煤油中含芳香烃含量，以保证灯用煤油有适当的化学组成及正常的燃烧性能。

2.17.2 实训仪器及实训步骤

2.17.2.1 实训仪器

实训仪器有烟点灯(图 2-31)，灯芯、量筒、滴定管、甲苯(分析纯)、异辛烷(分析纯)、石油或直馏轻质汽油。

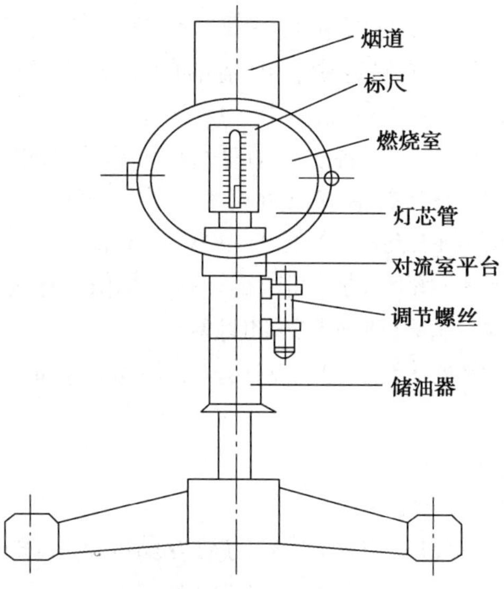

图 2-31 烟点灯

2.17.2.2 实训步骤

1. 实训准备工作 安装调试烟点灯。煤油烟点是控制煤油中有适当的化学组成，以保证灯油正常燃烧的主要质量指标，因为煤油中烃类的烟点有以下的数据关系：烷烃：30~40mm；环烷烃：12~24mm；芳香烃：达到 18mm。

为使煤油点灯时的火焰明亮均匀、无烟，保持正常燃烧，煤油中理想的烃类是烷烃。芳香烃在燃烧时易冒烟，所以以灯油中不希望芳香烃太多，但含少量芳烃(20%以下)则可增加照明的亮度。根据灯用煤油的规定要求，必须控制不让煤油中含芳香烃太多，以保证灯用煤油有适当的化学组成及正常燃烧的性能。

(1) 把灯具垂直放在一个完全避风的地方。仔细检查每个新灯，确保平台内的空气孔和储油器的导口干净、畅通、具有正确的尺寸。平台的位置应该是使空气气孔完全不受阻碍。

(2) 将灯芯用石油醚或直馏轻质汽油洗涤，在 100~105℃温度下干燥 30min，取出后放在干燥器中备用。

(3) 将储油器用石油醚或直馏轻质汽油洗涤，用空气吹干。

(4) 把试样保持到室温(不能加热)，如果发现试样有雾状或杂质则用定量滤纸过滤。

(5) 用试样将灯芯润湿，装入灯芯管中，如果灯芯有卷曲的地方，应仔细地将其捻平，并须重新将其上端用试样润湿。

2. 实验步骤

(1) 用量筒量取 20mL 试样。将试样倒入清洁，干燥的储油器内。

(2) 把灯芯管放入储油器中并拧紧。注意勿使试样落入空气中。将所有不整齐的灯芯头，用剪刀剪平，并使灯芯在灯管中突出 3mm。将储油器插入灯中。

(3) 把灯芯点燃并调节火焰高度为 10mm，燃烧 5min。将灯芯升高到呈现油烟，然后平稳地降低火焰的高度。其外形可能出现以下几种情况：

① 一个长光状，可轻微地看见有烟，间断不定形状并跳跃的火焰；

② 一个延长的点光状，光边有向上的凹面；

③ 点光状正好消失，出现一个很亮的、燃烧的火焰。在接近真实火焰的尖端，有时出现锯齿状的间断不定的辉光，这些可以不考虑；

④ 一个完好的圆光。

(4) 取 3 次烟点的观测值的算术平均值作为烟点的测定值。

(5) 计算。试样的烟点 H，其单位为 mm(取数值精确到 0.1mm)，按下式计算：

$$H = f \times H_C$$

式中 f——仪器校正系数；

H_C——试样的烟点测定值，mm。

(6) 精密度。用表 2-14 的规定判断两个试验的结果的可靠性(95%置信水平)。

表 2-14 烟点测定的允许差

烟点/mm	重复性/mm	再现性/mm
20 以下	1	2
20~30	1	3
30~40	1	4

(7) 报告。取重复测定两个结果的算术平均值作为试样的烟点。

2.18 等温输油管道实训

2.18.1 实训目的

(1) 学习测定管道的 $H-Q$ 特性曲线和用图解法求管道与泵站配合工作时的工作点，了解以“密闭输送”工艺运行的输油管道各站协调工作的情况；

(2) 观察管道发生异常工况或突然事故时(如某泵站突然停电等)全线运行参数的变化，学会根据运行参数变化，分析事故原因、事故发生地点及应采取的处理措施，并在实训中加以验证；

(3) 观察翻越点后的流动状态，分析影响翻越点的因素和消除翻越点的措施，并在实训中加以验证；

(4) 学习清管器的收发球操作方法，观察清管器在管道中的运动情况；

(5) 了解计算机数据采集系统的组成及运行情况。

2.18.2 实训原理

在密闭输送的多泵站等温输油管道系统中，泵站和管道组成一个统一的水力系统，管道所消耗的能量(包括摩阻损失、高程差、站内局部摩阻和终点所要求的剩余压力)等于泵站所提供的能量，二者必然保持能量供需的平衡关系。全线的能量供需平衡关系式如下：

$$H_{s1} + n(A - BQ^{2-m}) - h_c = fLQ^{2-m} + nh_c + \Delta Z + H_t$$

式中 Q——管道的工作流量，m^3/s；

n——全线运行的泵站数；

f——单位流量的水力坡降，$(m^3/s)^{m-2}$；

H_{s1}——管道首站进站压头，m 液柱；

H_t——管道终点剩余压头，m 液柱；

L——管道总长度，m；

ΔZ——管道起终点高程差，m；

h_c——每个泵站的站内损失，m 液柱；

A——常数，层流：$A=64$；紊流：$A=0.3164$(水力光滑区)，$A=10^{[0.127\lg(e/d)]}$(混合摩擦区)，$A=\lambda$(粗糙区)；

B——常数，层流：$B=4.15$；紊流：$B=0.0246$(水力光滑区)，$B=0.0802A$(混合摩擦区)，$B=0.826\lambda$(粗糙区)；

m——常数，层流：$m=1$；紊流：$m=0.25$(水力光滑区)，$m=0.123$(混合摩擦区)，$m=0$(粗糙区)；

d——管内径，m；

e——管壁的绝对当量粗糙度，m。

根据上述能量平衡方程，可以确定管道的输量和各个站的进出站压力，分析事故工况时运行参数的变化趋势。

2.18.3 实训装置、实训项目、实训步骤及实训报告要求

2.18.3.1 实训装置

等温输油管道实训装置管道采用不锈钢管材，全线建有 3 个泵站，每泵站设有两台离心泵，站内采用串联方式，全线采用密闭输送。实训中 1# ~ 3# 站的 1# 泵同时运行为正常工况(1# 泵为变频调速泵)。

1. 各站离心泵工作参数　全线各站离心泵型号相同，额定转速下的工作参数见表 2-15。

表 2-15 各站离心泵工作参数

流量/(m^3/h)	0.5	1.0	1.5	2.0	2.5	3.0	3.5
扬程/m	19	18	16	14	13	11	9

2. 站内及站间流程设置　等温输油管道实训装置设有首站 1 座，中间泵站 1 座，末站 1 座，全线采用密闭输送方式工作，工艺流程图见图 2-32。

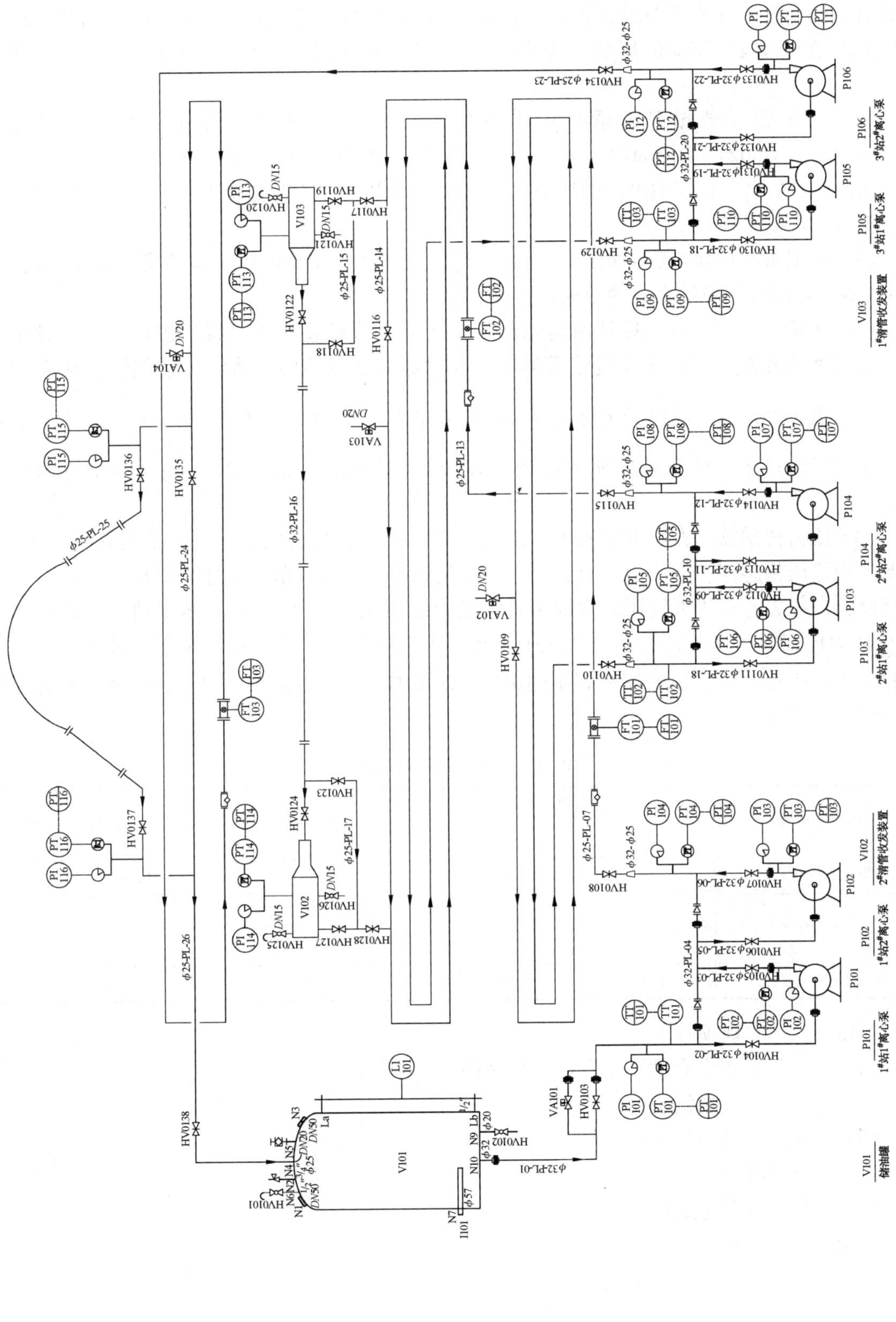

图3-32　等温输油管道实训装置流程图

首站流程：正输、站内泵串联；中间泵站流程：正输、压力越站、站内泵串联。

在中间站间，设有清管器收发装置和用于观察清管器在管道内运行情况的有机玻璃管，并设有清管切换流程和清管器收发流程；在末站间(最后一个站间)，设有观察翻越点后流动状态的透明管段和相应的切换、调节流程；模拟管道堵塞和泄漏的控制阀门在每个站间均可。

3. 数据采集　数据采集系统软件用组态软件编制，硬件采用远程数据采集模块DAQ8017、DAQ8024、DAQ8060。在每个泵站布置有4个压力变送器，分别测量泵站入口、1#泵出口、2#泵出口和泵站出口的压力。在每个泵站出口后各安装有1台流量计，用于测量管道泄漏点前后的流量。

(1) 数据采集模块。DAQ8017：8路模拟量输入模块；DAQ8024：4路模拟量输出模块；DAQ8060：4路开关量输入、输出模块。

(2) 涡轮流量计。该流量计由涡轮流量变送器、前置放大器、数字积算器、瞬时流量(频率)指示表组成。当流体流过变送器时，变送器的涡轮旋转，将流体动能转化成电能输出，产生电脉冲信号，输出的电脉冲频率f与流量Q之间成线性关系：$Q=\frac{f}{\xi}$，其中ξ是涡轮流量计每流过单位体积液体所发出的电脉冲数(脉冲次数/L)，称为涡轮流量计的平均常数。

(3) 压力传感器。在实训装置中，泵站的进站压力有时会低于大气压或为真空。因此，需要选用绝压传感器，其压力零点为真空；泵站的出站压力一般要高于大气压，只需选用表压传感器，压力零点为大气压。实训装置管道中最高压力为0.4MPa。本实训装置共安装了13个压力传感器，其中P_1、P_5、P_9三个传感器为绝压传感器，接在各泵站的进口处，其余传感器为表压传感器，接在各站1#泵的出口、2#泵的出口和泵站出口处。各传感器相对于起点的位置见表2-16。

表2-16　压力传感器位置

传感器标号	首站		中间站	
	P_1	P_4	P_5	P_8
距起点的位/m	0	0.8	16	16.8

传感器标号	末站				
	P_9	P_{12}			
距起点的位置/m	104.8	105.6			

2.18.3.2　实训项目

(1) 学习管道正常启动、正常启停泵站的操作方法；

(2) 管道工作特性测定；

(3) 异常工况及事故分析处理；

(4) 清管球收发；

(5) 翻越点及翻越点后的流动状态观察。

2.18.3.3　实训步骤

1. 管道正常启动、正常启停泵站的操作方法　给实训装置操作控制台送电，开启泵站总电源，打开计算机数据采集系统，做好准备工作。

（1）按下 1#泵站 1#泵的启动开关，启动 1#泵站 1#泵，缓慢打开 1#泵站出站阀；

（2）待压力、流量稳定后，启动 3#泵站 1#泵，缓慢打开 3#泵站出站阀；

（3）待压力、流量稳定后，启动 2#泵站 1#泵，缓慢打开 2#泵站出站阀；

管道正常启动时记录各泵站进出站压力和管道流量，分析压力参数的变化情况。停运时的操作顺序与启动时相反。

全线以 3 个泵站的 1#泵全部投入运行作为正常运行工况，规定各站进站压力不得低于-10kPa，出站压力不得高于 230kPa。

2. 管道工作特性测定　给实训装置操作控制台送电，开启泵站总电源，打开计算机数据采集系统，做好准备工作。管道工作特性是指管道压降与流量之间的关系。测定管道特性的实训步骤如下：

（1）启动 1#泵站 1#泵，缓慢打开 1#泵站出站阀，待压力、流量稳定后，记录各站进出站压力和管道流量；

（2）启动 3#泵站 1#泵，缓慢打开 3#泵站出站阀，待压力、流量稳定后，记录各站进出站压力和管道流量；

（3）启动 2#泵站 1#泵，缓慢打开 2#泵站出站阀，待压力、流量稳定后，记录各站进出站压力和管道流量；

（4）启动 1#泵站 2#泵，缓慢打开 2#泵出口阀，待压力、流量稳定后，记录各站进出站压力和管道流量。

3. 异常工况及事故分析处理　给实训装置操作控制台送电，开启泵站总电源，打开计算机数据采集系统，调试到正常工况。

（1）模拟泵站突然停电。停 2#泵站，模拟突然停电。记录各站进出站压力和流量。理论分析应采取什么调节措施才能使管道重新恢复正常工作（即各站的进出站压力处于规定范围），列出调节步骤并在实训中加以验证。调节好管道运行参数后，记录各站的进出压力、流量。

（2）模拟管道堵塞。实训装置恢复到正常工作状态，关小堵塞阀门模拟管道堵塞情况。理论分析应采取什么措施才能使管道恢复正常工作，列出调节步骤并加以验证。调节好管道运行参数后，记录各站进出站压力和流量。

（3）管道泄漏检测实训。实训装置恢复到正常运行工况，打开泄漏阀，记录泄漏后各站进出站压力和漏点前后流量。

4. 清管球收发　清管球收发系统流程见图 2-33。给实训装置操作控制台送电，开启泵站总电源，打开计算机数据采集系统，调试到正常工况。

（1）打开阀 HV0117、HV0118、HV0123 和 HV0128，运行稳定后，关闭阀 HV0116，将流程切换到清管球收发实训流程，记录管道流量和各站的进出站压力；

（2）打开发球筒快速盲板，将清管球放入到发球筒中，依次打开阀 HV0119、HV0122、HV0124 和 HV0127，关闭阀 HV0118 和 HV0123，发球开始，记录管道流量和各站进出站压力的变化；

（3）记录发球时间，观察清管球在管内的运行情况；

（4）当清管球进入收球筒后，记录收球时间；

（5）打开阀 HV0123，关闭阀 HV0124 和 HV0127，打开收球筒快速盲板，将清管球从收球筒中取出，然后关好收球筒快速盲板；

（6）打开阀 HV0116，关闭阀 HV0117 和 HV0128，流程恢复到正常工况。

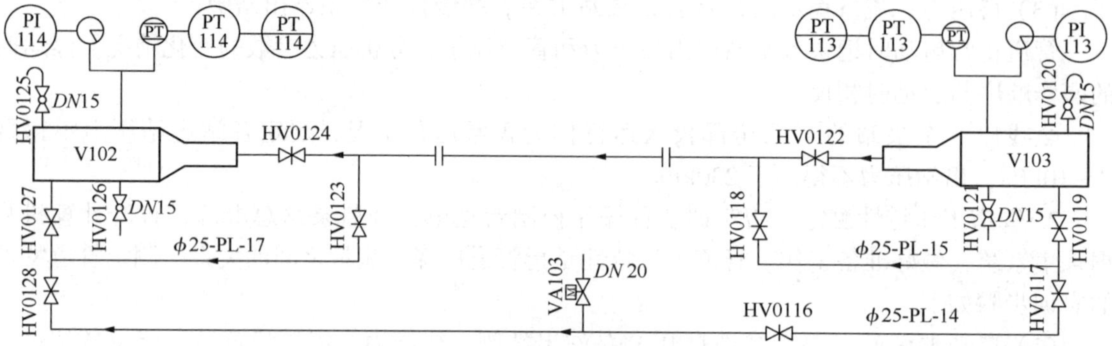

图 2-33　清管球收发系统流程图

5. 翻越点及翻越点后的流动状态观察　翻越点流程见图 2-34。给实训装置操作控制台送电，开启泵站总电源，打开计算机数据采集系统，调试到正常工况。

（1）打开阀 HV0136 和阀 HV0137，关闭阀 HV0135，将流程切换到翻越点观察流程；

（2）若此时透明管的最高点不是翻越点（即最高点后无不满流现象发生），请分析如何才能使最高点变为翻越点；

（3）通过调节使透明管的最高点变为翻越点，并观察翻越点后的流动状态，记录管道的流量和各站的进出站压力；

（4）分析消除不满流的措施并在实训中加以验证；

（5）若要将翻越点处的动水压力提高到 0.2MPa 以上，分析应采取的措施并在实训中加以验证；

（6）打开阀 HV0135，关闭阀 HV0137 和阀 HV0136，将流程恢复到正常工况。

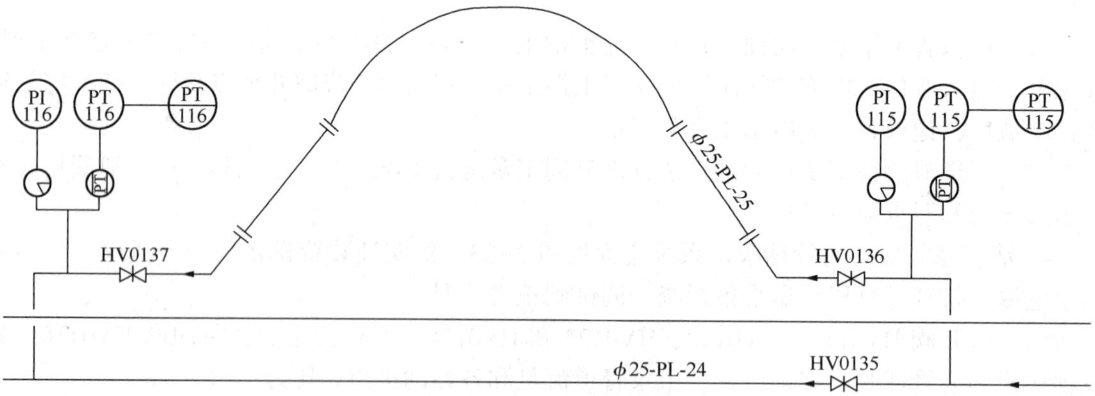

图 2-34　翻越点流程图

6. 全部实训完成　按合理顺序停泵，关闭应当关闭的阀门和电源。

2.18.3.4　实训报告要求

1. 将实训数据整理列表　全部实训完成后，将实训数据记录于表 2-17。

表 2-17 实训数据记录表

状态	P_1	P_2	P_3	P_4	P_5	P_6	P_7	P_8	P_9	P_{10}	P_{11}	P_{12}	P_{13}	P_{14}	P_{15}	P_{16}	Q_1	Q_2	Q_3	T_1	T_2	T_3

2. 实训数据处理　根据实训数据绘制管道工作特性曲线，求正常工况下的工作点流量。

(1) 计算出每个流量下各个站间的摩阻损失，并将数据整理列表；

(2) 在直角坐标纸上做出每个站间的管道工作特性曲线和相应的泵站特性曲线；

(3) 在直角坐标纸上做出总管道工作特性曲线和总泵站特性曲线，求出管道系统正常工况下的工作点流量；

(4) 在每个站间的工作特性曲线图上求出每个站正常工况下的进出站压力；

(5) 用公式(解析法)计算出正常工况下的管道流量和各个站的进出站压力；

(6) 将图解法结果和解析法计算结果与实验实测结果进行对比，分析产生偏差的原因。

3. 比较各种事故工况和正常工况的数据　根据运行参数的变化判断事故发生的站间，分析各种事故工况下运行参数的变化趋势，并与理论分析结果进行比较，讨论可采取的调节措施；从能量供求关系的角度讨论事故工况 1 和事故工况 2 的运行参数有什么相同和不同之处。

4. 比较清管球发送前后工况的数据　比较清管球发送前后管道流量和各站进出站压力的变化，分析清管过程的能耗情况。

5. 分析比较翻越流动状态前后工况的数据　描述翻越点后的流动状态，分析影响翻越点的因素，给出消除翻越点后不满流以及将翻越点处动水压力提高到 0. 2MPa 以上应采取的措施。

第3章　油气储运工程仿真实训

油气储运工程仿真实训基于仿真软件来进行。仿真软件是以仿真技术、多媒体技术、虚拟现实技术和网络技术为手段开发的石油、石化、化工等流程工业领域的仿真培训系统。

3.1　离心泵仿真实训

3.1.1　实训目的

（1）掌握离心泵工作原理；
（2）了解离心泵工艺流程；
（3）理解离心泵控制方案；
（4）掌握离心泵单元操作规程；
（5）掌握离心泵事故处置。

3.1.2　工艺流程说明

3.1.2.1　离心泵工作原理

在工业生产和国民经济的许多领域，常需对液体进行输送或加压，能完成此类任务的机械称为泵，而其中靠离心作用的叫离心泵。由于离心泵具有结构简单、性能稳定、检修方便、操作容易和适应性强等特点，在化工生产中应用十分广泛，据统计超过液体输送设备的80%。所以，离心泵的操作是化工生产中的最基本的操作。

离心泵由吸入管、排出管和离心泵主体组成。离心泵主体分为转动部分和固定部分：转动部分由电机带动旋转，将能量传递给被输送的部分，主要包括叶轮和泵轴；固定部分包括泵壳、导轮、密封装置等。叶轮是离心泵中使液体接受外加能量的部件；泵轴的作用是把电动机的能量传递给叶轮；泵壳是通道截面积逐渐扩大的蜗形壳体，它将液体限定在一定的空间里，并将液体大部分动能转化为静压能；导轮是一组与叶轮旋转方向相适应、固定于泵壳上的叶片；密封装置的作用是防止液体的泄漏或空气倒吸入泵内。单级单吸式离心泵的结构图如图3-1所示。

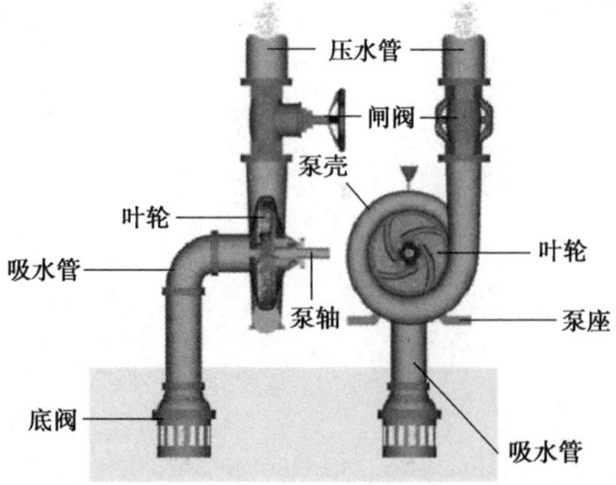

图3-1　单级单吸式离心泵的结构图

启动灌满了被输送液体的离心泵，在电机的作用下，泵轴带动叶轮一起旋转，叶轮的叶片推动其间的液体转动，受离心力作用，液体被甩向叶轮边缘并获得动能；在导轮的引领下沿流通截面逐渐扩大的泵壳流向排出管，液体流速逐渐降低，而静压能增大。排出管的增压液体经管路即可送往目的地。与此同时，叶轮中心因为液体被甩出而形成一定的真空，因储槽液面上方压强大于叶轮中心处，在压力差的作用下，液体不断从吸入管进入泵内，以填补被排出的液体位置。因此，只要叶轮不断旋转，液体便不断地被吸入和排出。由此，离心泵之所以能输送液体，主要是依靠高速旋转的叶轮。

离心泵的操作中有两种现象应当避免：气缚和气蚀。

气缚是指在启动泵前泵内没有灌满被输送的液体，或在运转过程中泵内渗入了空气，因为气体的密度小于液体，产生的离心力小，无法把空气甩出去，导致叶轮中心所形成的真空度不足以将液体吸入泵内，尽管此时叶轮在不停地旋转，却由于离心泵失去了自吸能力而无法输送液体。

汽蚀是指当储槽液面的压力一定时，如叶轮中心的压力降低到等于被输送液体当前温度下的饱和蒸气压时，叶轮进口处的液体会出现大量的气泡，这些气泡随液体进入高压区后又迅速被压碎而凝结，致使气泡所在空间形成真空，周围的液体质点以极大的速度冲向气泡中心，造成瞬间冲击压力，从而使得叶轮部分很快损坏，同时伴有泵体震动，发出噪音，泵的流量、扬程和效率明显下降。

3.1.2.2　工艺流程简介

离心泵是化工生产过程中输送液体的常用设备之一，其工作原理是靠离心泵内外压差不断的吸入液体，靠叶轮的高速旋转使液体获得动能，靠扩压管或导叶将动能转化为压力，从而达到输送液体的目的。

本工艺为单独培训离心泵而设计，其工艺流程(参考流程仿真界面)如图 3-2 所示。

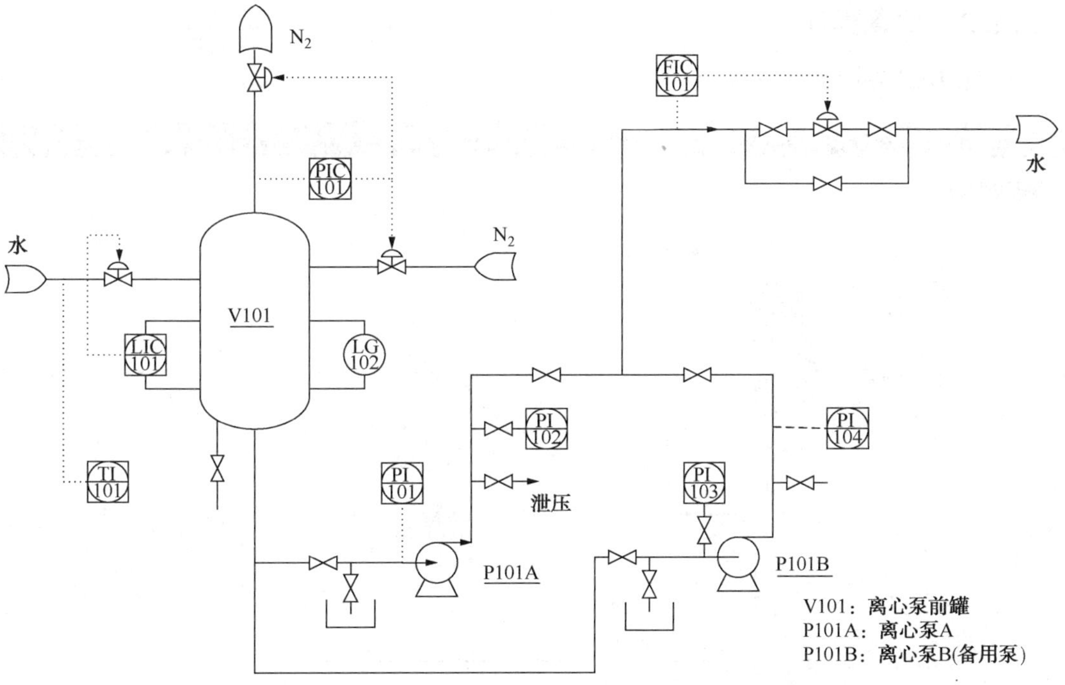

图 3-2　离心泵工艺流程图

来自某一设备约 40℃的带压液体经调节阀 LV101 进入带压罐 V101，罐液位由液位控制器 LIC101 通过调节 V101 的进料量来控制；罐内压力由 PIC101 分程控制，PV101A、PV101B 分别调节进 V101 和出 V101 的氮气量，从而保持罐压恒定在 0.5MPa(表压)。罐内液体由泵 P101A/

B 抽出，泵出口流量在流量调节器 FIC101 的控制下，输送到其他设备。图 3-2 中 PI 为压力指示，TI 为温度指示，LG 为液位指示，N_2 为氮气。

3.1.2.3 **控制方案**

V101 的压力由调节器 PIC101 分程控制，调节阀 PV101 的分程动作示意图如图 3-3 所示。

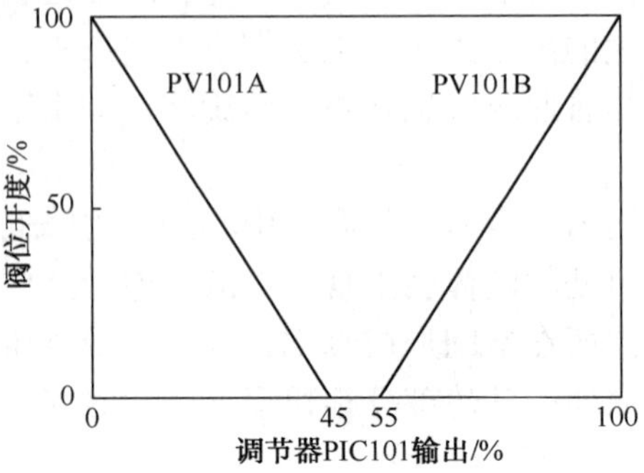

图 3-3 分程动作示意图

说明：离心泵现场界面图(图 3-5)中现场阀旁边的实心圆点代表高点排气和低点排液的指示标志，当完成高点排气和低点排液时实心红色圆点变为绿色。此标志在换热器小节的现场图中也一并适用。

3.1.3 仿真界面

离心泵 DCS 界面见图 3-4。

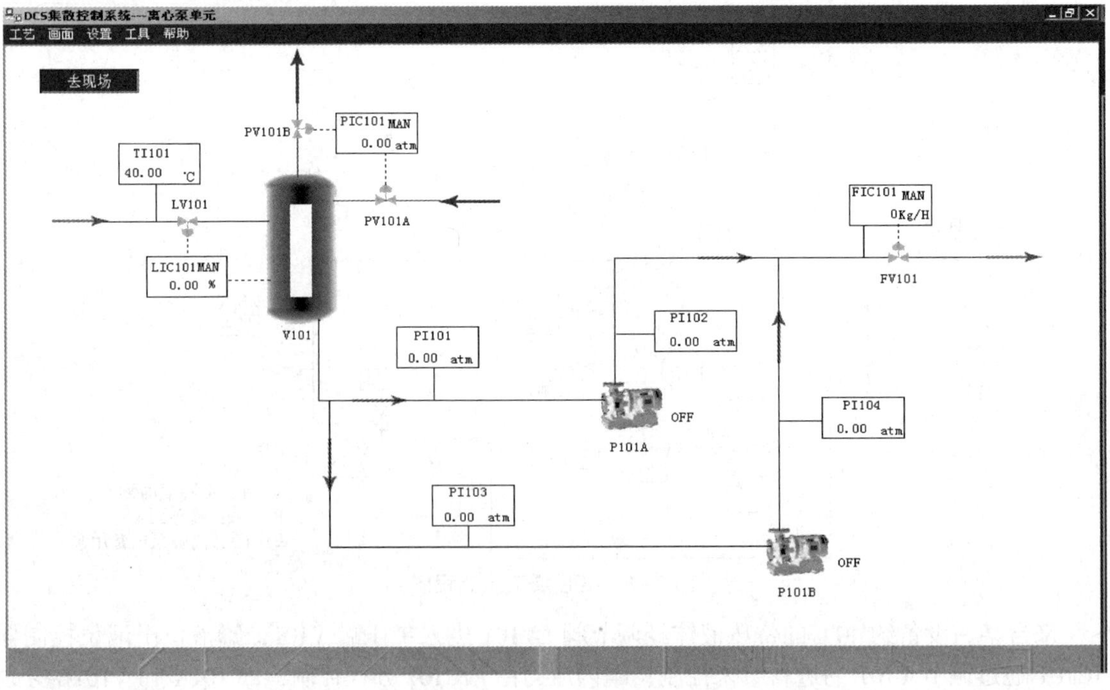

图 3-4 离心泵 DCS 界面

离心泵现场界面见图 3-5。

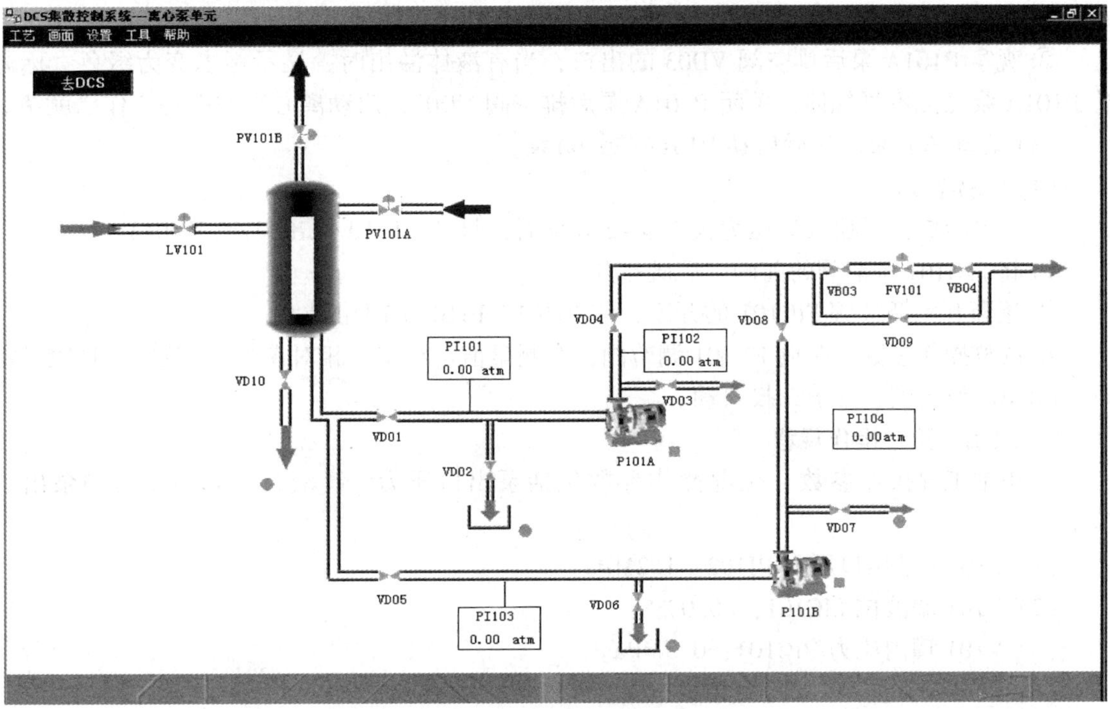

图 3-5 离心泵现场界面

3.1.4 离心泵单元操作规程

3.1.4.1 开车操作规程

1. 准备工作 开车操作前要做必要的准备工作。

(1) 盘车❶。

(2) 核对吸入条件。

(3) 调整填料或机械密封装置。

2. 原料准备 罐 V101 充液、充压。

(1) 向罐 V101 充液。

① 打开 LIC101 调节阀，开度约为 30%，向 V101 罐充液。

② 当 LIC101 达到 50%时，LIC101 设定 50%，投自动。

(2) 罐 V101 充压。

① 待 V101 罐液位>5%后，缓慢打开分程压力调节阀 PV101A 向 V101 罐充压。

② 当压力升高到 0.5MPa 时，PIC101 设定 0.5MPa，投自动。

3. 启动泵 为了泵工作正常，要做如下的准备工作。

(1) 灌泵。待 V101 罐充压充到正常值 0.5MPa 后，打开 P101A 泵入口阀 VD01，向离心泵充液。观察 VD01 出口标志变为绿色后，说明灌泵完毕。

---

❶ 所谓“盘车”是指在启动电机前，用人力或盘车装置将机泵转动几圈，用以判断由电机带动的负荷(即机械或传动部分)是否有卡滞而阻力增大的情况，从而不会使电机的启动时负荷变大而损坏电机(即烧坏)。

(2) 排气。

① 打开 P101A 泵后排气阀 VD03 排放泵内不凝性气体。

② 观察 P101A 泵后排空阀 VD03 的出口，当有液体溢出时，显示标志变为绿色，标志着 P101A 泵已无不凝气体，关闭 P101A 泵后排空阀 VD03，启动离心泵的准备工作已就绪。

(3) 启动离心泵。然后启动 P101A(或 B)泵。

(4) 流体输送。

① 待 PI102 指示比入口压力大 1.5~2.0 倍后，打开 P101A 泵出口阀(VD04)。

② 将 FIC101 调节阀的前阀、后阀打开。

③ 逐渐开大调节阀 FIC101 的开度，使 PI101、PI102 趋于正常值。

4. 调整操作参数　微调 FV101 调节阀，在测量值与给定值相对误差 5%范围内且较稳定时，FIC101 设定到正常值，投自动。

3.1.4.2　**正常操作规程**

1. 正常工况操作参数　工况操作参数包括泵出口压力、罐液位、罐内压力和泵出口流量。

(1) P101A 泵出口压力 PI102：1.2MPa。

(2) V101 罐液位 LIC101：50.0%。

(3) V101 罐内压力 PIC101：0.5MPa。

(4) 泵出口流量 FIC101：20000kg/h。

2. 负荷调整　可任意改变泵、按键的开关状态，手操阀的开度及液位调节阀、流量调节阀、分程压力调节阀的开度，观察其现象。

P101A 泵功率正常值：15kW；

FIC101 量程正常值：20t/h。

3.1.4.3　**停车操作规程**

1. V101 罐停进料　LIC101 置手动，并手动关闭调节阀 LV101，停 V101 罐进料。

2. 停泵　待罐 V101 液位小于 10%时，可以停泵。

(1) 关闭 P101A(或 B)泵的出口阀(VD04)。

(2) 停 P101A 泵。

(3) 关闭 P101A 泵前阀 VD01。

(4) FIC101 置手动并关闭调节阀 FV101 及其前、后阀(VB03、VB04)

3. 泵 P101A 泄液　打开泵 P101A 泄液阀 VD02，观察 P101A 泵泄液阀 VD02 的出口，当不再有液体泄出时，显示标志变为红色，关闭 P101A 泵泄液阀 VD02。

4. V101 罐泄压、泄液　待罐 V101 液位小于 10%时，V101 罐泄压、泄液。

(1) 打开 V101 罐泄液阀 VD10。

(2) 待 V101 罐液位小于 5%时，打开 PIC101 泄压阀。

(3) 观察 V101 罐泄液阀 VD10 的出口，当不再有液体泄出时，显示标志变为红色，待罐 V101 液体排净后，关闭泄液阀 VD10。

3.1.5　仪表及报警

仪表及报警一览表见表 3-1。

表 3-1 仪表及报警一览表

位号	说　明	类型	正常值	量程上限	量程下限	工程单位	高报	低报
FIC101	离心泵出口流量	PID	20000.0	40000.0	0.0	kg/h		
LIC101	V101 液位控制系统	PID	50.0	100.0	0.0	%	80.0	20.0
PIC101	V101 压力控制系统	PID	0.5	1.00	0.0	MPa		0.20
PI101	泵 P101A 入口压力	AI	0.4	2.00	0.0	MPa		
PI102	泵 P101A 出口压力	AI	1.20	3.00	0.0	MPa	1.30	
PI103	泵 P101B 入口压力	AI		2.00	0.0	MPa		
PI104	泵 P101B 出口压力	AI		3.00	0.0	MPa	1.30	
TI101	进料温度	AI	50.0	100.0	0.0	℃		

3.1.6 事故设置

3.1.6.1 P101A 泵损坏操作规程

事故现象：

① P101A 泵出口压力急剧下降。

② FIC101 流量急剧减小。

处理方法：切换到备用泵 P101B。

(1) 全开 P101B 泵入口阀 VD05、向泵 P101B 灌液，全开排空阀 VD07 排 P101B 的不凝气，当显示标志为绿色后，关闭 VD07。

(2) 灌泵和排气结束后，启动 P101B。

(3) 待泵 P101B 出口压力升至入口压力的 1.5~2 倍后，打开 P101B 出口阀 VD08，同时缓慢关闭 P101A 出口阀 VD04，以尽量减少流量波动。

(4) 待 P101B 进出口压力指示正常，按停泵顺序停止 P101A 运转，关闭泵 P101A 入口阀 VD01，并通知维修工。

3.1.6.2 调节阀 FV101 阀卡堵操作规程

事故现象：FIC101 的液体流量不可调节。

处理方法：

(1) 打开 FV101 的旁通阀 VD09，调节流量使其达到正常值。

(2) 手动关闭调节阀 FV101 及其后阀 VB04、前阀 VB03。

(3) 通知维修部门。

3.1.6.3 P101A 入口管线堵操作规程

事故现象：

① P101A 泵入口、出口压力急剧下降。

② FIC101 流量急剧减小到零。

处理方法：按泵的切换步骤切换到备用泵 P101B，并通知维修部门进行维修。

3.1.6.4 P101A 泵汽蚀操作规程

事故现象：

① P101A 泵入口、出口压力上下波动。

② P101A 泵出口流量波动(大部分时间达不到正常值)。

处理方法：按泵的切换步骤切换到备用泵 P101B。

3.1.6.5　**P101A 泵气缚操作规程**

事故现象：

① P101A 泵入口、出口压力急剧下降。

② FIC101 流量急剧减少。

处理方法：按泵的切换步骤切换到备用泵 P101B。

3.2　换热器仿真实训

3.2.1　实训目的

（1）了解换热器工艺流程；

（2）掌握换热器单元操作规程；

（3）理解换热器控制方案；

（4）掌握换热器事故处置。

3.2.2　工艺流程说明

3.2.2.1　**工艺说明**

换热器是进行热交换操作的通用工艺设备，广泛应用于化工、石油、动力、冶金等工业部门，特别是在石油炼制和化学加工装置中，占有重要地位。换热器的操作技术培训在整个操作培训中尤为重要。

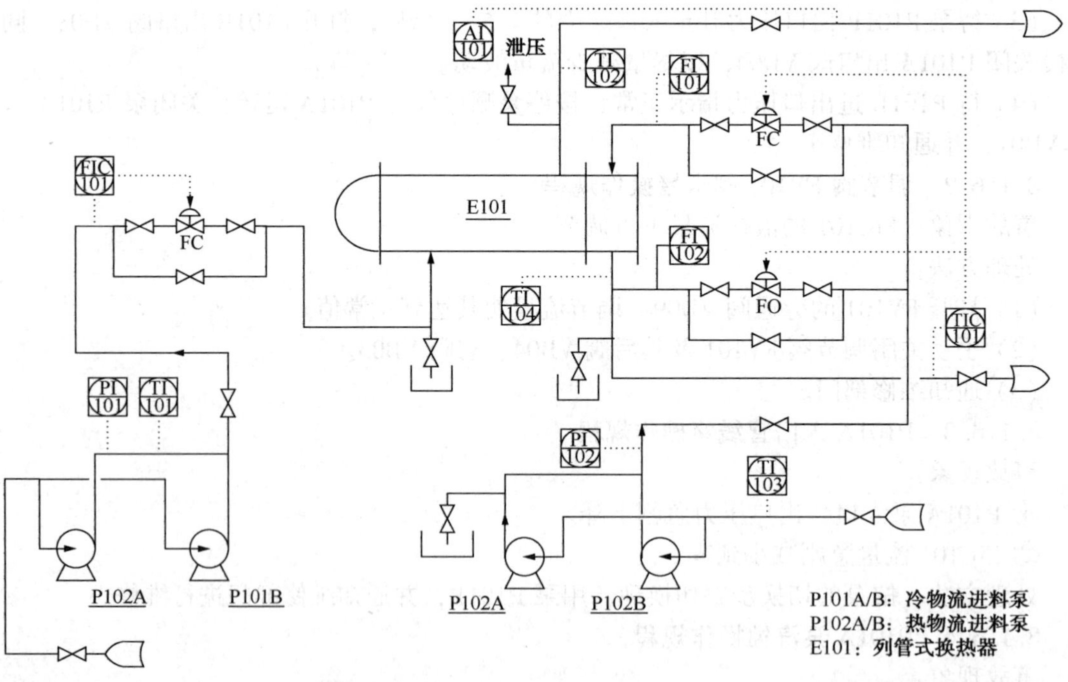

图 3-6　管壳式换热器工艺流程图

本节工艺说明以管壳式换热器为例。来自界外的 92℃冷物流（沸点：198.25℃）由泵 P101A/B 送至换热器 E101 的壳程被流经管程的热物流加热至 145℃，并有 20%被汽化。冷物流流量由流量控制器 FIC101 控制，正常流量为 12000kg/h。来自另一设备的 225℃热物流经泵 P102A/B 送至换热器 E101 与流经壳程的冷物流进行热交换，热物流出口温度由 TIC101 控制(177℃)。

为保证热物流的流量稳定，TIC101 采用分程控制，TV101A 和 TV101B 分别调节流经 E101 和副线的流量，TIC101 输出 0～100%分别对应 TV101A 开度 0～100%，TV101B 开度 100%～0。图 3-6 中 PI 为压力指示，TI 为温度指示，AI 为报警指示，FI 为流量指示，FO 为流量阀开，FC 为流量阀关。

3.2.2.2　**本单元复杂控制方案说明**

TIC101 的分程控制线见图 3-7。

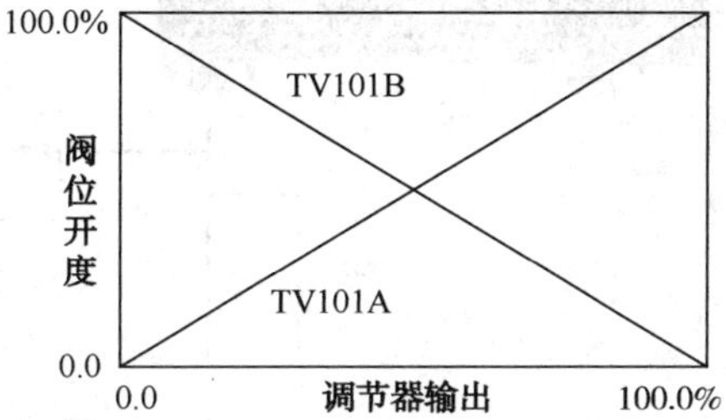

图 3-7　TIC101 的分程控制图

说明：本单元现场图中现场阀旁边的实心圆点代表高点排气和低点排液的指示标志，当完成高点排气和低点排液时实心红色(深)圆点变为绿色(浅)。

3.2.3　仿真界面

列管式换热器 DCS 界面见图 3-8。

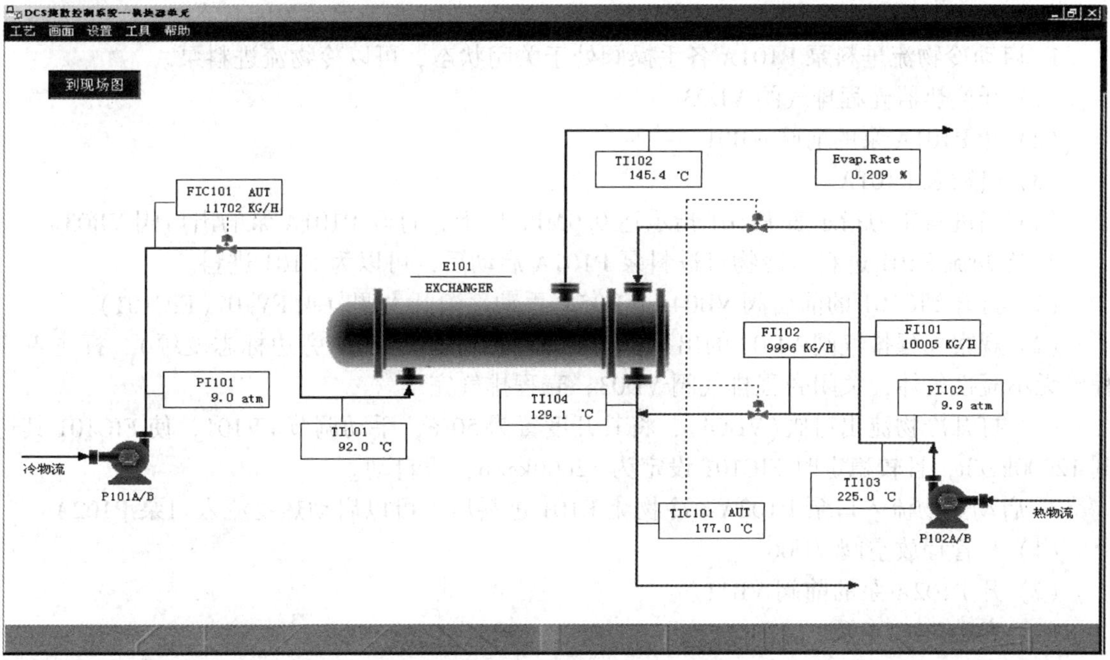

图 3-8　列管式换热器 DCS 界面

列管式换热器现场界面见图 3-9。

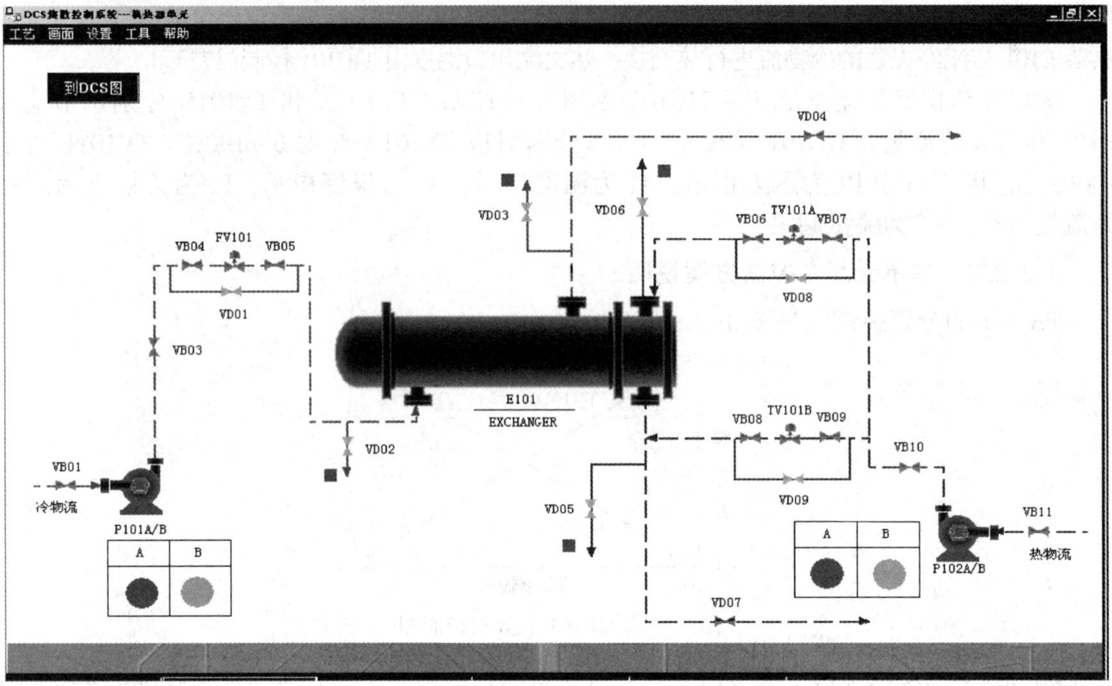

图 3-9　列管式换热器现场界面

3.2.4　换热器单元操作规程

3.2.4.1 开车操作规程

装置的开工状态为换热器处于常温常压下，各调节阀处于手动关闭状态。

1. 启动冷物流进料泵 P101A 各手操阀处于关闭状态，可以冷物流进料泵。

(1) 开换热器壳程排气阀 VD03。

(2) 开 P101A 泵的前阀 VB01。

(3) 启动泵 P101A。

(4) 当进料压力指示表 PI101 指示达 0.9MPa 以上，打开 P101A 泵的出口阀 VB03。

2. 冷物流 E101 进料　冷物流进料泵 P101A 启动后，可以为 E101 进料。

(1) 打开 FIC101 的前后阀 VB04、VB05，手动逐渐开大调节阀 FV101(FIC101)。

(2) 观察壳程排气阀 VD03 的出口，当有液体溢出时(VD03 旁边标志变绿)，标志着壳程已无不凝性气体，关闭壳程排气阀 VD03，壳程排气完毕。

(3) 打开冷物流出口阀(VD04)，将其开度置为 50%，手动调节 FV101，使 FIC101 其达到 12000kg/h，且较稳定时 FIC101 设定为 12000kg/h，投自动。

3. 启动热物流入口泵 P102A　冷物流 E101 进料后，可以启动热物流入口泵 P102A。

(1) 开管程放空阀 VD06。

(2) 开 P102A 泵的前阀 VB11。

(3) 启动 P102A 泵。

(4) 当热物流进料压力表 PI102 指示大于 1.0MPa 时，全开 P102 泵的出口阀 VB10。

4. 热物流进料　热物流入口泵 P102A 启动后，热物流可以进料。

(1) 全开 TV101A 的前后阀 VB06、VB07，TV101B 的前后阀 VB08、VB09。

(2) 打开调节阀 TV101A(默认即开)给 E101 管程注液，观察 E101 管程排汽阀 VD06 的出口，当有液体溢出时(VD06 旁边标志变绿)，标志着管程已无不凝性气体，此时关管程排气阀 VD06，E101 管程排气完毕。

(3) 打开 E101 热物流出口阀(VD07)，将其开度置为 50%，手动调节管程温度控制阀 TIC101，使其出口温度在(177±2)℃，且较稳定，TIC101 设定在 177℃，投自动。

3.2.4.2 **正常操作规程**

1. 正常工况操作参数 冷物流流量为 12000kg/h，出口温度为 145℃，汽化率 20%；热物流流量为 10000kg/h，出口温度为 177℃。

2. 备用泵的切换 P101A 与 P101B 之间可任意切换；P102A 与 P102B 之间可任意切换。

3.2.4.3 **停车操作规程**

1. 停热物流进料泵 P102A 关闭 P102 泵的出口阀 VB01；停 P102A 泵；待 PI102 指示小于 0.01MPa 时，关闭 P102 泵入口阀 VB11。

2. 停热物流进料 TIC101 置手动；关闭 TV101A 的前、后阀 VB06、VB07；关闭 TV101B 的前、后阀 VB08、VB09；关闭 E101 热物流出口阀 VD07。

3. 停冷物流进料泵 P101A 关闭 P101 泵的出口阀 VB03；停 P101A 泵；待 PI101 指示小于 0.01MPa 时，关闭 P101 泵入口阀 VB01。

4. 停冷物流进料 FIC101 置手动；关闭 FIC101 的前、后阀 VB04、VB05；关闭 E101 冷物流出口阀 VD04。

5. E101 管程泄液 打开管程泄液阀 VD05，观察管程泄液阀 VD05 的出口，当不再有液体泄出时，关闭泄液阀 VD05。

6. E101 壳程泄液 打开壳程泄液阀 VD02，观察壳程泄液阀 VD02 的出口，当不再有液体泄出时，关闭泄液阀 VD02。

3.2.5 仪表及报警

仪表及报警见表 3-2。

表 3-2 仪表及报警一览表

位号	说明	类型	正常值	量程上限	量程下限	工程单位	高报值	低报值	高高报值	低低报值
FIC101	冷流入口流量控制	PID	12000	20000	0	kg/h	17000	3000	19000	1000
TIC101	热流入口温度控制	PID	177	300	0	℃	255	45	285	15
PI101	冷流入口压力显示	AI	0.9	2700	0	MPa	1.0	0.3	105	0.1
TI101	冷流入口温度显示	AI	92	200	0	℃	170	30	190	10
PI102	热流入口压力显示	AI	1.00	5.0	0	MPa	1.2	0.3	1.5	0.1
TI102	冷流出口温度显示	AI	145.0	300	0	℃	17	3	19	1
TI103	热流入口温度显示	AI	225	400	0	℃				
TI104	热流出口温度显示	AI	129	300	0	℃				
FI101	流经换热器流量	AI	10000	20000	0	kg/h				
FI102	未流经换热器流量	AI	10000	20000	0	kg/h				

3.2.6 事故设置

3.2.6.1 **FIC101 阀卡**

主要现象：

① FIC101 流量减小。

② P101 泵出口压力升高。

③ 冷物流出口温度升高。

事故处理：关闭 FIC101 前后阀，打开 FIC101 的旁路阀（VD01），调节流量使其达到正常值。

3.2.6.2　P101A 泵坏

主要现象：

① P101 泵出口压力急骤下降。

② FIC101 流量急骤减小。

③ 冷物流出口温度升高，汽化率增大。

事故处理：关闭 P101A 泵，开启 P101B 泵。

3.2.6.3　P102A 泵坏

主要现象：

① P102 泵出口压力急骤下降。

② 冷物流出口温度下降，汽化率降低。

事故处理：关闭 P102A 泵，开启 P102B 泵。

3.2.6.4　TV101A 阀卡

主要现象：

① 热物流经换热器换热后的温度降低。

② 冷物流出口温度降低。

事故处理：关闭 TV101A 前后阀，打开 TV101A 的旁路阀（VD01），调节流量使其达到正常值。关闭 TV101B 前后阀，调节旁路阀（VD09）。

3.2.6.5　部分管堵

主要现象：

① 热物流流量减小。

② 冷物流出口温度降低，汽化率降低。

③ 热物流 P102 泵出口压力略升高。

事故处理：停车拆换热器清洗。

3.2.6.6　换热器结垢严重

主要现象：热物流出口温度高。

事故处理：停车拆换热器清洗。

3.3　压缩机仿真实训

3.3.1　实训目的

（1）了解压缩机工艺流程；

（2）掌握压缩机单元操作规程；

（3）理解压缩机控制方案；

（4）掌握压缩机事故处置。

3.3.2 仿真界面

压缩机 DCS 界面见图 3-10。

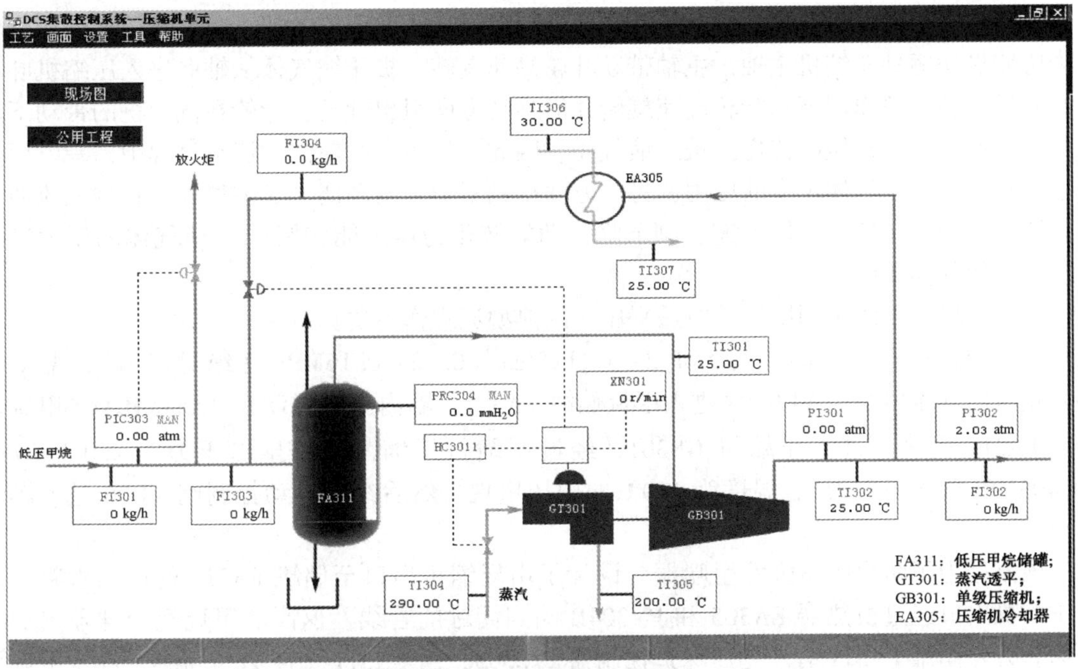

图 3-10　压缩机 DCS 界面

压缩机现场界面见图 3-11。

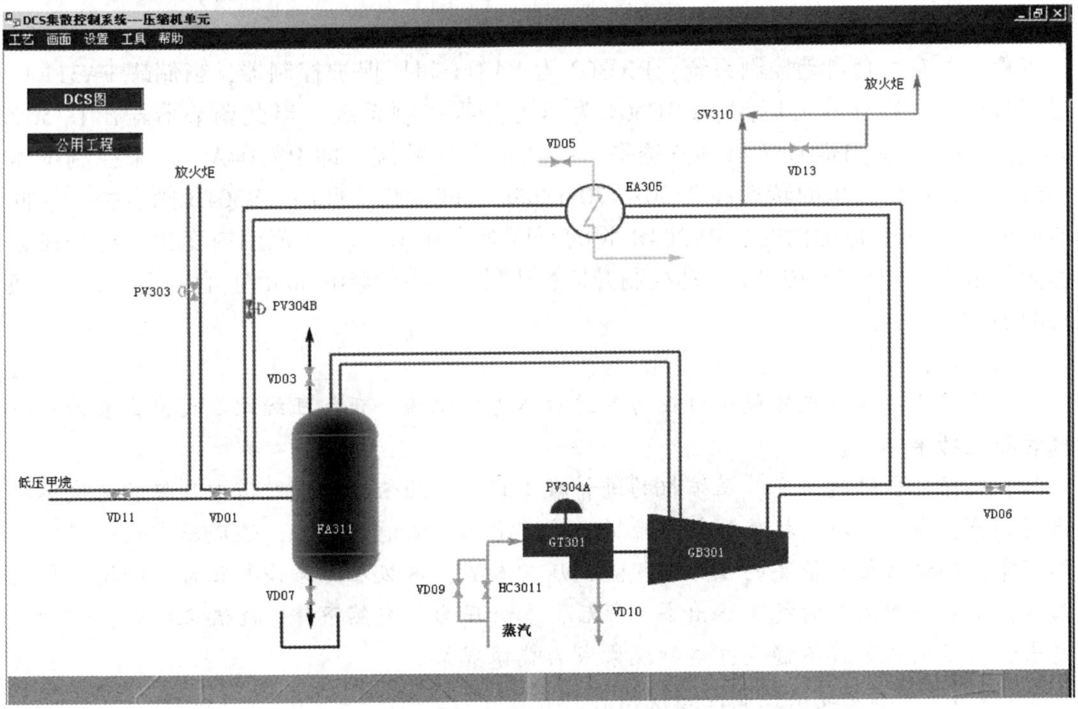

图 3-11　压缩机现场界面

3.3.3 工艺说明

3.3.3.1 工艺流程说明

透平压缩机是进行气体压缩的常用设备。它以汽轮机(蒸汽透平)为动力，蒸汽在汽轮机内膨胀做功驱动压缩机主轴，主轴带动叶轮高速旋转。被压缩气体从轴向进入压缩机叶轮在高速转动的叶轮作用下随叶轮高速旋转并沿半径方向甩出叶轮，叶轮在汽轮机的带动下高速旋转把所得到的机械能传递给被压缩气体。因此，气体在叶轮内的流动过程中，一方面受离心力作用增加了气体本身的压力，另一方面得到了很大的动能。气体离开叶轮进入流通面积逐渐扩大的扩压器，气体流速急剧下降，动能转化为压力能(势能)，使气体的压力进一步提高，使气体压缩。

本仿真培训系统选用甲烷单级透平压缩的典型流程作为仿真对象。

在生产过程中产生的压力为1.2~1.6kgf/cm^2(0.12~0.16MPa)(绝对压力)，温度为30℃左右的低压甲烷经VD01阀进入甲烷储罐FA311，罐内压力控制在300mmH_2O。甲烷从储罐FA311出来，进入压缩机GB301，经过压缩机压缩，出口排出压力为4.03kgf/cm^2(0.403MPa)(绝对压力)，温度为160℃的中压甲烷，然后经过手动控制阀VD06进入燃料系统。

该流程为了防止压缩机发生喘振，设计了由压缩机出口至储罐FA311的返回管路，即由压缩机出口经过换热器EA305和PV304B阀到储罐的管线。返回的甲烷经冷却器EA305冷却。另外储罐FA311有一超压保护控制器PIC303，当FA311中压力超高时，低压甲烷可以经PIC303控制放火炬，使罐中压力降低。压缩机GB301由蒸汽透平GT301同轴驱动，蒸汽透平的供汽压力为15kgf/cm^2(绝对压力)的来自管网的中压蒸汽，排汽压力为3kgf/cm^2(0.3MPa)(绝对压力)的降压蒸汽，进入低压蒸汽管网。

流程中共有两套自动控制系统：PIC303为FA311超压保护控制器，当储罐FA311中压力过高时，自动打开放火炬阀。PRC304为压力分程控制系统，当此调节器输出在50%~100%范围内时，输出信号送给蒸汽透平GT301的调速系统，即PV304A，用来控制中压蒸汽的进汽量，使压缩机的转速在3350~4704r/min之间变化，此时PV304B阀全关。当此调节器输出在0~50%范围内时，PV304B阀的开度对应在100%~0范围内变化。透平在起始升速阶段由手动控制器HC311手动控制升速，当转速大于3450r/min时可由切换开关切换到PIC304控制。

名词解释：

(1) 压缩比：压缩机各段出口压力和进口压力的比值。正常压缩比越大，代表着本级压缩机的额定功率越大。

(2) 喘振：当转速一定，压缩机的进料减少到一定的值，造成叶道中气体的速度不均匀和出现倒流，当这种现象扩展到整个叶道，叶道中的气流通不出去，造成压缩机一级中压力突然下降，而级后相对较高的压力将气流倒压回本级，本级压力又恢复正常，叶轮工作也恢复正常，重新将倒流回的气流压出去。此后，本级压力又突然下降，气流又倒回，这种现象重复出现，压缩机工作不稳定，这种现象成为喘振现象。

3.3.3.2 本单元复杂控制回路说明

分程控制：就是由一只调节器的输出信号控制两只或更多的调节阀，每只调节阀在调节器的输出信号的某段范围中工作。

应用实例：压缩机切换开关的作用：当压缩机切换开关指向 HC3011 时，压缩机转速由 HC3011 控制；当压缩机切换开关指向 PRC304 时，压缩机转速由 PRC304 控制。PRC304 为分程控制阀，分别控制压缩机转速(主气门开度)和压缩机反喘振线上的流量控制阀。当 PRC304 逐渐开大时，压缩机转速逐渐上升(主气门开度逐渐加大)，压缩机反喘振线上的流量控制阀逐渐关小，最终关成 0。

3.3.4 压缩机单元操作规程

3.3.4.1 开车操作规程

1. 开车前准备工作　为了保证压缩机工作正常，开车前要做准备工作。

(1) 启动公用工程。按公用工程按钮，公用工程投用。

(2) 油路开车：按油路按钮。

(3) 盘车。

① 按盘车按钮开始盘车。

② 待转速升到 200r/min 时，停盘车(盘车前先打开 PV304B 阀)。

(4) 暖机。按暖机按钮。

(5) EA305 冷却水投用。打开换热器冷却水阀门 VD05，开度为 50%。

2. 罐 FA311 充低压甲烷　打开 PIC303 调节阀放火炬，开度为 50%；打开 FA311 入口阀 VD11 开度为 50%、微开 VD01；打开 PV304B 阀，缓慢向系统充压，调整 FA311 顶部安全阀 VD03 和 VD01，使系统压力维持 300~500mmH_2O；调节 PIC303 阀门开度，使压力维持在 0.1atm。

3. 透平单级压缩机开车　开车前准备工作和罐 FA311 充低压甲烷结束后，透平单级压缩机可以开车。

(1) 手动升速。

① 缓慢打开透平低压蒸汽出口截止阀 VD10，开度递增级差保持在 10%以内。

② 将调速器切换开关切到 HC3011 方向。

③ 手动缓慢打开 HC3011，开始压缩机升速，开度递增级差保持在 10%以内。使透平压缩机转速在 250~300r/min。

(2) 跳闸实验(视具体情况决定此操作的进行)。

① 继续升速至 1000r/min。

② 按动紧急停车按钮进行跳闸实验，实验后压缩机转速 XN311 迅速下降为零。

③ 手动关 HC3011，开度为 0.0%，关闭蒸汽出口阀 VD10，开度为 0.0%。

④ 按压缩机复位按钮。

(3) 重新手动升速。

① 重复步骤(1)手动升速，缓慢升速至 1000r/min。

② HC3011 开度递增级差保持在 10%以内，升转速至 3350r/min。

③ 进行机械检查。

(4) 启动调速系统。

① 将调速器切换开关切到 PIC304 方向。

② 缓慢打开 PV304A 阀(即 PIC304 阀门开度大于 50.0%)，若阀开得太快会发生喘振。同时可适当打开出口安全阀旁路阀(VD13)调节出口压力，使 PI301 压力维持在 0.303MPa，防止喘振发生。

(5) 调节操作参数至正常值。

① 当 PI301 压力指示值为 0.303MPa 时，一边关出口放火炬旁路阀，一边打开 VD06 去燃料系统阀，同时相应关闭 PIC303 放火炬阀。

② 控制入口压力 PIC304 在 300mmH_2O，慢慢升速。

③ 当转速达全速(4480r/min 左右)，将 PIC304 切为自动。

④ PIC303 设定为 0.1kg/cm^2(表压)，投自动。

⑤ 顶部安全阀 VD03 缓慢关闭。

3.3.4.2　**正常操作规程**

1. 正常工况下工艺参数　储罐 FA311 压力 PIC304：295mmH_2O；压缩机出口压力 PI301：0.303MPa，燃料系统入口压力 PI302：0.203MPa；低压甲烷流量FI301：3232.0kg/h；中压甲烷进入燃料系统流量 FI302：3200.0kg/h；压缩机出口中压甲烷温度 TI302：160.0℃。

2. 压缩机防喘振操作　启动调速系统后，为了防止压缩机防喘振，必须进行如下操作：

(1) 必须缓慢开启 PV304A 阀，此过程中可适当打开出口安全阀旁路阀调节出口压力，以防喘振发生。

(2) 当有甲烷进入燃料系统时，应关闭 PIC303 阀。

(3) 当压缩机转速达全速时，应关闭出口安全旁路阀。

3.3.4.3　**停车操作规程**

1. 正常停车过程　停车过程和开车过程一样重要，正常停车过程如下：

(1) 停调速系统。

① 缓慢打开 PV304B 阀，降低压缩机转速。

② 打开 PIC303 阀排放火炬。

③ 开启出口安全旁路阀 VD13，同时关闭去燃料系统阀 VD06。

(2) 手动降速。

① 将 HC3011 开度置为 100.0%。

② 将调速开关切换到 HC3011 方向。

③ 缓慢关闭 HC3011，同时逐渐关小透平蒸汽出口阀 VD10。

④ 当压缩机转速降为 300~500r/min 时，按紧急停车按钮。

⑤ 关闭透平蒸汽出口阀 VD10。

(3) 停 FA311 进料。

① 关闭 FA311 入口阀 VD01、VD11。

② 开启 FA311 泄料阀 VD07，泄料。

③ 关换热器冷却水。

2. 紧急停车　遇到突发事件，需要进行紧急停车，紧急停车过程如下：

(1) 按动紧急停车按钮。

（2）确认 PV304B 阀及 PIC303 置于打开状态。
（3）关闭透平蒸汽入口阀及出口阀。
（4）甲烷气由 PIC303 排放火炬。
（5）其余同正常停车。

3.3.5 联锁说明

3.3.5.1 联锁源

该单元有一联锁。
（1）现场手动紧急停车(紧急停车按钮)。
（2）压缩机喘振时要按下紧急停车按钮。

喘振现象对压缩机是十分有害的。由于气流强烈的脉动和周期性振荡而造成叶片强烈振动，使叶轮应力大大增加，噪音加剧，使整个机组发生强烈振动，并可能损坏轴承、密封，进而造成停车或严重的事故。

3.3.5.2 联锁动作

(1)关闭透平主汽阀及蒸汽出口阀。
(2)全开放空阀 PV303。
(3)全开防喘振线上 PV304B 阀。

该联锁有一现场旁路键(BYPASS)，另有一现场复位键(RESET)。

注：联锁发生后，在复位前(RESET)，应首先将 HC3011 置零，将蒸汽出口阀 VD10 关闭，同时各控制点应置手动，并设成最低值。

3.3.6 仪表

涉及仪表一览表见表 3-3。

表 3-3 涉及仪表一览表

位号	说明	类型	正常值	量程上限	量程下限	工程单位
PIC303	放火炬控制系统	PID	0.01	0.40	0.0	MPa
PIC304	储罐压力控制系统	PID	295.0	40000.0	0.0	mmH_2O
PI301	压缩机出口压力	AI	0.303	0.50	0.0	MPa
PI302	燃料系统入口压力	AI	0.203	0.50	0.0	MPa
FI301	低压甲烷进料流量	AI	3233.4	5000.0	ppm	kg/h
FI302	燃料系统入口流量	AI	3201.6	5000.0	ppm	kg/h
FI303	低压甲烷入罐流量	AI	3201.6	5000.0	ppm	kg/h
FI304	中压甲烷回流流量	AI	0.0	5000.0	ppm	kg/h
TI301	低压甲烷入压缩机温度	AI	30.0	200.0	0.0	℃
TI302	压缩机出口温度	AI	160.0	200.0	0.0	℃
TI304	透平蒸汽入口温度	AI	290.0	400.0	0.0	℃

续表

位号	说明	类型	正常值	量程上限	量程下限	工程单位
TI305	透平蒸汽出口温度	AI	200.0	400.0	0.0	℃
TI306	冷却水入口温度	AI	30.0	100.0	0.0	℃
TI307	冷却水出口温度	AI	30.0	100.0	0.0	℃
XN301	压缩机转速	AI	4480	4500	0.0	r/min
HX311	FA311 罐液位	AI	50.0	100.0	0.0	%

3.3.7 事故设置

3.3.7.1 入口压力过高

主要现象：FA311 罐中压力上升。

处理方法：手动适当打开 PV303 的放火炬阀。

3.3.7.2 出口压力过高

主要现象：压缩机出口压力上升。

处理方法：开大去燃料系统阀 VD06。

3.3.7.3 入口管道破裂

主要现象：储罐 FA311 中压力下降。

处理方法：开大 FA311 入口阀 VD01、VD11。

3.3.7.4 出口管道破裂

主要现象：压缩机出口压力下降。

处理方法：紧急停车。

3.3.7.5 入口温度过高

主要现象：TI301 及 TI302 指示值上升。

处理方法：紧急停车。

3.4 加热炉仿真实训

3.4.1 实训目的

（1）了解加热炉工艺流程；

（2）掌握加热炉单元操作规程；

（3）理解加热炉控制方案；

（4）掌握加热炉事故处置。

3.4.2 仿真界面

管式加热炉 DCS 界面见图 3-12。

管式加热炉现场界面见图 3-13。

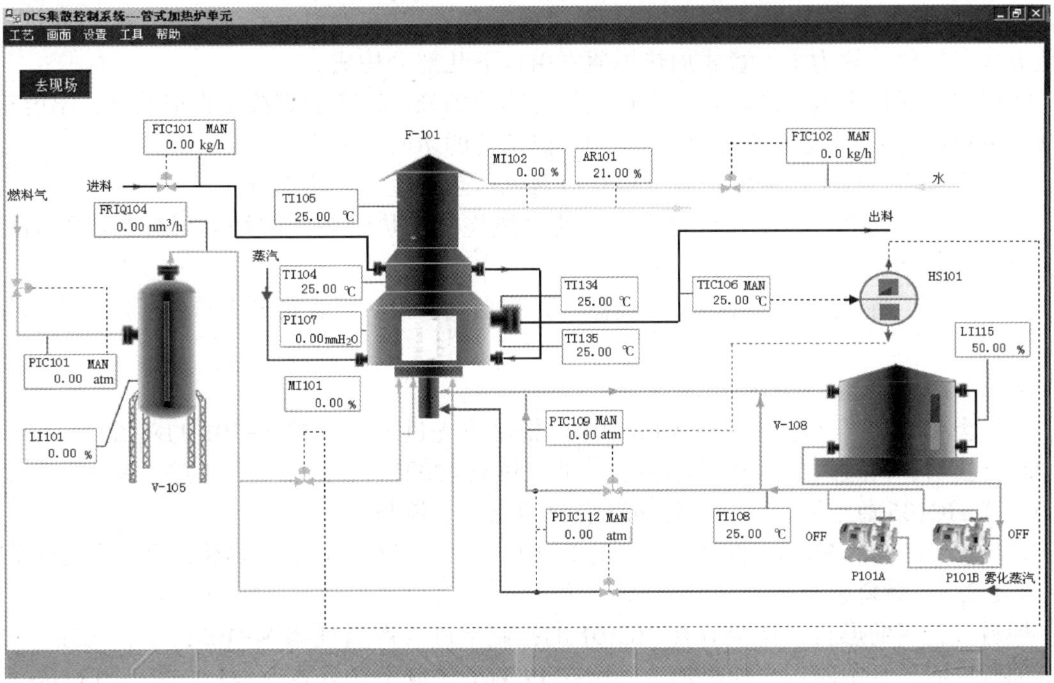

图 3-12 管式加热炉 DCS 界面

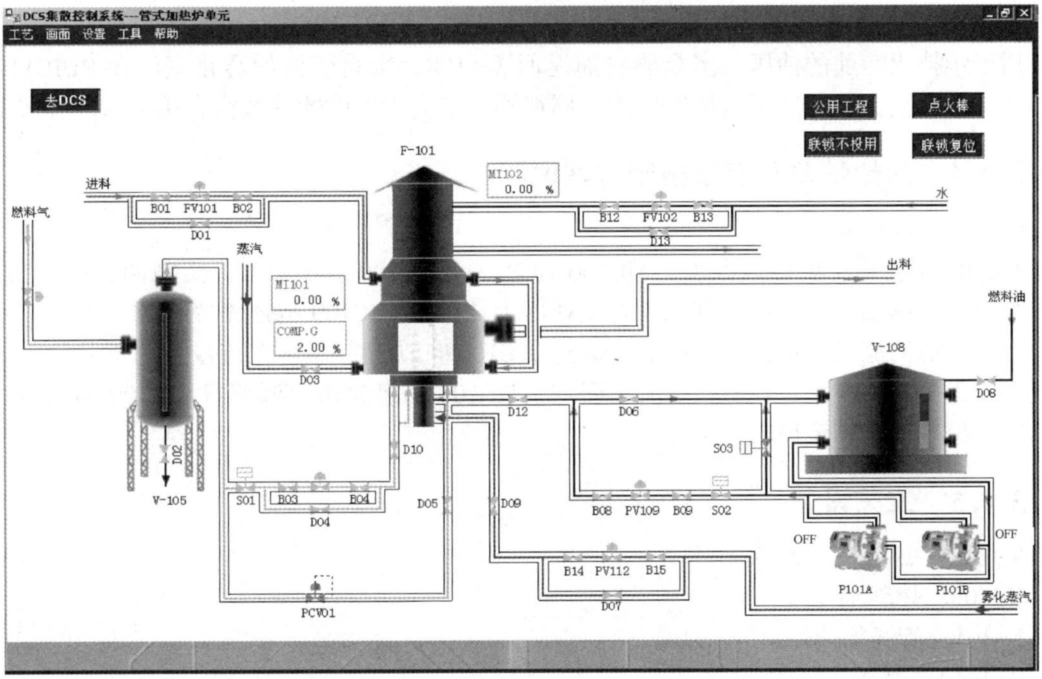

图 3-13 管式加热炉现场界面

3.4.3 工艺流程说明

3.4.3.1 工艺流程简述

本节选择的是石油化工生产中最常用的管式加热炉。管式加热炉是一种直接受热式加热设备，主要用于加热液体或气体化工原料，所用燃料通常有燃料油和燃料气。管式加热炉的传热方式以辐射传热为主，管式加热炉通常由以下几部分构成。

辐射室：通过火焰或高温烟气进行辐射传热的部分。这部分直接受火焰冲刷，温度很高(600~1600℃)，是热交换的主要场所(约占热负荷的70%~80%)。

对流室：靠辐射室出来的烟气，进行以对流传热为主的换热部分。

燃烧器：是使燃料雾化并混合空气，使之燃烧的产热设备，燃烧器可分为燃料油燃烧器，燃料气燃烧器和油-气联合燃烧器。

通风系统：将燃烧用空气引入燃烧器，并将烟气引出炉子，可分为自然通风方式和强制通风方式。

3.4.3.2 工艺物料系统

某烃类化工原料在流量调节器FIC101的控制下先进入加热炉F-101的对流段，经对流的加热升温后，再进入F-101的辐射段，被加热至420℃后，送至下一工序，其炉出口温度由调节器TIC106通过调节燃料气流量或燃料油压力来控制。

采暖水在调节器FIC102控制下，经与F-101的烟气换热，回收余热后，返回采暖水系统。

3.4.3.3 燃料系统

燃料气管网的燃料气在调节器PIC101的控制下进入燃料气罐V-105，燃料气在V-105中脱油脱水后，分两路送入加热炉，一路在PCV01控制下送入常明线；一路在TV106调节阀控制下送入油-气联合燃烧器。

来自燃料油罐V-108的燃料油经P101A/B升压后，在PIC109控制压送至燃烧器火嘴前，用于维持火嘴前的油压，多余燃料油返回V-108。来自管网的雾化蒸汽在PDIC112的控制压与燃料油保持一定压差情况下送入燃料器。来自管网的吹热蒸汽直接进入炉膛底部。

3.4.4 加热炉单元复杂控制方案说明

炉出口温度控制：

TIC106工艺物流炉出口温度，TIC106通过一个切换开关HS101。实现两种控制方案：其一是直接控制燃料气流量，其二是与燃料压力调节器PIC109构成串级控制。当第一种方案时：燃料油的流量固定，不做调节，通过TIC106自动调节燃料气流量控制工艺物流炉出口温度；当第二种方案时：燃料气流量固定，TIC106和燃料压力调节器PIC109构成串级控制回路，控制工艺物流炉出口温度。

3.4.5 工艺设备

V-105：燃料气分液罐；

V-108：燃料油储罐；

F-101：管式加热炉；

P-101A：燃料油A泵；

P-101B：燃料油B泵。

3.4.6 加热炉单元操作规程

3.4.6.1 开车操作规程

装置的开车状态为氨置换的常温常压氨封状态。

1. 开车前的准备　公用工程启用(图3-13“公共工程”按钮置“ON”)；摘除联锁(图3-13“联锁不投用”按钮置“ON”)；联锁复位(图3-13“联锁复位”按钮置“ON”)。

2. 点火准备工作　加热炉点火前要进行必要的准备工作。

(1) 全开加热炉的烟道挡板MI102。

(2) 打开吹扫蒸汽阀D03，吹扫炉膛内的可燃气体(实际约需10min)。

(3) 待可燃气体的含量低于0.5%后，关闭吹扫蒸汽阀D03。

(4) 将MI101调节至30%。

(5) 调节MI102在一定的开度(30%左右)。

3. 燃料气准备　手动打开PIC101的调节阀，向V-105充燃料气；控制V-105的压力不超过0.2MPa，在0.2MPa处将PIC101投自动。

4. 点火操作　点火准备工作和燃料气准备结束，可以进行点火操作。

(1) 当V-105压力大于0.05MPa后，启动点火棒(图3-13“点火棒”按钮置“ON”)，开常明线上的根部阀门D05。

(2) 确认点火成功(火焰显示)。

(3) 若点火不成功，需重新进行吹扫和再点火。

5. 升温操作　确认点火成功后，可以进行升温操作。

(1) 先进燃料气线上的调节阀的前后阀(B03、B04)，再稍开调节阀(<10%)(TV106)，再全开根部阀D10，引燃料气入加热炉火嘴。

(2) 用调节阀TV106控制燃料气量，来控制升温速度。

(3) 当炉膛温度升至100℃时恒温30s(实际生产恒温1h)烘炉，当炉膛温度升至180℃时恒温30s(实际生产恒温1h)暖炉。

6. 引工艺物料　当炉膛温度升至180℃后，引工艺物料。

(1) 先开进料调节阀的前后阀B01、B02，再稍开调节阀FV101(<10%)。引进工艺物料进加热炉。

(2) 先开采暖水线上调节阀的前后阀B13、B12，再稍开调节阀FV102(<10%)，引采暖水进加热炉。

7. 启动燃料油系统　待炉膛温度升至200℃左右时，开启燃料油系统。

(1) 开雾化蒸汽调节阀的前后阀B15、B14，再微开调节阀PDIC112(<10%)。

(2) 全开雾化蒸汽的根部阀D09。

(3) 开燃料油压力调节阀PV109的前后阀B09、B08。

(4) 开燃料油返回V-108管线阀D06。

(5) 启动燃料油泵P101A。

(6) 微开燃料油调节阀PV109(<10%)，建立燃料油循环。

(7) 全开燃料油根部阀D12，引燃料油入火嘴。

(8) 打开V-108进料阀D08，保持储罐液位为50%。

(9) 按升温需要逐步开大燃料油调节阀，通过控制燃料油升压(最后到0.6MPa左右)来控制进入火嘴的燃料油量，同时PDIC112控制在0.4MPa左右。

8. 调整至正常　确认启动燃料油系统成功后，可以调整至正常工况。

(1) 逐步升温使炉出口温度至正常(420℃)。

（2）在升温过程中，逐步开大工艺物料线的调节阀，使之流量调整至正常。

（3）在升温过程中，逐步采暖水流量调至正常。

（4）在升温过程中，逐步调整风门使烟气氧含量正常。

（5）逐步调节挡板开度使炉膛负压正常。

（6）逐步调整其他参数至正常。

（7）将联锁系统投用（图3-13“联锁不投用”按钮置“ON”）。

3.4.6.2 正常操作规程

1. 正常工况　正常工况主要工艺参数指标如下：

（1）炉出口温度TIC106：420℃。

（2）炉膛温度TI104：640℃。

（3）烟道气温度TI105：210℃。

（4）烟道氧含量AR101：4%。

（5）炉膛负压PI107：-2.0mmH_2O。

（6）工艺物料量FIC101：3072.5kg/h。

（7）采暖水流量FIC102：9584kg/h。

（8）V-105压力PIC101：0.2MPa。

（9）燃料油压力PIC109：0.6MPa。

（10）雾化蒸汽压差PDIC112：0.4MPa。

2. TIC106控制方案切换　工艺物料的炉出口温度TIC106可以通过燃料气和燃料油两种方式进行控制。两种方式的切换由HS101切换开关来完成。当HS100切入燃料气控制时，TIC106直接控制燃料气调节阀，燃料油由PIC109单回路自行控制；当HS101切入燃料油控制时，TIC106与PIC109结成串级控制，通过燃料油压力控制燃料油燃烧量。

3.4.6.3 停车操作规程

1. 停车准备　解除联锁系统（图3-13上按下“联锁不投用”）。

2. 降量　解除联锁系统（图3-13上按下“联锁不投用”）后，可以进行降量操作。

（1）通过FIC101逐步降低工艺物料进料量至正常的70%。

（2）在FIC101降量过程中，逐步通过减少燃料油压力或燃料气流量，来维持炉出口温度TIC106稳定在420℃左右。

（3）在FIC101降量过程中，逐步降低采暖水FIC102的流量。

（4）在降量过程中，适当调节风门和挡板，维持烟气氧含量和炉膛负压。

3. 降温及停燃料油系统　降量以后，可以进行降温及停燃料油系统的操作。

（1）当FIC101降至正常量的70%后，逐步开大燃料油的V-108返回阀，来降低燃料油压力，降温。

（2）待V-108返回阀全开后，可逐步关闭燃料油调节阀，再停燃料油泵（P101A/B）。

（3）在降低燃料油压力的同时，降低雾化蒸汽流量，最终关闭雾化蒸汽调节阀。

（4）在以上降温过程中，可适当降低工艺物料进料量，但不可使炉出口温度高于420℃。

4. 停燃料气及工艺物料　待燃料油系统停完后，可以进行停燃料气及工艺物料操作。

（1）关闭V-105燃料气入口调节阀（PIC101调节阀），停止向V-105供燃料气。

（2）待 V-105 压力下降至 0.3atm 时，关燃料气调节阀 TV106。
（3）待 V-105 压力降至 0.1atm 时，关长明灯根部阀 D05，灭火。
（4）待炉膛温度低于 150℃时，关 FIC101 调节阀停工艺进料，关 FIC102 调节阀，停采暖水。
5. 炉膛吹扫 灭火后，可以进行炉膛吹扫操作。
（1）开吹扫蒸汽，吹扫炉膛 5s(实际 10min)。
（2）停吹扫蒸汽后，保持风门、挡板一定开度，使炉膛正常通风。

3.4.6.4 **复杂控制系统和联锁系统**

1. 炉出口温度控制 TIC106 工艺物流炉出口温度 TIC106 通过一个切换开关 HS101。实现两种控制方案：其一是直接控制燃料气流量，其二是与燃料压力调节器 PIC109 构成串级控制。

2. 炉出口温度联锁 包括联锁源和联锁动作。
（1）联锁源。
① 工艺物料进料量过低(FIC101<正常值的 50%)。
② 雾化蒸汽压力过低(低于 0.7MPa)。
（2）联锁动作。
① 关闭燃料气入炉电磁阀 S01。
② 关闭燃料油入炉电磁阀 S02。
③ 打开燃料油返回电磁阀 S03。

3.4.7 仪表

涉及仪表一览表见表 3-4。

表 3-4 涉及仪表一览表

位号	说明	类型	正常值	量程上限	量程下限	工程单位	高报	低报	高高报	低低报
AR101	烟气氧含量	AI	4.0	21.0	0.0	%	7.0	1.5	10.0	1.0
FIC101	工艺物料进料量	PID	3072.5	6000.0	0.0	kg/h	4000	1500.0	5000.0	1000.0
FIC102	采暖水进料量	PID	9584.0	20000.0	0.0	kg/h	15000	5000.0	18000.0	1000.0
LI101	V-105 液位	AI	40~60.0	100.0	0.0	%				
LI115	V-108 液位	AI	40~60.0	100，0	0.0	%				
PIC101	V-105 压力	PID	0.20	0.40	0.0	MPa	0.30	0.10	0.35	0.05
PI107	烟膛负压	AI	-2.0	10.0	-10.0	mmH_2O	0.0	-4.0	4.0	-8.0
PIC109	燃料油压力	PID	0.60	1.00	0.0	MPa	0.70	0.50	0.90	0.30
PDIC112	雾化蒸汽压差	PID	0.40	1.00	0.0	MPa	0.70	0.20	0.80	0.10
TI104	炉膛温度	AI	640.0	1000.0	0.0	℃	700	600.0	750.0	400.0
TI105	烟气温度	AI	210.0	400.0	0.0	℃	250	100.0	300.0	50.0
TIC106	工艺物料炉	PID	420.0	800.0	0.0	℃	430	410.0	460.0	370.0
TI108	燃料油温度	AI		100.0	0.0	℃				
TI134	炉出口温度	AI		800.0	0.0	℃	430	400.0	450.0	370.0
TI135	炉出品温度	AI		800.0	0.0	℃	430	400.0	450.0	370.0
HS101	切换开关	SW			0					
MI101	风门开度	AI		100.0	0.0	%				
MI102	档板开度	AI		100.0	0.0	%				

设备位号一览表见表3-5。

表3-5 设备位号一览表

位号	说　明	类型	正常值	量程上限	量程下限	工程单位	高报	低报	高高报	低低报
TT106	TIC106的输入	AI	420.0	800.0	0.0	℃	430.0	400	450	370.0
PT109	PIC109的输入	AI	0.6	1.00	0.0	MPa	0.70	0.50	0.90	0.30
FT101	FIC101的输入	AI	3072.5	6000.0	0.0	kg/h	4000	1500	5000	500.0
FT102	FIC102的输入	AI	9584	20000.0	0.0	kg/h	11000	5000	15000	1000
PT101	PIC101的输入	AI	0.20	0.40	0.0	MPa	0.30	0.15	0.35	0.10
PT112	PDIC112的输入	AI	0.40	1.00	0.0	MPa	30.00	15.00	35.00	10.00
FRIQ104	燃料气的流量	AI	209.8	400.0	0.0	Nm^3/h	0.0	-4.0	4.0	-8.0
COMPG	炉膛内可燃气体的含量	AI	0.00	100.0	0.0	%	0.5	0.0	2.0	0.0

3.4.8 加热炉事故设置

3.4.8.1 燃料油火嘴堵

事故现象：

(1) 燃料油泵出口压控阀压力忽大忽小。

(2) 燃料气流量急骤增大。

处理方法：紧急停车。

3.4.8.2 燃料气压力低

事故现象：

(1) 炉膛温度下降。

(2) 炉出口温度下降。

(3) 燃料气分液罐压力降低。

处理方法：

(1) 改为烧燃料油控制。

(2) 通知指导教师联系调度处理。

3.4.8.3 炉管破裂

事故现象：

(1) 炉膛温度急骤升高。

(2) 炉出口温度升高。

(3) 燃料气控制阀关阀。

处理方法：炉管破裂的紧急停车。

3.4.8.4 燃料气调节阀卡

事故现象：

(1) 调节器信号变化时燃料气流量不发生变化。

(2) 炉出口温度下降。

处理方法：

(1) 改现场旁路手动控制。

(2) 通知值班长联系仪表人员进行修理。

3.4.8.5　**燃料气带液**

事故现象：

(1) 炉膛和炉出口温度先下降。

(2) 燃料气流量增加。

(3) 燃料气分液罐液位升高。

处理方法：

(1) 关燃料气控制阀。

(2) 改由烧燃料油控制。

(3) 通知值班长联系调度处理。

3.4.8.6　**燃料油带水**

事故现象：燃料气流量增加。

处理方法：

(1) 关燃料油根部阀和雾化蒸汽。

(2) 改由烧燃料气控制。

(3) 通知值班长联系调度处理。

3.4.8.7　**雾化蒸汽压力低**

事故现象：

(1) 产生联锁。

(2) PIC109 控制失灵。

(3) 炉膛温度下降。

处理方法：

(1) 关燃料油根部阀和雾化蒸汽。

(2) 直接用温度控制调节器控制炉温。

(3) 通知值班长联系调度处理。

3.4.8.8　**燃料油泵 P101A 停**

事故现象：

(1) 炉膛温度急剧下降。

(2) 燃料气控制阀开度增加。

处理方法：

(1) 现场启动备用泵 P101B。

(2) 调节燃料气控制阀的开度。

3.5　罐区仿真实训

3.5.1　实训目的

(1) 掌握罐区工作原理；

(2) 了解罐区工艺流程；

(3) 理解罐区控制方案；

(4) 掌握罐区单元操作规程；

(5) 掌握罐区事故处置。

3.5.2 罐区单元流程仿真界面

罐区单元流程仿真界面 DCS 图见图 3-14。

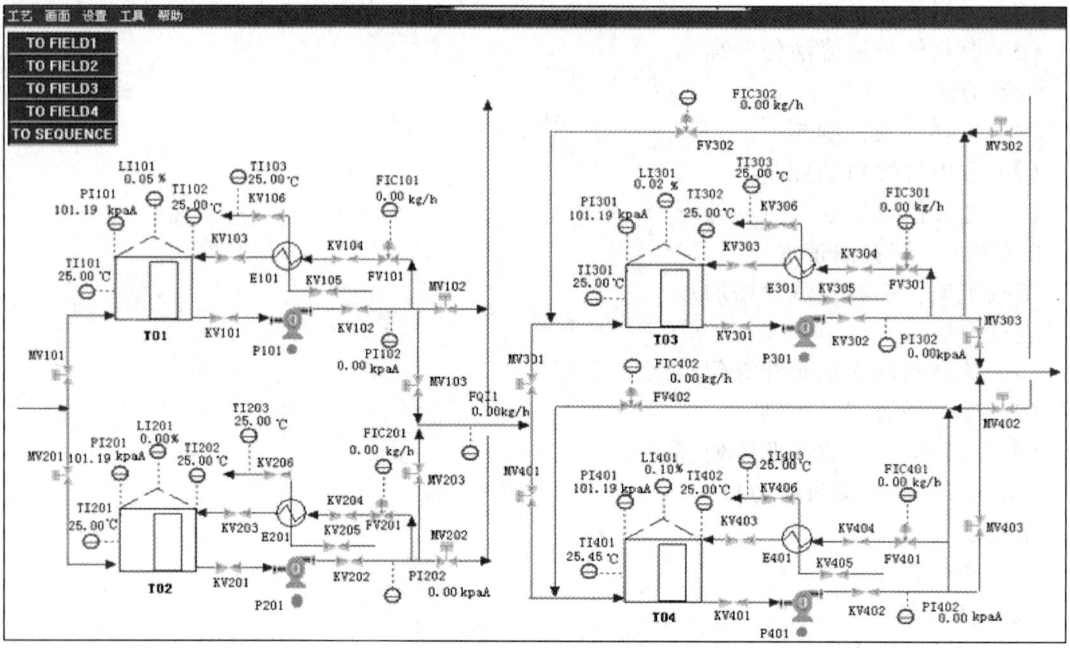

图 3-14 罐区单元流程仿真界面 DCS 图

罐区单元流程仿真界面现场图见图 3-15～图 3-18。

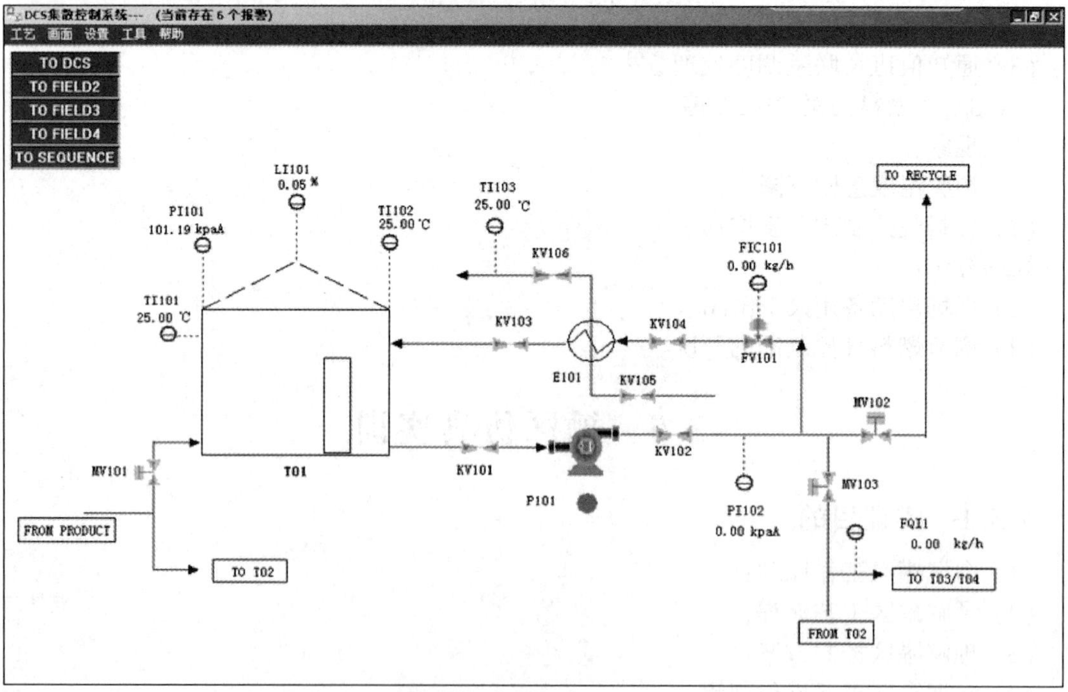

图 3-15 罐区单元流程仿真界面现场图(T01)

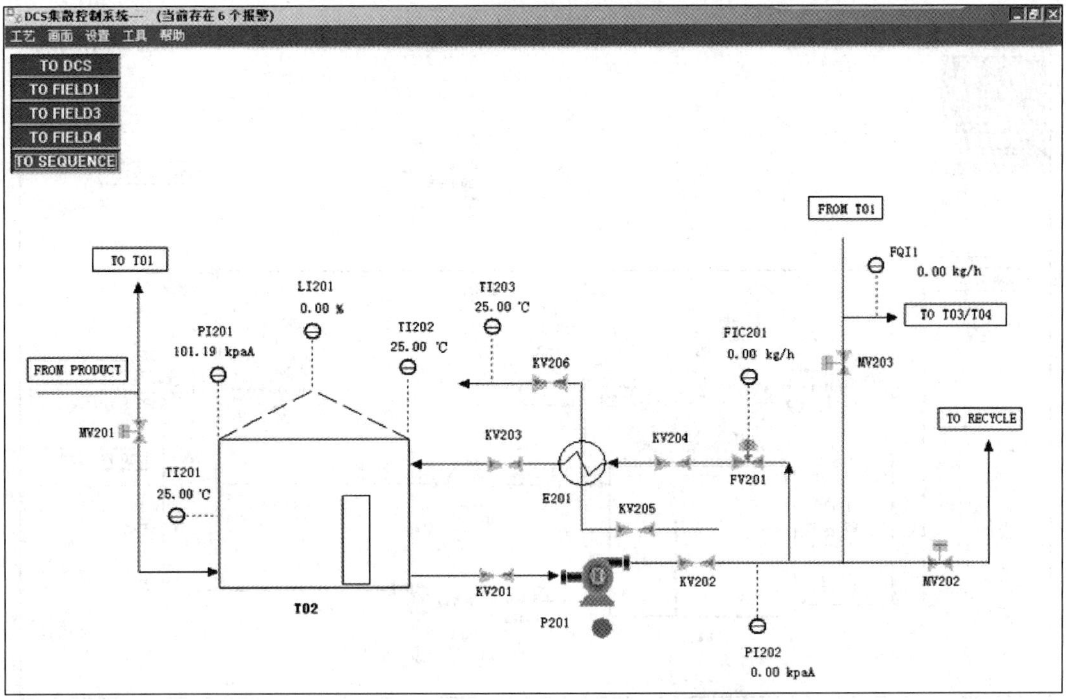

图 3-16　罐区单元流程仿真界面现场图(T02)

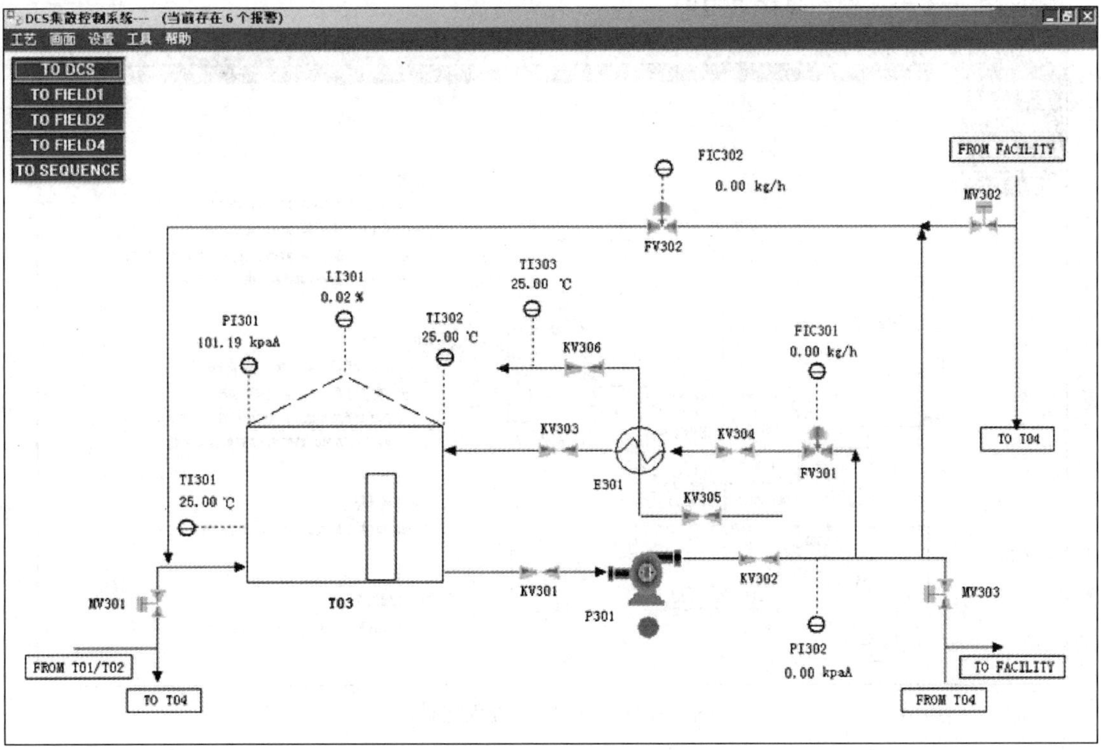

图 3-17　罐区单元流程仿真界面现场图(T03)

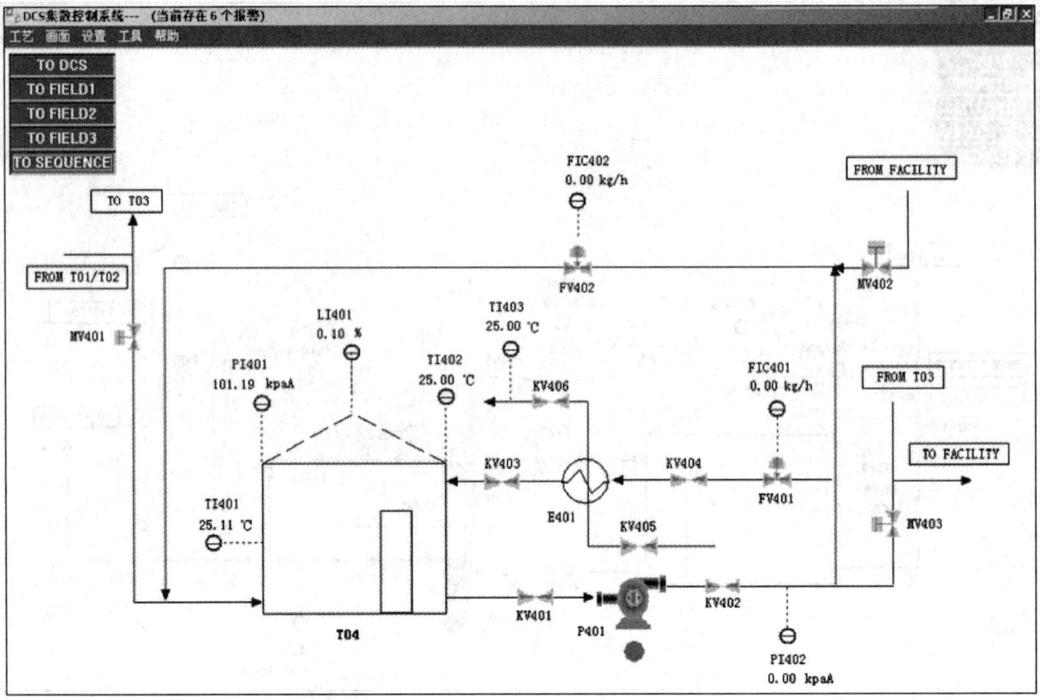

图 3-18 罐区单元流程仿真界面现场图(T04)

罐区单元流程连锁图见图 3-19。

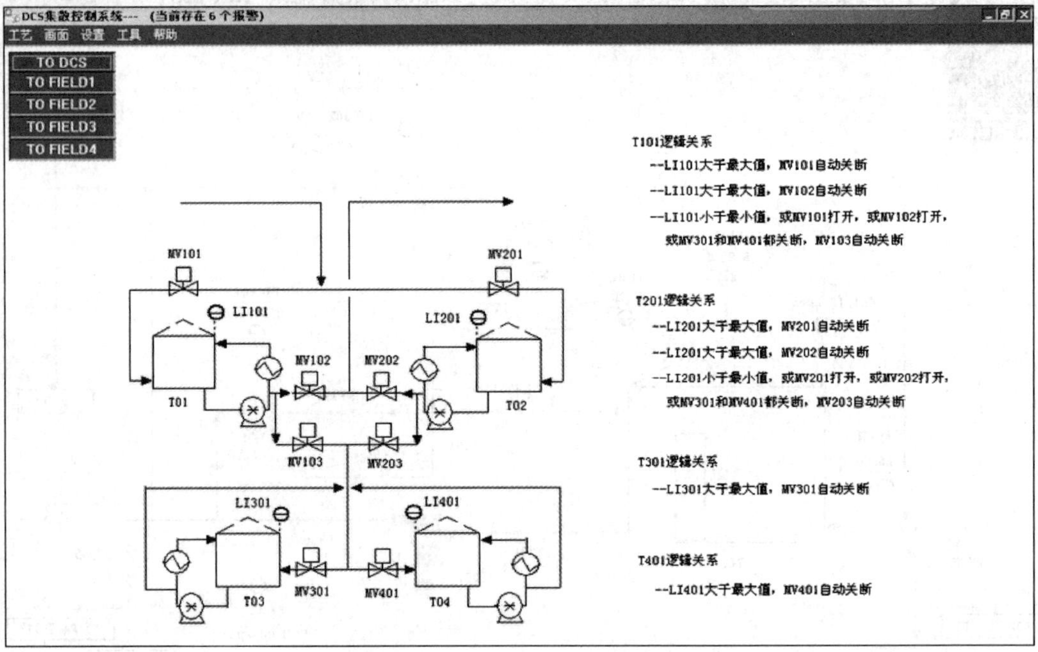

图 3-19 罐区单元流程连锁图

3.5.3 工艺流程说明

罐区是原油、化工原料、油品、中间产品及成品的集散地，是大型炼油化工企业的重要组成部分，也是安全生产的关键环节之一。大型石油化工企业罐区储存的化学品之多，是任何生产装置都无法比拟的。罐区的安全操作关系到整个工厂的正常生产。所以，罐区的设计、生产操作及管理都特别重要。

3.5.3.1 **罐区的工作原理**

产品从上一生产单元中被送到产品罐，经过换热器冷却后用离心泵打入产品罐中，进行进一步冷却，再用离心泵打入包装设备。

3.5.3.2 **罐区的工艺流程**

本工艺为单独培训罐区操作而设计，其工艺流程图参考流程仿真界面(图 3-15~图 3-18)。

来自上一生产设备的约 35℃的带压液体，经过阀门 MV101 进入产品罐 T01，由温度传感器 TI101 显示 T01 罐底温度，压力传感器 PI101 显示 T01 罐内压力，液位传感器 LI101 显示 T01 的液位。由离心泵 P101 将产品罐 T01 的产品打出，控制阀 FIC101 控制回流量。回流的物流通过换热器 E01，被冷却水逐渐冷却到 33℃左右。温度传感器 TI102 显示被冷却后产品的温度，温度传感器 TI103 显示冷却水冷却后温度。由泵打出的少部分产品由阀门 MV102 打回生产系统。当产品罐 T01 液位达到 80%后，阀门 MV101 和阀门 MV102 自动关断。

产品罐 T01 打出的产品经过 T01 的出口阀 MV103 和 T03 的进口阀进入产品罐 T03，由温度传感器 TI103 显示 T03 罐底温度，压力传感器 PI103 显示 T03 罐内压力，液位传感器 LI103 显示 T03 的液位。由离心泵 P103 将产品罐 T03 的产品打出，控制阀 FIC103 控制回流量。回流的物流通过换热器 E03，被冷却水逐渐冷却到 30℃左右。温度传感器 TI302 显示被冷却后产品的温度，温度传感器 TI303 显示冷却水冷却后温度。少部分回流物料不经换热器 E03 直接打回产品罐 T03；从包装设备来的产品经过阀门 MV302 打回产品罐 T03，控制阀 FIC302 控制这两股物流混合后的流量。产品经过 T03 的出口阀 MV303 到包装设备进行包装。

当产品罐 T01 的设备发生故障，马上启用备用产品罐 T02 及其备用设备，其工艺流程同 T01。当产品罐 T03 的设备发生鼓掌，马上启用备用产品罐 T04 及其备用设备，其工艺流程同 T03。

3.5.3.3 **工艺设备**

T01：产品罐；

P01：产品罐 T01 的出口压力泵；

E01：产品罐 T01 的换热器；

T02：备用产品罐；

P02：备用产品罐 T02 的出口泵；

E02：备用产品罐 T02 的换热器；

T03：产品罐；

P03：产品罐 T03 的出口压力泵；

E03：产品罐 T03 的换热器；

T04：备用产品罐；

P04：备用产品罐 T04 的出口压力泵；

E04：备用产品罐 T04 的换热器。

3.5.4 罐区单元操作规程

1. 准备工作　开车前有必要进行如下准备工作：

（1）检查日罐 T01（T02）的容积。容积必须超过 $95m^3$（罐总容积为 $500m^3$），不包括储罐余料；

（2）检查产品罐 T03（T04）的容积。容积必须超过 $95m^3$（罐总容积为 $500m^3$），不包括储罐余料。

2. 日罐进料　打开日罐 T01（T02）的进料阀 MV101（MV201）；

3. 日罐建立回流　当准备工作和日罐进料结束，可以进行日罐建立回流操作。

（1）打开日罐泵 P01（P02）的前阀 KV101（KV201）；

（2）打开日罐泵 P01（P02）的电源开关；

（3）打开日罐泵 P01（P02）的后阀 KV102（KV202）；

（4）打开日罐换热器热物流进口阀 KV104（KV204）；

（5）打开日罐换热器热物流出口阀 KV103（KV203）；

（6）打开日罐回流控制阀 FIC101（FIC201），建立回流；

（7）打开日罐出口阀 MV102（MV202）。

4. 冷却日罐物料　当日罐建立回流后，可以进行冷却日罐物料操作。

（1）打开换热器 E01（E02）的冷物流进口阀 KV105（KV205）；

（2）打开换热器 E01（E02）的冷物流出口阀 KV106（KV206）。

5. 产品罐进料　当冷却日罐物料操作完成后，可以进行产品罐进料操作。

（1）打开产品罐 T03（T04）的进料阀 MV301（MV401）；

（2）打开日罐 T01（T02）的倒罐阀 MV103（MV203）；

（3）打开产品罐 T03（T04）的包装设备进料阀 MV302（MV402）；

（4）打开产品罐回流阀 FIC302（FIC402）。

6. 产品罐建立回流　当产品罐进料操作完成后，可以进行产品罐建立回流操作。

（1）打开产品罐泵 P03（P04）的前阀 KV301（KV401）；

（2）打开产品罐泵 P03（P04）的电源开关；

（3）打开产品罐泵 P03（P04）的后阀 KV302（KV402）；

（4）打开产品罐换热器热物流进口阀 KV304（KV404）；

（5）打开产品罐换热器热物流出口阀 KV303（KV403）；

（6）打开产品罐回流控制阀 FIC301（FIC401），建立回流；

（7）打开产品罐出口阀 MV302（MV402）。

7. 冷却产品罐物料　当产品罐建立回流操作完成后，可以进行冷却产品罐物料操作。

（1）打开换热器 E03（E04）的冷物流进口阀 KV305（KV405）；

（2）打开换热器 E03（E04）的冷物流出口阀 KV306（KV406）。

8. 产品罐出料　打开产品罐出料阀 MV303（MV403），将产品打入包装车间进行包装。

3.5.5 仪表及报警

仪表及报警一览表见表 3-6。

表 3-6 仪表及报警一览表

位号	说明	类型	正常值	量程上限	量程下限	工程单位	高报	低报
TI101	日罐 T01 罐内温度	AI	33.0	60.0	0.0	℃	34	32
TI201	日罐 T02 罐内温度	AI	33.0	60.0	0.0	℃	34	32
TI301	产品罐 T03 罐内温度	AI	30.0	60.0	0.0	℃	31	29
TI401	产品罐 T04 罐内温度	AI	30.0	60.0	0.0	℃	31	29

3.5.6 罐区单元操作事故设置

3.5.6.1 P01 泵坏

主要现象：

(1) P01 泵出口压力为零；

(2) FIC101 流量急骤减小到零。

处理方案：停用日罐 T01，启用备用日罐 T02。

3.5.6.2 换热器 E01 结垢

主要现象：

(1) 冷物流出口温度低于 17.5℃；

(2) 热物流出口温度降低极慢。

处理方案：停用日罐 T01，启用备用日罐 T02。

3.5.6.3 换热器 E03 热物流串进冷物流

主要现象：

(1) 冷物流出口温度明显高于正常值；

(2) 热物流出口温度降低极慢。

处理方案：停用产品罐 T03，启用备用产品罐 T04。

3.6 输气站仿真实训

3.6.1 实训目的

(1) 掌握输气站工作原理；

(2) 了解输气站工艺流程；

(3) 理解输气站控制方案；

(4) 掌握输气站作规程；

(5) 掌握输气站事故处置。

3.6.2 工艺流程说明

3.6.2.1 输气站的工作原理

天然气管输系统的输气管线，按其输气任务的不同，一般分为矿场集气支线、矿场集气干线、输气干线和配气管线等四类。其中，输气干线是天然气处理厂或输气干线首站到城镇配气或工矿企业一级站的管线。

输气站与配气站往往结合在一起，它的任务是将上站输来的天然气分离除尘、调压计量后输往下站，同时按用户要求(如用气量、压力等)，平稳地为用户供气。输气站还承担控制或切断输气干线的天然气流、排放干线中的天然气，以备检修输气干线等任务。

清管站有时也与输气站合并在一起，清管站的任务是向下游输气干线内发送清管器，或接受上游输气干线推动清除管内积水污物而进入本站的清管器，从而通过发送、接受清管器的清管作业，清除输气管线内的积水污物，提高输气干线的输气能力。

3.6.2.2 **仿真系统工艺流程**

本节仿真系统的输气站流程是一个较为典型的输气干线中间的某个输气站的工艺流程。该站的任务是执行天然气分离、调压、计量，发送和接受清管球，排放输气干线的天然气，以及给各用户输送天然气。

图 3-20 是典型输气站仿真总流程图，以下将该输气站的工艺流程作简单介绍：

1. 正常生产流程　正常生产时，该站天然气分两路从图 3-20 的右下方进入本站：

(1) 来气一路。经阀 VD270 和 HC249 至汇管 1 后，分别入分离器 1、2、3 进行分离除尘。其分离的污物由阀 V232、V233、V234 排出。天然气由分离器 1、2、3 出来后入汇管 2，然后经调压阀 PCV204、PCV205、PCV206 调压后，进入汇管 3。从汇管 3 出来的天然气进入汇管 7，经过节流装置(孔板流量计)3，4，5 测算流量，进入汇管 8。天然气从汇管 8 经过阀 HC203、VD202 去往输气复线。

(2) 来气二路。经阀 VD269 和 HC263 至汇管 4 后，分别入分离器 4、5、6 进行分离除尘。其分离的污物由阀 V253、V254、V255 排出。天然气由分离器 4、5、6 出来后入汇管 5，然后经调压阀 PCV201、PCV202、PCV203 调压后，进入汇管 6。从汇管 6 出来的天然气分为两路，一路经过阀 VD232、HC233 和 VD214 去往输气干线；一路经过阀 HC212 进入汇管 9，经过节流装置(孔板流量计)1、2 测算流量，最后输往两个最终用户。

汇管 2 还将一路来气通过阀 V231(V231 阀见图 3-20 典型输气站仿真总流程图)输往生活用气、点火和传火管道。

各分离器和清管器收发筒排出的污气，污物通过阀 VD243、V266 进入到分离器 7 进行二次分离，回收的天然气从分离器 7 经阀 V261、VD221 进入汇管 9，污物从分离器 7 经阀 VD241、V262 排出。

2. 检修分离器　该站两路天然气都安装有三台分离器，其中两台工作一台备用。当需要检修分离器时，备用分离器调换使用。

例如：检修分离器 1 时，使用分离器 2 和 3，关闭阀 HC246 和 VD254，开阀 V232 或 V207 放空分离器 1 中天然气后即可检修。

3. 检修节流装置(孔板流量计)　检修节流装置(孔板流量计)1 时，打开旁通阀 V251，关闭阀 VD222、VD223 后，将孔板流量计 1 压力放空后即可进行检修。

检修节流装置 2 类似前者。

节流装置(孔板流量计)3、4、5 正常工作时是两台工作一台备用。当需要检修节流装置时，备用节流装置调换使用。

例如：检修节流装置(孔板流量计)3 时，启用节流装置(孔板流量计)5，打开 VD206、HC206，关闭 VD204、HC204，将孔板流量计 3 内压力放空，即可对其进行检修。

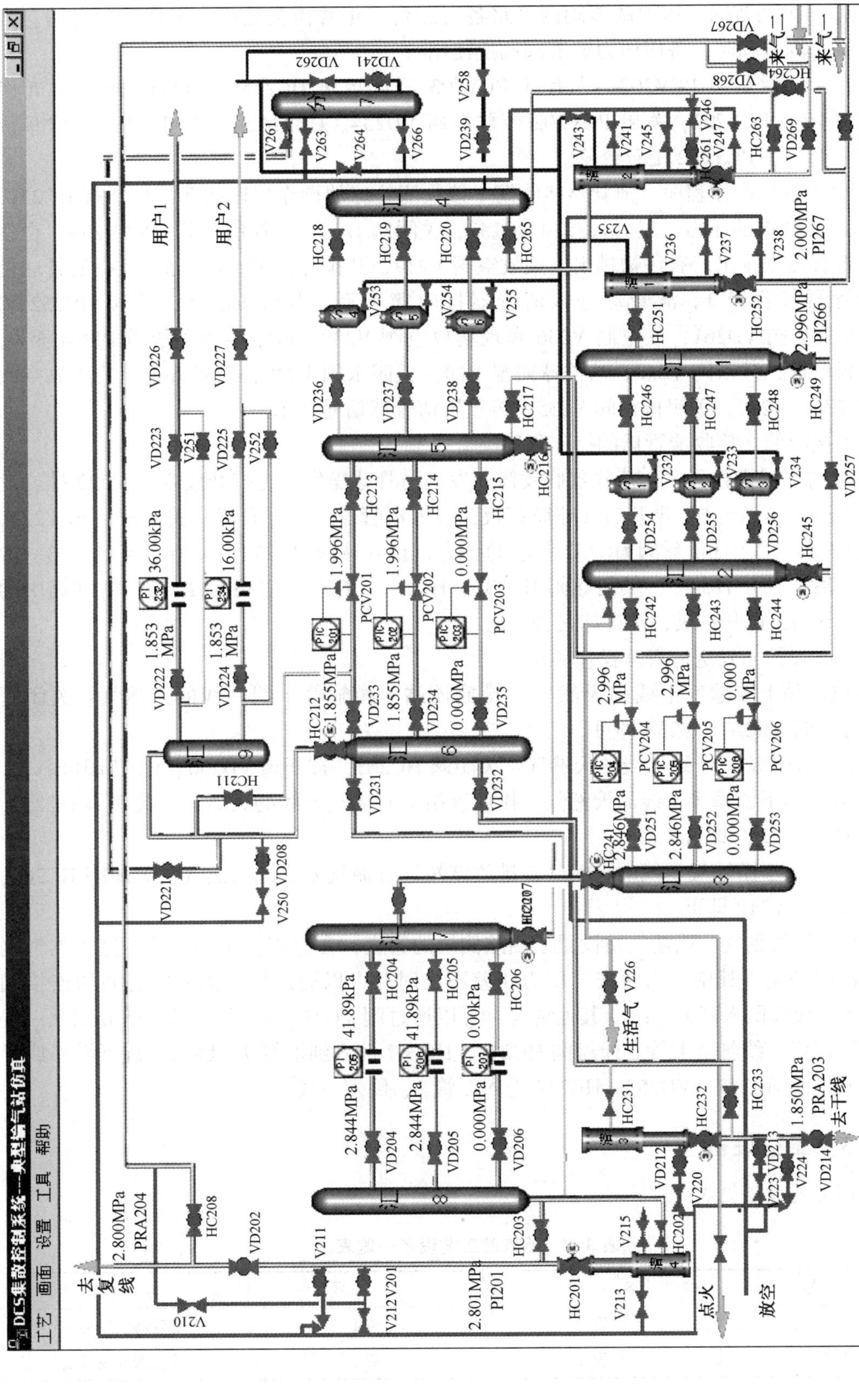

图3-20 典型输气站仿真总流程图

4. 检修压力调节阀　压力调节阀两气路各有三台，正常情况是两台工作一台备用。当需要检修压力调节阀时，备用压力调节阀调换使用。

例如：检修调压阀 PCV202，先打开 PCV203 的前后阀 HC215、VD235，然后打开阀 PCV203，关闭阀 PCV202，关闭 PCV202 的前后阀 VD234、HC214，打开阀 V268 放空压力后，即可对调压阀 PCV202 进行检修。

5. 接收清管球操作程序　清管器接收筒 1 接收清管球的操作程序如下：打开阀 HC251，平衡阀 HC252 两端的压力，然后打开阀 HC252，关闭阀 HC249，控制开放空阀 V239，观察放空口是否有污物排出。有污物排出，关放空阀 V239，开排污阀 V235 引球，监听清管球是否进入清管器接收筒 1。清管球进入清管器接收筒 1 后，开阀 HC249，关阀 HC252 和 HC251，开放空阀 VD261，放空阀 V236 和现场放空阀 V239，放空清管器压力 PI264 至 0，再打开盲板取球，开水阀 V240，清洗球筒至干净。关闭水阀 V240，关闭盲板，关闭放空阀 VD261、V236、V239，关闭排污阀 V235；再重置清管球信号指示。

清管器接收筒 2 接收清管球的操作程序类似。

6. 发送清管球操作程序　清管器收发筒 3 发送清管球操作：先打开放空阀 V222 排放发球筒中的天然气压力至 0，再开启发球筒盲板，装入清管球，关好盲板，关闭放空阀 V222，打开球阀 HC231 用于平衡球阀 HC232 两端的压力，打开球阀 HC232，关闭球阀 HC233。待清管球发出后，打开 HC233，关闭球阀 HC232、HC231，打开放空阀 V222 排放发球筒中的天然气压力至 0，打开盲板，检查球是否发出。

清管器收发筒 4 发送清管球操作类似。

7. 排放该站上游输气干线的天然气　排放该站上游输气干线一线的天然气：关闭阀 HC249，打开阀 VD263、V238 即可。

排放该站上游输气干线二线的天然气：关闭阀 HC263，打开阀 VD266、V247 即可。

8. 排放该站下游输气干线的天然气　排放该站下游输气干线的天然气：关闭阀 HC233，打开阀 VD213、V223 即可。

9. 排放该站下游输气复线的天然气　排放该站下游输气复线的天然气：关闭阀 HC203，打开阀 VD201、V212 即可。

10. 两路气的倒气　该输气站设置了四路倒气的管道，在有需要将其中的一路天然气倒换到另一路时使用。其中，当两来气压力相差不大时，可以通过打开两来气之间的连接阀 HC264，将一线气倒入到另一线。其他情况，可以通过阀 VD231 将二线气从汇管 6 倒入一线下游；也可以将二线气从汇管 5 通过阀 HC216、HC207 倒入到汇管 7，倒入一线下游；或者从汇管 5 通过阀 HC217、VD257、HC249 进入汇管 1，倒入一线。

3.6.3　工艺设备

输气站工艺设备见表 3-7。

表 3-7　输气站工艺设备一览表

位　号	名　称	位　号	名　称
汇 1	汇管 1	清 1	清管器收发筒 1
汇 2	汇管 2	清 2	清管器收发筒 2

续表

位　　号	名　　称	位　　号	名　　称
汇 3	汇管 3	清 3	清管器收发筒 3
汇 4	汇管 4	清 4	清管器收发筒 4
汇 5	汇管 5	FIQ201	孔板流量计 1
汇 6	汇管 6	FIQ202	孔板流量计 2
汇 7	汇管 7	FIQ203	孔板流量计 3
汇 8	汇管 8	FIQ204	孔板流量计 4
汇 9	汇管 9	FIQ205	孔板流量计 5
分 1	分离器 1	PCV201	调压阀 1
分 2	分离器 2	PCV202	调压阀 2
分 3	分离器 3	PCV203	调压阀 3
分 4	分离器 4	PCV204	调压阀 4
分 5	分离器 5	PCV205	调压阀 5
分 6	分离器 6	PCV206	调压阀 6
分 7	分离器 7		

3.6.4 控制仪表

3.6.4.1 DCS 仪表

DCS 仪表见表 3-8。

表 3-8 DCS 仪表

位　号	名　称	位　号	名　称
PRA201	来气 2 压力表	PI255	调压阀 5 前压力表
PRA202	来气 1 压力表	PI256	调压阀 6 前压力表
PRA203	去干线压力表	PI265	汇管 1、2 旁通线压力表
PRA204	去复线压力表	DPI201	孔板流量计 1 压差表
PI201	去复线前压力表	DPI202	孔板流量计 2 压差表
PI205	计 3 前压力表	DPI203	孔板流量计 3 压差表
PI206	计 4 前压力表	DPI204	孔板流量计 4 压差表
PI207	计 5 前压力表	DPI205	孔板流量计 5 压差表
PI221	调压阀 1 后压力表	TI211	计 3 温度表
PI222	调压阀 1 前压力表	TI212	计 4 温度表
PI223	调压阀 2 后压力表	TI213	计 5 温度表
PI224	调压阀 2 前压力表	TI214	计 1 温度表
PI225	调压阀 3 后压力表	TI215	计 2 温度表
PI226	调压阀 3 前压力表	TI216	来气 2 温度表
PI232	计 1 前压力表	TI217	来气 1 温度表
PI234	计 2 前压力表	FI207	计 3 流量计

续表

位 号	名 称	位 号	名 称
PI251	调压阀 4 后压力表	FI208	计 4 流量计
PI252	调压阀 5 后压力表	FI209	计 5 流量计
PI253	调压阀 6 后压力表	FI216	计 1 流量计
PI254	调压阀 4 前压力表	FI218	计 2 流量计

3.6.4.2 现场仪表

现场仪表见表 3-9。

表 3-9 现场仪表

位 号	名 称	位 号	名 称
PI208	汇管 8 压力表	PI246	汇管 4 压力表
PI209	汇管 7 压力表	PI247	分离器 4 压力表
PI211	清管器收发筒 4 压力表	PI248	分离器 5 压力表
PI212	生活气压力表	PI249	分离器 6 压力表
PI213	放空线压力表	PI251	调压阀 4 后压力表
PI214	清管器收发筒 3 压力表	PI252	调压阀 5 后压力表
PI215	去干线前压力表	PI253	调压阀 6 后压力表
PI216	汇管 9 压力表	PI254	调压阀 4 前压力表
PI221	调压阀 1 后压力表	PI255	调压阀 5 前压力表
PI222	调压阀 1 前压力表	PI256	调压阀 6 前压力表
PI223	调压阀 2 后压力表	PI257	汇管 3 压力表
PI224	调压阀 2 前压力表	PI258	汇管 2 压力表
PI225	调压阀 3 后压力表	PI261	分离器 1 前压力表
PI226	调压阀 3 前压力表	PI262	分离器 2 前压力表
PI227	汇管 5 压力表	PI263	分离器 3 前压力表
PI228	汇管 6 压力表	PI264	清管器收发筒 1 压力表
PI235	用户 1 压力表	PI266	来气 1 进站压力表
PI236	用户 2 压力表	PI267	来气 2 进站压力表
PI237	分离器 1 压力表	PI268	清管器收发筒 2 压力表
PI238	分离器 2 压力表	PI269	汇管 1 压力表
PI239	分离器 3 压力表	FIQ201	计 1 累积流量计
PI241	分离器 4 前压力表	FIQ202	计 2 累积流量计
PI242	分离器 5 前压力表	FIQ203	计 3 累积流量计
PI243	分离器 6 前压力表	FIQ204	计 4 累积流量计
PI244	排污线压力表	FIQ205	计 5 累积流量计
PI245	分离器 7 压力表		

3.6.5 操作参数

系统正常运行参数及报警一览表参数见表 3-10。

表 3-10 系统正常运行参数及报警参数一览表

名　称	位　号	正常值	报警下限	报警上限	单位
一线进气压力	PRA202	3.000	2.85	3.15	MPa
二线进气压力	PRA201	2.000	1.90	2.10	MPa
干线出气压力	PRA203	1.850	1.75	1.94	MPa
复线出气压力	PRA204	2.800	2.66	2.94	MPa
汇管 1 压力	PI269	2.998	2.85	3.15	MPa
汇管 2 压力	PI258	2.996	2.85	3.15	MPa
汇管 3 压力	PI257	2.846	2.70	2.98	MPa
汇管 4 压力	PI246	1.998	1.90	2.10	MPa
汇管 5 压力	PI227	1.996	1.90	2.10	MPa
汇管 6 压力	PI228	1.855	1.76	1.94	MPa
汇管 7 压力	PI209	2.844	2.70	2.98	MPa
汇管 8 压力	PI208	2.802	2.66	2.94	MPa
汇管 9 压力	PI216	1.853	1.76	1.94	MPa
调压阀 1 设定压力	PIC201	1.855			MPa
调压阀 2 设定压力	PIC202	1.855			MPa
调压阀 3 设定压力	PIC203	0			MPa
调压阀 4 设定压力	PIC204	2.846			MPa
调压阀 5 设定压力	PIC205	2.846			MPa
调压阀 6 设定压力	PIC206	0			MPa
计 1 瞬时流量	FI216	120	108	132	$10^4m^3/d$
计 2 瞬时流量	FI218	80	72	88	$10^4m^3/d$
计 3 瞬时流量	FI207	200	180	220	$10^4m^3/d$
计 4 瞬时流量	FI208	200	180	220	$10^4m^3/d$
计 5 瞬时流量	FI209	0			$10^4m^3/d$
分离器 1 压力	PI237	2.997			MPa
分离器 2 压力	PI238	2.997			MPa
分离器 3 压力	PI239	0			MPa
分离器 4 压力	PI247	1.997			MPa
分离器 5 压力	PI248	1.997			MPa
分离器 6 压力	PI249	0			MPa
分离器 7 压力	PI245	0			MPa
来气 1 温度	TI217	20			℃
来气 2 温度	TI216	20			℃
计 1 温度	TI214	20			℃
计 2 温度	TI215	20			℃
计 3 温度	TI211	20			℃
计 4 温度	TI212	20			℃
计 5 温度	TI213	20			℃

3.6.6 操作规程

3.6.6.1 清管器接收筒1的收球

(判断清管球已经进入可操作范围：2km内)

(1) 开电动球阀HC251，平衡电动球阀HC252的压力(PI264～PI266<0.1MPa，见图3-20)；

(2) 开电动球阀HC252；

(3) 关闭电动球阀HC249；

(4) 控制开放空阀V239，观察放空口是否有污物排出；

(5) 等待放空口有污物(MK201)排出；

(6) 关闭放空阀V239；

(7) 开排污阀V235引球；

(8) 监听球是否进入清管器接收筒1(打开ZS201)；

(9) 开电动球阀HC249；

(10) 关闭电动球阀HC252；

(11) 关闭电动球阀HC251；

(12) 开放空阀VD261；

(13) 开放空阀V236；

(14) 开现场放空阀V239；

(15) 放空清管器接收筒1压力PI264至0；

(16) 开盲板MB201，取球；

(17) 开水阀V240清洗清管器接收筒1；

(18) 等待清管器接收筒1清洗干净；

(19) 关闭水阀V240；

(20) 关闭盲板MB201；

(21) 关闭放空阀VD261；

(22) 关闭放空阀V236；

(23) 关闭放空阀V239；

(24) 关闭排污阀V235；

(25) 复位清管球信号ZS201。

3.6.6.2 检修调压阀PCV204，起用备用调压阀PCV206

(为稳定流量，先改PIC204到手动，改PIC206到手动)

(1) 打开电动球阀HC244；

(2) 打开球阀VD253；

(3) 手动缓慢打开调压阀PCV206；

(4) 手动缓慢关小调压阀PCV204；

(5) 调压阀PCV206开度到50；

(6) 调压阀PCV204开度到0；

(7) 切断调压阀PCV204前阀门：HC242；

(8) 切断调压阀 PCV204 后阀门：VD251；
(9) 开阀 V270，放空；
(10) 放空 PI251 压力至 0；
(11) 放空 PI254 压力至 0。
(再改 PIC206 回到自动)

3.6.6.3　分离器 1 清洗

(1) 切断前阀 HC246；
(2) 切断后阀 VD254；
(3) 打开放空阀 V207；
(4) 放空至 PI237 到 0；
(5) 打开分离器人孔(RK204)；
(6) 打开水阀 V204；
(7) 清洗至干净(CLEAN)；
(8) 关闭水阀 V204；
(9) 关闭人孔(RK204)；
(10) 关闭放空阀 V207；
(11) 打开前阀 HC246；
(12) 打开后阀 VD254。

3.6.6.4　分离器 5 排污

(1) 切断分离器 5 前阀 HC219；
(2) 切断分离器 5 后阀 VD237；
(3) 打开分离器 5 下的排污阀 V254(控制速度)；
(4) 打开总排污球阀 VD241；
(5) 缓慢打开总排污阀 V262；
(6) 分离器 5 压力 PI248 至 0；
(7) 关闭总排污阀 VD241；
(8) 关闭总排污阀 V262；
(9) 关闭分离器 5 下的排污阀 V254；
(10) 打开分离器 5 前阀 HC219；
(11) 打开分离器 5 后阀 VD237。

3.6.7　紧急事故

3.6.7.1　来气二线上游爆管或有故障

(从来气一线倒气，需要排放进站干线二线的天然气)
(1) 向调度室汇报情况；
(2) 通知来气二线上游；
(3) 通知下游用户 1；
(4) 通知下游用户 2；
(5) 关闭电动球阀 HC263；

（6）打开 HC264，从来气一线倒气，保障下游用气；
（7）开二线进站前放空阀 VD266；
（8）开二线进站前放空阀 V247；
（9）放空至二线 PRA201 压力为 0；
（10）放空至 PI267 压力为 0。

3.6.7.2 下游干线管线出现爆管或故障 1

（将控制阀 PIC201，PIC202 切换到手动）
（1）向调度室汇报情况；
（2）通知下游输气干线；
（3）通知上游来气二线；
（4）通知下游用户 1；
（5）通知下游用户 2；
（6）关闭球阀　VD214；
（7）关闭球阀　HC233；
（8）关闭球阀　VD232；
（9）当 PI267（约为 3.00MPa 时）大于 PI266 压力时，打开两来气之间的连接阀 HC264，将二线气倒入一线下游。

注：此时如果流程稳定，可以将 PCV201 关闭，将 PCV202 阀门设置开度为 20，转换为自动控制，调压值设定为 1.855MPa。

3.6.7.3 下游干线出故障或爆管 2

（由汇管 5 倒气到汇管 1，经一线分离器调压阀进入一线下游，手动控制 PCV201、PCV202 的开度，保证二线下游两用户的压力和流量，误差 20%内。）
（1）向调度室汇报情况；
（2）通知下游输气干线；
（3）通知上游来气二线；
（4）通知下游用户 1；
（5）通知下游用户 2；
（6）关闭 VD214；
（7）关闭电动球阀 HC233；
（8）关闭 VD232；
（9）汇管 5 压力上升至≥3.00MPa；
（10）打开电动球阀 HC217；
（11）打开 VD257，二线气进入汇管 1，经分离器调压阀进入一线下游（此时如果流程稳定，可以将 PCV201 关闭，将 PCV202 阀门设置开度为 20，转换为自动控制，调压值设定为 1.855MPa）。

3.6.7.4 下游干线出故障或爆管 3

（不需要一线调压，只是由二线调压，由阀 VD231 进入一线下游）
注：手动控制 PCV201，PCV202 的开度，保证下游两用户的压力和流量。
（1）向调度室汇报情况；

（2）通知下游输气干线；
（3）通知上游来气二线；
（4）通知下游用户 1；
（5）通知下游用户 2；
（6）关闭 VD214；
（7）关闭 HC233；
（8）关闭 VD232；
（9）打开 HC211；
（10）关闭 HC212；
（11）关闭 VD233；
（12）汇管 6 达到 2. 805MPa；
（13）打开 VD231(此时如果流程稳定，可以将 PCV202 阀门设置开度为 50，转换为自动，设定调压值 2. 805MPa)。

3.6.8 仿真界面

3.6.8.1 系统操作说明

1. 系统启动　启动仿真系统可以有多种方法。
(1)双击桌面仿真系统快捷方式图标即可启动系统；
(2)可以从 Windows 的开始菜单中，点击程序菜单，选择本系统程序启动系统。

2. 系统初始化　系统启动后，经过用户登录，自动初始化(可以先不选择培训项目)，进入系统正常运行状态。如果系统运行状态没有初始化，可用鼠标右键点击屏幕下方的任务栏中的仿真系统图标，在弹出的功能菜单中，选择”重新开始”，调用系统初始化状态。

3. 选择培训项目　鼠标右键点击屏幕下方的任务栏中的仿真系统图标，在弹出的功能菜单中，选择“培训项目”，然后在培训项目菜单中选择一个培训项目，单击确定，培训项目开始。

4. 进行培训项目　进行培训项目中，系统屏幕上方菜单中出现“培训项目”菜单，点击可以查看培训指导说明，屏幕下方的任务栏中的评分系统图标可以打开观看评分情况，评分结束可以打印成绩。

如果想开始另一个培训项目，请先选择重新开始，调用系统正常运行状态，再重新选择培训项目。

3.6.8.2 系统界面说明

典型输气站仿真系统主要画面包括：
（1）典型输气站总流程图；
（2）流程一区现场图；
（3）流程一区 DCS 图；
（4）流程二区现场图；
（5）流程二区 DCS 图；
（6）流程三区现场图；

(7) 流程三区 DCS 图；
(8) 流程四区现场图；
(9) 流程四区 DCS 图；

同时，系统中还包括：流量参数界面、控制阀参数界面、图例说明界面、工作电话界面。趋势图有：

流量趋势图：包括 5 个孔板流量计的流量趋势图；

分离器压力趋势图：包括 7 台分离器的压力趋势图；

调压阀压力趋势图：包括 6 台调压阀的前后压力趋势图；

流量计压力趋势图：包括 5 个流量计前压力趋势图；

汇管压力趋势图：包括 9 个汇管的压力趋势图；

另外还包括：报警列表界面，可以查看当前报警信息。

系统每个画面中包括屏幕上方的菜单，和屏幕下方的各界面按钮。

从屏幕上方的菜单中点击“画面”可以去到所有画面中；点击“趋势”可以查看所列指标的运行趋势图；点击“报警”中的“显示报警列表”可以查看报警信息；点击“培训项目”可以查看培训项目指导。

屏幕下方的各界面按钮可以去到各 DCS 主控界面。

在总流程图画面中，不能开关阀门，具体操作由各分区实施，点击可去到该区 DCS 画面。

在 DCS 画面中，可以操作：

电动球阀：HC＊＊＊；调压阀：PCV＊＊＊；清管球到来信号：ZS＊＊＊；

在现场画面中，可以操作：

手动调节阀：V＊＊＊；

手动开关阀：VD＊＊＊；

开关水阀；

开关盲板。

3.7 常减压炼油仿真实训

3.7.1 实训目的

(1) 掌握常减压炼油工段主要设备工艺控制指标；
(2) 了解常减压炼油工段工艺流程；
(3) 理解常减压炼油工段控制方案；
(4) 掌握常减压炼油工段操作规程；
(5) 掌握常减压炼油工段事故处置。

3.7.2 仿真界面

DCS 流程总图见图 3-21。

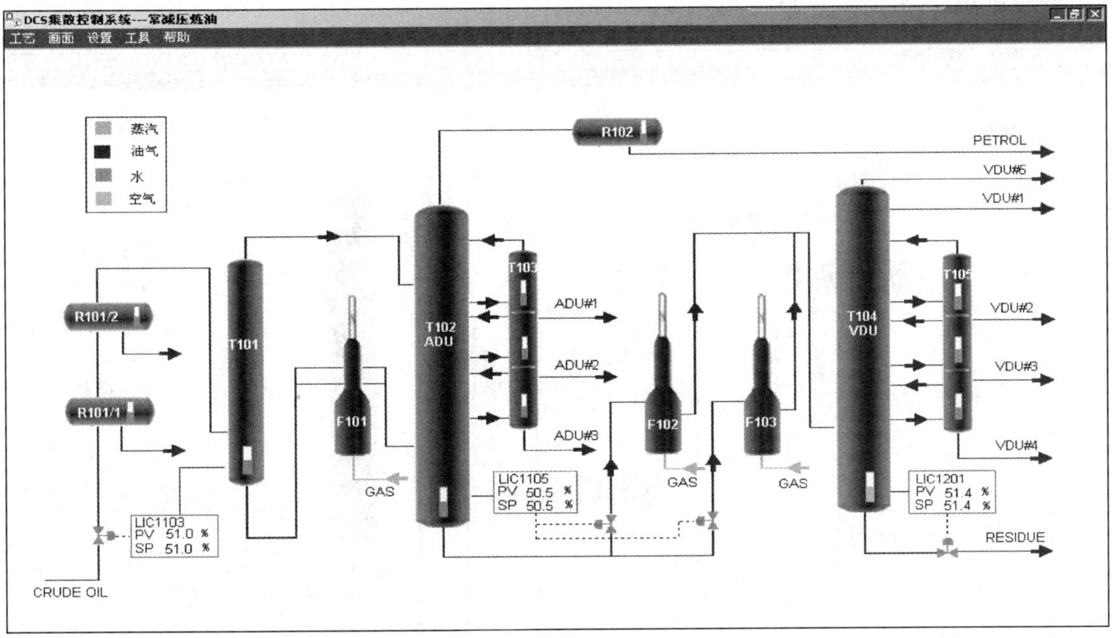

图 3-21　DCS 流程总图

闪蒸塔 DCS 图见图 3-22。

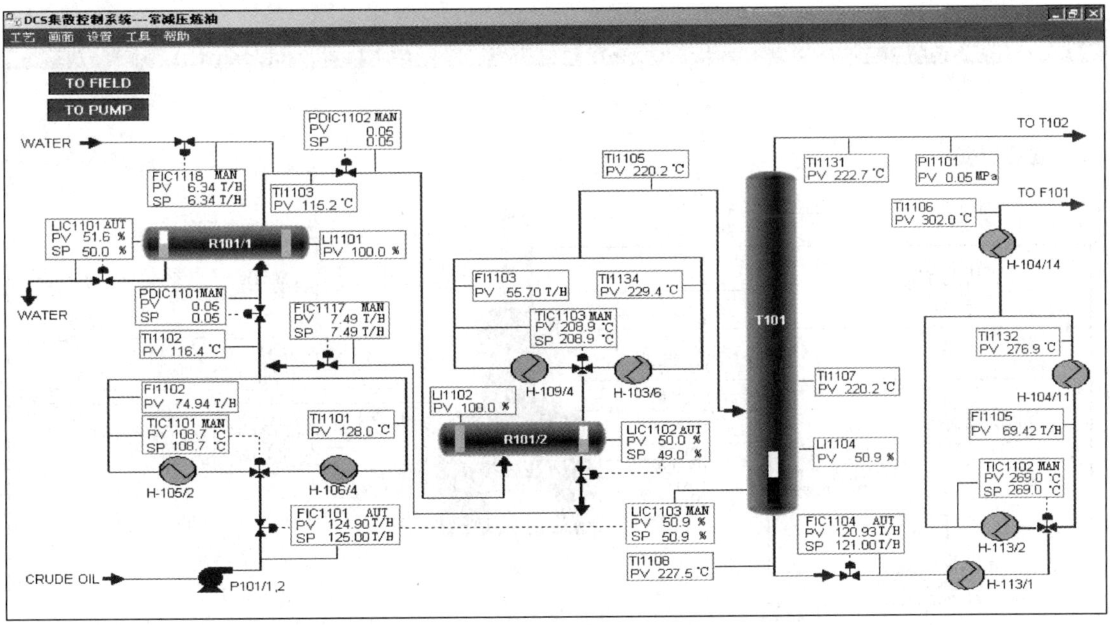

图 3-22　闪蒸塔 DCS 图

闪蒸塔现场图见图 3-23。

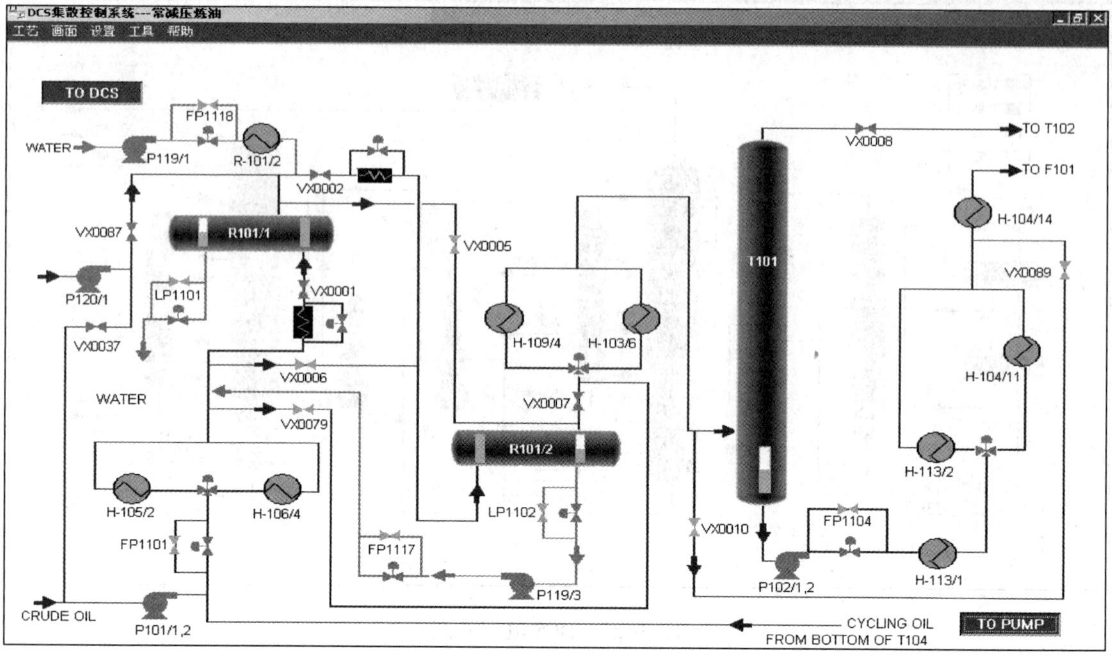

图 3-23　闪蒸塔现场图

常压塔加热炉 DCS 图见图 3-24。

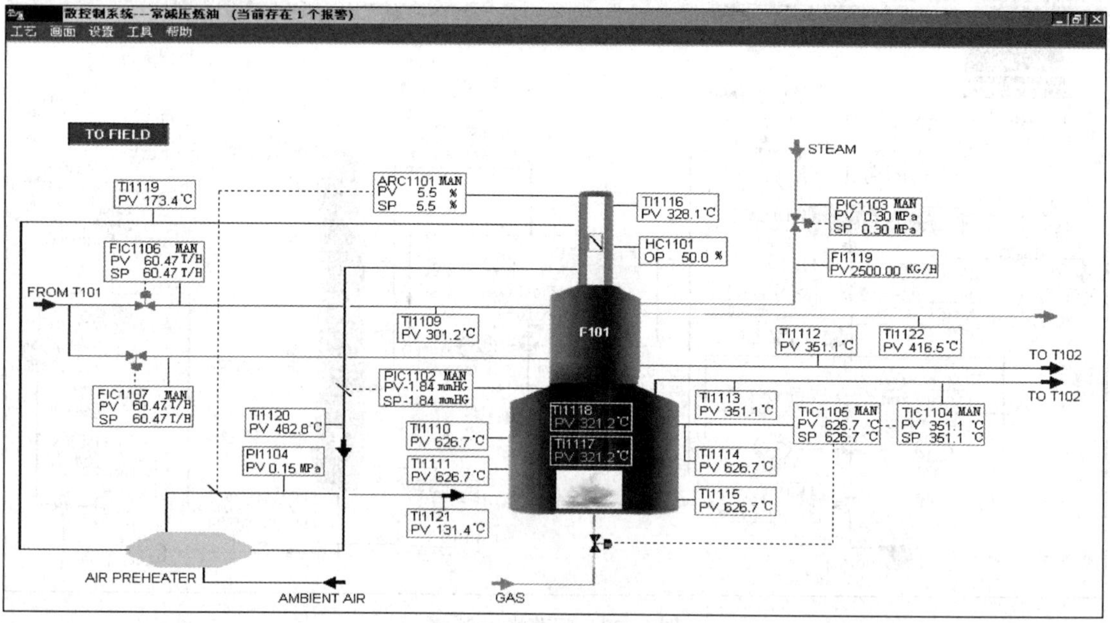

图 3-24　常压塔加热炉 DCS 图

常压塔加热炉现场图见图 3-25。

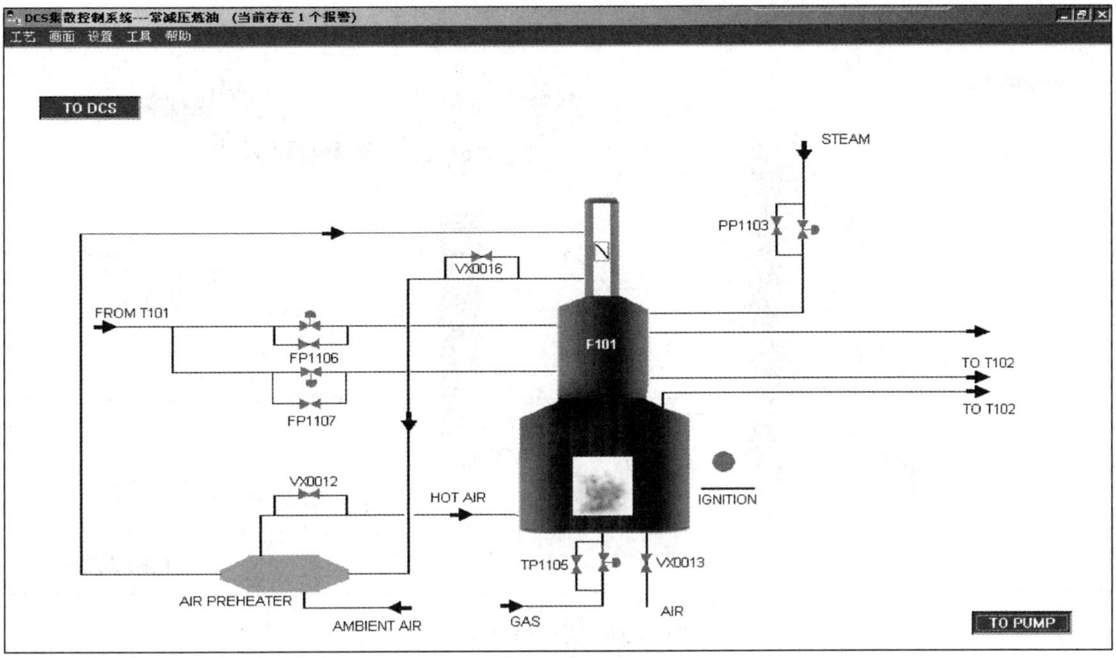

图 3-25 常压塔加热炉现场图

常压塔 DCS 图见图 3-26。

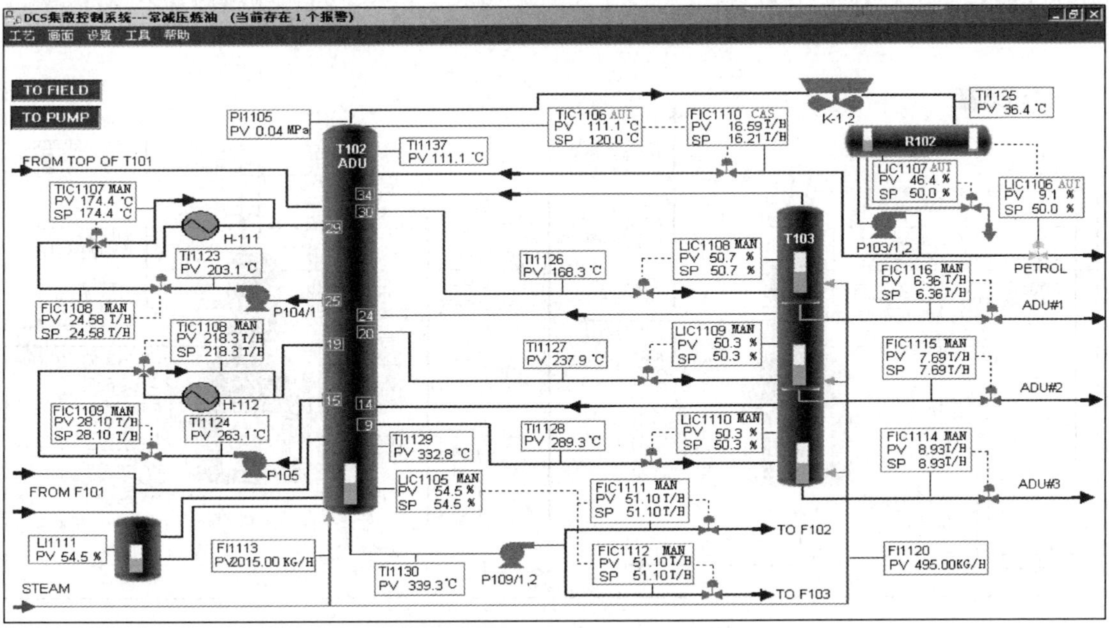

图 3-26 常压塔 DCS 图

常压塔现场图见图 3-27。

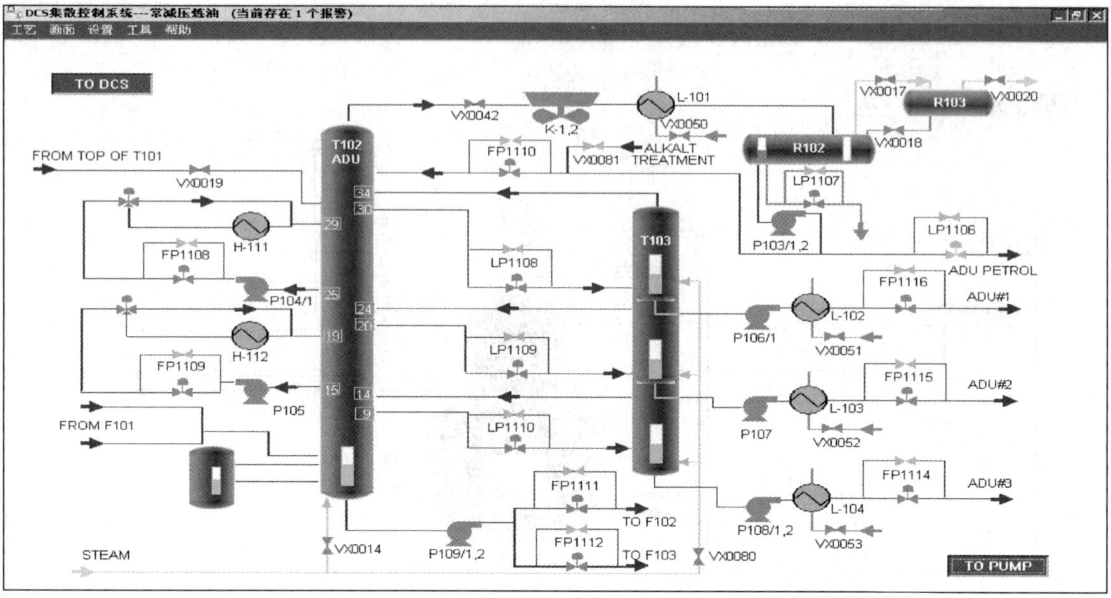

图 3-27 常压塔现场图

减压塔加热炉 DCS 图见图 3-28。

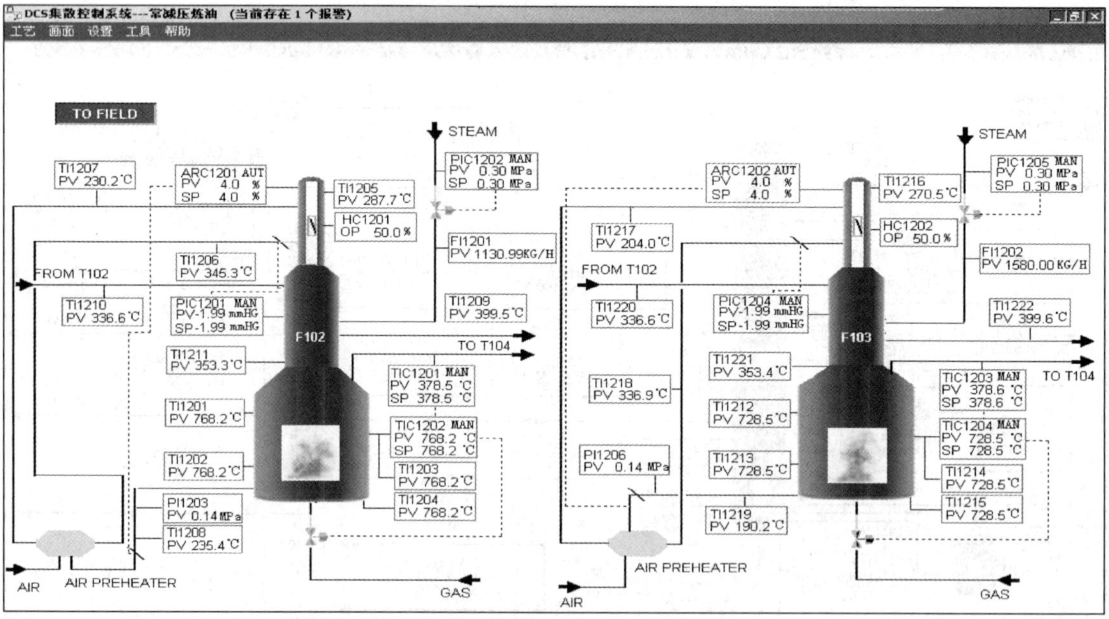

图 3-28 减压塔加热炉 DCS 图

减压塔加热炉现场图见图 3-29。

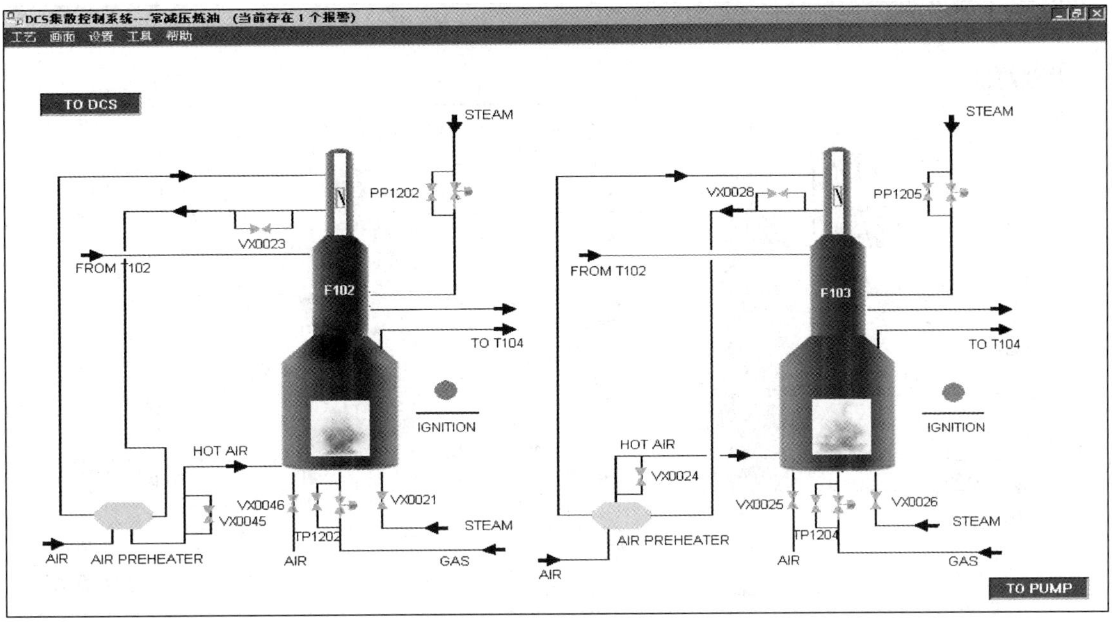

图 3-29　减压塔加热炉现场图

减压塔 DCS 图见图 3-30。

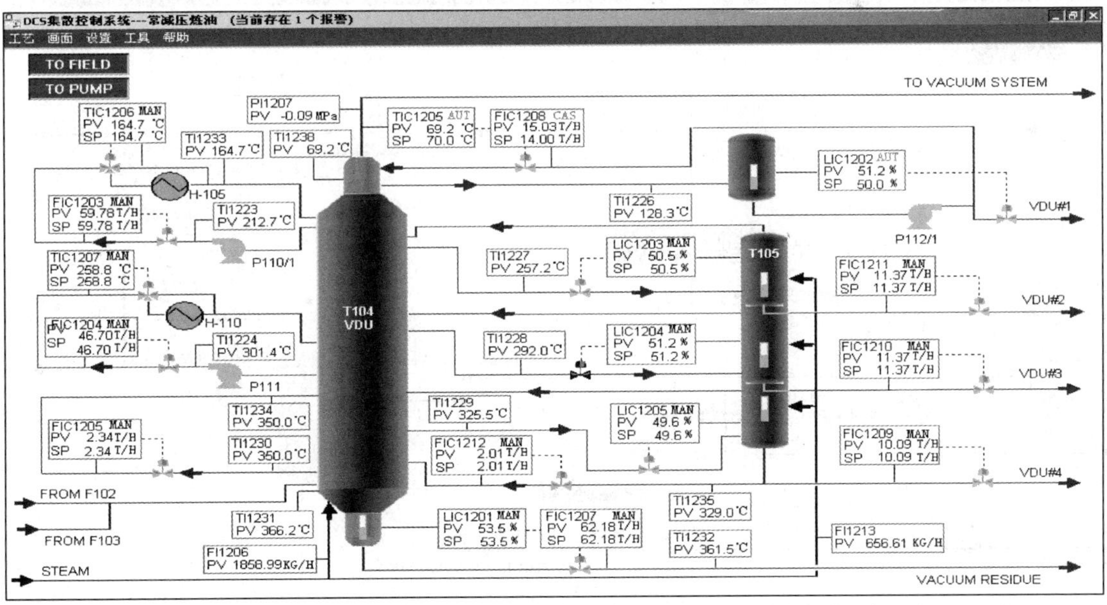

图 3-30　减压塔 DCS 图

减压塔现场图见图 3-31。

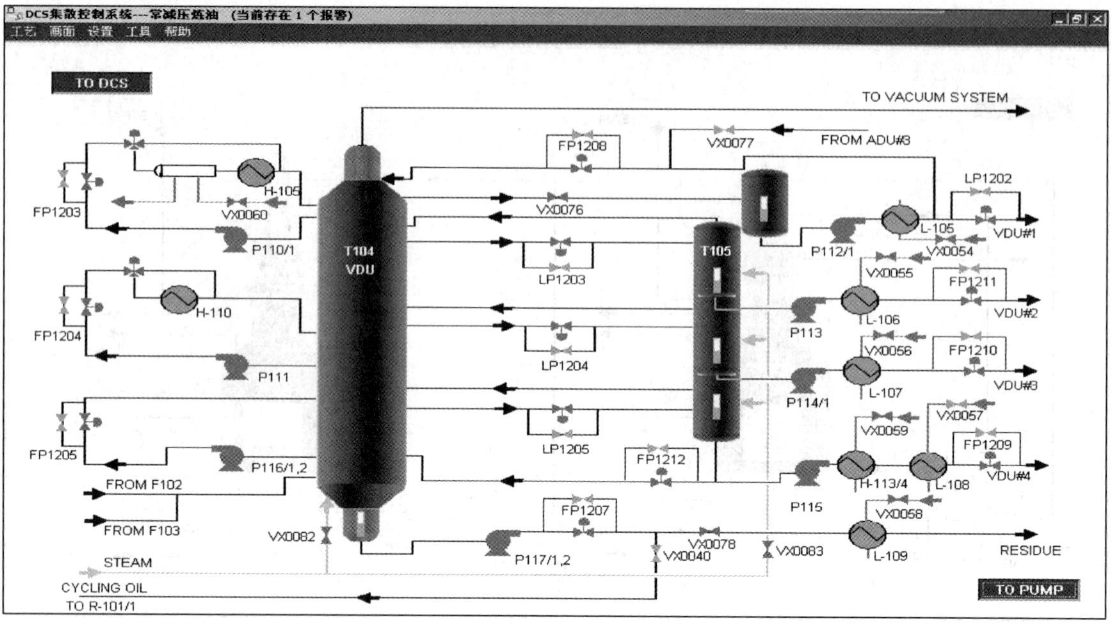

图 3-31 减压塔现场图

公用工程 DCS 图见图 3-32。

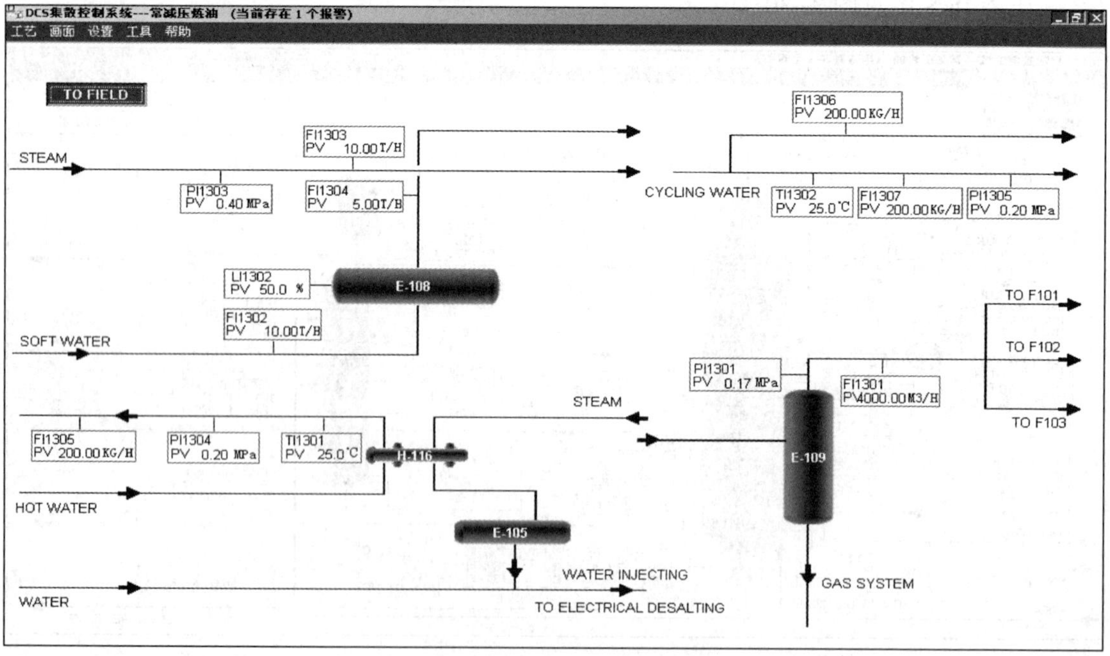

图 3-32 公用工程 DCS 图

公用工程现场图见图 3-33。

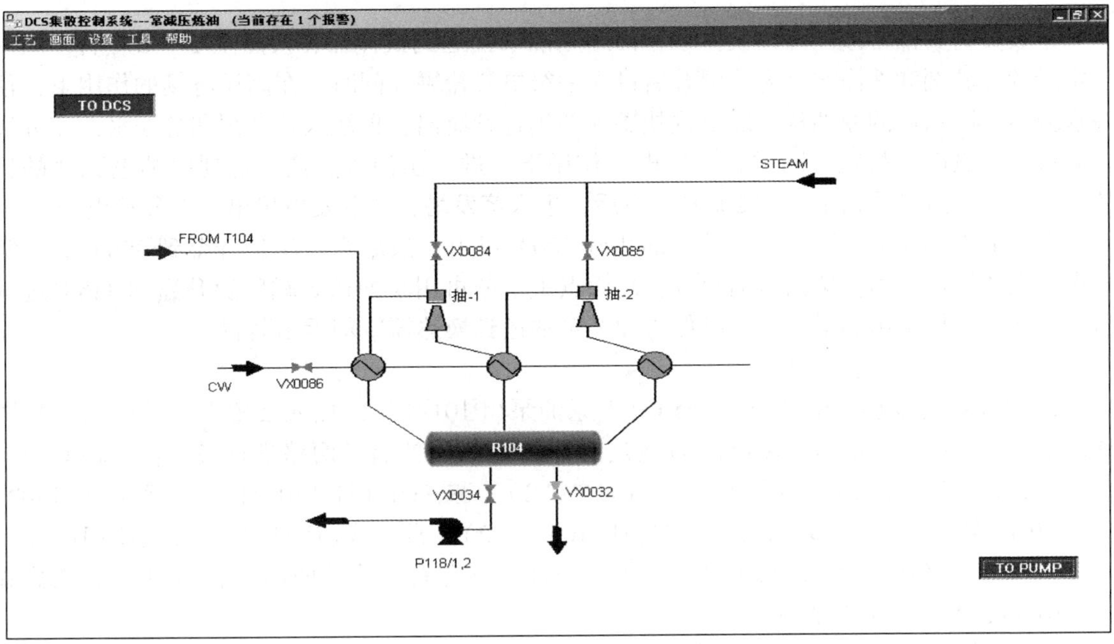

图 3-33　公用工程现场图

泵现场图见图 3-34。

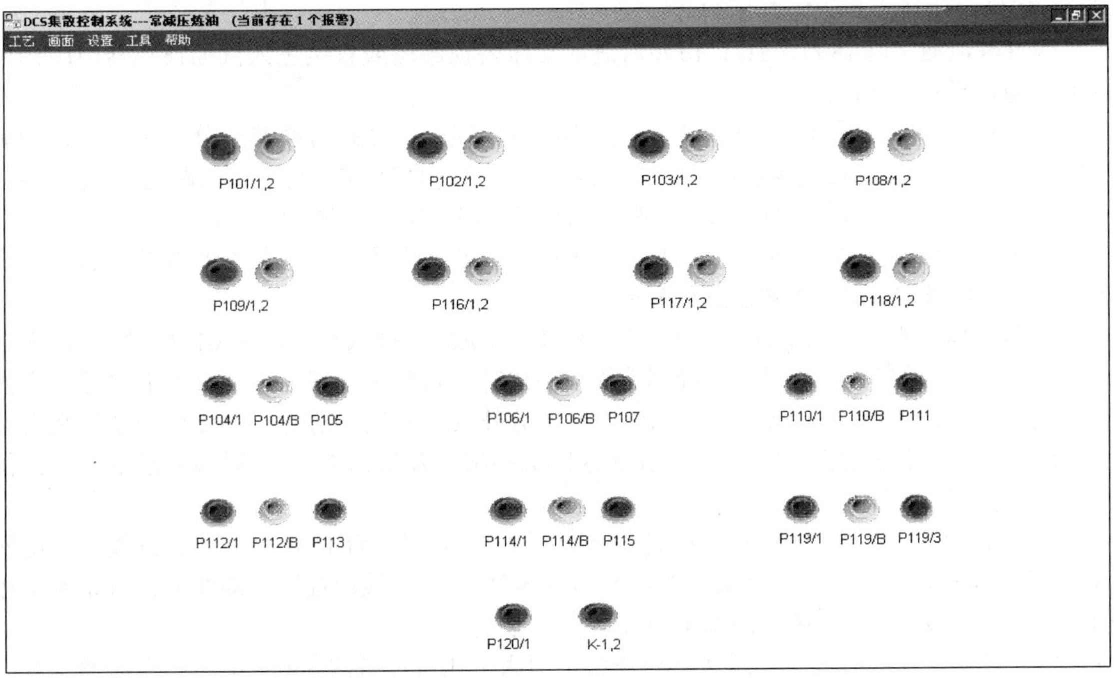

图 3-34　泵现场图

3.7.3 装置概况

本装置为石油常减压蒸馏装置，原油经原油泵抽送到换热器，换热至110℃左右，加入一定量的破乳剂和洗涤水，充分混合后进入一级电脱盐罐。同时，在高压电场的作用下，使油水分离。脱水后的原油从一级电脱盐罐顶部集合管流出，再注入破乳剂和洗涤水，充分混合后进入二级电脱盐罐，同样在高压电场作用下，进一步油水分离，达到原油电脱盐的目的。然后再经过换热器加热到200℃左右后，进入蒸发塔，在蒸发塔拨出一部分轻组分。

拨头油再用泵抽送到换热器继续加热到280℃以上，然后去常压炉升温到356℃进入常压塔。在常压塔拨出重柴油以前组分，高沸点重组分再用泵抽送到减压炉升温到386℃进减压塔，在减压塔拨出润滑油料，塔低重油经泵抽送到换热器冷却后出装置。

3.7.3.1 工艺流程简述

1. 原油系统换热　罐区原油(65℃)由原油泵(P101/1，2)抽入装置后，首先与闪蒸塔顶汽油、常压塔顶汽油(H-101/1-4)换热至80℃左右，然后分两路进行换热：一路原油与减一线(H-102/1，2)、减三线(H-103/1，2)、减一中(H-105/1，2)换热至140℃(TIC1101)左右；另一路原油与减二线(H-106/1，2)、常一线(H-107)、常二线(H-108/1，2)、常三线(H-109/1，2)换热至140℃(TI1101)左右，然后两路汇合后进入电脱盐罐(R-101/1，2)进行脱盐脱水。

脱盐后原油(130℃左右)从电脱盐出来分两路进行换热，一路原油与减三线(H-103/3，4)、减渣油(H-104/3-7)、减三线(H-103/5，6)换热至235℃(TI1134)左右；二路原油与常一中(H-111/1-3)、常二线(H-108/3)、常三线(H-109/3)、减二线(H-106/5，6)、常二中(H-112/2，3)、常三线(H-109/4)换热至235℃(TIC1103)左右；两路汇合后进入闪蒸塔(T-101)。也可直接进入常压炉。

闪蒸塔顶油气以180℃(TI1131)左右进入常压塔顶部塔或直接进入汽油换热器(H-101/1-4)，空冷器(L-101/1-3)。

拔头原油经拔头原油泵(P102/1，2)抽出与减四线(H-113/1)换热后分两路：一路与减二中(H-110/2-4)，减四线(H-113/2)换热至281℃(TIC1102)左右；二路与减渣油(H-104/8-11)换热至281℃(TI1132)左右，两路汇合后与减渣油(H-104/12-14)换热至306.8℃(TI1106)左右再分两路进入常压炉对流室加热，然后再进入常压炉辐射室加热至要求温度入常压塔(T-102)进料段进行分馏。

2. 常压塔　常压塔顶油先与原油(H-101/1-4)换热后进入空冷(L-101/1，2)，再入后冷器(L-101/3)冷却，然后进入汽油回流罐(R-102)进行脱水，切出的水放入下水道。汽油经过汽油泵(P103/1，2)一部分打顶回流，一部分外放。不凝汽则由R-102引至常压瓦斯罐(R-103)，冷凝下来的汽油由R-103底部返回R-102，瓦斯由R-103顶部引至常压炉，作自产瓦斯燃烧，或放空。

常一线从常压塔第32层(或30层)塔板上引入常压汽提塔(T-103)上段，汽提油汽返回常压塔第34层塔板上，油则由泵(P106/1，P106/B)自常一线汽提塔底部抽出，与原油换热(H-107)后经冷却器(L-102)冷却至70℃左右出装置。

常二线从常压塔第22层(或20层)塔板上引入常压汽提塔(T-103)中段，汽提油汽返回常压塔第24层塔板上，油则由泵(P107，P106/B)自常二线汽提塔底部抽出，与原油换热(H-108/1，2)后经冷却器(L-103)冷却至70℃左右出装置。

常三线从常压塔第11层(或9层)塔板上引入常压汽提塔(T-103)下段，汽提油汽返回常压塔第14层塔板上，油则由泵(P108/1，2)自常三线汽提塔底部抽出，与原油换热(H-109/1-4)后经冷却器(L-104)冷却至70℃左右出装置。

常压一中油自常压塔顶第25层板上由泵(P104/1，P104/B)抽出与原油换热(H-111/1-3)后返回常压塔第29层塔板上。

常压二中油自常压塔顶第15层板上由泵(P104/B，P105)抽出与原油换热(H-112/2，3)后返回常压塔第19层塔板上。

常压渣油经塔底泵(P109/1，2)自常压塔T-102底抽出，分两路去减压炉(炉-102，103)对流室，辐射室加热后合成一路以工艺要求温度进入减压塔(T-104)进料段进行减压分馏。

3. 减压塔　减顶油气二级经抽真空系统后，不凝汽自L-110/1，2放空或入减压炉(炉-102)作自产瓦斯燃烧。冷凝部分进入减顶油水分离器(R-104)切水，切出的水放入下水道，污油进入污油罐进一步脱水后由泵(P118/1，2)抽出装置，或由缓蚀剂泵抽出去闪蒸塔进料段或常一中进行回炼。

减一线油自减压塔上部集油箱由减一线泵(P112/1，P112/B)抽出与原油换热(H-102/1，2)后经冷却器(L-105/1，2)冷却至45℃左右，一部分外放，另一部分去减顶作回流用。

减二线油自减压塔引入减压汽提塔(T-105)上段，油气返回减压塔，油则由泵(P113，P112/B)抽出与原油换热(H-106/1-6)后经冷却器(L-106)冷却至50℃左右出装置。

减三线油自减压塔引入减压汽提塔(T-105)中段，油气返回减压塔，油则由泵(P114/1，P114/B)抽出与原油换热(H-103/1-6)后经冷却器(L-107)冷却至80℃左右出装置。

减四线油自减压塔引入减压汽提塔(T-105)下段，油气返回减压塔，油则由泵(P115，P114/B)抽出，一部分先与原油换热(H-113/1，2，H-113/3，4，图3-32仅画出H-113/4)，再与软化水换热(H-114/1，2图3-32未画出)后经冷却器(L-108)冷却至50~85℃左右出装置；另一部分打入减压塔四线集油箱下部作净洗油用。

冲洗油自减压塔由泵(P116/1，2)抽出后与L-109/2换热，一部分返塔作脏洗油用，另一部分外放。

减一中油自减压塔一，二线之间由泵(P110/1，P110/B)抽出与软化水换热(H-105/3)，再与原油换热(H-105/1，2)后返回减压塔。

减二中油自减压塔三，四线之间由泵(P111，P110/B)抽出与原油换热(H-110/2-4)后返回减压塔。

减压渣油自减压塔底由泵(P117/1，2)抽出与原油换热(H-104/3-14)后，经冷却器(L-109)冷却后出装置。

3.7.3.2 主要设备工艺控制指标

1. 闪蒸塔T-101　闪蒸塔T-101控制指标见表3-11。

表3-11　闪蒸塔T-101控制指标

名　称	温度/℃	压力(表压)/MPa	流量/(t/h)
进料流量	235	0.065	126.262
塔底出料	228	0.065	121.212
塔顶出料	230	0.065	5.05

2. 常压塔 T-102　常压塔 T-102 控制指标见表 3-12。

表 3-12　常压塔 T-102 控制指标

名　称	温度/℃	压力(表压)/MPa	流量/(t/h)
常顶回流出塔	120	0.058	
常顶回流返塔	35		10.9
常一线馏出	175		6.3
常二线馏出	245		7.6
常三线馏出	296		8.94
进料	345		121.21
常一中出/返	210/150		24.499
常二中出/返	270/210		28.0
常压塔底	343		101.8

3. 减压塔 T-103　减压塔 T-103 控制指标见表 3-13。

表 3-13　减压塔 T-103 控制指标

名　称	温度/℃	压力(表压)/MPa	流量/(t/h)
减顶出塔	70	-0.09	
减一线馏出/回流	150/50		17.21/13.00
减二线馏出	260		11.36
减三线馏出	295		11.36
减四线馏出	330		10.1
进料	385		
减一中出/返	220/180		59.77
减二中出/返	305/245		46.687
脏油出/返			
减压塔底	362		61.98

4. 加热炉　常压炉 F-101，减压炉 F-102、F-103 控制指标见表 3-14。

表 3-14　加热炉控制指标

名称	氧含量/%	炉膛负压/mmHg	炉膛温度/℃	炉出口温度/℃
F-101	3~6	-2.0	610.0	368.0
F-102	3~6	-2.0	770.0	385.0
F-103	3~6	-2.0	730.0	385.0

3.7.3.3 主要调节器、仪表

1. 调节器 调节器控制指标见表 3-15。

表 3-15 调节器控制指标

序号	位号	正常值	单位	说明
1	FIC1101	126.2	t/h	原油进料
2	FIC1104	121.2	t/h	T101 塔底出料
3	FIC1106	60.6	t/h	炉 F101 的一路进料
4	FIC1107	60.6	t/h	炉 F101 的另一路进料
5	FIC1111	51.9	t/h	炉 F102 的进料
6	FIC1112	51.9	t/h	炉 F103 的进料
7	FIC1207	61.2	t/h	T104 塔底出料
8	FIC1117	6.35	t/h	R101/1 洗涤水进料
9	FIC1118	6.35	t/h	R101/2 洗涤水进料
10	FIC1116	6.36	t/h	常一线汽提塔出料
11	FIC1115	7.65	t/h	常二线汽提塔出料
12	FIC1114	8.94	t/h	常三线汽提塔出料
13	FIC1108	25	t/h	常一中循环量
14	FIC1109	28	t/h	常二中循环量
15	FIC1211	11.36	t/h	减二线汽提塔出料
16	FIC1210	11.36	t/h	减三线汽提塔出料
17	FIC1209	10.1	t/h	减四线汽提塔出料
18	FIC1203	59.77	t/h	减一中循环量
19	FIC1204	46.69	t/h	减二中循环量
20	FIC1208	17.21	t/h	减一线汽提塔返回量
21	FIC1110	10.9	t/h	常顶返回量
22	LIC1101	<50	%	R101/1 水位
23	LIC1102	<50	%	R101/2 水位
24	LIC1103	50	%	T101 油位
25	LIC1105	50	%	T102 油位
26	LIC1201	50	%	T104 油位
27	LIC1106	50	%	R102 油位
28	LIC1107	<50	%	R102 水位
29	LIC1108	50	%	常一线汽提塔油位

续表

序号	位号	正常值	单位	说明
30	LIC1109	50	%	常二线汽提塔油位
31	LIC1110	50	%	常三线汽提塔油位
32	LIC1202	50	%	减一线汽提塔油位
33	LIC1203	50	%	减二线汽提塔油位
34	LIC1204	50	%	减三线汽提塔油位
35	LIC1205	50	%	减四线汽提塔油位
36	TIC1101		℃	与 H-105/2 换热后原油温度
37	TIC1103		℃	与 H-109/4 换热原油温度
38	TIC1102		℃	与 H-113/2 换热后原油温度
39	TIC1104	368	℃	炉 F101 出口油温度
40	TIC1105	610	℃	炉 F101 炉膛温度
41	TIC1106	120	℃	常顶返回温度
42	TIC1107		℃	常一中返回温度
43	TIC1108		℃	常二中返回温度
44	TIC1201	385	℃	炉 F102 出口油温度
45	TIC1202	770	℃	炉 F102 炉膛温度
46	TIC1203	385	℃	炉 F103 出口油温度
47	TIC1204	730	℃	炉 F103 炉膛温度
48	TIC1205	70	℃	减一线返回温度
49	TIC1206		℃	减一中返回温度
50	TIC1207		℃	减二中返回温度
51	PDIC1101			R101/1 入口含盐压差
52	PDIC1102			R101/2 入口含盐压差
53	PIC1102	-2	mmHg	F101 炉膛负压
54	PIC1103	0. 3	MPa	F101 过热蒸汽压
55	PIC1201	-2	mmHg	F101 炉膛负压
56	PIC1202	0. 3	MPa	F102 过热蒸汽压
57	PIC1204	-2	mmHg	F101 炉膛负压
58	PIC1205	0. 3	MPa	F103 过热蒸汽压
59	ARC1101	4	%	F101 内含氧量
60	ARC1201	4	%	F102 内含氧量
61	ARC1202	4	%	F103 内含氧量

2. 仪表　仪表控制指标见表 3-16。

表 3-16　仪表控制指标

序号	位号	正常值	单位	说明
1	FI1102		t/h	与 H-105/2 换热油量
2	FI1103		t/h	与 H-109/4 换热油量
3	FI1105		t/h	与 H-104/11 换热油量
4	TI1101		℃	与 H-106/4 换热后油温
5	TI1102		℃	R101/1 入口温度
6	TI1103		℃	R101/1 出口温度
7	TI1134		℃	与 H-103/6 换热后油温
8	TI1105		℃	T101 入口温度
9	TI1107		℃	T101 内温度
10	TI1132		℃	与 H-104/11 换热后油温
11	TI1131		℃	T101 塔顶蒸汽温度
12	TI1106		℃	与 H-104/14 换热后油温
13	TI1112	368	℃	F101 出口油温
14	TI1113	368	℃	F101 出口油温
15	TI1122	380~450	℃	F101 过热蒸汽出口温度
16	TI1123	210	℃	常一中出口油温
17	TI1124	270	℃	常二中出口油温
18	TI1125	35	℃	常顶返回油温
19	TI1126	175	℃	常一线出口油温
20	TI1127	245	℃	常二线出口油温
21	TI1128	296	℃	常三线出口油温
22	TI1129	343	℃	T102 塔底温度
23	TI1209	380~450	℃	F102 过热蒸汽出口温度
24	TI1222	380~450	℃	F103 过热蒸汽出口温度
25	TI1226	150	℃	减一线流出温度
26	TI1127	260	℃	减二线流出温度
27	TI1128	295	℃	减三线流出温度
28	TI1129	330	℃	减四线流出温度
29	TI1223	220	℃	减一中出口油温
30	TI1224	305	℃	减二中出口油温
31	TI1234		℃	脏洗油线温度
32	PI1101		MPa	T101 塔顶油气压力
33	PI1105	0.058	MPa	T102 塔顶油气压力
34	PI1207	-0.09	MPa	T104 塔顶油气压力

3.7.4 装置冷态开工过程

3.7.4.1 开车准备

1. 开工具备的条件　与开工有关的修建项目全部完成并验收合格；设备、仪表及流程符合要求；水、电、汽、风及化验能满足装置要求；安全设施完善，排污管道具备投用条件，操作环境及设备要清洁整齐卫生。

2. 开工前的准备　准备好黄油、破乳剂、20#机械油、液氨、缓蚀剂、碱等辅助材料；原油含水≤1%，油温不高于50℃，原油与付炼联系，外操做好从罐区引燃料油的工作；准备好开工循环油、回流油、燃料气(油)。

3.7.4.2 冷态开车

1. 装油　装油的目的是进一步检查机泵情况，检查和发现仪表在运行中存在的问题，脱去管线内积水，建立全装置系统的循环。

(1) 常减压装油流程及步骤。常压装油流程如下：

① 原油罐→P101/1，2 →H-101/1，4 →

[→H-106/1，2 →H-107 →H-108/1，2 →H-109/1，2]→H-106/3，4
[→H-102/1，2 →H-103/1，2 →H-105/1，2]→R-101/1，2

②R-101/1，2 →

[→H-111/1，2 →H-108/3 →H-109/3 →H-106/5，6 →H-112/2，3 →H-109/4]
[→H-103/3，4 →H-104/3-7 →H-103/5，6]

→T-101

③T-101 底→P102/1，2 →H-113/1 → [→H-110/2-4 →H-113/2]
[→H-104/8-11]

→炉 F-101 对流室→炉-101 辐射室 →T102

(2)常压装油步骤。启动原油泵 P 101/1，2(在图 3-34 对应页面上点击 P 101/1，2，其中一个泵变绿色表示该泵已经开启，下同)，打开调节阀 FIC1101、TIC1101，开度各为50%，将原油引入装置；

原油一路经换热器 H-105/2，另一路经 H-106/4；

两路混合后经含盐压差调节阀 PDIC1101(开度为 50%)和现场阀 VX0001(开度为 100%)到电脱盐罐 R-101/1，建立电脱盐罐 R-101/1 的液位 LI1101；

再打开 PDIC1102(开度为 50%)和现场阀 VX0002(开度为 100%)，引油到电脱盐 R-101/2，建立电脱盐罐 R-101/2 的液位 LI1102；

到现场打开 VX0007(开度为 100%)，经电脱盐后的原油分两路，一路经换热器 H-109/4，另一路经换热器 H-103/6；

打开温度调节阀 TIC1103(开度为 50%)，使原油到闪蒸塔(T-101)，建立闪蒸塔 T101 塔低液位 LIC1103；

待闪蒸塔 T-101 底部液位 LIC1103 达到 50%时，启动闪蒸塔底泵 P102/1，2(图 3-34 对应页面查找该泵，用左键点击开启该泵)；

打开塔底流量调节阀 FIC1104(逐渐开大到 50%)，打开 TIC1102(开度为 50%)流经换热器组 H-113/2 和 H-104/11、H-104/14；

原油分两股进入常压炉(F-101)，在常压塔加热炉的 DCS 图上打开进入常压炉的流量调节阀 FIC1106、FIC1107(开度各为 50%)；

原油经过常压炉(F-101)的对流室、辐射室；

两股出料合并为一股进入到 常压塔(T-102)进料段(即显示的 TO T102)；

观察常压塔塔低液位 LIC1105 的值，并调节闪蒸塔进出流量阀(FIC1101 和 FIC1104)，控制闪蒸塔塔低液位 LIC1103 为 50%左右(即 $PV=50$)。

(3) 减压装油流程及步骤。

① 减压装油流程：

T-102 →P109/1，2 →炉 F-102，F-103 →T-104

② 减压装油步骤：

待常压塔 T-102 底部液位 LIC1105 达到 50%时(即 $PV=50$)，启动常压塔底泵 P109/1，2 其中一个(方法同上述启动泵的方法)：

打开 FIC1111 和 FIC1112(开度逐渐开大到 50%左右，控制 LIC1105 为 50%)，分两路进入减压炉 F-102 和 F-103 的对流室、辐射室。

经两炉 F-102 和 F-103 后混合成一股进料，进入减压塔 T-104。

待减压塔 T-104 底部液位 LIC1201 达到 50%时(即 $PV=50$)，启动减压塔底 P117/1，2 其中一个；

打开减压塔塔底抽出流量控制阀 FIC1207(开度逐渐开大，控制塔底液位为 50%左右)，并到减压系统图现场打开开工循环线阀门 VX0040，然后停原油泵 P-101/1，2，装油完毕。

注：首先看现场图的手阀是否打开，确认该路管线畅通。然后到 DCS 画面上，先开泵，再开泵后阀，建立液位。

进油同时注意电脱盐罐 R101/1，2 切水。即，间断打开 LIC1101、LIC1102 水位调节阀，控制不超过 50%。

2. 冷循环　冷循环目的主要是检查工艺流程是否有误，设备、仪表是否正常，同时脱去管线内部残存的水。

待切水工作完成，各塔底液面偏高(50%左右)后，便可进行冷循环。

(1) 冷循环具体步骤与装油步骤相同，流程不变。

(2) 冷循环时要控制好各塔液面稍过 50%左右(LIC1103、LIC1105、LIC1201)，并根据各塔液面情况进行补油。

(3) R-101/1，2 底部要经常反复切水：间断打开 LIC1101、LIC1102 水位调节阀，控制不超过 50%。

(4) 各塔底用泵切换一次，检查机泵运行情况是否良好(在该仿真中不做具体要求)。

(5) 换热器、冷却器副线稍开，让油品自副线流过(在该仿真中不做具体要求)。

(6) 根据各塔的液位情况(将 LIC1103、LIC1105、LIC1201 控制在略大于 50%)，随时调节流量大小。

(7) 检查塔顶汽油，瓦斯流程是否打开，防止憋压。

闪蒸塔顶油气出口阀 VX0008(开度为 50%)；

从闪蒸塔出来到常压塔中部偏上进气阀 VX0019(开度为 50%)；

常压塔顶循环出口阀 VX0042(开度为 50%)；

常压塔 T102 塔顶冷却器 L-101 冷凝水入口阀 VX0050(开度为 50%);

不凝气由汽油回流罐(R-102)到常压瓦斯罐(R-103)的出口阀 VX0017(开度为 50%);

由常压瓦斯罐(R-103)冷却下来的汽油返回汽油回流罐(R-102)的阀 VX0018(开度为 50%);

常压瓦斯罐(R-103)的排气阀 VX0020(开度为 50%)。

(8) 启用全部有关仪表显示。

(9) 如果循环油温度 TI1109 低于 50℃,炉 F-101 可以间断点火,但出口温度(TI1113 或 TI1112)不高于 80℃。

(10) 冷循环工艺参数平稳后(主要是 3 个塔液位控制在 50%左右,运行时间可少于 4h),在此做好热循环的各项准备工作。

3. 热循环　当冷循环无问题处理完毕后,开始热循环,流程不变。

(1) 热循环前准备工作。

① 分别到各自现场图中打开 T-101、T-102、T-104 的顶部阀门,防止塔内憋压(部分在前面已经开启)。

② 到泵现场图启动空冷风机 K-1,2;到常压塔现场和减压塔现场打开各冷凝冷却器给水阀门,检查 T-102、T-104 馏出线流程是否完全贯通,防止塔内憋压(到现场图中打开手阀及机泵,在 DCS 操作画面中打开各调节阀)。

空冷风机 K-1,2;

常一线冷凝冷却器 L-102 给水阀 VX0051(开度为 50%);

常二线冷凝冷却器 L-103 给水阀 VX0052(开度为 50%);

常三线冷凝冷却器 L-104 给水阀 VX0053(开度为 50%);

减一线冷凝冷却器 L-105 给水阀 VX0054(开度为 50%);

减二线冷凝冷却器 L-106 给水阀 VX0055(开度为 50%);

减三线冷凝冷却器 L-107 给水阀 VX0056(开度为 50%);

减四线冷凝冷却器 L-108 给水阀 VX0057(开度为 50%);

减压塔底出料冷凝冷却器 L-109 给水阀 VX0058(开度为 50%);

减四线软水换热器器 H-113/4 给水阀 VX0059(开度为 50%);

减压塔 T104 减一中给水阀 VX0060(开度为 50%)。

③ 循环前到闪蒸塔现场将原油入电脱盐罐副线阀门(VX0079、VX0006、VX0005)全开(在后面还要关死这几个副线阀门),甩开电脱盐罐 R101/1,2,防止高温原油烧坏电极棒。开电脱盐罐副线时会引起入电脱盐罐原油流量的变化,要注意调节各塔的液位(LIC1103、LIC1105、LIC1201)。

(2) 热循环升温、热紧过程。

① 炉 F-101、F-102、F-103 开始升温,起始阶段以炉膛温度为准,前两小时温度不得大于 300℃,2h 后以炉 F-101 出口温度为主,以每小时 20~30℃速度升温。(在这里只要适当控制升温速度即可,不要太快,步骤②~③在这里可省去,实际在工厂要严格按升温曲线进行升温操作)

② 当炉 F-101 出口温度升至 100~120℃时恒温 2h 脱水,温至 150℃恒温 2~4h 脱水。

③ 恒温脱水至塔底无水声，回路罐中水减少，进料段温度与塔底温度较为接近时，炉-101 开始以 每小时 20~25℃速度升温至 250℃时恒温，全装置进行热紧。

④ 炉 F-102，103 出口温度 TIC1201、TIC1203 始终保持与炉 F-101 出口温度 TIC1104 平衡，温差不得大于 30℃。

⑤ 常压塔顶温度 TIC1106 升至 100~120℃时，联系轻质油引入汽油开始打顶回流(在常压塔塔顶回流现场图中打开轻质油线阀 VX0081，打开 FIC1110 开度要自己调节，此时严格控制水液面 LIC1107，严禁回流带水)。

⑥ 常压炉 F-101 出口温度 TIC1104 升至 300℃时，常压塔自上而下开侧线，开中段回流(图 3-27 中打开手阀及机泵，在 DCS 操作画面中打开各调节阀)。

常一线：LIC1108、FIC1116、泵 P106/1；

常二线：LIC1109、FIC1115、泵 P107；

常三线：LIC1110、FIC1114、泵 P108/1，2；

常一中：FIC1108、TIC1107、泵 P104/1；

常二中：FIC1109、TIC1108、泵 P105。

升温阶段即脱水阶段，塔内水分在相应的压力下开始大量汽化，所以必须加倍注意，加强巡查，严防 P102/1，2、P109/1，2、P117/1，2 泵抽空。并根据各塔液面情况进行补油。同时再次检查塔顶汽油线是否导通，以免憋压。

(3) 热循环过程注意事项。

① 热循环过程中要注意整个装置的检查，以防泄漏或憋压。

② 各塔底泵运行情况，发现异常及时处理。

③ 严格控制好各塔底液面，随时补油。

④ 升温同时打开炉-101、102、103 过热蒸汽(分别在常压塔加热炉和减压塔加热炉的 DCS 画面中打开 PIC-1103、PIC-1202、PIC-1205，开度为 50%即可)，并放空，防止炉管干烧。

4. 常压系统转入正常生产　包括切换原油和常压塔正常生产。

(1) 切换原油。

① T-102 自上而下开完侧线后，启动原油泵。将渣油改出装置。启用渣油冷却器 L-109/2，将渣油温度控制在 160℃以内，在减压塔 T104 现场打开渣油出口阀 VX0078，关闭开工循环线 VX0040，原油量控制在 70~80t/h。

② 导好各侧线，冷换热设备及外放流程，关闭放空，待各侧线来油后，联系调度和轻质油，并启动侧线泵、侧线外放(前面已经打开)。

③ 当过热蒸汽温度(TI1122)超过 350℃时，缓慢打开 T-102 底吹汽现场开启 VX0014、常压塔 T102 各侧线吹蒸汽阀 VX0080，关闭过热蒸汽放空阀(仿真中没做)。

④ 待生产正常后缓慢将原油量提至正常(参数见指标表格)。

(2) 常压塔正常生产。

① 切换原油后，炉 F-101 以 20℃/h 的速度升温至工艺要求温度。

② 炉 F-101 抽空温度正常后，常压塔自上而下开常一中、常二中回流(前面已经做开启了)。

③ 原油入脱盐罐温度 TI1102 低于 140℃时，将原油入脱盐罐副线开关关闭。

④ 司炉工控制好炉 F-101 出口温度，常压技工按工艺指标和开工方案调整操作，使产品尽快合格，及时联系调度室将合格产品改入合格罐。

⑤ 根据产品质量条件控制侧线吹汽量。

(3) 注意事项。

① 控制好 R-102 汽油液面 LIC1106 及水液面 LIC1107，待汽油液面正常后停止补汽油，用本装置汽油打回流。

② 过热蒸汽压力 PIC1103 控制在 0.3~0.35MPa，温度 TI1122 控制在 380~450℃。开塔顶部吹汽时要先放净管线内冷凝水，再缓慢开汽，防止蒸汽吹翻塔盘。

③ R-101/1，2 送电，脱盐工作好脱盐罐切水工作，防止原油含水率过大影响操作。

④ 严格控制好侧线油出装置温度。

⑤ 通知化验室按时作分析。

5. 减压系统转入正常生产　包括开侧线和调整操作。

(1) 开侧线

① 当常压开侧线后，减压炉开始以 20℃/h 的速度升温至工艺指标要求的范围内。

② 当过热蒸汽温度超过 350℃开减压塔底吹汽现场打开 VX0082、减压塔 T104 各侧线吹蒸汽现场阀 VX0083，关过热蒸汽放空(仿真中未体现)。

③ 当炉 F-102、F-103 出口温度 TI1209、TI1222 升至 350℃时，打开炉 F-102、F-103 开炉管注汽 VX0021、VX0026。

④ 减压塔开始抽真空。

抽真空分 3 段进行：

第一段：0~200mmHg；

第二段：200~500mmHg；

第三段：500mmHg~最大。

操作步骤：在抽真空系统图上，先打开冷却水现场阀 VX0086，然后依次打开抽一线现场阀 VX0084、抽二线现场阀 VX0085 等抽真空阀门，并打开 VX0034 和泵 P118/1，2。

⑤ T-104 顶温度超过工艺指标时，将常三线油倒入减压塔顶打回流(即开减压塔顶回流线汽油入口阀 VX0077)，待减一线有油(即 LIC1202 大于 0)后，改减一线本线打回流(即关闭减压塔顶回流线阀 VX0077，开启减压塔顶回流阀 VX0076，开泵 P112/1，开减压塔顶回流量调节阀 FIC1208)，常三线改出装置，控制塔顶温度(TIC1205)在指标范围内。

⑥ 减压塔自上而下开侧线。操作方法与常压步骤基本相同。

减一线：LIC1202；

减二线：LIC1203、FIC1211、泵 P113；

减三线：LIC1204、FIC1210、泵 P114/1；

减四线：LIC1205、FIC1209、泵 P115；

减一中：FIC1203、TIC1206、泵 P110/1；

减二中：FIC1204、TIC1207、泵 P111；

脏洗油系统：FIC1205、泵 P116/1。

(2) 调整操作

① 当炉 F-102、F-103 出口温度达到工艺指标后，自上而下开中段回流，开回流时先

放净设备管线内存水，严禁回流带水。

② 侧线有油后联系调度室、轻质油，启动侧线泵将侧线油改入催化料或污油罐。

③ 倒好侧线流程，启动 P116/1，2 开脏洗油系统，同时启用净洗油系统。

④ 根据产品质量调节侧线吹汽流量。

⑤ 司炉工稳定炉出口温度，减压技工根据开工方案要求尽快调整产品使其合格，将合格产品改进合格罐。

⑥ 将软化水引入装置，启用蒸汽发生器系统。自产气先排空，待蒸汽合格不含水后，再并入低压蒸汽网络或引入蒸汽系统。

（3）注意事项

① 开炉管注汽，塔部吹气应先放净管线内冷凝存水。

② 过热蒸汽压力控制在 0.25~0.3MPa，温度控制在 380~450℃范围内。

③ 抽真空前先检查抽真空系统流程是否正确。抽真空后，检查系统是否有泄露，控制好 R-104 液面。

④ 控制好蒸汽发生器水液面，自产蒸汽压力不大于 0.6MPa。

⑤ 开净洗油，脏洗油系统，应先放尽过滤器、调节阀等低点冷凝水。应缓慢开启，防止吹翻塔盘。

⑥ 将常三线油引入减顶打回流前必须检查常三线油颜色，防止黑油污染减压塔。打回流时减一线流量计，外放调节阀走副线。

6. 投用一脱三注　“一脱三注”是行之有效的工艺防腐措施，目前已被国内外炼厂普遍采用。一脱——原油脱盐。原油中少量的盐，水解产生氯化氢气体，形成 $HCl-H_2S-H_2O$ 腐蚀介质，造成常压塔顶塔盘、冷凝系统的腐蚀。原油脱盐后，减少原油加工过程中氯化氢的生成量，可以减轻腐蚀。三注——注碱、注氨、注缓蚀剂。

（1）生产正常后，将原油入电脱盐系统，温度 TI1102 控制在 120~130℃，压力控制在 0.8~1.0MPa 范围内，电流不大于 150A。然后开始注入破乳剂、水。

（2）常顶开始注氨，注破乳剂。

操作步骤：

在闪蒸塔现场图上打开破乳剂泵 P120/1 和水泵 P119/1、P119/3，然后打开出口阀 VX0037、VX0087 开度 50%，在 DCS 图上，打开 FIC1117、FIC1118，开度均为 50%。

生产正常，各项操作工艺指标达到要求后，主要调节阀所处状态如下：

① 闪蒸塔底液位 LIC1103 投自动，*SP*(设定值)= 50；原油进料流量 FIC1101(PV)接近 125 时投串级。

② 闪蒸塔底出料 FIC1104 投自动，*SP*=121。

③ 常压炉出口温度 TIC1104 投自动，*SP*=368；炉膛温度 TIC1105 投串级；风道含氧量 ARC1101 投自动，*SP*=4；炉膛负压 PIC1102 投自动，*SP*=-2；烟道挡板开度 HC1101 投手动，*OP*(输出值)= 50。

④ 常压塔塔底液位 LIC1105 投自动，*SP*=50；塔底出料 FIC1111，FIC1112 都投串级；
塔顶温度 TIC1106 投自动，*SP*=120；塔顶回流量 FIC1110 投串级；
塔顶分液罐 V-102 油液位 LIC1106 投自动，*SP*=50；水液位 LIC1107 投自动，*SP*=50。

⑤ 减压炉出口温度 TIC1201 和 TIC1203 投自动，*SP* = 385；炉膛温度 TIC1202 和

TIC1204 投串级；

风道含氧量 ARC1201 和 ARC1202 投自动，*SP*＝4；炉膛负压 PIC1201 和 PIC1204 投自动，*SP*＝-2；

烟道挡板开度 HC1201 和 1202 投手动，*OP*＝50。

⑥ 减压塔塔底液位 LIC1201 投自动，*SP*＝50；塔底出料 FIC1207 投串级；塔顶温度 TIC1205 投自动，*SP*＝70；塔顶回流量 FIC1208 投串级；LIC1202 投自动，*SP*＝50。

⑦ 现场各换热器，冷凝器手阀开度为 50，即 *OP*＝50。各塔底注气阀开度为 50；抽真空系统蒸汽阀开度为 50；泵的前后手阀开度为 50。

⑧ 所有液位及各油品出料根据生产情况投自动。

3.7.5 装置正常停工过程

3.7.5.1 降量

1. 降量前先停电脱盐系统　装置正常停工前要先降低生产负荷，降量前先停电脱盐系统。

（1）打开 R-101/1，2 原油副线阀门，关闭 R-101/1，2 进出口阀门，停止注水、注剂。静止送电 30min 后开始排水，使原油中水分充分沉降。

（2）待 R-101/1，2 内污水排净后，启动 P119/1，2 将 R-101/1，2 内原油自原油循环线打入原油线回炼。

注：待 R-101/1，2 罐内无压力后打开罐顶放空阀。

（3）R-101/1，2 内原油退完后，将常而线油自脱盐罐冲洗线倒入 R-101/1，2 内进行冲洗。在罐底排污线放空。

（4）各冲洗 1h。

2. 降量操作与速度　降量分多次进行，降量速度为 10～15t/h。

3. 降量温度　降量初期保持炉出口温度不变，调整各侧线油抽出量，保证侧线产品质量合格。

4. 降量操作要点　降量过程中注意控制好各塔底液面，调节各冷却器用水量，将侧线油品出装置温度控制在正常范围内。

3.7.5.2 降量关侧线阶段

1. 炉温控制　当原油量降至正常指标的 60%～70%时开始降炉温。炉出口温度以 25～30℃/h 的速度均匀降温。

2. 各侧线操作　降温时将各侧线油品改入催化料或污油罐，常减压各侧线及汽油回流罐控制高液面，作洗塔用。

3. T102 塔操作　炉-101 出口温度降到 280℃左右时，T-102 开始自上而下关侧线，停中段回流，各侧线及汽油停止外放。

4. T104 塔操作　炉-102，103 出口温度降到 320℃左右时，T-104 开始自上而下关侧线，停中段回流，各侧线及汽油停止外放。

塔破真空(取消负压)分 3 个阶段进行：

第一阶段：正常值(真空度)　-500mmHg；

第二阶段：正常值(真空度)　-500～-250mmHg；

第三阶段：正常值(真空度) -250mmHg~0；

破真空时应关闭 L-10/3，4 顶部瓦斯放空阀。

5. 放空操作 当过热蒸汽出口温度降至 300℃时，停止所有塔部吹气，进行放空。

3.7.5.3 **装置打循环及炉子熄火**

1. 循环 T-102 关完侧线后，立即停原油泵，改为循环流程进行全装置循环。

2. 侧线操作 T-104 关侧线后，将减压侧线油自分配台倒入减压塔打回流洗塔。减侧线油打完后将常压各侧线倒入减压塔顶回流洗塔，直到各侧线油打完为止。

注意：将侧线油倒入减一线打回流时应打开减一线流量计和外放调节阀的副线阀门。

3. 洗常压塔 将汽油回流罐内汽油全部打入常压塔顶洗常压塔，塔顶温度过低时停空冷。

4. 炉子熄火 炉子对称关火咀，继续降温，炉出口温度降至 180℃时停止循环，炉子熄火，风机不停。待炉膛温度降至 200℃时停风机，打开防爆门加速冷却，过热蒸汽停掉。

5. 退油 炉子熄火后，将各塔底油全部打出装置。

3.7.6 紧急停车

紧急停工步骤：

(1) 加热炉立即熄火。

(2) 停止原油进料，关各馏出阀、注气阀，破真空，认真退油，关塔吹气，过热蒸汽改为放空。

(3) 将不合格油品改进污油罐。

(4) 对局部着火部位应及时切断火源，加强灭火。

(5) 尽量维持局部循环，尽量按正常的停工方法处理。

注意：减压破真空时，不能太快，要关闭瓦斯放空阀。

3.7.7 事故处置

3.7.7.1 **原油中断**

原因：原油泵 P101/1 故障。

现象：塔液面下降，塔进料压力降低，塔顶温度升高。

处理方法：

(1) 切换原油泵 P101/2；

(2) 不行按停工处理。

3.7.7.2 **供电中断**

原因：供电部门线路发生故障。

现象：各泵运转停止。

处理方法：

(1) 来电后，相继启动顶回流泵、原油泵、初底泵、常底泵、中断回流泵及侧线泵；

(2) 各岗位按生产工艺指标调整操作至正常。

3.7.7.3 **循环水中断**

原因：供水单位停电或水泵出故障不能正常供水。

现象：

(1) 油品出装置温度升高；
(2) 减顶真空度急剧下降。
处理方法：
(1) 停水时间短，降温降量，维持最低量生产，或循环；
(2) 停水时间长，按紧急停工处理。

3.7.7.4 供汽中断

原因：锅炉发生故障，或因停电不能正常供汽。
现象：
(1) 流量显示回零，各塔、罐操作不稳；
(2) 加热炉操作不稳；
(3) 减顶真空度下降。
处理方法：如果只停汽而没有停电，则改为循环，如果既停汽又停电，按紧急停工处理。

3.7.7.5 净化风中断

原因：空气压缩机发生故障。
现象：仪表指示回零。
处理方法：
(1) 短时间停风，将控制阀改副线，用手工调节各路流量、温度、压力等；
(2) 长时间停风，按降温降量循环处理。

3.7.7.6 加热炉着火

原因：炉管局部过热结焦严重，结焦处被烧穿。
现象：炉出口温度急剧升高，冒大量黑烟。
处理方法：熄灭全部火嘴并向炉膛内吹入灭火蒸汽。

3.7.7.7 常压塔底泵停

原因：泵出故障，被烧或供电中断。
现象：
(1)泵出口压力下降，常压塔液面上升；
(2)加热炉熄火，炉出口温度下降。
处理方法：切换备用泵。

3.7.7.8 (常顶回流阀)阀开 10%

原因：阀使用时间太长。
现象：塔顶温度上升，压力上升。
处理方法：开旁通阀。

3.7.7.9 (减压塔出料阀)阀开 10%

原因：阀使用时间太长。
现象：塔底液位上升。
处理方法：开旁通阀。

3.7.7.10 闪蒸塔底泵抽空

原因：泵本身故障。
现象：泵出口压力下降，塔底液面迅速上升，炉膛温度迅速上升。

处理方法：切换备用泵，注意控制炉膛温度。

3.7.7.11 **减压炉熄火**

原因：燃料中断。

现象：炉膛温度下降，炉出口温度下降，火灭。

处理方法：

(1)减压部分按停工处理；

(2)常压渣油装置。

3.7.7.12 **真空泵抽-1 故障**

原因：真空泵本身故障。

现象：减压塔压力上升。

处理方法：加大抽-2 蒸汽量。

3.7.7.13 **低压闪电**

原因：供电不稳。

现象：全部或部分低压电机停转，操作混乱。

处理方法：

(1) 如时间短，切换备用泵，顺序：顶回流，中段回流，处理量调节；

(2) 及时联系电修部门送电，按工艺指标调整操作。

3.7.7.14 **高压闪电**

原因：供电不稳。

现象：全部或部分高压电机停转，闪蒸塔和常压塔进料中断，液面下降。

处理方法：

(1) 如时间短，切换备用泵；

(2) 及时联系电修部门送电，按工艺指标调整操作。

3.7.7.15 **原油含水**

原因：原油供应紧张。

现象：原油泵可能抽空，闪蒸塔液面下降，压力上升。

处理方法：加强电脱盐罐操作，加强切水。

3.8 精馏塔仿真实训

3.8.1 实训目的

(1) 掌握精馏塔工艺控制指标；

(2) 了解精馏塔工艺流程；

(3) 理解精馏塔控制方案；

(4) 掌握精馏塔操作规程；

(5) 掌握精馏塔事故处置。

3.8.2 仿真界面

精馏塔 DCS 界面见图 3-35。

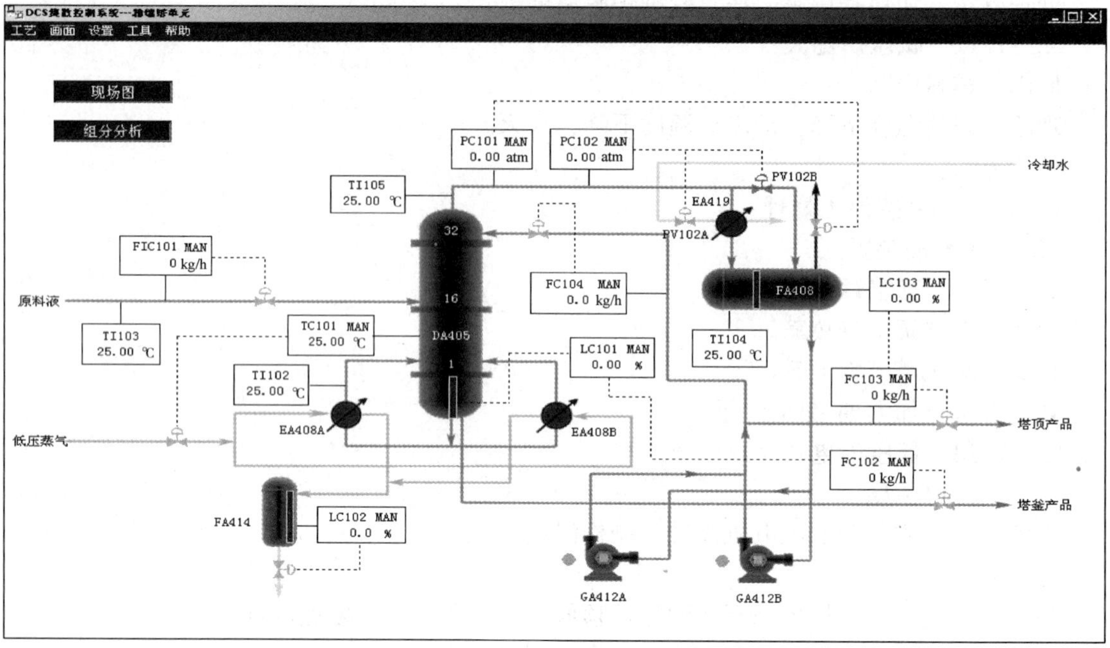

图 3-35　精馏塔 DCS 界面

精馏塔现场界面见图 3-36。

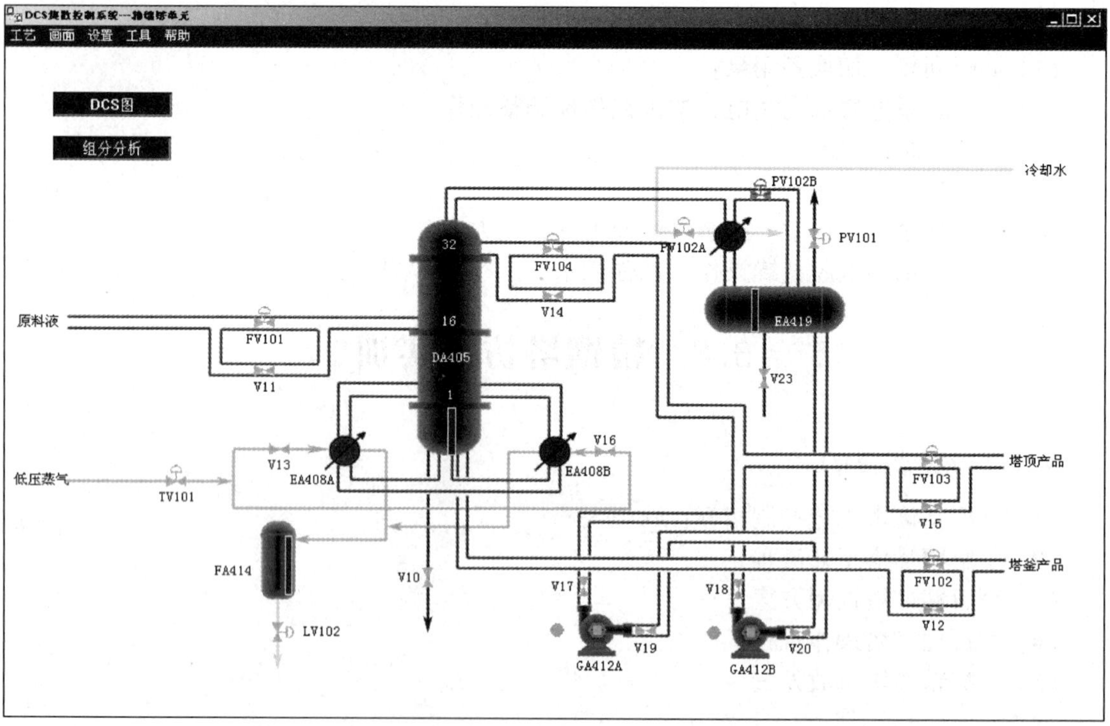

图 3-36　精馏塔现场界面

3.8.3 工艺流程说明

3.8.3.1 工艺说明

本流程是利用精馏方法，在脱丁烷塔中将丁烷从脱丙烷塔釜混合物中分离出来。精馏是将液体混合物部分气化，利用其中各组分相对挥发度的不同，通过液相和气相间的质量传递来实现对混合物分离。本装置中将脱丙烷塔釜混合物部分气化，由于丁烷的沸点较低，即其挥发度较高，故丁烷易于从液相中气化出来，再将气化的蒸汽冷凝，可得到丁烷组成高于原料的混合物，经过多次气化冷凝，即可达到分离混合物中丁烷的目的。

原料为67.8℃脱丙烷塔的釜液（主要有C_4、C_5、C_6、C_7等），由脱丁烷塔（DA-405）的第16块板进料（全塔共32块板），进料量由流量控制器FIC101控制。灵敏板温度由调节器TC101通过调节再沸器加热蒸汽的流量，来控制提馏段灵敏板温度，从而控制丁烷的分离质量。

脱丁烷塔塔釜液（主要为C_5以上馏分）一部分作为产品采出，一部分经再沸器（EA-418A、B）部分汽化为蒸汽从塔底上升。塔釜的液位和塔釜产品采出量由LC101和FC102组成的串级控制器控制。再沸器采用低压蒸汽加热。塔釜蒸汽缓冲罐（FA-414）液位由液位控制器LC102调节底部采出量控制。

塔顶的上升蒸汽（C_4馏分和少量C_5馏分）经塔顶冷凝器（EA-419）全部冷凝成液体，该冷凝液，靠位差流入回流罐（FA-408）。塔顶压力PC102采用分程控制：在正常的压力波动下，通过调节塔顶冷凝器的冷却水量来调节压力，当压力超高时，压力报警系统发出报警信号，PC102调节塔顶至回流罐的排气量来控制塔顶压力调节气相出料。操作压力0.425MPa（表压），高压控制器PC101将调节回流罐的气相排放量，来控制塔内压力稳定。冷凝器以冷却水为载热体。回流罐液位由液位控制器LC103调节塔顶产品采出量来维持恒定。回流罐中的液体一部分作为塔顶产品送下一工序，另一部分液体由回流泵（GA-412A、B）送回塔顶作为回流，回流量由流量控制器FC104控制。

3.8.3.2 本单元复杂控制方案说明

复杂控制回路主要是串级回路的使用。

串级回路：是在简单调节系统基础上发展起来的。在结构上，串级回路调节系统有两个闭合回路。主、副调节器串联，主调节器的输出为副调节器的给定值，系统通过副调节器的输出操纵调节阀动作，实现对主参数的定值调节。所以在串级回路调节系统中，主回路是定值调节系统，副回路是随动系统。

分程控制：是由一只调节器的输出信号控制两只或更多的调节阀，每只调节阀在调节器的输出信号的某段范围中工作。

具体实例：

DA405的塔釜液位控制LC101和和塔釜出料FC102构成一串级回路。

FC102.SP随LC101.OP的改变而变化。

PIC102为一分程控制器，分别控制PV102A和PV102B，当PC102.OP逐渐开大时，

PV102A 从 0 逐渐开大到 100；而 PV102B 从 100 逐渐关小至 0。

3.8.3.3 **设备**

DA-405：脱丁烷塔

EA-419：塔顶冷凝器

FA-408：塔顶回流罐

GA-412A、B：回流泵

EA-418A、B：塔釜再沸器

FA-414：塔釜蒸汽缓冲罐

3.8.4 精馏塔操作规程

3.8.4.1 **冷态开车操作规程**

装置冷态开工状态为精馏塔处于常温、常压氮吹扫完毕后的氮封状态，所有阀门、机泵处于关停状态。

1. 进料过程　向精馏塔进料。

（1）开 FA-408 顶放空阀 PC101 排放不凝气，稍开 FIC101 调节阀(不超过 20%)，向精馏塔进料。

（2）进料后，塔内温度略升，压力升高。当压力 PC101 升至 0.05MPa 时，关闭 PC101 调节阀投自动，并控制塔压不超过 0.425MPa(如果塔内压力大幅波动，改回手动调节稳定压力)。

2. 启动再沸器　当精馏塔进料到塔釜液位 LC101 升至 20%以上时，可以启动再沸器。

（1）当压力 PC101 升至 0.5atm 时，打开冷凝水 PC102 调节阀至 50%；塔压基本稳定在 0.425MPa 后，可加大塔进料(FIC101 开至 50%左右)。

（2）待塔釜液位 LC101 升至 20%以上时，开加热蒸汽入口阀 V13，再稍开 TC101 调节阀，给再沸器缓慢加热，并调节 TC101 阀开度使塔釜液位 LC101 维持在 40%~60%。待 FA-414 液位 LC102 升至 50%时，并投自动，设定值为 50%。

3. 建立回流　随着塔进料增加和再沸器、冷凝器投用，塔压会有所升高。回流罐逐渐积液，要建立回流。

（1）塔压升高时，通过开大 PC102 的输出，改变塔顶冷凝器冷却水量和旁路量来控制塔压稳定。

（2）当回流罐液位 LC103 升至 20%以上时，先开回流泵 GA412A、B 的入口阀 V19，再启动泵，再开出口阀 V17，启动回流泵。

（3）通过 FC104 的阀开度控制回流量，维持回流罐液位不超高，同时逐渐关闭进料，全回流操作。

4. 调整至正常　回流建立后，逐步调整各个参数至正常值。

（1）当各项操作指标趋近正常值时，打开进料阀 FIC101。

（2）逐步调整进料量 FIC101 至正常值。

（3）通过 TC101 调节再沸器加热量使灵敏板温度 TC101 达到正常值。

（4）逐步调整回流量 FC104 至正常值。

（5）开 FC103 和 FC102 出料，注意塔釜、回流罐液位。

（6）将各控制回路投自动，各参数稳定并与工艺设计值吻合后，投产品采出串级。

3.8.4.2 正常操作规程

1. 正常工况下的工艺参数

（1）进料流量 FIC101 设为自动，设定值为 14056kg/h；

（2）塔釜采出量 FC102 设为串级，设定值为 7349 kg/h，LC101 设自动，设定值为 50%；

（3）塔顶采出量 FC103 设为串级，设定值为 6707 kg/h；

（4）塔顶回流量 FC104 设为自动，设定值为 9664 kg/h；

（5）塔顶压力 PC102 设为自动，设定值为 4.25atm，PC101 设自动，设定值为 5.0atm；

（6）灵敏板温度 TC101 设为自动，设定值为 89.3℃；

（7）FA-414 液位 LC102 设为自动，设定值为 50%；

（8）回流罐液位 LC103 设为自动，设定值为 50%。

2. 主要工艺生产指标的调整方法

（1）质量调节：本系统的质量调节采用以提馏段灵敏板温度作为主参数，以再沸器和加热蒸汽流量的调节系统，以实现对塔的分离质量控制。

（2）压力控制：在正常的压力情况下，由塔顶冷凝器的冷却水量来调节压力，当压力高于操作压力 4.25atm(表压)时，压力报警系统发出报警信号，同时调节器 PC101 将调节回流罐的气相出料，为了保持同气相出料的相对平衡，该系统采用压力分程调节。

（3）液位调节：塔釜液位由调节塔釜的产品采出量来维持恒定。设有高低液位报警。回流罐液位由调节塔顶产品采出量来维持恒定。设有高低液位报警。

（4）流量调节：进料量和回流量都采用单回路的流量控制；再沸器加热介质流量，由灵敏板温度调节。

3. 停车操作规程

（1）降负荷

装置停车前要先降负荷：

① 逐步关小 FIC101 调节阀，降低进料至正常进料量的 70%。

② 在降负荷过程中，保持灵敏板温度 TC101 的稳定性和塔压 PC102 的稳定，使精馏塔分离出合格产品。

③ 在降负荷过程中，尽量通过 FC103 排出回流罐中的液体产品，至回流罐液位 LC104 在 20%左右。

④ 在降负荷过程中，尽量通过 FC102 排出塔釜产品，使 LC101 降至 30%左右。

（2）停进料和再沸器

在负荷降至正常的 70%，且产品已大部采出后，停进料和再沸器：

① 关 FIC101 调节阀，停精馏塔进料。

② 关 TC101 调节阀和 V13 或 V16 阀，停再沸器的加热蒸汽。

③ 关 FC102 调节阀和 FC103 调节阀，停止产品采出。

④ 打开塔釜泄液阀 V10，排不合格产品，并控制塔釜降低液位。

⑤ 手动打开 LC102 调节阀，对 FA-114 泄液。

(3) 停回流

① 停进料和再沸器后，回流罐中的液体全部通过回流泵打入塔，以降低塔内温度。

② 当回流罐液位至 0 时，关 FC104 调节阀，关泵出口阀 V17(或 V18)，停泵 GA412A(或 GA412B)，关入口阀 V19(或 V20)，停回流。

③ 开泄液阀 V10 排净塔内液体。

(4) 降压、降温

① 打开 PC101 调节阀，将塔压降至接近常压后，关 PC101 调节阀。

② 全塔温度降至 50℃左右时，关塔顶冷凝器的冷却水(PC102 的输出至 0)。

3.8.5 仪表一览表

仪表一览表见表 3-17。

表 3-17 仪表一览表

位号	说明	类型	正常值	量程高限	量程低限	工程单位
FIC101	塔进料量控制	PID	14056.0	28000.0	0.0	kg/h
FC102	塔釜采出量控制	PID	7349.0	14698.0	0.0	kg/h
FC103	塔顶采出量控制	PID	6707.0	13414.0	0.0	kg/h
FC104	塔顶回流量控制	PID	9664.0	19000.0	0.0	kg/h
PC101	塔顶压力控制	PID	0.425	0.85	0.0	MPa
PC102	塔顶压力控制	PID	0.425	0.85	0.0	MPa
TC101	灵敏板温度控制	PID	89.3	190.0	0.0	℃
LC101	塔釜液位控制	PID	50.0	100.0	0.0	%
LC102	塔釜蒸汽缓冲罐液位控制	PID	50.0	100.0	0.0	%
LC103	塔顶回流罐液位控制	PID	50.0	100.0	0.0	%
TI102	塔釜温度	AI	109.3	200.0	0.0	℃
TI103	进料温度	AI	67.8	100.0	0.0	℃
TI104	回流温度	AI	39.1	100.0	0.0	℃
TI105	塔顶气温度	AI	46.5	100.0	0.0	℃

3.8.6 事故设置

1. 热蒸汽压力过高

现象：加热蒸汽的流量增大，塔釜温度持续上升。

处理：适当减小 TC101 的阀门开度。

2. 热蒸汽压力过低

现象：加热蒸汽的流量减小，塔釜温度持续下降。

处理：适当增大 TC101 的开度。

3. 冷凝水中断

现象：塔顶温度上升，塔顶压力升高。

处理：

(1) 开回流罐放空阀 PC101 保压。

(2) 手动关闭 FC101，停止进料。

(3) 手动关闭 TC101，停加热蒸汽。

(4) 手动关闭 FC103 和 FC102，停止产品采出。

(5) 开塔釜排液阀 V10，排不合格产品。

(6) 手动打开 LIC102，对 FA114 泄液。

(7) 当回流罐液位为 0 时，关闭 FIC104。

(8) 关闭回流泵出口阀 V17/V18。

(9) 关闭回流泵 GA424A/GA424B。

(10) 关闭回流泵入口阀 V19/V20。

(11) 待塔釜液位为 0 时，关闭泄液阀 V10。

(12) 待塔顶压力降为常压后，关闭冷凝器。

4. 停电

现象：回流泵 GA412A 停止，回流中断。

处理：

(1) 手动开回流罐放空阀 PC101 泄压。

(2) 手动关进料阀 FIC101。

(3) 手动关出料阀 FC102 和 FC103。

(4) 手动关加热蒸汽阀 TC101。

(5) 开塔釜排液阀 V10 和回流罐泄液阀 V23，排不合格产品。

(6) 手动打开 LIC102，对 FA114 泄液。

(7) 当回流罐液位为 0 时，关闭 V23。

(8) 关闭回流泵出口阀 V17/V18。

(9) 关闭回流泵 GA424A/GA424B。

(10) 关闭回流泵入口阀 V19/V20。

(11) 待塔釜液位为 0 时，关闭泄液阀 V10。

(12) 待塔顶压力降为常压后，关闭冷凝器。

5. 回流泵(GA-412A)故障

现象：GA-412A 断电，回流中断，塔顶压力、温度上升。

处理：

(1) 开备用泵入口阀 V20。

(2) 启动备用泵 GA412B。

(3) 开备用泵出口阀 V18。
(4) 关闭运行泵出口阀 V17。
(5) 停运行泵 GA412A。
(6) 关闭运行泵入口阀 V19。
6. 回流控制阀 FC104 阀卡
现象：回流量减小，塔顶温度上升，压力增大。
处理：打开旁路阀 V14，保持回流。

3.9 吸收解吸仿真实训

3.9.1 实训目的

(1) 掌握吸收解吸工艺控制指标；
(2) 了解吸收解吸工艺流程；
(3) 理解吸收解吸控制方案；
(4) 掌握吸收解吸操作规程；
(5) 掌握吸收解吸事故处置。

3.9.2 仿真界面

吸收系统 DCS 界面见图 3-37。

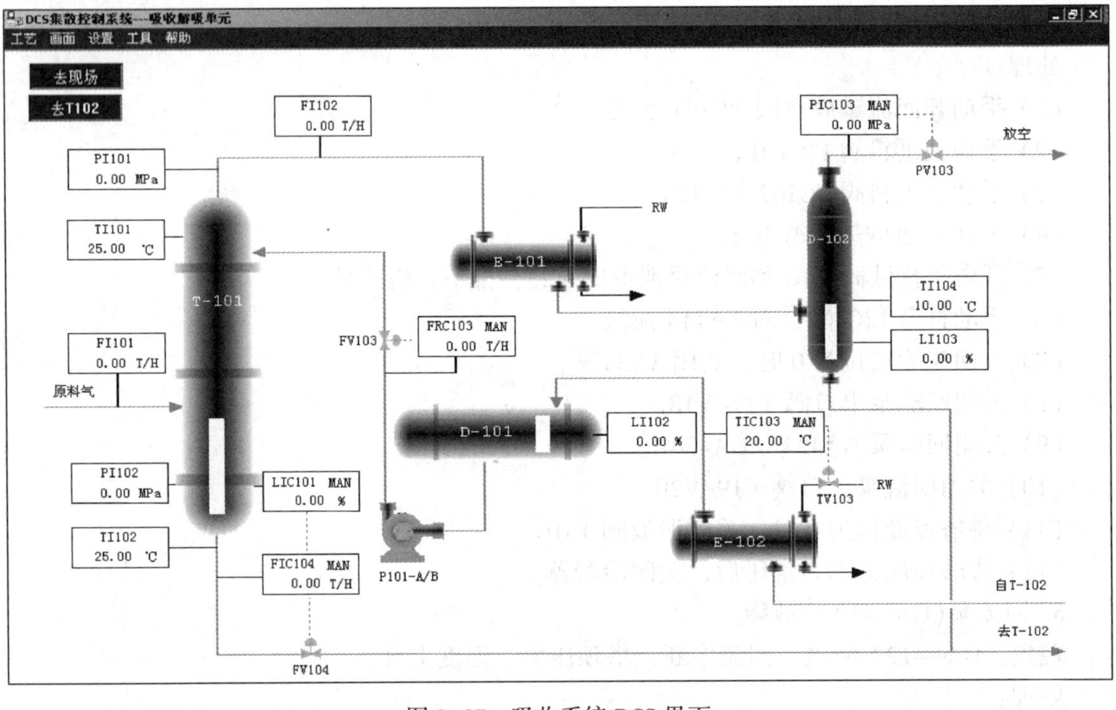

图 3-37 吸收系统 DCS 界面

吸收系统现场界面见图 3-38。

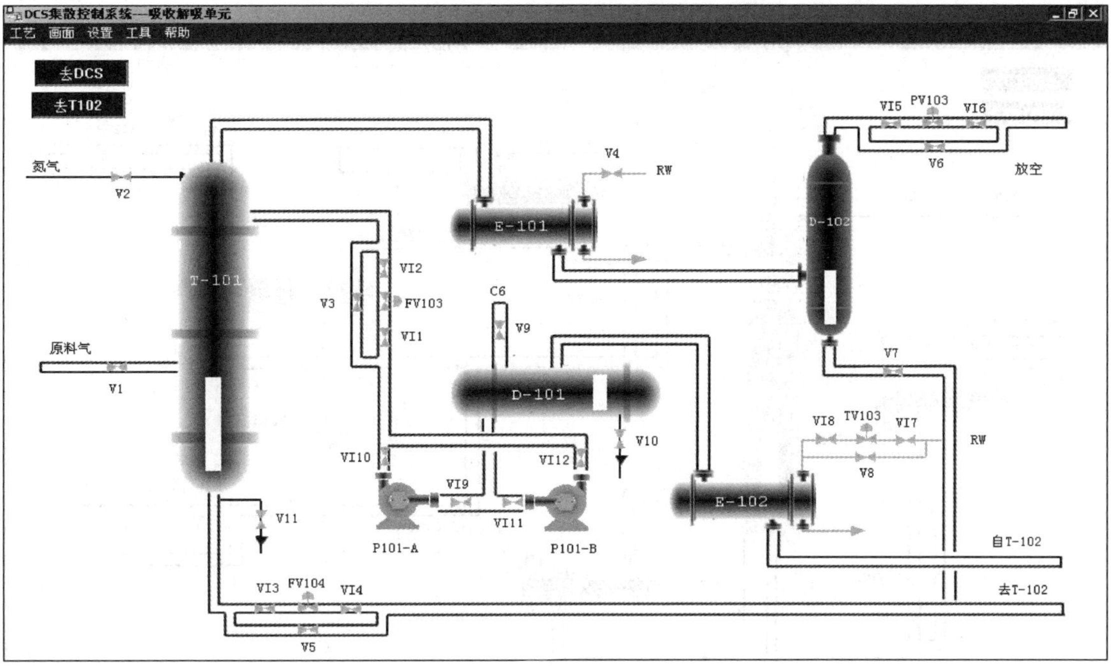

图 3-38　吸收系统现场界面

解吸系统 DCS 界面见图 3-39。

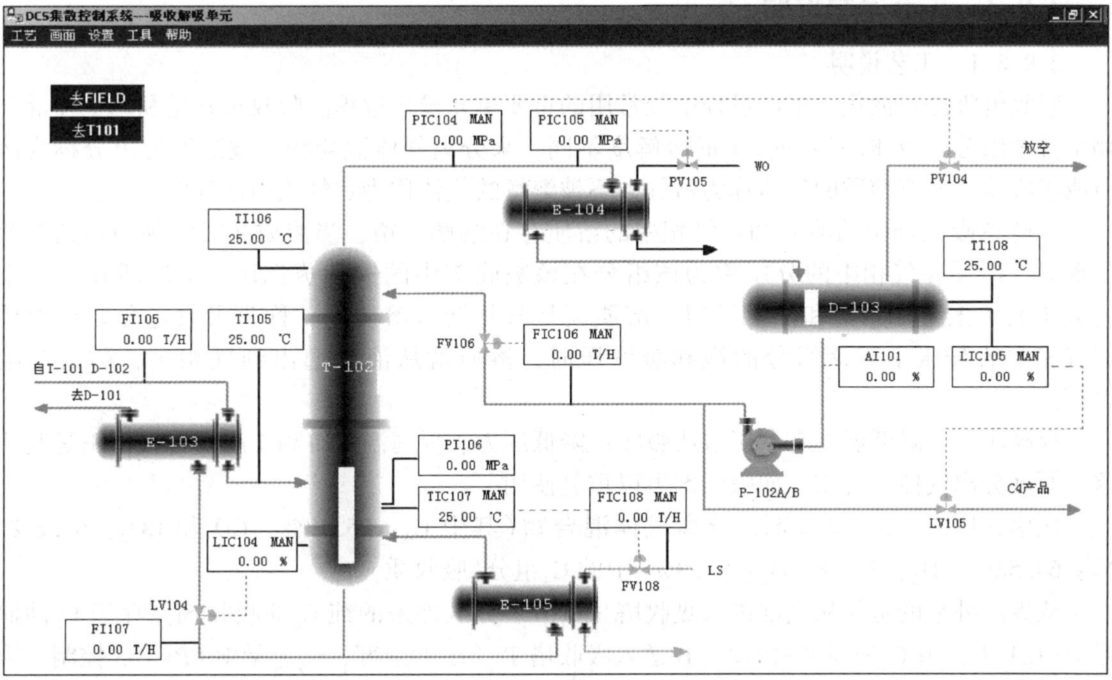

图 3-39　解吸系统 DCS 界面

解吸系统现场图见图 3-40。

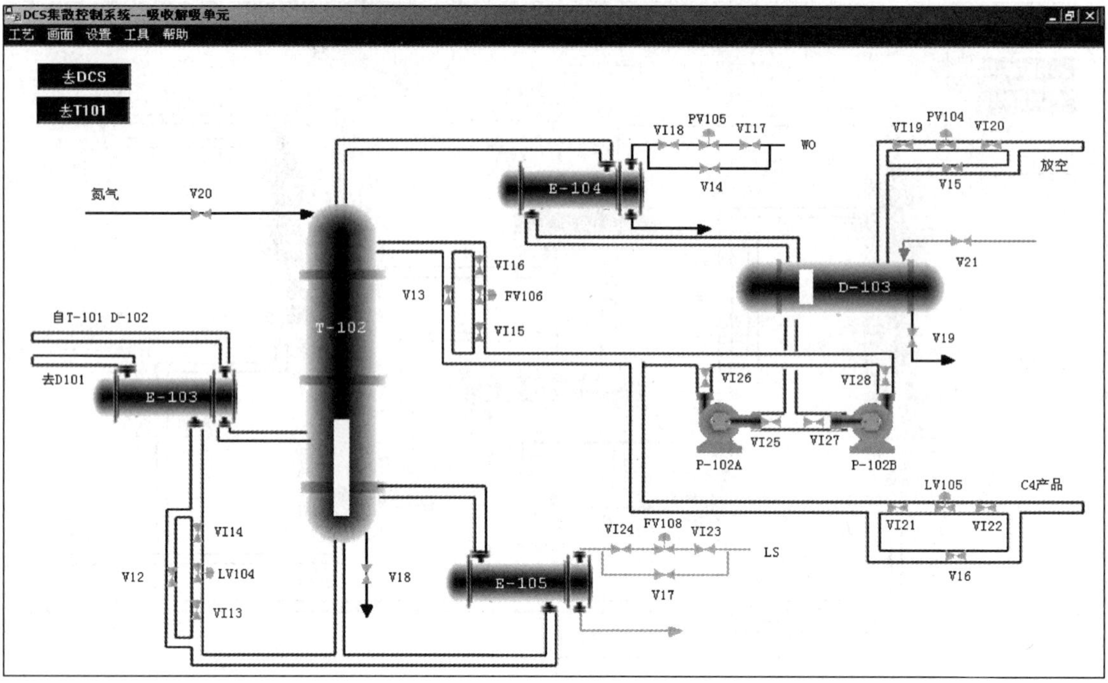

图 3-40　解吸系统现场图

3.9.3　工艺流程说明

3.9.3.1　工艺说明

吸收解吸是石油化工生产过程中较常用的重要单元操作过程。吸收过程是利用气体混合物中各个组分在液体(吸收剂)中的溶解度不同，来分离气体混合物。被溶解的组分称为溶质或吸收质，含有溶质的气体称为富气，不被溶解的气体称为贫气或惰性气体。

溶解在吸收剂中的溶质和在气相中的溶质存在溶解平衡，当溶质在吸收剂中达到溶解平衡时，溶质在气相中的分压称为该组分在该吸收剂中的饱和蒸汽压。当溶质在气相中的分压大于该组分的饱和蒸汽压时，溶质就从气相溶入溶质中，称为吸收过程。当溶质在气相中的分压小于该组分的饱和蒸汽压时，溶质就从液相逸出到气相中，称为解吸过程。

提高压力、降低温度有利于溶质吸收；降低压力、提高温度有利于溶质解吸，正是利用这一原理分离气体混合物，而吸收剂可以重复使用。

该单元以 C_6 油为吸收剂，分离气体混合物(其中 C_4：25.13%，CO 和 CO_2：6.26%，N_2：64.58%，H_2：3.5%，O_2：0.53%)中的 C_4组分(吸收质)。

从界区外来的富气从底部进入吸收塔 T-101。界区外来的纯 C_6油吸收剂储存于 C_6油储罐 D-101 中，由 C_6油泵 P-101A、B 送入吸收塔 T-101 的顶部，C_6流量由 FRC103 控制。吸收剂 C_6油在吸收塔 T-101 中自上而下与富气逆向接触，富气中 C_4组分被溶解在 C_6油中。不溶解的贫气自 T-101 顶部排出，经盐水冷却器 E-101 被-4℃的盐水冷却至 2℃进入尾气分离罐 D-102。吸收了 C_4组分的富油(C_4：8.2%，C_6：91.8%)从吸收塔底部排出，经贫富油换热器 E-103 预热至 80℃进入解吸塔 T-102。吸收塔塔釜液位由 LIC101 和 FIC104 通过调节塔釜富油采出量串级控制。

来自吸收塔顶部的贫气在尾气分离罐 D-102 中回收冷凝的 C_4、C_6后，不凝气在 D-102 压力控制器 PIC103(1.2MPa)控制下排入放空总管进入大气。回收的冷凝液(C_4、C_6)与吸收塔釜排出的富油一起进入解吸塔 T-102。

预热后的富油进入解吸塔 T-102 进行解吸分离。塔顶气相出料(C_4：95%)经全冷器 E-104 换热降温至 40℃全部冷凝进入塔顶回流罐 D-103，其中一部分冷凝液由 P-102A、B 泵打回流至解吸塔顶部，回流量 8.0t/h，由 FIC106 控制，其他部分做为 C_4产品在液位控制(LIC105)下由 P-102A、B 泵抽出。塔釜 C_6油在液位控制(LIC104)下，经贫富油换热器 E-103 和盐水冷却器 E-102 降温至 5℃返回至 C_6油储罐 D-101 再利用，返回温度由温度控制器 TIC103 通过调节 E-102 循环冷却水流量控制。

T-102 塔釜温度由 TIC104 和 FIC108 通过调节塔釜再沸器 E-105 的蒸汽流量串级控制，控制温度 102℃。塔顶压力由 PIC-105 通过调节塔顶冷凝器 E-104 的冷却水流量控制，另有一塔顶压力保护控制器 PIC-104，在塔顶有凝气压力高时通过调节 D-103 放空量降压。

因为塔顶 C_4产品中含有部分 C_6油及其他 C_6油损失，所以随着生产的进行，要定期观察 C_6油储罐 D-101 的液位，补充新鲜 C_6油。

3.9.3.2 复杂控制方案说明

吸收解吸复杂控制回路主要是串级回路的使用，在吸收塔、解吸塔和产品罐中都使用了液位与流量串级回路。

串级回路：是在简单调节系统基础上发展起来的。在结构上，串级回路调节系统有两个闭合回路。主、副调节器串联，主调节器的输出为副调节器的给定值，系统通过副调节器的输出操纵调节阀动作，实现对主参数的定值调节。所以在串级回路调节系统中，主回路是定值调节系统，副回路是随动系统。

举例：在吸收塔 T101 中，为了保证液位的稳定，有一塔釜液位与塔釜出料组成的串级回路。液位调节器的输出同时是流量调节器的给定值，即流量调节器 FIC104 的 SP 值由液位调节器 LIC101 的输出值 *OP* 控制，LIC101.OP 的变化使 FIC104.SP 产生相应的变化。

3.9.3.3 设备

T-101：吸收塔

D-101：C_6油储罐

D-102：气液分离罐

E-101：吸收塔顶冷凝器

E-102：循环油冷却器

P-101A/B：C_6油供给泵

T-102：解吸塔

D-103：解吸塔顶回流罐

E-103：贫富油换热器

E-104：解吸塔顶冷凝器

E-105：解吸塔釜再沸器

P-102A/B：解吸塔顶回流、塔顶产品采出泵

3.9.4 吸收解吸操作规程

3.9.4.1 开车操作规程

装置的开工状态为吸收塔解吸塔系统均处于常温常压下，各调节阀处于手动关闭状态，各手操阀处于关闭状态。

1. 氮气充压　氮气置换已完毕，公用工程已具备条件，可以直接进行氮气充压。

(1) 确认所有手阀处于关状态。

(2) 氮气充压。

① 打开氮气充压阀，给吸收塔系统充压。

② 当吸收塔系统压力升至1.0MPa左右时，关闭N_2充压阀。

③ 打开氮气充压阀，给解吸塔系统充压。

④ 当吸收塔系统压力升至0.5MPa左右时，关闭N_2充压阀。

2. 进吸收油　氮气充压完成，进行吸收油操作。

(1) 确认。

① 系统充压已结束。

② 所有手阀处于关状态。

(2) 吸收塔系统进吸收油。

① 打开引油阀V9至开度50%左右，给C_6油储罐D-101充C_6油至液位70%。

② 打开C_6油泵P-101A(或B)的入口阀，启动P-101A(或B)。

③ 打开P-101A(或B)出口阀，手动打开FV103阀至30%左右给吸收塔T-101充液至50%。充油过程中注意观察D-101液位，必要时给D-101补充新油。

(3) 解吸塔系统进吸收油

① 手动打开调节阀FV104开度至50%左右，给解吸塔T-102进吸收油至液位50%。

② 给T-102进油时注意给T-101和D-101补充新油，以保证D-101和T-101的液位均不低于50%。

3. C_6油冷循环　进吸收油操作完成，可以进行C_6油冷循环操作。

(1) 确认

① 储罐、吸收塔、解吸塔液位50%左右。

② 吸收塔系统与解吸塔系统保持合适压差。

(2) 建立冷循环

① 手动逐渐打开调节阀LV104，向D-101倒油。

② 当向D-101倒油时，同时逐渐调整FV104，以保持T-102液位在50%左右，将LIC104设定在50%设自动。

③ 由T-101至T-102油循环时，手动调节FV103以保持T-101液位在50%左右，将LIC101设定在50%投自动。

④ 手动调节FV103，使FRC103保持在13 .50t/h，投自动，冷循环10min。

4. T-102回流罐D-103进C_4　打开V21向D-103进C_4至液位为20%。

5. C_6油热循环　当D-103进C_4至液位为20%时，可以进行C_6油热循环操作。

(1) 确认

① 冷循环过程已经结束；

② D-103 液位已建立。

（2）T-102 再沸器投用

① 设定 TIC103 于 5℃，投自动；

② 手动打开 PV105 至 70%；

③ 手动控制 PIC105 于 0.5MPa，待回流稳定后再投自动；

④ 手动打开 FV108 至 50%，开始给 T-102 加热。

（3）建立 T-102 回流

① 随着 T-102 塔釜温度 TIC107 逐渐升高，C_6油开始汽化，并在 E-104 中冷凝至回流罐 D-103；

② 当塔顶温度高于 50℃时，打开 P-102A/B 泵的入出口阀 VI25/27、VI26/28，打开 FV106 的前后阀，手动打开 FV106 至合适开度，维持塔顶温度高于 51℃；

③ 当 TIC107 温度指示达到 102℃时，将 TIC107 设定在 102℃投自动，TIC107 和 FIC108 投串级；

④ 热循环 10min。

6. 进富气　当 C_6油热循环已经建立，可以进行进富气操作。

（1）确认 C_6油热循环已经建立

（2）进富气：

① 逐渐打开富气进料阀 V1，开始富气进料；

② 随着 T-101 富气进料，塔压升高，手动调节 PIC103 使压力恒定在 1.2MPa（表压）。当富气进料达到正常值后，设定 PIC103 于 1.2MPa（表压），投自动；

③ 当吸收了 C_4的富油进入解吸塔后，塔压将逐渐升高，手动调节 PIC105，维持 PIC105 在 0.5MPa（表压），稳定后投自动；

④ 当 T-102 温度，压力控制稳定后，手动调节 FIC106 使回流量达到正常值 8.0T/h，投自动。

⑤ 观察 D-103 液位，液位高于 50 时，打开 LIV105 的前后阀，手动调节 LIC105 维持液位在 50%，投自动；

⑥ 将所有操作指标逐渐调整到正常状态。

3.9.4.2　正常操作规程

1. 正常工况操作参数　为了保证正常操作正常工况操作参数如下：

（1）吸收塔顶压力控制 PIC103：1.20MPa（表压）；

（2）吸收油温度控制 TIC103：5.0℃；

（3）解吸塔顶压力控制 PIC105：0.50MPa（表压）；

（4）解吸塔顶温度：51.0℃；

（5）解吸塔釜温度控制 TIC107：102.0℃。

2. 补充新油　因为塔顶 C_4产品中含有部分 C_6油及其他 C_6油损失，所以随着生产的进行，要定期观察 C_6油储罐 D-101 的液位，当液位低于 30%时，打开阀 V9 补充新鲜的 C_6油。

3. D-102 排液　生产过程中贫气中的少量 C_4和 C_6组分积累于尾气分离罐 D-102 中，定期观察 D-102 的液位，当液位高于 70%时，打开阀 V7 将凝液排放至解吸塔 T-102 中。

4. T-102 塔压控制　正常情况下 T-102 的压力由 PIC-105 通过调节 E-104 的冷却水流量控制。生产过程中会有少量不凝气积累于回流罐 D-103 中使解吸塔系统压力升高，这时 T-102顶部压力超高保护控制器 PIC-104 会自动控制排放不凝气，维持压力不会超高。必要时可打手动打开 PV104 至开度 1%~3%来调节压力。

3.9.4.3　停车操作规程

1. 停富气进料　停车操作和开车操作是同样的重要。停富气进料包括关富气进料阀 V1、手动调节 PIC103 和维持 T-101 →T-102 →D-101 的 C_6油循环。

（1）关富气进料阀 V1，停富气进料。

（2）富气进料中断后，T-101 塔压会降低，手动调节 PIC103，维持 T-101 压力 >1.0MPa(表压)。

（3）手动调节 PIC105 维持 T-102 塔压力在 0.20MPa(表压)左右。

（4）维持 T-101 →T-102 →D-101 的 C_6油循环。

2. 停吸收塔系统　停吸收塔系统包括停 C_6油进料和吸收塔系统泄油。

（1）停 C_6油进料

① 停 C_6油泵 P-101A/B。

② 关闭 P-101A/B 入出口阀。

③ FRC103 置手动，关 FV103 前后阀。

④ 手动关 FV103 阀，停 T-101 油进料。

此时应注意保持 T-101 的压力，压力低时可用 N_2充压，否则 T-101 塔釜 C_6油无法排出。

（2）吸收塔系统泄油

① LIC101 和 FIC104 置手动，FV104 开度保持 50%，向 T-102 泄油。

② 当 LIC101 液位降至 0 时，关闭 FV108。

③ 打开 V7 阀，将 D-102 中的凝液排至 T-102 中。

④ 当 D-102 液位指示降至 0 时，关 V7 阀。

⑤ 关 V4 阀，中断盐水停 E-101。

⑥ 手动打开 PV103，吸收塔系统泄压至常压，关闭 PV103。

3. 停解吸塔系统　停解吸塔系统包括停 C_4产品出料、T-102 塔降温、停 T-102 回流、T-102 泄油和 T-102 泄压。

（1）停 C_4产品出料

富气进料中断后，将 LIC105 置手动，关阀 LV105，及其前后阀。

（2）T-102 塔降温

① TIC107 和 FIC108 置手动，关闭 E-105 蒸汽阀 FV108，停再沸器 E-105。

② 停止 T-102 加热的同时，手动关闭 PIC105 和 PIC104，保持解吸系统的压力。

（3）停 T-102 回流

① 再沸器停用，温度下降至泡点以下后，油不再汽化，当 D-103 液位 LIC105 指示小于 10%时，停回流泵 P-102A/B，关 P-102A/B 的入出口阀。

② 手动关闭 FV106 及其前后阀，停 T-102 回流。

③ 打开 D-103 泄液阀 V19。

④ 当 D-103 液位指示下降至 0%时，关 V19 阀。

(4) T-102 泄油

① 手动置 LV104 于 50%，将 T-102 中的油倒入 D-101。

② 当 T-102 液位 LIC104 指示下降至 10%时，关 LV104。

③ 手动关闭 TV103，停 E-102。

④ 打开 T-102 泄油阀 V18，T-102 液位 LIC104 下降至 0%时，关 V18。

(5) T-102 泄压

① 手动打开 PV104 至开度 50%，开始 T-102 系统泄压。

② 当 T-102 系统压力降至常压时，关闭 PV104。

4. 吸收油储罐 D-101 排油　当停 T-101 吸收油进料后，D-101 液位必然上升，此时打开 D-101 排油阀 V10 排污油；直至 T-102 中油倒空，D-101 液位下降至 0，关 V10。

3.9.5 仪表及报警

仪表及报警一览表见表 3-18。

表 3-18 仪表及报警一览表

位号	说明	类型	正常值	量程上限	量程下限	工程单位	高报值	低报值
AI101	回流罐 C_4组分	AI	>95.0	100.0	0	%		
FI101	T-101 进料	AI	5.0	10.0	0	t/h		
FI102	T-101 塔顶气量	AI	3.8	6.0	0	t/h		
FRC103	吸收油流量控制	PID	13.50	20.0	0	t/h	16.0	4.0
FIC104	富油流量控制	PID	14.70	20.0	0	t/h	16.0	4.0
FI105	T-102 进料	AI	14.70	20.0	0	t/h		
FIC106	回流量控制	PID	8.0	14.0	0	t/h	11.2	2.8
FI107	T-101 塔底贫油采出	AI	13.41	20.0	0	t/h		
FIC108	加热蒸汽量控制	PID	2.963	6.0	0	t/h		
LIC101	吸收塔液位控制	PID	50	100	0	%	85	15
LI102	D-101 液位	AI	60.0	100	0	%	85	15
LI103	D-102 液位	AI	50.0	100	0	%	65	5
LIC104	解吸塔釜液位控制	PID	50	100	0	%	85	15
LIC105	回流罐液位控制	PID	50	100	0	%	85	15
PI101	吸收塔顶压力显示	AI	1.22	20	0	MPa	1.7	0.3
PI102	吸收塔塔底压力	AI	1.25	20	0	MPa		
PIC103	吸收塔顶压力控制	PID	1.2	20	0	MPa	1.7	0.3
PIC104	解吸塔顶压力控制	PID	0.55	1.0	0	MPa		

续表

位号	说明	类型	正常值	量程上限	量程下限	工程单位	高报值	低报值
PIC105	解吸塔顶压力控制	PID	0.50	1.0	0	MPa		
PI106	解吸塔底压力显示	AI	0.53	1.0	0	MPa		
TI101	吸收塔塔顶温度	AI	6	40	0	℃		
TI102	吸收塔塔底温度	AI	40	100	0	℃		
TIC103	循环油温度控制	PID	5.0	50	0	℃	10.0	2.5
TI104	C_4回收罐温度显示	AI	2.0	40	0	℃		
TI105	预热后温度显示	AI	80.0	150.0	0	℃		
TI106	吸收塔顶温度显示	AI	6.0	50	0	℃		
TIC107	解吸塔釜温度控制	PID	102.0	150.0	0	℃		
TI108	回流罐温度显示	AI	40.0	100	0	℃		

3.9.6 事故设置

下列事故处理操作仅供参考，详细操作以评分系统为准。

3.9.6.1 冷却水中断

主要现象：

(1) 冷却水流量为0。

(2) 入口管路各阀常开状态。

处理方法：

(1) 停止进料，关V1阀。

(2) 手动关PV103保压。

(3) 手动关FV104，停T-102进料。

(4) 手动关LV105，停出产品。

(5) 手动关FV103，停T-101回流。

(6) 手动关FV106，停T-102回流。

(7) 关LIC104前后阀，保持液位。

3.9.6.2 加热蒸汽中断

主要现象：

(1) 加热蒸汽管路各阀开度正常。

(2) 加热蒸汽入口流量为0。

(3) 塔釜温度急剧下降。

处理方法：

(1) 停止进料，关V1阀。

(2) 停T-102回流。

(3) 停 D-103 产品出料。
(4) 停 T-102 进料。
(6) 关 LIC104 前后阀，保持液位。

3.9.6.3　仪表风中断

主要现象：各调节阀全开或全关。
处理方法：
(1) 打开 FRC103 旁路阀 V3。
(2) 打开 FIC104 旁路阀 V5。
(3) 打开 PIC103 旁路阀 V6。
(4) 打开 TIC103 旁路阀 V8。
(5) 打开 LIC104 旁路阀 V12。
(6) 打开 FIC106 旁路阀 V13。
(7) 打开 PIC105 旁路阀 V14。
(8) 打开 PIC104 旁路阀 V15。
(9) 打开 LIC105 旁路阀 V16。
(10) 打开 FIC108 旁路阀 V17。

3.9.6.4　停电

主要现象：
(1) 泵 P-101A/B 停。
(2) 泵 P-102A/B 停。
处理方法：(1)打开泄液阀 V10，保持 LI102 液位在 50%。
(2) 打开泄液阀 V19，保持 LI105 液位在 50%。
(3) 关小加热油流量，防止塔温上升过高。
(4) 停止进料，关 V1 阀。

3.9.6.5　P-101A 泵坏

主要现象：
(1) FRC103 流量降为 0。
(2) 塔顶 C_4上升，温度上升，塔顶压上升。
(3) 釜液位下降。
处理方法：
(1) 停 P-101A。
注：先关泵后阀，再关泵前阀。
(2) 开启 P-101B，先开泵前阀，再开泵后阀。
(3) 由 FRC-103 调至正常值，并投自动。

3.9.6.6　LIC104 调节阀卡

主要现象：
(1) FI107 降至 0。
(2) 塔釜液位上升，并可能报警。
处理方法：

（1）关 LIC104 前后阀 VI13，VI14。
（2）开 LIC104 旁路阀 V12 至 60%左右。
（3）调整旁路阀 V12 开度，使液位保持 50%。

3.9.6.7 换热器 E-105 结垢严重

主要现象：
（1）调节阀 FIC108 开度增大。
（2）加热蒸汽入口流量增大。
（3）塔釜温度下降，塔顶温度也下降，塔釜 C_4组成上升。
处理方法：
（1）关闭富气进料阀 V1。
（2）手动关闭产品出料阀 LIC102。
（3）手动关闭再沸器后，清洗换热器 E-105。

第 4 章　Auto CAD 绘图实训

（注：1. 本章因配合软件使用实际，在提及绘图线条长度时，默认单位为 mm；2. "↙"代表实际操作中的回车键操作。）

Auto CAD 是由美国 Autodesk 公司开发的通用计算机辅助绘图与设计软件包，具有易于掌握、使用方便、体系结构开放等特点，深受广大工程技术人员的欢迎。Auto CAD 自 1982 年问世以来，已经进行了近 20 次的升级，从而使其功能逐渐强大，且日趋完善。如今，Auto CAD 已广泛应用于机械、建筑、电子、航天、造船、石油化工、土木工程、冶金、农业、气象、纺织、轻工业等领域。在我国，Auto CAD 已成为工程设计领域中应用最为广泛的计算机辅助设计软件之一。

Auto CAD 2010 除在图形处理等方面的功能有所增强外，一个最显著的特征是增加了参数化绘图功能。用户可以对图形对象建立几何约束，以保证图形对象之间有准确的位置关系，如平行、垂直、相切、同心、对称等关系；可以建立尺寸约束，通过该约束，既可以锁定对象，使其大小保持固定，也可以通过修改尺寸值来改变所约束对象的大小。

4.1　Auto CAD 绘图基础实训

4.1.1　实训目的

(1) 掌握符合国家标准 CAD 制图规则；

(2) 掌握 Auto CAD 绘图的基本命令与基本操作。

4.1.2　机械工程　CAD 制图规则

《机械工程　CAD 制图规则》(GB/T 14665—2012) 规定了用计算机绘制工程图的基本规则。

4.1.2.1　CAD 工程制图的基本设置要求

1. 图纸幅面与格式　用计算机绘制工程图时，其图纸幅面和格式按照《技术制图　图纸幅面和格式》(GB/T 14689—2008) 的有关规定。

(1) 在 CAD 工程制图中所用到的有装订边或无装订边的图纸幅面形式见图 4-1。基本尺寸见表 4-1。

表 4-1　图纸基本幅面及图框尺寸　　mm

幅面代号	A0	A1	A2	A3	A4
$B \times L$	841×1189	594×841	420×594	297×420	210×297
e	20		10		
c	10			5	
a	25				

注：在 CAD 绘图中对图纸有加长加宽的要求时，应按基本幅面的短边(B)成整数倍增加。

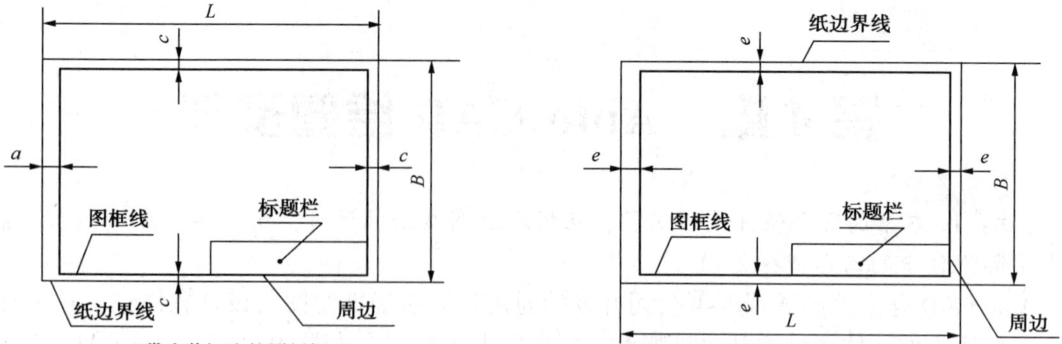

(a) 带有装订边的图纸幅面　　(b) 不带装订边的图纸幅面

图 4-1　图纸幅面及图框格式

（2）字体。CAD 工程图中所用的字体应按 GB/T 14665—2012 要求，并应做到字体端正、笔画清楚、排列整齐、间隔均匀。CAD 工程图的字体与图纸幅面之间的大小关系见表 4-2。

表 4-2　CAD 工程图的字体与图纸幅面之间的大小关系　　mm

字符类别	图幅				
	A0	A1	A2	A3	A4
	字体高度 h				
字母与数字	5		3.5		
汉字	7		5		

注：h=汉字、字母和数字的高度。

2. 图线　CAD 工程图中所用的图线，应遵照 GB/T 14665—2012 中的有关规定。

（1）CAD 工程图中的基本线型见表 4-3。

表 4-3　CAD 工程图的基本线型

代码	基 本 线 型	名称
01		实线
02		虚线
03		间隔画线
04		单点长画线
05		双点长画线
06		三点长画线
07		点线
08		长画短画线
09		长画双点画线
10		点画线
11		单点双画线
12		双点画线
13		双点双画线
14		三点画线
15		三点双画线

(2)CAD 关于基本图线颜色的规定。CAD 工程图在屏幕上的图线一般应按照表 4-4 中提供的颜色显示，相同类型的图线应采用同样的颜色。

表 4-4　CAD 工程图在屏幕上的图线的颜色规定

图线类型		屏幕上的颜色
粗实线		白色
细实线		绿色
波浪线		
双折线		
虚线		黄色
细点画线		红色
粗点画线		棕色
双点画线		粉红色

3. CAD 工程图的图层管理　CAD 工程图的图层管理应按照表 4-5 设定。

表 4-5　CAD 工程图的图层管理

层号	描述	图例
01	粗实线 剖切面的粗剖切线	
02	细实线 细波浪线 细折断线	
03	粗虚线	
04	细虚线	
05	细点划线 剖切面的剖切线	
06	粗点画线	
07	细双点划线	
08	尺寸线，投影连线，尺寸终端与符号细实线	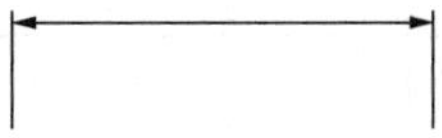
09	参考圆，包括引出线和终端(如箭头)	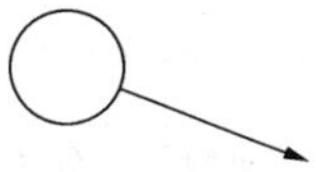
10	剖面符号	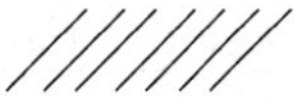
11	文本，细实线	ABCD
12	尺寸值和公差	432±1
13	文本，粗实线	KLMN
14，15，16	用户选用	

4. 剖面符号　CAD 工程图中剖切面的剖面区域的表示见表 4-6。

表 4-6　CAD 工程图中剖切面的剖面区域表示

剖面区域的式样	名　称	剖面区域的式样	名　称
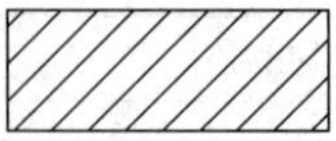	金属材料/普通砖	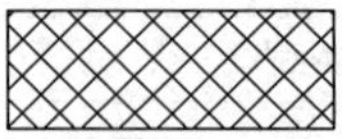	非金属材料（除普通砖外）
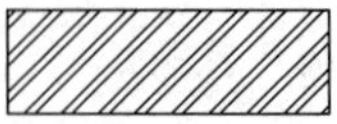	固体材料	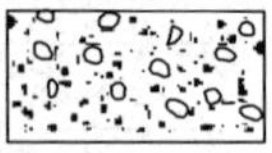	混凝土
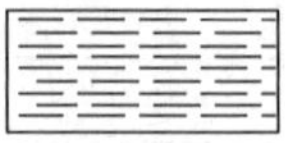	液体材料	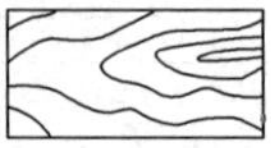	木质件
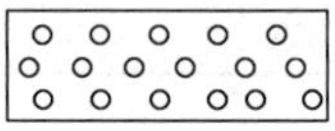	气体材料		透明材料

5. 标题栏　CAD 工程图中的标题栏，应遵守 GB/T 10609. 1—2008 中的有关规定。

（1）每张 CAD 工程图均应配置标题栏并应配置在图框的右下角。

（2）标题栏一般由更改区、签字区、其他区、名称及代号区组成，见图 4-2，CAD 工程图中标题栏的格式见图 4-3。

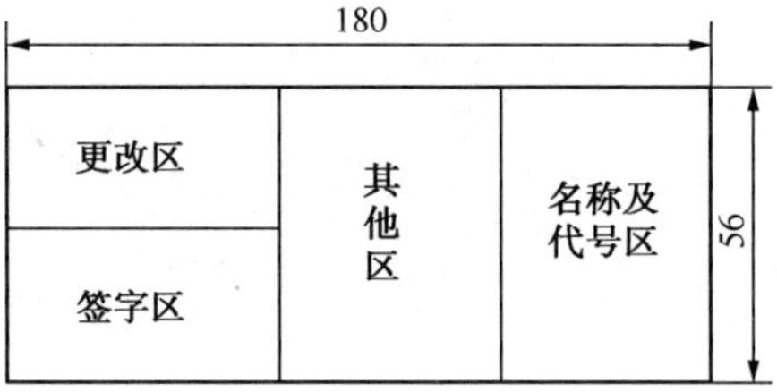

图 4-2　标题栏的区域

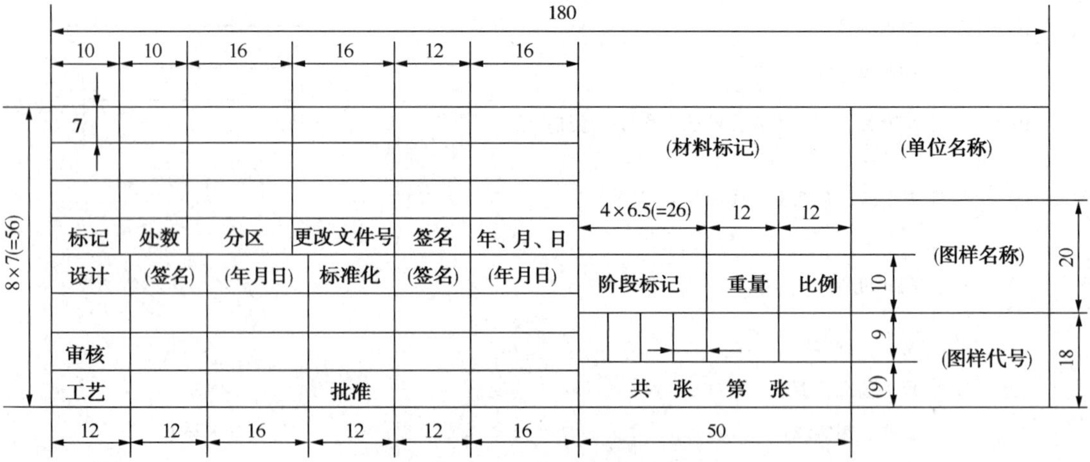

图 4-3　国家标准规定的标题栏

6. 明细栏　CAD 工程图中的明细栏应遵守 GB/T 10609. 2—2009 中的有关规定，CAD

工程图中的装配图上一般应配置明细栏。

（1）明细栏一般配置在装配图中标题栏的上方，按由下而上的顺序填写，见图 4-4。

（2）装配图中不能在标题栏的上方配置明细栏时，可作为装配图的续页按 A4 幅面单独绘出，其顺序应是由上而下延伸。

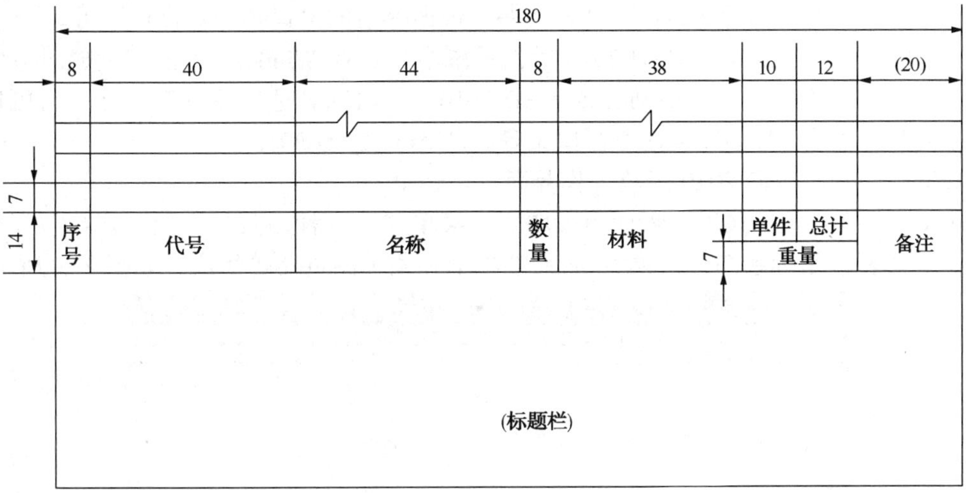

图 4-4　国家标准规定的明细栏

7. CAD 工程图的尺寸标注　在 CAD 工程制图中应遵守相关行业的有关标准或规定。

（1）箭头。在 CAD 工程制图中所使用的箭头形式有以下几种供选用，见图 4-5。同一 CAD 工程图中，一般只采用一种箭头的形式。当采用箭头位置不够时，允许用圆点或斜线代替箭头，见图 4-6。

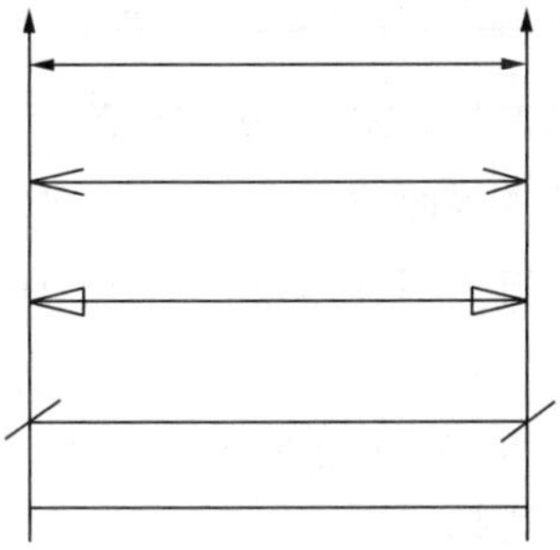

图 4-5　箭头形式

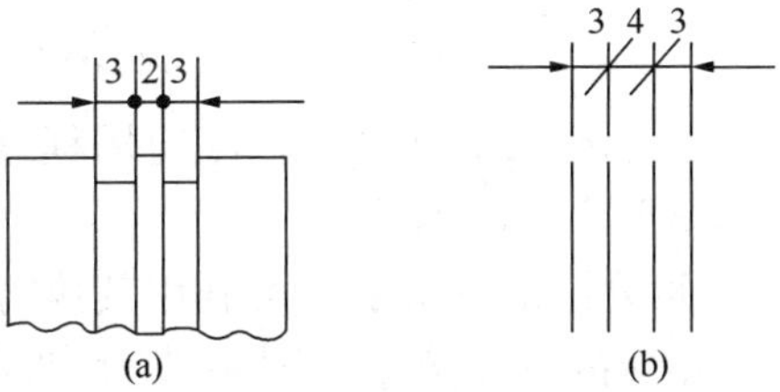

图 4-6　用圆点或斜线代替箭头

（2）CAD 工程图中的尺寸数字、尺寸线和尺寸界线应按照相关标准的要求进行绘制。

（3）简化标注。必要时，在不引起误解的前提下，CAD 工程制图中可以采用简化标注方式进行表示，见 GB/T 16675.2—2012。

4.1.3　Auto CAD 基础知识

CAD（Computer Aided Drafting）诞生于 20 世纪 60 年代，是美国麻省理工大学提出了交互式图形学的研究计划，从 1982 年开始完成了多个版本的发行，1982 年正式出版的是容量为一张 360kb 的软盘，无菜单，命令需要背，其执行方式类似 DOS 命令；Auto CADR12.0：1992 年，采用 DOS 与 WINDOWS 两种操作环境，出现了工具条；目前流行使用的是 Auto

CAD2007、Auto CAD2010、Auto CAD2014 等版本，其拥有强大直观的界面，可以轻松而快速的进行外观图形的创作和提高 3D 设计效率。

4.1.3.1 Auto CAD 2010 安装与启动

1. 安装 Auto CAD 2010 Auto CAD 2010 软件以光盘形式提供，光盘中有名为 SETUP.EXE 的安装文件。执行 SETUP.EXE 文件，根据弹出的窗口选择、操作即可。

2. 启动 2010 安装 Auto CAD 2010 后，系统会自动在 Windows 桌面上生成对应的快捷方式。双击该快捷方式，即可启动 Auto CAD 2010。与启动其他应用程序一样，也可以通过 Windows 资源管理器、Windows 任务栏按钮等启动 Auto CAD 2010。

4.1.3.2 Auto CAD 2010 经典工作界面

Auto CAD 2010 的经典工作界面由标题栏、菜单栏、各种工具栏、绘图窗口、光标、命令窗口、状态栏、坐标系图标、模型/布局选项卡和菜单浏览器等组成，如图 4-7 所示。

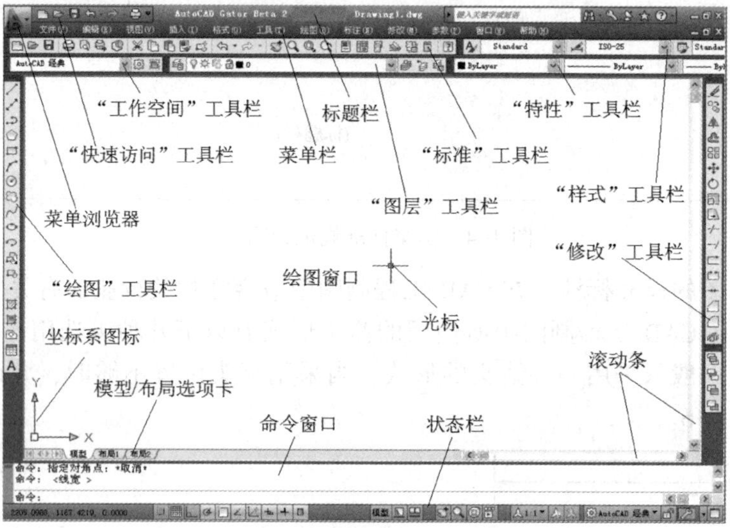

图 4-7 Auto CAD 2010 经典工作界面

1. 标题栏 标题栏与其他 Windows 应用程序类似，用于显示 Auto CAD 2010 的程序图标以及当前所操作图形文件的名称。

2. 菜单栏 菜单栏是主菜单，可利用其执行 Auto CAD 的大部分命令。单击菜单栏中的某一项，会弹出相应的下拉菜单。图 4-8 为"视图"下拉菜单。

下拉菜单中，右侧有小三角的菜单项，表示它还有子菜单。右图显示出了"缩放"子菜单；右侧有 3 个小点的菜单项，表示单击该菜单项后要显示出一个对话框；右侧没有内容的菜单项，单击它后会执行对应的 Auto CAD 命令。

3. 工具栏 Auto CAD 2010 提供了 40 多个工具栏，每一个工具栏上均有一些形象化的按钮。单击某一按钮，可以启动 Auto CAD 的对应命令。工具栏下拉菜单见图 4-9。

用户可以根据需要打开或关闭任意一个工具栏。方法是：在已有工具栏上右击，Auto CAD 弹出工具栏快捷菜单，通过其可实现工具栏的打开与关闭。

此外，通过选择与下拉菜单"工具"|"工具栏"|"Auto CAD"对应的子菜单命令，也可以打开 Auto CAD 的各工具栏。

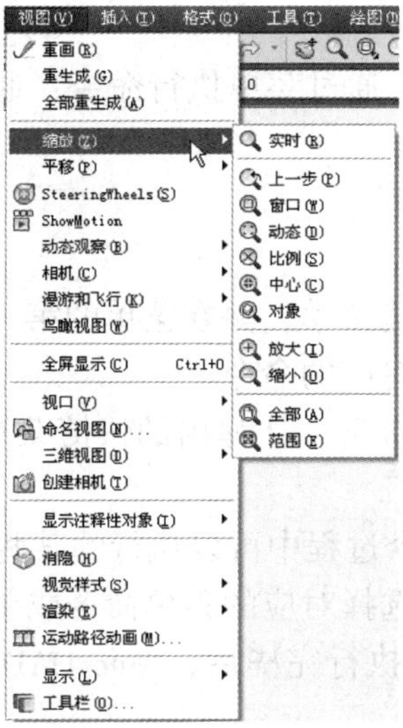

图 4-8　Auto CAD 2010“视图”下拉菜单

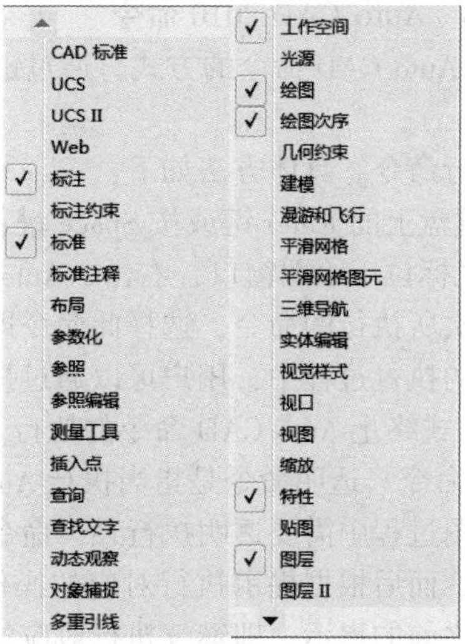

图 4-9　Auto CAD 2010 工具栏下拉菜单

4. 绘图窗口　绘图窗口类似于手工绘图时的图纸，是用户用 Auto CAD 2010 绘图并显示所绘图形的区域。

5. 光标　当光标位于 Auto CAD 的绘图窗口时为十字形状，所以又称其为十字光标。十字线的交点为光标的当前位置。Auto CAD 的光标用于绘图、选择对象等操作。

6. 坐标系图标　坐标系图标通常位于绘图窗口的左下角，表示当前绘图所使用的坐标系的形式以及坐标方向等。Auto CAD 提供有世界坐标系(World Coordinate System，WCS)和用户坐标系(User Coordinate System，UCS)两种坐标系。世界坐标系为默认坐标系。

7. 命令窗口　命令窗口是 Auto CAD 显示用户从键盘键入的命令和显示 Auto CAD 提示信息的地方。默认时，Auto CAD 在命令窗口保留最后三行所执行的命令或提示信息。用户可以通过拖动窗口边框的方式改变命令窗口的大小，使其显示多于 3 行或少于 3 行的信息。

8. 状态栏　状态栏用于显示或设置当前的绘图状态。状态栏上位于左侧的一组数字反映当前光标的坐标，其余按钮从左到右分别表示当前是否启用了捕捉模式、栅格显示、正交模式、极轴追踪、对象捕捉、对象捕捉追踪、动态 UCS、动态输入等功能以及是否显示线宽、当前的绘图空间等信息。

9. 模型/布局选项卡　模型/布局选项卡用于实现模型空间与图纸空间的切换。

10. 滚动条　利用水平和垂直滚动条，可以使图纸沿水平或垂直方向移动，即平移绘图窗口中显示的内容。

11. 菜单浏览器　单击菜单浏览器，Auto CAD 会将浏览器展开，如图 4-10 所示。用户可通过菜单浏览器执行相应的操作。

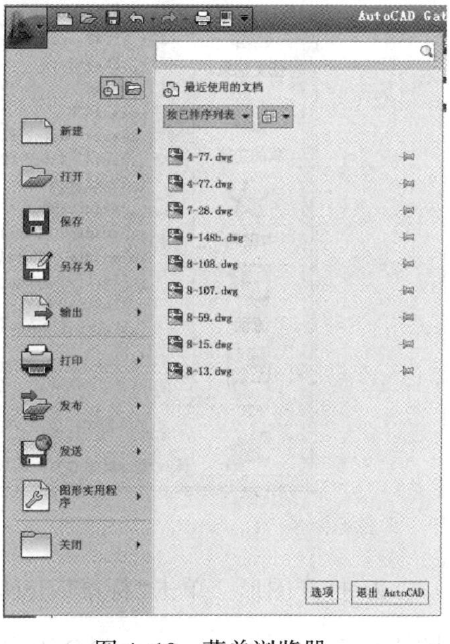

图 4-10　菜单浏览器

4.1.3.3　Auto CAD 2010 命令

1. 执行 Auto CAD 命令的方式　通过键盘输入命令；通过菜单执行命令；通过工具栏执行命令。

重复执行命令。具体方法如下：

(1)按键盘上的 Enter 键或按 Space 键；

(2)使光标位于绘图窗口，右击，Auto CAD 弹出快捷菜单，并在菜单的第一行显示出重复执行上一次所执行的命令，选择此命令即可重复执行对应的命令。

在命令的执行过程中，用户可以通过按 Esc 键；或右击，从弹出的快捷菜单中选择“取消”命令的方式终止 Auto CAD 命令的执行。

2. 透明命令　透明命令是指当执行 Auto CAD 的命令过程中可以执行的某些命令。

当在绘图过程中需要透明执行某一命令时，可直接选择对应的菜单命令或单击工具栏上的对应按钮，而后根据提示执行对应的操作。透明命令执行完毕后，Auto CAD 会返回到执行透明命令之前的提示，即继续执行对应的操作。

通过键盘执行透明命令的方法为：在当前提示信息后输入单引号“ ′ ”符号，再输入对应的透明命令后按 Enter 键或 Space 键，就可以根据提示执行该命令的对应操作，执行后 Auto CAD 会返回到透明执行此命令之前的提示。

4.1.3.4　Auto CAD 2010 图形文件管理

1. 创建新图形　单击“标准”工具栏上的 (新建)按钮，或选择“文件”|“新建”命令，即执行 NEW 命令，Auto CAD 弹出“选择样板”对话框，如图 4-11 所示。

通过此对话框选择对应的样板后(初学者一般选择样板文件 acadiso.dwt 即可)，单击“打开”按钮，就会以对应的样板为模板建立一新图形。

图 4-11　创建新图形

2. 打开图形　单击“标准”工具栏上的(打开)按钮，或选择“文件”|“打开”命令，即执行 OPEN 命令，Auto CAD 弹出与前面的图类似的“选择文件”对话框，可通过此对话框

确定要打开的文件并打开它。

3. 保存图形　用 QSAVE 命令保存图形。单击“标准”工具栏上的 （保存）按钮，或选择“文件”|“保存”命令，即执行 QSAVE 命令，如果当前图形没有命名保存过，Auto CAD 会弹出“图形另存为”对话框。通过该对话框指定文件的保存位置及名称后，单击“保存”按钮，即可实现保存。

如果执行 QSAVE 命令前已对当前绘制的图形命名保存过，那么执行 QSAVE 后，Auto CAD 直接以原文件名保存图形，不再要求用户指定文件的保存位置和文件名。

换名存盘。换名存盘指将当前绘制的图形以新文件名存盘。执行 SAVEAS 命令，Auto CAD 弹出“图形另存为”对话框，要求用户确定文件的保存位置及文件名，用户响应即可。

4.1.3.5　点确定

1. 绝对坐标　绝对坐标包括直角坐标、极坐标和球坐标。

（1）直角坐标。直角坐标用点的 X、Y、Z 坐标值表示该点，且各坐标值之间要用逗号隔开。

（2）极坐标。极坐标用于表示二维点，其表示方法为：距离<角度 。

（3）球坐标。球坐标用于确定三维空间的点，它用三个参数表示一个点，即点与坐标系原点的距离 L；坐标系原点与空间点的连线在 XY 面上的投影与 X 轴正方向的夹角（简称在 XY 面内与 X 轴的夹角）α；坐标系原点与空间点的连线同 XY 面的夹角（简称与 XY 面的夹角）β，各参数之间用符号“<”隔开，即“$L<\alpha<\beta$”。例如，150<45<35 表示一个点的球坐标，各参数的含义如图 4-12 所示。

2. 相对坐标　相对坐标包括相对直角坐标、相对极坐标和相对球坐标。

相对坐标是指相对于前一坐标点的坐标。相对坐标也有直接坐标、极坐标、和球坐标等形式，其输入格式与绝对坐标相同，但要在输入的坐标前加前缀“@ ”。

4.1.3.6　绘图基本设置与操作

1. 设置绘图单位　用于设置绘图单位格式的命令是 UNITS。选择“格式”/“单位”命令，即执行 UNITS 命令，打开如图 4-13 所示的“图形单位”对话框，用于确定长度尺寸和角度尺寸的单位格式以及对应的精度。

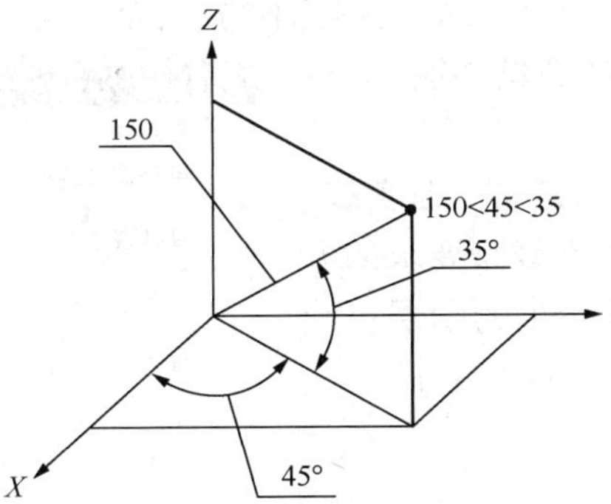

图 4-12　球坐标示意图

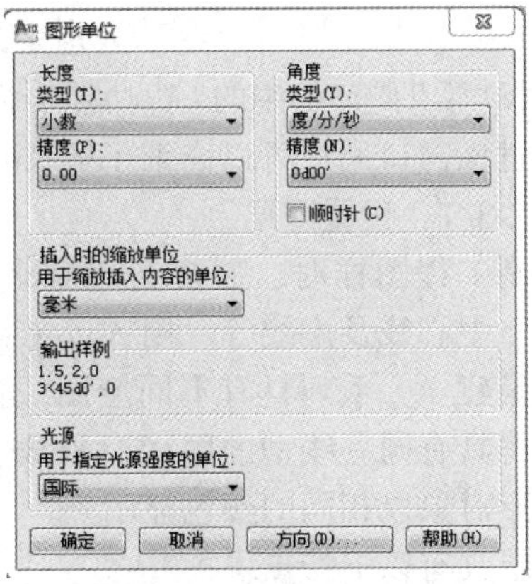

图 4-13　绘图单位设置

2. 绘图界限设置　A3 图纸的幅面尺寸是 420×297（mm×mm）。用于设置绘图范围的命令式 LIMITS。选择“格式”/“图形界限”命令，即执行 LIMITS 命令，Auto CAD 提示：

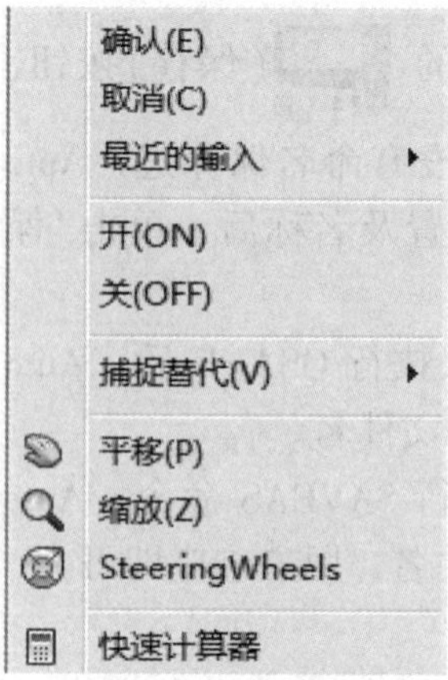

图 4-14　绘图界限的开与关

指定左下角点或[开(ON)关(OFF)] < 0，0 >：↙

指定右上角点：420，297↙

此时，完成绘图范围的设置。欲观察图形界限的范围点击下方辅助工具栏的的“栅格”按钮，如图 4-14 所示。为了使所设绘图范围有效，还需要利用 LIMITS 命令的“开(ON)”选项进行相应的设置。执行 ON 选项后，就可以使所设绘图范围有效，即用户只能在已设坐标范围内绘图，见图 4-15。如果所绘图形超出范围，则 Auto CAD 拒绝绘图，并给出相应的提示。

3. 帮助　Auto CAD 2010 提供了强大的帮助功能，用户在绘图或开发过程中可以随时通过该功能得到相应的帮助。图 4-16 为 Auto CAD 2010 的“帮助”菜单。

选择“帮助”菜单中的“帮助”命令，Auto CAD 弹出“帮助”窗口，用户可以通过此窗口得到相关的帮助信息，或浏览 Auto CAD 2010 的全部命令与系统变量等。

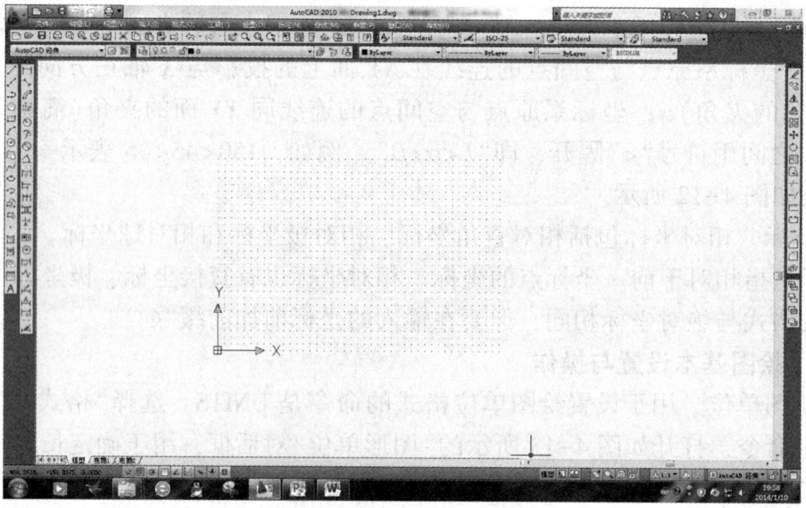

图 4-15　观察图形界限的范围

选择“帮助”菜单中的“新功能专题研习”命令，Auto CAD 会打开“新功能专题研习”窗口。通过该窗口用户可以详细了解 Auto CAD 2010 的新增功能。

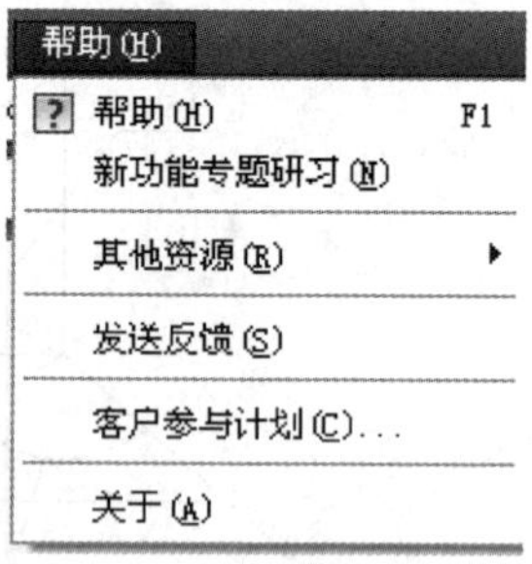

图 4-16　“帮助”菜单

4.1.3.7　设置图层

绘制工程图样时，通常会用到多种线型，如粗实线、细实线、点划线、中心线及虚线等。用 Auto CAD 绘图时，实现线型要求的方法之一是建立一系列具有不同绘图线型和不同绘图颜色的图层；绘图时，将具有同一线型的图形对象放在同一图层中。即具有同一线型的图形对象以相同的颜色显示。

图层具有以下特点：

(1) 用户可以在一幅图中指定任意数量的图层。系统对图层数没有限制，对每一图层上的对象数也没有任何限制。

(2) 每一图层有一个名称，加以区别。当开始绘一幅新图时，Auto CAD 自动创建名为 0 的图层，这是 Auto CAD 的默认图层，其余图层需用户来定义。

(3) 一般情况下，位于一个图层上的对象应该是一种绘图线型，一种绘图颜色。用户可以改变各图层的线型、颜色等特性。

(4) 虽然 Auto CAD 允许用户建立多个图层，但只能在当前图层上绘图。

(5) 各图层具有相同的坐标系和相同的显示缩放倍数。用户可以对位于不同图层上的对象同时进行编辑操作。

(6) 用户可以对各图层进行打开、关闭、冻结、解冻、锁定与解锁等操作，以决定各图层的可见性与可操作性。

1. 常用的图层设置　表 4-7 给出了工程图样常用的图层设置。

表 4-7　图层设置

绘图线型	图层名称	颜色	Auto CAD 线型	0. 5mm 或 0. 6mm
粗实线	粗实线	白色	Continuous	0. 25mm 或 0. 3mm
细实线	细实线	红色	Continuous	0. 25mm 或 0. 3mm
波浪线	波浪线	绿色	Continuous	0. 25mm 或 0. 3mm
虚线	虚线	黄色	DASHED	0. 25mm 或 0. 3mm
中心线	中心线	红色	CENTER	0. 25mm 或 0. 3mm
尺寸标注	尺寸标注	青色	Continuous	0. 25mm 或 0. 3mm
剖面线	剖面线	红色	Continuous	0. 25mm 或 0. 3mm
文字标注	文字标注	绿色	Continuous	0. 25mm 或 0. 3mm
图框层	图框层	自选	Continuous	0. 25mm 或 0. 3mm

2. 新建图层的方法　用于进行图层管理的命令是 LAYER。单击“图层”工具栏中的“图层特性管理器”按钮，或选择“格式”/“图层”命令，即执行 LAYER 命令，打开“图层特性管理器”对话框，如图 4-17 所示。

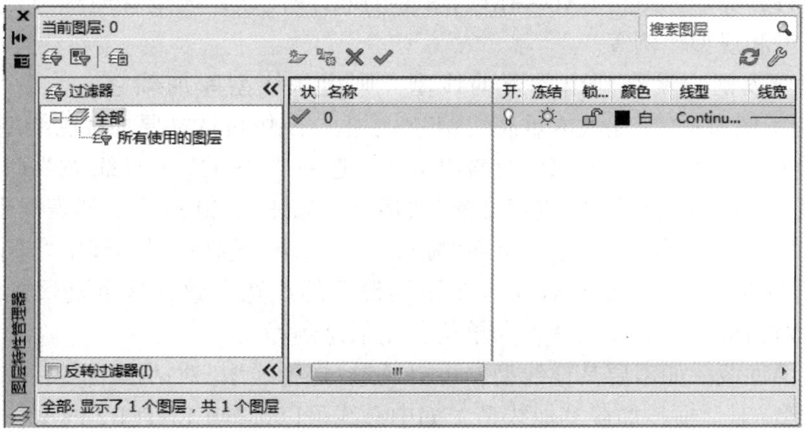

图 4-17　图层特性管理器

单击新建图层按钮后，建立各个图层，如图 4-18(a)所示，建立了“粗实线”图层。图 4-18(b)为线型管理器。然后，为新建的粗实线层选择颜色、线宽，如图 4-19、图 4-20

所示。

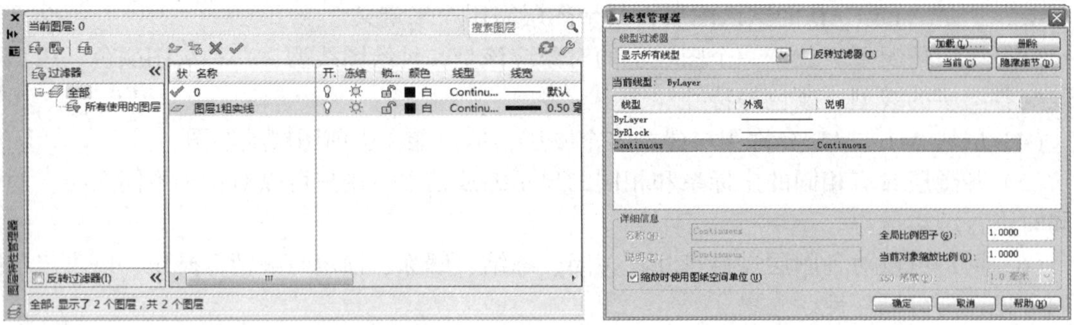

(a) **“粗实线”图层** (b) **线型管理器**

图 4-18 “粗实线”图层建立和线型管理器

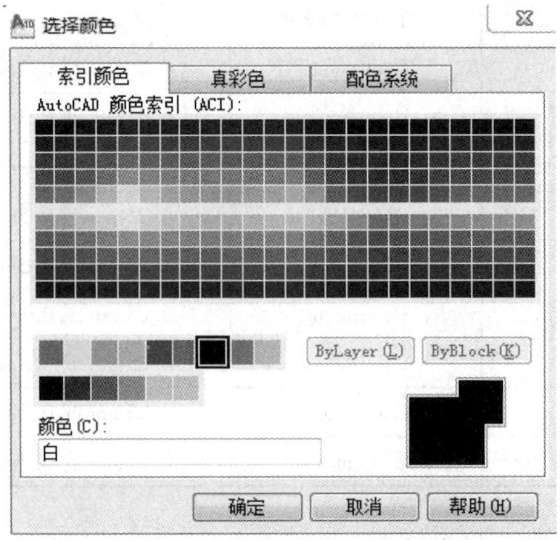

图 4-19 选择颜色

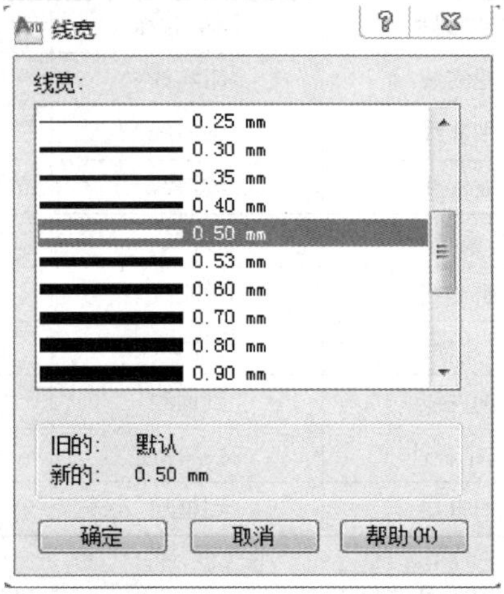

图 4-20 选择线宽

（1）线型设置。设置新绘图形的线型。命令：LINETYPE。选择“格式”|“线型”命令，即执行 LINETYPE 命令，Auto CAD 弹出如图 4-18(b)所示的“线型管理器”对话框。可通过其确定绘图线型和线型比例等。

如果线型列表框中没有列出需要的线型，则应从线型库加载它。单击“加载”按钮，Auto CAD 弹出下图所示的“加载或重载线型”对话框，从中可选择要加载的线型并加载。

设置新绘图形的线宽。命令：LWEIGHT。选择“格式”|“线宽”命令，即执行 LWEIGHT 命令，Auto CAD 弹出“线宽设置”对话框，如图 4-20 所示。列表框中列出了 Auto CAD 2010 提供的 20 余种线宽，用户可在“随层”、“随块”或某一具体线宽之间选择。其中，“随层”表示绘图线宽始终与图形对象所在图层设置的线宽一致，这也是最常用到的设置。还可以通过此对话框进行其他设置，如单位、显示比例等。

其他线型的加载。如需要其他线型，可以通过“选择线型”对话框“加载”按钮，打开“加载或者重载线型”对话框，加载其他线型，如中心线可以选择 CENTER2 线型，如图 4-21 所示，虚线可以选择 DASHDOT2 线型等。

（2）设置新绘图形的颜色。命令：COLOR 。选择“格式”|“颜色”命令，即执行 COLOR 命令，Auto CAD 弹出“选择颜色”对话框，如图 4-19 所示。

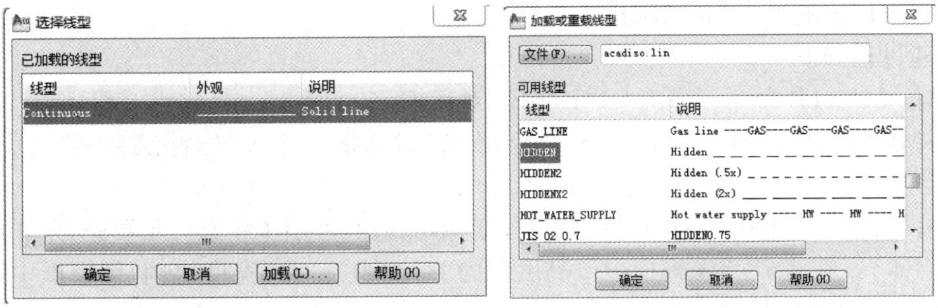

图 4-21　其他线型的加载

对话框中有“索引颜色”、“真彩色”和“配色系统”3 个选项卡，分别用于以不同的方式确定绘图颜色。在“索引颜色”选项卡中，用户可以将绘图颜色设为 By Layer(随层)、By Block(随块)或某一具体颜色。其中，随层是指所绘对象的颜色总是与对象所在图层设置的绘图颜色相一致，这是最常用到的设置。

3. 图层的使用　除了上述设置当前图层外，图层的其他操作还包括：控制图层开关、控制图层打印开关、删除图层等。为了使用图层特性更为简便、快捷，Auto CAD 提供了一个“图层”与“特性”工具栏。如图 4-22 所示。

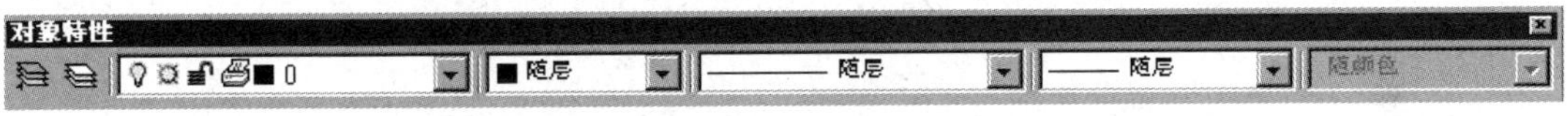

图 4-22　“图层”与“特性”工具栏

4.1.3.8　文字样式的定义与注写

绘制工程图样时，经常需要标注尺寸、文字，如标注技术要求、填写标题栏等。下面介绍如何为 Auto CAD 定义符合国标要求的文字样式。

1. 符合国标的汉字和数字字体　定义中文文字样式时，需要有对应的中文字体。Auto CAD2010 本身就提供了可标注符合国家制图标准的中文字体即字体名为“T 仿宋_ GB2312”的字体。尺寸标注时符合国标的数字样式，可以使用 gbetic. shx 字体。

2. 建立新文字样式　用于定义文字样式的命令是 STYLE。单击“样式”工具栏中的“文字样式管理器”按钮，即执行 STYLE 命令，打开“文字样式”对话框，如图 4-23 所示。

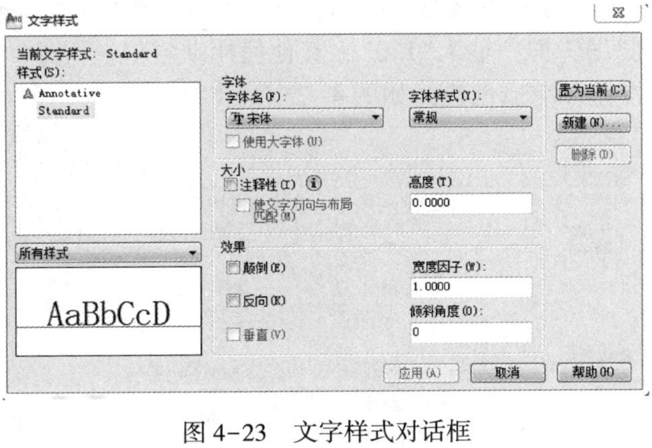

图 4-23　文字样式对话框

在对话框中，选择“新建”按钮，定义指定文字样式的样式名称。

3. 建立符合国标的汉字样式　建立“国标汉字”文字样式用于在工程图中注写符合国家

技术制图标准规定的汉字(长仿宋体)。

其创建过程如下：

(1) 输入 STYLE 命令，弹出“文字样式”对话框，。

(2) 单击“新建”按钮，弹出“新建文字样式”对话框，输入“国标汉字字”文字样式名，单击“确定”按钮，返回“文字样式”对话框。

(3) 在“字体名”下拉列表中选择“T 仿宋_ GB2312”字体(注意：不要选成“T@ 仿宋_ GB2312”字体)；在“高度”编辑框中设高度值为“3.5000”；在“宽度比例”编辑框中设宽度比例值为“0.7”；其他使用缺省值。

(4) 单击“应用”按钮，完成创建，如图 4-24 所示

(5) 如不再创建其他样式，单击“关闭”按钮，退出“文字样式”对话框，结束命令。

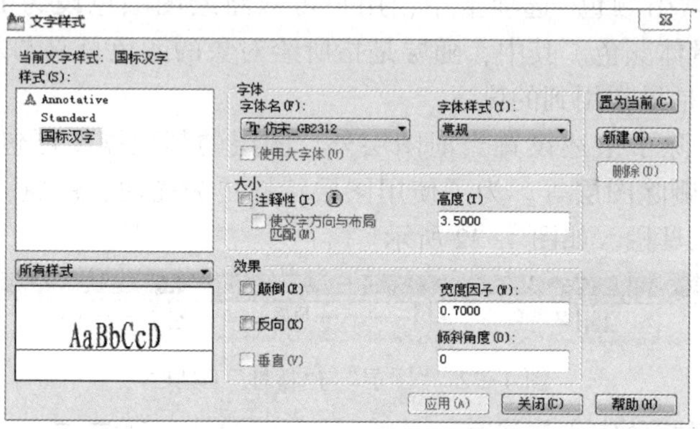

图 4-24　符合国标的汉字样式

4. 建立符合国标的数字样式　建立“尺寸数字”文字样式用于控制工程图的尺寸数字和注写其他数字、字母。该文字样式使所注尺寸中的尺寸数字符合国家技术制图标准。

其创建过程如下：

(1) 输入 STYLE 命令，弹出“文字样式”对话框。

(2) 单击“新建”按钮，弹出“新建文字样式”对话框，输入“尺寸数字”文字样式名，单击“确定”按钮，返回“文字样式”对话框。

(3) 在“字体名”下拉列表中选择“gbetic.shx”字体，在“高度”编辑框中设高度值为“3.50”，在“宽度比例”编辑框中输入“1.0”，其他使用缺省值。

(4) 单击“应用”按钮，完成创建，如图 4-25 所示。

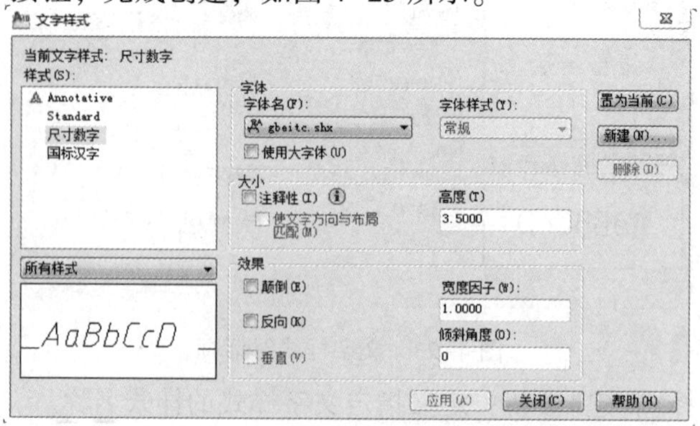

图 4-25　建立符合国标的数字样式

（5）单击“关闭”按钮，退出“文字样式”对话框，结束命令。

5. 单行文字的注写与编辑　通过“绘图”/“文字”/“单行文字”，注写单行或多行文字，如图 4-26 所示。

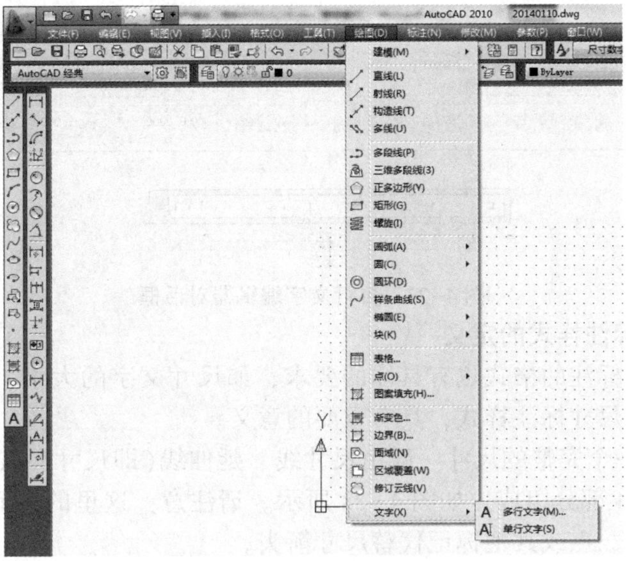

图 4-26　单行文字的注写

注意“当前文字样式”提示，通过完成“指定文字的起点或[对齐(J)/样式(S)]”、“指定高度”、“指定文字的旋转角度”、“输入文字等信息行的提示”完成输入，输入后一次回车，可进行下一行输入，两次回车，结束输入。

Auto CAD 提供了一些特殊字符的注写方法，常用的有：%%C 注写“ϕ”直径符号；%%D 注写“°”角度符号；%%P 注写“±”上下偏差符号；%%%注写“%”百分比符号。

6. 多行文字的注写　多行文字是以段落的方式输入文字，它具有控制所注写文字字符格式及段落文字特性等功能。

从绘图工具栏中单击：“段落文字”按钮 A，或者从下拉菜单选取：“绘图”/“文字”/“多行文字”，或者从键盘键入：MTEXT 命令均可。

命令的操作如下：

命令：(输入命令)

当前文字样式：“国标汉字”。文字高度：5.00(此行为信息行)

指定第一角点：(指定矩形段落文字框的第一角点)

指定另一角点或[高度(H)/对正(J)/行距(L)//旋转(R)/样式(S)/宽度(W)]：(指定另一角点或选项)

当指定了第一角点后拖动光标，屏幕上会出现一个动态的矩形框，Auto CAD 在矩形框中显示一个箭头符号，用来指定文字的扩展方向，此时可直接给第二角点(其他选项一般不在此操作，把其他选项的操作内容放在下面弹出的对话框中设置将更为方便)，指定矩形框第二角点后，Auto CAD 将弹出“多行文字编辑器”对话框，如图 4-27 所示。

“多行文字编辑器”对话框通过“字符”、“特性”、“行距”、“查找/替换”4 个标签提供了多个控制选项。“字符”标签中的选项控制该编辑器中输入文字的字符格式；“特性”标签中的选项控制整个段落文字的特性；“行距”标签中的选项控制段落文字中相邻两行文字基线间的距离；“查找/替换”标签中的选项可用于查找特定的字符串并可用新的字符串替换它们。若要编辑“多行文字编辑器”中显示的段落文字，应先醒目的选择文字，然后再对所选的文字进行编辑。

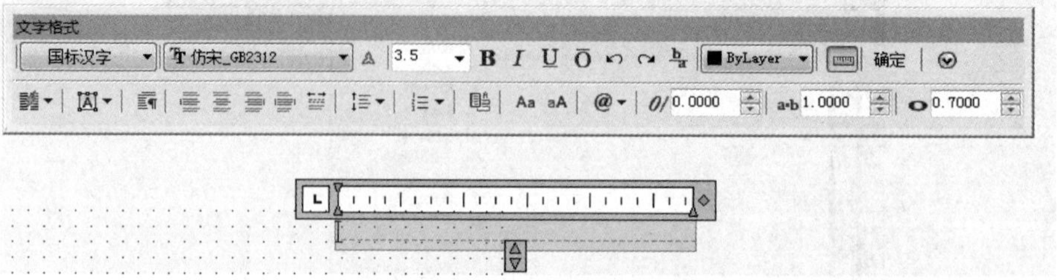

图 4-27　多行文字编辑器对话框

4.1.3.9　尺寸标注样式的定义

制图标准对尺寸标注的格式也有具体的要求，如尺寸文字的大小、尺寸箭头的大小等。定义符合制图标准的尺寸标注样式，具有重要的意义。

Auto CAD 中，一个完整的尺寸一般由尺寸线、延伸线(即尺寸界线)、尺寸文字(即尺寸数字)和尺寸箭头 4 部分组成，如图 4-28 所示。请注意：这里的“箭头”是一个广义的概念，也可以用短划线、点或其他标记代替尺寸箭头。

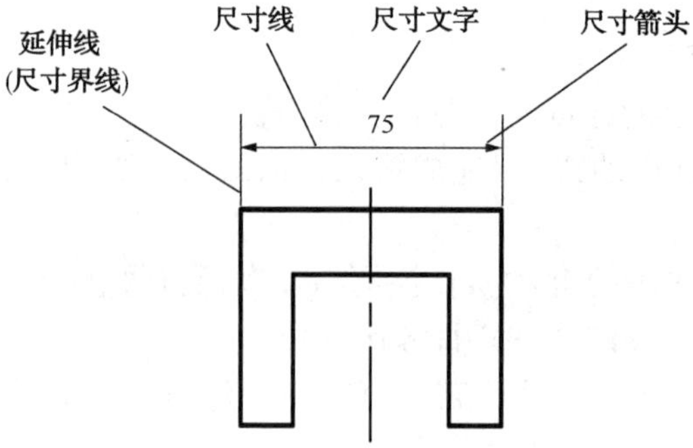

图 4-28　尺寸标注样式

Auto CAD 2010 将尺寸标注分为线性标注、对齐标注、半径标注、直径标注、弧长标注、折弯标注、角度标注、引线标注、基线标注、连续标注等多种类型，而线性标注又分水平标注、垂直标注和旋转标注。

1. 新建符合国标尺寸标注样式　尺寸标注样式(简称标注样式)用于设置尺寸标注的具体格式，如尺寸文字采用的样式；尺寸线、尺寸界线以及尺寸箭头的标注设置等，以满足不同行业或不同国家的尺寸标注要求。

定义、管理标注样式的命令是 DIMSTYLE。执行 DIMSTYLE 命令，Auto CAD 弹出后面的图所示的“标注样式管理器”对话框，如图 4-29 所示。

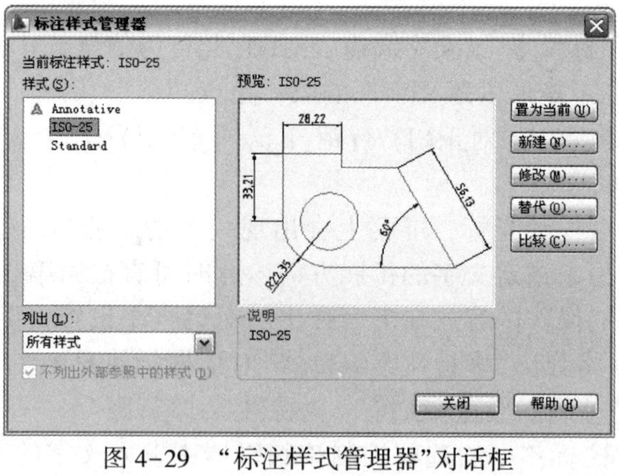

图 4-29　“标注样式管理器”对话框

其中，“当前标注样式”标签显示出当前标注样式的名称。“样式”列表框用于列出已有标注样式的名称。“列出”下拉列表框确定要在“样式”列表框中列出哪些标注样式。“预览”图片框用于预览在“样式”列表框中所选中标注样式的标注效果。“说明”标签框用于显示在“样式”列表框中所选定标注样式的说明。“置为当前”按钮把指定的标注样式置为当前样式。“新建”按钮用于创建新标注样式。“修改”按钮则用于修改已有标注样式。“替代”按钮用于设置当前样式的替代样式。“比较”按钮用于对两个标注样式进行比较，或了解某一样式的全部特性。

下面介绍如何新建标注样式。

在“标注样式管理器”对话框中单击“新建”按钮，Auto CAD 弹出如图 4-30(a)所示“创建新标注样式”对话框。单击对话框中的“新建”按钮，在打开的“创建新标注样式”对话框中的“新样式名”文本框中输入“制图国标”其余设置采用默认状态，如图 4-30(b)所示。

(a) “创建新标注样式”对话框　　(b) 新样式命名

图 4-30 “机械制图国标”的新样式的建立

确定新样式的名称和有关设置后，单击“继续”按钮，Auto CAD 弹出“新建标注样式”对话框，如图 4-31 所示。

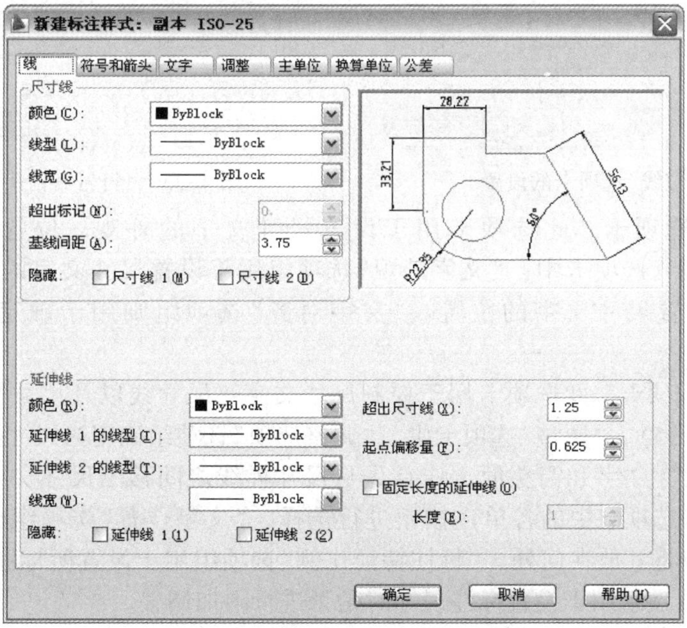

图 4-31 “新建标注样式”对话框

对话框中有“线”、“符号和箭头”、“文字”、“调整”、“主单位”、“换算单位”和“公差”7个选项卡，下面分别给予介绍。

2. 符合国标的尺寸样式的建立　建立符合国标的尺寸标注样式，要完成尺寸样式中尺寸线、尺寸界线、符号和箭头、文字等方面的设置。

(1)“直线”选项卡的设置。设置尺寸线和尺寸界线的格式与属性。前面给出的图为与“直线”选项卡对应的对话框。选项卡中，“尺寸线”选项组用于设置尺寸线的样式。“延伸线”选项组用于设置尺寸界线的样式。预览窗口可根据当前的样式设置显示出对应的标注效果示例。尺寸线和尺寸界线的参数设置如图4-32所示。

(2)“符号和箭头”选项卡。“符号和箭头”选项卡用于设置尺寸箭头、圆心标记、弧长符号以及半径标注折弯方面的格式(图4-33)。“符号和箭头”选项卡中，“箭头”选项组用于确定尺寸线两端的箭头样式。“圆心标记”选项组用于确定当对圆或圆弧执行标注圆心标记操作时，圆心标记的类型与大小。“折断标注”选项确定在尺寸线或延伸线与其他线重叠处打断尺寸线或延伸线时的尺寸。“弧长符号”选项组用于为圆弧标注长度尺寸时的设置。“半径标注折弯”选项设置通常用于标注尺寸的圆弧的中心点位于较远位置时。“线性折弯标注”选项用于线性折弯标注设置。

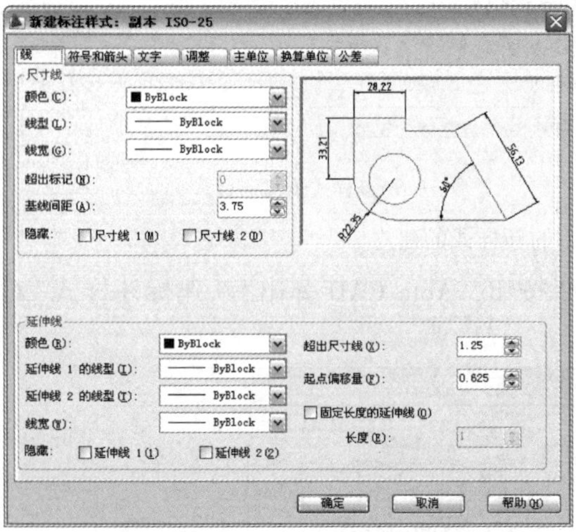

图4-32　“直线”选项卡的设置

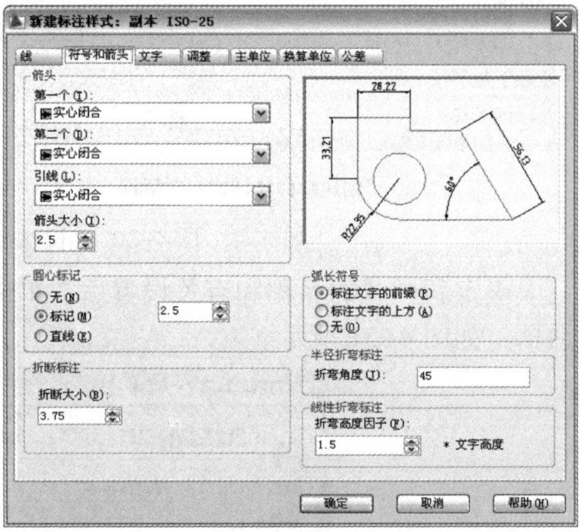

图4-33　“符号和箭头”选项卡的设置

(3)“文字”选项卡。此选项卡用于设置尺寸文字的外观、位置以及对齐方式等(图4-34)。“文字”选项卡中，“文字外观”选项组用于设置尺寸文字的样式等。“文字位置”选项组用于设置尺寸文字的位置。“文字对齐”选项组则用于确定尺寸文字的对齐方式。

(4)“调整”选项卡。此选项卡用于控制尺寸文字、尺寸线以及尺寸箭头等的位置和其他一些特征(图4-35)。“调整”选项卡中，“调整选项”选项组确定当尺寸界线之间没有足够的空间同时放置尺寸文字和箭头时，应首先从尺寸界线之间移出尺寸文字和箭头的哪一部分，用户可通过该选项组中的各单选按钮进行选择。“文字位置”选项组确定当尺寸文字不在默认位置时，应将其放在何处。“标注特征比例”选项组用于设置所标注尺寸的缩放关系。“优化”选项组该选项组用于设置标注尺寸时是否进行附加调整。

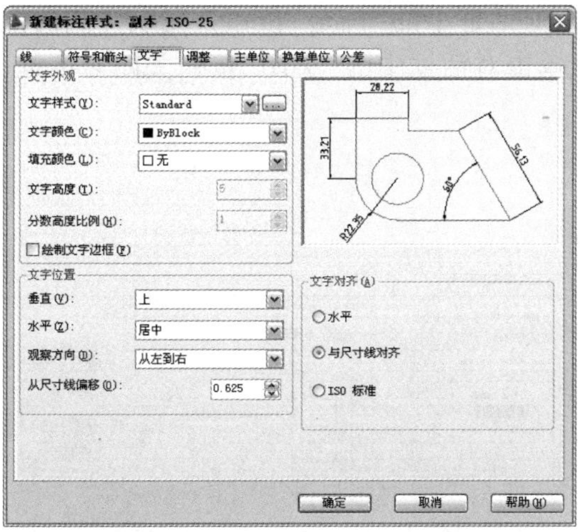

图 4-34　“文字”选项卡的设置参数

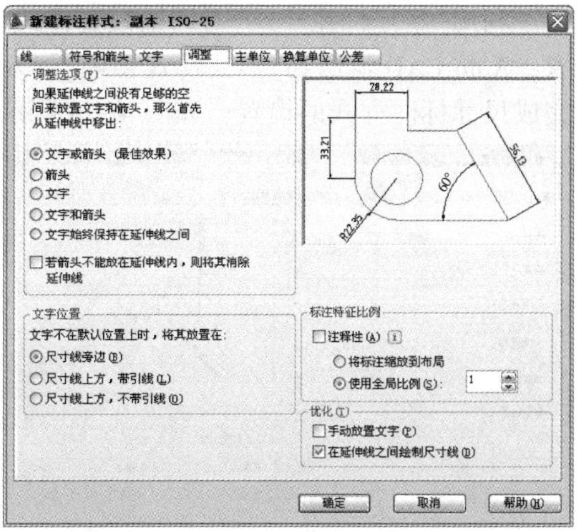

图 4-35　“调整”选项卡的设置参数

（5）“主单位”选项卡。此选项卡用于设置主单位的格式、精度以及尺寸文字的前缀和后缀。图 4-36 为对应的对话框。“主单位”选项卡中，“线性标注”选项组用于设置线性标注的格式与精度。“角度标注”选项组确定标注角度尺寸时的单位、精度以及消零否。“主单位”选项卡的设置参数如图 4-36 所示（采用 1∶1 比例绘图时，测量单位的比例因子选 1，否则，依据绘图比例进行相应倍数的放大或者缩小）。

（6）“换算单位”选项卡。用于确定是否使用换算单位以及换算单位的格式（图 4-37）。“替换单位”选项卡中，“显示换算单位”复选框用于确定是否在标注的尺寸中显示换算单位。“换算单位”选项组确定换算单位的单位格式、精度等设置。“消零”选项组确定是否消除换算单位的前导或后续零。“位置”选项组则用于确定换算单位的位置。用户可在“主值后”与“主值下”之间选择。

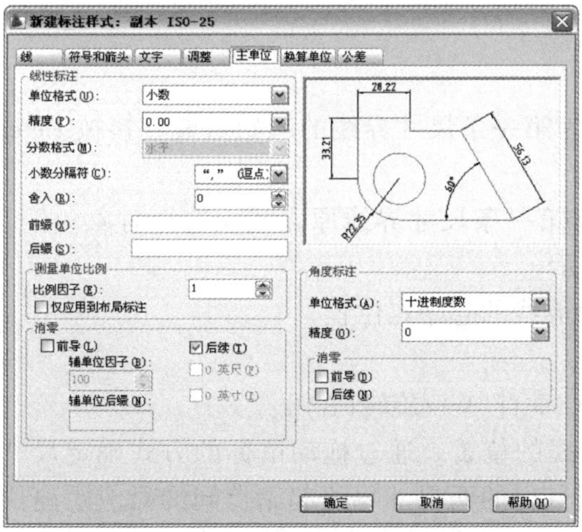

图 4-36　“主单位” 选项卡的设置参数

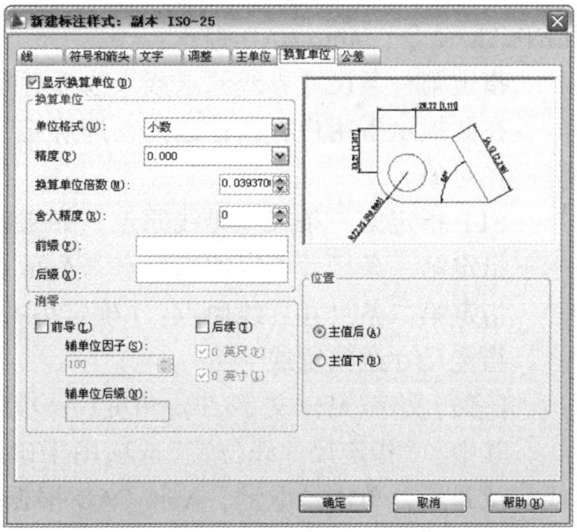

图 4-37　“换算单位”选项卡的设置参数

（7）“公差”选项卡。用于确定是否标注公差，如果标注公差的话，以何种方式进行标注，图 4-38 为对应的选项卡。“公差”选项卡中，“公差格式”选项组用于确定公差的标注格式。“换算单位公差”选项组确定当标注换算单位时换算单位公差的精度与消零否。

利用“新建标注样式”对话框设置样式后，单击对话框中的“确定”按钮，完成样式的设置，Auto CAD 返回到“标注样式管理器”对话框，单击对话框中的“关闭”按钮关闭对话框，完成尺寸标注样式的设置，如图 4-39 所示。

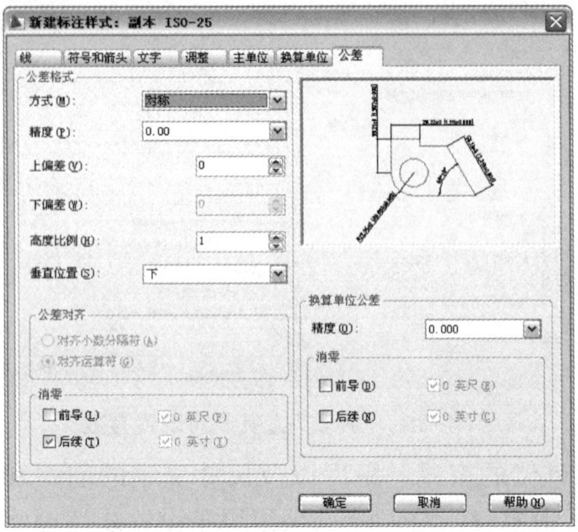

图 4-38 “换算单位”选项卡的设置参数

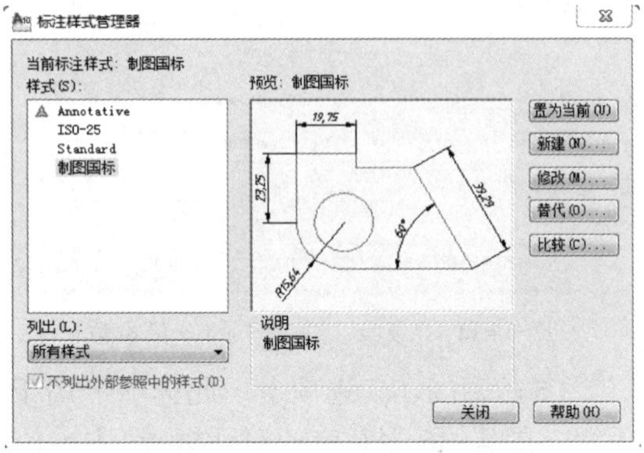

图 4-39 完成的尺寸设样式设置

4.1.3.10 尺寸标注

1. 线性标注　线性标注指标注图形对象在水平方向、垂直方向或指定方向的尺寸，又分为水平标注、垂直标注和旋转标注三种类型。水平标注用于标注对象在水平方向的尺寸，即尺寸线沿水平方向放置；垂直标注用于标注对象在垂直方向的尺寸，即尺寸线沿垂直方向放置；旋转标注则标注对象沿指定方向的尺寸。

命令：DIMLINEAR

单击“标注”工具栏上的 (线性)按钮，或选择“标注”|“线性”命令，即执行 DIMLINEAR 命令，Auto CAD 提示：

指定第一条尺寸界线原点或 <选择对象>：

在此提示下用户有两种选择，即确定一点作为第一条尺寸界线的起始点或直接按 Enter 键选择对象。

(1) 指定第一条尺寸界线原点。如果在“指定第一条尺寸界线原点或 <选择对象>：”提示下指定第一条尺寸界线的起始点，Auto CAD 提示：

指定第二条尺寸界线原点：(确定另一条尺寸界线的起始点位置)

指定尺寸线位置或

[多行文字(M)/文字(T)/角度(A)/水平(H)/垂直(V)/旋转(R)]：

其中，“指定尺寸线位置”选项用于确定尺寸线的位置。通过拖动鼠标的方式确定尺寸线的位置后，单击拾取键，Auto CAD 根据自动测量出的两尺寸界线起始点间的对应距离值标注出尺寸。

“多行文字”选项用于根据文字编辑器输入尺寸文字。“文字”选项用于输入尺寸文字。“角度”选项用于确定尺寸文字的旋转角度 。“水平”选项用于标注水平尺寸，即沿水平方向的尺寸。“垂直”选项用于标注垂直尺寸，即沿垂直方向的尺寸。“旋转”选项用于旋转标注，即标注沿指定方向的尺寸。

(2) <选择对象>。如果在“指定第一条尺寸界线原点或<选择对象>:”提示下直接按 Enter 键，即执行“<选择对象>”选项，Auto CAD 提示：

选择标注对象：

此提示要求用户选择要标注尺寸的对象。用户选择后，Auto CAD 将该对象的两端点作为两条尺寸界线的起始点，并提示：

指定尺寸线位置或

[多行文字(M)/文字(T)/角度(A)/水平(H)/垂直(V)/旋转(R)]：

对此提示的操作与前面介绍的操作相同，用户响应即可。

2. 对齐标注　对齐标注指所标注尺寸的尺寸线与两条尺寸界线起始点间的连线平行。命令：DIMALIGNED

单击“标注”工具栏上的(对齐)按钮，或选择“标注”|“对齐”命令，即执行 DIMALIGNED 命令，Auto CAD 提示：

指定第一条尺寸界线原点或 <选择对象>:

在此提示下的操作与标注线性尺寸类似，不再介绍。

3. 角度标注　标注角度尺寸(命令：DIMANGULAR)。

单击“标注”工具栏上的(角度)按钮，或选择“标注”|“角度”命令，即执行 DIMANGULAR 命令，Auto CAD 提示：

选择圆弧、圆、直线或 <指定顶点>:

其中，“标注圆弧的包含角”选项用于标注圆弧的包含角尺寸。“标注圆上某段圆弧的包含角”选项标注圆上某段圆弧的包含角。“标注两条不平行直线之间的夹角”选项标注两条直线之间的夹角。“根据三个点标注角度”选项则根据给定的三点标注出角度。

4. 直径标注　为圆或圆弧标注直径尺寸。命令：DIMDIAMETER

单击“标注”工具栏上的(直径)按钮，或选择“标注”|“直径”命令，即执行 DIMDIAMETER，Auto CAD 提示：

选择圆弧或圆：(选择要标注直径的圆或圆弧)

指定尺寸线位置或[多行文字(M)/文字(T)/角度(A)]：

如果在该提示下直接确定尺寸线的位置，Auto CAD 按实际测量值标注出圆或圆弧的直径。也可以通过“多行文字(M)”、“文字(T)”以及“角度(A)”选项确定尺寸文字和尺寸文字的旋转角度。

5. 半径标注　为圆或圆弧标注半径尺寸(命令：DIMRADIUS)。

单击“标注”工具栏上的(半径)按钮，或选择“标注”|“半径”命令，即执行 DIMRADIUS 命令，Auto CAD 提示：

选择圆弧或圆：(选择要标注半径的圆弧或圆)

指定尺寸线位置或[多行文字(M)/文字(T)/角度(A)]：

根据需要响应即可。

6. 弧长标注　为圆弧标注长度尺寸(命令：DIMARC)。

单击“标注”工具栏上的（弧长）按钮，或选择“标注”|“弧长”命令，即执行 DIMARC 命令，Auto CAD 提示：

选择弧线段或多段线弧线段：(选择圆弧段)

指定弧长标注位置或［多行文字(M)/文字(T)/角度(A)/部分(P)/引线(L)］：

根据需要响应即可。

7. 折弯标注　为圆或圆弧创建折弯标注(命令：DIMJOGGED)。

单击“标注”工具栏上的（折弯）按钮，或选择“标注”|“折弯”命令，即执行 DIMJOGGED 命令，Auto CAD 提示：

选择圆弧或圆：(选择要标注尺寸的圆弧或圆)

指定中心位置替代：(指定折弯半径标注的新中心点，以替代圆弧或圆的实际中心点)

指定尺寸线位置或［多行文字(M)/文字(T)/角度(A)］：(确定尺寸线的位置，或进行其他设置)

指定折弯位置：(指定折弯位置)

8. 连续标注　连续标注指在标注出的尺寸中，相邻两尺寸线共用同一条尺寸界线(图 4-40) 命令：DIMCONTINUE

单击“标注”工具栏上的（连续）按钮，或选择“标注”|“连续”命令，即执行 DIMCONTINUE 命令，Auto CAD 提示：

指定第二条尺寸界线原点或［放弃(U)/选择(S)］<选择>：

(1) 指定第二条尺寸界线原点。确定下一个尺寸的第二条尺寸界线的起始点。用户响应后，Auto CAD 按连续标注方式标注出尺寸，即把上一个尺寸的第二条尺寸界线作为新尺寸标注的第一条尺寸界线标注尺寸，而后 Auto CAD 继续提示：

指定第二条尺寸界线原点或［放弃(U)/选择(S)］<选择>：

此时可再确定下一个尺寸的第二条尺寸界线的起点位置。当用此方式标注出全部尺寸后，在上述同样的提示下按 Enter 键或 Space 键，结束命令的执行。

(2)选择。该选项用于指定连续标注将从哪一个尺寸的尺寸界线引出。执行该选项，Auto CAD 提示：

选择连续标注：

在该提示下选择尺寸界线后，Auto CAD 会继续提示：

指定第二条尺寸界线原点或［放弃(U)/选择(S)］<选择>：

在该提示下标注出的下一个尺寸会以指定的尺寸界线作为其第一条尺寸界线。执行连续尺寸标注时，有时需要先执行“选择(S)”选项来指定引出连续尺寸的尺寸界线。

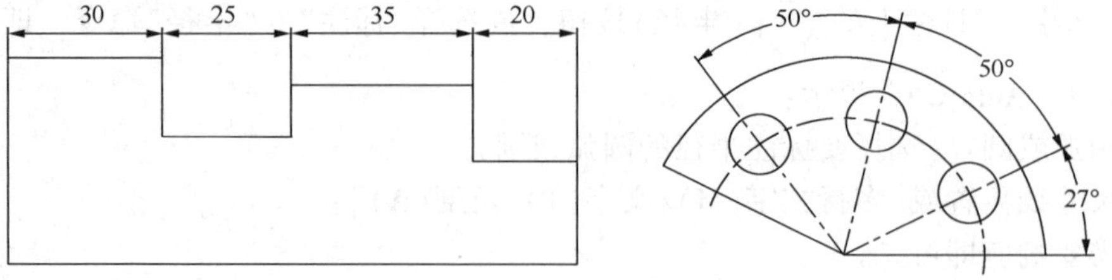

图 4-40　连续标注样式

9. 基线标注　基线标注指各尺寸线从同一条尺寸界线处引出。命令：DIMBASELINE

单击“标注”工具栏上的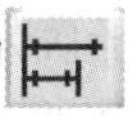(基线)按钮，或选择“标注”|“基线”命令，即执行 DIMBASELINE 命令，Auto CAD 提示：

指定第二条尺寸界线原点或［放弃(U)/选择(S)］<选择>：

(1) 指定第二条尺寸界线原点。确定下一个尺寸的第二条尺寸界线的起始点。确定后 Auto CAD 按基线标注方式标注出尺寸，而后继续提示：

指定第二条尺寸界线原点或［放弃(U)/选择(S)］<选择>：

此时可再确定下一个尺寸的第二条尺寸界线起点位置。用此方式标注出全部尺寸后，在同样的提示下按 Enter 键或 Space 键，结束命令的执行。

(2) 选择(S)。该选项用于指定基线标注时作为基线的尺寸界线。执行该选项，Auto CAD 提示：

选择基准标注：

在该提示下选择尺寸界线后，Auto CAD 继续提示：

指定第二条尺寸界线原点或［放弃(U)/选择(S)］<选择>：

在该提示下标注出的各尺寸均从指定的基线引出。执行基线尺寸标注时，有时需要先执行“选择(S)”选项来指定引出基线尺寸的尺寸界线。

10. 绘圆心标记　为圆或圆弧绘圆心标记或中心线(命令：DIMCENTER)。

单击“标注”工具栏上的(圆心标记)按钮，或选择“标注”|“圆心标记”命令，即执行 DIMCENTER 命令，Auto CAD 提示：

选择圆弧或圆：

在该提示下选择圆弧或圆即可。

4.1.3.11　多重引线标注

利用多重引线标注，用户可以标注(标记)注释、说明等。

1. 多重引线样式　用户可以设置多重引线的样式(命令：MLEADERSTYLE)。

单击“多重引线”工具栏上的(多重引线样式)按钮，或执行 MLEADERSTYLE 命令，Auto CAD 打开“多重引线样式管理器”对话框，如图 4-41 所示。

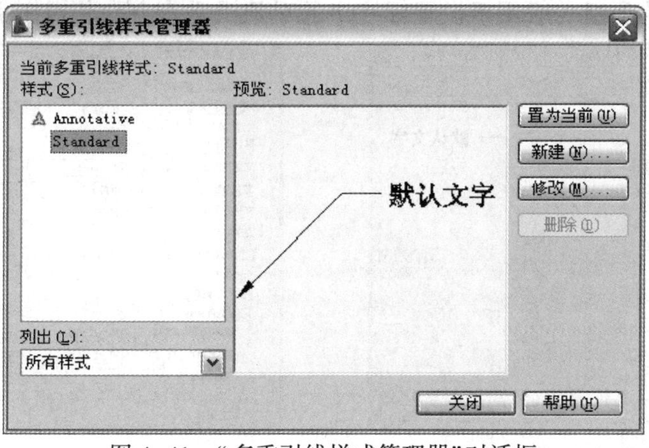

图 4-41　“多重引线样式管理器”对话框

对话框中，“当前多重引线样式”用于显示当前多重引线样式的名称。“样式”列表框用于列出已有的多重引线样式的名称。“列出”下拉列表框用于确定要在“样式”列表框中列出哪些多重引线样式。“预览”图像框，用于预览在“样式”列表框中所选中的多重引线样式的标注效果。“置为当前”按钮用于将指定的多重引线样式设为当前样式。“新建”按钮用于创建新多重引线样式。单击“新建”按钮，Auto CAD 打开如图 4-42 所示的“创建新多重引线样式”对话框。用户可以通过对话框中的“新样式名”文本框指定新样式的名称；通过“基础样式”下拉列表框确定用于创建新样式的基础样式。确定新样式的名称和相关设置后，单击“继续”按钮，Auto CAD 打开对应的对话框。

对话框中有“引线格式”、“引线结构”和“内容”3 个选项卡，下面分别介绍这些选项卡。

(1) “引线格式”选项卡，此选项卡用于设置引线的格式，如图 4-43 所示。“基本”选项组用于设置引线的外观。“箭头”选项组用于设置箭头的样式与大小。“引线打断”选项用于设置引线打断时的距离值。预览框用于预览对应的引线样式。

图 4-42 “创建新多重引线样式”对话框

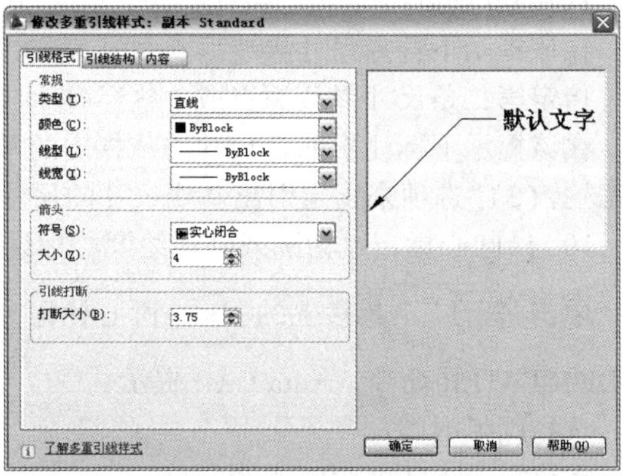

图 4-43 “引线格式”选项卡

(2) “引线结构”选项卡用于设置引线的结构，如图 4-44 所示。“约束”选项组用于控制多重引线的结构。“基线设置”选项组用于设置多重引线中的基线。“比例”选项组用于设置多重引线标注的缩放关系。

(3) “内容”选项卡用于设置多重引线标注的内容。如图 4-45 所示。“多重引线类型”下拉列表框用于设置多重引线标注的类型。“文字选项”选项组用于设置多重引线标注的文字内容。“引线连接”选项组一般用于设置标注出的对象沿垂直方向相对于引线基线的位置。

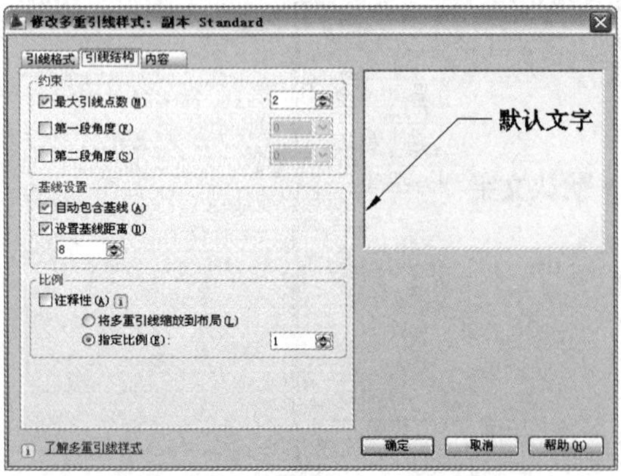

图 4-44 “引线结构”选项卡

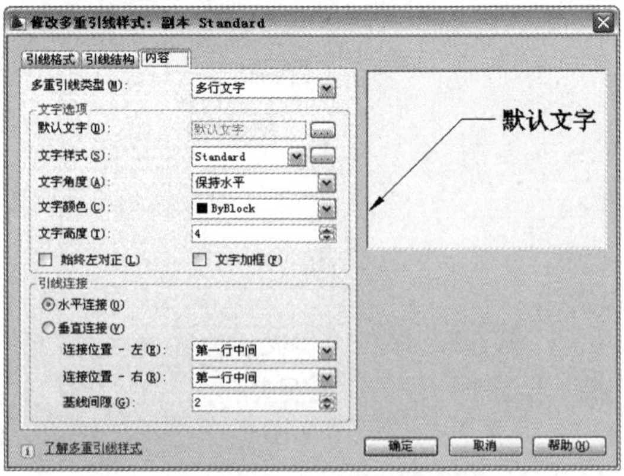

图 4-45 “内容”选项卡

2. 多重引线标注　命令：MLEADER。

单击“多重引线”工具栏上的 (多重引线)按钮执行，即执行 MLEADER 命令，Auto CAD 提示：

指定引线箭头的位置或［引线基线优先(L)/内容优先(C)/选项(O)］<选项>：

提示中，“指定引线箭头的位置”选项用于确定引线的箭头位置；“引线基线优先(L)”和“内容优先(C)”选项分别用于确定将首先确定引线基线的位置还是首先确定标注内容，用户根据需要选择即可；“选项(O)”项用于多重引线标注的设置，执行该选项，Auto CAD 提示：

输入选项［引线类型(L)/引线基线(A)/内容类型(C)/最大节点数(M)/第一个角度(F)/第二个角度(S)/退出选项(X)］<内容类型>：

其中，“引线类型(L)”选项用于确定引线的类型；“引线基线(A)”选项用于确定是否使用基线；“内容类型(C)”选项用于确定多重引线标注的内容(多行文字、块或无)；“最大节点数(M)”选项用于确定引线端点的最大数量；“第一个角度(F)”和“第二个角度(S)”选项用于确定前两段引线的方向角度。

执行 MLEADER 命令后，如果在“指定引线箭头的位置或［引线基线优先(L)/内容优先(C)/选项(O)］<选项>：”提示下指定一点，即指定引线的箭头位置后，Auto CAD 提示：

指定下一点或［端点(E)］<端点>：(指定点)

指定下一点或［端点(E)］<端点>：

在该提示下依次指定各点，然后按 Enter 键，Auto CAD 弹出文字编辑器，如图 4-46 所示。

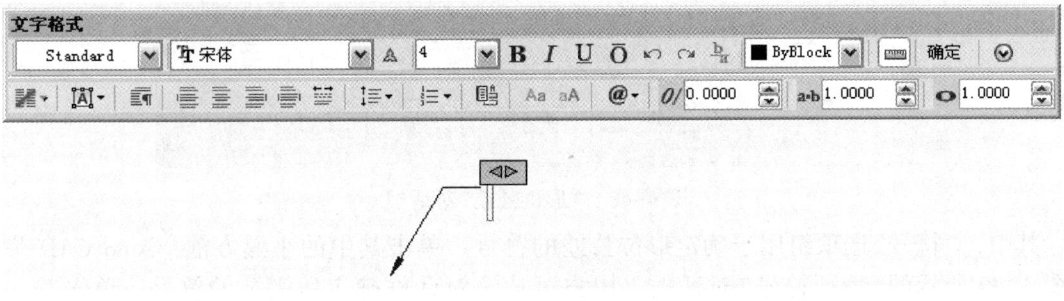

图 4-46　文字编辑器

通过文字编辑器输入对应的多行文字后，单击“文字格式”工具栏上的“确定”按钮，即可完成引线标注。

4.1.3.12　**标注尺寸公差与形位公差**

1. 标注尺寸公差　Auto CAD 2010 提供了标注尺寸公差的多种方法。例如，利用前面介绍过的“公差”选项卡中，用户可以通过“公差格式”选项组确定公差的标注格式，如确定以何种方式标注公差以及设置尺寸公差的精度、设置上偏差和下偏差等。通过此选项卡进行设置后再标注尺寸，就可以标注出对应的公差。

实际上，标注尺寸时，可以方便地通过在位文字编辑器输入公差。欲完成如图 4-47 所示的尺寸公差的标注，首先选择线性尺寸标注图标，在命令行出现如提示时，右击鼠标，选择“多行文字”，弹出多行文字对话框，输入如图 4-47 的数据(注意极限偏差的输入数据为

0.025^0)，然后选中极限偏差部分(0.025^0)，单击上面的“堆叠”按钮，就形成了图4-47的尺寸公差标注。

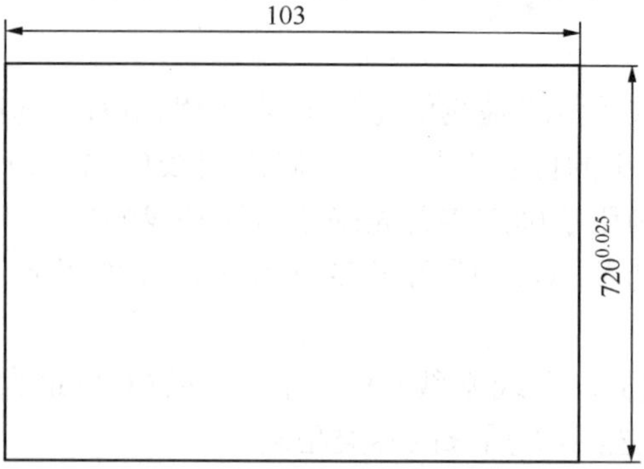

图4-47　尺寸公差的标注

2. 标注形位公差　利用Auto CAD 2010，用户可以方便地为图形标注形位公差。用于标注形位公差的命令是TOLERANCE，利用“标注”工具栏上的 (公差)按钮或“标注”|“公差”命令可启动该命令。执行TOLERANCE命令，Auto CAD弹出的图4-48所示的“形位公差”对话框。

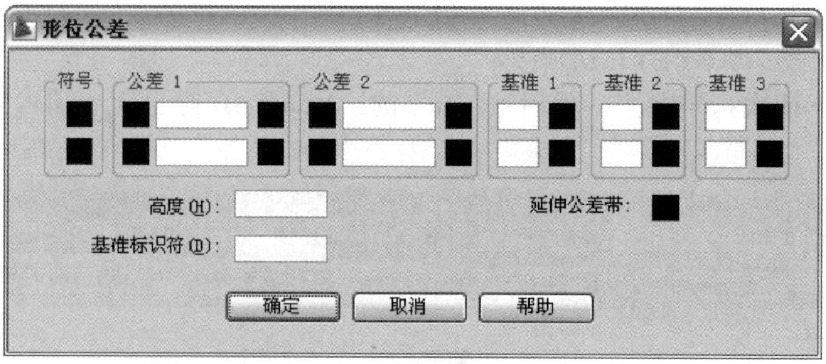

图4-48　“形位公差”对话框

其中，“符号”选项组用于确定形位公差的符号。单击其中的小黑方框，Auto CAD弹出如图4-49所示的“特征符号”对话框。用户可从该对话框确定所需要的符号。单击某一符号，Auto CAD返回到“形位公差”对话框，并在对应位置显示出该符号。

图4-49　“特征符号”对话框

另外“公差1”、“公差2”选项组用于确定公差。用户应在对应的文本框中输入公差值。此外，可通过单击位于文本框前边的小方框确定是否在该公差值前加直径符号；单击位于文本框后边的小方框，可从弹出的“包容条件”对话框中确定包容条件。“基准1”、“基准2”、“基准3”选项组用于确定基准和对应的包容条件。

通过“行位公差”对话框确定要标注的内容后，单击对话框中的“确定”按钮，Auto CAD切换到绘图屏幕，并提示：

输入公差位置：

在该提示下确定标注公差的位置即可。

4.1.3.13　**编辑尺寸**

1. 修改尺寸文字　修改已有尺寸的尺寸文字(命令：DDEDIT)。

执行 DDEDIT 命令，Auto CAD 提示：

选择注释对象或［放弃(U)］：在该提示下选择尺寸，Auto CAD 弹出“文字格式”工具栏，并将所选择尺寸的尺寸文字设置为编辑状态，用户可直接对其进行修改，如修改尺寸值、修改或添加公差等。

2. 修改尺寸文字的位置　修改已标注尺寸的尺寸文字的位置。命令：DIMTEDIT

单击“标注”工具栏上的(编辑文字标注)按钮，即执行 DIMTEDIT 命令，Auto CAD 提示：

选择标注：(选择尺寸)

指定标注文字的新位置或［左(L)/右(R)/中心(C)/默认(H)/角度(A)］：提示中，“指定标注文字的新位置”选项用于确定尺寸文字的新位置，通过鼠标将尺寸文字拖动到新位置后单击拾取键即可；“左(L)”和“右(R)”选项仅对非角度标注起作用，它们分别决定尺寸文字是沿尺寸线左对齐还是右对齐；“中心(C)”选项可将尺寸文字放在尺寸线的中间；“默认(H)”选项将按默认位置、方向放置尺寸文字；“角度(A)”选项可以使尺寸文字旋转指定的角度。

3. 用 DIMEDIT 命令编辑尺寸　DIMEDIT 命令用于编辑已有尺寸。利用“标注”工具栏上的(编辑标注)按钮可启动该命令。执行 DIMEDIT 命令，Auto CAD 提示：

输入标注编辑类型［默认(H)/新建(N)/旋转(R)/倾斜(O)］<默认>：

其中，“默认”选项会按默认位置和方向放置尺寸文字。“新建”选项用于修改尺寸文字。“旋转”选项可将尺寸文字旋转指定的角度。“倾斜”选项可使非角度标注的尺寸界线旋转一角度。

4. 翻转标注箭头　更改尺寸标注上每个箭头的方向。具体操作是：首先，选择要改变方向的箭头，然后右击，从弹出的快捷菜单中选择“翻转箭头”命令，即可实现尺寸箭头的翻转。

5. 调整标注间距　用户可以调整平行尺寸线之间的距离(命令：DIMSPACE)。

单击“标注”工具栏中的(等距标注)按钮，或选择菜单命令“标注”|“标注间距”，Auto CAD 提示：

选择基准标注：(选择作为基准的尺寸)

选择要产生间距的标注：(依次选择要调整间距的尺寸)

选择要产生间距的标注：↙

输入值或［自动(A)］<自动>：

如果输入距离值后按 Enter 键，Auto CAD 调整各尺寸线的位置，使它们之间的距离值为指定的值。如何直接按 Enter 键，Auto CAD 会自动调整尺寸线的位置。

6. 折弯线性　折弯线性指将折弯符号添加到尺寸线中(命令：DIMJOGLINE)。

单击“标注”工具栏中的折弯线性按钮，或选择菜单命令“标注”|“折弯线性”，Auto CAD 提示：

选择要添加折弯的标注或［删除(R)］：(选择要添加折弯的尺寸。“删除(R)”选项用于

删除已有的折弯符号)

指定折弯位置(或按 ENTER 键):

通过拖动鼠标的方式确定折弯的位置。

7. 折断标注　折断标注指在标注或延伸线与其他线重叠处打断标注或延伸线。命令:DIMBREAK

单击“标注”工具栏中的(折断标注)按钮,或选择菜单命令“标注”|“标注打断”,Auto CAD 提示:

选择标注或[多个(M)]:[选择尺寸。可通过“多个(M)”选项选择多个尺寸]

选择要打断标注的对象或[自动(A)/恢复(R)/手动(M)]<自动>:

根据提示操作即可。

4.1.4　样板文件的建立

4.1.4.1　建立样板图的意义

Auto CAD 样板文件是扩展名为“.dwt”的文件,文件上通常包括一些通用图形对象,如图幅框和标题栏等,通常还有一些与绘图相关的标准(或通用)设置,如图层、文字标注样式及尺寸标注样式的设置等。

通过样板创建新图形,可以避免一些重复性操作,如绘图环境的设置等。这样,不仅能够提高绘图效率,而且还保证了图形的一致性。当用户基于某一样板文件绘制新图形并以“.dwg”格式(Auto CAD 图形文件格式)保存后,所绘图形对原样板文件无影响。

4.1.4.2　样板图的建立与保存

设置了绘图单位格式、绘图范围、图层,定义了对应的文字样式与尺寸样式,绘制了图框与标题栏,即可将图形保存为样板文件(如有必要,还可以进行其他设置)。

选择“文件”/“另存为”命令,打开“图形另存为”对话框。在该对话框中进行相应设置。

从图 4-50 中可以看出,通过指定“文件名”,通过“文件类型”下拉列表将文件保存类型选择为“Auto CAD 图形样板(*.dwt)”选项,如图 4-50 所示,但默认保存在 Auto CAD 安装文件夹下的 Template 目录中。

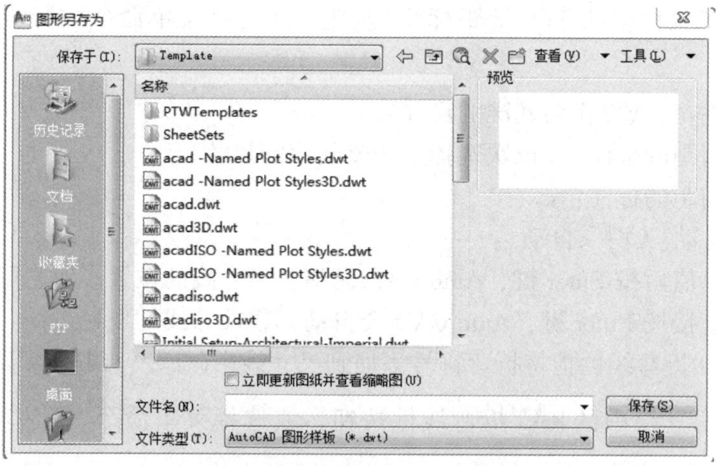

图 4-50　样板图的保存

4.1.4.3　**样板图的使用**

打开样板图(.dwt)，然后点击“文件”/ 另存为(.dwg)的文件格式即可绘制新图形。

4.1.5　输出图形

输出图形是计算机绘图中的一个重要环节。在 Auto CAD 中，可从模型空间直接输出图形，也可设置布局从图纸空间输出图形。介绍从模型空间输出图形的方法。

4.1.5.1　**打印对话框的打开**

点击“文件”/“打印”，弹出如图 4-51 所示打印对话框，完成“打印机/绘图机”、“图纸尺寸”、“打印区域”、“打印偏移”、“打印比例”等参数的设置。

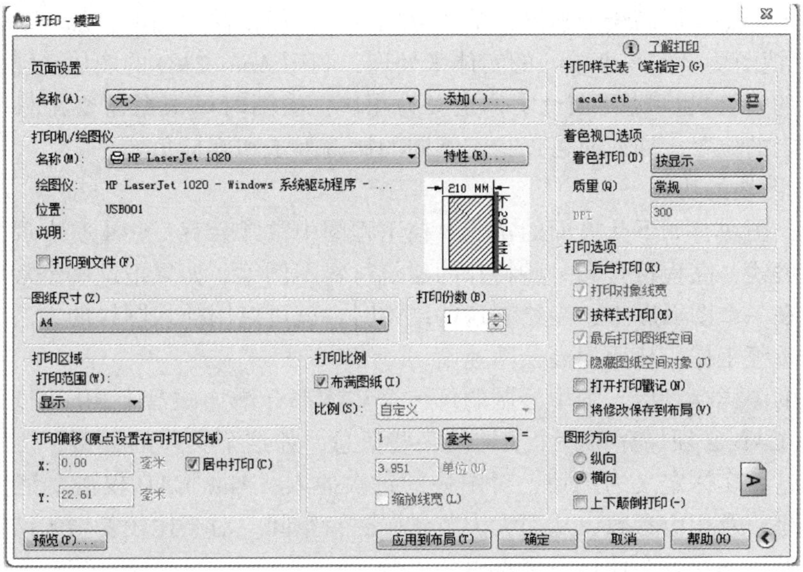

图 4-51　打印对话框

4.1.5.2　**打印参数的设置**

1. 打印机/绘图仪的选择　选择联机的打印机/绘图仪的型号。

2. 图纸尺寸的选择　可以根据用户的要求进行常用图幅的选择，也可以自定义大小。

3. 打印范围的选择　有 5 个选项，其用来指定打印的范围。

“界限”选项钮：选中它，将打印 Limits 命令所建立图界内的所有图形。

“范围”选项钮：选中它，将打印当前图形中所有实体。

“显示”选项钮：选中它，将打印当前所看到的图面。

“视图”选项钮：选中它，将打印用 VIEW 命令保存的视图(VIEW 命令本书没有介绍。当没有用 VIEW 命令保存的视图时，该项不可用)。

“窗口”选项钮：选中它将打印指定窗口内的图形部分。其应配合右边的“窗口<”按钮进行。

4. 打印偏移　可以指定原点打印，或者居中打印。

5. 打印比例　可以选择布满图纸，或者指定比例的打印。

6. 其他参数的设置　其他参数的设置，如“横向”、“纵向”打印可以单击图 4-51 对话框右下角的箭头按钮  在弹出的对话框中进行设置。

“纵向”选项钮：选择该项，无论图纸是纵向还是横向，输出图样的长边将与图纸的长边是垂直的。

“横向”选项钮：选择该项，无论图纸是纵向还是横向，输出图样的长边将与图纸的长边是平行的。

4.1.6 创建与使用图块

块是图形对象的集合，通常用于绘制复杂、重复的图形。一旦将一组对象组合成块，就可以根据绘图需要将其插入到图中的任意指定位置，而且还可以按不同的比例和旋转角度插入。

块具有以下特点：提高绘图速度，节省存储空间，便于修改图形，加入属性。

Auto CAD 把图块当作一个单一的实体来处理，利用 Auto CAD 的图块功能，可把一图多用或多图常用的一组(也可是一个)实体定义为图块，绘图时可根据需要将制作的图块插入到图中任意指定的位置，插入时可以指定不同的比例因子和旋转角。

4.1.6.1 图块的功能

一般说来，图块有如下几方面的功能：在工程图中常常会有一些重复出现的结构，如水工设计中的示坡线、高程符号和一些特殊的建筑材料图例等。如果把这些经常出现的结构做成图块，存放在一个图形库中，当绘制这些结构时，就可以用插入图块的方法来实现，这样可避免大量的重复工作，从而提高绘图速度。

将所绘制的图样存盘后，图中绘制的每一个实体都会增加磁盘上相应图形文件的容量。这是因为 Auto CAD 必须保存每一个实体的某些信息，如这个实体的类型、位置、定义坐标等。如事先将这些实体定义为图块，对图块的每次插入，Auto CAD 仅需要记住这个图块的块名、插入点坐标及相应参数，从而大大节省了磁盘空间。对于比较复杂的结构，而且需要多次绘制时，使用图块就会使这一优点更加显著。

一张工程图往往需要进行多次修改。如在水工或房屋建筑设计中，绘制完一张图样后，发现立面高程符号绘制的不标准，如果立面高程符号不是图块，就需要一处一处的修改，既费时又不方便。如果绘图时将立面高程符号定义成图块绘制，这样只需要将该符号调出进行修改或重新定义，图中所有该立面高程符号均会自动修改。

4.1.6.2 用 BLOCK 命令与 WBLOCK 命令创建图块

1. BLOCK 命令与 WBLOCK 命令创建图块的区别　在 Auto CAD 中，用 BLOCK 命令可创建附属图块，用 WBLOCK 命令可创建独立图块。这两个命令所创建的图块均是使用 DDINSERT 命令来插入的。

用 BLOCK 命令创建的附属图块与用 WBLOCK 命令创建的独立图块主要是保存形式的不同，前者是内存在某一个特定图形文件中，而后者则是以一个独立图形文件的形式存在。用 BLOCK 命令创建的附属图块，只能用在图块所在的那张图上，不能用于其他图，而且这些图块无论是否使用都在此图形文件中占有容量。所以当创建的图块在图上用量很大，而且其他图又不需要使用它时，应使用该命令。

用 WBLOCK 命令创建的独立图块，可以在任何图形中被调进插入其中。而且该图块是独立的，不调入时它不会占有所绘图的磁盘空间。所以当创建的图块在多张图中要使用时，应用 WBLOCK 命令创建独立图块(相当于建图形库)。

无论用哪个命令来创建图块，组成图块的实体都必须事先画出，而且必须是可见的。

组成图块的实体所处的图层是非常重要的。图块可以由绘制在若干图层上的实体组成，Auto CAD 将图层的信息保留在图块中。插入图块时，Auto CAD 有如下约定：

插入图块时，图块中位于 0 图层上的实体被绘制在当前图层上；图块中位于其他图层上的实体仍在它原来的图层上绘出。若当前图形中有与图块同名的图层，则图块中该图层上的实体绘制在当前图中同名的图层上；若有不同名的图层，Auto CAD 将给当前图增加相应的图层。

2. 用 BLOCK 命令创建附属图块　附属图块就是本张图附属的图块，只能在本张图里调用。

(1)输入命令的 3 种方式。从工具栏单击："定义图块"按钮；拉下拉菜单选取："绘制"/"图块"/"创建…"；从键盘键入：BLOCK。

(2)定义块 。将选定的对象定义成块，命令：BLOCK。

单击"绘图"工具栏上的(创建块)按钮，或选择"绘图" | "块" | "创建"命令，即执行 BLOCK 命令，Auto CAD 弹出下图所示的"块定义"对话框。对话框中，"名称"文本框用于确定块的名称。"基点"选项组用于确定块的插入基点位置。"对象"选项组用于确定组成块的对象。"设置"选项组用于进行相应设置。通过"块定义"对话框完成对应的设置后，单击"确定"按钮，即可完成块的创建，如图 4-52 所示。

图 4-52　"块定义"对话框

操作步骤：

① 输入要创建的附属图块的名称；

② 确定图块的插入点；

③ 选则要定义的实体；

④ 完成创建。

3. 用 WBLOCK 命令创建独立图块　执行 WBLOCK 该命令，Auto CAD 弹出图 4-53 所示的"写块"对话框。

对话框中，"源"选项组用于确定组成块的对象来源。"基点"、选项组用于确定块的插

图 4-53 “写块”对话框

入基点位置；“对象”选项组用于确定组成块的对象。只有在“源”选项组中选中“对象”单选按钮后，这两个选项组才有效。“目标”选项组确定块的保存名称、保存位置。

用 WBLOCK 命令创建块后，该块以“.dwg”格式保存，即以 Auto CAD 图形文件格式保存。

操作步骤：

① 选择要定义的实体；

② 确定图块的插入点；

③ 输入要创建的独立图块的名称及路径；

④ 完成创建。

4. 插入块　为当前图形插入块或图形。命令：INSERT。单击“绘图”工具栏上的(插入块)按钮，或选择“插入”|“块”命令，即执行 INSERT 命令，Auto CAD 弹出图 4-54 所示的“插入”话框。

图 4-54 “插入”对话框

对话框中，“名称”下拉列表框确定要插入块或图形的名称。“插入点”选项组确定块在图形中的插入位置。“比例”选项组确定块的插入比例。“旋转”选项组确定块插入时的旋转角度。“块单位”文本框显示有关块单位的信息。

通过“插入”对话框设置了要插入的块以及插入参数后，单击“确定”按钮，即可将块插入到当前图形(如果选择了在屏幕上指定插入点、插入比例或旋转角度，插入块时还应根据提示指定插入点、插入比例等)。

5. 设置插入基点　前面曾介绍过，用 WBLOCK 命令创建的外部块，以 Auto CAD 图形文件格式(即 .dwg 格式)保存。实际上，用户可以用 INSERT 命令将任一 Auto CAD 图形文件插入到当前图形。但是，当将某一图形文件以块的形式插入时，Auto CAD 默认将图形的坐标原点作为块上的插入基点，这样往往会给绘图带来不便。为此，Auto CAD 允许用户为图形重新指定插入基点。用于设置图形插入基点的命令是 BASE，利用“绘图”|“块”|“基点”命令可启动该命令。执行 BASE 命令，Auto CAD 提示：

输入基点：

在此提示下指定一点，即可为图形指定新基点。

6. 编辑块　在块编辑器中打开块定义，以对其进行修改。命令：BEDIT。

单击“标准”工具栏上的 (块编辑器)按钮，或选择“工具”|“块编辑器”命令，即执行 BEDIT 命令，Auto CAD 弹出图 4-55 所示的“编辑块定义”对话框。

从对话框左侧的列表中选择要编辑的块，然后单击“确定”按钮，Auto CAD 进入块编辑模式，如图 4-56 所示(请注意，此时的绘图背景为黄色)。

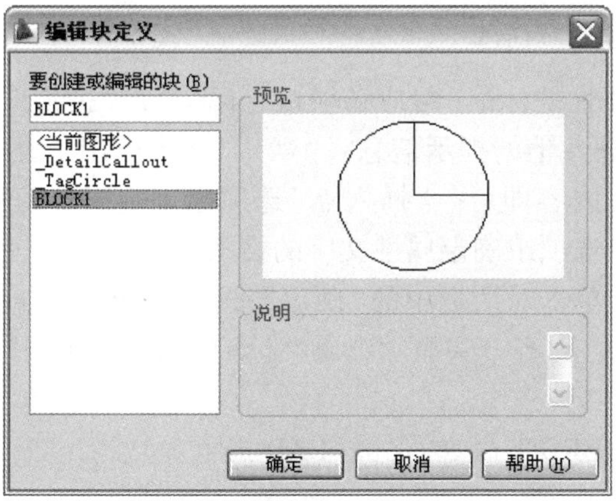

图 4-55　“编辑块定义”对话框

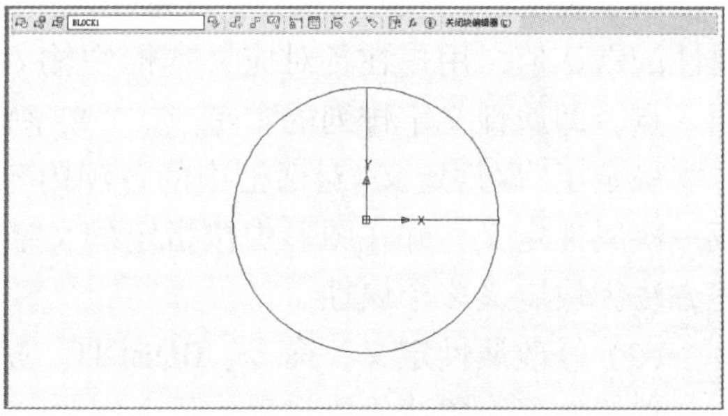

图 4-56　选择的要编辑的块

此时显示出要编辑的块，用户可直接对其进行编辑。编辑块后，单击对应工具栏上的“关闭块编辑器”按钮，Auto CAD 显示图 4-57 所示的提示窗口，如果用“是”响应，则会关闭块编辑器，并确认对块定义的修改。一旦利用块编辑器修改了块，当前图形中插入的对应块均自动进行对应的修改。

7. 属性　属性是从属于块的文字信息，是块的组成部分。

(1)定义属性。命令：ATTDEF。选择“绘图”|“块”|“定义属性”命令，即执行 ATTDEF 命令，Auto CAD 弹出图 4-58 所示的“属性定义”对话框。

对话框中，“模式”选项组用于设置属性的模式。

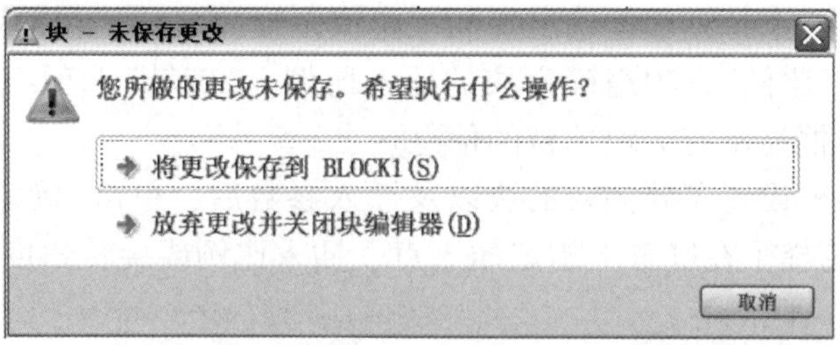

图 4-57　提示窗口

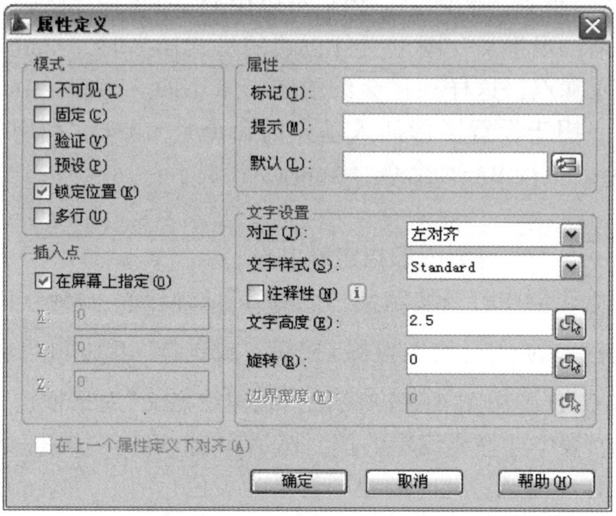

图 4-58　“属性定义”对话框

“属性”选项组中，“标记”文本框用于确定属性的标记(用户必须指定标记)；“提示”文本框用于确定插入块时 Auto CAD 提示用户输入属性值的提示信息；“默认”文本框用于设置属性的默认值，用户在各对应文本框中输入具体内容即可。“插入点”选项组确定属性值的插入点，即属性文字排列的参考点。“文字设置”选项组确定属性文字的格式。

确定了“属性定义”对话框中的各项内容后，单击对话框中的“确定”按钮，Auto CAD 完成一次属性定义，并在图形中按指定的文字样式、对齐方式显示出属性标记。用户可以用上述方法为块定义多个属性。

(2) 修改属性定义。命令：DDEDIT。执行 DDEDIT 命令，Auto CAD 提示：

选择注释对象或[放弃(U)]：

在该提示下选择属性定义标记后，Auto CAD 弹出图 4-59 所示的“编辑属性定义”对话框，可通过此对话框修改属性定义的属性标记、提示和默认值等。

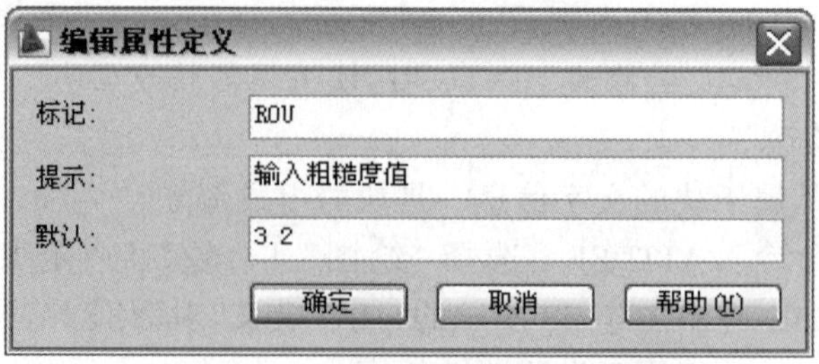

图 4-59　“编辑属性定义”对话框

(3) 属性显示控制。命令：ATTDISP 。选择“视图”|“显示”|“属性显示”对应的子菜单可实现此操作。执行 ATTDISP 命令，Auto CAD 提示：

输入属性的可见性设置［普通(N)/开(ON)/关(OFF)］<普通>：

其中，“普通(N)”选项表示将按定义属性时规定的可见性模式显示各属性值；“开(ON)”选项将会显示出所有属性值，与定义属性时规定的属性可见性无关；“关(OFF)”选项则不显示所有属性值，与定义属性时规定的属性可见性无关。

(4) 利用对话框编辑属性。命令：EATTEDIT 。执行 EATTEDIT 命令，Auto CAD 提示：

选择块：

在此提示下选择块后，Auto CAD 弹出“增强属性编辑器”对话框，如图 4-60 所示(在绘图窗口双击有属性的块，也会弹出此对话框)。对话框中有“属性”、“文字选项”和“特性”三个选项卡和其他一些项。“属性”选项卡可显示每个属性的标记、提示和值，并允许用户修改值。“文字选项”选项卡用于修改属性文字的格式。“特性”选项卡用于修改属性文字的图层以及它的线宽、线型、颜色及打印样式等。

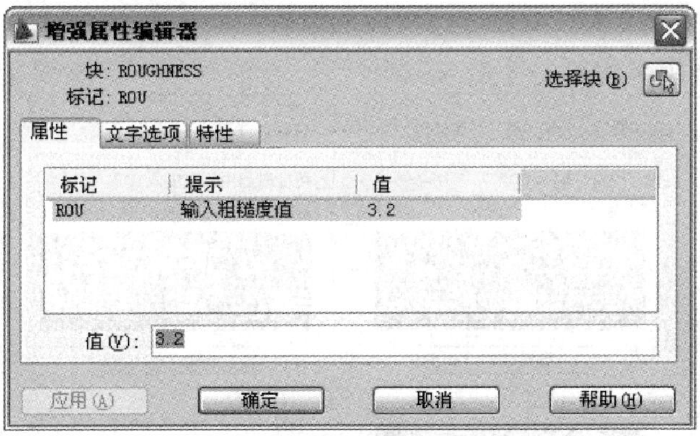

图 4-60　“增强属性编辑器”对话框

4.1.7　绘制基本二维图形

4.1.7.1　绘制线

1. 绘制直线　根据指定的端点绘制一系列直线段。命令：LINE。单击“绘图”工具栏上的(直线)按钮，或选择“绘图”|“直线”命令，即执行 LINE 命令，Auto CAD 提示：

第一点：(确定直线段的起始点)

指定下一点或［放弃(U)］：［确定直线段的另一端点位置，或执行“放弃(U)”选项重新确定起始点］

指定下一点或［放弃(U)］：［可直接按 Enter 键或 Space 键结束命令，或确定直线段的另一端点位置，或执行“放弃(U)”选项取消前一次操作］

指定下一点或［闭合(C)/放弃(U)］：［可直接按 Enter 键或 Space 键结束命令，或确定直线段的另一端点位置，或执行“放弃(U)”选项取消前一次操作，或执行“闭合(C)”选项创建封闭多边形］

指定下一点或［闭合(C)/放弃(U)］：↙［也可以继续确定端点位置、执行“放弃(U)”选项、执行“闭合(C)”选项］

执行结果：Auto CAD 绘制出连接相邻点的一系列直线段。

用 LINE 命令绘制出的一系列直线段中的每一条线段均是独立的对象。

动态输入。如果单击状态栏上的 DYN 按钮，使其压下，会启动动态输入功能。启动动态输入并执行 LINE 命令后，Auto CAD 一方面在命令窗口提示“指定第一点：”，同时在光标附近显示出一个提示框(称之为“工具栏提示”)，工具栏提示中显示出对应的 Auto CAD 提示“指定第一点：”和光标的当前坐标值，如图 4-61 所示。

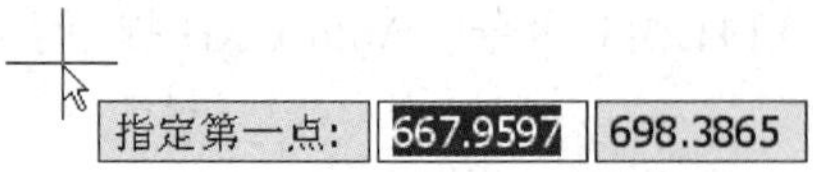

图 4-61　动态输入“工具栏提示”

此时用户移动光标，工具栏提示也会随着光标移动，且显示出的坐标值会动态变化，以反映光标的当前坐标值。

在前面的图所示状态下，用户可以在工具栏提示中输入点的坐标值，而不必切换到命令行进行输入(切换到命令行的方式：在命令窗口中，将光标放到“命令：”提示的后面单击鼠标拾取键)。

动态输入设置。选择“绘图”|“草图设置”命令，Auto CAD 弹出“草图设置”对话框，如图 4-62 所示。用户可通过该对话框进行对应的设置。

图 4-62　“草图设置”对话框

2. 绘制射线　绘制沿单方向无限长的直线。射线一般用作辅助线。

选择“绘图”|“射线”命令，即执行 RAY 命令，Auto CAD 提示：

指定起点：(确定射线的起始点位置)

指定通过点：(确定射线通过的任一点。确定后 Auto CAD 绘制出过起点与该点的射线)

指定通过点：↙(也可以继续指定通过点，绘制过同一起始点的一系列射线)

3. 绘制构造线　绘制沿两个方向无限长的直线。构造线一般用作辅助线。

单击“绘图”工具栏上的(构造线)按钮，或选择“绘图”|“构造线”命令，即执行 XLINE 命令，Auto CAD 提示：

指定点或[水平(H)/垂直(V)/角度(A)/二等分(B)/偏移(O)]：

其中，“指定点”选项用于绘制通过指定两点的构造线。“水平”选项用于绘制通过指定点的水平构造线。“垂直”选项用于绘制通过指定点的绘制垂直构造线。“角度”选项用于绘制沿指定方向或与指定直线之间的夹角为指定角度的构造线。“二等分”选项用于绘制平分由指定 3 点所确定的角的构造线。“偏移”选项用于绘制与指定直线平行的构造线。

4.1.7.2　绘制矩形和等边多边形

1. 绘制矩形　根据指定的尺寸或条件绘制矩形(命令：RECTANG)。

单击“绘图”工具栏上的 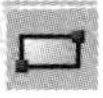(矩形)按钮，或选择“绘图”|“矩形”命令，即执行 RECTANG 命令，Auto CAD 提示：

指定第一个角点或[倒角(C)/标高(E)/圆角(F)/厚度(T)/宽度(W)]：

其中，“指定第一个角点”选项要求指定矩形的一角点。执行该选项，Auto CAD 提示：

指定另一个角点或[面积(A)/尺寸(D)/旋转(R)]：

此时可通过指定另一角点绘制矩形，通过“面积”选项根据面积绘制矩形，通过“尺寸”选项根据矩形的长和宽绘制矩形，通过“旋转”选项表示绘制按指定角度放置的矩形。

执行 RECTANG 命令时，“倒角”选项表示绘制在各角点处有倒角的矩形。“标高”选项用于确定矩形的绘图高度，即绘图面与 *XY* 面之间的距离。“圆角”选项确定矩形角点处的圆角半径，使所绘制矩形在各角点处按此半径绘制出圆角。“厚度”选项确定矩形的绘图厚度，使所绘制矩形具有一定的厚度。“宽度”选项确定矩形的线宽。

2. 绘制正多边形　单击“绘图”工具栏上的 (正多边形)按钮，或选择“绘图”|“正多边形”命令，即执行 POLYGON 命令，Auto CAD 提示：

指定正多边形的中心点或[边(E)]：

(1) 指定正多边形的中心点。此默认选项要求用户确定正多边形的中心点，指定后将利用多边形的假想外接圆或内切圆绘制等边多边形。执行该选项，即确定多边形的中心点后，Auto CAD 提示：

输入选项[内接于圆(I)/外切于圆(C)]：

其中，“内接于圆”选项表示所绘制多边形将内接于假想的圆。”“外切于圆”选项表示所绘制多边形将外切于假想的圆。

(2) 边。根据多边形某一条边的两个端点绘制多边形。

4.1.7.3　绘制曲线

1. 绘制圆　单击“绘图”工具栏上的 (圆)按钮，即执行 CIRCLE 命令，Auto CAD 提示：

指定圆的圆心或[三点(3P)/两点(2P)/相切、相切、半径(T)]

其中，“指定圆的圆心”选项用于根据指定的圆心以及半径或直径绘制圆弧。“三点”选项根据指定的三点绘制圆。“两点”选项根据指定两点绘制圆。“相切、相切、半径”选项用于绘制与已有两对象相切，且半径为给定值的圆。

2. 绘制圆环　选择“绘图”|“圆环”命令，即执行 DONUT 命令，Auto CAD 提示：

指定圆环的内径：(输入圆环的内径)

指定圆环的外径：(输入圆环的外径)

指定圆环的中心点或<退出>：(确定圆环的中心点位置，或按 Enter 键或 Space 键结束命令的执行。

3. 绘制圆弧　Auto CAD 提供了多种绘制圆弧的方法，可通过图 4-63 所示的“圆弧”子菜单执行绘制圆弧操作。

例如，选择“绘图”|“圆弧”|“三点”命令，Auto CAD 提示：

指定圆弧的起点或［圆心(C)］：(确定 圆弧的起始点位置)

指定圆弧的第二个点或［圆心(C)/端点(E)］：(确定圆弧上的任一点)

指定圆弧的端点：(确定圆弧的终止点位置)

执行结果：Auto CAD 绘制出由指定三点确定的圆弧。

4. 绘制椭圆和椭圆弧　单击“绘图”工具栏上的(椭圆)按钮，即执行 ELLIPSE 命令，Auto CAD 提示：

指定椭圆的轴端点或［圆弧(A)/中心点(C)］：

其中，“指定椭圆的轴端点”选项用于根据一轴上的两个端点位置等绘制椭圆。“中心点”选项用于根据指定的椭圆中心点等绘制椭圆。“圆弧”选项用于绘制椭圆弧。

4.1.7.4　绘制点

1. 绘制点　执行 POINT 命令，Auto CAD 提示：

指定点：

在该提示下确定点的位置，Auto CAD 就会在该位置绘制出相应的点。

2. 设置点的样式与大小　选择“格式”|“点样式”命令，即执行 DDPTYPE 命令，Auto CAD 弹出图 4-64 所示的“点样式”对话框，用户可通过该对话框选择自己需要的点样式。此外，还可以利用对话框中的“点大小”编辑框确定点的大小。

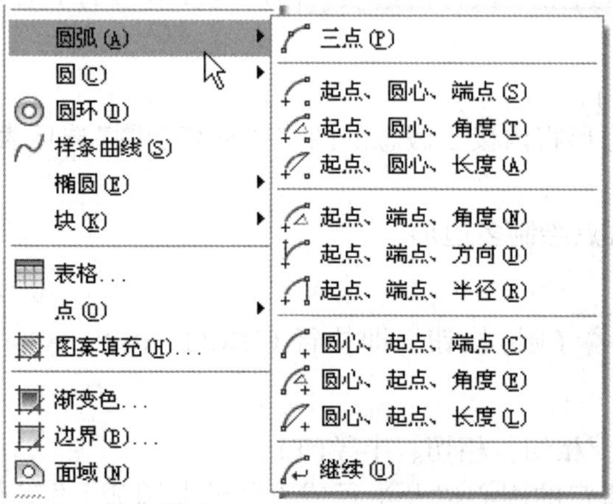

图 4-63　“圆弧”子菜单

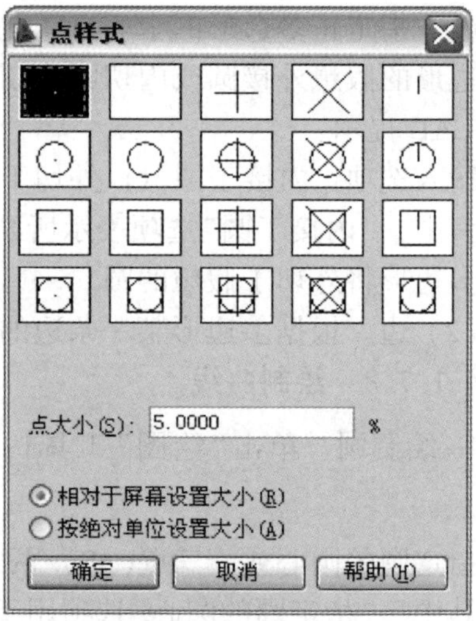

图 4-64　“点样式”对话框

3. 绘制定数等分点　指将点对象，沿对象的长度或周长等间隔排列。

选择“绘图”|“点”|“定数等分”命令，即执行 DIVIDE 命令，Auto CAD 提示：

选择要定数等分的对象：(选择对应的对象)

输入线段数目或［块(B)］：

在此提示下直接输入等分数，即响应默认项，Auto CAD 在指定的对象上绘制出等分点。

另外，利用“块(B)”选项可以在等分点处插入块。

4. 绘制定距等分点　指将点对象，在指定的对象上按指定的间隔放置。

选择“绘图”|“点”|“定距等分”命令，即执行 MEASURE 命令，Auto CAD 提示：

选择要定距等分的对象：(选择对象)

指定线段长度或 [块(B)]：

在此提示下直接输入长度值，即执行默认项，Auto CAD 在对象上的对应位置绘制出点。同样，可以利用“点样式”对话框设置所绘制点的样式。如果在“指定线段长度或 [块(B)]：”提示下执行“块(B)”选项，则表示将在对象上按指定的长度插入块。

4.1.8　编辑图形

4.1.8.1　选择对象

1. 选择对象的方式　当启动 Auto CAD 2010 的某一编辑命令或其他某些命令后，Auto CAD 通常会提示“选择对象：”，即要求用户选择要进行操作的对象，同时把十字光标改为小方框形状(称之为拾取框)，此时用户应选择对应的操作对象。常用选择对象的方式如下：

(1) 直接拾取；
(2) 选择全部对象；
(3) 默认矩形窗口选择方式；
(4) 矩形窗口选择方式；
(5) 交叉矩形窗口选择方式；
(6) 不规则窗口选择方式；
(7) 不规则交叉窗口选择方式；
(8) 前一个方式；
(9) 最后一个方式；
(10) 栏选方式；
(11) 取消操作。

2. 去(删)除模式　去(删)除模式即将选中的对象移出选择集。此模式的操作方法为：

在“选择对象：”提示性下用 R 响应，则会切换到去(删)除模式此时，Auto CAD 提示：

删除对象：

在该提示下，被选中的对象均会推出选择集。

4.1.8.2　删除对象

删除指定的对象，就像是用橡皮擦除图纸上不需要的内容(命令：ERASE)。单击“修改”工具栏上的(删除)按钮，或选择“修改”|“删除”命令，即执行 ERASE 命令，Auto CAD 提示：

选择对象：(选择要删除的对象，可以用 4.1.8.1 节 1. 介绍的各种方法进行选择)

选择对象：↙(也可以继续选择对象)

4.1.8.3　移动对象

将选中的对象从当前位置移到另一位置，即更改图形在图纸上的位置(命令：MOVE)。单击“修改”工具栏上的(移动)按钮，或选择“修改”|“移动”命令，即执行 MOVE 命

令，Auto CAD 提示：

选择对象：(选择要移动位置的对象)

选择对象：↙(也可以继续选择对象)

指定基点或［位移(D)］<位移>：

1. 指定基点　确定移动基点，为默认项。执行该默认项，即指定移动基点后，Auto CAD 提示：

指定第二个点或 <使用第一个点作为位移>：

在此提示下指定一点作为位移第二点，或直接按 Enter 键或 Space 键，将第一点的各坐标分量(也可以看成为位移量)作为移动位移量移动对象。

2. 位移　根据位移量移动对象。执行该选项，Auto CAD 提示：

指定位移：

如果在此提示下输入坐标值(直角坐标或极坐标)，Auto CAD 将所选择对象按与各坐标值对应的坐标分量作为移动位移量移动对象。

4.1.8.4　**复制对象**

复制对象指将选定的对象复制到指定位置(命令：COPY)。单击“修改”工具栏上的

(复制)按钮，或选择“修改”|“复制”命令，即执行 COPY 命令，Auto CAD 提示：

选择对象：(选择要复制的对象)

选择对象：↙(也可以继续选择对象)

指定基点或［位移(D)/模式(O)］<位移>：

1. 指定基点　确定复制基点，为默认项。执行该默认项，即指定复制基点后，Auto CAD 提示：

指定第二个点或 <使用第一个点作为位移>：

在此提示下再确定一点，Auto CAD 将所选择对象，按由两点确定的位移矢量复制到指定位置；如果在该提示下直接按 Enter 键或 Space 键，Auto CAD 将第一点的各坐标分量作为位移量复制对象。

2. 位移　根据位移量复制对象。执行该选项，Auto CAD 提示：

指定位移：

如果在此提示下输入坐标值(直角坐标或极坐标)，Auto CAD 将所选择对象按与各坐标值对应的坐标分量作为位移量复制对象。

3. 模式(O)　确定复制模式。执行该选项，Auto CAD 提示：

输入复制模式选项［单个(S)/多个(M)］<多个>：

其中，“单个(S)”选项表示执行 COPY 命令后只能对选择的对象执行一次复制，而“多个(M)”选项表示可以多次复制，Auto CAD 默认为“多个(M)”。

4.1.8.5　**旋转对象**

旋转对象指将指定的对象绕指定点(称其为基点)旋转指定的角度。

单击“修改”工具栏上的  (旋转)按钮，或选择“修改”|“旋转”命令，即执行 ROTATE 命令，Auto CAD 提示：

选择对象：(选择要旋转的对象)

选择对象：↙(也可以继续选择对象)

指定基点：(确定旋转基点)

指定旋转角度，或[复制(C)/参照(R)]：

1. 指定旋转角度　输入角度值，Auto CAD 会将对象绕基点转动该角度。在默认设置下，角度为正时沿逆时针方向旋转，反之沿顺时针方向旋转。

2. 复制　创建出旋转对象后仍保留原对象。

3. 参照(R)　以参照方式旋转对象。执行该选项，Auto CAD 提示：

指定参照角：(输入参照角度值)

指定新角度或[点(P)]<0>：(输入新角度值，或通过“点(P)”选项指定两点来确定新角度)

执行结果：Auto CAD 根据参照角度与新角度的值自动计算旋转角度(旋转角度=新角度-参照角度)，然后将对象绕基点旋转该角度。

4.1.8.6　**缩放对象**

缩放对象指放大或缩小指定的对象(命令：SCALE)。单击“修改”工具栏上的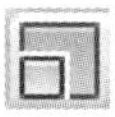(缩放)按钮，或选择“修改”|“缩放”命令，即执行 SCALE 命令，Auto CAD 提示：

选择对象：(选择要缩放的对象)

选择对象：↙(也可以继续选择对象)

指定基点：(确定基点位置)

指定比例因子或[复制(C)/参照(R)]：

1. 指定比例因子　确定缩放比例因子，为默认项。执行该默认项，即输入比例因子后按 Enter 键或 Space 键，Auto CAD 将所选择对象根据该比例因子相对于基点缩放，且 0<比例因子<1 时缩小对象，比例因子>1 时放大对象。

2. 复制(C)　创建出缩小或放大的对象后仍保留原对象。执行该选项后，根据提示指定缩放比例因子即可。

3. 参照(R)　将对象按参照方式缩放。执行该选项，Auto CAD 提示：

指定参照长度：(输入参照长度的值)

指定新的长度或[点(P)]：(输入新的长度值或通过“点(P)”选项通过指定两点来确定长度值)

执行结果：Auto CAD 根据参照长度与新长度的值自动计算比例因子(比例因子=新长度值÷参照长度值)，并进行对应的缩放。

4.1.8.7　**偏移对象**

创建同心圆、平行线或等距曲线。偏移操作又称为偏移复制(命令：OFFSET)。单击“修改”工具栏上的(偏移)按钮，或选择“修改”|“偏移”命令，即执行 OFFSET 命令，Auto CAD 提示：

指定偏移距离或[通过(T)/删除(E)/图层(L)]<通过>：

1. 指定偏移距离　根据偏移距离偏移复制对象。在“指定偏移距离或[通过(T)/删除(E)/图层(L)]：”提示下直接输入距离值，Auto CAD 提示：

选择要偏移的对象，或[退出(E)/放弃(U)]<退出>：(选择偏移对象)

指定要偏移的那一侧上的点，或[退出(E)/多个(M)/放弃(U)]<退出>：[在要复制到的一侧任意确定一点。“多个(M)”选项用于实现多次偏移复制]

选择要偏移的对象，或[退出(E)/放弃(U)]<退出>：↙(也可以继续选择对象进行偏移复制)

2. 通过　使偏移复制后得到的对象通过指定的点。

3. 删除　实现偏移源对象后删除源对象。

4. 图层　确定将偏移对象创建在当前图层上还是源对象所在的图层上。

4.1.8.8　镜像对象

将选中的对象相对于指定的镜像线进行镜像(命令：MIRROR)。单击“修改”工具栏上的(镜像)按钮，或选择“修改”|“镜像”命令，即执行 MIRROR 命令，Auto CAD 提示：

选择对象：(选择要镜像的对象)

选择对象：↙(也可以继续选择对象)

指定镜像线的第一点：(确定镜像线上的一点)

指定镜像线的第二点：(确定镜像线上的另一点)

是否删除源对象？[是(Y)/否(N)]<N>：(根据需要响应即可)

4.1.8.9　阵列对象

将选中的对象进行矩形或环形多重复制。命令：ARRAY

单击“修改”工具栏上的(阵列)按钮，或选择“修改”|“阵列”命令，即执行 ARRAY 命令，Auto CAD 弹出“阵列”对话框，如图 4-65 所示。

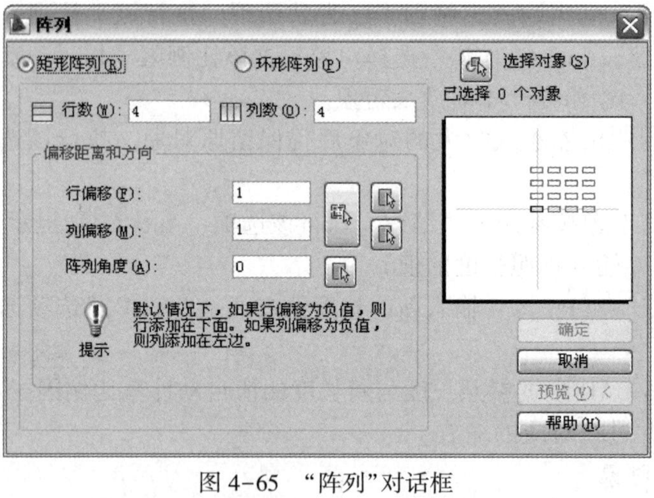

图 4-65　“阵列”对话框

可利用此对话框形象、直观地进行矩形或环形阵列的相关设置，并实施阵列。

1. 矩形阵列　前面的图 4-65 为矩形阵列对话框(即选中了对话框中的“矩形阵列”单选按钮)。利用其选择阵列对象，并设置阵列行数、列数、行间距、列间距等参数后，即可实现阵列。

2. 环形阵列　图 4-66 是环形阵列对话框(即选中了对话框中的“环形阵列”单选按钮)。利用其选择阵列对象，并设置了阵列中心点、填充角度等参数后，即可实现阵列。

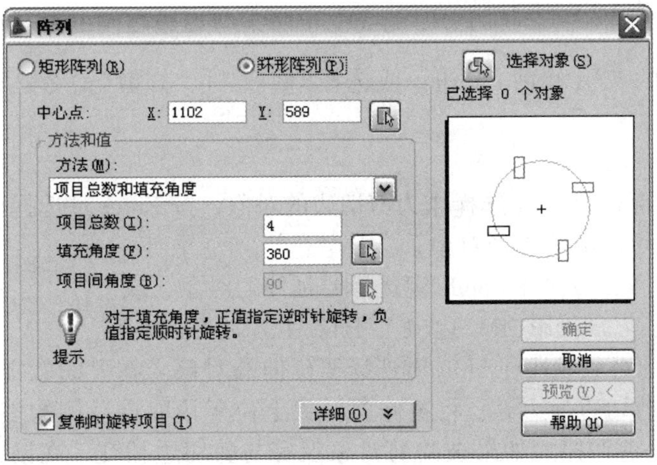

图 4-66　环形阵列对话框

4.1.8.10　**拉伸对象**

拉伸与移动(MOVE)命令的功能有类似之处，可移动图形，但拉伸通常用于使对象拉长或压缩(命令：STRETCH)。单击“修改”工具栏上的(拉伸)按钮，或选择“修改”|“拉伸”命令，即执行 STRETCH 命令，Auto CAD 提示：

以交叉窗口或交叉多边形选择要拉伸的对象 ...

选择对象：C↙[或用 CP 响应。第一行提示说明用户只能以交叉窗口方式(即交叉矩形窗口，用 C 响应)或交叉多边形方式(即不规则交叉窗口方式，用 CP 响应)选择对象]

选择对象：(可以继续选择拉伸对象)

选择对象：↙

指定基点或[位移(D)]<位移>:

1. 指定基点　确定拉伸或移动的基点。

2. 位移(D)　根据位移量移动对象。

4.1.8.11　**修改对象的长度**

改变线段或圆弧的长度(命令：LENGTHEN)。选择“修改”|“拉长”命令，即执行 LENGTHEN 命令，Auto CAD 提示：

选择对象或[增量(DE)/百分数(P)/全部(T)/动态(DY)]:

1. 选择对象　显示指定直线或圆弧的现有长度和包含角(对于圆弧而言)。

2. 增量　通过设定长度增量或角度增量改变对象的长度。执行此选项，Auto CAD 提示：

输入长度增量或[角度(A)]:

在此提示下确定长度增量或角度增量后，再根据提示选择对象，可使其长度改变。

3. 百分数　使直线或圆弧按百分数改变长度。

4. 全部　根据直线或圆弧的新长度或圆弧的新包含角改变长度。

5. 动态　以动态方式改变圆弧或直线的长度。

4.1.8.12　**修改对象的长度**

用作为剪切边的对象修剪指定的对象(称后者为被剪边)，即将被修剪对象沿修剪边界

(即剪切边)断开，并删除位于剪切边一侧或位于两条剪切边之间的部分(命令：TRIM)。单击“修改”工具栏上的(修剪)按钮，或选择“修改”|“修剪”命令，即执行TRIM命令，Auto CAD提示：

选择剪切边...

选择对象或<全部选择>：(选择作为剪切边的对象，按Enter键选择全部对象)

选择对象↙(还可以继续选择对象)

选择要修剪的对象，或按住Shift键选择要延伸的对象，或

[栏选(F)/窗交(C)/投影(P)/边(E)/删除(R)/放弃(U)]：

1. 选择要修剪的对象或按住Shift键选择要延伸的对象　在上面的提示下选择被修剪对象，Auto CAD会以剪切边为边界，将被修剪对象上位于拾取点一侧的多余部分或将位于两条剪切边之间的部分剪切掉。如果被修剪对象没有与剪切边相交，在该提示下按下Shift键后选择对应的对象，Auto CAD则会将其延伸到剪切边。

2. 栏选(F)　以栏选方式确定被修剪对象。

3. 窗交(C)　使与选择窗口边界相交的对象作为被修剪对象。

4. 投影(P)　确定执行修剪操作的空间。

5. 边(E)　确定剪切边的隐含延伸模式。

6. 删除(R)　删除指定的对象。

7. 放弃(U)　取消上一次的操作。

4.1.8.13　延伸对象

将指定的对象延伸到指定边界(命令：EXTEND)。单击“修改”工具栏上的(延伸)按钮，或选择“修改”|“延伸”命令，即执行EXTEND命令，Auto CAD提示：

选择边界的边...

选择对象或<全部选择>：(选择作为边界边的对象，按Enter键则选择全部对象)

选择对象：↙(也可以继续选择对象)

选择要延伸的对象，或按住Shift键选择要修剪的对象，或

[栏选(F)/窗交(C)/投影(P)/边(E)/放弃(U)]：

1. 选择要延伸的对象或按住Shift键选择要修剪的对象　选择对象进行延伸或修剪，为默认项。用户在该提示下选择要延伸的对象，Auto CAD把该对象延长到指定的边界对象。如果延伸对象与边界交叉，在该提示下按下Shift键，然后选择对应的对象，那么Auto CAD会修剪它，即将位于拾取点一侧的对象用边界对象将其修剪掉。

2. 栏选(F)　以栏选方式确定被延伸对象。

3. 窗交(C)　使与选择窗口边界相交的对象作为被延伸对象。

4. 投影(P)　确定执行延伸操作的空间。

5. 边(E)　确定延伸的模式。

6. 放弃(U)　取消上一次的操作。

4.1.8.14　打断对象

从指定的点处将对象分成两部分，或删除对象上所指定两点之间的部分。命令：BREAK。

选择“修改”|“打断”命令，即执行BREAK命令，Auto CAD提示：

选择对象：(选择要断开的对象。此时只能选择一个对象)

指定第二个打断点或[第一点(F)]：

1. 指定第二个打断点　此时 Auto CAD 以用户选择对象时的拾取点作为第一断点，并要求确定第二断点。用户可以有以下选择：

如果直接在对象上的另一点处单击拾取键，Auto CAD 将对象上位于两拾取点之间的对象删除掉。

如果输入符号“@”后按 Enter 键或 Space 键，Auto CAD 在选择对象时的拾取点处将对象一分为二。

如果在对象的一端之外任意拾取一点，Auto CAD 将位于两拾取点之间的那段对象删除掉。

2. 第一点(F)　重新确定第一断点。执行该选项，Auto CAD 提示：

指定第一个打断点：(重新确定第一断点)

指定第二个打断点：

在此提示下，可以按前面介绍的三种方法确定第二断点。

4.1.8.15　创建倒角

在两条直线之间创建倒角。命令：CHAMFER。单击“修改”工具栏上的(倒角)按钮，或选择“修改”|“倒角”命令，即执行 CHAMFER 命令，Auto CAD 提示：

(“修剪”模式)当前倒角距离 1=0.0000，距离 2=0.0000

选择第一条直线或[放弃(U)/多段线(P)/距离(D)/角度(A)/修剪(T)/方式(E)/多个(M)]：

提示的第一行说明当前的倒角操作属于“修剪”模式，且第一、第二倒角距离分别为 1 和 2。

1. 选择第一条直线　要求选择进行倒角的第一条线段，为默认项。选择某一线段，即执行默认项后，Auto CAD 提示：

选择第二条直线，或按住 Shift 键选择要应用角点的直线：

在该提示下选择相邻的另一条线段即可。

2. 多段线(P)　对整条多段线倒角。

3. 距离(D)　设置倒角距离。

4. 角度(A)　根据倒角距离和角度设置倒角尺寸。

5. 修剪(T)　确定倒角后是否对相应的倒角边进行修剪。

6. 方式(E)　确定将以什么方式倒角，即根据已设置的两倒角距离倒角，还是根据距离和角度设置倒角。

7. 多个(M)　如果执行该选项，当用户选择了两条直线进行倒角后，可以继续对其他直线倒角，不必重新执行 CHAMFER 命令。

8. 放弃(U)　放弃已进行的设置或操作。

4.1.8.16　创建圆角

为对象创建圆角(命令：FILLET)。单击“修改”工具栏上的(圆角)按钮，或选择“修改”|“圆角”命令，即执行 FILLET 命令，Auto CAD 提示：

当前设置：模式=修剪，半径=0.0000

选择第一个对象或[放弃(U)/多段线(P)/半径(R)/修剪(T)/多个(M)]：

提示中，第一行说明当前的创建圆角操作采用了“修剪”模式，且圆角半径为0。第二行的含义如下：

1. 选择第一个对象　此提示要求选择创建圆角的第一个对象，为默认项。用户选择后，Auto CAD 提示：

选择第二个对象，或按住 Shift 键选择要应用角点的对象：

在此提示下选择另一个对象，Auto CAD 按当前的圆角半径设置对它们创建圆角。如果按住 Shift 键选择相邻的另一对象，则可以使两对象准确相交。

2. 多段线(P)　对二维多段线创建圆角。

3. 半径(R)　设置圆角半径。

4. 修剪(T)　确定创建圆角操作的修剪模式。

5. 多个(M)　执行该选项且用户选择两个对象创建出圆角后，可以继续对其他对象创建圆角，不必重新执行 FILLET 命令。

4.1.8.17　**利用夹点功能编辑图形**

夹点是一些实心小方框。当在“命令：”提示下直接选择对象后，在对象的各关键点处就会显示出夹点(又称为特征点)。用户可以通过拖动这些夹点的方式方便地进行拉伸、移动、旋转、缩放以及镜像等编辑操作。

4.1.9　图形显示控制、精确绘图

4.1.9.1　**图形显示缩放**

图形显示缩放只是将屏幕上的对象放大或缩小其视觉尺寸，就像用放大镜或缩小镜(如果有的话)观看图形一样，从而可以放大图形的局部细节，或缩小图形观看全貌。执行显示缩放后，对象的实际尺寸仍保持不变。

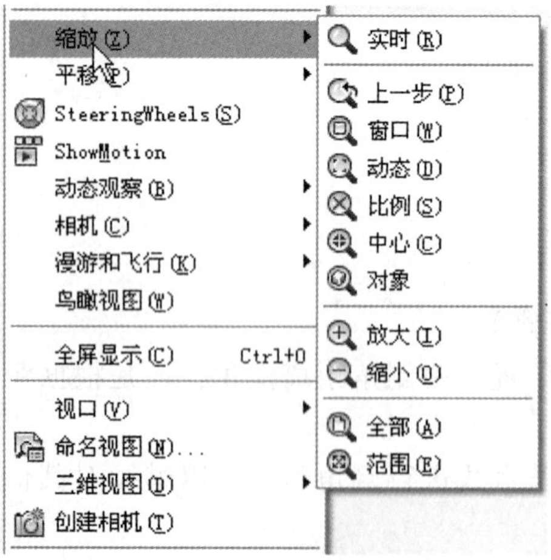

图4-67　“缩放”子菜单

利用 ZOOM 命令实现缩放；利用菜单命令或工具栏实现缩放。Auto CAD 2010 提供了用于实现缩放操作的菜单命令和工具栏按钮，利用它们可以快速执行缩放操作。

图4-67、图4-68分别是“缩放”子菜单(位于“视图”下拉菜单)和“缩放”工具栏，利用它们可实现对应的缩放。

4.1.9.2　**图形显示移动**

图形显示移动是指移动整个图形，就像是移动整个图纸，以便使图纸的特定部分显示在绘图窗口。执行显示移动后，图形相对于图纸的实际位置并不发生变化。

PAN 命令用于实现图形的实时移动。执行该命令，Auto CAD 在屏幕上出现一个小手光标，并提示：

按 Esc 或 Enter 键退出，或单击右键显示快捷菜单。

图 4-68　“缩放”工具栏

同时在状态栏上提示：“按住拾取键并拖动进行平移”。此时按下拾取键并向某一方向拖动鼠标，就会使图形向该方向移动；按 Esc 键或 Enter 键可结束 PAN 命令的执行；如果右击，Auto CAD 会弹出快捷菜单供用户选择。

另外，Auto CAD 还提供了用于移动操作的命令，这些命令位于“视图”|“平移”子菜单中，如图 4-69 所示，利用其可执行各种移动操作。

4.1.9.3　栅格捕捉、栅格显示

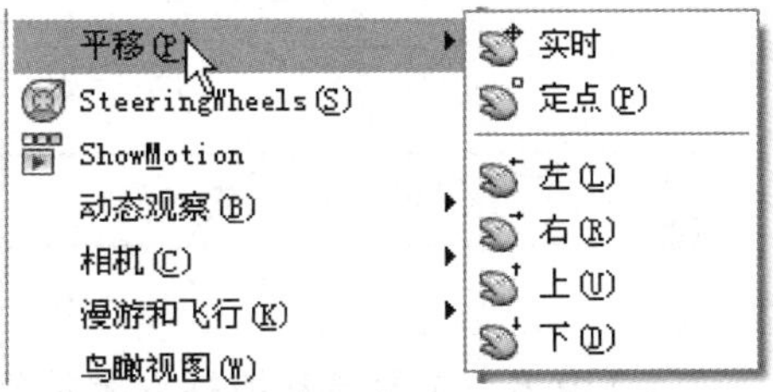

图 4-69　“视图”|“平移”子菜单

利用栅格捕捉，可以使光标在绘图窗口按指定的步距移动，就像在绘图屏幕上隐含分布着按指定行间距和列间距排列的栅格点，这些栅格点对光标有吸附作用，即能够捕捉光标，使光标只能落在由这些点确定的位置上，从而使光标只能按指定的步距移动。栅格显示是指在屏幕上显式分布一些按指定行间距和列间距排列的栅格点，就像在屏幕上铺了一张坐标纸。用户可根据需要设置是否启用栅格捕捉和栅格显示功能，还可以设置对应的间距。

利用“草图设置”对话框中的“捕捉和栅格”选项卡可进行栅格捕捉与栅格显示方面的设置。选择“工具”|“草图设置”命令，Auto CAD 弹出图 4-70“草图设置/捕捉和栅格”对话框，对话框中的“捕捉和栅格”选项卡(图 4-70)用于栅格捕捉、栅格显示方面的设置(在状态栏上的“捕捉”或“栅格”按钮上右击，从快捷菜单中选择“设置”命令，也可以打开“草图设置”对话框)。

对话框中，“启用捕捉”、“启用栅格”复选框分别用于起用捕捉和栅格功能。“捕捉间距”、“栅格间距”选项组分别用于设置捕捉间距和栅格间距。用户可通过此对话框进行其他设置。

4.1.9.4　正交功能

利用正交功能，用户可以方便地绘与当前坐标系统的 X 轴或 Y 轴平行的线段(对于二维绘图而言，就是水平线或垂直线)。

单击状态栏上的“正交”按钮可快速实现正交功能启用与否的切换。

4.1.9.5　对象捕捉

利用对象捕捉功能，在绘图过程中可以快速、准确地确定一些特殊点，如圆心、端点、中点、切点、交点、垂足等。

可以通过“对象捕捉”工具栏和对象捕捉菜单(如图 4-71、图 4-72 所示，按下 Shift 键后右击可弹出此快捷菜单)，启动对象捕捉功能。

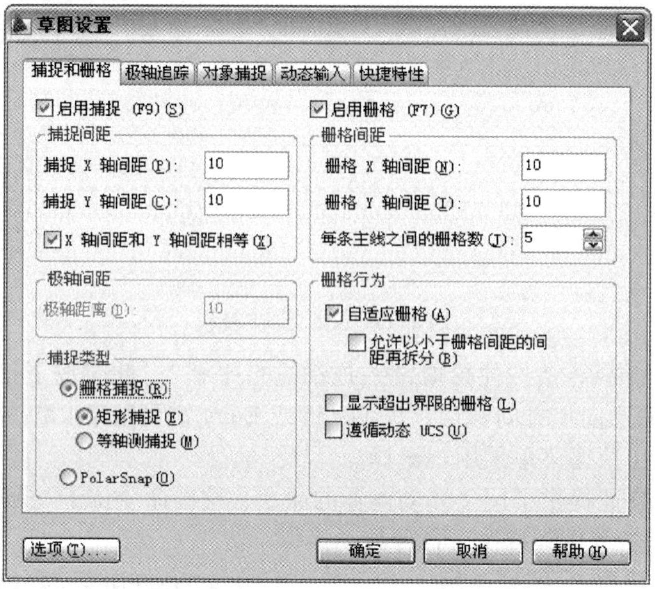

图 4-70 “草图设置/捕捉和栅格”对话框

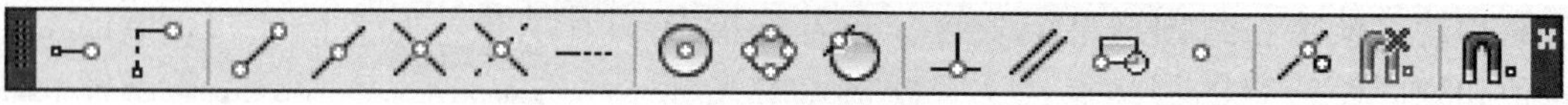
图 4-71 “对象捕捉”工具栏图

4.1.9.6 对象自动捕捉对象捕捉

对象自动捕捉(简称自动捕捉)又称为隐含对象捕捉，利用此捕捉模式可以使 Auto CAD 自动捕捉到某些特殊点。

图 4-72 对象捕捉菜单

选择“工具”|“草图设置”命令，从弹出的“草图设置”对话框中选择“对象捕捉”选项卡，如图 4-73 所示(在状态栏上的“对象捕捉”按钮上右击，从快捷菜单选择“设置”命令，也可以打开此对话框)。

在“对象捕捉”选项卡中，可以通过“对象捕捉模式”选项组中的各复选框确定自动捕捉模式，即确定使 Auto CAD 将自动捕捉到哪些点；“启用对象捕捉”复选框用于确定是否启用自动捕捉功能；“启用对象捕捉追踪”复选框则用于确定是否启用对象捕捉追踪功能，后面将介绍该功能。

利用“对象捕捉”选项卡设置默认捕捉模式并启用对象自动捕捉功能后，在绘图过程中每当 Auto CAD 提示用户确定点时，如果使光标位于对象上在自动捕捉模式中设置的对应点的附近，Auto CAD 会自动捕捉到这些点，并显示出捕捉到相应点的小标签，此时单击拾取键，Auto CAD 就会以该捕捉点为相应点。

4.1.9.7 极轴追踪对象自动捕捉对象捕捉

所谓极轴追踪，是指当 Auto CAD 提示用户指定点的位置时(如指定直线的另一端点)，拖动光标，使光标接近预先设定的方向(即极轴追踪方向)，Auto CAD 会自动将橡皮筋线吸附到该方

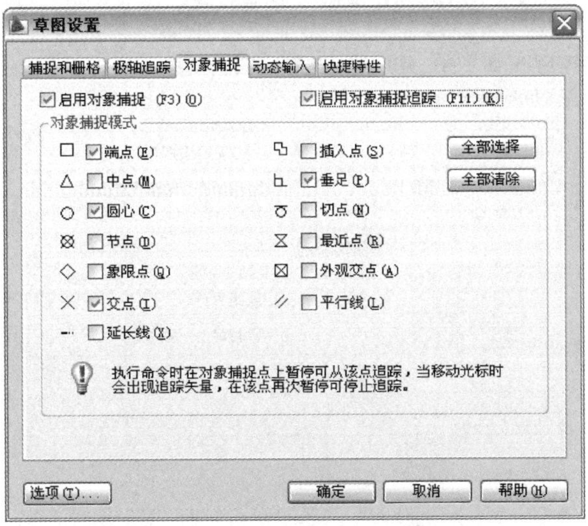

图 4-73　“草图设置/对象捕捉”对话框

向，同时沿该方向显示出极轴追踪矢量，并浮出一小标签，说明当前光标位置相对于前一点的极坐标，如图 4-74 所示。

可以看出，当前光标位置相对于前一点的极坐标为 33.3<135°，即两点之间的距离为 33.3，极轴追踪矢量与 X 轴正方向的夹角为 135°。此时单击拾取键，Auto CAD 会将该点作为绘图所需点；如果直接输入一个数值(如输入 50)，Auto CAD 则沿极轴追踪矢量方向按此长度值确定出点的位置；如果沿极轴追踪矢量方向拖动鼠标，Auto CAD 会通过浮出的小标签动态显示与光标位置对应的极轴追踪矢量的值(即显示“距离<角度”)。

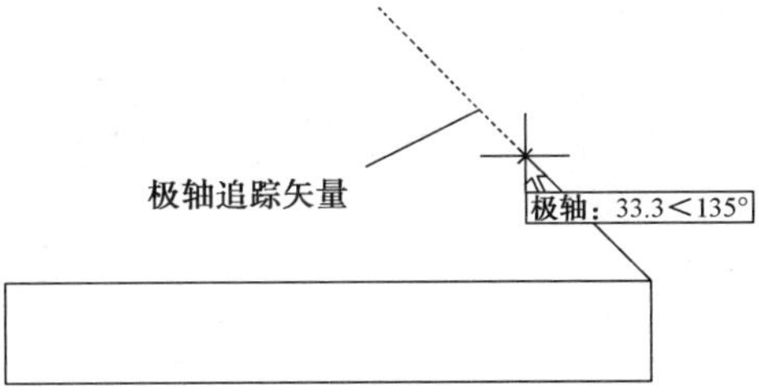

图 4-74　极轴追踪示意图

用户可以设置是否启用极轴追踪功能以及极轴追踪方向等性能参数，设置过程为：选择“工具”|“草图设置”命令，Auto CAD 弹出“草图设置”对话框，打开对话框中的“极轴追踪”选项卡，如图 4-75 所示(在状态栏上的“极轴”按钮上右击，从快捷菜单选择“设置”命令，也可以打开对应的对话框)。用户根据需要设置即可。

4.1.9.8　对象捕捉追踪

对象捕捉追踪是对象捕捉与极轴追踪的综合应用。例如，已知图 4-76(a)中有一个圆和一条直线，当执行 LINE 命令确定直线的起始点时，利用对象捕捉追踪可以找到一些特殊点，如图 4-76(b)和图 4-76(c)所示。中图中捕捉到的点的 X、Y 坐标分别与已有直线端点的 X 坐标和圆心的 Y 坐标相同。右图中捕捉到的点的 Y 坐标与圆心的 Y 坐标相同，且位于相对于已有直线端点的 45°方向。如果单击拾取键，就会得到对应的点。

4.1.10　绘制、编辑复杂图形对象

4.1.10.1　绘制、编辑多段线

1. 绘多段线　多段线是由直线段、圆弧段构成，且可以有宽度的图形对象。命令：

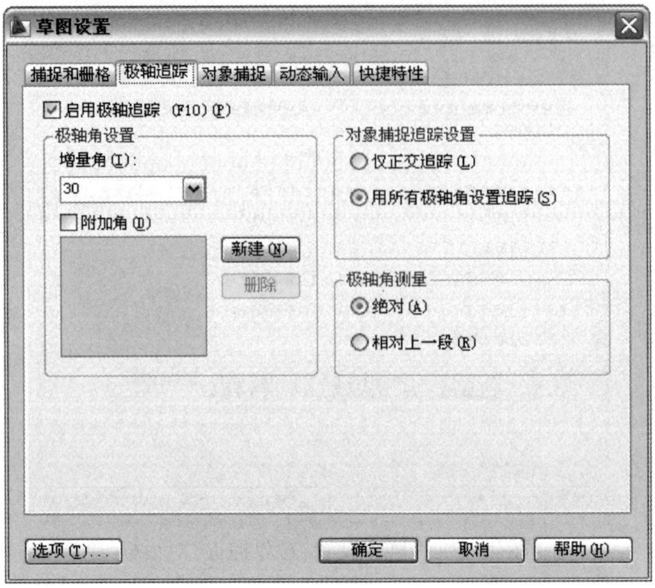

图 4-75 “草图设置”对话框的“极轴追踪”选项卡

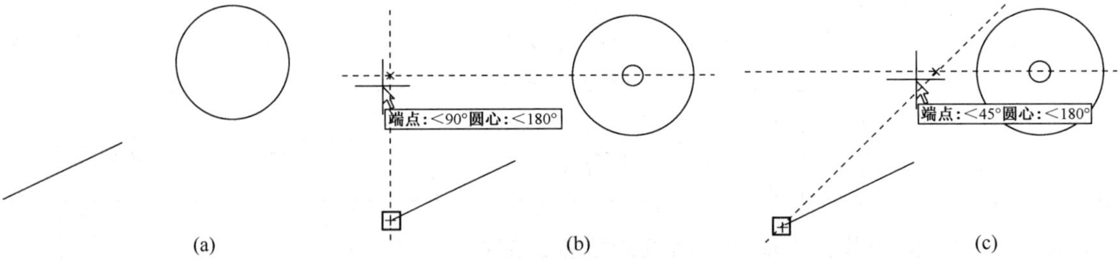

图 4-76 对象捕捉追踪示意图

PLINE。单击“绘图”工具栏上的(多段线)按钮，或选择“绘图”|“多段线”命令，即执行 PLINE 命令，Auto CAD 提示：

指定起点：(确定多段线的起始点)

当前线宽为 0.0000(说明当前的绘图线宽)

指定下一个点或[圆弧(A)/半宽(H)/长度(L)/放弃(U)/宽度(W)]：

其中，“圆弧”选项用于绘制圆弧。“半宽”选项用于多段线的半宽。“长度”选项用于指定所绘多段线的长度。“宽度”选项用于确定多段线的宽度。

2. 编辑多段线　命令：PEDIT。单击“修改 II”工具栏上的(编辑多段线)按钮，或选择“绘图”|“对象”|“多段线”命令，即执行 PEDIT 命令，Auto CAD 提示：

选择多段线或[多条(M)]：

在此提示下选择要编辑的多段线，即执行“选择多段线”默认项，Auto CAD 提示：

输入选项[闭合(C)/合并(J)/宽度(W)/编辑顶点(E)/拟合(F)/样条曲线(S)/非曲线化(D)/线型生成(L)/反转(R)/放弃(U)]：

其中，“闭合”选项用于将多段线封闭。“合并”选项用于将多条多段线(及直线、圆弧)。“宽度”选项用于更改多段先的宽度。“编辑顶点”选项用于编辑多段线的顶点。“拟合”选项用于创建圆弧拟合多段线。“样条曲线”选项用于创建样条曲线拟合多段线。“非曲线化”选项用于反拟合。“线型生成”选项用来规定非连续型多段线在各顶点处的绘线方式。“反转”选项用于改变多段线上的顶点顺序。

4.1.10.2　**绘制、编辑样条曲线**

1. 绘样条曲线　绘制非一致有理(B)样条曲线(命令：SPLINE)。单击“绘图”工具栏上的(样条曲线)按钮，或选择“绘图”|“样条曲线”命令，即执行 SPLINE 命令，Auto CAD 提示：

指定第一个点或[对象(O)]：

(1) 指定第一个点。确定样条曲线上的第一点(即第一拟合点)，为默认项。执行此选项，即确定一点，Auto CAD 提示：

指定下一点：

在此提示下确定样条曲线上的第二拟合点后，Auto CAD 提示：

指定下一点或[闭合(C)/拟合公差(F)]<起点切向>：

其中，“指定下一点”选项用于指定样条曲线上的下一点。“闭合”选项用于封闭多段线。“拟合公差”选项用于根据给定的拟合公差绘样条曲线。

(2) 对象(O)。将样条拟合多段线(由 PEDIT 命令的“样条曲线(S)”选项实现)转换成等价的样条曲线并删除多段线。执行此选项，Auto CAD 提示：

选择要转换为样条曲线的对象...

选择对象：

在该提示下选择对应的图形对象，即可实现转换。

2. 编辑样条曲线　命令：SPLINEDIT。单击“修改 II”工具栏上的(编辑样条曲线)按钮，或选择“修改”|“对象”|“样条曲线”命令，即执行 SPLINEDIT 命令，Auto CAD 提示：

选择样条曲线：

在该提示下选择样条曲线，Auto CAD 会在样条曲线的各控制点处显示出夹点，并提示：

输入选项[拟合数据(F)/闭合(C)/移动顶点(M)/精度(R)/反转(E)/转换为多段线(P)/放弃(U)]：

其中，“拟合数据”选项用于修改样条曲线的拟合点。“闭合”选项用于封闭样条曲线。“移动顶点”选项用于样条曲线上的当前点。“精度”选项用于对样条曲线的控制点进行细化操作。“反转”选项用于反转样条曲线的方向。“转换为多段线”选项用于将样条曲线转化为多段线。

4.1.10.3　**绘制、编辑多线**

1. 绘多线　绘多条平行线，即由两条或两条以上直线构成的相互平行的直线，且这些直线可以分别具有不同的线型和颜色(命令：MLINE)。选择“绘图”|“多线”命令，即执行 MLINE 命令，Auto CAD 提示：

当前设置：对正=上，比例=20.00，样式=STANDARD

指定起点或[对正(J)/比例(S)/样式(ST)]：

提示中的第一行说明当前的绘图模式。本提示示例说明当前的对正方式为“上”方式，比例为 20.00，多线样式为 STANDARD；第二行为绘多线时的选择项。其中，“指定起点”选项用于确定多线的起始点。“对正”选项用于控制如何在指定的点之间绘制多线，即控制多线上的哪条线要随光标移动。“比例”选项用于确定所绘多线的宽度相对于多线定义宽度的比例。“样式”选项用于确定绘多线时采用的多线样式。

2. 定义多线样式　命令：MLSTYLE。绘多条平行线，即由两条或两条以上直线构成的相互平行的直线，且这些直线可以分别具有不同的线型和颜色。命令：MLINE

绘多条平行线，即由两条或两条以上直线构成的相互平行的直线，且这些直线可以分别具有不同的线型和颜色。命令：MLINE

选择“格式”|“多线样式”命令，即执行 MLSTYLE 命令，Auto CAD 弹出图 4-77 所示的“多线样式”对话框，利用其设置即可。

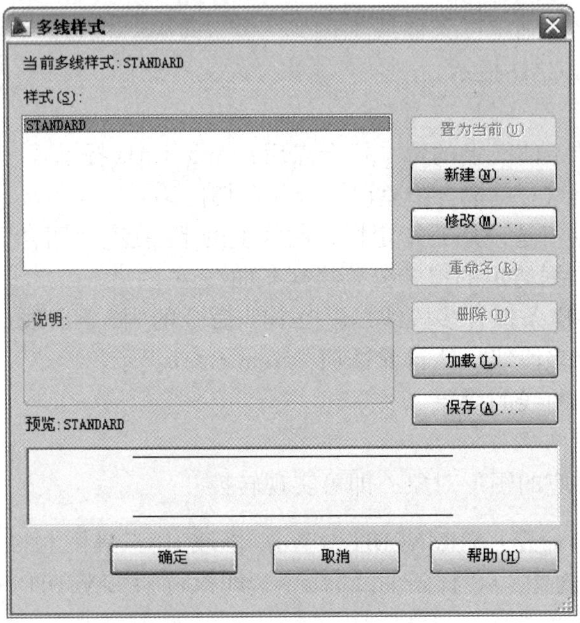

图 4-77　“多线样式”对话框

3. 编辑多线　命令：MLEDIT。选择“修改”|“对象”|“多线”命令，即执行 MLEDIT 命令，Auto CAD 弹出图 4-78 所示的“多线编辑工具”对话框。对话框中的各个图像按钮形象地说明了各编辑功能，根据需要选择按钮，然后根据提示操作即可。

4.1.11　填充与编辑图案

4.1.11.1　填充图案

用指定的图案填充指定的区域(命令：BHATCH)。单击“绘图”工具栏上的图案填充按钮，或选择“绘图”|“图案填充”命令，即执行 BHATCH 命令，Auto CAD 弹出图 4-79 所示的“图案填充和渐变色”对话框。

对话框中有“图案填充”和“渐变色”两个选项卡。

1.“图案填充”选项卡　此选项卡用于设置填充图案以及相关的填充参数。其中，“类型和图案”选项组用于设置填充图案以及相关的填充参数。可通过“类型和图案”选项组确定填充类型与图案，通过“角度和比例”选项组设置填充图案时的图案旋转角度和缩放比例，“图案填充原点”选项组控制生成填充图案时的起始位置，“添加：拾取点”按钮和“添加：选择对象”用于确定填充区域。

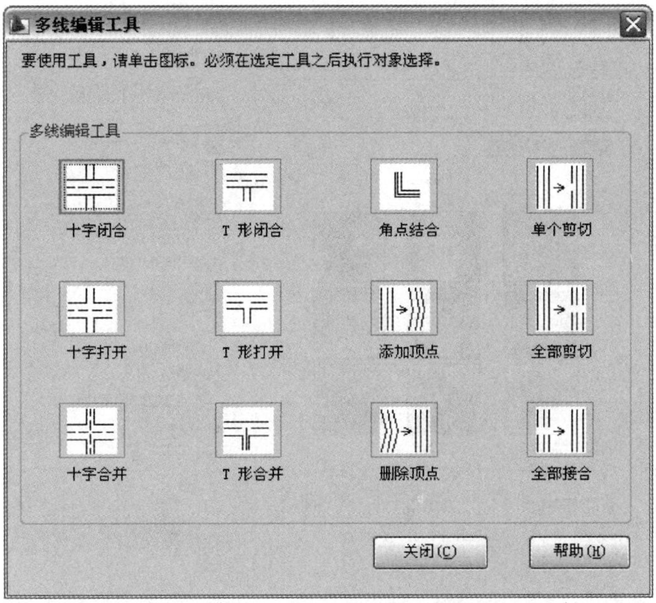

图 4-78　“多线编辑工具”对话框

图 4-79　“图案填充和渐变色”对话框

2.“渐变色”选项卡　单击“图案填充和渐变色”对话框中的“渐变色”标签，Auto CAD 切换到“渐变色”选项卡，如图 4-80 所示。

该选项卡用于以渐变方式实现填充。其中，“单色”和“双色”两个单选按钮用于确定是以一种颜色填充，还是以两种颜色填充。当以一种颜色填充时，可利用位于“双色”单选按钮下方的滑块调整所填充颜色的浓淡度。当以两种颜色填充时(选中“双色”单选按钮)，位

图 4-80 “图案填充和渐变色”对话框中的“渐变色”选项卡

于“双色”单选按钮下方的滑块变成与其左侧相同的颜色框和按钮，用于确定另一种颜色。位于选项卡中间位置的 9 个图像按钮用于确定填充方式。

此外，还可以通过“角度”下拉列表框确定以渐变方式填充时的旋转角度，通过“居中”复选框指定对称的渐变配置。如果没有选定此选项，渐变填充将朝左上方变化，可创建出光源在对象左边的图案。

其中，“孤岛检测”复选框确定是否进行孤岛检测以及孤岛检测的方式。“边界保留”选项组用于指定是否将填充边界保留为对象，并确定其对象类型。

Auto CAD 2010 允许将实际上并没有完全封闭的边界用作填充边界。如果在“允许的间隙”文本框中指定了值，该值就是 Auto CAD 确定填充边界时可以忽略的最大间隙，即如果边界有间隙，且各间隙均小于或等于设置的允许值，那么这些间隙均会被忽略，Auto CAD 将对应的边界视为封闭边界。

如果在“允许的间隙”编辑框中指定了值，当通过“拾取点”按钮指定的填充边界为非封闭边界、且边界间隙小于或等于设定的值时，Auto CAD 会打开如图 4-81 所示的“图案填充-开放边界警告”窗口，如果单击“继续填充此区域”行，Auto CAD 将对非封闭图形进行图案填充。

3. 其他选项 如果单击“边界图案填充和渐变色”对话框中位于右下角位置的小箭头，对话框则为图 4-82 所示形式，通过其可进行对应的设置。

4. 1. 11. 2 编辑图案

1. 利用对话框编辑图案 命令：PEDIT。单击“修改 II”工具栏上的 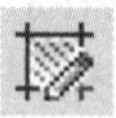（编辑图案填充）按钮，或选择“修改”|“对象”|“图案填充”命令，即执行 HATCHEDIT 命令，Auto CAD

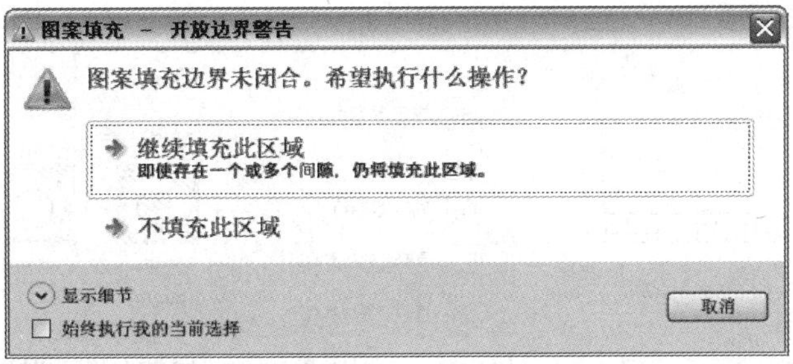

图 4-81　“图案填充-开放边界警告”窗口

图 4-82　“边界图案填充和渐变色”对话框展开式

提示：

选择关联填充对象：

在该提示下选择已有的填充图案，Auto CAD 弹出如图 4-83 所示的“图案填充编辑”对话框。

对话框中只有以正常颜色显示的选项用户才可以操作。该对话框中各选项的含义与“图案填充和渐变色”对话框中各对应项的含义相同。利用此对话框，用户就可以对已填充的图案进行诸如更改填充图案、填充比例、旋转角度等操作。

2. 利用夹点功能编辑填充图案　利用夹点功能也可以编辑填充的图案。当填充的图案是关联填充时，通过夹点功能改变填充边界后，Auto CAD 会根据边界的新位置重新生成填充图案。

4.1.12　标注文字、创建表格

4.1.12.1　文字样式

Auto CAD 图形中的文字是根据当前文字样式标注的。文字样式说明所标注文字使用的

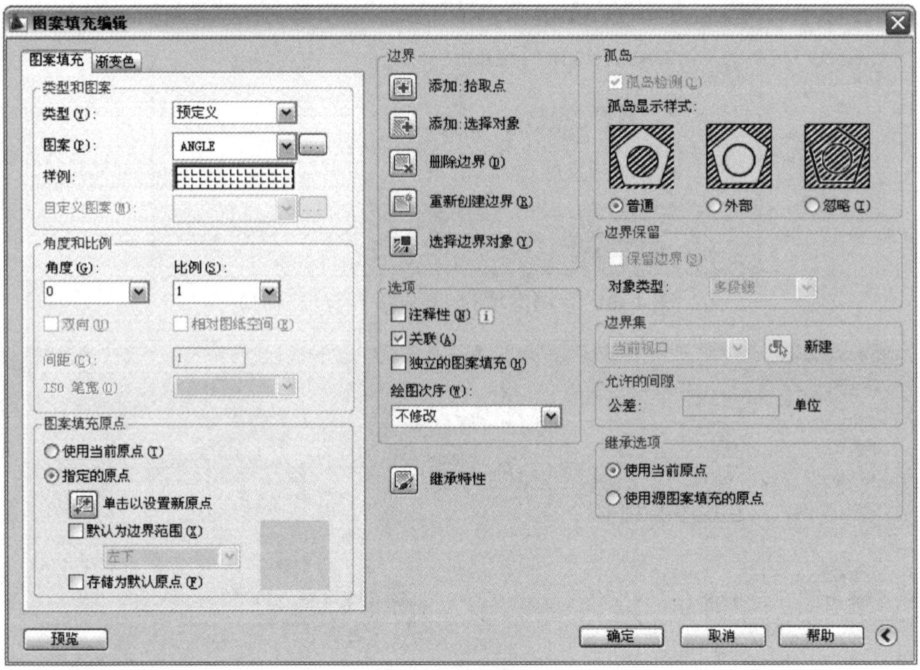

图 4-83 “图案填充编辑”对话框

字体以及其他设置，如字高、字颜色、文字标注方向等。Auto CAD 为用户提供了默认文字样式 STANDARD。当在 Auto CAD 中标注文字时，如果系统提供的文字样式不能满足用户的要求，则应首先定义文字样式。

命令：STYLE。单击对应的工具栏按钮，或选择“格式”|“文字样式”命令，即执行 STYLE 命令，Auto CAD 弹出如图 4-84 所示的“文字样式”对话框。

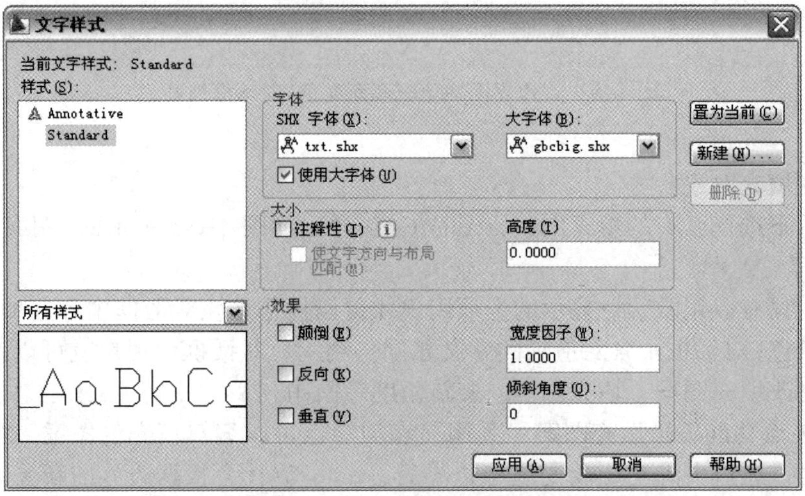

图 4-84 “文字样式”对话框

对话框中，“样式”列表框中列有当前已定义的文字样式，用户可从中选择对应的样式作为当前样式或进行样式修改。“字体”选项组用于确定所采用的字体。“大小”选项组用于指定文字的高度。“效果”选项组用于设置字体的某些特征，如字的宽高比(即宽度比例)、倾斜角度、是否倒置显示、是否反向显示以及是否垂直显示等。预览框组用于预览所选择或所定义文字样式的标注效果。“新建”按钮用于创建新样式。“置为当前”按钮用于将选定的样式设为当前样式。“应用”按钮用于确认用户对文字样式的设置，单击“应用”按钮，Auto CAD 关闭“文字样式”对话框。

4.1.12.2　**标注文字**

1. 用 DTEXT 命令标注文字　命令：DTEXT。选择“绘图”|“文字”|“单行文字”命令，即执行 DTEXT 命令，Auto CAD 提示：

当前文字样式：　文字 35

当前文字高度：　2.5000

指定文字的起点或[对正(J)/样式(S)]：

第一行提示信息说明当前文字样式以及字高度。第二行中，“指定文字的起点”选项用于确定文字行的起点位置。用户响应后，Auto CAD 提示：

指定高度：(输入文字的高度值)

指定文字的旋转角度<0>：(输入文字行的旋转角度)

而后，Auto CAD 在绘图屏幕上显示出一个表示文字位置的方框，用户在其中输入要标注的文字后，按两次 Enter 键，即可完成文字的标注。

2. 利用在位文字编辑器标注文字　命令：MTEXT。单击对应的工具栏按钮 A，或选择“绘图”|“文字”|“单行文字”命令，即执行 MTEXT 命令，Auto CAD 提示：

指定第一角点：

在此提示下指定一点作为第一角点后，Auto CAD 继续提示：

指定对角点或[高度(H)/对正(J)/行距(L)/旋转(R)/样式(S)/宽度(W)]：

如果响应默认项，即指定另一角点的位置，Auto CAD 弹出图 4-85 所示的在位文字编辑器。

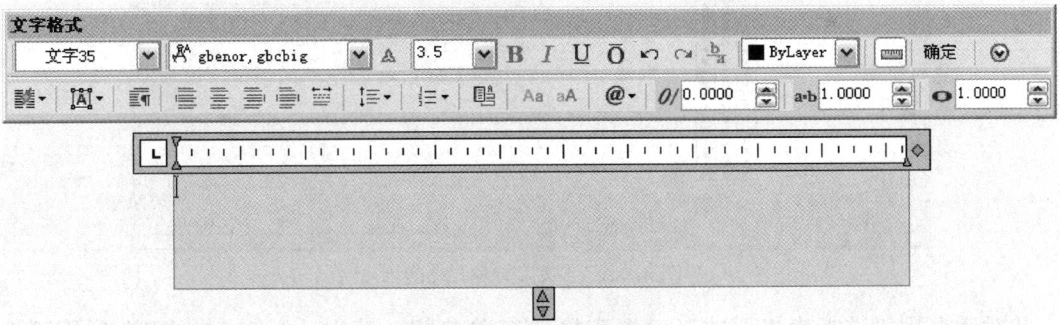

图 4-85　在位文字编辑器

在位文字编辑器由“文字格式”工具栏和水平标尺等组成，工具栏上有一些下拉列表框、按钮等。用户可通过该编辑器输入要标注的文字，并进行相关标注设置。

4.1.12.3　**编辑文字**

命令：DDEDIT。单击“文字”工具栏上的(编辑文字)按钮，或选择“修改”|“对象”|“文字”|“编辑”命令，即执行 DDEDIT 命令，Auto CAD 提示：

选择注释对象或[放弃(U)]：

此时应选择需要编辑的文字。标注文字时使用的标注方法不同，选择文字后 Auto CAD 给出的响应也不相同。如果所选择的文字是用 DTEXT 命令标注的，选择文字对象后，Auto

CAD 会在该文字四周显示出一个方框，此时用户可直接修改对应的文字。

如果在“选择注释对象或[放弃(U)]:”提示下选择的文字是用 MTEXT 命令标注的，Auto CAD 则会弹出在位文字编辑器，并在该对话框中显示出所选择的文字，供用户编辑、修改。

4.1.12.4 注释性文字

Auto CAD 2010 可以将文字、尺寸、形位公差、块、属性、引线等指定为注释性对象。

1. 注释性文字样式　用于定义注释性文字样式的命令也是 STYLE，其定义过程与上面介绍的文字样式定义过程类似。执行 STYLE 命令后，在打开的“文字样式”对话框中，除按上面介绍的过程设置样式后，还应选中“注释性”复选框。选中该复选框后，会在“样式”列表框中的对应样式名前显示图标，表示该样式属于注释性文字样式。

2. 标注注释性文字　用 DTEXT 或 MTEXT 命令标注文字时，只要将对应的注释性文字样式设为当前样式，或选择标注注释性文字，然后按前面介绍的方法标注即可。

4.1.12.5 创建表格

1. 创建表格　单击“绘图”工具栏上的 (表格)按钮，或选择“绘图”|“表格”命令，即执行 TABLE 命令，Auto CAD 弹出“插入表格”对话框，如图 4-86 所示。

图 4-86　“插入表格”对话框

此对话框用于选择表格样式，设置表格的有关参数。其中，“表格样式”选项用于选择所使用的表格样式。“插入选项”选项组用于确定如何为表格填写数据。预览框用于预览表格的样式。“插入方式”选项组，设置将表格插入到图形时的插入方式。“列和行设置”选项组则用于设置表格中的行数、列数以及行高和列宽。“设置单元样式”选项组，分别设置第一行、第二行和其他行的单元样式。

通过“插入表格”对话框确定表格数据后，单击“确定”按钮，而后根据提示确定表格的位置，即可将表格插入到图形，且插入后 Auto CAD 弹出“文字格式”工具栏，并将表格中的第一个单元格醒目显示，此时就可以向表格输入文字，如图 4-87 所示。

2. 定义表格样式　单击“样式”工具栏上的 (表格样式)按钮，或选择“格式”|“表格

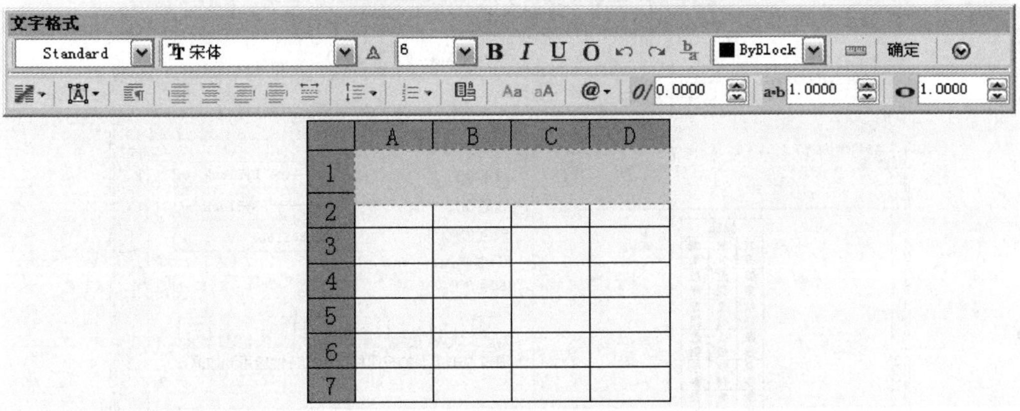

图 4-87　“文字格式”工具栏

样式”命令，即执行 TABLESTYLE 命令，Auto CAD 弹出“表格样式”对话框，如图 4-88 所示。

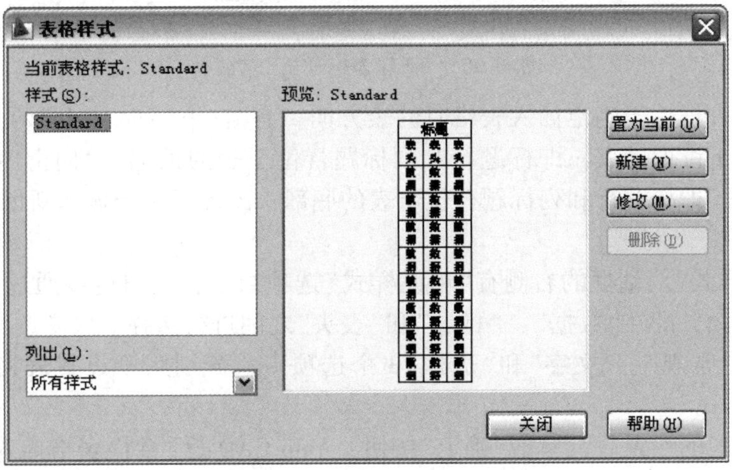

图 4-88　“表格样式”对话框

其中，“样式”列表框中列出了满足条件的表格样式；“预览”图片框中显示出表格的预览图像，“置为当前”和“删除”按钮分别用于将在“样式”列表框中选中的表格样式置为当前样式、删除选中的表格样式；“新建”、“修改”按钮分别用于新建表格样式、修改已有的表格样式。

如果单击“表格样式”对话框中的“新建”按钮，Auto CAD 弹出“创建新的表格样式”对话框，如图 4-89 所示。

图 4-89　“创建新的表格样式”对话框

通过对话框中的“基础样式”下拉列表选择基础样式，并在“新样式名”文本框中输入新样式的名称后(如输入“表格 1”)，单击“继续”按钮，Auto CAD 弹出“新建表格样式”对话框，如图 4-90 所示。

对话框中，左侧有起始表格、表格方向下拉列表框和预览图像框三部分。其中，起始表格用于使用户指定一个已有表格作为新建表格样式的起始表

图 4-90 “新建表格样式”对话框

格。表格方向列表框用于确定插入表格时的表方向，有“向下”和“向上”两个选择，“向下”表示创建由上而下读取的表，即标题行和列标题行位于表的顶部，“向上”则表示将创建由下而上读取的表，即标题行和列标题行位于表的底部；图像框用于显示新创建表格样式的表格预览图像。

“新建表格样式”对话框的右侧有“单元样式”选项组等，用户可以通过对应的下拉列表确定要设置的对象，即在“数据”、“标题”和“表头”之间进行选择。

选项组中，“常规”、“文字”和“边框”3 个选项卡，分别用于设置表格中的基本内容、文字和边框。

完成表格样式的设置后，单击“确定”按钮，Auto CAD 返回到“表格样式”对话框，并将新定义的样式显示在“样式”列表框中。单击该对话框中的“确定”按钮关闭对话框，完成新表格样式的定义。

4.2 Auto CAD 绘制平面图样实训

图样是表达和交流技术思想的工具。随着 CAD(计算机辅助设计)技术的飞速发展和普及，越来越多的工程设计人员开始使用计算机软件绘制各种图形，从而解决了传统手工绘图中存在的效率低、绘图准确度差及劳动强度大等缺点。在目前在设计领域，Auto CAD 是使用最为广泛的计算机绘图软件之一。用 Auto CAD 可以绘制工艺流程图、平面布置图、立面布置图、设备图、管道布置图等。

4.2.1 设立样板图实训

4.2.1.1 实训目的

使学生掌握 Auto CAD 设立样板图的基本方法，为进一步的设计绘图、绘制零件图、流程图和装配图奠定基础。

4.2.1.2　**实训内容**

(1) 设立图幅大小，设立字体，线型，基本的尺寸标注(标注字体及方向等)，线宽；

(2) 设定图层，绘制图框，填写标题栏，存为样板图。

4.2.1.3　**实训步骤**

1. 基本设置

(1)系统设置。用鼠标右键按屏幕下边的快捷按钮中前 6 个中的任意一个(捕捉、栅格、正交、极轴、对象捕捉、对象追踪)都会看见“设置(S)…”选项，如图 4-91 所示，左键按“设置(S)…”，出现图 4-92“草图设置”对话框。

(2) 捕捉、栅格与动态输入。在图 4-92 中，通过改写 X、Y 方向的捕捉或栅格的数字，就可改变捕捉或栅格的间距，但捕捉和栅格的间距最好相等，例如为 10 或 20 等。在图 4-92 的表中角度(A)如果填 45，当栅格打开时，栅格成 45°分布。注意，点击等轴测捕捉就设定为正等测捕捉，点击极轴捕捉就设定为角度捕捉。在捕捉类型和样式一栏选“等轴测捕捉”就打开了轴测网格，这时可按 F5 切换轴测坐标平面。

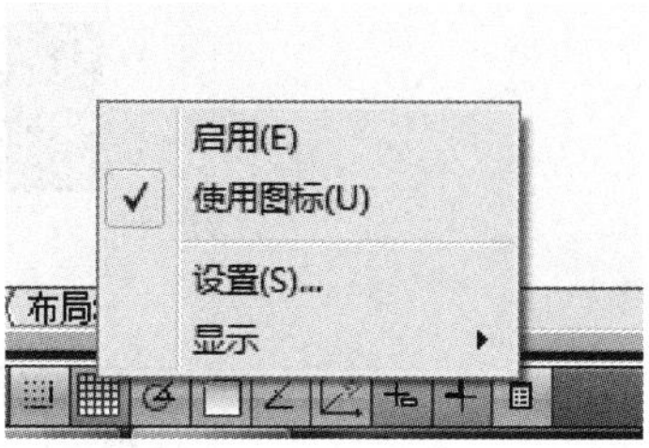

图 4-91　设置

按上排“动态输入选项卡”，可看见图 4-93 对话框，勾选“启动指针输入”，再按确定退出后，每输一个绘图命令，就会在屏幕上动态地看见有关关键点的坐标；如果勾选“可能时启动标注输入”，在鼠标在屏幕上移动或点击一些角点(例如：矩形顶点、圆心点等)时，屏幕上就会显示尺寸的标注。

在图 4-92 中按“选项(T)…”时，出现系统总设置对话框，在其中选“显示”选项卡，出现图 4-94“系统总设置”对话框。如果将“显示屏幕菜单(U)”打钩，就会在屏幕上显示屏幕菜单。

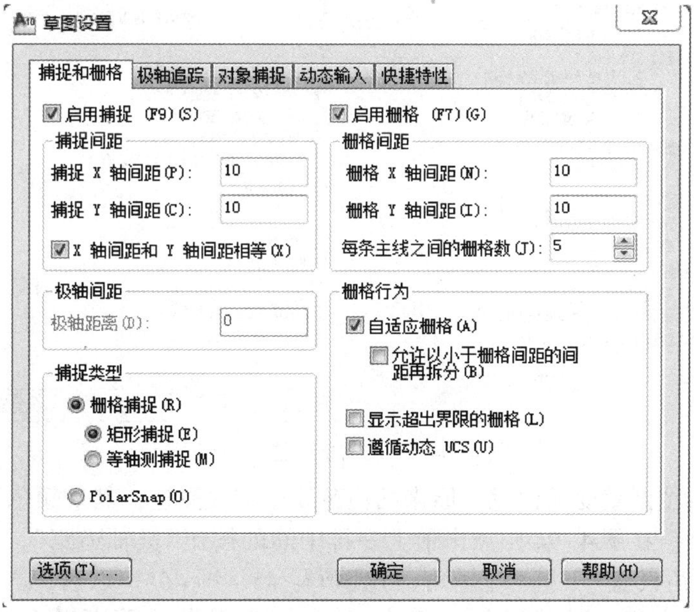

图 4-92　“草图设置”对话框“捕捉、栅格”设置选项卡

在选项对话框“窗口元素”里点“颜色(C)”出现如图 4-95 所示对话框，在这个对话框中可改变显示屏幕的颜色。例如，在“窗口元素”中选“模型空间背景”，在“颜色(C)”旁的框

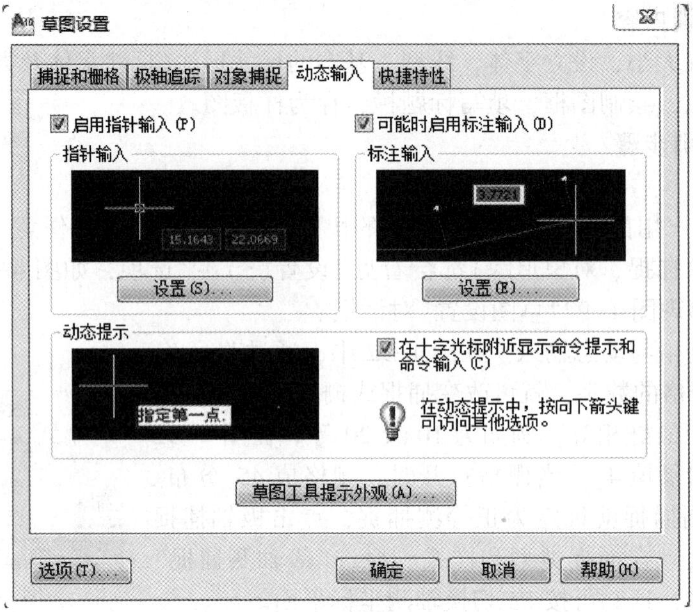

图 4-93 “草图设置”对话框“动态输入”设置选项卡

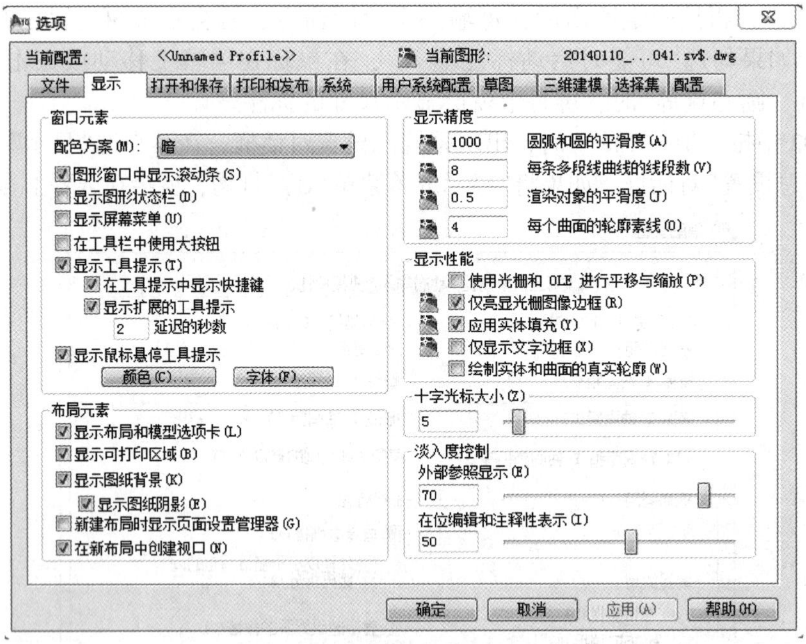

图 4-94 “系统总设置”对话框

中选白色，屏幕绘图区就变成白色，原来的白色线条变成黑色，其余颜色不变。

（3）角度捕捉。在图 4-94 中点击最上一排中间的按钮“极轴追踪”，就出现图 4-96 的对话框。在“极轴角设置”下的“增量角(I)处填写 45，即 45°。以后，当打开角度捕捉时，当鼠标移到与前一点组成的线段与 X 正向成 45° 的整数倍数附近时，就会自动捕捉这个方向。

（4）对象捕捉。在对象捕捉对话框中(图 4-97)，打钩的是已设定的捕捉。通常打开捕捉端点、中点(线段中点)、交点、圆心等。

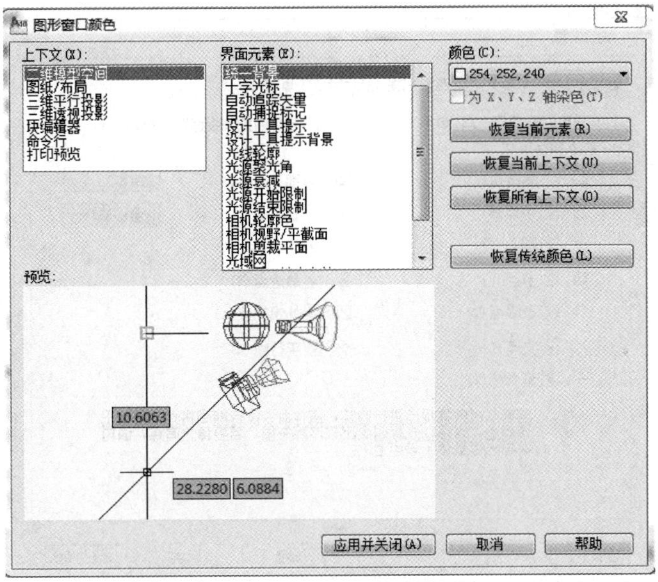

图 4-95　改变显示屏幕的颜色

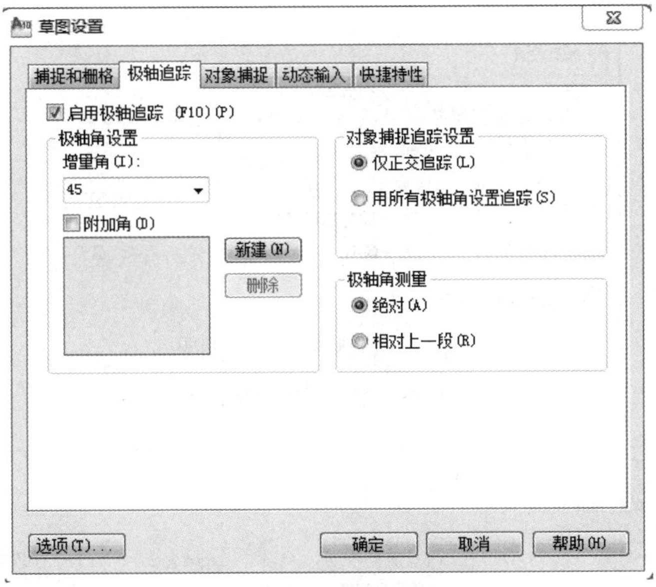

图 4-96　角度捕捉设置对话框

（5）线宽显示开关。Auto CAD2010 可设定每一种线型的宽度，最好在每一层设一种宽度。这时，按右下方按纽，“线宽”可开关线宽显示。当线宽开时，可在屏幕上看见各线型不同的宽度。注意在设立线宽时，多段线自身的线宽应设为 0。图 4-98 为在右键打开“线宽”按钮的对话框。这个对话框设定默认线宽，图中为 0. 25mm，调节显示比例，移动这个比例杆，可改变显示的线的粗细。但改变显示的线的粗细不影响打印出图的线型粗细，打印的粗细是由线型的线宽数字设定确定的。

2. 设置字体　在制图中常常需要几种字体，例如：书写标题拦用仿宋体，尺寸数字用 Isocp 字体，在文字说明中的英文用 Times New Roman 斜体等。因此，需首先设定文字样式。

在下拉菜单“格式”中，按“文字样式”跳出文字样式对话框图 4-99，可在框中设定字体。

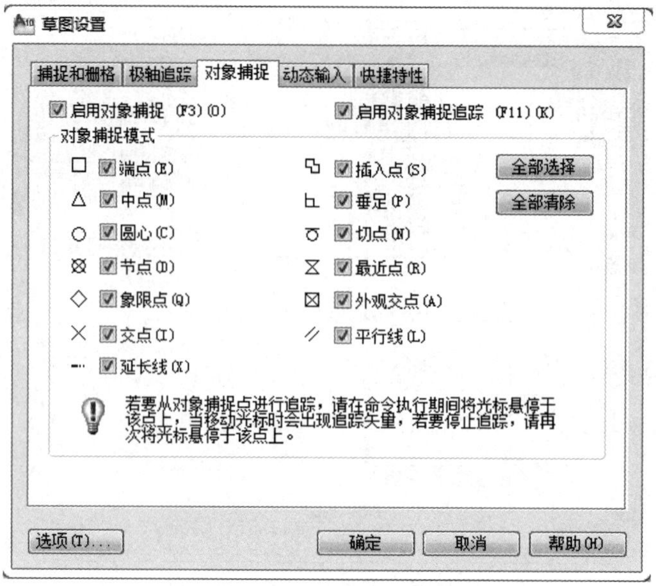

图 4-97 “对象捕捉”对话框

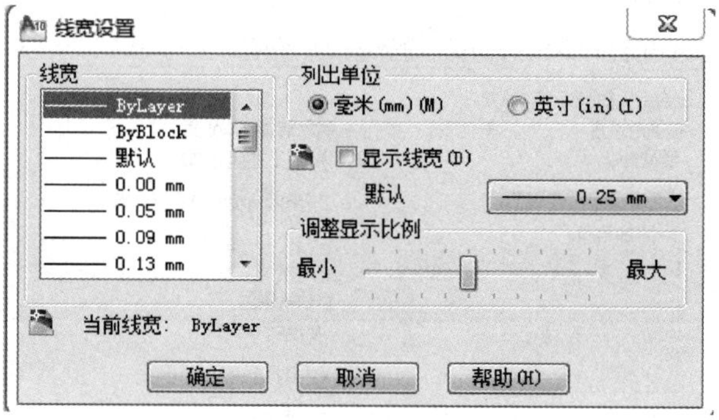

图 4-98 显示线宽比例设置

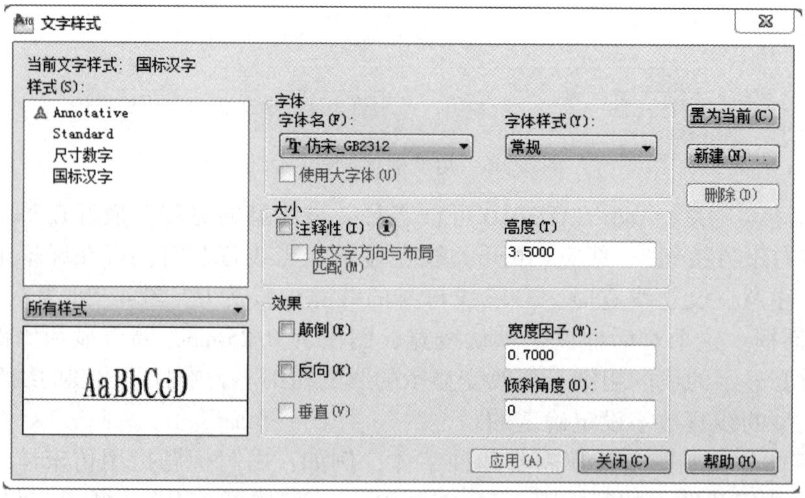

图 4-99 设定字体

例：格式/文本样式/新建/取名：“仿宋”/在“字体名”栏目内找：仿宋/；新建/ 取名：Roman/，在“字体名”栏目内找：Times New Roman/，在“字体样式”中找：Italic/；新建/ 取名：Isocp/，在“字体名”栏目内找：isocp. shx/，在“倾斜角度”中填：15(字体倾斜 15°)/；“应用”/“关闭”/

还可用此方法设立其他常用的字体。

3. 修改尺寸标注样式　为了使尺寸标注符合国家标准，必须首先初步设置尺寸标注样式，使字体、箭头和标注方向等符合国家标准。按下拉菜单的格式，再选标注样式得到图 4-100标注样式管理器。选修改，出现图 4-101。选文字，在文字样式中选 Isocp 样式，即可得到国标机械制图的数字样式。在文字对齐一拦，选 ISO 标准，再选择如图 4-102 所示修改单位和如图 4-103 所示修改标注样式调整(选文字)就设定为国标的标注样式。

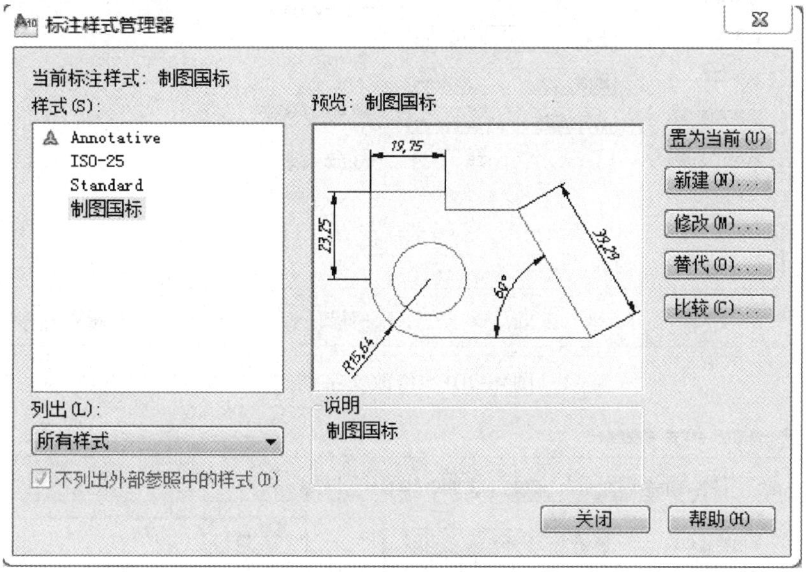

图 4-100　标注样式管理器

4. 层设置　Auto CAD 的图形可画在不同的层上。一个层好象一张透明纸，可在某一层上设定一种线型或一类图形。例如将中心线画在一层，粗实线画在一层，虚线画在一层，以便管理。

(1) 层设置对话框。按 格式/层/ 或击“对象特性工具条”中的：弹出层设置对话框(图 4-104)。

在状态或名称栏下的层中按右键，拉出下拉菜单(图 4-105)，选 5 次“新建图层”设立 5 个新层，或按 5 次顶上一排中间的“新建图层”图标 ，也有同样的效果。

如图 4-106 所示，鼠标左键“名称”下的某一行，就可修改这一行，在“名称”栏目内将名字修改为 center(画细单点长画线层)、HIDEN2(画细虚线层)、dim(标注尺寸层)、section(画剖面线)、thin(画细实线层)等。

(2) 修改颜色。在图 4-106 中点击“颜色”下面的小方块，出现颜色对话框图 4-107，点击要选的颜色。优先选用“红色”、“黄色”、“绿色”、“青色”、“蓝色”、“洋红”、“白”的颜色，然后按“确定”。

(3) 修改线型。第一次选线型时，需先调出线型表。在图 4-106 中，按“线型”下面的

图 4-101 修改文字样式

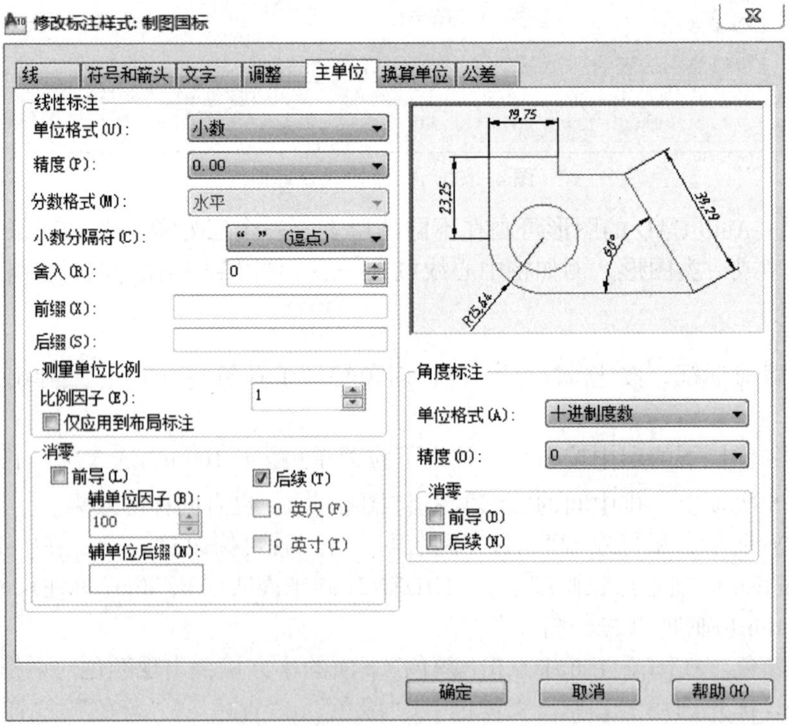

图 4-102 修改单位

图 4-103　修改标注样式调整

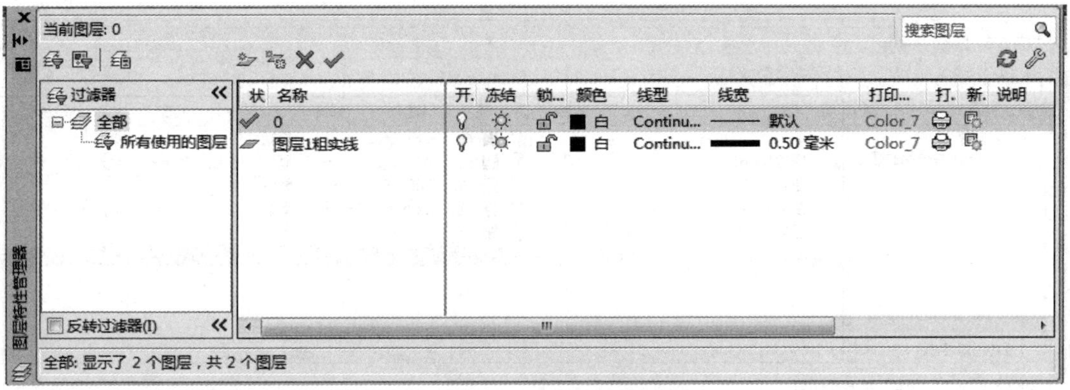

图 4-104　层设置对话框

文字，出现图 4-108 线型选择对话框。选“加载”出现图 4-109 线型表。

选 ACAD_ ISOOW4100/“确定”/，再选“加载”/Hidden2/“确定”/。

将中心线(画细单点长画线)和细虚线调入了线型选择对话框。这时，选中一种线型按“确定”，就把该线型赋给“线型”下选中的层。如果不赋线型，就是缺省线型实线(continue)。

(4) 修改线宽。点击“线宽”以下的任何一拦可见线宽表。在线宽表选线宽，最好设置 0 层为粗线，0. 5mm 宽，细线 0. 25mm 宽(默认值)。图 4-110 为线宽表(按屏幕右下角的“线宽”可开关线宽)。

注意，在设立了层的线宽后，在绘制具有可修改宽度的线(如：多段线 polyline)时，不要再定义线宽，否则，显示多段线的线宽而不是层的线宽。

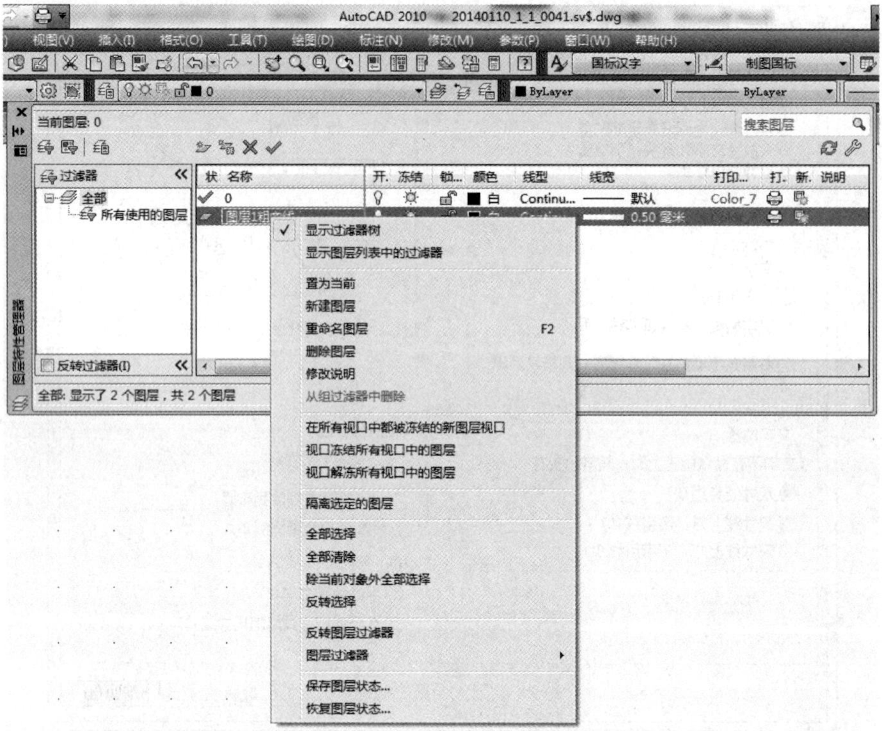

图 4-105　设置新建图层对话框

图 4-106　修改新建图层对话框

(5) 定义当前层。定义了层之后，就可以在对象特性工具条中的第三栏设立任意的当前层了(图 4-111)。按在对象特性工具条的“当前层名”栏的右边的拖把，拖出全部层，在其中点希望定义为当前层的层名，这个层名就自动移到对象特性工具条中。当前层即当前绘图的层，在没有选定另一图层之前，全部绘图画在这个当前层上。

在图 4-111 中，每一层信息中的前四个图标是各项开关，它们的意义为：

层可见开关——关闭时，该层不可见，但在选择全部时，仍能选中和修改；

层冻结开关——关闭时，该层不可见，在选择全部时，也不能选中和修改；

层上锁开关——关闭时，该层可见，但不能选择，也不能修改。

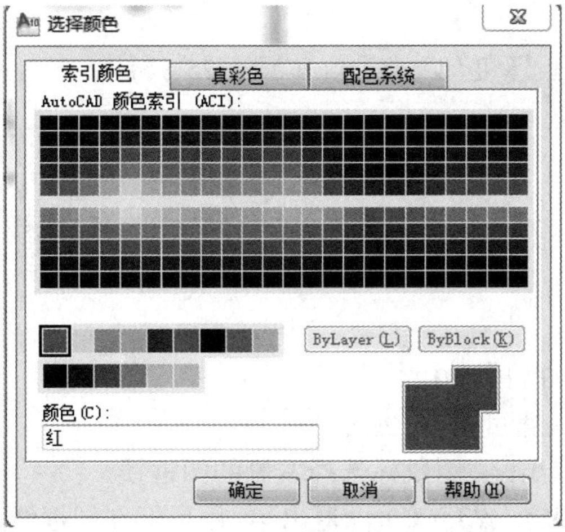

图 4-107　设置颜色对话框

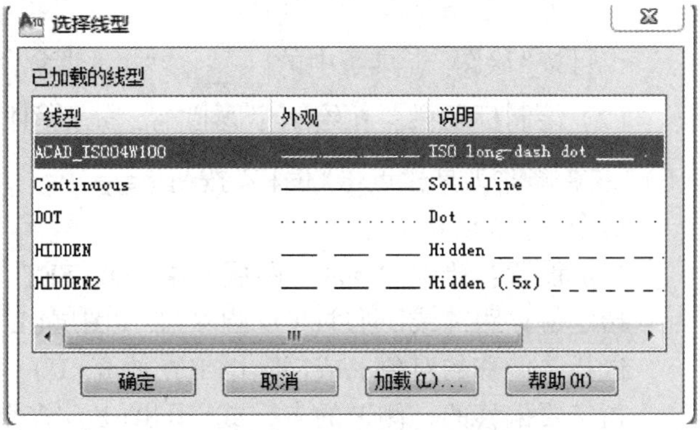

图 4-108　线型选择对话框

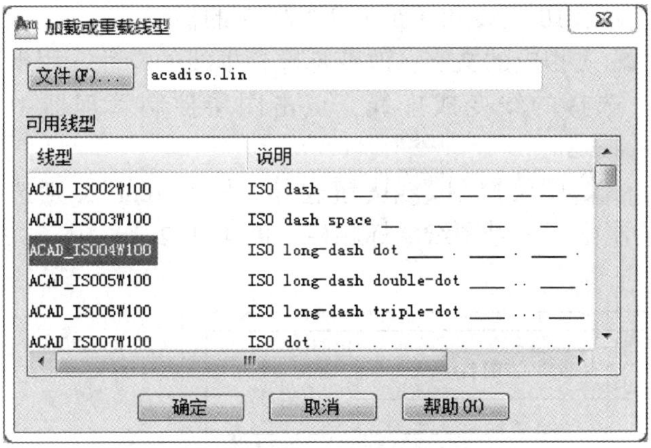

图 4-109　线型表

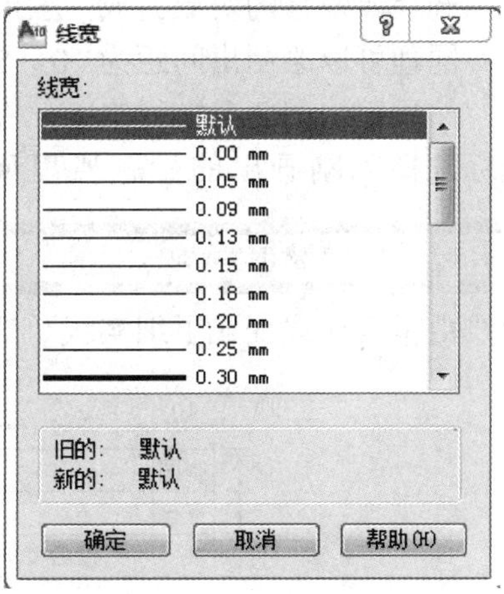

图 4-110　线宽表

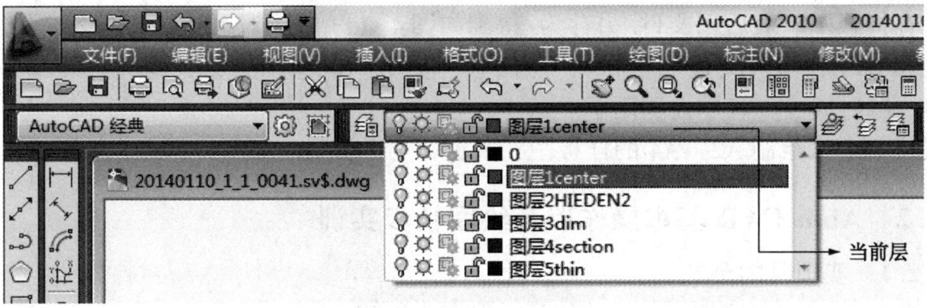

图 4-111　设立当前层

层打印开关——关闭时，该层不可打印。

5. 设立样板图　绘制图框和标题栏。

(1) 绘制图框。绘制图纸边：选 Dim 层，绘图/矩形/。

指定第一个角点或[倒角(C)/标高(E)/圆角(F)/厚度(T)/宽度(W)]：0，0↙

指定另一个角点或[尺寸(D)]：420，297↙

绘制图框：选 0 层，绘图/矩形/

指定第一个角点或[倒角(C)/标高(E)/圆角(F)/厚度(T)/宽度(W)]：25，5↙

指定另一个角点或[尺寸(D)]：390，287↙

也可按“绘图”工具条中的□选“矩形”命令。

(2) 绘制标题栏。在绘制标题栏前，先把图框线分解。在下拉菜单“修改”中选取“偏移(S)”或在修改工具栏点击“偏移”按钮；

命令：_ offset

当前设置：删除源=否　图层=源　OFFSETGAPTYPE=0

指定偏移距离或[通过(T)/删除(E)/图层(L)]<通过>：　20↙

选择要偏移的对象，或[退出(E)/放弃(U)]<退出>：用鼠标选择右侧的图框线

指定要偏移的一侧上的点，或[退出(E)/多个(M)/放弃(U)]<退出>：用鼠标在图框线的左侧点击，画出了距离右侧的图框线 20 的直线

选择要偏移的对象，或[退出(E)/放弃(U)]<退出>：↙

同理可以绘制出间距为 10、50、25、25、10 竖线和间距为 7、7、7 的横线。

然后用修剪命令进行修剪，在标题栏输入相应的文字；改变标题栏框线的特性。用十字光标选择刚刚画出的标题栏里面的线，选择的线变成虚线，点击图层控制管理器中的

图层控制按钮选择“图层 3dim”，则选择的线由粗实线线变成了细实线。这样就绘制出了 3 号图纸的标题栏，图 4-112。

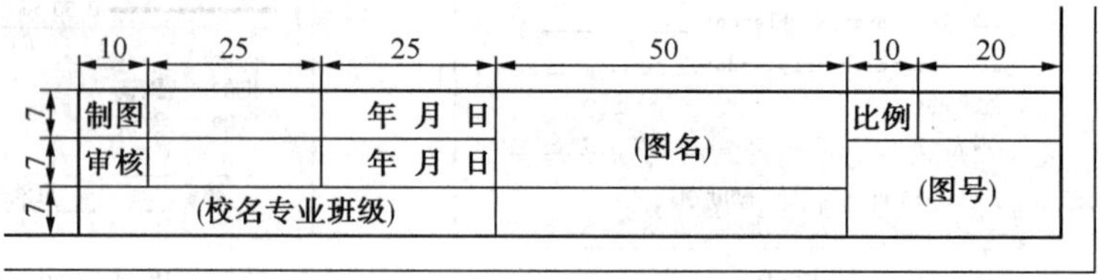

图 4-112　图纸的标题栏

(3) 存样板图。最后用文件/另存为/得到如图 4-113 所示对话框，在存入文件类型中选文件扩展名 .dwt，填入文件名“A3”，然后按“保存”和“确定”钮，就将图形存入了样板图 4-114，以后就可当着样板调用了。

用同样的方法绘制 A2、A4 的样板图，并保存为“A2. dwt”、“A4. dwt”。

4. 2. 2　Auto CAD 基本操作以及绘图初步实训

4. 2. 2. 1　实训目的

(1) 掌握 Auto CAD 2010 文件的打开、保存、新建；

(2) 掌握 Auto CAD 2010 的启动、退出；

(3) 熟悉 Auto CAD 2010 工作界面；

(4) 掌握定制绘图环境的方法；

(5) 掌握点坐标的输入方法；

(6) 掌握常见的二维绘图命令；

(7) 会设置图形界限、单位；绘制直线、圆弧、圆。

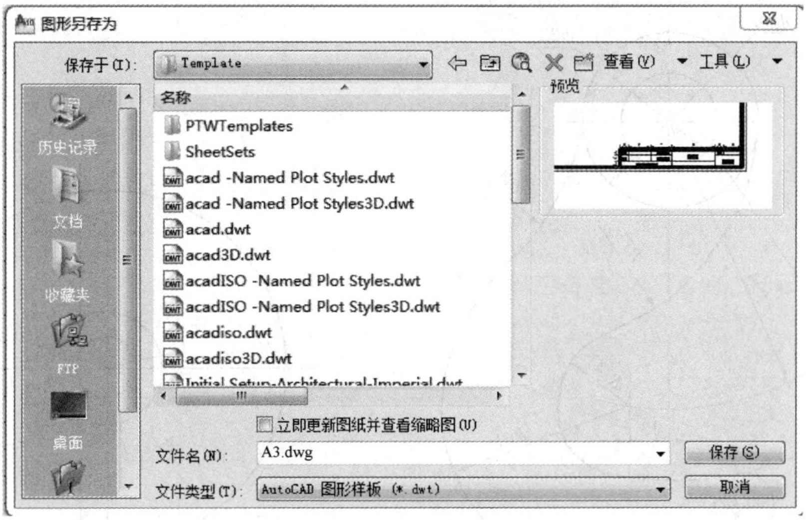

图 4-113　保存样板图

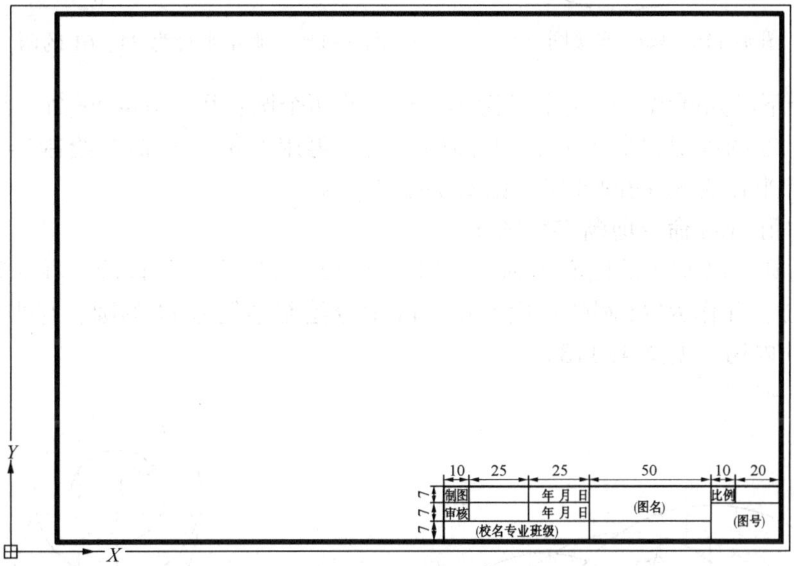

图 4-114　样板图

4.2.2.2　**实训内容**

绘制圆弧连接图，见图 4-115。

4.2.2.3　**实训步骤**

1. 调用样板图　在打开新图时，在“文件类型(T)”中选择：“图形样板(* dwt)”，在“选择样板”选 A3，将样板调出来，见图 4-114。

2. 绘制中心线　打开 center 层。绘制所有中心线，使用命令：Line，circle，offset，break，先绘制圆(直径为 32 与 58)的两条中心线，再用 offset 命令绘制与竖直对称中心线向右相距 13 的线段；再绘制直径为：32、58 的两个圆。

3. 确定辅助绘图点　绘制 *R*94 的圆，与竖直对称中心线向右相距 13 的线段相交于 A 点，确定半径为 24、61 的两个圆弧的中心点为 *A*，见图 4-116。

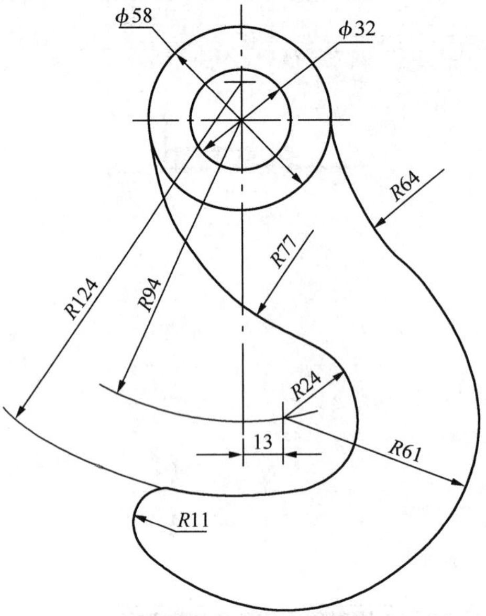

图 4-115　圆弧连接图

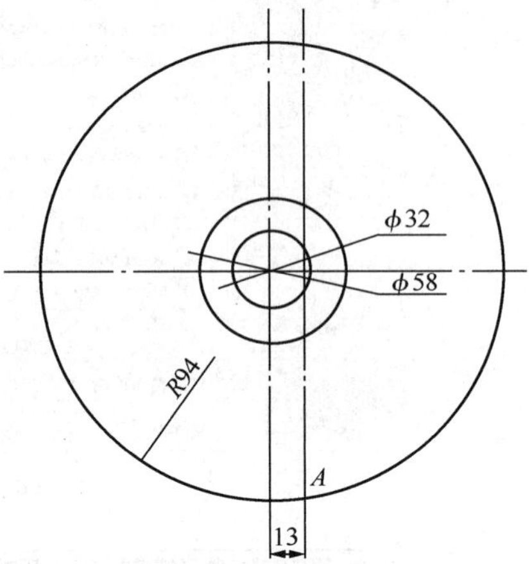

图 4-116　确定半径为 24、61 的两个圆弧的中心点 A

4. 绘制余下已知圆弧　绘制半径为 24 与 61 的两个圆；用 Circle/ttr 命令绘制半径为 77 的圆与直径为 58 圆内切和半径为 24 的圆内外切；再用 Circle/ttr 命令绘制半径为 64 的圆，与直径为 58 和半径为 61 的圆外切，见图 4-117。

5. 修剪　用 Trim 命令剪断多余圆弧。

6. 做辅助圆　以 *R*24 的圆心为圆心，以 100(124-24)为半径作圆，在对称中心线上找到 *R*124 的圆心，并作 *R*124 圆弧；用 Circle/ttr 命令绘制半径为 11 的圆，与半径为 124 和半径为 61 的圆外内切，见图 4-118。

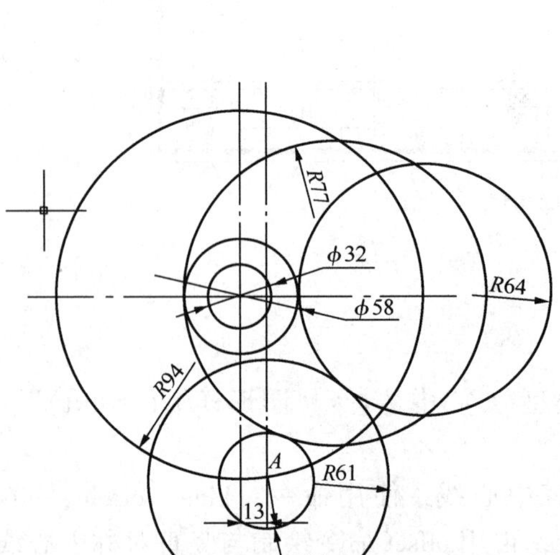

图 4-117　过点 A 半径为 24、61 的两个圆及半径为 77、64 的切圆

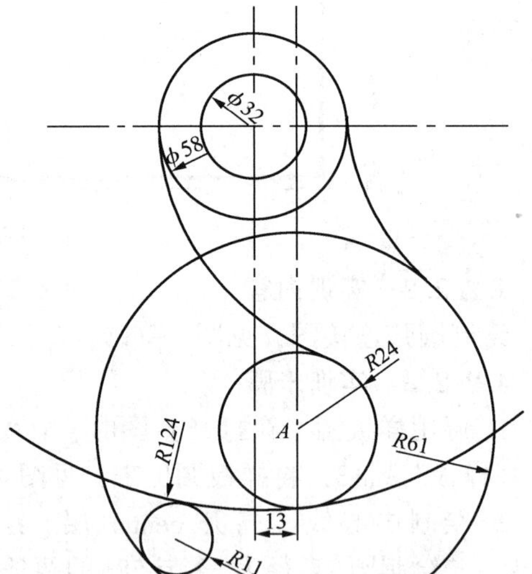

图 4-118　绘制半径为 11 的圆，与半径为 124 和半径为 61 的圆外内切

7. 修剪　用 Trim 和 break 修剪去多余线段；

8. 标注　用 DIM 类命令 liner，Radius and Diameter(线性，半径和直径)标注尺寸。用 move 命令将图形移到最合适的位置，见图 4-119。

9. 保存　取名(学号，中文姓名和图号)存盘。

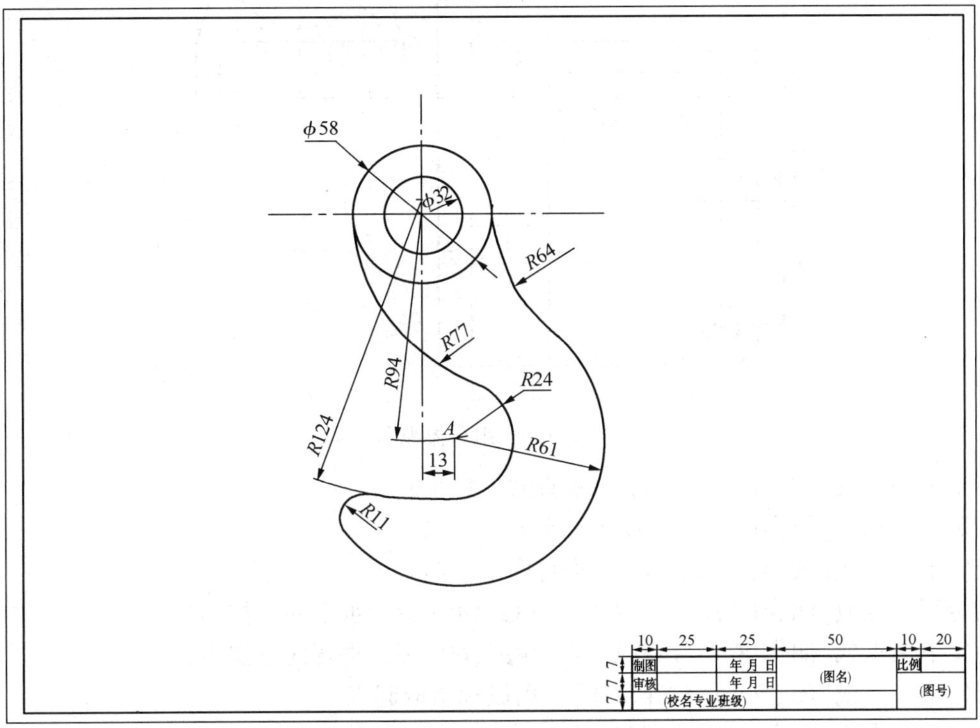

图 4-119　绘制圆弧连接图

4.2.3　绘制组合体视图实训

4.2.3.1　实训目的

(1) 掌握组合体视图的绘图与尺寸标注；

(2) 理解组合体三视图的位置、投影关系。

4.2.3.2　实训内容

绘制如图 4-120 所示组合体视图。

4.2.3.3　实训步骤

1. 基本设置　同前。

2. 调用样板图　在打开新图时，在“文件类型(T)”中选择：“图形样板(＊dwt)”，在“选择样板”选 A3，调用样板，见图 4-114。

3. 绘制主视图　将图层选择为图层 6solid 的轮廓线，打开格式下拉菜单选择标注样式，打开“标注样式管理器”对话框，点击“修改”按钮，选择“主单位”选项卡，将比例因子设置为 10，及按 1∶10 画图。

(1) 绘制主视图的轮廓线：

命令：_ line 指定第一点：用鼠标在图纸中合适的位置拾取一点(水平向右拉出)

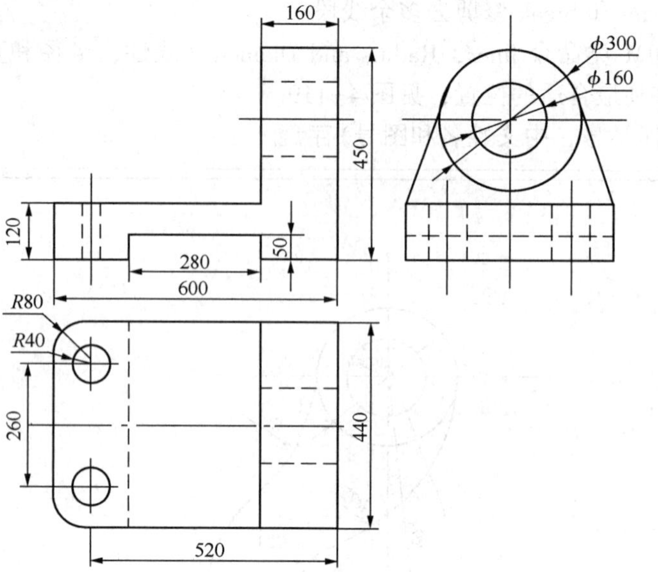

图 4-120　组合体视图

指定下一点或[放弃(U)]：60↙(垂直向上拉出)

指定下一点或[放弃(U)]：45↙(水平向左拉出)

指定下一点或[放弃(U)]：16↙(垂直向下拉出)

指定下一点或[闭合(C)/放弃(U)]：33↙(45-12，水平向左拉出)

指定下一点或[闭合(C)/放弃(U)]：44↙(60-16，垂直向下拉出)

指定下一点或[闭合(C)/放弃(U)]：用鼠标拾取起点

指定下一点或[闭合(C)/放弃(U)]：↙

效果如图 4-121(a)所示。

(2) 画主视图上部圆筒的轮廓线：

命令：_ offset

当前设置：删除源=否　图层=源　OFFSETGAPTYPE=0

指定偏移距离或[通过(T)/删除(E)/图层(L)]<8.0000>：15↙

选择要偏移的对象，或[退出(E)/放弃(U)]<退出>：用鼠标拾取起上部的水平线(16)上一点

指定要偏移的那一侧上的点，或[退出(E)/多个(M)/放弃(U)]<退出>：用鼠标拾取起上部的水平线(16)下方一点(画出的是中心线)，↙

选择要偏移的对象，或[退出(E)/放弃(U)]<退出>：OFFSET

当前设置：删除源=否　图层=源　OFFSETGAPTYPE=0

指定偏移距离或[通过(T)/删除(E)/图层(L)]<15.0000>：8↙

选择要偏移的对象，或[退出(E)/放弃(U)]<退出>：用鼠标拾取起中心线上一点

选择要偏移的对象，或[退出(E)/放弃(U)]<退出>：用鼠标拾取起中心线上方一点

选择要偏移的对象，或[退出(E)/放弃(U)]<退出>：用鼠标拾取起中心线上一点

选择要偏移的对象，或[退出(E)/放弃(U)]<退出>：用鼠标拾取起中心线下方一点

命令：*取消*

用夹点拉伸中心线，然后改图层为中心线；将圆筒的内轮廓线改为虚线。

效果如图 4-121(b)所示。

(3) 画主视图下部槽的轮廓线：

命令：_ line 指定第一点：用鼠标拾取起 60 线的中心点(垂直向上拉起)

指定下一点或[放弃(U)]：5↙

将此线向两侧偏移 14。

命令：_ offset

当前设置：删除源=否　图层=源　OFFSETGAPTYPE=0

指定偏移距离或[通过(T)/删除(E)/图层(L)]<8.0000>：14↙

选择要偏移的对象，或[退出(E)/放弃(U)]<退出>：用鼠标拾取起 5 线上的一点

指定要偏移的那一侧上的点，或[退出(E)/多个(M)/放弃(U)]<退出>：用鼠标拾取起 5 线右侧一点

选择要偏移的对象，或[退出(E)/放弃(U)]<退出>：用鼠标拾取起 5 线上的一点

指定要偏移的那一侧上的点，或[退出(E)/多个(M)/放弃(U)]<退出>：用鼠标拾取起 5 线左侧一点

选择要偏移的对象，或[退出(E)/放弃(U)]<退出>：

将 60 线的中心垂直向上的 5 线删除：

命令：_ erase

选择对象：指定对角点：(用鼠标拾取 60 线的中心垂直向上的 5 线)找到 1 个

选择对象：↙

将深 5 的槽下面的 28 线的线剪掉：

命令：_ trim

当前设置：投影=UCS，边=无

选择剪切边...(用鼠标拾取 60 线的中心点两侧垂直向上的两个 5 线)找到 1 个

选择对象或<全部选择>：　指定对角点：找到 2 个

选择对象：↙

选择要修剪的对象，或按住 Shift 键选择要延伸的对象，或

[栏选(F)/窗交(C)/投影(P)/边(E)/删除(R)/放弃(U)]：用鼠标单击深 5 的槽下面的 28 线

效果如图 4-121(c)所示。

(4) 画主视图左部的两个孔：

将主视图右边 45 线偏移 52，确定孔的中心线，然后利用夹点，调整长短，改线型为中心线：

命令：_ offset

当前设置：删除源=否　图层=源　OFFSETGAPTYPE=0

指定偏移距离或[通过(T)/删除(E)/图层(L)]<14.0000>：52↙

选择要偏移的对象，或[退出(E)/放弃(U)]<退出>：用鼠标拾取的 45 线上一点

指定要偏移的那一侧上的点，或[退出(E)/多个(M)/放弃(U)]<退出>：用鼠标在 45 线左边拾取一点

用夹点，调整长短，改线型为中心线。画孔的虚线：

命令：_ offset

当前设置：删除源=否　图层=源　OFFSETGAPTYPE=0

指定偏移距离或[通过(T)/删除(E)/图层(L)]<52.0000>：2↙

选择要偏移的对象，或[退出(E)/放弃(U)]<退出>：用鼠标在孔中心线上拾取一点

指定要偏移的那一侧上的点，或[退出(E)/多个(M)/放弃(U)]<退出>：用鼠标在孔中心线右边拾取一点

选择要偏移的对象，或[退出(E)/放弃(U)]<退出>：用鼠标在孔中心线上拾取一点

指定要偏移的那一侧上的点，或[退出(E)/多个(M)/放弃(U)]<退出>：用鼠标在孔中心线左边拾取一点

然后修剪，将两个孔的边线改变图层为虚线。效果如图 4-121(d)所示。

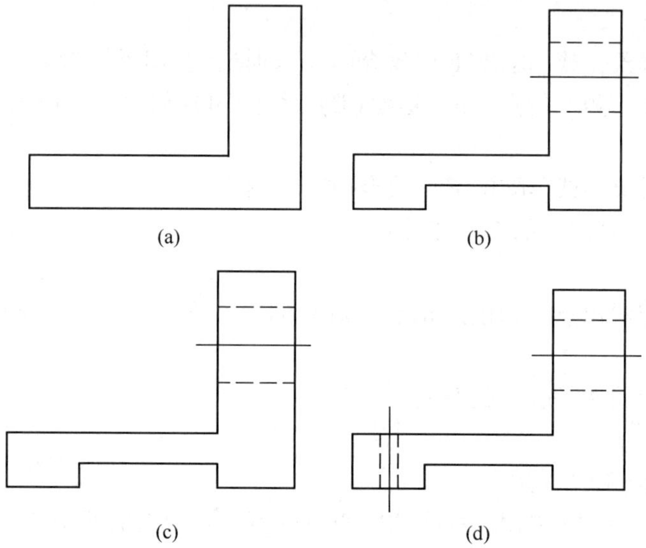

图 4-121　主视图绘制过程

4. 绘制俯视图　将图层选择为图层 6solid 的轮廓线。

(1) 绘制俯视图的轮廓线：

命令：_ line 指定第一点：用鼠标在主视图左边端点下面任取一点(鼠标向右水平拉出)

指定下一点或[放弃(U)]：60↙(鼠标向右水平拉出)

指定下一点或[放弃(U)]：44↙(鼠标向下垂直拉出)

指定下一点或[闭合(C)/放弃(U)]：60↙(鼠标向左水平拉出)

指定下一点或[闭合(C)/放弃(U)]：c↙

将绘制的矩形左边的两个直角倒圆角，*R* 为 8。

命令：_ fillet

当前设置：模式=修剪，半径=0.0000

选择第一个对象或[放弃(U)/多段线(P)/半径(R)/修剪(T)/多个(M)]：r↙

指定圆角半径<0.0000>：8↙

选择第一个对象或[放弃(U)/多段线(P)/半径(R)/修剪(T)/多个(M)]：用鼠标选择要倒角的一个直角边

选择第二个对象，或按住 Shift 键选择要应用角点的对象：用鼠标选择要倒角的另一个直角边↙

命令：FILLET

当前设置：模式=修剪，半径=8.0000

选择第一个对象或[放弃(U)/多段线(P)/半径(R)/修剪(T)/多个(M)]：用鼠标选择要倒角的一个直角边

选择第一个对象或[放弃(U)/多段线(P)/半径(R)/修剪(T)/多个(M)]：选择第二个对象，或按住 Shift 键选择要应用角点的对象：用鼠标选择要倒角的另一个直角边↙

效果如图 4-122(a)所示。

(2) 绘制俯视图的水平中心线和槽的虚线：

命令：_ line 指定第一点：用鼠标选择一条垂直边的中点

指定下一点或[放弃(U)]：用鼠标选择另一条垂直边的中点

用夹点调整绘制的中心线长度，改变图层为中心线层。

命令：_ line 指定第一点：用鼠标选择主视图槽左边端点

指定下一点或[放弃(U)]：用鼠标选择俯视图下边的垂足点↙

指定下一点或[放弃(U)]：用鼠标选择主视图槽右边端点

命令：_ line 指定第一点：用鼠标选择俯视图下边的垂足点↙

用夹点调整绘制的俯视图槽线的长度，改变图层为虚线层，效果如图 4-122(b)所示。

(3) 绘制俯视图的两个孔及中心线：

命令：_ circle

指定圆的圆心或[三点(3P)/两点(2P)/切点、切点、半径(T)]：用鼠标选择倒角圆的圆心

指定圆的半径或[直径(D)]<4.0000>：4↙

绘制孔的中心线：

命令：_ line 指定第一点：用鼠标选择圆孔的上象限点

指定下一点或[放弃(U)]：用鼠标选择圆孔的下象限点

指定下一点或[放弃(U)]：↙

命令：_ line 指定第一点：用鼠标选择圆孔的左象限点

指定下一点或[放弃(U)]：用鼠标选择圆孔的右象限点

用夹点调整绘制的孔十字中心线的长度，改变图层为中心线层。复制孔及中心线到另一个孔的圆心。

命令：_ copy

选择对象：指定对角点：(用鼠标选择圆孔及十字中心线)找到 3 个

选择对象：↙

当前设置：复制模式=多个

指定基点或[位移(D)/模式(O)]<位移>：指定第二个点或<使用第一个点作为位移>：用鼠标选择十字中心线的中心复制到另一个孔的圆心

效果如图 4-122(c)所示。

(4) 绘制俯视图的圆筒及筋板的投影线：

绘制筋板的投影线：

命令：_ line 指定第一点：用鼠标选择槽左边虚线的顶点

指定下一点或[放弃(U)]：用鼠标选择槽左边虚线的底点

指定下一点或[放弃(U)]：↙

对水平中心线做上下偏移线，距离为 8；

命令：_ offset

当前设置：删除源=否　图层=源　OFFSETGAPTYPE=0

指定偏移距离或[通过(T)/删除(E)/图层(L)]<通过>：8 ↙

选择要偏移的对象，或[退出(E)/放弃(U)]<退出>：用鼠标选择水平中心线上一点

指定要偏移的那一侧上的点，或[退出(E)/多个(M)/放弃(U)]<退出>：用鼠标选择水平中心线上面的一点

选择要偏移的对象，或[退出(E)/放弃(U)]<退出>：用鼠标选择水平中心线上一点

指定要偏移的那一侧上的点，或[退出(E)/多个(M)/放弃(U)]<退出>：用鼠标选择水平中心线下面的一点

用夹点调整绘制的偏移线的长度，改变图层为虚线层。

效果如图 4-122(d)所示。

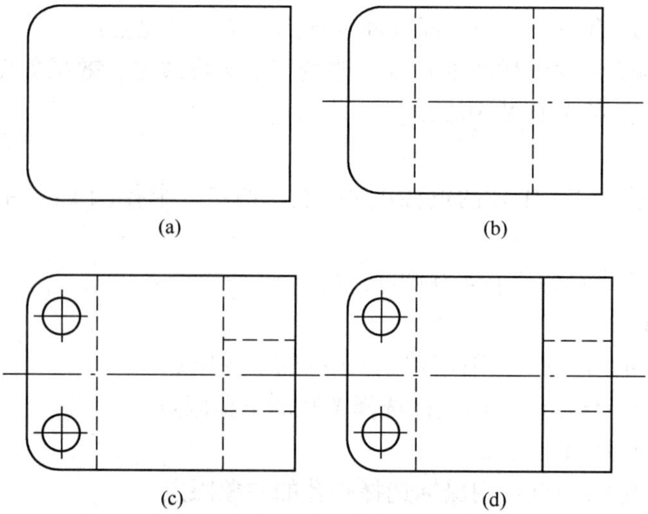

图 4-122　俯视图绘制过程

5. 绘制左视图　将图层选择为图层 6solid 的轮廓线。

(1) 绘制左视图的轮廓线：

命令：_ line 指定第一点：用鼠标在主视图右侧下端点右边水平选择一点

指定下一点或[放弃(U)]：44↙

指定下一点或[放弃(U)]：12↙

指定下一点或[闭合(C)/放弃(U)]：44↙

指定下一点或[闭合(C)/放弃(U)]：c↙

绘制左视图的中心线：

命令：_ line 指定第一点：用鼠标在左视图底边选择中点

指定下一点或[放弃(U)]：用鼠标在中点垂直向上方向任选择一点

指定下一点或[放弃(U)]：↙

命令：_ line 指定第一点：用鼠标在主视图圆筒水平中心线右端点右侧选择一点

指定下一点或[放弃(U)]：用鼠标沿着水平方向右侧选择一点

下一点或[放弃(U)]：↙

用十字光标选中十字线，改变图层为中心线层。

(2) 绘制圆筒：

命令：_ circle

指定圆的圆心或[三点(3P)/两点(2P)/切点、切点、半径(T)]：用鼠标选中十字中心线的中心

指定圆的半径或[直径(D)]<4.0000>：15↙

命令：_ circle

指定圆的圆心或[三点(3P)/两点(2P)/切点、切点、半径(T)]：用鼠标选中十字中心线的中心

指定圆的半径或[直径(D)]<4.0000>：8↙

(3) 绘制筋板：

命令：_ line 指定第一点：用鼠标选择左视图底板的左上端点

指定下一点或[放弃(U)]：用鼠标选择左视图 ϕ30 圆上左边的切点

指定下一点或[放弃(U)]：↙

命令：_ line 指定第一点：用鼠标选择左视图底板的右上端点

指定下一点或[放弃(U)]：用鼠标选择左视图 ϕ30 圆上右边的切点

指定下一点或[放弃(U)]：↙

效果如图 4-123(a)所示。

(4) 绘制左视图底板的槽线和孔。

绘制底板的槽线：

命令：_ line 指定第一点：用鼠标捕捉主视图底板槽上端点，选择左视图底板左端边线的交点

指定下一点或[放弃(U)]：用鼠标选择左视图底板右端边线的垂足

指定下一点或[放弃(U)]：↙

用十字光标选中刚刚绘制的槽线，改变图层为虚线层。

绘制左视图底板的孔。将左视图垂直中心线两侧偏移各 13 即为孔的中心线：

命令：_ offset

当前设置：删除源=否　图层=源　OFFSETGAPTYPE=0

指定偏移距离或[通过(T)/删除(E)/图层(L)]<8.0000>：13↙

选择要偏移的对象，或[退出(E)/放弃(U)]<退出>：用鼠标选择左视图垂直中心线上的一点

指定要偏移的那一侧上的点，或[退出(E)/多个(M)/放弃(U)]<退出>：用鼠标选择左视图垂直中心线左边的一点

选择要偏移的对象，或[退出(E)/放弃(U)]<退出>：用鼠标选择左视图垂直中心线上

的一点

指定要偏移的那一侧上的点，或[退出(E)/多个(M)/放弃(U)]<退出>：用鼠标选择左视图垂直中心线右边的一点

将孔的中心线向两侧偏移 4 即为孔的边线；

命令：_ offset

当前设置：删除源=否　图层=源　OFFSETGAPTYPE=0

指定偏移距离或[通过(T)/删除(E)/图层(L)]<13.0000>：4↙

选择要偏移的对象，或[退出(E)/放弃(U)]<退出>：用鼠标选择孔的中心线上的一点

指定要偏移的那一侧上的点，或[退出(E)/多个(M)/放弃(U)]<退出>：用鼠标选择孔的中心线右边的一点

选择要偏移的对象，或[退出(E)/放弃(U)]<退出>：用鼠标选择孔的中心线上的一点

指定要偏移的那一侧上的点，或[退出(E)/多个(M)/放弃(U)]<退出>：用鼠标选择孔的中心线左边的一点

同理，可以做出另一个孔的边线。然后修剪、删除改变线型为虚线，效果如图 4-123(b)所示。

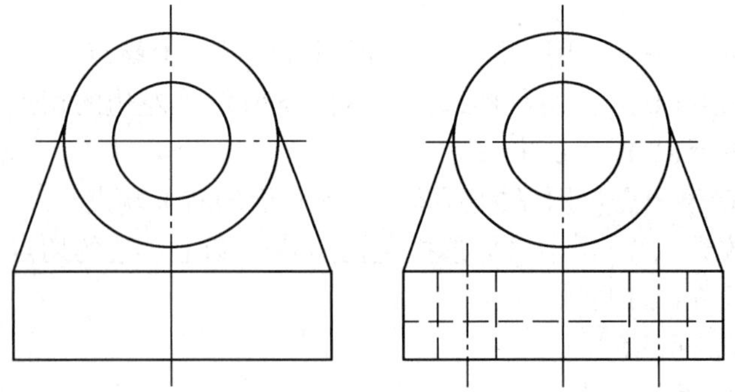

(a)　　(b)

图 4-123　左视图绘制过程

6. 标注　把图层调到图 3dim 层，对绘制好的三视图进行标注。标注完成如图 4-120 所示的组合体视图。

4.2.4　绘制等轴测图样实训

4.2.4.1　实训目的

掌握正等轴测图的绘图与尺寸标注。

4.2.4.2　实训内容

绘制图 4-124 所示形体的正等轴测图。

4.2.4.3　实训步骤

1. 基本设置　同前。作图思路，按照形体分析的方法，先将形体分解为底板、支撑板和两侧的肋板，再依次绘制各部分的形体。

2. 调用样板图　在打开新图时，在“文件类型(T)”中选择：“图形样板(＊dwt)”，在“选择样板”选 A3，将样板调出，见图 4-114。

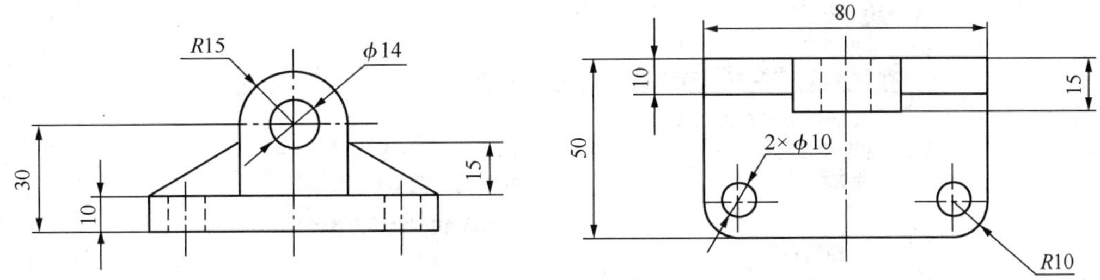

图 4-124　主视图和俯视图

3. 等轴测绘图设置　将栅格和捕捉设置为等轴测捕捉，并将栅格和捕捉间距均设为 10。极轴追踪增量角设置为 30，打开正交模式，见图 4-125、图 4-126。

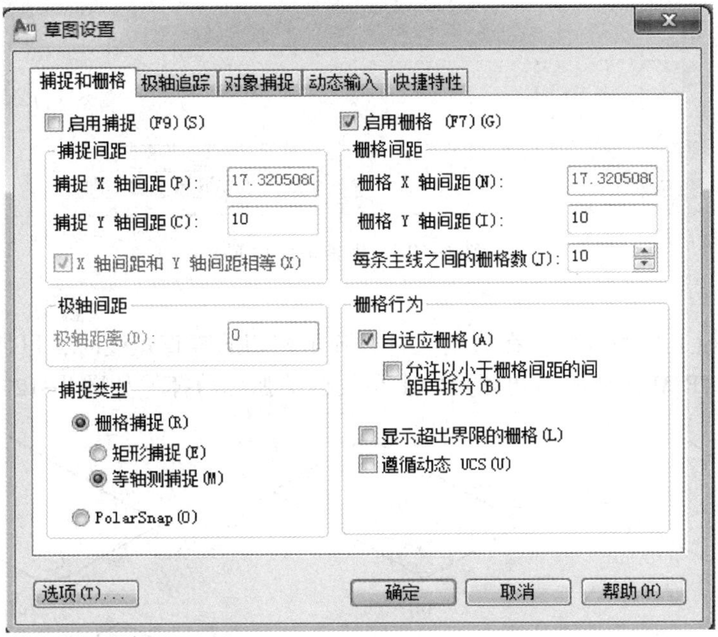

图 4-125　捕捉和栅格设置

4. 绘制底板

(1) 将当前的等轴测平面设置为上面(用 F5 切换为<等轴测平面 俯视>)。

(2) 绘制一个长 80、宽 50 的矩形[图 4-127(a)]。

(3) 将矩形前面的直角倒成 R10 的圆角[图 4-127(b)]。

在此，不能用 FILLET 命令，应该用 ELLIPSE 命令画椭圆。

命令：ELLIPSE

(4) 指定椭圆轴的端点或[圆弧(A)/中心点(C)/等轴测圆(I)]：I↙

(5) 指定等轴测圆的圆心：拾取圆角的圆心位置 A。

(6) 指定等轴测圆的半径或[直径(D)]：10↙

再次用 ELLIPSE 命令绘制另一侧的椭圆。

用 TRIM 命令将多余部分修剪掉。

(7) 用 ELLIPSE 命令绘制底板上直径 10 的圆孔[图 4-127(c)]。

(8) 按 F5 键将当前的等轴测平面设置为左面，用 COPY 命令复制出图 4-123(d)中的直

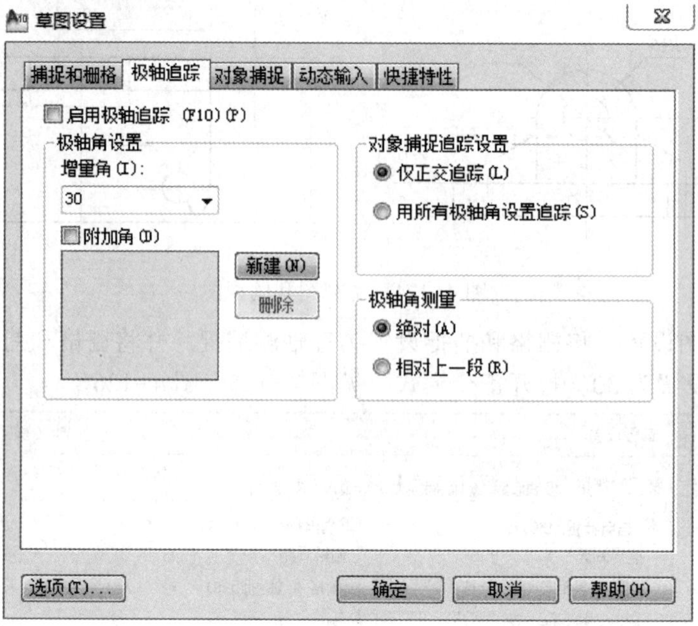

图 4-126 极轴追踪设置

线和弧。

(9) 补全底板上缺的直线。在绘制与右边圆角相切的竖直短线时，可捕捉椭圆弧的象限点作为端点。用 TRIM 命令将右边圆角中多余的椭圆弧修剪掉，如图 4-127(e)所示。

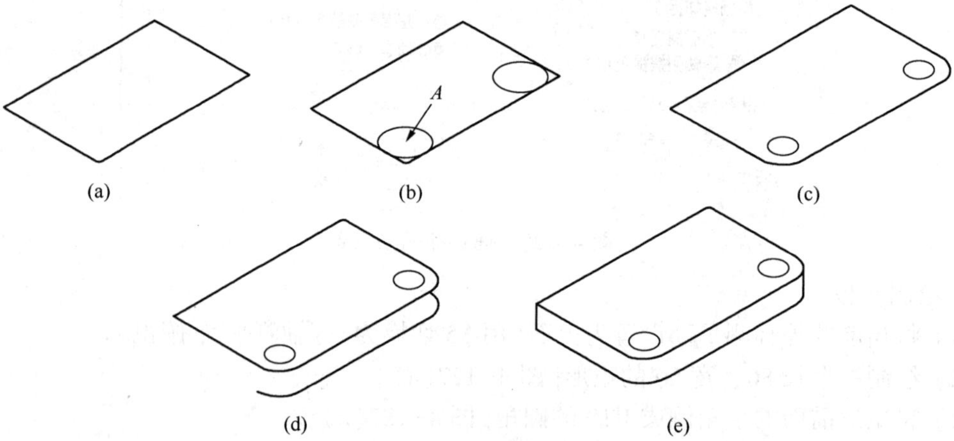

图 4-127 绘制底板

5. 绘制支撑板

(1) 将当前的等轴测平面设置为右面，从底板长边中点向上画一条长度 20 的直线[图 4-128(a)中的直线①]，并用 COPY 命令分别向两侧距离为 15 处复制得到直线②和③。

(2) 在适当的等轴测平面上，补全图 4-128(b)中其余的线。

(3) 将当前的等轴测平面设置为右面，绘制图 4-128(c)中的椭圆。

命令：ELLIPSE

(4) 指定椭圆轴的端点或[圆弧(A)/中心点(C)/等轴测圆(I)]：I↙

(5) 指定等轴测圆的圆心：捕捉圆角的圆心位置 A。

(6) 指定等轴测圆的半径或[直径(D)]：捕捉端点 B。

(7) 画出前面的两个椭圆，并画出圆柱表面的轮廓线[图 4-128(d)]。

(8) 将图中不可见的部分修剪掉，结果如图 4-128(e)所示。

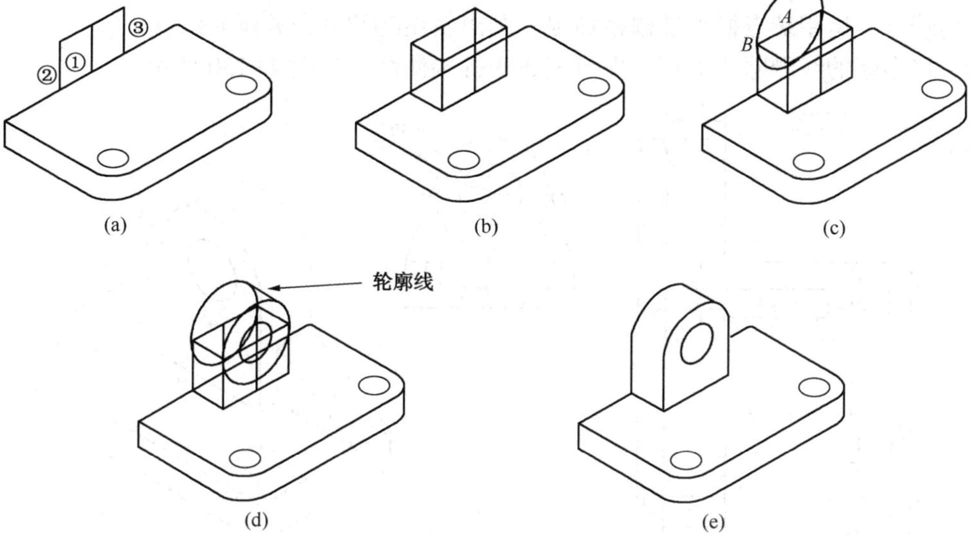

图 4-128　绘制支撑板

6. 绘制肋板　在绘制肋板的斜边时，由于肋板斜边的端点不在栅格捕捉点上，所以要想利用栅格捕捉必须重新设置栅格捕捉间距(在本例中可设为 5)。下面介绍另一种画斜线的方式。

通过【格式】→【点样式】菜单打开【点样式】对话框，从中选择一种较明显的样式，代替默认的圆点样式。

做辅助点 *A*[图 4-129(a)]

命令：MEASURE

(1) 选择要定距等分的对象：选中 *A* 点所在的直线，选取时应接近直线的下端。

(2) 指定线段长度或[块(B)]：15↙

在 A 点处做了一个辅助点。

(3) 打开【草图设置】对话框，在【对象捕捉方式】中选中【节点】。请确认状态栏中的【对象捕捉】按钮处于选中状态。

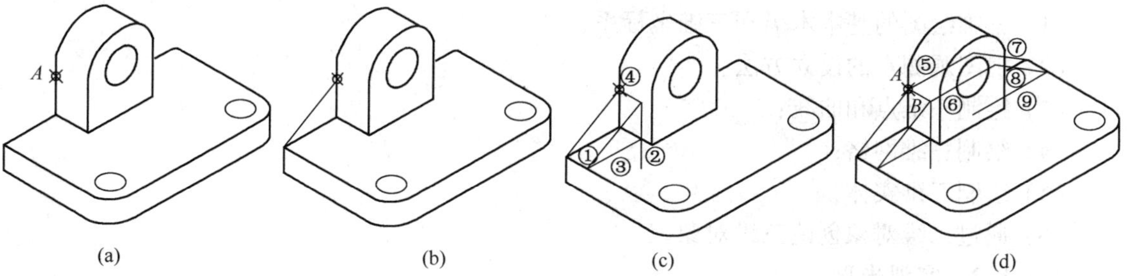

图 4-129　绘制肋板

(4) 用 LINE 命令通过对象捕捉端点和点 *A* 绘制斜线[图 4-129(b)]。

(5) 将当前的等轴测平面设置为左面，用 COPY 命令将刚画好的斜线向前方距离为 10 处复制出直线①[图 4-129(c)]。

(6) 在适当的等轴测平面上，依次画出直线② 、③和④。

(7) 如图 4-129(d)所示，分别从 *A*、*B* 点向右画两条长为 30 的直线⑤和⑥。利用直线⑤和⑥的端点，运用端点捕捉及栅格捕捉，画出斜线⑦和⑧，并画直线⑨。

(8) 将多余的线删除或剪掉，即可完成正等轴测图，如图 4-130 所示。

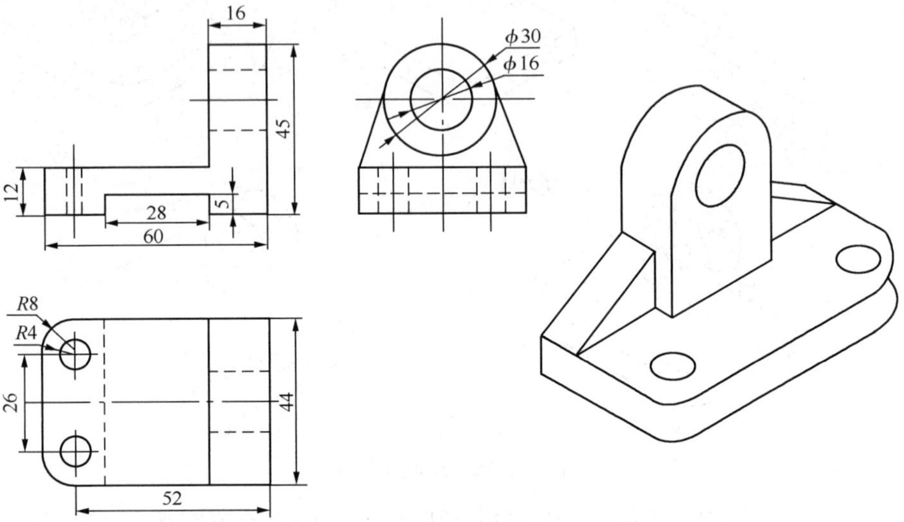

图 4-130　完成的等轴测图

4.3　Auto CAD 三维建模实训

4.3.1　三维建模基本操作实训

4.3.1.1　实训目的

(1) 掌握创建三维模型的基本方法；

(2) 掌握通过二维对象创建三维对象；

(3) 理解面域拉伸、旋转、动态观察器使用。

4.3.1.2　实训内容

(1) 三维绘图的基本术语和三维坐标系；

(2) 视图观测点的设立方法；

(3) 绘制三维点和曲线；

(4) 绘制三维网格；

(5) 绘制三维实体；

(6) 通过二维对象创建三维对象。

4.3.1.3　实训步骤

1. 三维绘图的基本术语　三维实体模型需要在三维实体坐标系下进行描述，在三维坐标系下，可以使用直角坐标或极坐标方法来定义点。此外，在绘制三维图形时，还可使用柱坐标和球坐标来定义点。在创建三维实体模型前，应先了解下面的一些基本术语。

（1）*XY* 平面：它是 *X* 轴垂直于 *Y* 轴组成的一个平面，此时 *Z* 轴的坐标是 0。

（2）*Z* 轴：*Z* 轴是一个三维坐标系的第三轴，它总是垂直于 *XY* 平面。

（3）高度：高度主要是 *Z* 轴上坐标值。

（4）厚度：主要是 *Z* 轴的长度。

（5）相机位置：在观察三维模型时，相机的位置相当于视点。

（6）目标点：当用户眼睛通过照相机看某物体时，用户聚焦在一个清晰点上，该点就是所谓的目标点。

（7）视线：假想的线，它是将视点和目标点连接起来的线。

（8）和 *XY* 平面的夹角：即视线与其在 *XY* 平面的投影线之间的夹角。

（9）*XY* 平面角度：即视线在 *XY* 平面的投影线与 *X* 轴之间的夹角。

2. 建立三维绘图坐标系　前面已经详细介绍了平面坐标系的使用方法，其所有变换和使用方法同样适用于三维坐标系。例如，在三维坐标系下，同样可以使用直角坐标或极坐标方法来定义点，见图 4-131。此外，在绘制三维图形时，还可使用柱坐标和球坐标来定义点。

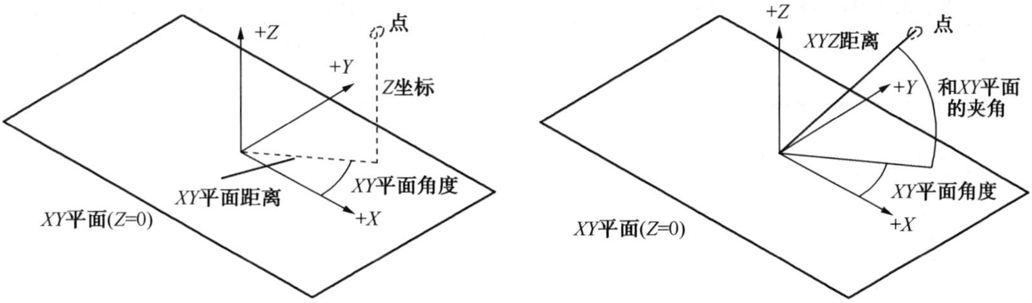

图 4-131　三维坐标系用直角坐标或极坐标方法来定义点

3. 设置视点　视点是指观察图形的方向。例如，绘制三维球体时，如果使用平面坐标系(即 *Z* 轴垂直于屏幕)，此时仅能看到该球体在 *XY* 平面上的投影；如果调整视点至东南等轴测视图，将看到的是三维球体。

（1）使用“视点预置”对话框设置视点。在快速访问工具栏选择【显示菜单栏】命令，在弹出的菜单中选择【视图】|【三维视图】|【视点预设】命令(DDVPOINT)，打开【视点预设】对话框，如图 4-132 所示，为当前视口设置视点。

（2）使用罗盘确定视点。调整视图方向 VIEWDIR 为(3，-2，1)视点。在快速访问工具栏选择【显示菜单栏】命令，在弹出的菜单中选择【视图】|【三维视图】|【视点】命令(VPOINT)，命令窗口显示：

命令：_ vpoint

当前视图方向：　VIEWDIR=-1.0000，-1.0000，1.0000

指定视点或[旋转(R)]<显示指南针和三轴架>：3，-2，1↙

正在重生成模型。

屏幕出现新的视点，见图 4-133。

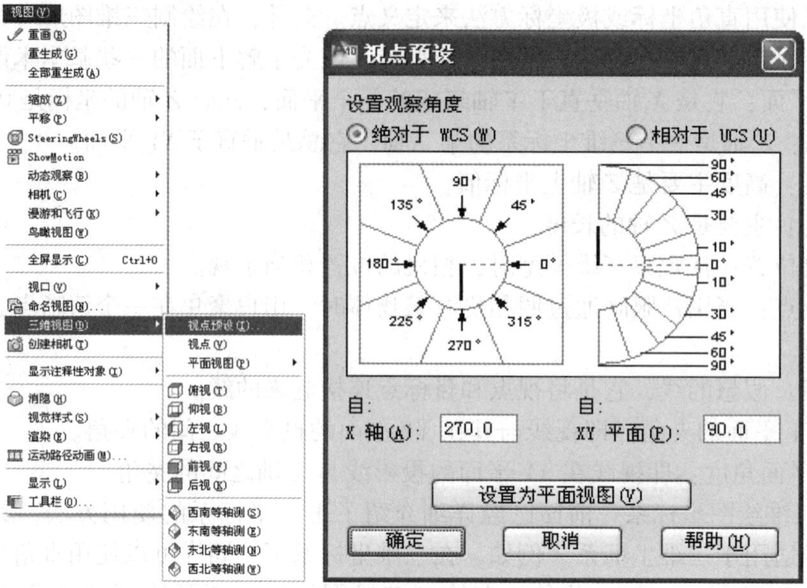

图 4-132 “视点预设”对话框

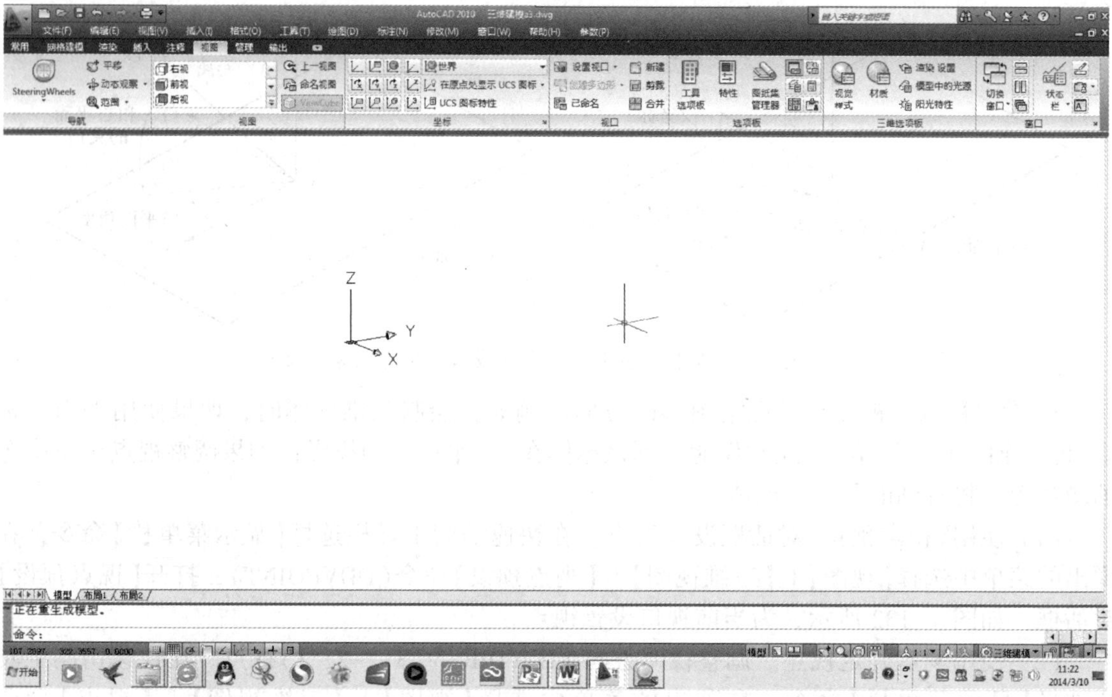

图 4-133 视图方向 VIEWDIR 为(3, -2, 1)的视图

视图中该视点均是相对于 WCS 坐标系的，还可通过屏幕上显示的罗盘定义视点。

(3) 使用“三维视图”菜单设置视点。在快速访问工具栏选择【显示菜单栏】命令，在弹出的菜单中选择【视图】|【三维视图】子菜单中的【俯视】、【仰视】、【左视】、【右视】、【主视】、【后视】、【西南等轴测】、【东南等轴测】、【东北等轴测】和【西北等轴测】命令，可以从多个方向来观察图形，如图 4-134 所示。

4. 绘制三维点和曲线　在 Auto CAD 中，用户可以使用点、直线、样条曲线、三维多段线及三维网格等命令绘制简单的三维图形。

(1) 绘制三维点。在【功能区】选项板中选择【常用】选项卡，在【绘图】面板中单击【单点】按钮，或在快速访问工具栏选择【显示菜单栏】命令，在弹出的菜单中选择【绘图】|【点】|【单点】命令，都可在命令行中直接输入三维坐标即可绘制三维点。例如，输入坐标“100，100，100”回车，确定了三维点(100，100，100)见图 4-135。

由于三维图形对象上的一些特殊点，如交点、中点等不能通过输入坐标的方法来实现，可以采用三维坐标下的目标捕捉法来拾取点。

(2) 绘制三维直线。在二维平面绘图中，两点决定一条直线。同样，在三维空间中，也是通过指定两个点来绘制三维直线。

例如，要在视图方向 VIEWDIR 为(3，-2，1)的视图中(图 4-133)，绘制过点(0，0，0)和点(1，1，1)的三维直线。

可在【功能区】选项板中选择【常用】选项卡，在【绘图】面板中单击【直线】按钮，然后输入这两个点坐标即可，如图 4-136 所示。

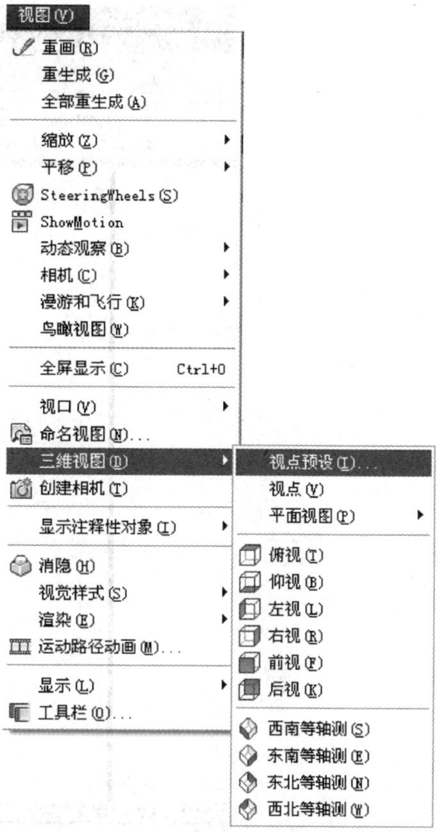

图 4-134 “三维视图”菜单设置视点

(3) 绘制三维样条曲线。绘制经过点(0，0，0)、(10，10，10)、(0，0，20)、(-10，-10，30)、(0，0，40)、(10，10，50)和(0，0，60)绘制的三维样条曲线。在三维坐标系下，在【功能区】选项板中选择【常用】选项卡，在【绘图】面板中单击【样条曲线】按钮，或在快速访问工具栏选择【显示菜单栏】命令，在弹出的菜单中选择【绘图】|【样条曲线】命令，命令窗口显示：

命令：_ spline

指定第一个点或[对象(O)]：0，0，0↙

指定下一点：10，10，10↙

指定下一点或[闭合(C)/拟合公差(F)]<起点切向>：0，0，20↙

指定下一点或[闭合(C)/拟合公差(F)]<起点切向>：-10，-10，30↙

指定下一点或[闭合(C)/拟合公差(F)]<起点切向>：0，0，40↙

指定下一点或[闭合(C)/拟合公差(F)]<起点切向>：10，10，50↙

指定下一点或[闭合(C)/拟合公差(F)]<起点切向>：0，0，60↙

指定下一点或[闭合(C)/拟合公差(F)]<起点切向>：↙

屏幕出现绘制的三维样条曲线如图 4-137 所示。

5. 绘制三维网格　在 Auto CAD 2010 中快速访问工具栏选择【显示菜单栏】命令，在弹出的菜单中选择【绘图】|【建模】|【网格】中的命令，可以绘制三维网格。

(1) 绘制三维面与多边三维面。在快速访问工具栏选择【显示菜单栏】命令，在弹出的菜单中选择【绘图】|【建模】|【网格】|【三维面】命令(3DFACE)，可以绘制三维面。三维

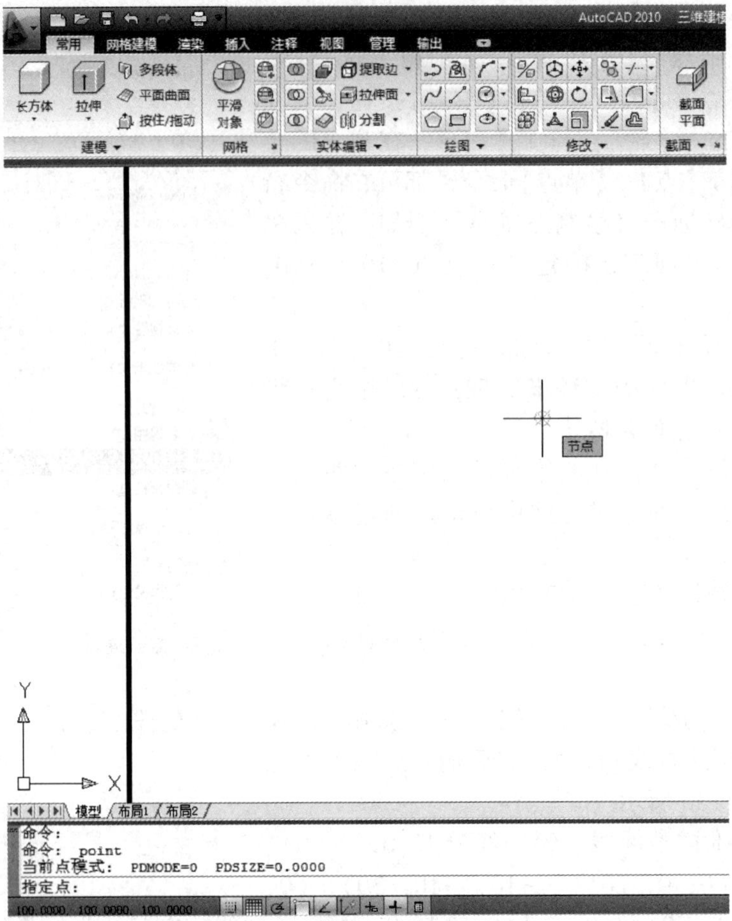

图 4-135　三维点(100，100，100)

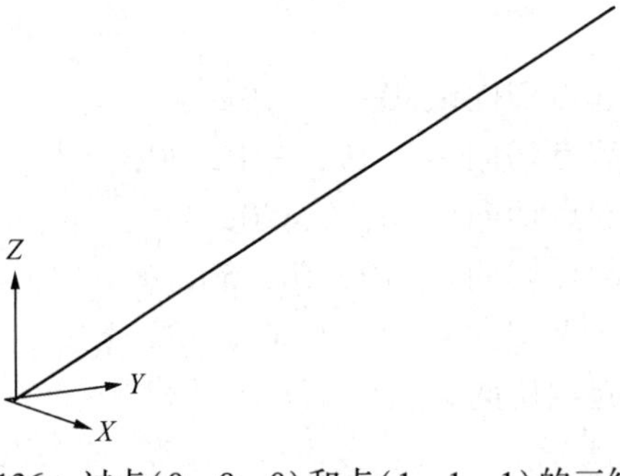

图 4-136　过点(0，0，0)和点(1，1，1)的三维直线

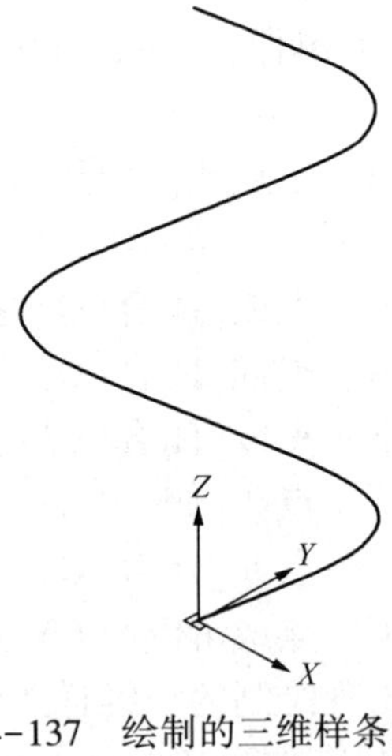

图 4-137　绘制的三维样条曲线

面是三维空间的表面，它没有厚度，也没有质量属性。由【三维面】命令创建的每个面的各顶点可以有不同的 Z 坐标，但构成各个面的顶点最多不能超过 4 个。如果构成面的 4 个顶点共面，消隐命令认为该面是不透明的，可以消隐。反之，消隐命令对其无效。

(2) 控制三维面的边的可见性。在命令行中输入【边】命令(EDGE)，可以修改三维面的边的可见性。执行该命令时，命令行显示如下提示信息：

指定要切换可见性的三维表面的边或[显示(D)]：

默认情况下，选择三维表面的边后，按 Enter 键将隐藏该边。若选择【显示】选项，则可以选择三维面的不可见边以便重新显示它们，此时命令行显示如下提示信息：

输入用于隐藏边显示的选择方法[选择(S)/全部选择(A)]<全部选择>：

(3) 绘制三维网格。可以根据指定的 *M* 行 *N* 列个顶点和每一顶点的位置生成三维空间多边形网格。*M* 和 *N* 的最小值为 2，表明定义多边形网格至少要 4 个点，其最大值为 256。绘制 *M* 方向上的网格数量为 4，*N* 方向上的网格数量为 4 的三维网格。在命令行中输入【三维网格】命令(3DMESH)，命令窗口显示：

命令：3DMESH

输入 *M* 方向上的网格数量：4↙

输入 *N* 方向上的网格数量：4↙

为顶点(0，0)指定位置：用鼠标在屏幕上指定位置

为顶点(0，1)指定位置：用鼠标在屏幕上指定位置

为顶点(0，2)指定位置：用鼠标在屏幕上指定位置

为顶点(0，3)指定位置：用鼠标在屏幕上指定位置

为顶点(1，0)指定位置：用鼠标在屏幕上指定位置

为顶点(1，1)指定位置：用鼠标在屏幕上指定位置

为顶点(1，2)指定位置：用鼠标在屏幕上指定位置

为顶点(1，3)指定位置：用鼠标在屏幕上指定位置

为顶点(2，0)指定位置：用鼠标在屏幕上指定位置

为顶点(2，1)指定位置：用鼠标在屏幕上指定位置

为顶点(2，2)指定位置：用鼠标在屏幕上指定位置

为顶点(2，3)指定位置：用鼠标在屏幕上指定位置

为顶点(3，0)指定位置：用鼠标在屏幕上指定位置

为顶点(3，1)指定位置：用鼠标在屏幕上指定位置

为顶点(3，2)指定位置：用鼠标在屏幕上指定位置

为顶点(3，3)指定位置：用鼠标在屏幕上指定位置

屏幕出现绘制的三维网格如图 4-138 所示。

6. 绘制三维实体　在 Auto CAD 中，最基本的实体对象包括多段体、长方体、楔体、圆锥体、球体、圆柱体、圆环体及棱锥面，可以在【功能区】选项板中选择【常用】选项卡，在【建模】面板中单击相应的按钮，或在快速访问工具栏选择【显示菜单栏】命令，在弹出的菜单中选择【绘图】|【建模】子命令来创建。

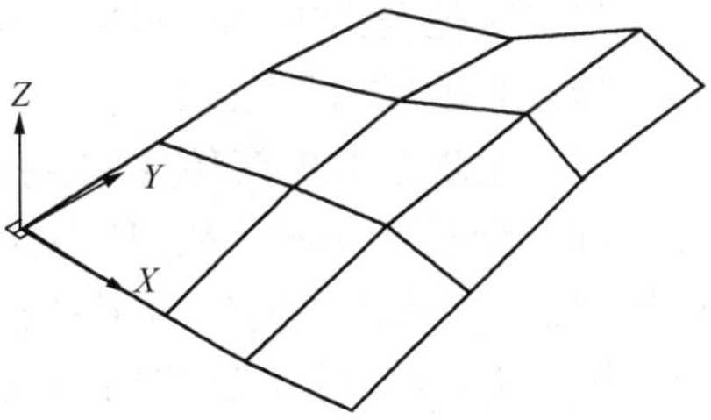

图 4-138　绘制的三维网格

(1) 绘制多段体。在【功能区】选项板中选择【常用】选项卡，在【建模】面板中单击【多段体】按钮，或在快速访问工具栏选择【显示菜单栏】命令，在弹出的菜单中选择【绘图】|【建模】|【多段体】命令

(POLYSOLID)，命令窗口显示：

命令：_ Polysolid 高度=100.0000，宽度=10.0000，对正=居中

指定起点或[对象(O)/高度(H)/宽度(W)/对正(J)]<对象>：h↙

指定高度<100.0000>：↙

高度=100.0000，宽度=10.0000，对正=居中

指定起点或[对象(O)/高度(H)/宽度(W)/对正(J)]<对象>：w↙

指定宽度<10.0000>：20↙

高度=100.0000，宽度=20.0000，对正=居中

指定起点或[对象(O)/高度(H)/宽度(W)/对正(J)]<对象>：0，0↙

指定下一个点或[圆弧(A)/放弃(U)]：0，100↙

指定下一个点或[圆弧(A)/放弃(U)]：a↙

指定圆弧的端点或[闭合(C)/方向(D)/直线(L)/第二个点(S)/放弃(U)]：100，100↙

指定下一个点或[圆弧(A)/闭合(C)/放弃(U)]：指定圆弧的端点或[闭合(C)/方向(D)/直线(L)/第二个点(S)/放弃(U)]：↙

屏幕出现绘制的多段体如图 4-139 所示。

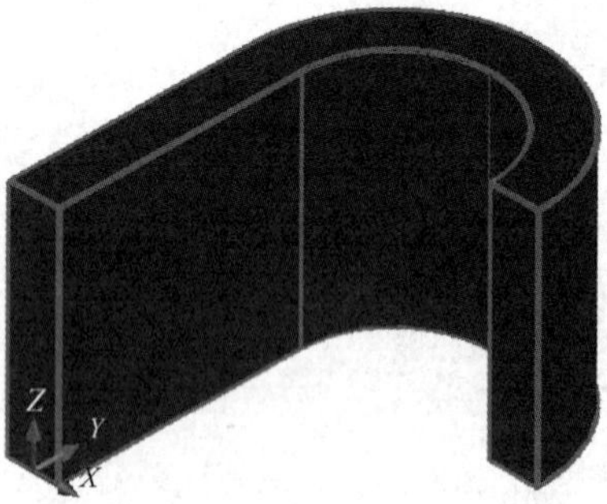

图 4-139　绘制的多段体

(2) 绘制长方体。在【功能区】选项板中选择【常用】选项卡，在【建模】面板中单击【长方体】按钮，或在快速访问工具栏选择【显示菜单栏】命令，在弹出的菜单中选择【绘图】|【建模】|【长方体】命令(BOX)，命令窗口显示：

命令：_ box

指定第一个角点或[中心(C)]：0，0，0↙

指定其他角点或[立方体(C)/长度(L)]：100，200↙

指定高度或[两点(2P)]<150.0000>：150↙

屏幕出现绘制的多段体如图 4-140 所示。

(3) 绘制楔体。在【功能区】选项板中选择【常用】选项卡，在【建模】面板中单击【长方体】按钮，或在快速访问工具栏选择【显示菜单栏】命令，在弹出的菜单中选择【绘图】|【建模】|【楔体】命令(WEDGE)，命令窗口显示：

命令：_ wedge

指定第一个角点或[中心(C)]：0，0，0↙

指定其他角点或[立方体(C)/长度(L)]：100，200↙

指定高度或[两点(2P)]<150.0000>：150↙

屏幕出现绘制的楔体如图 4-141 所示。

(4) 绘制圆柱体。在【功能区】选项板中选择【常用】选项卡，在【建模】面板中单击【圆柱体】按钮，或在快速访问工具栏选择【显示菜单栏】命令，在弹出的菜单中选择【绘图】|【建模】|【圆柱体】命令(CYLINDER)，可以绘制圆柱体(椭圆柱体)，命令窗口显示：

命令：_ cylinder

指定底面的中心点或[三点(3P)/两点(2P)/切点、切点、半径(T)/椭圆(E)]：0，0，0↙

图 4-140　绘制的长方体

图 4-141　绘制的楔体

指定底面半径或[直径(D)]：50↙

指定高度或[两点(2P)/轴端点(A)]<150.0000>：100↙

屏幕出现绘制的圆柱体如图 4-142 所示。

(5) 绘制圆锥体。在【功能区】选项板中选择【常用】选项卡，在【建模】面板中单击【圆柱体】按钮，或在快速访问工具栏选择【显示菜单栏】命令，在弹出的菜单中选择【绘图】|【建模】|【圆锥体】命令(CONE)，命令窗口显示：

命令：_ cone

指定底面的中心点或[三点(3P)/两点(2P)/切点、切点、半径(T)/椭圆(E)]：0，0，0

指定底面半径或[直径(D)]<50.0000>：50

指定高度或[两点(2P)/轴端点(A)/顶面半径(T)]<100.0000>：100↙

屏幕出现绘制的圆锥体如图 4-143 所示。

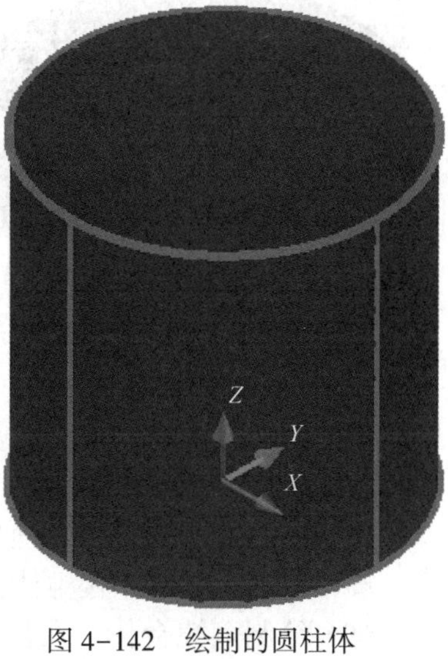

图 4-142　绘制的圆柱体

(6) 绘制球体。在【功能区】选项板中选择【常用】选项卡，在【建模】面板中单击【球体】按钮，或在快速访问工具栏选择【显示菜单栏】命令，在弹出的菜单中选择【绘图】|【建模】|【球体】命令(SPHERE)，命令窗口显示：

命令：_ sphere

指定中心点或[三点(3P)/两点(2P)/切点、切点、半径(T)]：0，0，0↙

指定半径或[直径(D)]<50.0000>：50↙

屏幕出现绘制的圆锥体如图 4-144 所示。

(7) 圆环体。在【功能区】选项板中选择【常用】选项卡，在【建模】面板中单击【球体】按钮，或在快速访问工具栏选择【显示菜单栏】命令，在弹出的菜单中选择【绘图】|【建模】|【圆环体】命令(TORUS)，命令窗口显示：

命令：_ torus

指定中心点或[三点(3P)/两点(2P)/切点、切点、半径(T)]：0，0，0↙

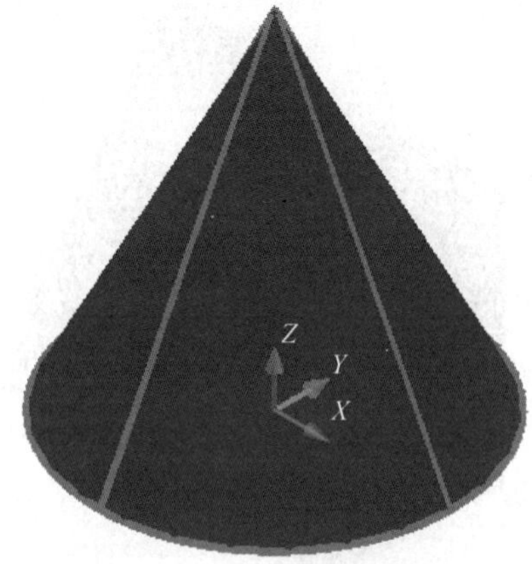

图 4-143　绘制的圆锥体

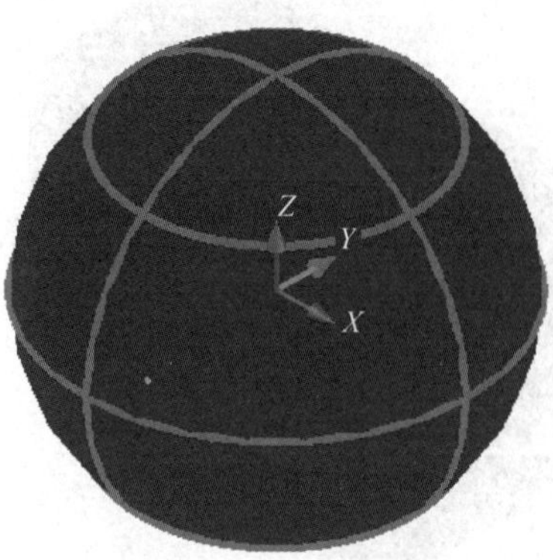

图 4-144　绘制的球体

指定半径或[直径(D)]<100.0000>：100↙

指定圆管半径或[两点(2P)/直径(D)]<10.0000>：20↙

屏幕出现绘制的圆环体如图 4-145 所示。

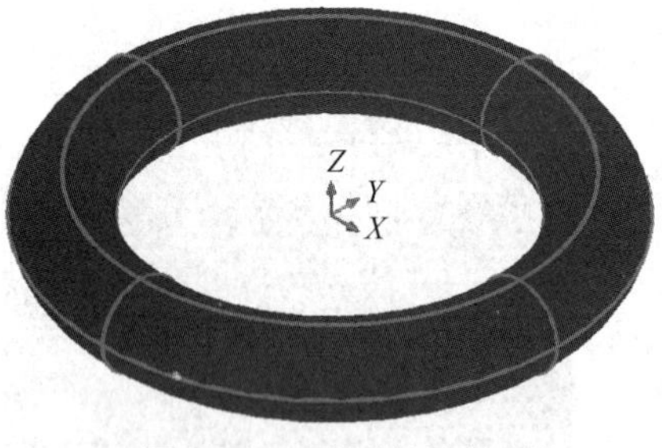

图 4-145　绘制的圆环体

(8) 绘制棱锥体。在【功能区】选项板中选择【常用】选项卡，在【建模】面板中单击【棱锥体】按钮，或在快速访问工具栏选择【显示菜单栏】命令，在弹出的菜单中选择【绘图】|【建模】|【棱锥体】命令(PYRAMID)，命令窗口显示：

命令：_ pyramid

4 个侧面　外切

指定底面的中心点或[边(E)/侧面(S)]：s↙

输入侧面数<4>：6↙

指定底面的中心点或[边(E)/侧面(S)]：0，0，0

指定底面半径或[内接(I)]<141.4214>：50↙

指定高度或[两点(2P)/轴端点(A)/顶面半径(T)]<150.0000>：150↙

屏幕出现绘制的六棱锥体如图 4-146 所示。

(9) 绘制六棱台体。在【功能区】选项板中选择【常用】选项卡，在【建模】面板中单击【棱锥体】按钮，或在快速访问工具栏选择【显示菜单栏】命令，在弹出的菜单中选择【绘图】|【建模】|【棱锥体】命令(PYRAMID)，命令窗口显示：

命令：_ pyramid

6 个侧面　外切

指定底面的中心点或[边(E)/侧面(S)]：s↙

输入侧面数<6>：6↙

指定底面的中心点或[边(E)/侧面(S)]：0，0，0↙

指定底面半径或[内接(I)]<57.7350>：50↙

指定高度或[两点(2P)/轴端点(A)/顶面半径(T)]<100.0000>：t↙

指定顶面半径<28.8675>：25↙

指定高度或[两点(2P)/轴端点(A)]<100.0000>：100↙

屏幕出现绘制的六棱台体如图 4-147 所示。

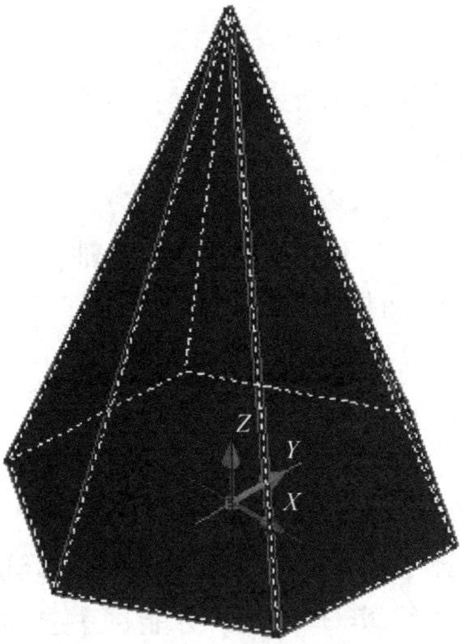

图 4-146　绘制的六棱锥体

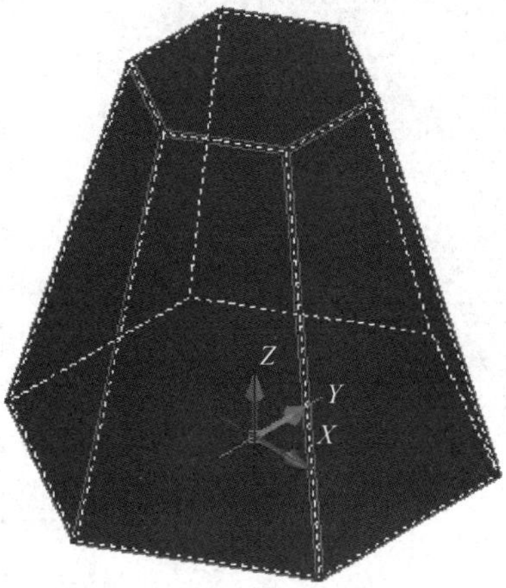

图 4-147　绘制的六棱台体

7. 通过二维对象创建三维对象　在 Auto CAD 中，除了可以通过实体绘制命令绘制三维实体外，还可以通过拉伸、旋转、扫掠、放样等方法，通过二维对象创建三维实体或曲面。可以在快速访问工具栏选择【显示菜单栏】命令，在弹出的菜单中选择【绘图】|【建模】命令的子命令，或在【功能区】选项板中选择【常用】选项卡，在【建模】面板中单击相应的工具按钮来实现。将二维对象拉伸为三维对象。

(1) 将二维对象拉伸为三维对象。通过拉伸二维对象可以创建三维实体或曲面。拉伸对象被称为断面，在创建实体时，断面可以是任何二维封闭多段线、圆、椭圆、封闭样条曲线和面域，其中，多段线对象的顶点数不能超过 500 个且不小于 3 个。若创建三维曲面，则断面是不封闭的二维对象。在【功能区】选项板中选择【常用】选项卡，在【建模】面板中单击【拉伸】按钮，或在快速访问工具栏选择【显示菜单栏】命令，在弹出的菜单中选择【绘图】|【建模】|【拉伸】命令(EXTRUDE)(将半径为 100 的六边形，拉伸为六棱柱)，命令窗口显示：

命令：_ extrude

当前线框密度：　ISOLINES=4

选择要拉伸的对象：找到 1 个(用鼠标选择要拉伸的六边形)

选择要拉伸的对象：↙

指定拉伸的高度或[方向(D)/路径(P)/倾斜角(T)]<100.0000>：100↙

屏幕出现绘制的六棱柱体如图 4-148 所示。

(2) 将二维对象旋转成三维对象。在创建实体时，用于旋转的二维对象可以是封闭多段线、多边形、圆、椭圆、封闭样条曲线、圆环及封闭区域。三维对象、包含在块中的对象、有交叉或自干涉的多段线不能被旋转，而且每次只能旋转一个对象。若创建三维曲面，则用于旋转的二维对象是不封闭的。在【功能区】选项板中选择【常用】选项卡，在【建模】面板中单击【旋转】按钮，或在快速访问工具栏选择【显示菜单栏】命令，在弹出的菜单中选择【绘图】|【建模】|【旋转】命令(REVOLVE)(将其 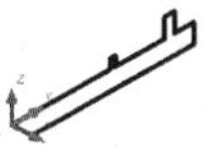 沿着 Y 轴旋转 360°，生成阶梯轴)，

图 4-148　绘制的六棱柱体

命令窗口显示：

命令：_ revolve

当前线框密度：ISOLINES = 4

选择要旋转的对象：指定对角点：找到 1 个(用鼠标选择要旋转的封闭图形)

选择要旋转的对象：↙

指定轴起点或根据以下选项之一定义轴[对象(O)/X/Y/Z]<对象>：用鼠标捕捉旋转轴的起点

指定轴端点：用鼠标捕捉旋转轴的端点

指定旋转角度或[起点角度(ST)]<360>：↙

屏幕出现绘制的阶梯轴如图 4-149 所示。

(3) 将二维对象扫掠为三维对象。如果要扫掠的对象不是封闭的图形，那么使用【扫掠】命令后得到的是网格面，否则得到的是三维实体。在【功能区】选项板中选择【常用】选项卡，在【建模】面板中单击【扫掠】按钮，或在快速访问工具栏选择【显示菜单栏】命令，在弹出的菜单中选择【绘图】|【建模】|【扫掠】命令(SWEEP，(将五边形沿着螺旋线“扫掠” 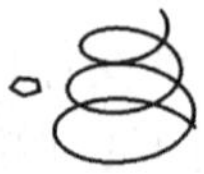，生成圆台形弹簧)，命令窗口显示：

命令：_ sweep

当前线框密度：ISOLINES = 4

选择要扫掠的对象：找到 1 个(用鼠标选择五边形)

选择要扫掠的对象：↙

选择扫掠路径或[对齐(A)/基点(B)/比例(S)/扭曲(T)]：选择要旋转的对象：用鼠标选择扫掠螺旋线路径

屏幕出现绘制的五边形圆台形弹簧如图 4-150 所示。

图 4-149　绘制的阶梯轴

图 4-150　绘制的圆台形弹簧

(4) 将二维对象放样成三维对象。可以在多个横截面之间的空间中创建三维实体或曲面，如果要放样的对象不是封闭的图形，那么使用【放样】命令后得到的是网格面，否则得

到的是三维实体。在【功能区】选项板中选择【常用】选项卡，在【建模】面板中单击【放样】按钮，或在快速访问工具栏选择【显示菜单栏】命令，在弹出的菜单中选择【绘图】|【建模】|【放样】命令(LOFT)，(将其生成三维圆台)，命令窗口显示：

命令：_ loft

按放样次序选择横截面：找到 1 个(用鼠标选择底面圆)

按放样次序选择横截面：找到 1 个，总计 2 个(用鼠标选择上面圆)

按放样次序选择横截面：↙

输入选项[导向(G)/路径(P)/仅横截面(C)]<仅横截面>：p↙

选择路径曲线：用鼠标选择两圆之间的曲线

屏幕出现绘制的三维圆台如图 4-151 所示。

4.3.2 三维建模操作实训

4.3.2.1 实训目的

(1) 掌握创建三维模型的方法；

(2) 掌握差、交、并集的计算；

(3) 掌握三维坐标的移动。

4.3.2.2 实训内容

绘制图 4-130 所示形体的三维模型图。

4.3.2.3 实训步骤

1. 基本设置 同前。将 Auto CAD 经典切换到三维建模，然后选择“视图”中的“三维视图”下的“西南等轴测”命令，切换视点，如图 4-152所示。再选择“视图”中的“视觉样式”下的“三维线框”命令，切换视图，如图 4-153 所示。

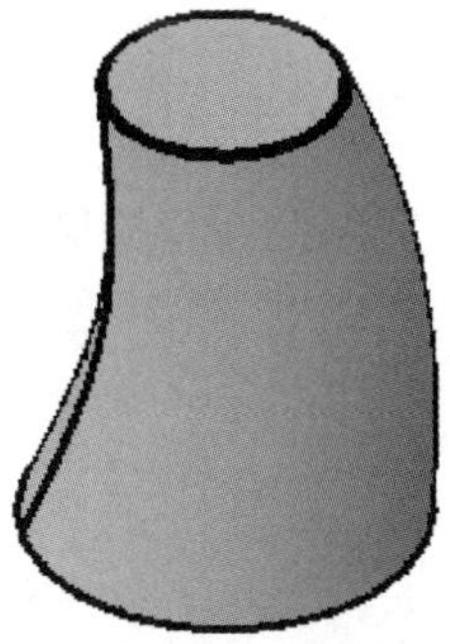

图 4-151 绘制的三维圆台

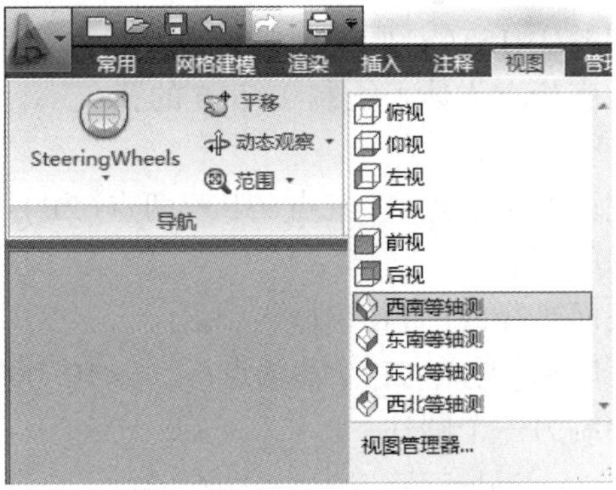

图 4-152 选择“视图”中的“三维视图”下的“西南等轴测”命令

2. 调用样板图 在打开新图时，在“文件类型(T)”中选择：“图形样板(＊dwt)”，在“选择样板”选 A3，将样板调出来了，见图 4-114。

绘图思路，按照形体分析的方法，先将形体分解为底板、支撑板和两侧的肋板，再依次绘制各部分的形体。

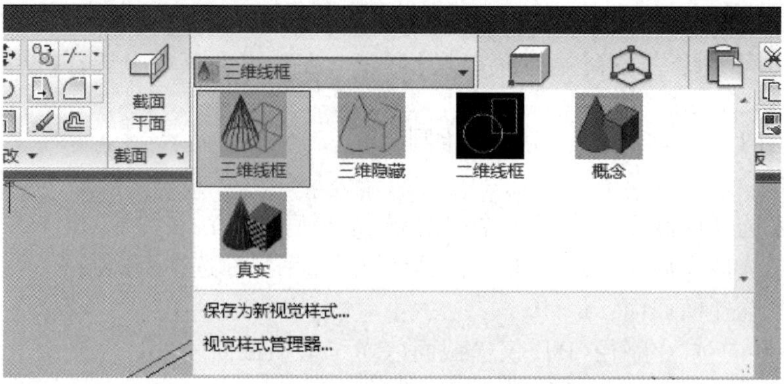

图 4-153　选择“视觉样式”下的“三维线框”命令

3. 绘制底板立方体　先绘制长方体，然后倒角，绘制圆孔。

(1) 单击“长方体”按钮或者在命令行直接输入 BOX，命令窗口显示：

命令：_ box

指定第一个角点或[中心(C)]：用鼠标在图纸中合适位置拾取一点

指定其他角点或[立方体(C)/长度(L)]：@80，50↙

指定高度或[两点(2P)]：10↙

(2) 将 80，50，10 的立方体前面的两个直角倒圆角，*R* 为 10；

命令：_ fillet

当前设置：模式=修剪，半径=10.0000

选择第一个对象或[放弃(U)/多段线(P)/半径(R)/修剪(T)/多个(M)]：r↙

指定圆角半径<10.0000>：↙

选择第一个对象或[放弃(U)/多段线(P)/半径(R)/修剪(T)/多个(M)]：用鼠标选中立方体要倒角所夹的楞↙↙

效果如图 4-155(a)所示。

(3) 在底板立方体上绘制 2×ϕ10 的孔；

命令：_ cylinder

指定底面的中心点或[三点(3P)/两点(2P)/切点、切点、半径(T)/椭圆(E)]：用鼠标拾取倒角圆的圆心

指定底面半径或[直径(D)]：5↙

指定高度或[两点(2P)/轴端点(A)]<10.0000>：-10↙

同理绘制另一个圆柱

命令：_ cylinder

指定底面的中心点或[三点(3P)/两点(2P)/切点、切点、半径(T)/椭圆(E)]：用鼠标拾取倒角圆的圆心

指定底面半径或[直径(D)]<5.0000>：5↙

指定高度或[两点(2P)/轴端点(A)]<-10.0000>：-10↙

从底板上差去两个圆柱，选择差集命令：

命令：_ subtract 选择要从中减去的实体、曲面和面域...

选择对象：(用鼠标选择底板)找到 1 个

选择对象：
选择要减去的实体、曲面和面域...
选择对象：(用鼠标选择要差去的圆柱)找到 1 个
选择对象：(用鼠标选择要差去的圆柱)找到 1 个，总计 2 个↙
效果如图 4-155(b)所示。

4. 绘制支撑板实体　先绘制 30，15，30 的立方体，在 30，15，30 的立方体中心绘制水平圆柱 $\phi30\times15$，在 $\phi30\times15$ 中心绘制 $\phi14\times15$ 的圆柱，把 $\phi30\times15$ 圆柱和 30，15，30 的立方体并起来，然后进行实体编辑。

(1) 单击“长方体”按钮或者在命令行直接输入 BOX，命令窗口出现：
命令：_ box
指定第一个角点或[中心(C)]：用鼠标在图纸中合适位置拾取一点
指定其他角点或[立方体(C)/长度(L)]：@ 30，15↙
指定高度或[两点(2P)]：30↙

(2) 在 30，15，30 的立方体中心绘制水平圆柱 $\phi30\times15$；
将中标绕 X 轴旋转 90°；
命令：_ ucs
当前 UCS 名称：*没有名称*
指定 UCS 的原点或[面(F)/命名(NA)/对象(OB)/上一个(P)/视图(V)/世界(W)/X/Y/Z/Z 轴(ZA)]<世界>：_ x
指定绕 X 轴的旋转角度<90>：90↙
在 30，15，30 的立方体中心绘制水平圆柱 $\phi30\times15$：
命令：_ cylinder
指定底面的中心点或[三点(3P)/两点(2P)/切点、切点、半径(T)/椭圆(E)]：用鼠标在 30，15，30 的立方体上面拾取长楞中心点
指定底面半径或[直径(D)]<15.0000>：15↙
指定高度或[两点(2P)/轴端点(A)]<-15.0000>：-15↙

(3) 在 $\phi30\times15$ 中心绘制 $\phi14\times15$ 的圆柱：
命令：_ cylinder
指定底面的中心点或[三点(3P)/两点(2P)/切点、切点、半径(T)/椭圆(E)]：
指定底面半径或[直径(D)]<15.0000>：7↙
指定高度或[两点(2P)/轴端点(A)]<-15.0000>：-15↙

(4) 把 $\phi30\times15$ 圆柱和 30，15，30 的立方体并起来：
命令：_ union
选择对象：(用鼠标在 30，15，30 的立方体上拾取一点)找到 1 个
选择对象：(用鼠标在 $\phi30\times15$ 圆柱上拾取一点)找到 1 个，总计 2 个
选择对象：↙

(5) 把 $\phi7\times15$ 圆柱从组合体里差掉：
命令：_ subtract 选择要从中减去的实体、曲面和面域...
选择对象：(用鼠标在组合体上拾取一点)找到 1 个

选择对象：↙

选择要减去的实体、曲面和面域...

选择对象：(用鼠标在 $\phi7\times15$ 圆柱上拾取一点)找到 1 个

选择对象：↙

(6) 拾取组合体的底面外侧楞的中心点移动至底板实体上面的外侧楞的中心点：

命令：_ move

选择对象：指定对角点：(用鼠标在组合体上拾取一点)找到 1 个

选择对象：↙

指定基点或[位移(D)]<位移>：指定第二个点或<使用第一个点作为位移>：(用鼠标拾取组合体的底面外侧楞的中心点移动至底板实体上面的外侧楞的中心点)

(7) 将底板实体和组合体合并：

命令：_ union

选择对象：(用鼠标拾取组合体上一点)找到 1 个

选择对象：(用鼠标拾取底板实体上一点)找到 1 个，总计 2 个

选择对象：↙

效果如图 4-155(c)所示。

5. 绘制肋板实体　先绘制两个楔体，将两个楔体和组合体组合起来然后进行实体编辑。

(1) 绘制底面为 25×10 高为 30 的楔体：

命令：_ wedge

指定第一个角点或[中心(C)]：用鼠标拾取底板实体上面右侧直角点

指定其他角点或[立方体(C)/长度(L)]：

指定其他角点或[立方体(C)/长度(L)]：@25，10↙

指定高度或[两点(2P)]<15.0000>：30↙

(2) 将底面为 25×10 高为 30 的楔体镜像：

命令：_ mirror3d

选择对象：(用鼠标拾取底板实体上一点)找到 1 个

选择对象：↙

指定镜像平面(三点)的第一个点或

[对象(O)/最近的(L)/Z 轴(*Z*)/视图(*V*)/XY 平面(*XY*)/YZ 平面(*YZ*)/ZX 平面(*ZX*)/三点(3)]<三点>：用鼠标拾取镜像上第一点

在镜像平面上指定第二点：用鼠标拾取镜像上第二点

在镜像平面上指定第三点：用鼠标拾取镜像上第三点

是否删除源对象？[是(Y)/否(N)]<否>：↙

(3) 将两个楔体和组合体组合起来：

命令：_ union

选择对象：(用鼠标拾取楔体上一点)找到 1 个

选择对象：(用鼠标拾取另楔体上一点)找到 1 个，总计 2 个

选择对象：(用鼠标拾取组合体上一点)找到 1 个，总计 3 个

选择对象：↙

(4) 消隐和渲染，选择“消隐”命令或者在命令行中输入 Hide，进行消隐处理，效果如图 4-154(d)所示，即可完成绘制三维模型图。

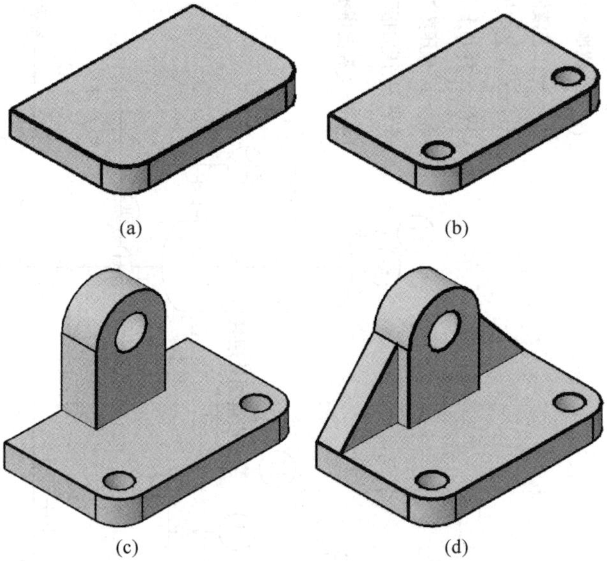

图 4-154　绘制三维模型过程图

4.4　绘制工艺流程图及设备图实训

4.4.1　绘制工艺流程图实训

4.4.1.1　实训目的

(1) 掌握工艺流程图样的基本绘制方法；

(2) 掌握工艺流程图的管道、阀门、设备图形、仪表符号、物料代号；

(3) 掌握工艺流程图中管道、设备的标注。

4.4.1.2　实训内容

绘制如图 4-155 所示醇胺法脱酸气溶剂复活工艺流程图。

4.4.1.3　实训步骤

1. 基本设置　同前。将图层 6 物料线设置为 0.8mm(0.8~1.2mm)，图层 7 设备线设置为 0.25mm，图层 8 仪表线设置为 0.25mm。

2. 调用样板图　在打开新图时，在“文件类型(T)”中选择：“图形样板(＊dwt)”，在“选择样板”选 A3，将样板调出来了，见图 4-114。

3. 绘制夹套蒸馏釜　绘制设备示意图就是指定各主要设备的位置，由于工艺流程图各设备的位置没有要求绝对的精确，只要符合合理、美观的原则即可。把“图层 7 设备线”图层置为当前层。

(1) 绘制夹套蒸馏釜轮廓。画夹套蒸馏釜直筒，在下拉菜单“绘图”中选取“矩形(G)”或在绘图工具栏点击绘制“矩形”按钮；

命令：_ rectang

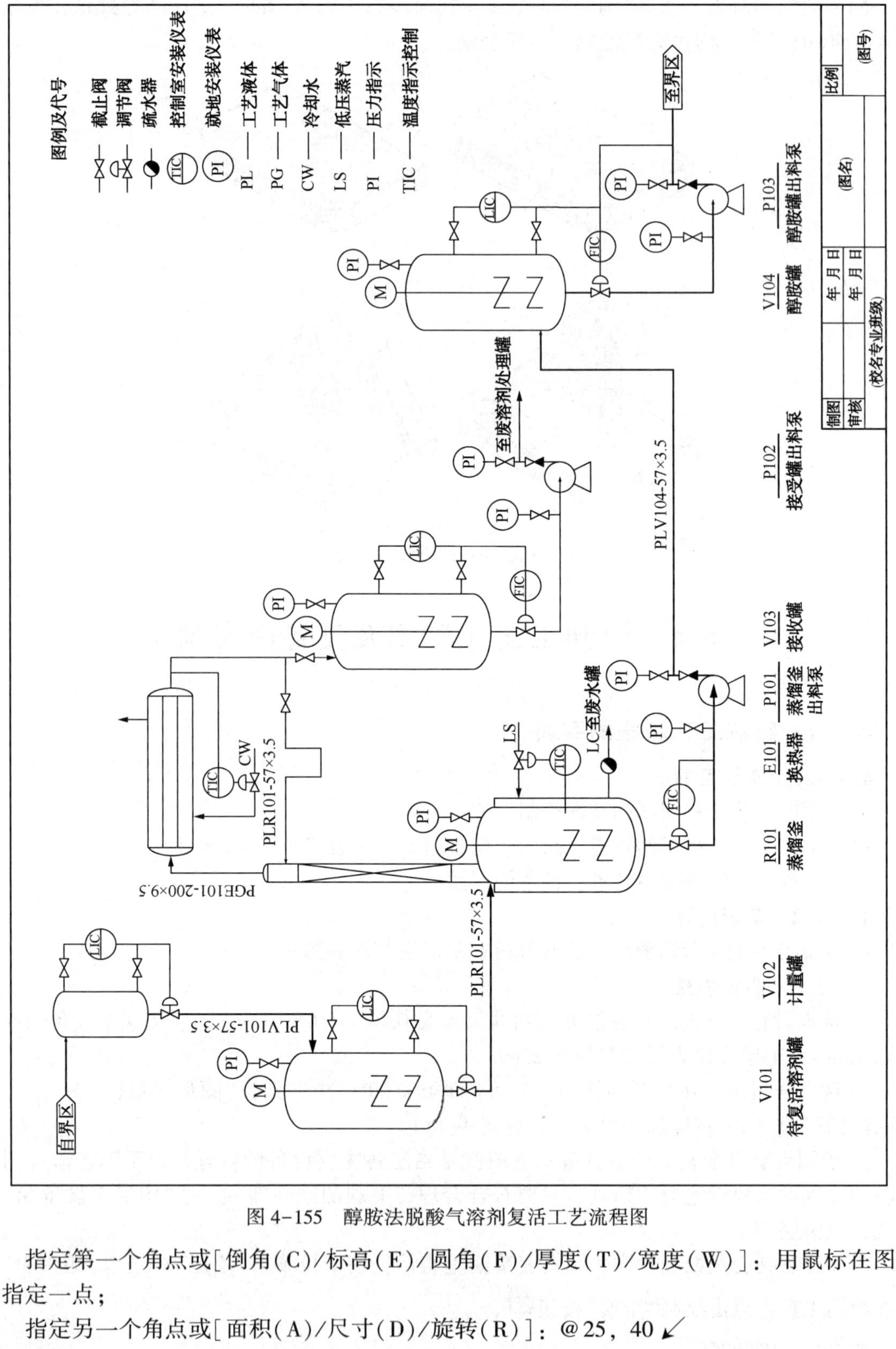

图 4-155 醇胺法脱酸气溶剂复活工艺流程图

指定第一个角点或[倒角(C)/标高(E)/圆角(F)/厚度(T)/宽度(W)]：用鼠标在图框内指定一点；

指定另一个角点或[面积(A)/尺寸(D)/旋转(R)]：@25，40↙

画夹套蒸馏釜上部椭圆封头，在下拉菜单“绘图”中选取“椭圆(E)”或在绘图工具栏点击绘制“椭圆”按钮；

命令：_ ellipse

指定椭圆的轴端点或[圆弧(A)/中心点(C)]：用鼠标指定刚画矩形上面的左端点；

指定轴的另一个端点：用鼠标指定刚画矩形上面的右端点；

指定另一条半轴长度或[旋转(R)]：6 ↙

在下拉菜单“修改”中选取“修剪(T)”或在修改工具栏点击“修剪”按钮；

命令：_ trim

当前设置：投影=UCS，边=无

选择剪切边　用鼠标选择矩形；

选择对象或<全部选择>：　找到 1 个

选择对象：↙

选择要修剪的对象，或按住 Shift 键选择要延伸的对象，或用鼠标指定刚画椭圆下面的边；

[栏选(F)/窗交(C)/投影(P)/边(E)/删除(R)/放弃(U)]：↙(结束修剪)

画夹套蒸馏釜下部椭圆封头，在下拉菜单“修改”中选取“镜像(I)”或在修改工具栏点击绘制“镜像”按钮；

命令：_ mirror

选择对象：用鼠标选择上面的椭圆弧；

选择对象：找到 1 个

选择对象：↙

指定镜像线的第一点：用鼠标指定矩形左边竖线的中点；

指定镜像线的第二点：用鼠标指定矩形右边竖线的中点；

要删除源对象吗？[是(Y)/否(N)]<N>：↙

把画出的夹套蒸馏釜图形  中的矩形上下横线删除；

(2) 画夹套蒸馏釜搅拌器搅拌轴。在下拉菜单“绘图”中选取“直线(L)”或在绘图工具栏点击绘制“直线”按钮；

命令：_ line 指定第一点：用鼠标在夹套蒸馏釜中心线上距夹套蒸馏釜底 10 点击一点；

指定下一点或[放弃(U)]：@ 50<90 ↙

指定下一点或[放弃(U)]：　↙　(结束修剪画直线命令)

(3) 画夹套蒸馏釜搅拌器电动机。在下拉菜单“绘图”中选取“圆(C)”或在绘图工具栏点击绘制“圆”按钮；

命令：_ circle 指定圆的圆心或[三点(3P)/两点(2P)/切点、切点、半径(T)]：用鼠标点击夹套蒸馏釜搅拌轴上端点；

指定圆的半径或[直径(D)]：5 ↙

在下拉菜单“绘图”中选取“多行文字(M)”或在绘图工具栏点击“多行文字”按钮 A；

命令：_ mtext 当前文字样式："国标汉字" 文字高度：3.5 注释性：否

指定第一角点：用鼠标在夹套蒸馏釜中心线上端圆内拉出文本框；

指定对角点或[高度(H)/对正(J)/行距(L)/旋转(R)/样式(S)/宽度(W)/栏(C)]：输入 M

(4) 画夹套蒸馏釜搅拌器叶轮。在下拉菜单"绘图"中选取"矩形(G)"或在绘图工具栏点击绘制"矩形"按钮；

命令：_ rectang

指定第一个角点或[倒角(C)/标高(E)/圆角(F)/厚度(T)/宽度(W)]：用鼠标在图框内任意指定一点；

指定另一个角点或[面积(A)/尺寸(D)/旋转(R)]：@10，5↙

画夹套蒸馏釜搅拌器叶轮的矩形对角线，在下拉菜单"绘图"中选取"直线(L)"或在绘图工具栏点击绘制"直线"按钮；

命令：_ line 指定第一点：用鼠标指定矩形的左上点；

指定下一点或[放弃(U)]：用鼠标指定矩形的右下点；

分解夹套蒸馏釜搅拌器叶轮的矩形，在下拉菜单"修改"中选取"分解(X)"或在修改工具栏点击"分解"按钮；

命令：_ explode

选择对象：用鼠标拉窗口选择要分解的矩形；

选择对象：指定对角点：找到 1 个

选择对象：↙(结束分解命令)

分解夹套蒸馏釜搅拌器叶轮矩形的上下边，在下拉菜单"修改"中选取"删除(E)"或在修改工具栏点击"删除"按钮；

命令：_ erase

选择对象：用鼠标点击矩形的上边(找到 1 个)；

选择对象：用鼠标点击矩形的下边(找到 1 个)，总计 2 个

选择对象↙

移动夹套蒸馏釜搅拌器叶轮搅拌轴下端，在下拉菜单"修改"中选取"移动(V)"或在修改工具栏点击"移动"按钮；

命令：_ move

选择对象：用鼠标窗口选择搅拌器叶轮(找到 3 个)；

选择对象：↙

指定基点或[位移(D)]<位移>：指定搅拌器叶轮斜线的中点；

指定基点或[位移(D)]<位移>：指定第二个点或<使用第一个点作为位移>：一定至搅拌轴的下端点；

复制一个搅拌器叶轮至搅拌轴下端点上部 10 处，在下拉菜单"修改"中选取"复制(Y)"或在修改工具栏点击"复制"按钮；

命令：_ copy

选择对象：用鼠标窗口选择搅拌器叶轮（找到 3 个）找到 1 个

命令：_ copy

选择对象：用鼠标窗口选择搅拌器叶轮（总计 3 个）；

选择对象：↙

当前设置：　复制模式=多个

指定基点或[位移(D)/模式(O)]<位移>：指定第二个点或<使用第一个点作为位移>：d↙

指定第二个点或<使用第一个点作为位移>：@10<90 ↙

指定第二个点或[退出(E)/放弃(U)]<退出>：↙

效果如 4-157(a)所示。

（5）画夹套蒸馏釜的夹套。在下拉菜单“修改”中选取“偏移(S)”或在修改工具栏点击“偏移”按钮；

命令：_ offset

当前设置：删除源=否　图层=源　OFFSETGAPTYPE=0

指定偏移距离或[通过(T)/删除(E)/图层(L)]<通过>：3 ↙

选择要偏移的对象，或[退出(E)/放弃(U)]<退出>：用鼠标选择夹套蒸馏釜直筒的左边；

指定要偏移的那一侧上的点，或[退出(E)/多个(M)/放弃(U)]<退出>：用鼠标点击夹套蒸馏釜左边外部；

选择要偏移的对象，或[退出(E)/放弃(U)]<退出>：用鼠标选择夹套蒸馏釜直筒的右边；

指定要偏移的那一侧上的点，或[退出(E)/多个(M)/放弃(U)]<退出>：用鼠标点击夹套蒸馏釜右边外部；

选择要偏移的对象，或[退出(E)/放弃(U)]<退出>：用鼠标选择夹套蒸馏釜下部的椭圆封头；

指定要偏移的那一侧上的点，或[退出(E)/多个(M)/放弃(U)]<退出>：用鼠标点击夹套蒸馏釜下部的椭圆封头外部；

选择要偏移的对象，或[退出(E)/放弃(U)]<退出>：*取消* ↙　（退出偏移）

用直线画出夹套蒸馏釜夹套封口。

（6）画夹套蒸馏釜夹套蒸汽加热管道、冷凝水管道及箭头。在下拉菜单“绘图”中选取“多段线(P)”或在绘图工具栏点击绘制“多段线”按钮；

命令：_ pline

指定起点：用鼠标在夹套蒸馏釜合适位置选择一点；

指定下一个点或[圆弧(A)/半宽(H)/长度(L)/放弃(U)/宽度(W)]：w ↙

指定起点宽度<0.00>：0 ↙

指定端点宽度<0.00>：3 ↙

指定下一个点或[圆弧(A)/半宽(H)/长度(L)/放弃(U)/宽度(W)]：@5<0

（7）画夹套蒸馏釜夹套蒸汽进口的调节阀和温控器[尺寸见图 4-157(b)和图 4-157(c)]。在下拉菜单“绘图”中选取“矩形(G)”或在绘图工具栏点击绘制“矩形”按钮；

命令：_ rectang

指定第一个角点或[倒角(C)/标高(E)/圆角(F)/厚度(T)/宽度(W)]：用鼠标在合适位置选择一点；

指定另一个角点或[面积(A)/尺寸(D)/旋转(R)]：@6，3↙

画调节阀矩形的对角线；

命令：_ line 指定第一点：用鼠标选择矩形的左上角点；

指定下一点或[放弃(U)]：用鼠标选择矩形的右下角点；

命令：_ line 指定第一点：用鼠标选择矩形的左下角点；

指定下一点或[放弃(U)]：用鼠标选择矩形的右上角点；

删除调节阀矩形的上下边线，画出阀杆和发的执行机构；

命令：_ trim

当前设置：投影=UCS，边=无

选择剪切边...用鼠标选择矩形的对角线；

选择对象：找到 1 个，总计 2 个

选择对象：↙

选择要修剪的对象，或按住 Shift 键选择要延伸的对象，或[栏选(F)/窗交(C)/投影(P)/边(E)/删除(R)/放弃(U)]：用鼠标选择矩形的上边线；

选择要修剪的对象，或按住 Shift 键选择要延伸的对象，或[栏选(F)/窗交(C)/投影(P)/边(E)/删除(R)/放弃(U)]：用鼠标选择矩形的下边线；

选择要修剪的对象，或按住 Shift 键选择要延伸的对象，或[栏选(F)/窗交(C)/投影(P)/边(E)/删除(R)/放弃(U)]：↙

命令：_ line 指定第一点：用鼠标选阀中点；

指定下一点或[放弃(U)]：@3<90↙

命令：_ circle 指定圆的圆心或[三点(3P)/两点(2P)/切点、切点、半径(T)]：用鼠标选阀的上端点；

指定圆的半径或[直径(D)]<5.00>：2.5↙

命令：_ line 指定第一点：用鼠标选圆的左象限点；

指定下一点或[放弃(U)]：用鼠标选圆的右象限点；

命令：_ trim

当前设置：投影=UCS，边=无

选择剪切边...用鼠标选圆的直径；

选择对象或<全部选择>：找到 1 个

选择对象：↙

选择要修剪的对象，或按住 Shift 键选择要延伸的对象，或[栏选(F)/窗交(C)/投影(P)/边(E)/删除(R)/放弃(U)]：用鼠标选圆的内的阀杆部分；

选择要修剪的对象，或按住 Shift 键选择要延伸的对象，或[栏选(F)/窗交(C)/投影(P)/边(E)/删除(R)/放弃(U)]：↙

(8) 画温控器、压力表和疏水器。命令：_ circle 指定圆的圆心或[三点(3P)/两点(2P)/切点、切点、半径(T)]：用鼠标在阀杆延长线上合适位置取一点；

指定圆的半径或[直径(D)]<2. 50>：5↙

命令：_ line 指定第一点：

指定下一点或[放弃(U)]：用鼠标选圆的左象限点；

指定下一点或[放弃(U)]：用鼠标选圆的右象限点；

命令：_ mtext 当前文字样式："国标汉字"　文字高度：3. 5　注释性：否

指定第一角点：用鼠标在上圆内拉文本框；

指定对角点或[高度(H)/对正(J)/行距(L)/旋转(R)/样式(S)/宽度(W)/栏(C)]：TIC↙

压力表和疏水器(略)。这样就绘制出了夹套蒸馏釜，见图 4-157(d)。

4. 绘制待复活溶剂罐、接收罐和醇胺罐　画待复活溶剂罐、接收罐和醇胺罐，在下拉菜单"修改"中选取"复制(Y)"或在修改工具栏点击"复制"按钮；

命令：_ copy

选择对象：用鼠标选择夹套蒸馏釜的搅拌器、筒体、上下封头(总计 13 个)；

选择对象：↙

当前设置：　复制模式=多个

指定基点或[位移(D)/模式(O)]<位移>：指定第二个点或<使用第一个点作为位移>：用鼠标指定上封头和搅拌轴的交点中基点；

指定第二个点或[退出(E)/放弃(U)]<退出>：用鼠标指定复制出的待复活溶剂罐位置点；

指定第二个点或[退出(E)/放弃(U)]<退出>：用鼠标指定复制出的醇胺罐位置点；

指定第二个点或[退出(E)/放弃(U)]<退出>：用鼠标指定复制出的接收罐位置点；

画出待复活溶剂罐接收罐和醇胺罐液位控制器(画法与夹套温控器相同)。

这样就绘制出了待复活溶剂罐、接收罐和醇胺罐，见图 4-157(e)。

5. 绘制夹套蒸馏釜上的填料塔

(1) 画填料塔筒体

在下拉菜单"绘图"中选取"矩形(G)"或在绘图工具栏点击"矩形"按钮；

令：_ rectang

指定第一个角点或[倒角(C)/标高(E)/圆角(F)/厚度(T)/宽度(W)]：用鼠标在合适的位置指定一点；

指定另一个角点或[面积(A)/尺寸(D)/旋转(R)]：@6，70↙

命令：_ line 指定第一点：用鼠标指定矩形左边的中点；

指定下一点或[放弃(U)]：用鼠标指定矩形右边的中点；

(2) 画填料塔的填料

命令：_ offset

当前设置：删除源=否　图层=源　OFFSETGAPTYPE=0

指定偏移距离或[通过(T)/删除(E)/图层(L)]<30. 00>：25↙

选择要偏移的对象，或[退出(E)/放弃(U)]<退出>：用鼠标指定矩形中线；

指定要偏移的那一侧上的点，或[退出(E)/多个(M)/放弃(U)]<退出>：用鼠标指定矩形中线上边的点；

选择要偏移的对象，或[退出(E)/放弃(U)]<退出>：用鼠标指定矩形中线下边的点；

删除矩形的中线；

命令：_ erase

选择对象：用鼠标选择中线(找到 1 个)；

选择对象：↙

画填料塔填料线；

命令：_ line 指定第一点：用鼠标选择填料塔填料线左上端点；

指定下一点或[放弃(U)]：用鼠标选择填料塔填料线右下端点；

命令：_ line 指定第一点：用鼠标选择填料塔填料线左下端点；

指定下一点或[放弃(U)]：用鼠标选择填料塔填料线右上端点；

(3) 画填料塔上封头

命令：_ ellipse

指定椭圆的轴端点或[圆弧(A)/中心点(C)]：用鼠标选择填料塔左上端点；

指定轴的另一个端点：用鼠标选择填料塔有上端点；

指定另一条半轴长度或[旋转(R)]：1.5 ↙

画椭圆的下半部分；

命令：_ trim

当前设置：投影=UCS，边=无

选择剪切边... 用鼠标选择填料塔矩形；

选择对象或<全部选择>： 找到 1 个

选择对象：↙

选择要修剪的对象，或按住 Shift 键选择要延伸的对象，或[栏选(F)/窗交(C)/投影(P)/边(E)/删除(R)/放弃(U)]：用鼠标选择填料塔封头椭圆的下半部分；

这样就绘制出了填料塔，见图 4-157(f)。

6. 画列管换热器　画列管换热器直筒。

命令：_ rectang

指定第一个角点或[倒角(C)/标高(E)/圆角(F)/厚度(T)/宽度(W)]：用鼠标在绘图区选择合适的位置；

指定另一个角点或[面积(A)/尺寸(D)/旋转(R)]：@50，15 ↙

画换热器直筒；

画换热器左边椭圆封头；

命令：_ ellipse

指定椭圆的轴端点或[圆弧(A)/中心点(C)]：用鼠标指定换热器直筒左下端点；

指定轴的另一个端点：用鼠标指定换热器直筒左上端点；

指定另一条半轴长度或[旋转(R)]：3 ↙

修剪椭圆；

命令：_ trim

当前设置：投影=UCS，边=无

选择剪切边... 用鼠标选择换热器直筒；

选择对象或<全部选择>： 找到 1 个

选择对象：↙

选择要修剪的对象，或按住 Shift 键选择要延伸的对象，或[栏选(F)/窗交(C)/投影(P)/边(E)/删除(R)/放弃(U)]：用鼠标选择换热器直筒里面的一半椭圆；

画换热器右边椭圆封头；

命令：_ mirror

选择对象：用鼠标选择换热器左边椭圆封头(找到 1 个)；

选择对象：↙

指定镜像线的第一点：用鼠标选择换热器直筒的上边中点(找到 1 个)；

指定镜像线的第二点：用鼠标选择换热器直筒的下边中点(找到 1 个)；

要删除源对象吗？[是(Y)/否(N)]<N>：↙

画换热器里面列管；

命令：_ line 指定第一点：用鼠标选择换热器直筒左边边线的中点(找到 1 个)；

指定下一点或[放弃(U)]：用鼠标选择换热器直筒右边边线的中点(找到 1 个)；

命令：_ offset

当前设置：删除源=否 图层=源 OFFSETGAPTYPE=0

指定偏移距离或[通过(T)/删除(E)/图层(L)]<25.00>： 5↙

选择要偏移的对象，或[退出(E)/放弃(U)]<退出>：用鼠标选择换热器中间列管；

指定要偏移的那一侧上的点，或[退出(E)/多个(M)/放弃(U)]<退出>：用鼠标选择换热器中间列管上面一点；

选择要偏移的对象，或[退出(E)/放弃(U)]<退出>：用鼠标选择换热器中间列管；

指定要偏移的那一侧上的点，或[退出(E)/多个(M)/放弃(U)]<退出>：用鼠标选择换热器中间列管下面一点；

画出温控器和冷却水(画法与夹套温控器和冷却水相同)，见图 4-157(g)。

7. 画出料泵 画半径为 5 的泵壳；

命令：_ circle 指定圆的圆心或[三点(3P)/两点(2P)/切点、切点、半径(T)]：用鼠标在夹套蒸馏釜下面选择合适的一点；

指定圆的半径或[直径(D)]：5↙

画泵内部的箭头；

命令：_ pline

指定起点：用鼠标选择泵体的圆心；

当前线宽为 1.00

指定下一个点或[圆弧(A)/半宽(H)/长度(L)/放弃(U)/宽度(W)]：W↙

指定起点宽度<3.00>：0↙

指定端点宽度<0.00>：3↙

指定下一个点或[圆弧(A)/半宽(H)/长度(L)/放弃(U)/宽度(W)]：@5<180↙

画泵的底座；

命令：_ line 指定第一点：用鼠标选择泵体的圆的下象限点；

指定下一点或[放弃(U)]：@5<270↙

指定下一点或[放弃(U)]：@5<0 ↙

指定下一点或[闭合(C)/放弃(U)]：用鼠标选择泵体圆心；

剪切掉泵体圆内部的直线；

命令：_ trim

当前设置：投影=UCS，边=无

选择剪切边... 用鼠标选择泵体圆弧；

选择对象或<全部选择>：　找到 1 个

选择对象：↙

选择要修剪的对象，或按住 Shift 键选择要延伸的对象，或[栏选(F)/窗交(C)/投影(P)/边(E)/删除(R)/放弃(U)]：用鼠标选择泵体圆弧内部的直线；

删除泵体圆弧下面象限点的竖直线；

命令：_ erase

选择对象：用鼠标选择泵体圆弧下面象限点的竖直线(找到 1 个)；

选择对象：↙

镜像右半部分泵坐；

命令：_ mirror

选择对象：用鼠标选择泵体右半部分泵坐(找到 2 个)；

选择对象：总计 2 个

选择对象：↙

指定镜像线的第一点：用鼠标选择泵的圆心；

指定镜像线的第二点：用鼠标选择泵体圆弧下面象限点；

要删除源对象吗？[是(Y)/否(N)]<N>：↙

画泵的出口管；

命令：_ line 指定第一点：用鼠标选择泵体圆弧右面象限点；

指定下一点或[放弃(U)]：用鼠标选择泵体圆弧右面象限点上方延长线上的合适一点；

这样就绘制出了画出料泵，见图 4-156(h)。

8. 画接收罐、计量罐；

画法和画中间罐相同，然后把其他管路连接，再把图例画出来。这样就绘制出了醇胺法脱酸气溶剂复活工艺流程图(设备一览表略)，见图 4-134。

4.4.2　绘制设备图实训

4.4.2.1　实训目的

(1) 掌握设备图样的基本绘制方法；

(2) 理解设备外观尺寸、定位尺寸及安装尺寸；

(3) 掌握设备图样的标注及标题栏填写。

4.4.2.2　实训内容

绘制图 4-157 所示立式储罐设备图。管口表和标题栏见表 4-8 和表 4-9。

4.4.2.3　实训步骤

1. 基本设置　同前。根据立式储罐的具体尺寸选择绘图比例为 1:10；

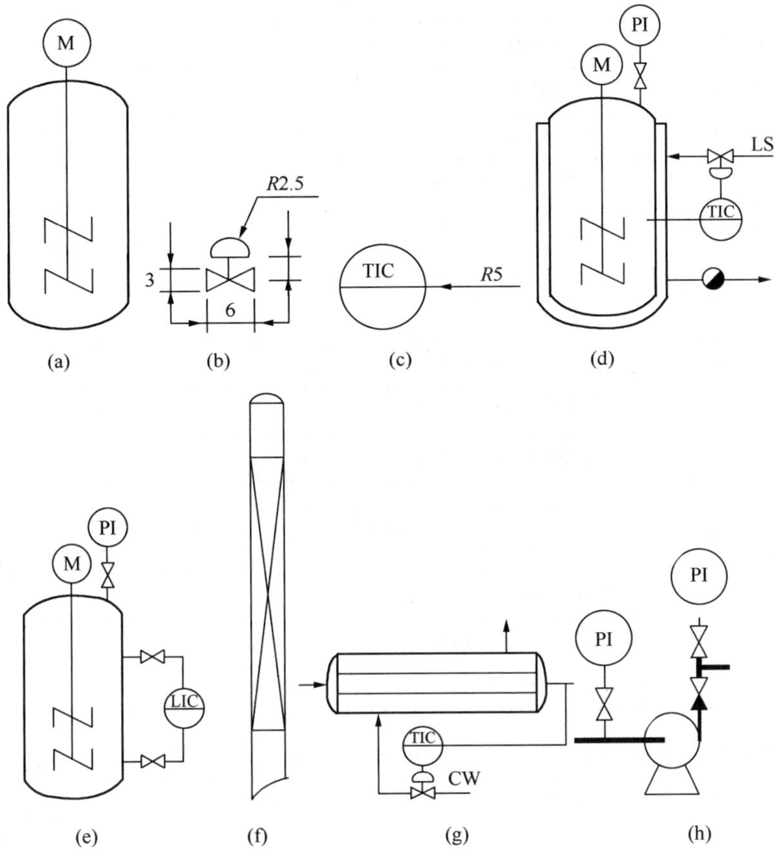

图 4-156　工艺流程图绘制过程

表 4-8　管口表

管口表							
符号	公称尺寸	公称压力	连接标准	法兰型式	连接面型式	用途或名称	设备中心线至法兰密封面距离
A	50	1.0	HG 20592—2009		夹面	进料口	见图
B	40	1.0	HG 20592—2009		夹面	放空口	见图
C	50	1.0	HG 20592—2009		夹面	备用口	见图
D	50	1.6	HG 20592—2009		夹面	出料口	见图
LG_{1-4}	15	1.0			夹面	液面计	见图
M	500		HG 21515—2005			人孔	见图

2. 调用样板图　在打开新图时，在“文件类型(T)”中选择：“图形样板(* dwt)”，在“选择样板”选 A2，将样板调出，见图 4-114。

3. 确定主视图、俯视图的位置　绘制视图应从主视图开始，配合俯视图或者左视图以一起画。

(1) 确定主视图位置。进入中心线图层，根据产品罐的具体尺寸选择绘图比例为 1:10；定产品罐的基本位置；

表 4-9 标题栏

15	JB/T 4736—2002	补强圈 *DN* 500×6	1				
14	JB/T 21515—2005	人孔 *DN* 500	1				
13	JB/T 4712—2007	耳座 B4	3				
12		筒体 DM1600×6H＝2600	1				
11	JB/T 4746—2002	椭圆封头 *DN* 1600×6	2				
10	JB/T 20592—2009	法兰 *PN* 1. 0 *DN* 40	1				
9	GB 8163—87	接管 ϕ45×3. 5	1				
8	JB/T 20592—2009	法兰 *PN*1. 0 *DN* 50	3				
7	JB 8163—87	接管 ϕ57×3. 5	3				
6	HGJ 69—91	石棉橡胶垫 RF15-0. 25	4				
5		螺母 M12	16				
4		螺栓 M12×45	16				
3		液面计 DAI，*L*＝1400	2				
2		接管 *Φ*18×3L＝150	4				
1	JB/T 20592—2009	法兰 *PN*1. 6*DN* 15	4				
序号	图号或标准号	名称	数量	材料	单	总	备注
					质量(kg)		

<table>
<tr><td colspan="4"></td><td colspan="2">工程名称</td></tr>
<tr><td>制图</td><td></td><td></td><td rowspan="5">立式储罐设备图</td><td colspan="2">项目名称</td></tr>
<tr><td>设计</td><td></td><td></td><td>专业</td><td></td></tr>
<tr><td>校核</td><td></td><td></td><td rowspan="3">图号</td><td rowspan="3"></td></tr>
<tr><td>审核</td><td></td><td></td></tr>
<tr><td></td><td></td><td></td></tr>
<tr><td colspan="3">年</td><td>比例　1∶10</td><td colspan="2"></td></tr>
</table>

命令：_ line 指定第一点：用鼠标捕捉内图框的左上角点；

指定下一点或[放弃(U)]：@140，-15↙ （第一条辅助线，确定筒体中心线的第一点）

指定下一点或[放弃(U)]：↙

命令：_ line 指定第一点：用鼠标捕捉内图框的左上角点；

指定下一点或[放弃(U)]：@140，-75↙ （第三条辅助线，确定筒体中心线和上封头直边交界线的交点）

指定下一点或[放弃(U)]：↙

命令：_ line 指定第一点：用鼠标捕捉内图框的左上角点；

命令：@340，-120↙ （第二条辅助线，确定俯视图中的圆心）

指定下一点或[放弃(U)]：↙

绘制基本中心线；

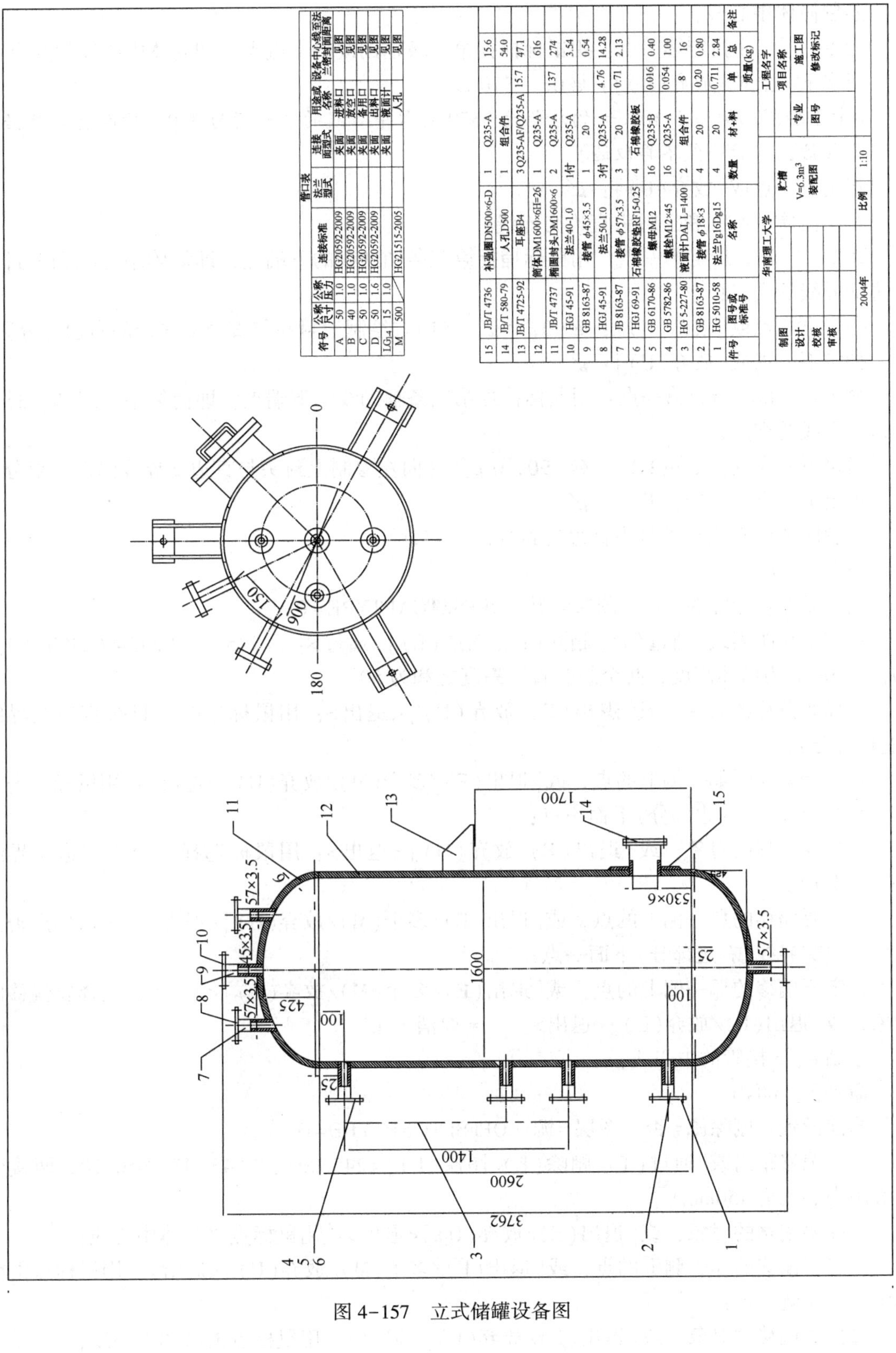

管口表							
符号	公称尺寸	公称压力	连接标准	法兰型式	连接面型式	用途或名称	设备中心线至法兰密封面距离
A	50	1.0	HG20592-2009		夹面	进料口	见图
B	40	1.0	HG20592-2009		夹面	放空口	见图
C	50	1.0	HG20592-2009		夹面	备用口	见图
D	50	1.6	HG20592-2009		夹面	出料口	见图
$LG_{1\text{-}4}$	15	1.0			夹面	液面计	见图
M	500		HG21515-2005			人孔	见图

件号	图号或标准号	名称	数量	材+料	单	总	备注
15	JB/T 4736	补强圈DN500×6-D	1	Q235-A		15.6	
14	JB/T 580-79	人孔D500	1	组合件		54.0	
13	JB/T 4725-92	耳座B4	3	Q235-AF/Q235-A	15.7	47.1	
12		筒体DM1600×6H=26	1	Q235-A		616	
11	JB/T 4737	椭圆封头DM1600×6	2	Q235-A	137	274	
10	HGJ 45-91	法兰40-1.0	1付	Q235-A		3.54	
9	GB 8163-87	接管 $\phi45\times3.5$	1	20		0.54	
8	HGJ 45-91	法兰50-1.0	3付	Q235-A	4.76	14.28	
7	JB 8163-87	接管 $\phi57\times3.5$	3	20	0.71	2.13	
6	HGJ 69-91	石棉橡胶垫RF15-0.25	4	石棉橡胶板			
5	GB 6170-86	螺母M12	16	Q235-B	0.016	0.40	
4	GB 5782-86	螺栓M12×45	16	Q235-A	0.054	1.00	
3	HG 5-227-80	液面计DAI, L=1400	2	组合件	8	16	
2	GB 8163-87	接管 $\phi18\times3$	4	20	0.20	0.80	
1	HG 5010-58	法兰Pg16Dg15	4	20	0.711	2.84	
					质量(kg)		

华南理工大学		贮槽	工程名字	
制图		V=$6.3m^3$ 装配图	项目名称	
设计			专业	施工图
校核			图号	修改标记
审核				
2004年		比例 1:10		

图 4-157 立式储罐设备图

绘制筒体中心线；

命令：_ line 指定第一点：用鼠标捕捉第一条辅助线的下端点，即筒体中心线的起点；

指定下一点或[放弃(U)]：@0，-370↙

(由于绘图比例为1:10，罐的总长为3550故取中心线的总长度为370，后面有关数据计算与此相仿，以后一般不再叙述)

指定下一点或[放弃(U)]：↙

绘制筒体中心线和上封头直边交界线；

命令：_ line 指定第一点：用鼠标捕捉第三条辅助线的下端点，即筒体中心线和上封头直边交界线的交点；

指定下一点或[放弃(U)]：@90，0↙ (向右绘制上封头与直边交界线的右边部分)

指定下一点或[放弃(U)]：↙

命令：_ line 指定第一点：用鼠标捕捉第三条辅助线的下端点，即筒体中心线和上封头直边交界线的交点；

指定下一点或[放弃(U)]：@-90，0↙ (向左绘制上封头与直边交界线的左边部分)

指定下一点或[放弃(U)]：↙

绘制筒体中心线和下封头直边交界线；

命令：_ offset

当前设置：删除源=否 图层=源 OFFSETGAPTYPE=0

指定偏移距离或[通过(T)/删除(E)/图层(L)]<通过>： 245↙ [245=(2400+50)/10，2400mm为筒体高度，两个封头直边高度之和为50]

选择要偏移的对象，或[退出(E)/放弃(U)]<退出>：用鼠标选择上封头直边交界线(左边部分)；

指定要偏移的那一侧上的点，或[退出(E)/多个(M)/放弃(U)]<退出>：用鼠标点击上封头直边交界线(左边部分)下面一点；

选择要偏移的对象，或[退出(E)/放弃(U)]<退出>：用鼠标选择上封头直边交界线(右边部分)；

指定要偏移的那一侧上的点，或[退出(E)/多个(M)/放弃(U)]<退出>：用鼠标点击上封头直边交界线(右边部分)下面一点；

指定要偏移的那一侧上的点，或[退出(E)/多个(M)/放弃(U)]<退出>：选择要偏移的对象，或[退出(E)/放弃(U)]<退出>： *取消* ↙

绘制e、c接管的中心线；

命令：_ offset

当前设置：删除源=否 图层=源 OFFSETGAPTYPE=0

指定偏移距离或[通过(T)/删除(E)/图层(L)]<245.00>： 45(45=450/10，两接管管心距中心线为450mm)

选择要偏移的对象，或[退出(E)/放弃(U)]<退出>：用鼠标点击筒体中心线；

指定要偏移的那一侧上的点，或[退出(E)/多个(M)/放弃(U)]<退出>：用鼠标点击筒体中心线左侧一点；

选择要偏移的对象，或[退出(E)/放弃(U)]<退出>：用鼠标点击筒体中心线；

指定要偏移的那一侧上的点，或[退出(E)/多个(M)/放弃(U)]<退出>：用鼠标点击筒体中心线右侧一点；

选择要偏移的对象，或[退出(E)/放弃(U)]<退出>：↙

(2) 确定俯视图位置。绘制俯视图圆心十字中心线。

命令：_ line 指定第一点：用鼠标捕捉第二条辅助线下端点，即为俯视图圆心点；

指定下一点或[放弃(U)]：@90，0↙

指定下一点或[放弃(U)]：↙

命令：_ line 指定第一点：用鼠标捕捉第二条辅助线下端点，即为俯视图圆心点；

指定下一点或[放弃(U)]：@-90，0↙

指定下一点或[放弃(U)]：↙

命令：_ line 指定第一点：用鼠标捕捉第二条辅助线下端点，即为俯视图圆心点；

指定下一点或[放弃(U)]：@0，100↙

指定下一点或[放弃(U)]：↙

命令：_ line 指定第一点：用鼠标捕捉第二条辅助线下端点，即为俯视图圆心点；

指定下一点或[放弃(U)]：@0，-100↙

指定下一点或[放弃(U)]：↙

删除三条辅助线；

命令：_ erase

选择对象：用鼠标捕捉第一条辅助线，找到 1 个；

选择对象：用鼠标捕捉第二条辅助线，找到 1 个，总计 2 个；

选择对象：用鼠标捕捉第三条辅助线，找到 1 个，总计 3 个；

选择对象：↙

绘制俯视图中的管口中心线；

命令：_ line 指定第一点：用鼠标捕捉俯视图圆心点；

指定下一点或[放弃(U)]：@120<45 ↙ （人孔中心线在 45°角上）

指定下一点或[放弃(U)]：↙

命令：_ line 指定第一点：用鼠标捕捉俯视图圆心点；

指定下一点或[放弃(U)]：@100<125 ↙ （液位计 b_3、b_4 中心线在 125°角上）

指定下一点或[放弃(U)]：↙

命令：_ line 指定第一点：用鼠标捕捉俯视图圆心点；

指定下一点或[放弃(U)]：@100<135 ↙ （液位计 b_1、b_2 中心线在 135°角上）

指定下一点或[放弃(U)]：↙

命令：_ line 指定第一点：用鼠标捕捉俯视图圆心点；

指定下一点或[放弃(U)]：@110<210↙ （三个支座中的其中一个在 210°角上）

指定下一点或[放弃(U)]：↙

命令：_ line 指定第一点：用鼠标捕捉俯视图圆心点；

指定下一点或[放弃(U)]：@110<330 （三个支座中的另一个在 330°角上）

指定下一点或[放弃(U)]：↙

主视图、俯视图的位置确定见图 4-158(a)。

4. 画主体结构

(1)筒体主体结构线；

命令：_ line 指定第一点：用鼠标捕捉筒体中心线和上封头与直边交界线的交点；

指定下一点或[放弃(U)]：@0，-2.5 ↙(2.5=25/10，封头的直边为25，此线为辅助线，最后删除)

指定下一点或[放弃(U)]：@81.5，0 ↙ (81.5=800/10+6/4，800为筒体半径，比例尺为1:10，6为筒体厚度，比例尺为1:4)

指定下一点或[闭合(C)/放弃(U)]：@0，-240 ↙ (240=2400/10，2400为筒体长度，比例尺为1:10，6为筒体厚度，比例尺为1:4)

指定下一点或[闭合(C)/放弃(U)]：用鼠标捕捉中心线上的垂足；

指定下一点或[闭合(C)/放弃(U)]：↙(画好右边部分的外框)

命令：_ offset

当前设置：删除源=否　图层=源　OFFSETGAPTYPE=0

指定偏移距离或[通过(T)/删除(E)/图层(L)]<通过>：1.5↙ (1.5为筒体厚度在图上的数据)

选择要偏移的对象，或[退出(E)/放弃(U)]<退出>：用鼠标点击画好的外框的垂直线；

指定要偏移的那一侧上的点，或[退出(E)/多个(M)/放弃(U)]<退出>：用鼠标在外框垂直线的左边点击；

选择要偏移的对象，或[退出(E)/放弃(U)]<退出>：↙

命令：_ mirror

选择对象：用鼠标窗口选择右边已经画好的筒体结构线(找到4个，总计4个)；

选择对象：↙

指定镜像线的第一点：指定镜像线的第二点：在筒体中心线上从上到下点击两次

要删除源对象吗？[是(Y)/否(N)]<N>：↙

对接管中心线进行修剪，并删除辅助线。效果见图4-158(b)。

(2) 画椭圆右侧的直边。过程见图4-158(c)。

命令：_ line 指定第一点：用鼠标捕捉A点；

指定下一点或[放弃(U)]：用鼠标捕捉A_1点；

指定下一点或[放弃(U)]：↙ (绘制好AA_1)

命令：_ line 指定第一点：用鼠标捕捉B点；

指定下一点或[放弃(U)]：用鼠标捕捉B_1点；

指定下一点或[放弃(U)]：↙ (绘制好BB_1)

(3) 画椭圆封头。

命令：_ ellipse

指定椭圆的轴端点或[圆弧(A)/中心点(C)]：

指定轴的另一个端点：a↙

指定椭圆的轴端点或[圆弧(A)/中心点(C)]：用鼠标捕捉A_1点(作为内半椭圆的起点)；

指定轴的另一个端点：@-160，0 ↙(160=1600/10，1600为椭圆的长轴长度)

指定另一条半轴长度或[旋转(R)]：40 ↙ (40=400/10，该椭圆封头是标准椭圆封

头，短轴为长轴的一半，故椭圆的短轴长度一半为 400）

命令：_ trim

当前设置：投影=UCS，边=无

选择剪切边... 用鼠标捕捉选择 A_1B_1 及左边的延长线；

选择对象或<全部选择>：找到 1 个

选择对象：找到 1 个，总计 2 个

选择对象：↙

选择要修剪的对象，或按住 Shift 键选择要延伸的对象，或[栏选(F)/窗交(C)/投影(P)/边(E)/删除(R)/放弃(U)]：用鼠标点击 A_1B_1 及左边的延长线下部的椭圆；

选择要修剪的对象，或按住 Shift 键选择要延伸的对象，或[栏选(F)/窗交(C)/投影(P)/边(E)/删除(R)/放弃(U)]：*取消*↙

命令：_ offset

当前设置：删除源=否　图层=源　OFFSETGAPTYPE=0

指定偏移距离或[通过(T)/删除(E)/图层(L)]<1.50>：（1.5=6/4，6 为椭圆封头厚度，比例尺为 1:4）↙

选择要偏移的对象，或[退出(E)/放弃(U)]<退出>：用鼠标选择已经画好的半椭圆；

指定要偏移的那一侧上的点，或[退出(E)/多个(M)/放弃(U)]<退出>：用鼠标在已经画好的半椭圆的上方点击；

选择要偏移的对象，或[退出(E)/放弃(U)]<退出>：*取消*↙

画椭圆左侧的直边；

方法同画右侧相同；

画下面椭圆封头；

命令：_ mirror

选择对象：用鼠标窗口选择上面的封头及直边（找到 6 个，总计 6 个）；

选择对象：↙

指定镜像线的第一点：用鼠标捕捉左侧直筒垂线的中点；

指定镜像线的第二点：用鼠标捕捉右侧直筒垂线的中点

要删除源对象吗？[是(Y)/否(N)]<N>：↙

效果见图 4-158(d)。

5. 绘制所有接管在主视图和俯视图中的结构线　本设备图共有各种接管八个，涉及三种公称直径，接管上采用管法兰和其他管子相连接，和这三种公称直径有关的数据见下表。所有的接管均采用简化画法，在俯视图中只绘制三个圆，分别是法兰外直径圆、螺栓孔中心距圆（用中心线）、接管内经圆。下面通过 d 管的绘制方法来说明所有接管的绘制过程，其他接管均可以参照此方法绘制。

表 4-10　三种接管及法兰数据

公称直径	法兰外径 D	螺栓孔中心距 K	法兰厚度 b	接管外径 d	接管内径 d_0	接管厚度 t	长度 L
a、c、e 管：50	140/14	110/11	12/1.2	57/5.7	50/5	3.5/0.8	150/15
d 管：40	120/12	90/9	12/1.2	45/4.5	38/3.8	3.5/0.8	150/15
b 管：15	75/7.5	50/5	10/1.0	18/1.8	12/1.2	3/0.5	150/15

注：表中数据的第一项为实际大小，斜杠后面的数据为在具体绘制中用到的数据。

(1) 绘制接管的右边部分。

命令：_ line 指定第一点：用鼠标捕捉筒体中心线和上封头内轮廓线的交点 *a*；

指定下一点或[放弃(U)]：@2.25，0↙(2.25=22.5/10，22.5 为 *d* 管外接管的外半径，确定 *b* 点)

指定下一点或[放弃(U)]：在正交状态下，用鼠标在上封头上部一定位置点击(确定 *d* 点)；

指定下一点或[闭合(C)/放弃(U)]：↙

命令：_ line 指定第一点：用鼠标捕捉 *c* 点，即 *bd* 线与上封头外轮廓线的交点；

指定下一点或[放弃(U)]：@0，13.8↙[13.8=(150−12)/10，150 为接管总长度，12 为法兰厚度，确定 *e* 点]

指定下一点或[放弃(U)]：在正交状态下，用鼠标在上封头上部一定位置点击(确定 *d* 点)；

指定下一点或[闭合(C)/放弃(U)]：@3.75，0↙ [3.75=(60−22.5)/10，60 为法兰半径，22.5 为接管外半径，确定 *e* 点]

指定下一点或[放弃(U)]：@0，1.2↙ (1.2=12/10，12 为法兰厚度)

指定下一点或[放弃(U)]：用鼠标在筒体中心线上捕捉垂足；

指定下一点或[放弃(U)]：＊取消＊↙

命令：_ line 指定第一点：捕捉 *e* 点(完成法兰厚度线的下半部分)；

指定下一点或[放弃(U)]：用鼠标在筒体中心线上捕捉垂足；

指定下一点或[放弃(U)]：＊取消＊↙

命令：_ offset

当前设置：删除源=否 图层=源 OFFSETGAPTYPE=0

指定偏移距离或[通过(T)/删除(E)/图层(L)]<10.00>： 0.8↙ (0.8 为接管厚度，用夸张处理)

选择要偏移的对象，或[退出(E)/放弃(U)]<退出>：点击 *de* 线；

指定要偏移的那一侧上的点，或[退出(E)/多个(M)/放弃(U)]<退出>：在 *de* 线的左侧点击；

选择要偏移的对象，或[退出(E)/放弃(U)]<退出>：点击 *bd* 线；

指定要偏移的那一侧上的点，或[退出(E)/多个(M)/放弃(U)]<退出>：在 *bd* 线的左侧点击；

选择要偏移的对象，或[退出(E)/放弃(U)]<退出>：＊取消＊↙ (绘制好接管的右边部分)

(2) 绘制接管的左边部分。

命令：_ mirror

选择对象：用鼠标窗口选择绘制好的接管的右边部分(找到 7 个，总计 7 个)；

选择对象：

指定镜像线的第一点：指定镜像线的第二点：在筒体中心线从上到下点击两点；

要删除源对象吗？[是(Y)/否(N)]<N>：↙ (绘制好接管的左边部分)

画剖面部分和不剖面部分的分界线；

命令：_ spline

指定第一个点或[对象(O)]：用鼠标点击接管的左边外壁线上合适一点；

指定下一点：用鼠标点击接管的左边内壁线上合适一点；

指定下一点或[闭合(C)/拟合公差(F)]<起点切向>：用鼠标点击接管中心线线上合适一点；

指定下一点或[闭合(C)/拟合公差(F)]<起点切向>：用鼠标点击接管的右边内壁线上合适一点；

指定下一点或[闭合(C)/拟合公差(F)]<起点切向>：用鼠标点击接管的右边外壁线上合适一点；

指定起点切向：↙

指定起点切向：↙

剪切分界线上面不剖面的接管的左边和右边内壁线；

命令：_ trim

当前设置：投影=UCS，边=无

选择剪切边 ... 用鼠标点击分界线；

选择对象：用鼠标点击接管的左边和右边内壁线(找到 2 个，总计 2 个)；

选择对象：↙

选择要修剪的对象，或按住 Shift 键选择要延伸的对象，或[栏选(F)/窗交(C)/投影(P)/边(E)/删除(R)/放弃(U)]：↙

画接管法兰两条螺栓孔中心线；

命令：_ offset

当前设置：删除源=否　图层=源　OFFSETGAPTYPE=0

指定偏移距离或[通过(T)/删除(E)/图层(L)]<通过>：1.5↙　(1.5=15/10，螺栓孔中心线距法兰外缘 15mm)

选择要偏移的对象，或[退出(E)/放弃(U)]<退出>：用鼠标点击接管右边法兰外缘线；

指定要偏移的那一侧上的点，或[退出(E)/多个(M)/放弃(U)]<退出>：用鼠标点击接管右边法兰外缘线的左边；

选择要偏移的对象，或[退出(E)/放弃(U)]<退出>：用鼠标点击接管左边法兰外缘线；

指定要偏移的那一侧上的点，或[退出(E)/多个(M)/放弃(U)]<退出>：用鼠标点击接管左边法兰外缘线的右边；

选择要偏移的对象，或[退出(E)/放弃(U)]<退出>：↙

画接管法兰左边螺栓孔中心线；

命令：_ line 指定第一点：在垂直状态过刚画出的左边螺栓孔中心定位线，在接管法兰左边上部合适位置点击一点；

指定下一点或[放弃(U)]：在垂直状态过刚画出的左边螺栓孔中心定位线，在接管法兰左边下部合适位置点击一点；

指定下一点或[放弃(U)]：↙

画接管法兰右边螺栓孔中心线；

命令：_ line 指定第一点：在垂直状态过刚画出的右边螺栓孔中心定位线，在接管法兰右边上部合适位置点击一点；

指定下一点或[放弃(U)]：在垂直状态过刚画出的右边螺栓孔中心定位线，在接管法兰右边下部合适位置点击一点；

指定下一点或[放弃(U)]：↙

画剖面线略；

效果见图 4-158(e)。

(3) 其他的接管均可以仿此画出，效果见图 4-159(f)。

6. 画支座在主视图结构线

(1) 画筒体垫板和筒体接触的下部端点的辅助线

命令：_ offset

当前设置：删除源=否　图层=源　OFFSETGAPTYPE=0

指定偏移距离或[通过(T)/删除(E)/图层(L)]<通过>：158.9↙　　[158.9=(1600-11)/10，1600 为支座底部垫板距筒体和下封头的交界线的距离，11 为支座底部垫板距筒体垫板下部端点的距离]

选择要偏移的对象，或[退出(E)/放弃(U)]<退出>：用鼠标选择筒体和下封头的交界线；

指定要偏移的那一侧上的点，或[退出(E)/多个(M)/放弃(U)]<退出>：用鼠标点击筒体和下封头的交界线的上方；

选择要偏移的对象，或[退出(E)/放弃(U)]<退出>：＊取消＊↙

(2) 画支座底部垫板下边的辅助线

命令：_ offset

当前设置：删除源=否　图层=源　OFFSETGAPTYPE=0

指定偏移距离或[通过(T)/删除(E)/图层(L)]<通过>：1.1↙　　(1.1=11/10，11 为支座底部垫板距筒体垫板下部端点的距离]

选择要偏移的对象，或[退出(E)/放弃(U)]<退出>：用鼠标选择筒体垫板和筒体接触的下部端点的辅助线；

指定要偏移的那一侧上的点，或[退出(E)/多个(M)/放弃(U)]<退出>:：用鼠标点击筒体垫板和筒体接触的下部端点的辅助线的上方；

选择要偏移的对象，或[退出(E)/放弃(U)]<退出>：＊取消＊↙

(3) 画支座底部垫板上边的辅助线

命令：_ offset

当前设置：删除源=否　图层=源　OFFSETGAPTYPE=0

指定偏移距离或[通过(T)/删除(E)/图层(L)]<通过>：1.4↙　　(1.4=14/10，14 为支座底部垫板的厚度)

选择要偏移的对象，或[退出(E)/放弃(U)]<退出>：用鼠标选择支座底部垫板下边的辅助线；

指定要偏移的那一侧上的点，或[退出(E)/多个(M)/放弃(U)]<退出>:：用鼠标点击支座底部垫板下边的辅助线的上方；

选择要偏移的对象，或[退出(E)/放弃(U)]<退出>：＊取消＊↙

(4) 画支座底部筋板下边高度的辅助线

命令：_ offset

当前设置：删除源=否　图层=源　OFFSETGAPTYPE=0

指定偏移距离或[通过(T)/删除(E)/图层(L)]<通过>：3 ↙　　(3=30/10，30 为筋板的下边高度]

选择要偏移的对象，或[退出(E)/放弃(U)]<退出>：用鼠标选择支座底部垫板上边的辅助线；

指定要偏移的那一侧上的点，或[退出(E)/多个(M)/放弃(U)]<退出>:：用鼠标点击支座底部垫板上边的辅助线的上方；

选择要偏移的对象，或[退出(E)/放弃(U)]<退出>：*取消*↙

(5) 画支座筋板上端高度的辅助线

命令：_ offset

当前设置：删除源=否　图层=源　OFFSETGAPTYPE=0

指定偏移距离或[通过(T)/删除(E)/图层(L)]<通过>：20.6 ↙　　[20.6=(250-30-14)/10，250 为支座底部垫板下边距支座筋板上端的距离，30 为筋板的下边高度，14 为支座底部垫板的厚度]

选择要偏移的对象，或[退出(E)/放弃(U)]<退出>：用鼠标选择支座底部筋板下边高度的辅助线；

指定要偏移的那一侧上的点，或[退出(E)/多个(M)/放弃(U)]<退出>:：用鼠标点击支座底部筋板下边高度的辅助线的上方；

选择要偏移的对象，或[退出(E)/放弃(U)]<退出>：*取消*↙

(6) 画支座筒体垫板上端高度的辅助线

命令：_ offset

当前设置：删除源=否　图层=源　OFFSETGAPTYPE=0

指定偏移距离或[通过(T)/删除(E)/图层(L)]<通过>：4 ↙　　[4=40/10，40 为支座筋板上端距筒体垫板上端的距离]

选择要偏移的对象，或[退出(E)/放弃(U)]<退出>：用鼠标选择支座筋板上端高度的辅助线；

指定要偏移的那一侧上的点，或[退出(E)/多个(M)/放弃(U)]<退出>:：用鼠标点击支座筋板上端高度的辅助线的上方；

选择要偏移的对象，或[退出(E)/放弃(U)]<退出>：*取消*↙

(7) 画长度为 301，厚度为 8 的支座筒体垫板

命令：_ line 指定第一点：垂直状态过支座筒体垫板下部端点辅助线上在外部筒体上捕捉一点；

指定下一点或[放弃(U)]：@0.8<0↙

指定下一点或[放弃(U)]：@30.1<90↙

指定下一点或[闭合(C)/放弃(U)]：↙

(8) 画左边直边高度为 236，底边长度为 290，上边长度为 100，右边直边高度为 30 的支座筋板

命令：_ line 指定第一点：垂直状态过支座底部垫板上边辅助线上在筒体垫板外壁上捕捉一点；

指定下一点或[放弃(U)]：@29<0↙ （29=290/10，290为筋板底边长度）

指定下一点或[放弃(U)]：@3<90↙ （3=30/10，30为筋板右边直边高度）

指定下一点或[闭合(C)/放弃(U)]：↙

命令：_ line 指定第一点：垂直状态过筋板片上边辅助线上在筒体垫板外壁上捕捉一点；

指定下一点或[放弃(U)]：@10<0 ↙ （10=100/10，100为筋板上边长度）

指定下一点或[闭合(C)/放弃(U)]：指定下一点或[闭合(C)/放弃(U)]：在筋板右直边上部端点捕捉一点；

指定下一点或[放弃(U)]：↙

(9) 画厚度为14，宽度140的支座下部垫板

命令：_ line 指定第一点：在筋板右直边下部端点捕捉一点；

指定下一点或[放弃(U)]：@1.4<270 ↙ （1.4=14/10，14为支座下部垫板厚度）

指定下一点或[放弃(U)]：@14<180 ↙ （14=140/10，140为支座下部垫板宽度）

指定下一点或[放弃(U)]：@1.4<90 ↙ （1.4=14/10，14为支座下部垫板厚度）

指定下一点或[闭合(C)/放弃(U)]：↙

(10) 画支座下部垫板中间$\phi 30$的螺栓孔

命令：_ line 指定第一点：在支座下部垫板下边捕捉中点(在点画线图层)；

指定下一点或[放弃(U)]：@5<90↙ （5=50/10，50为支座下部垫板中间$\phi 30$的螺栓孔中心线上部分的长度）

指定下一点或[放弃(U)]：↙

命令：_ line 指定第一点：在支座下部垫板下边捕捉中点(在点画线图层)；

指定下一点或[放弃(U)]：@3<270 ↙ （3=30/10，30为支座下部垫板中间$\phi 30$的螺栓孔中心线下部分的长度）

指定下一点或[放弃(U)]：↙

命令：_ point

当前点模式： PDMODE=0 PDSIZE=0.00 在支座下部垫板下边中线上捕捉一点；

指定点：@1.5<180 ↙ （1.5=15/10，15为支座下部垫板中间$\phi 30$的螺栓孔的半径）

命令：_ point

当前点模式： PDMODE=0 PDSIZE=0.00 在支座下部垫板下边中线上捕捉一点；

指定点：@1.5<0 ↙ （1.5=15/10，15为支座下部垫板中间$\phi 30$的螺栓孔的半径）

命令：_ line 指定第一点：用鼠标在支座下部垫板下边中线左边捕捉刚画的一点；

指定下一点或[放弃(U)]：在垂直状态用鼠标在支座下部垫板上边捕捉垂点；

指定下一点或[放弃(U)]：↙

命令：_ line 指定第一点：用鼠标在支座下部垫板下边中线右边捕捉刚画的一点；

指定下一点或[放弃(U)]：在垂直状态用鼠标在支座下部垫板上边捕捉垂点；

指定下一点或[放弃(U)]：↙

然后删除画的辅助线，填充剖面线。效果见图4-158(g)。

(11) 绘制支座俯视图的结构线

画弧长是 250 的筒体垫板；筒体垫板弧长是 250，对应半径为 806 的角度 17.77°。

命令：_ circle 指定圆的圆心或[三点(3P)/两点(2P)/切点、切点、半径(T)]：用鼠标捕捉筒体圆心；

指定圆的半径或[直径(D)]<82.30>：↙　[82.3=(800/10)+(6/4)+(8/10)，800 为筒体内径，6 为筒体壁厚，8 为垫板厚度]

命令：_ line 指定第一点：用鼠标捕捉筒体圆心；

指定下一点或[放弃(U)]：@ 82.3<81.115↙　(82.3 为筒体垫板内壁圆的半径，81.115°=90°-17.77°)

指定下一点或[放弃(U)]：@ *取消*↙

命令：_ line 指定第一点：用鼠标捕捉筒体圆心；

指定下一点或[放弃(U)]：@ 82.3<98.885↙　(82.3 为筒体垫板内壁圆的半径，98.885°=90°+17.77°)

指定下一点或[放弃(U)]：@ *取消*↙

命令：_ trim

当前设置：投影=UCS，边=无

选择剪切边...用鼠标点击 81.115°的边，用鼠标点击 98.885°的边(找到 2 个，总计 2 个)；

选择对象：↙

选择要修剪的对象，或按住 Shift 键选择要延伸的对象，或

[栏选(F)/窗交(C)/投影(P)/边(E)/删除(R)/放弃(U)]：用鼠标点击半径 82.3 筒体垫板内壁圆的下侧圆弧；

选择要修剪的对象，或按住 Shift 键选择要延伸的对象，或[栏选(F)/窗交(C)/投影(P)/边(E)/删除(R)/放弃(U)]：↙

命令：_ trim

当前设置：投影=UCS，边=无

选择剪切边...用鼠标点击半径 81.5 筒体外侧圆的圆弧(找到 1 个，总计 1 个)；

选择对象：↙

选择要修剪的对象，或按住 Shift 键选择要延伸的对象，或

[栏选(F)/窗交(C)/投影(P)/边(E)/删除(R)/放弃(U)]：用鼠标点击半径 81.5 筒体外侧圆的圆弧内侧 81.115°的边和 98.885°的边；

选择要修剪的对象，或按住 Shift 键选择要延伸的对象，或[栏选(F)/窗交(C)/投影(P)/边(E)/删除(R)/放弃(U)]：↙　(弧长是 250 的筒体垫板就画出来了)

(12) 画支座的筋板

命令：_ point

当前点模式：　PDMODE=0　PDSIZE=0.00 用鼠标点击筒体垫板的中心线上合适一点；

指定点：@ 8<0↙　(右边筋板上一点，8=160/2/10，160 为两块筋板外壁的距离，80 为筋板外壁距中心线的距离，)

命令：_ point

当前点模式：　PDMODE=0　PDSIZE=0.00 用鼠标点击筒体垫板的中心线上合适一点；

指定点：@8<180↙（左边筋板上一点，8=160/2/10，160为两块筋板外壁的距离，80为筋板外壁距中心线的距离）

命令：_ line 指定第一点：在垂直状态过左边刚画的筋板上一点用鼠标捕捉筒体垫板外壁的一点；

指定下一点或[放弃(U)]：@29<90↙ （29=290/10，290为长度）

指定下一点或[放弃(U)]：↙

命令：_ line 指定第一点：在垂直状态过右边刚画的筋板上一点用鼠标捕捉筒体垫板外壁的一点；

指定下一点或[放弃(U)]：@29<90↙ （29=290/10，290为长度）

指定下一点或[放弃(U)]：用鼠标捕捉刚画的左边筋板的端点；

指定下一点或[放弃(U)]：↙

(13)画2块筋板的厚度

命令：_ offset

当前设置：删除源=否　图层=源　OFFSETGAPTYPE=0

指定偏移距离或[通过(T)/删除(E)/图层(L)]<通过>：1↙（1=10/10，10为筋板的厚度）

选择要偏移的对象，或[退出(E)/放弃(U)]<退出>：用鼠标点击左边筋板的外壁；

指定要偏移的那一侧上的点，或[退出(E)/多个(M)/放弃(U)]<退出>：用鼠标点击左边筋板的外壁的内侧；

选择要偏移的对象，或[退出(E)/放弃(U)]<退出>：用鼠标点击右边筋板的外壁；

指定要偏移的那一侧上的点，或[退出(E)/多个(M)/放弃(U)]<退出>：用鼠标点击有边筋板的外壁的内侧；

选择要偏移的对象，或[退出(E)/放弃(U)]<退出>：↙

修剪掉深入筒体垫板内部分；

(14)画支座底部垫板

命令：_ line 指定第一点：用鼠标捕捉左边筋板外部的端点；

指定下一点或[放弃(U)]：@2<180↙ （2=20/10，2为筋板外壁距底部垫板左外边的距离）

指定下一点或[放弃(U)]：↙

命令：_ line 指定第一点：用鼠标捕捉右边筋板外部的端点；

指定下一点或[放弃(U)]：@2<0↙ （2=20/10，2为筋板外壁距底部垫板右外边的距离）

指定下一点或[放弃(U)]：↙

命令：_ offset

当前设置：删除源=否　图层=源　OFFSETGAPTYPE=0

指定偏移距离或[通过(T)/删除(E)/图层(L)]<1.00>：14↙ （14=140/10，140为底部垫板的宽度）

选择要偏移的对象，或[退出(E)/放弃(U)]<退出>：用鼠标点击底部垫板的外边；

选择要偏移的对象，或[退出(E)/放弃(U)]<退出>：*取消*↙

命令：_ line 指定第一点：用鼠标捕捉底部垫板的外边左侧的端点；
指定下一点或[放弃(U)]：用鼠标捕捉底部垫板的里边左侧的端点；
指定下一点或[放弃(U)]：↙
命令：_ line 指定第一点：用鼠标捕捉底部垫板的外边右侧的端点；
指定下一点或[放弃(U)]：用鼠标捕捉底部垫板的里边右侧的端点；
指定下一点或[放弃(U)]：↙
剪掉底部垫板和筋板的重合部分；
(15)画支座底板螺栓孔
命令：_ line 指定第一点：在垂直状态过底部垫板左侧外边线的中点合适位置点击一点；
指定下一点或[放弃(U)]：在垂直状态过支座中心线合适位置点击一点；
指定下一点或[放弃(U)]：↙ （画出底板螺栓孔中心线）
命令：_ circle 指定圆的圆心或[三点(3P)/两点(2P)/切点、切点、半径(T)]：捕捉底板螺栓孔中心线和支座中心线交点；
指定圆的半径或[直径(D)]<82.30>：1.5↙ [1.5=(30/2)/10，30 为底板螺栓孔直径]
命令：↙ （画出底板螺栓孔直径）
支座俯视图效果见图 4-158(h)。支座主、俯视图效果见图 4-158(i)。
7. 画人孔在主视图和俯视图做的结构线
(1) 确定绘制基点，绘制人孔中心线辅助线。
命令：_ offset
当前设置：删除源=否 图层=源 OFFSETGAPTYPE=0
指定偏移距离或[通过(T)/删除(E)/图层(L)]<通过>：50↙ （5=500/10，500 为人孔中心线距下封头和筒体交界线距离）
选择要偏移的对象，或[退出(E)/放弃(U)]<退出>：用鼠标选择下封头和筒体交界线；
指定要偏移的那一侧上的点，或[退出(E)/多个(M)/放弃(U)]<退出>：选择要偏移的对象，或[退出(E)/放弃(U)]<退出>： *取消*用鼠标在下封头和筒体交界线上方点击；
指定要偏移的那一侧上的点，或[退出(E)/多个(M)/放弃(U)]<退出>：选择要偏移的对象，或[退出(E)/放弃(U)]<退出>： *取消*↙
(2) 绘制人孔中心线
命令：_ line
指定第一点：在垂直状态于人孔中心线辅助线上选择一点(筒体内侧)合适位置点击(在中心线层)；
指定下一点或[放弃(U)]：在垂直状态于人孔中心线辅助线延长线上选择一点(筒体外侧)合适位置点击(在中心线层)；
指定下一点或[放弃(U)]：↙
(3) 绘制人孔在主视图中的上半部分
命令：_ line 指定第一点：在人孔中心线上筒体外侧选择一点；
指定下一点或[放弃(U)]：@0，26.5↙ [26.5=(530/2)/10，530 为人孔外径，绘制

好 A 点]

指定下一点或[放弃(U)]：@ 28.8，0↙ [28.8 =(352-64/)/10，352 为人孔总长度，32 为人孔法兰厚度，32 为人孔盖厚度，绘制好 *B* 点]

指定下一点或[闭合(C)/放弃(U)]：@ 0，5.75↙ [5.75 =(645-530)/2/10，645 为人孔法兰外径，530 为人孔外径，绘制好 *C* 点]

指定下一点或[闭合(C)/放弃(U)]：@ 3.2，0↙ (3.2 = 32/10，32 为人孔法兰厚度，绘制好 *D* 点)

指定下一点或[闭合(C)/放弃(U)]：在垂直状态捕捉人孔中心线上的垂足，绘制好 *E* 点；

指定下一点或[闭合(C)/放弃(U)]：↙

命令：_ line 指定第一点：用鼠标捕捉 *B* 点；

指定下一点或[放弃(U)]：在垂直状态捕捉人孔中心线上的垂足，绘制好 *F* 点；

指定下一点或[放弃(U)]：↙

命令：_ mirror

选择对象：用鼠标点击 *FB*、*BC*、*CD*(找到 3 个，总计 3 个)；

选择对象：↙

指定镜像线的第一点：用鼠标点击 *D* 点；指定镜像线的第二点：用鼠标点击 *E* 点；

要删除源对象吗？[是(Y)/否(N)]<N>：↙(绘制好 *DG* 和 *GH* 线即人孔盖上半部分)

(4) 绘制人孔壁厚

命令：_ offset

当前设置：删除源 = 否　图层 = 源　OFFSETGAPTYPE = 0

指定偏移距离或[通过(T)/删除(E)/图层(L)]<通过>：1.5↙ (1.5 = 6/4，6 为人孔壁厚，采用夸张画法，采用比例为 1∶4)

选择要偏移的对象，或[退出(E)/放弃(U)]<退出>：用鼠标点击线段 *AB*；

指定要偏移的那一侧上的点，或[退出(E)/多个(M)/放弃(U)]<退出>：用鼠标点击线段 AB 的下方；

选择要偏移的对象，或[退出(E)/放弃(U)]<退出>：↙(绘制好人孔壁厚)

效果见 4-137(j)。

(5) 绘制人孔螺栓中心线

命令：_ offset

当前设置：删除源 = 否　图层 = 源　OFFSETGAPTYPE = 0

指定偏移距离或[通过(T)/删除(E)/图层(L)]<1.50>：3.25↙ (3.25 = 32.5/10，32.5 为人孔螺栓中心线距人孔法兰边缘的距离)

选择要偏移的对象，或[退出(E)/放弃(U)]<退出>：用鼠标在人孔上边沿线上点击一点；

指定要偏移的那一侧上的点，或[退出(E)/多个(M)/放弃(U)]<退出>：用鼠标在人孔上边沿线下方点击一点；

选择要偏移的对象，或[退出(E)/放弃(U)]<退出>：↙

命令：_ line 指定第一点：　在垂直状态用鼠标在刚画的人孔螺栓中心线法兰内侧点击

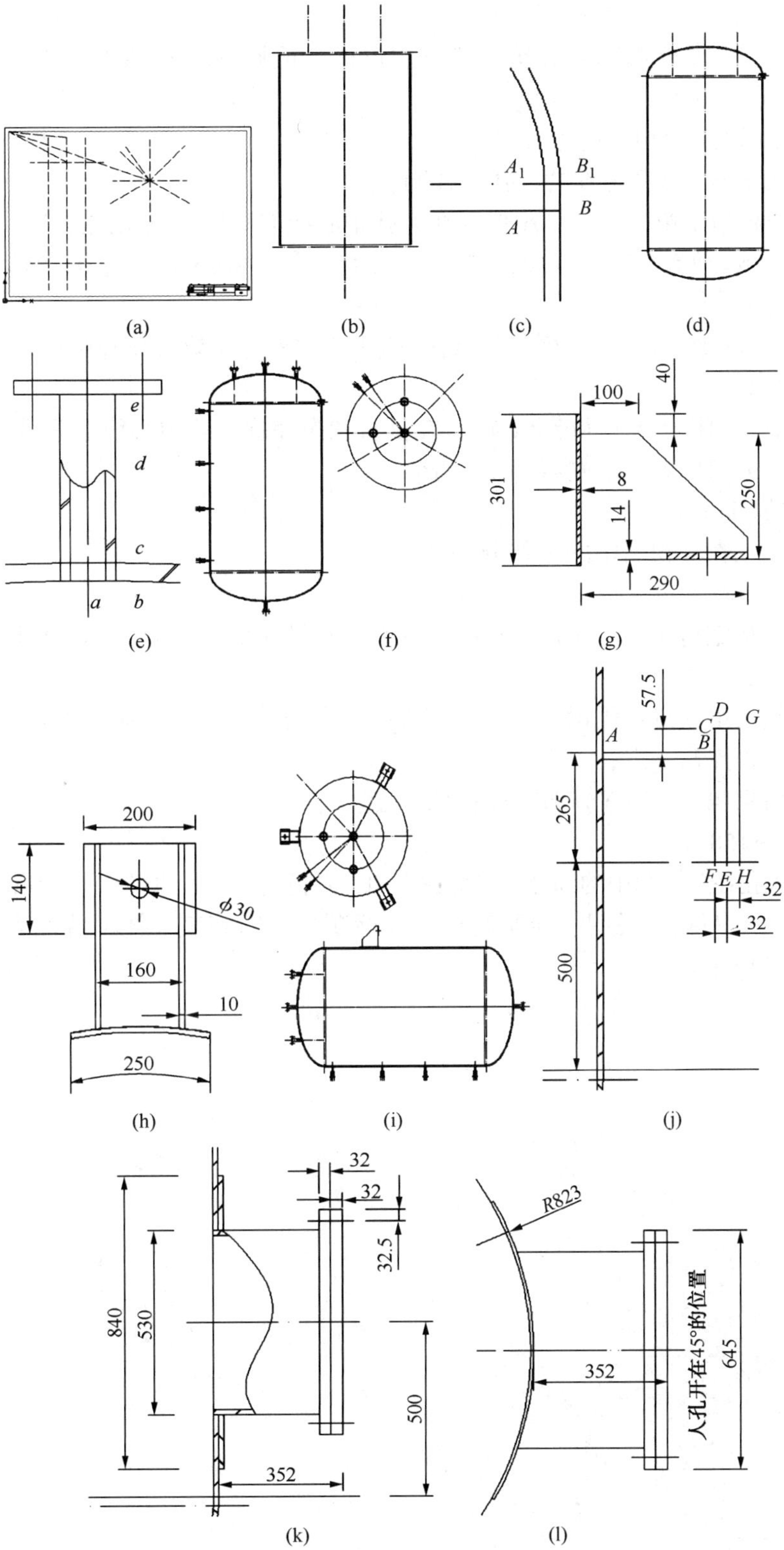

图 4-158　立式储罐设备图绘制过程

一点；

指定下一点或[放弃(U)]：在垂直状态用鼠标在刚画的人孔螺栓中心线人孔盖外侧点击一点；

指定下一点或[放弃(U)]：↙

绘制外径为 840、厚度为 6 的人孔补强圈；

命令：_ line 指定第一点：　用鼠标在人孔中心线与筒体外侧交点点击；

指定下一点或[放弃(U)]：@0，15.5↙　[15.5=(840-530)/2/10，840 为人孔补强圈外径，530 为人孔外径]

指定下一点或[放弃(U)]：@1.5，0↙　(1.5=6/4，6 为人孔补强圈壁厚，采用 1：4 的比例夸张画法)

指定下一点或[闭合(C)/放弃(U)]：在垂直状态捕捉人孔中心线上垂足；

指定下一点或[闭合(C)/放弃(U)]：↙

填充剖面线(略)；

(6) 绘制人孔在主视图中的下部分

命令：_ mirror

选择对象：指定对角点：用窗口选择人孔在主视图中的上部分(找到 9 个)；

选择对象：↙

指定镜像线的第一点：用鼠标在人孔中心线上点击一点；指定镜像线的第二点：用鼠标在人孔中心线上再点击一点；

要删除源对象吗？[是(Y)/否(N)]<N>：↙

效果见图 4-158(k)。

(7) 绘制人孔在俯视图中的部分、局部放大图、画指引线、标注尺寸[效果见图 4-137(l)]

8. 检查整理　写技术说明、绘制管口表、标题栏、明细表、技术特性表等略。完成的图样如图 4-157 所示。

第 5 章　CADWorx 绘图实训

本实训基于 Auto CAD 2010 平台的三维工厂设计软件——CADWorx 2013 Plant Suite。软件特点：方便易用，快速建立 3D 工厂模型，2D/3D 模型转换，Isogen 生成管段图，自动生成材料表，重心计算，用户自定义管线号形式，自动标注尺寸，实时检查碰撞，支持后台数据库，软件界面全部中文化。

CADWorx P&ID Professional(智能 PID 模块)包括：建立数据库、基础绘图、设备、管线编号、工艺管线、阀门、仪表、连接箭头、图纸间工艺管线的链接，项目数据库报告，回路图生成器，设备规格书，网络发布器。

CADWorx Pipe(管道模块)：用户可以选择不同的管道等级，设计各种类型的管道，如对焊，丝扣，承插焊，法兰管道，FRP/PVC 管道，卫生级食品、医药类管道设计和布置。提供快捷的配管功能，种类丰富的阀门和法兰。用户可以采用搭积木方法建立管道模型，也可以使用中心线方法建立管道轴心线，然后自动添加弯头，插入其他元件。用户可以对管道进行孤立、拷贝、删除、复制、旋转等操作。

CADWorx Steel(钢结构模块)：用户可以通过模板定制不同的结构框架和管架，用户自动位置，方便快捷生成 3D 模型。用户可以建立直梯、斜梯、平台踏步，护栏，平台等。用户对结构梁、柱可以进行切割处理，以满足节点定义功能。

CADWorx Equipment(设备模块)：使用数据驱动图形，随心搭建各种立，卧式设备，机泵等。软件内置有管嘴库供用户选择，软件提供管嘴定位调整工具，满足管嘴的不同定位要求。

HVAC(采暖通风)：软件提供各种方、圆、椭圆风管，电缆桥架元件，建立 HVAC 通风管道，电缆桥架。

Full Personal Isogen(管段图)：自动出单根或批量生成全部管段图、材料表。ISOGEN 采用英国 Alias 公司的全球标准管段图生成软件。图纸整洁美观，软件提供全部 Isogen 的功能，用户通过参数设置可以生成各种用户期望的管段图形式。

Live External Database(实时数据库)：外接数据库支持 Access、SQL Server、Oracle 等外挂数据库。可以把图中所有元件传入数据库中，用户利用这些数据再次生成 3D 模型，并且可以进行管道材料统计汇总。

Navis Works Roamer(漫游)：向用户提供漫游功能，帮助用户检查安装的合理性和可操作性。可漫游三维项目模型，动态直观的检查碰撞。

管道平面图生成：建立完成 3D 工厂模型，完成碰撞检查，管段图生成，用户可以使用 Auto CAD 的图纸空间，定义图纸，生成各个不同的视图，标注管号和尺寸。生成管道和中心线轮廓，完成平，立面图纸的生成工作。

完备的规范元件库和管道等级文件：软件内置有 150#、300#、600#、900#、1500#、2500#管件的详细规范，同时软件内置有国内的 JB、HG、SY、GB 等系列规范。这些规范支持复制和修改。用户可以方便快捷地定义自己的元件库和管道等级文件。

灵活/方便的3D建模功能。可以方便地建立结构模型，建立用户的管架和框架，建立各种设备和容器，建立暖通风道(HVAC)。3D模型建立可以通过搭积木方式建立，也可以使用自动选择布管工具，画一条简单的二维或三维多义线，然后用内设的自动布管功能增加管子或弯头，可以在任意角度、任一方向布管。对焊承插焊或螺纹、法兰管道、迅速而方便地建立管道模型。

其他特点还有：用全部的Auto CAD命令，自动生成立面图和剖视图，自动生成轴测图(ISOGEN)，自动生成应力分析轴测图。

5.1 CADWorx建模基础实训

5.1.1 实训目的

(1)掌握CADWorx软件的常用模块；

(2)掌握CADWorx建模的基本命令与基本操作。

5.1.2 CADWorx基础

5.1.2.1 CADWorx安装与启动

1. CADWorx安装　在安装完Auto CAD 2010的基础上，CADWorx2013软件以光盘形式提供，光盘中有名为SETUP. EXE的安装文件。执行SETUP. EXE文件，根据弹出的窗口选择、操作即可。

2. 启动CADWorx　安装CADWorx 2013后，系统会自动在Windows桌面上生成对应的快捷方式(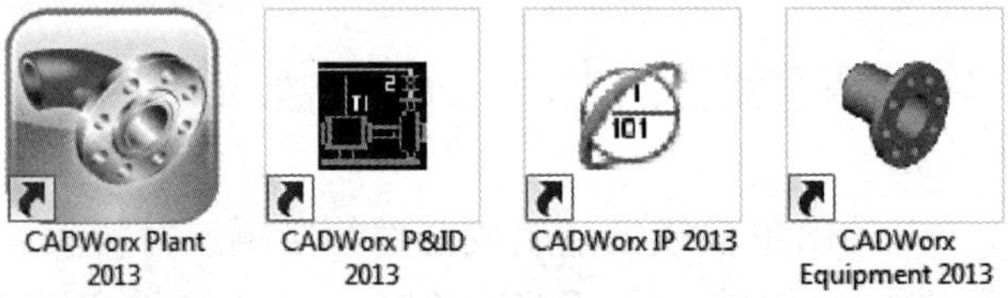

)。双击要进入的模块的快捷方式，即可启动CADWorx 2013相应的模块。与启动其他应用程序一样，也可以通过Windows资源管理器、Windows任务栏按钮等启动CADWorx 2013相应的模块。

5.1.2.2 CADWorx Plant2013工作界面

CADWorx Plant2013的工作界面由标题栏、菜单栏、各种工具栏、绘图窗口、光标、命令窗口、状态栏、坐标系图标、模型/布局选项卡和菜单浏览器等组成，如下图所示。

CADWorx Plant2013提供了“三维建模”、“二维草图与注释”和“Auto CAD经典”工作界面。CADWorx Plant2013工作界面主要由标题栏、菜单栏、工具栏、绘图窗口、命令窗口、状态栏、坐标系图标、模型、布局选项卡、滚动条等组成(Auto CAD2010类似)。在CADWorx Plant2013“三维建模”工作空间“常用”选项卡如图5-1所示。

在CADWorx Plant2013“三维建模”工作空间“CADWorx Plant Ⅰ”选项卡如图5-2所示。

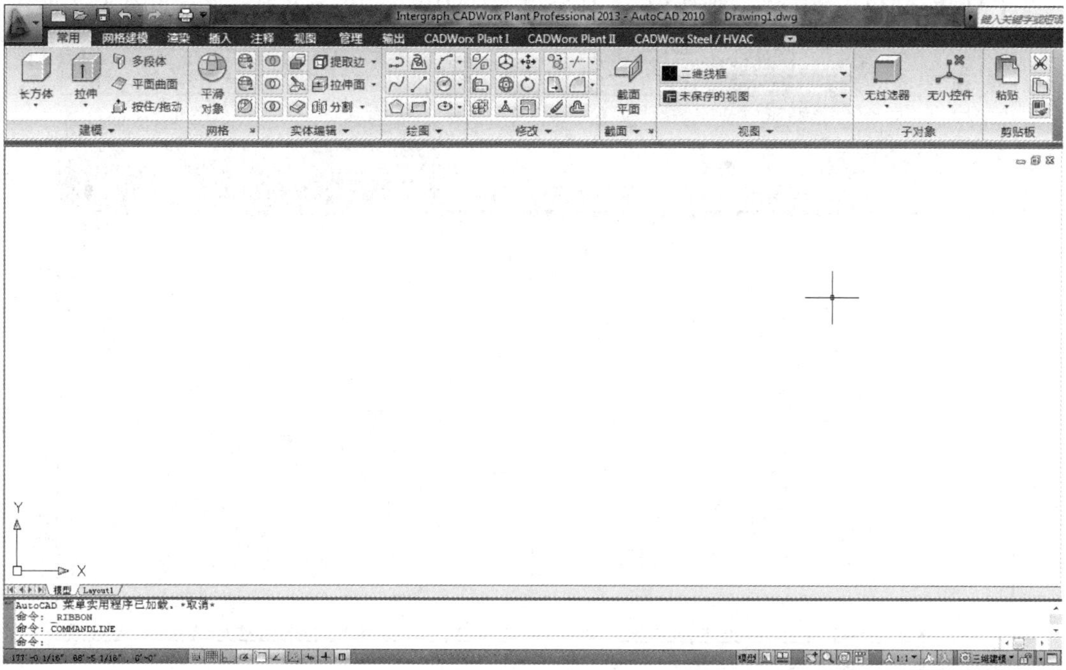

图 5-1　CADWorx Plant2013“三维建模”工作空间 “常用”选项卡

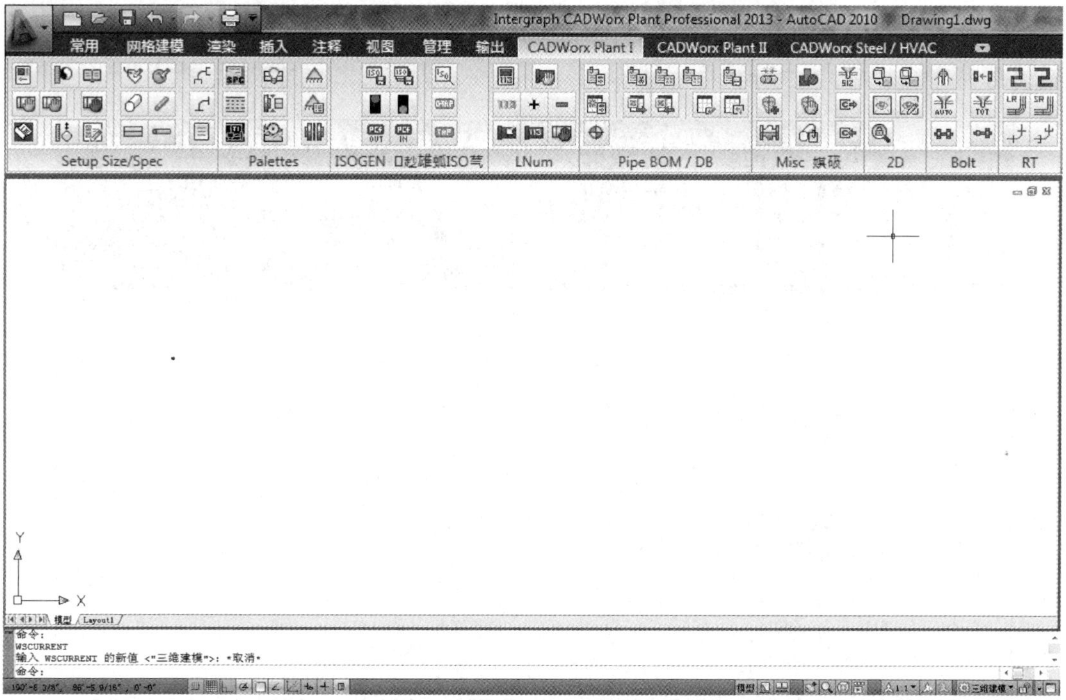

图 5-2　CADWorx Plant2013“三维建模”工作空间“CADWorx Plant Ⅰ”选项卡

在 CADWorx Plant2013“三维建模”工作空间 “CADWorx Plant Ⅱ”选项卡如图 5-3 所示。

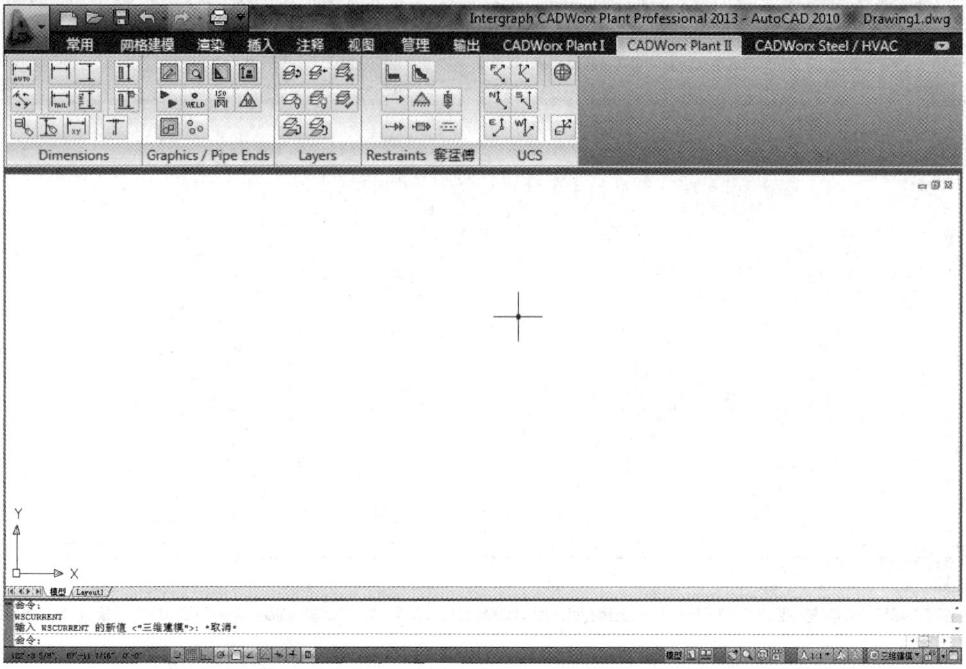

图 5-3 CADWorx Plant2013“三维建模”工作空间“CADWorx Plant Ⅱ”选项卡

在 CADWorx Plant2013“三维建模”工作空间，“CADWorx Steel/HVAC”选项卡如图 5-4 所示。

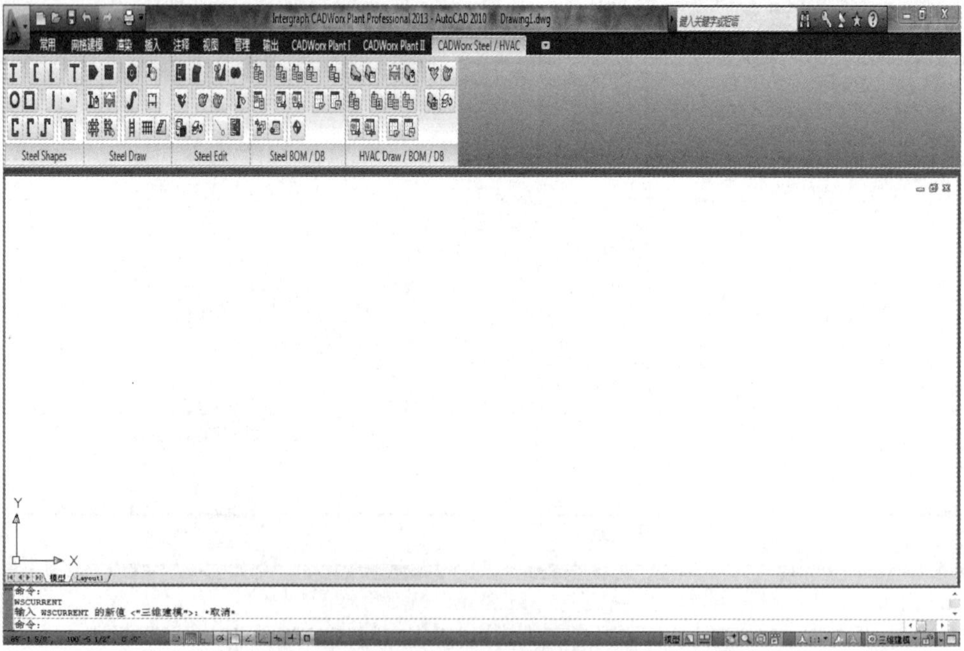

图 5-4 CADWorx Plant2013“三维建模”工作空间“CADWorx Steel/HVAC”选项卡

5. 1. 2. 3　CADWorx Equipment 2013 工作界面

CADWorx Equipment 2013 的工作界面由标题栏、菜单栏、各种工具栏、绘图窗口、光标、命令窗口、状态栏、坐标系图标、模型/布局选项卡和菜单浏览器等组成，如下图所示。

CADWorx Equipment 2013 提供了“三维建模”、“二维草图与注释”和“Auto CAD 经典”工作界面。CADWorx Equipment 2013 工作界面主要由标题栏、菜单栏、工具栏、绘图窗口、命令窗口、状态栏、坐标系图标、模型、布局选项卡、滚动条等组成（Auto CAD 2010 类似）。在 CADWorx Equipment 2013 “三维建模”工作空间 “常用”选项卡如图 5-5 所示。

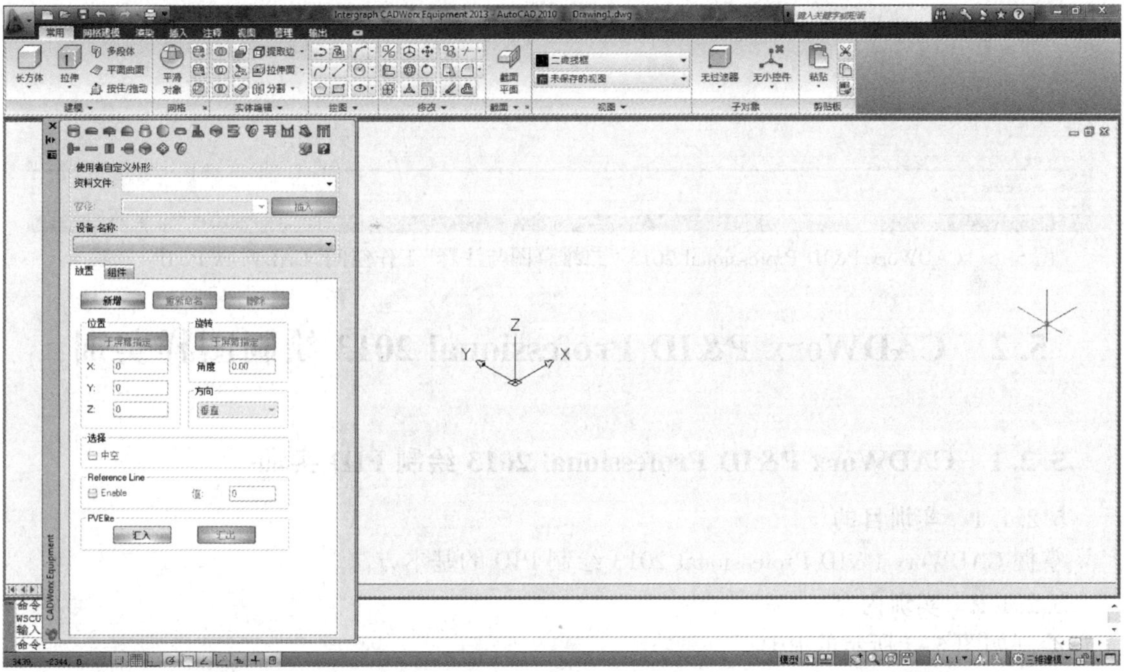

图 5-5　CADWorx Equipment 2013 “三维建模”工作空间“常用”选项卡

5. 1. 2. 4　CADWorx P& ID Professional 2013 工作界面

CADWorx P&ID Professional 2013 的工作界面由标题栏、菜单栏、各种工具栏、绘图窗口、光标、命令窗口、状态栏、坐标系图标、模型/布局选项卡和菜单浏览器等组成。

CADWorx P&ID Professional 2013 提供了“三维建模”、“二维草图与注释”和“Auto CAD 经典”工作界面。在 CADWorx P&ID Professional 2013 “二维草图与注释”工作空间“CADWorx P&ID”选项卡如图 5-6 所示。

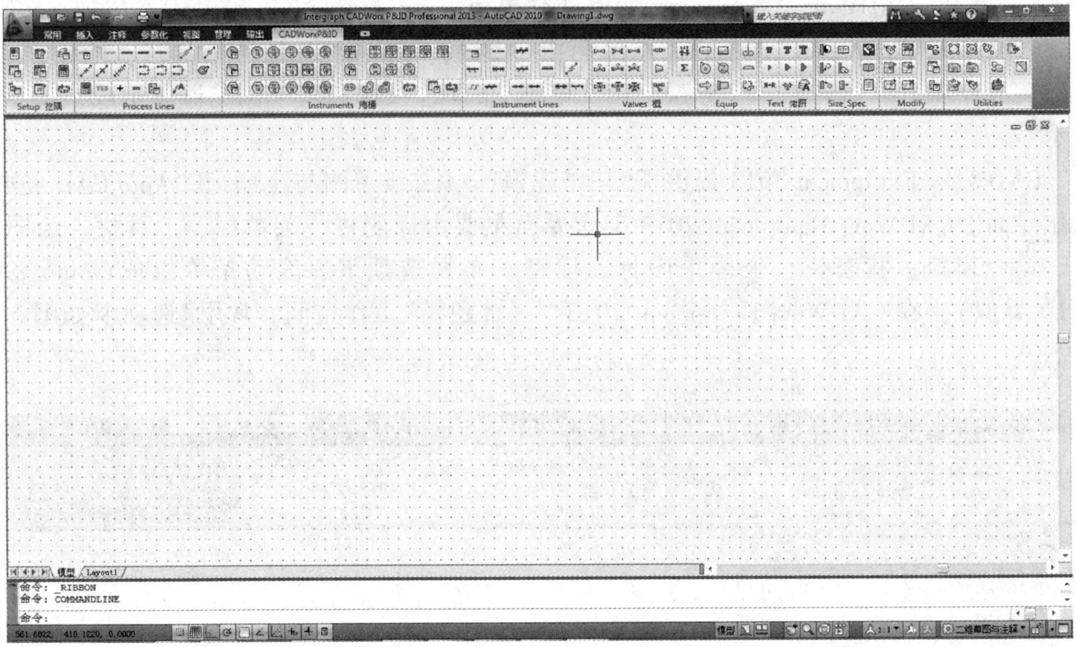

图 5-6　CADWorx P&ID Professional 2013“二维草图与注释”工作空间“CADWorx P&ID”选项卡

5.2　CADWorx P&ID Professional 2013 绘制图样实训

5.2.1　CADWorx P&ID Professional 2013 绘制 PID 实训

5.2.1.1　实训目的

掌握 CADWorx P&ID Professional 2013 绘制 PID 的基本方法。

5.2.1.2　实训内容

绘制如图 5-7 所示的 PID。

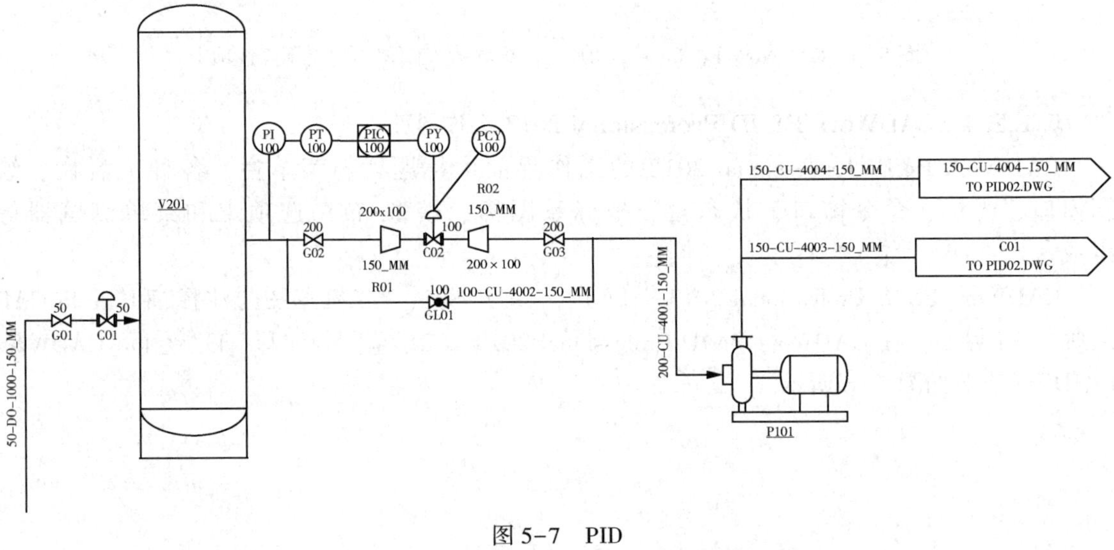

图 5-7　PID

5.2.1.3　**实训步骤**

1. 开始新建项目(New Project)　选择文件管理器中的“新建”或点击工具栏上的快捷按钮“ ”。出现 Startup Options 对话框，见图 5-8；选择 Create，点击“OK”，出现 Setup New Project Directory 对话框，见图 5-9。

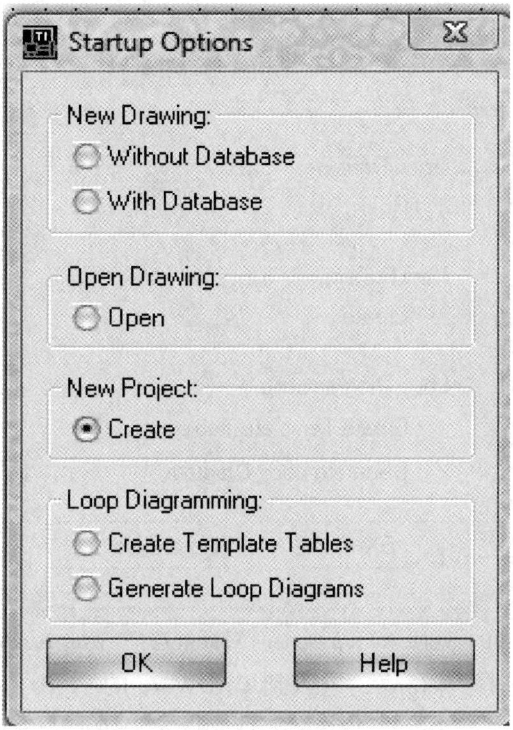

图 5-8　Startup Options 对话框

图 5-9　Setup New Project Directory 对话框

在 Database Type 处选择 Access，并且 browse 到项目文件夹。项目文件夹应该被预先定义并且将存储所有相关的 PID 信息。

保存 Access 数据库为 Project01. mdb，点击“OK”，返回 Startup Options 对话框，选择 With Date base，点击“OK”，见图 5-10。

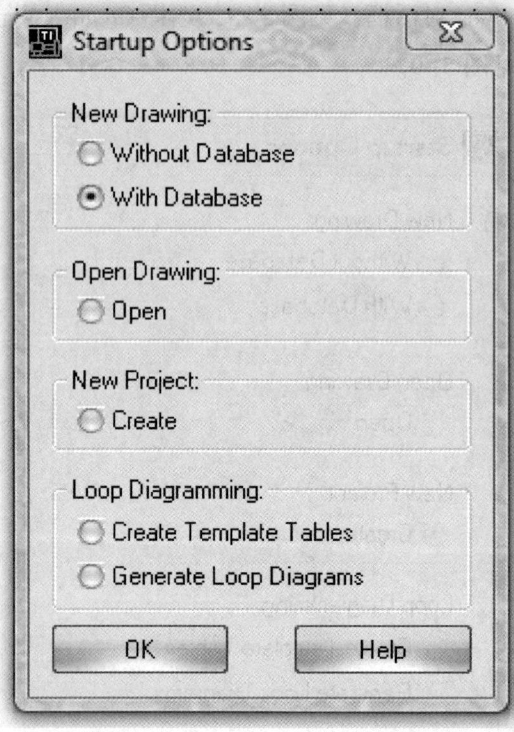

图 5-10　返回 Startup Options 对话框选择“With Datebase”

在“P&ID”选项卡里选择“Setup”，进入到 CADWorx 的 P&ID Setup 对话框，见图 5-11。

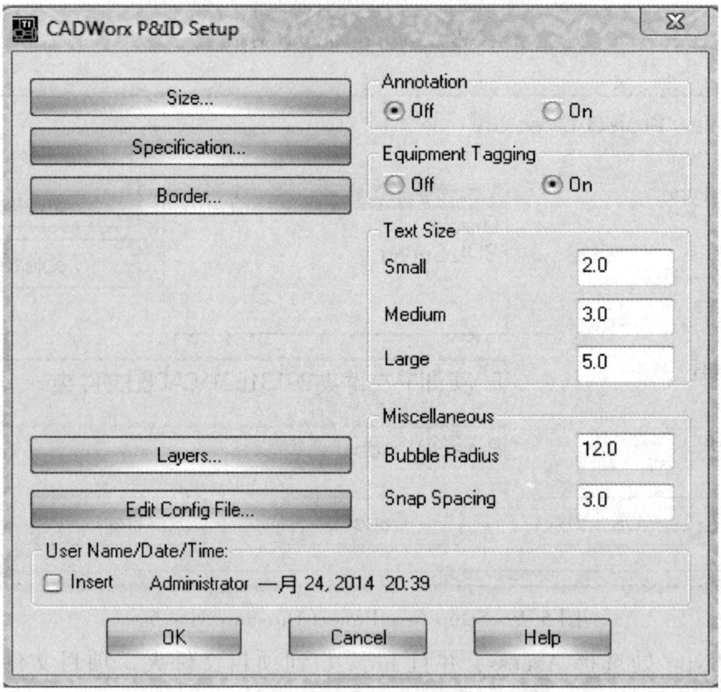

图 5-11　CADWorx 的 P&ID Setup 对话框

点击“Edit Config File(编辑配置文件)”按钮，在弹出的“Configuration File”对话框里，选择“Language File”选项，见图 5-12。

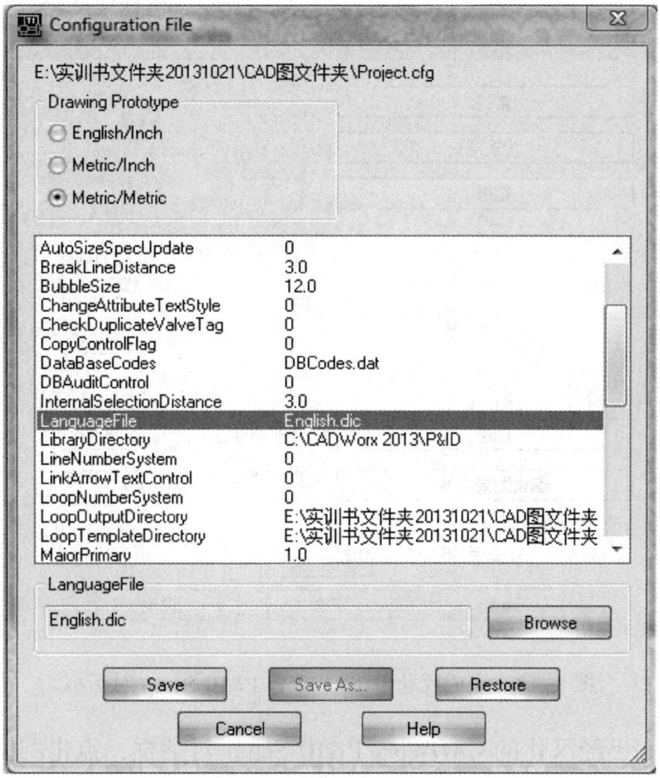

图 5-12　“Configuration File”对话框

点击“Browse”进入到“Select File”对话框，见图 5-13。选择“Chinese_ Simplified. dic”文件，点击 “打开”按钮，返回到配置文件对话框，见图 5-12。

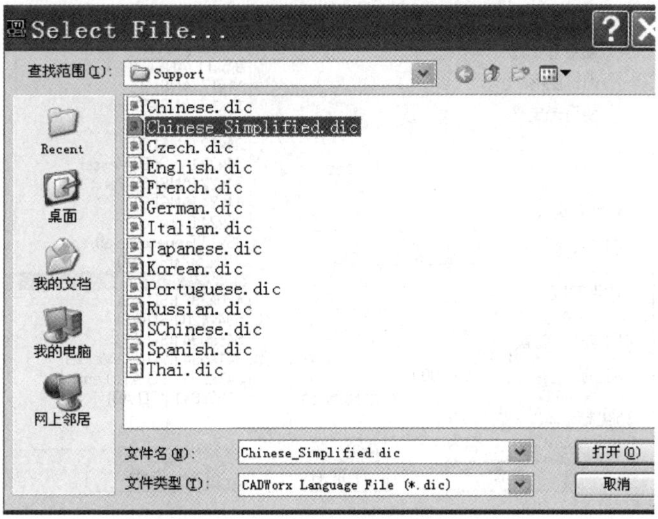

图 5-13　“Select File”对话框

此时，“Language File”已经由“English. dic”改为“Chinese_ Simplified. dic”，界面已经汉化了。点击保存，回到完成汉化的 CADWorx P&ID Setup 对话框，见图 5-14。

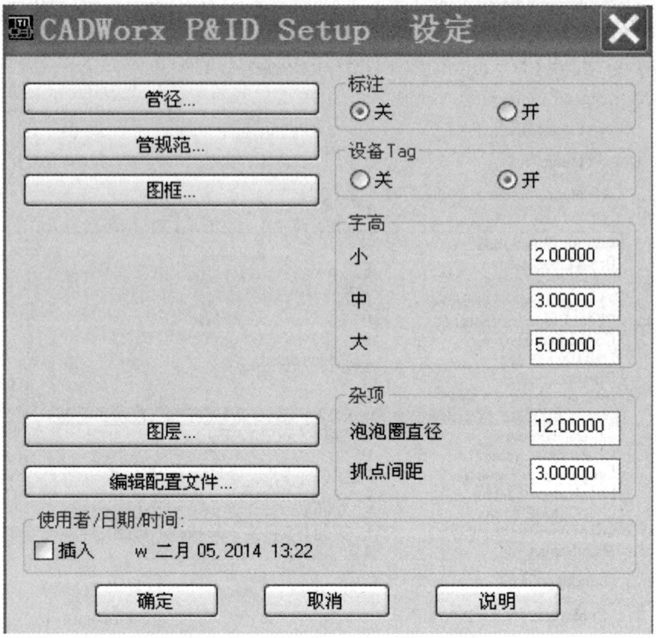

图 5-14　完成汉化的 CADWorx P&ID Setup 对话框

2. 设置图框　在已经汉化的 CADWorx P&ID Setup 对话框，点击“边框”按钮，进入“图框”对话框，在图框型式里选择“内定图框”，在“内定图框”里选择 A3 图纸(420×297)，点击“确定”见图 5-15。

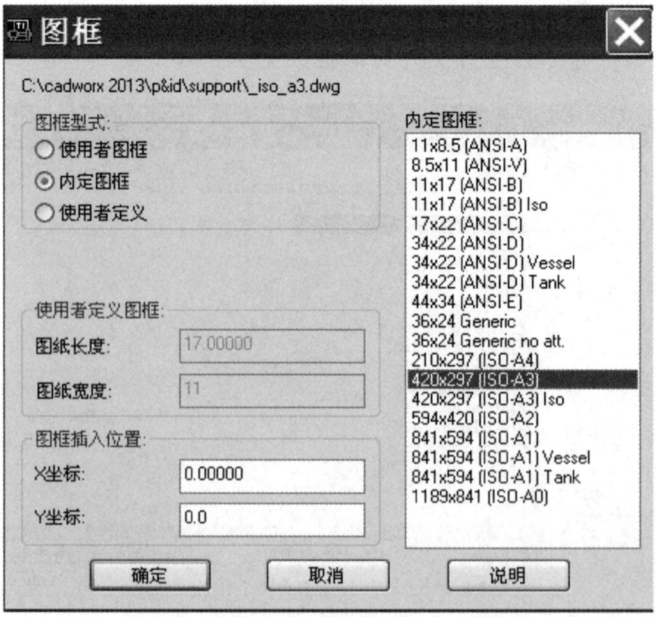

图 5-15　图框对话框

3. 设置管径　在已经汉化的 CADWorx P&ID Setup 对话框，点击“管径”按钮，进入“管径”对话框，选择 100，点击“主管径”按钮，选择 50，点击“次管径”按钮，点击“确定”按钮退出，见图 5-16。

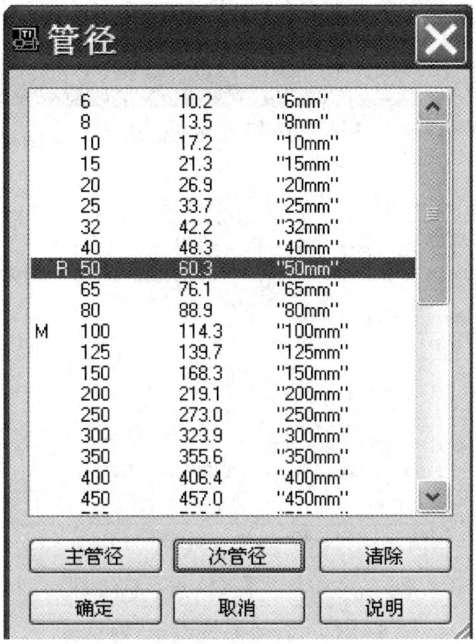

图 5-16　“管径”对话框

4. 设置管规范　在已经汉化的 CADWorx P&ID Setup 对话框，点击“管规范”按钮，进入“选择管规范”对话框，选择 Metric_ CS_ 2013_ Specs. prj，点击“打开”按钮，进入“管规范”对话框，选择规范“150_ MM”，点击“确定”按钮退出，见图 5-17。

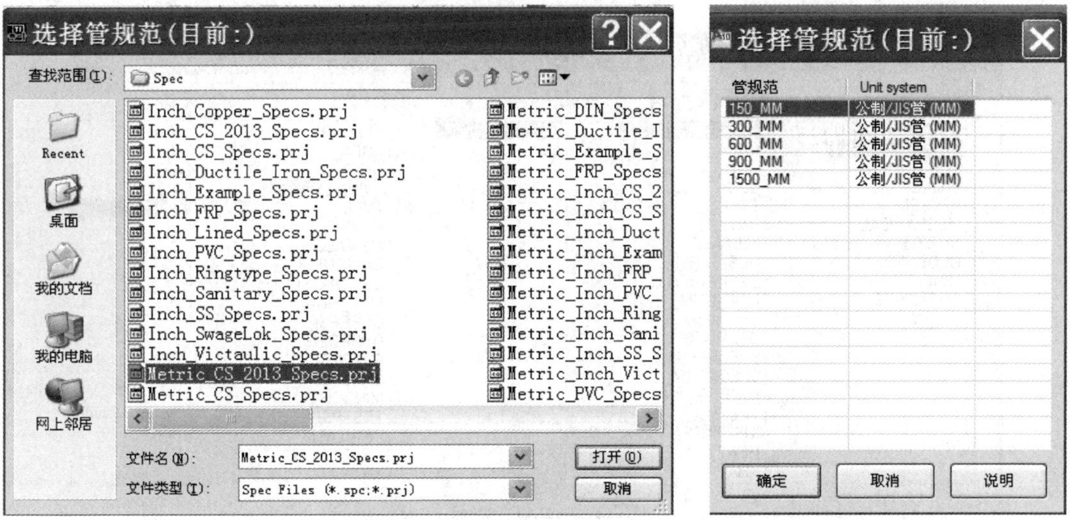

图 5-17　“选择管规范”对话框

5. 设置管号　在已经汉化的CADWorx P&ID工具栏里，点击“ ”按钮，进入“管号系统设定”对话框，在“类别”里分别选择SISE、SERVICE、COUNT、SPEC；键入“-”、“-”、“-”，点击“上移”或“下移”按钮，将SISE、SERVICE、COUNT、SPEC，用“-”隔开，选择“启用设定(Dynamic Size/Spec)”，点击“确定”按钮退出，见图5-18。

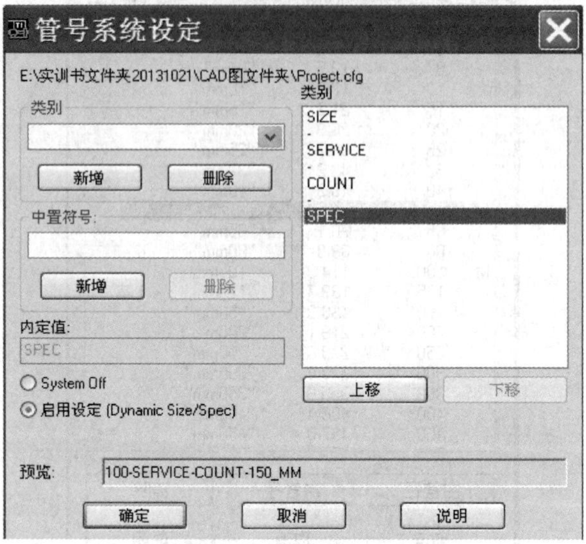

图5-18　“管号系统设定”对话框

6. 为SERVICE、COUNT赋值　在已经汉化的CADWorx P&ID工具栏里，点击“ ”按钮，进入“下拉菜单设定”对话框，在“数据表名称”里选择LINE；在“域名”里选择SERVICE，在“值”里键入“DO”，点击“新增”按钮、在“值”里键入“CU”，点击“新增”按钮，为SERVICE赋值；在“域名”里选择COUNT，在“值”里键入“1000”，点击“添加”按钮、同理，在“值”里分别键入“4001”、“4002”、“4003”、“4004”，分别点击“新增”按钮，为COUNT赋值，见图5-19。

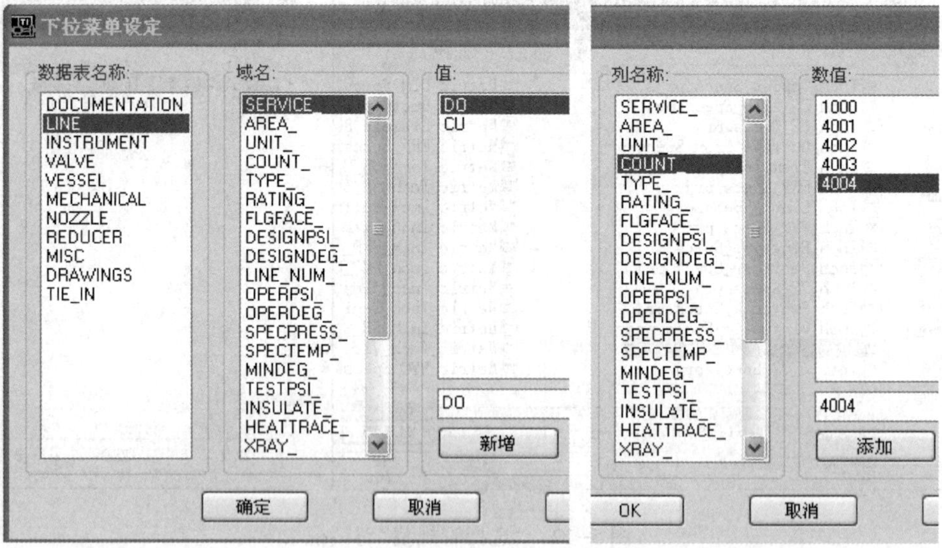

图5-19　“下拉菜单设定”对话框

7. 基础绘图　插入一个名为 V-101 的带椭圆封头和群座的立式容器。在已经汉化的 CADWorx P&ID Equip 工具栏里，点击“ ”按钮，进入“Vessel”对话框，在列表里选择 Vert Vessel Ellip w/Skirt；点击“OK”，见图 5-20；

命令：_ ICONVESSEL

命令：

第一角点：用鼠标在合适位置拾取一点(确定容器位置)

第二角点：用鼠标在合适位置拾取一点(确定容器的大小)

点选裙座底：用鼠标在合适位置拾取一点(确定裙座的大小)

Using block definition from this drawing：TAG_ 1_ M

点选位置：用鼠标在合适位置拾取一点(确定 TAG 位置)

Using block definition from this drawing：ICES-Vessel_ Lab_ 1_ M-1

点选位置：用鼠标在合适位置拾取一点(确定 TAG 文档位置)

双击“TAG”给定标签值：长度为 10000(该处以下单位均为 mm)、外径 2000、位号 V101，见图 5-21。

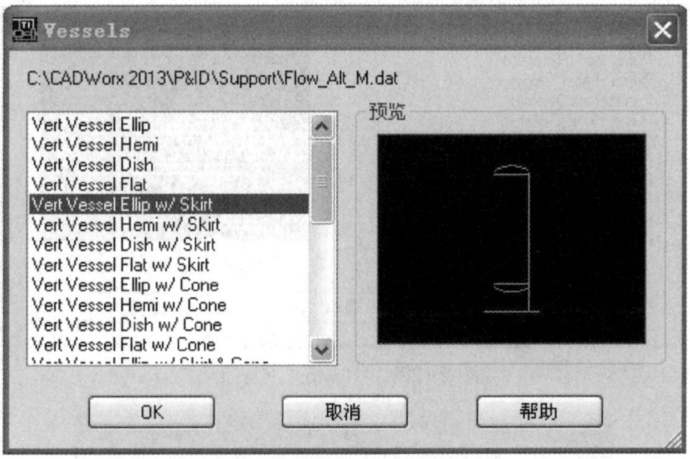

图 5-20　“Vessel”对话框

图 5-21　给定容器标签值

插入一个名为 P-101 的泵。在已经汉化的 CADWorx P&ID Equip 工具栏里，点击“ ”按钮，进入“Pumps”对话框，在列表里选择 Pump Centrifugal［Y axis］；点击“OK”，见图 5-22；

命令：_ ICONPUMP

命令：

Using block definition from this drawing：PUMP_ CENT_ M

点选位置：用鼠标在合适位置拾取一点(确定泵位置)

点选方向：用鼠标旋转至合适位置拾取一点(确定泵的方向)

Using block definition from this drawing：TAG_ 1_ M

点选位置：用鼠标在合适位置拾取一点(确定 TAG 位置)

Using block definition from this drawing：MECH_ LAB_ 1_ M

点选位置：用鼠标在合适位置拾取一点(确定 TAG 文档位置)

双击“TAG”给定标签值：管径为 100，管规范 150_ MM，位号为 P101，见图 5-23。

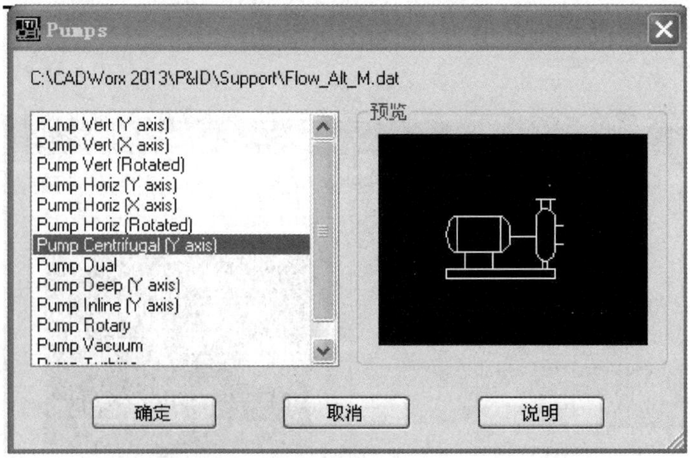

图 5-22 “Pumps”对话框

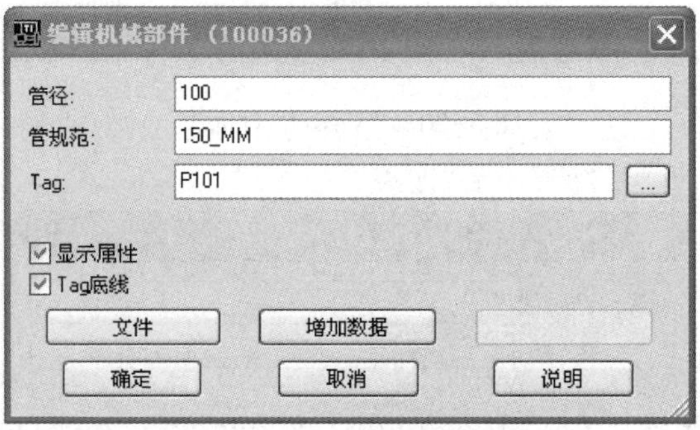

图 5-23 给定泵标签值

8. 绘制工艺管线并指定管线号 绘制工艺管线。在已经汉化的 CADWorx P&ID Process Lines 工具栏里，点击“ ”按钮：

命令：_ MSECOND

指定起始点：用鼠标在设备上拾取一点

指定下一点或[Undo 复原]：用鼠标在合适位置拾取一点

指定下一点或[Undo 复原]：用鼠标在合适位置拾取一点

指定下一点或[Undo 复原]：↙

编辑管线。双击刚刚绘制的管线，弹出“编辑管线”对话框，设置管径为 50，设置管规范为 150_ MM；点击“增加数据”按钮，弹出“增加数据”对话框，设置 Service 为 DO，设置 Count 为 1000；点击“确定”按钮，退出“增加数据”对话框，再点击“确定”按钮，退出“编辑管线”对话框，见图 5-24。

图 5-24　“编辑管线”对话框和“增加数据”对话框”

指定管线号。在已经汉化的 CADWorx P&ID Process Lines 工具栏里，点击“ ”按钮：

命令：_ TAGNUMBER

选择一线对象到 tag：用鼠标单击工艺管线

Using block definition from this drawing：TAG_ NUMBER

点选位置：用鼠标单击工艺管线左侧一点

点选旋转：用鼠标向上旋转至垂直方向单击一点

同理可以绘制和标注出容器到泵的管线。标注后的工艺管线见图 5-25。

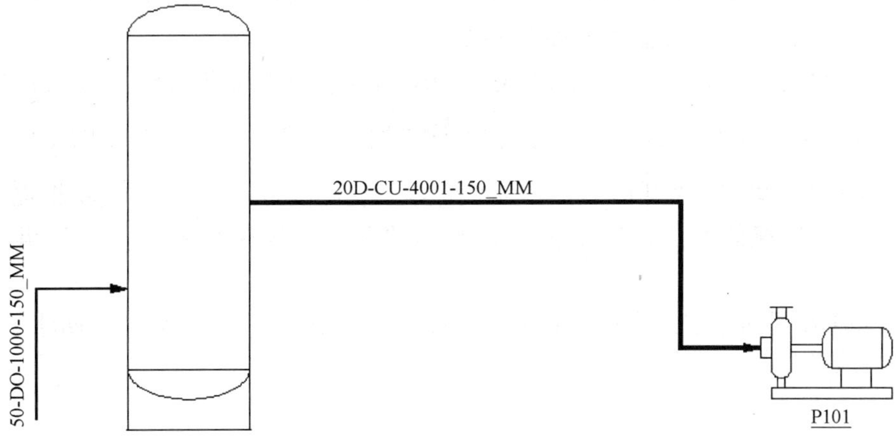

图 5-25　标注后的工艺管线

绘制控制阀组　在 200-CU-4001-150_ MM 工艺管线上插入 2 个闸阀、2 个 200×100 的变径、1 个控制阀，在旁路 100-CU-4002-150_ MM 管线上插入 1 个球阀，在 50-DO-100-150_ MM 管线上插入 1 个闸阀、1 个控制阀。在已经汉化的 CADWorx P&ID Valves 工具栏里，点击“ ”按钮：在“Valves Regular”对话框，选择 Gate，见图 5-26。

图 5-26　“Valves Regular”对话框

点击“确定”按钮：

命令：_ ICONREGVALVE

命令：

Using block definition from this drawing：ICES-Val_ GATE

点选位置：用鼠标在合适位置拾取一点(确定阀门的位置)

点选旋转：用鼠标旋转至合适位置拾取一点(确定阀门的方向)

同理在 200-CU-4001-150_ MM 工艺管线上插入 1 个闸阀、1 个控制阀、2 个 200×100 的变径，在旁路 100-CU-4002-150_ MM 管线上插入 1 个球阀，在 50-DO-100-150_ MM 管线上插入 1 个闸阀、1 个控制阀，如图 5-27 所示。

9. 绘制控制仪表　我们将在 200-CU-4001-150_ MM 工艺管线上插入仪表。在已经汉化的 CADWorx P&ID 工具栏里，点击“ ”按钮：进入“CADWorx P&ID setup ”对话框，在“注释”栏里点击“开启”，开启注释设置，见图 5-28。这个选项将提供一种在图符初次创建时注释的方法。这个设置开启的情况下，程序将提供一个编辑图符属性的窗口。

检查回路系统是否开启。当这个系统是“开启”，CADWorx P&ID 将调整回路图编号与仪表位号保持一致。

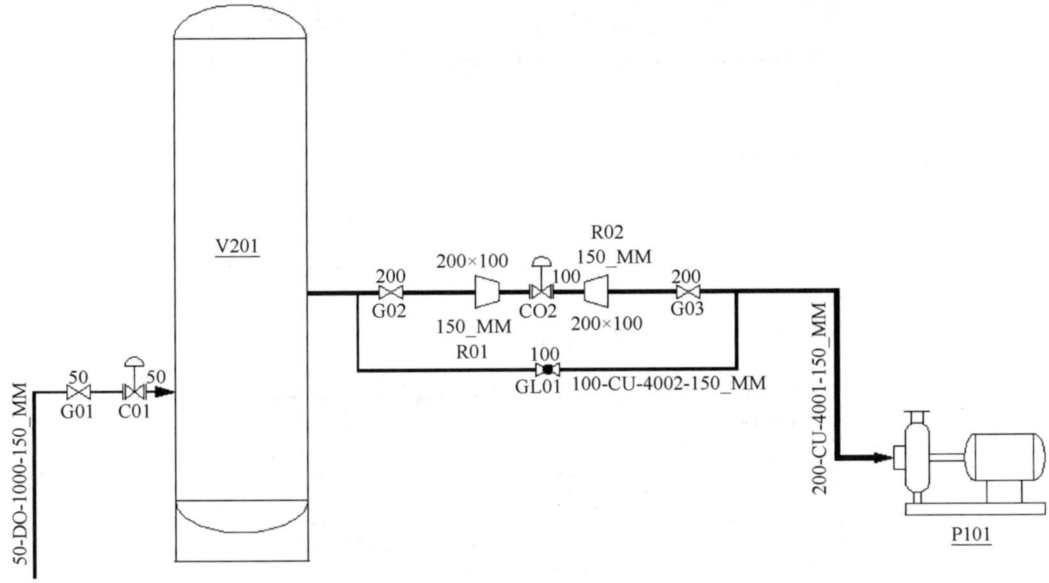

图 5-27 绘制的控制阀组

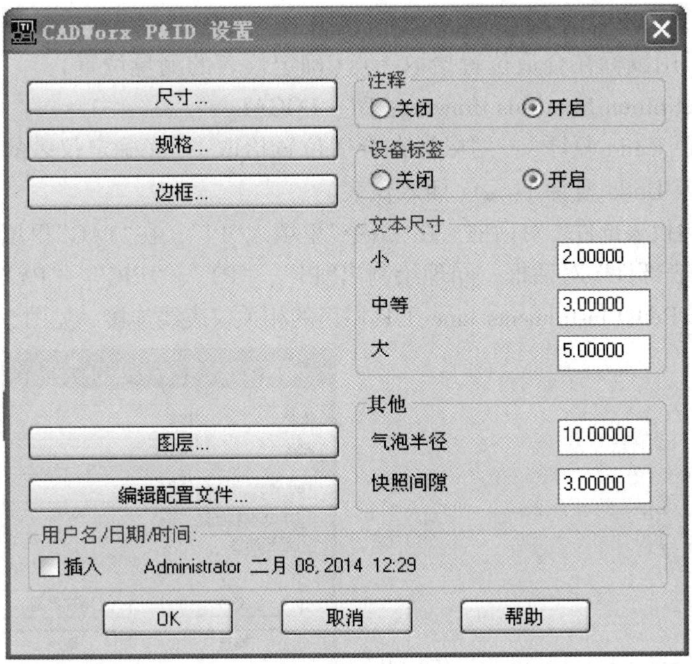

图 5-28 开启注释设置

在已经汉化的 CADWorx P&ID 工具栏里，点击“”按钮：进入“仪表回路编号系统”对话框。在“类别”里分别选择 FUNCTION、TAG，在“分离器”里选择“-”将 FUNCTION 和 AG 用“-”隔开，选择“系统开启”，见图 5-29。

图 5-29 “仪表回路编号系统”对话框

插入如下的仪表符号：在已经汉化的 CADWorx P&ID Instruments 工具栏里，点击“ ”按钮，

命令：_ DILOCAL

指定起始点：用鼠标在合适位置拾取一点(确定仪表的测量位置)

Using block definition from this drawing：DI_ LOCAL

指定下一点或[Undo 复原]：用鼠标在合适位置拾取一点(确定仪表的位置)

指定下一点或[Undo 复原]：↙(插入仪表)

双击进入“编辑仪表部件”对话框。在“指令”里填入“PI”，在“TAG”里填入“100”，点击“确定”，退出“编辑仪表部件”对话框。同理绘制出“PI”、“PT”、“PIC”、“PY”、“PCV”，并用已经汉化的 CADWorx P&ID Instruments Line 工具栏里的相关仪表线连接。见图 5-30。

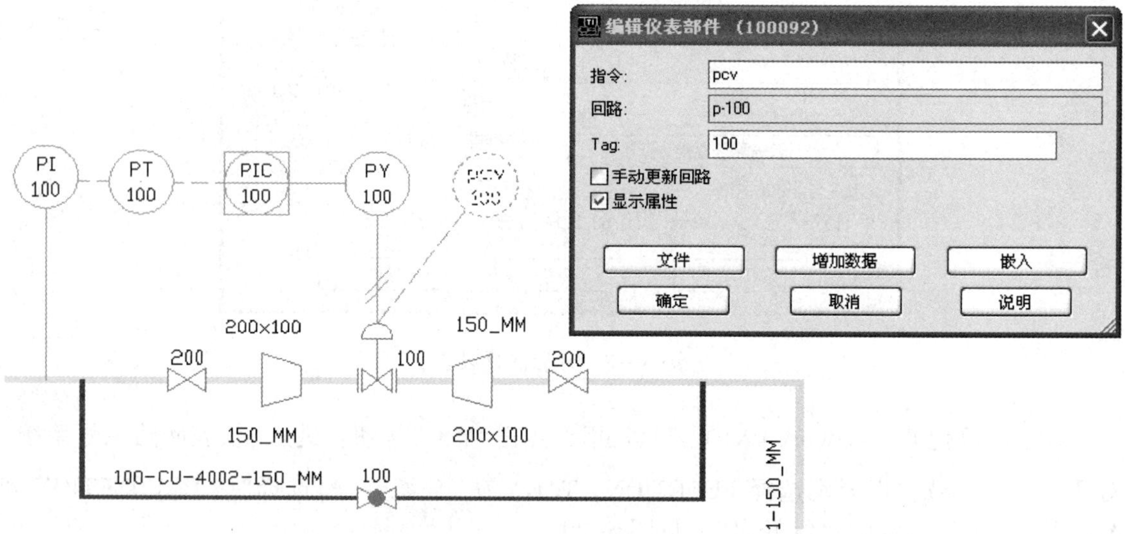

图 5-30 “编辑仪表部件”对话框

10. 绘制泵的出口管线　在已经汉化的 CADWorx P&ID 工具栏里，点击“　”按钮：

命令：_ MPRIMARY

命令：

指定起始点：用鼠标在泵的出口拾取中点

指定下一点或[Undo 复原]：用鼠标在泵的出口上方合适位置拾取一点(确定出口管线的高度)

指定下一点或[Undo 复原]：用鼠标在泵的出口管线水平方向合适位置拾取一点(确定出口管线的水平长度)

为绘制的泵出口管线编号。在已经汉化的 CADWorx P&ID 工具栏里，点击“　”按钮，将泵出口管线分别编号为：150-CU-4003-150_ MM 和 150-CU-4004-150_ MM，见图 5-31。

11. 绘制图纸链接箭头及进行图纸之间的连接　在已经汉化的 CADWorx P&ID Equip 工具栏里，点击“　”按钮：弹出“links”对话框，选择“Link To[type1]”，点击确定，见图 5-31。

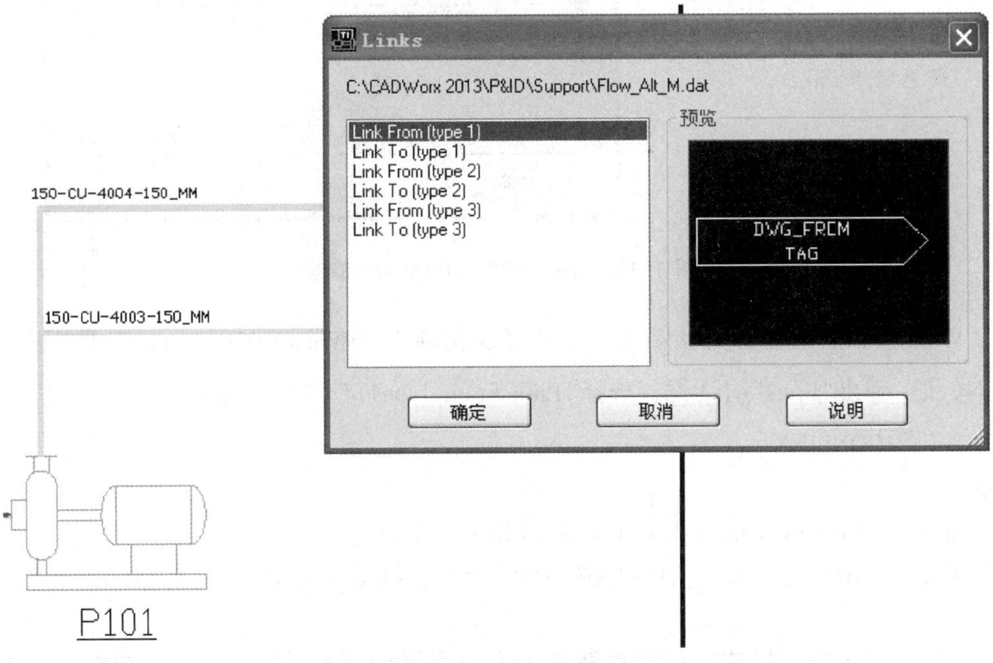

图 5-31　泵出口管线编号及“links”对话框，

命令：_ ICONLINK

命令：

Using block definition from this drawing：LINK_ FROM_ 1

点选位置：用鼠标在 150-CU-4003-150_ MM 管线端点拾取一点(确定图纸连接箭头的位置)

点选旋转：用鼠标旋转图纸连接箭头至右侧水平位置拾取一点(确定图纸连接箭头的方向)

保存这张图纸名称为 PID01，然后打开一张新的图纸。

为图纸之间的工艺管线做链接。新建一张图纸。选择数据库选项，然后保存新的图纸为 PID02。设置主管径为 150，管道等级为 150_ MM，插入一个名为 V-201 容器(见本节 7. 基础绘图)。靠近图框画一根管线，在“编辑管线”对话框里选择 Service 为 CU，Count 为 4004，管线号为 150-CU-4004-150_ MM，点击“确定”，软件将出现如下的警告，点击“确定”。同理绘制管线 150-CU-4003-150_ MM，见图 5-32。

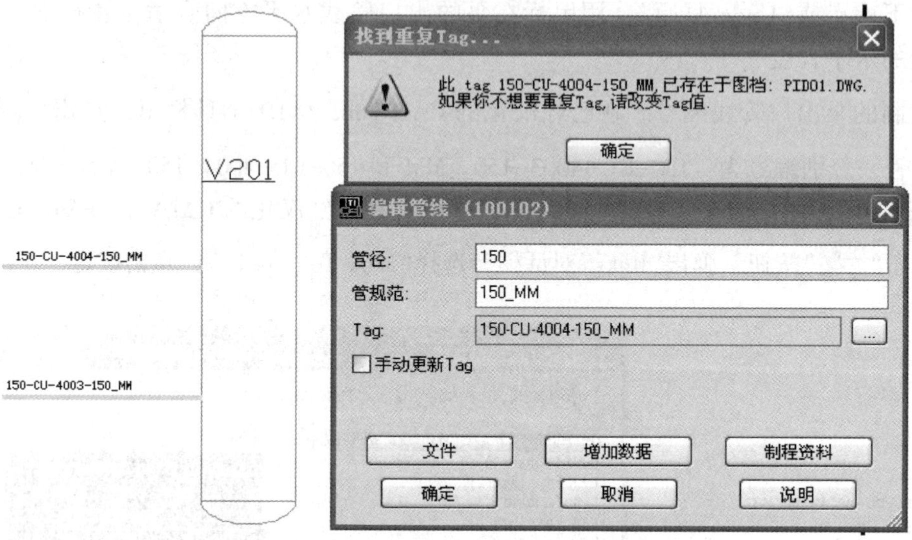

图 5-32 “编辑管线”对话框及“警告”

为 V201 两根管线添加链接箭头。在已经汉化的 CADWorx P&ID Equip 工具栏里，点击“”按钮：弹出“links”对话框，选择“Link From[type1]”，点击确定。

命令：_ ICONLINK

命令：

Using block definition from this drawing：LINK_ FROM_ 1

点选位置：用鼠标在 150-CU-4003-150_ MM 管线端点拾取一点(确定图纸连接箭头的位置)

点选旋转：用鼠标旋转图纸连接箭头至右侧水平位置拾取一点(确定图纸连接箭头的方向)

为图纸之间的工艺管线做链接。双击图纸 PID02 的 150-CU-4003-150_ MM 管线上的箭头，弹出“编辑图档连接”对话框，点击“产生连接”按钮，弹出“产生连接”对话框，在“显示此图管号”栏里，选择“PID01. DWG”，然后点击“选择”按钮，返回“编辑图档连接”对话框，点击“关闭”按钮。在图纸 PID01 里也进行类似的操作，即可完成图纸 PID01 和图纸 PID02 的 150-CU-4003-150_ MM 管线连接。同理可以完成图纸 PID01 和图纸 PID02 的150-CU-4004-150_ MM 管线连接，见图 5-33、图 5-34。绘制完成的 PID 见图 5-7。

图 5-33　“编辑图档连接”对话框和“产生连接”对话框

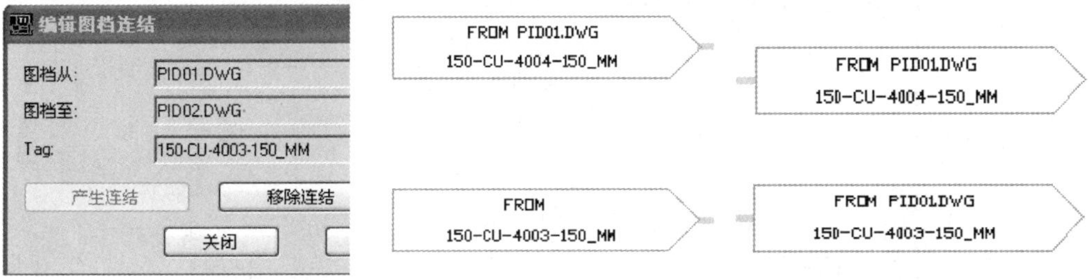

图 5-34　“编辑图档连接”对话框和完成的图纸管线连接

5.2.2　查阅 CADWorx P&ID 绘制的 PID 纸报告实训

5.2.2.1　实训目的

掌握 CADWorx P&ID Professional 2013 绘制 PID 后查阅图纸报告的基本方法。

5.2.2.2　实训内容

查阅绘制图 5-7 的 PID 纸报告。

1. 打开项目文件　双击打开项目路径下的 Project01. mdb，进入到 Microsoft Access 报告列表(List Reports)，见图 5-35。

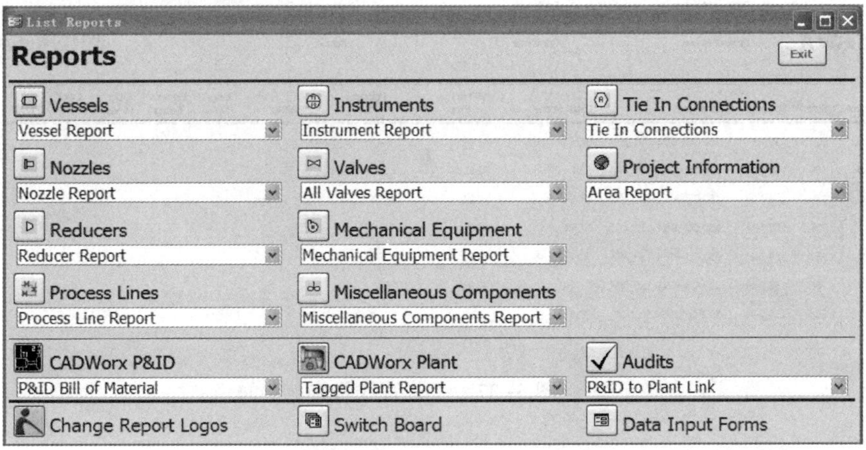

图 5-35　“List Reports”

2. 查看工艺管线报告　在 Microsoft Access 的 Project01. mdb 文件里，点击“ ”Process Lines 按钮，弹出“Report Setup Form”对话框，见图 5-36。

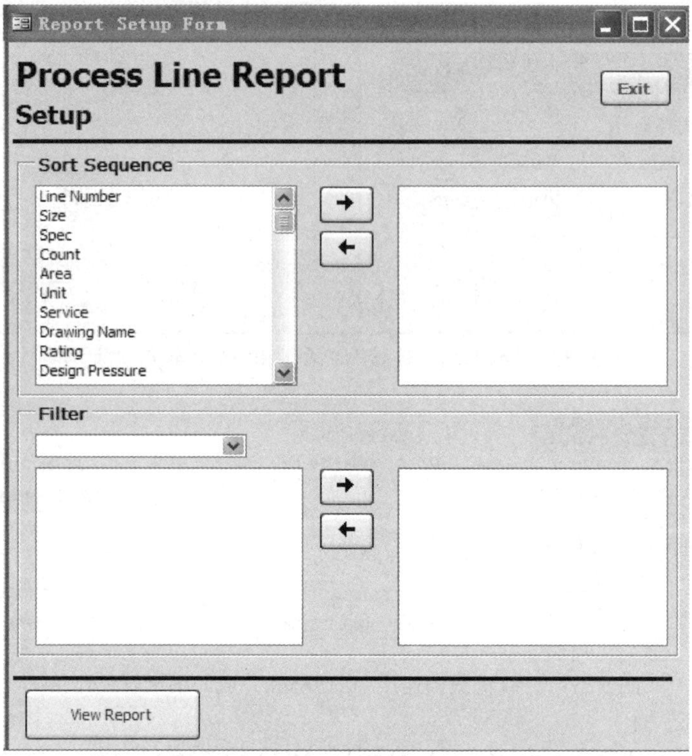

图 5-36　“Report Setup Form”对话框

在“Report Setup Form”对话框里，点击“View Report”按钮，弹出“Process Lines Report ”，见图 5-37。

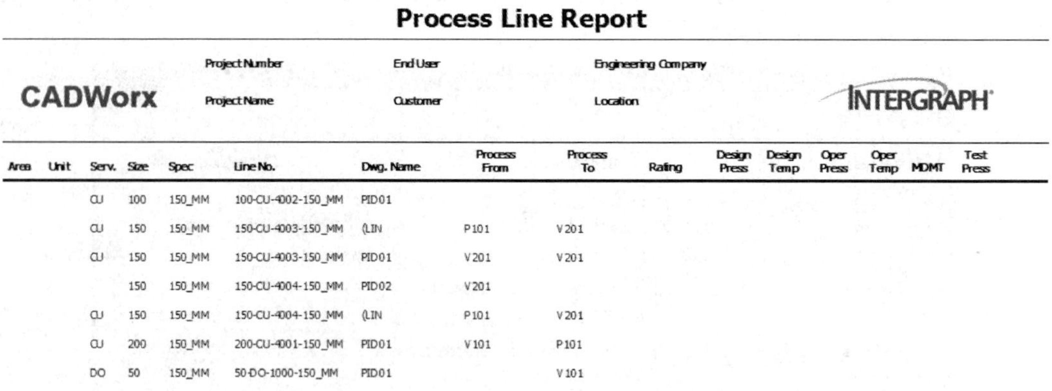

Process Line Report

CADWorx　Project Number　Project Name　End User　Customer　Engineering Company　Location　INTERGRAPH

Area	Unit	Serv.	Size	Spec	Line No.	Dwg. Name	Process From	Process To	Rating	Design Press	Design Temp	Oper Press	Oper Temp	MDMT	Test Press
		CU	100	150_MM	100-CU-4002-150_MM	PID01									
		CU	150	150_MM	150-CU-4003-150_MM	(LIN	P101	V201							
		CU	150	150_MM	150-CU-4003-150_MM	PID01	V201	V201							
			150	150_MM	150-CU-4004-150_MM	PID02	V201								
		CU	150	150_MM	150-CU-4004-150_MM	(LIN	P101	V201							
		CU	200	150_MM	200-CU-4001-150_MM	PID01	V101	P101							
		DO	50	150_MM	50-DO-1000-150_MM	PID01		V101							

图 5-37　工艺管线报告

3. 查看阀门报告　在 Microsoft Access 的 Project01. mdb 文件里，点击 “ ”Valves 按钮，弹出“Report Setup Form”对话框，见图 5-36。在“Report Setup Form”对话框里，点击“View Report”按钮，弹出“All Valves Report ”，见图 5-38。

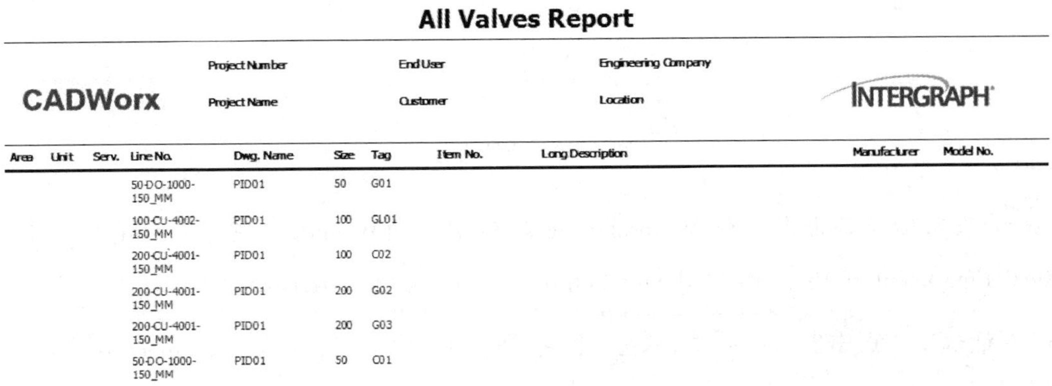
All Valves Report

CADWorx　Project Number　Project Name　End User　Customer　Engineering Company　Location　INTERGRAPH

Area	Unit	Serv.	Line No.	Dwg. Name	Size	Tag	Item No.	Long Description	Manufacturer	Model No.
			50-DO-1000-150_MM	PID01	50	G01				
			100-CU-4002-150_MM	PID01	100	GL01				
			200-CU-4001-150_MM	PID01	100	C02				
			200-CU-4001-150_MM	PID01	200	G02				
			200-CU-4001-150_MM	PID01	200	G03				
			50-DO-1000-150_MM	PID01	50	C01				

图 5-38　阀门报告

4. 查看变径报告　在 Microsoft Access 的 Project01. mdb 文件里，点击 “ ”Reducers 按钮，弹出“Report Setup Form”对话框，见图 5-36。在“Report Setup Form”对话框里，点击“View Report”按钮，弹出“Reducer Report”，见图 5-39。

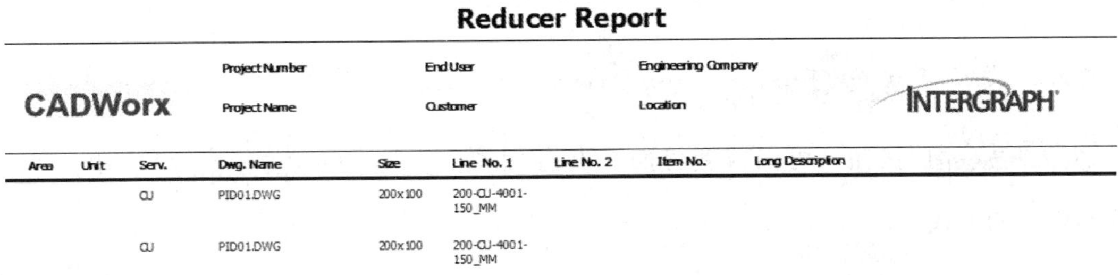
Reducer Report

CADWorx　Project Number　Project Name　End User　Customer　Engineering Company　Location　INTERGRAPH

Area	Unit	Serv.	Dwg. Name	Size	Line No. 1	Line No. 2	Item No.	Long Description
		CU	PID01.DWG	200x100	200-CU-4001-150_MM			
		CU	PID01.DWG	200x100	200-CU-4001-150_MM			

图 5-39　变径报告

5. 查看容器报告　在 Microsoft Access 的 Project01. mdb 文件里，点击 “ ”Vessels 按钮，弹出“Report Setup Form”对话框，见图 5-36。在“Report Setup Form”对话框里，点击“View Report”按钮，弹出“Vessel Report”，见图 5-40。

Vessel Report

CADWorx | Project Number | Project Name | End User | Customer | Engineering Company | Location | INTERGRAPH

Area	Unit	Serv.	Dwg. Name	Tag	Item No.	Long Description	Des. Press.	Des. Temp.	Corr.	MDMT	Weight
		CU	PID01				XXX	XXX	XXX		
			PID01								
		CU	PID01	V101		PID01(V101-©2000×10000)	XXX	XXX	XXX		
		CU	PID02	V201		PID02(V201-©2000×10000)	XXX	XXX	XXX		

图 5-40　容器报告

6. 查看机械设备报告　在 Microsoft Access 的 Project01. mdb 文件里，点击“”Mechanical Equipment 按钮，弹出“Report Setup Form”对话框，见图 5-36。在“Report Setup Form”对话框里，点击“View Report”按钮，弹出“Mechanical Equipment Report”，见图 5-41。

Mechanical Equipment Report

CADWorx | Project Number | Project Name | End User | Customer | Engineering Company | Location | INTERGRAPH

Area	Unit	Serv.	Dwg. Name	Tag	Item No.	Long Description	Manufacturer	Model
		CU	PID01.DWG	P101		P101(H25m,Q30m3/h)		

图 5-41　机械设备报告

此外，点击“Change Report Logos”按钮，可以改变报告的徽标；点击“Switch Board”按钮，可以改变界面；点击“Data Input Forms”按钮，可以改变数据输入的方式。

5.3　CADWorx 钢结构及设备建模实训

5.3.1　CADWorx Plant Professional 2013 钢结构建模实训

5.3.1.1　实训目的

掌握 CADWorx Plant Professional 2013 钢结构建模的基本方法。

5.3.1.2　实训内容

创建图 5-42 所示的钢结构。

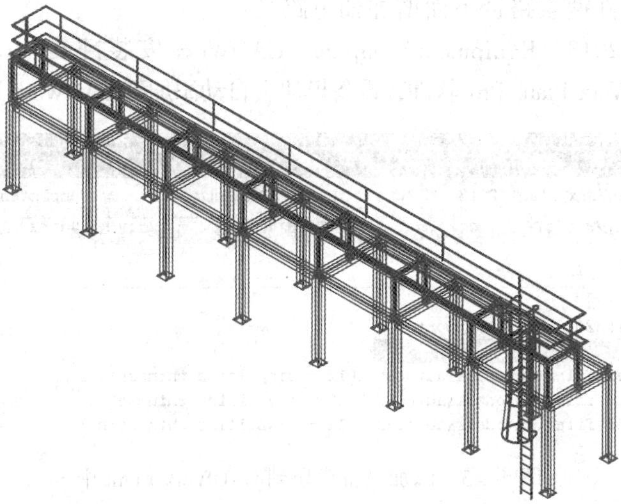

图 5-42　钢结构

5.3.1.3　**实训步骤**

1. 项目文件管理　项目负责人在项目工程开始之前，必须确定文件的存放位置(我们建议不存放在“桌面”“C 盘”)。建立主目录(一般是项目名称，建议使用英文名称)和子目录(建议使用英文名称)。

主目录(project)：

\ STRU-土建和钢架结构：

(1) 土建放在一个文件夹；

(2) (参考土建)钢结构放在一个文件夹；

(3) (参考土建钢结构)梯子、平台、围栏放在一个文件夹。

\ EQU-设备模型：

(1) 立式容器放在一个文件夹；

(2) 卧式容器放在一个文件夹；

(3) 泵放在一个文件夹。

\ PIPE-管道模型：

(参考 STRU 和 EQU 模型)建立管道模型文件。

建立管道模型时，建议两种参考办法：

(1) 把 STRU 和 EQU 都参考在一个模型里，然后保存比如命名为 A-MASTER。接着重新打开一个界面，把 A-MASTER 参考进来，然后进行配管。好处：在进行配管时，设备位置和设备管嘴的位置不会因为工程师的误操作而变动。

(2) 把 STRU 和 EQU 都参考在一个模型里，然后直接配管。好处：在项目有所改动时，设备位置可以改动；设备管嘴位置在 EQU 中修改后，在管道模型中只要重载后，设备管嘴已在新的位置。

2. 启动软件　将光盘中的 CADWorx Cofig. exe 拷贝到 CADWorx 软件中，双击安装即可。启动 CADWorx，并选择模板 CADWorx_ Metric. dwt ，然后确定。

打开 CADWorx Plant Pro 软件后，在命令栏输入 OP，打开 Auto CAD 的选项面板，到文件选项板，在支持文件搜索路径下面增加如下路径：

D：\ CADWorx 2013 \ Equipment \ Support（CADWorx 安装目录）

关闭并重启 CADWorx Plant Pro 软件，设备模块会自动添加到 CADWorx Plant 中，见图 5-43。

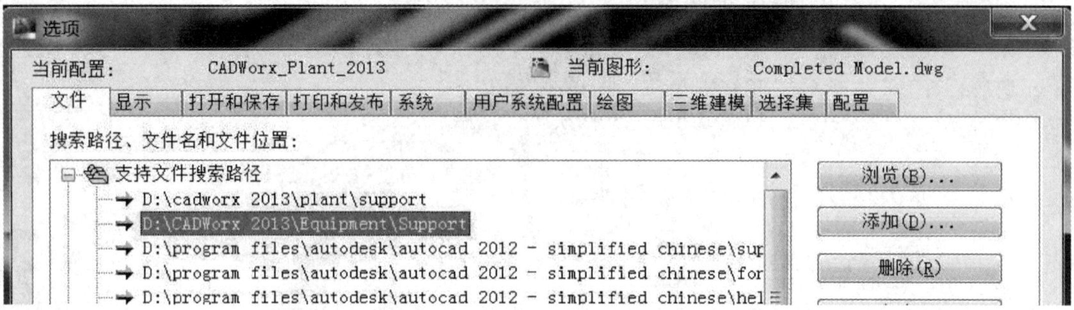

图 5-43　添加设备模块到 CADWorx Plant 中

3. 钢结构建模　钢结构建模有几种方式：通过软件自带的框架线，AutoCAD 的实线，通过点。软件内置了美标、德标、欧标、澳大利亚等国家的钢结构截面型式（H 形钢、角钢、方钢、T 形钢、槽钢等）。CADWorx Steel/HVAC 选项卡的 Steel Draw 里（），单击框架线创建按钮“”，弹出“框架创建”对话框，按图 5-44 填写，然后单击“OK”按钮。

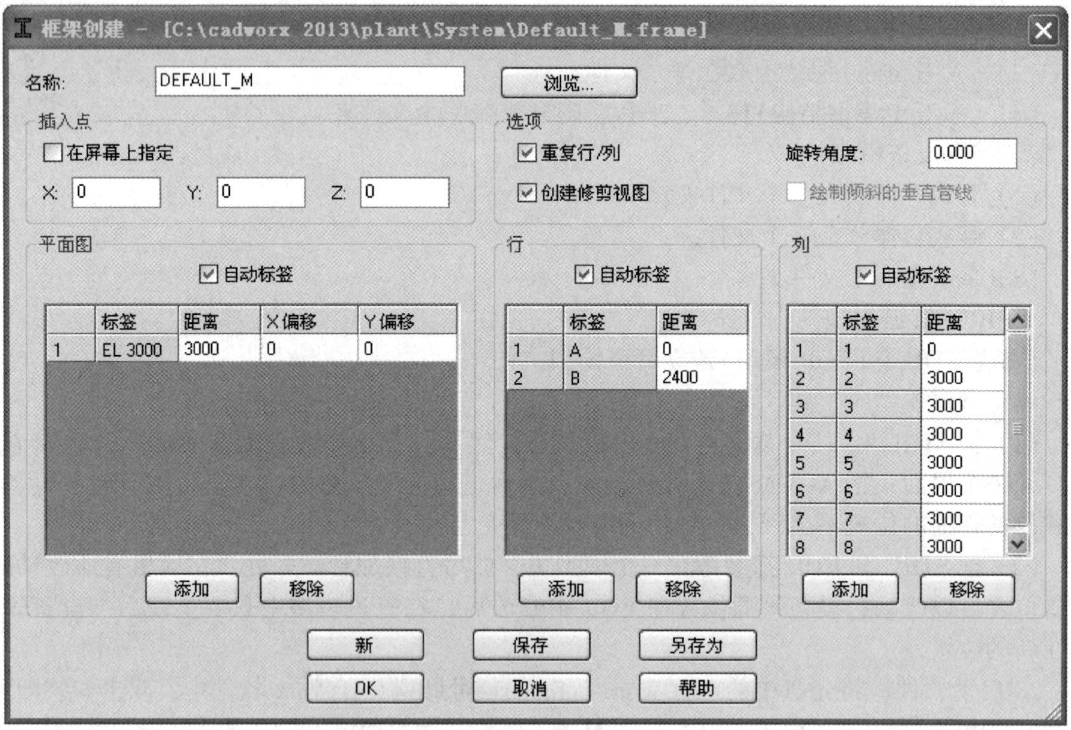

图 5-44　“框架创建”对话框

框架线在屏幕中显示如图 5-45 所示。

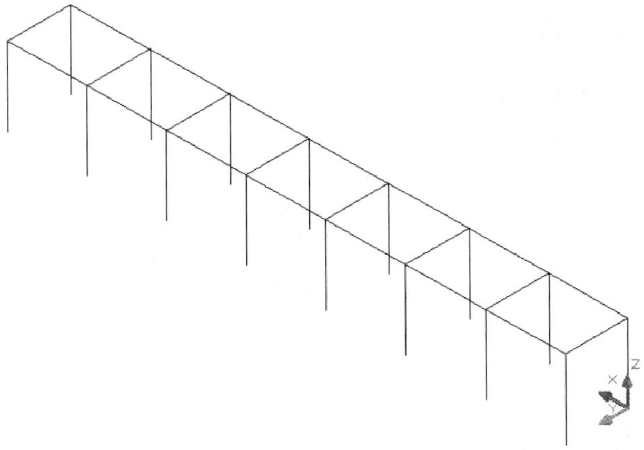

图 5-45 创建的框架线

同理，在 CADWorx Steel / HVAC 选项卡下的 Steel Draw 里（），单击框架线创建按钮“”

弹出“框架创建”对话框，按图 5-46 填写，然后单击“OK”按钮。

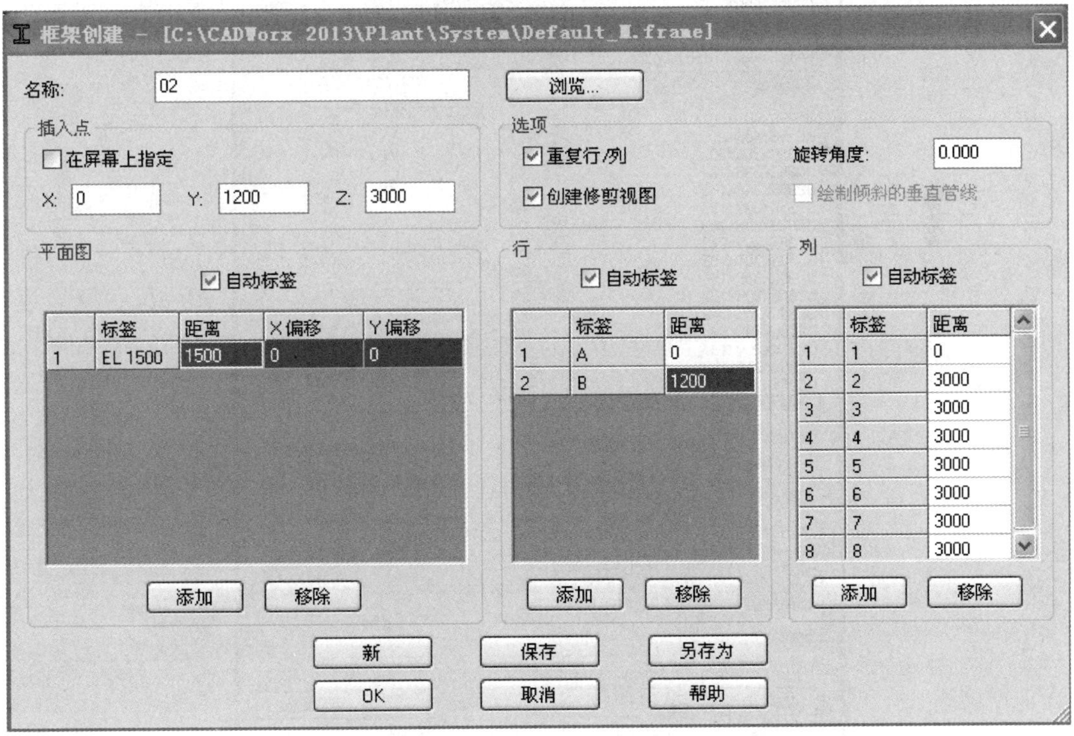

图 5-46 “框架创建”对话框

框架线在屏幕中显示如图 5-47 所示。

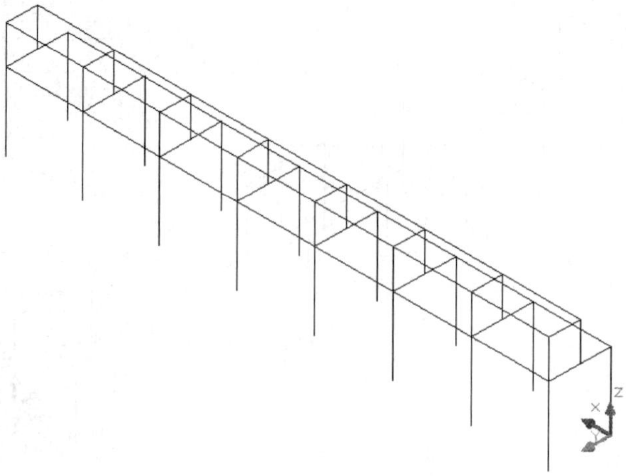

图 5-47 创建的框架线

在 CADWorx Steel / HVAC 选项卡下的 Steel Draw 里，单击“I”按钮，弹出“绘制钢结构”对话框，选择 UC254×254×89 工字钢，如图 5-48 设置并单击“选择管线”按钮。

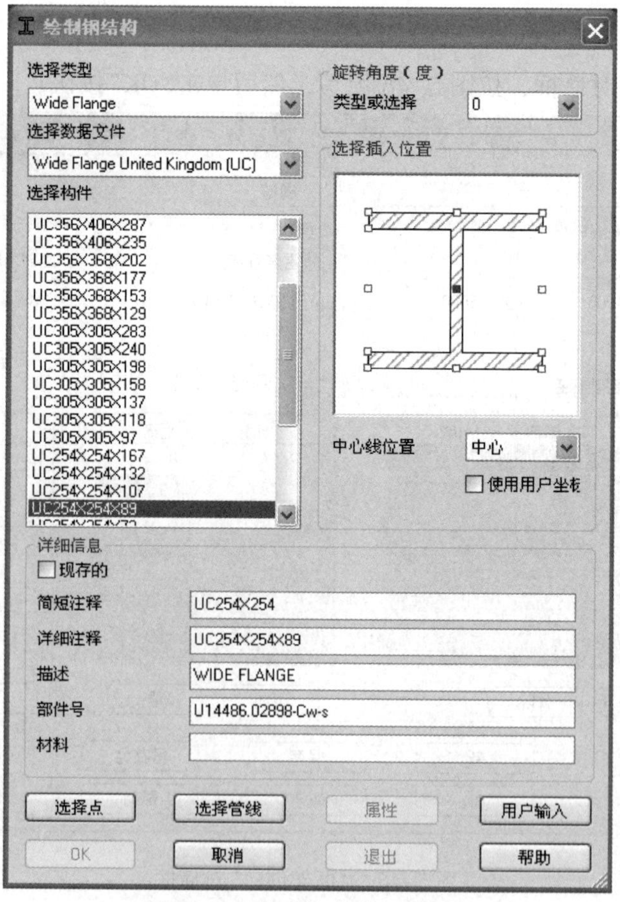

图 5-48 “绘制钢结构”对话框

从西南轴测视图上选择下层全部的线，钢结构会直接生成在模型上。生成模型见图 5-49。

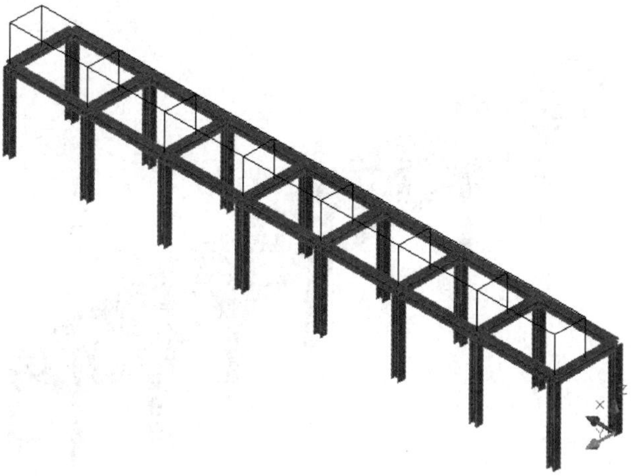

图 5-49　生成的钢结构模型

同理，在 CADWorx Steel / HVAC 选项卡下的 Steel Draw 里，单击“ ”按钮，弹出“绘制钢结构”对话框，选择 UC152×152×37 工字钢，如图 5-50 设置并单击“选择管线”按钮。

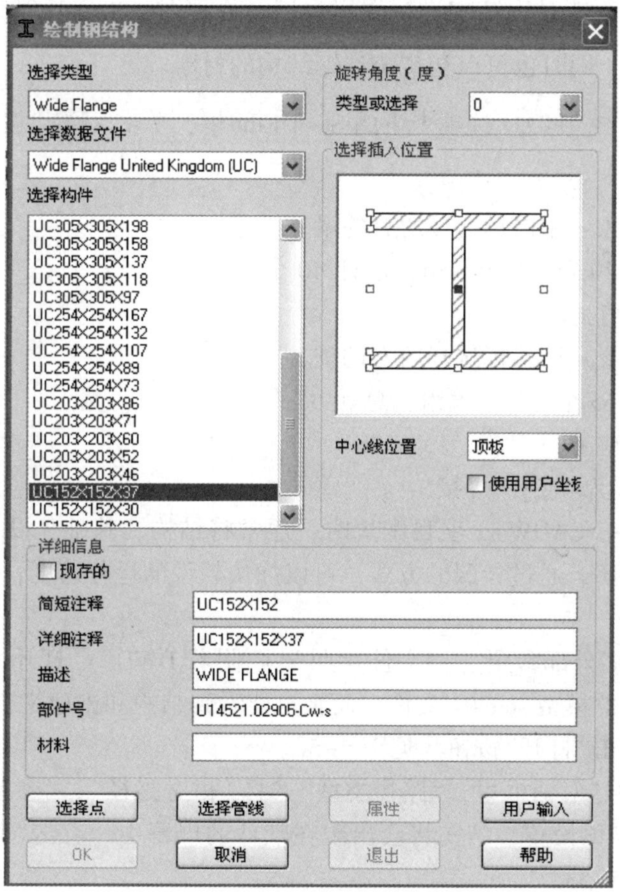

图 5-50　“绘制钢结构”对话框

从西南轴测视图上选择上层全部的线，钢结构会直接生成在模型上。生成模型见图 5-51。

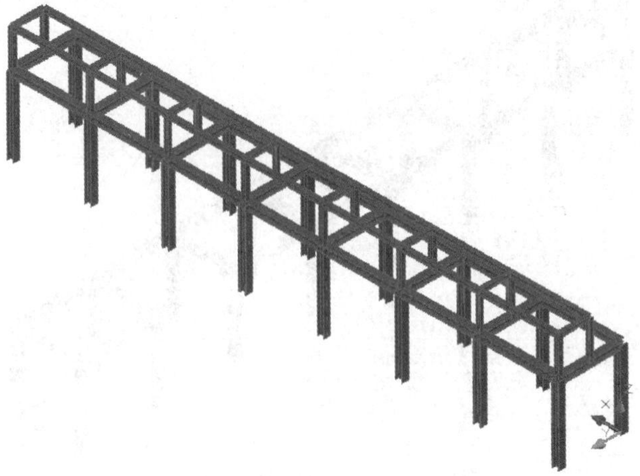

图 5-51　最终生成的钢结构模型

4. 编辑钢结构　通过 CADWorx 自带的处理、斜接、修剪、剪裁、合并()等功能对钢结构进行编辑。进行修剪时，可以控制栓接或焊接，并可以定义栓接或焊接间距，同时也可以初步统计钢结构的材料。

在 CADWorx Steel / HVAC 选项卡下的 Steel Edit 里，单击“”按钮：

命令：_ SCOPE
选择要处理的对象：用鼠标选择所有的梁
选择对象：找到 40 个，1 个编组，总计 40 个
选择对象：＊取消＊↙
选择要处理的边界：用鼠标选择所有的柱
选择对象：找到 65 个，1 个编组，总计 65 个
选择对象：＊取消＊↙
处理的类型[螺栓/焊接] <焊接>：↙

5. 创建参照文件　CADWorx 项目配置时，通常将结构、基础、设备、管道单独创建文件夹，方便管理和参照，通过参照的方式，可以加快软件的运行速度，而且方便客户进行修改和更新。

在菜单“插入”→“外部参照”→“文件参照”→“附着 DWG”，打开“选择参照文件”对话框，这时候选择建立的模型 steel01 文件，而且也能看到结构和土建文件都在这个文件夹下，方便查找、选择。点击“打开”按钮，见图 5-52。

在“附着外部参照”对话框里，“路径类型”选择“相对路径”；“参照类型”选择“附着型(A)”；其他应用默认的设置，结构将会出现在默认的屏幕中。点击“确定”退出“选择参照文件”对话框，见图 5-53。

图 5-52　“选择参照文件”对话框

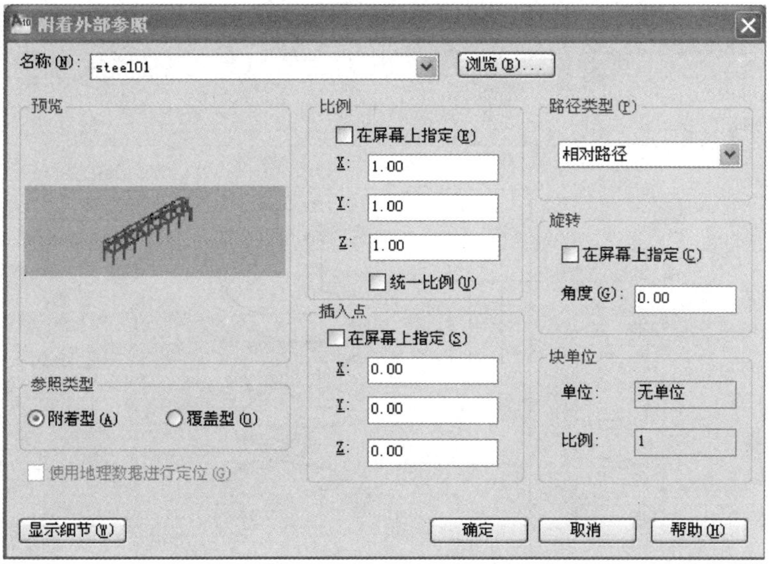

图 5-53　“附着外部参照”对话框

6. 增加直梯　CADWorx 软件支持创建直梯、斜梯、栏杆，并支持参数化建模。在 CAD Worx Steel / HVAC 选项卡下的 Steel Draw 里，单击“”按钮，弹出“Ladder”对话框，在“位置”选项卡里进行如图 5-54 所示的设置。

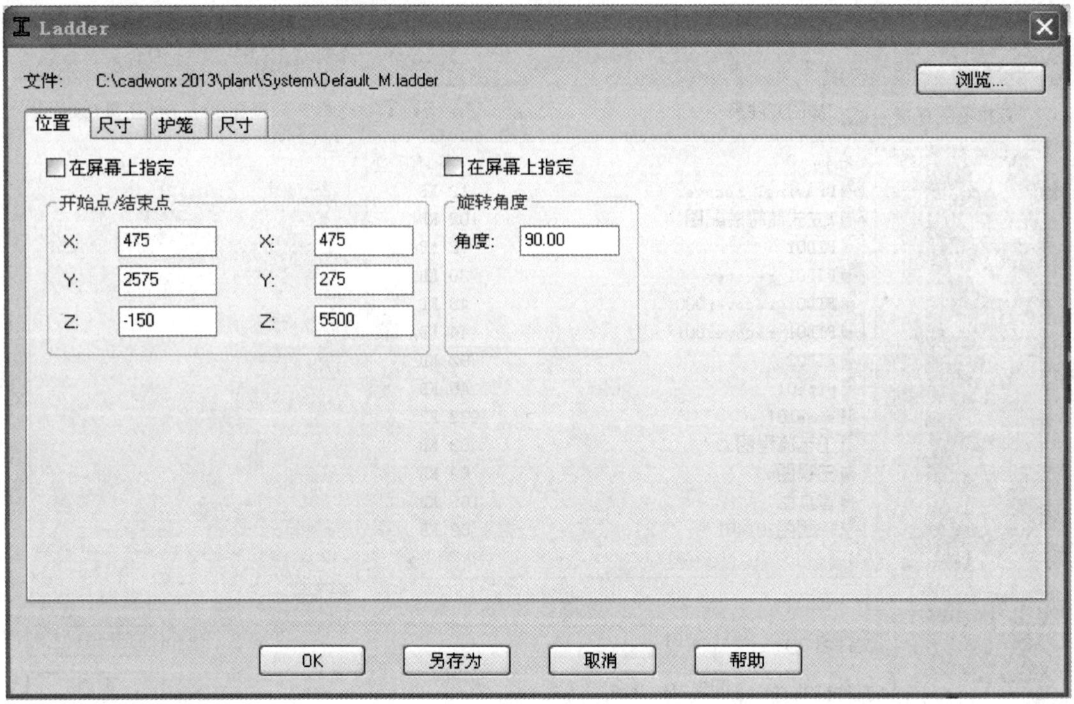

图 5-54 “Ladder”对话框里“位置”选项卡设置

然后在“Ladder”对话框 “护笼”选项卡里进行如图 5-55 所示的设置。

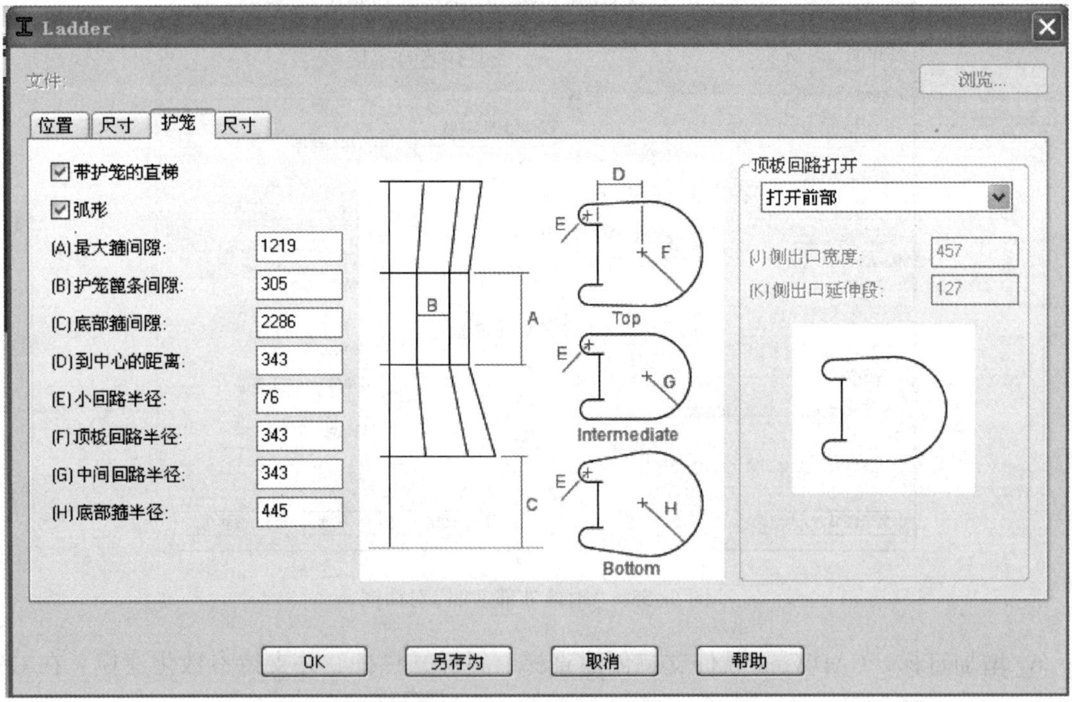

图 5-55 “Ladder”对话框里“护笼”选项卡设置

创建的带护笼直梯如图 5-56 所示。

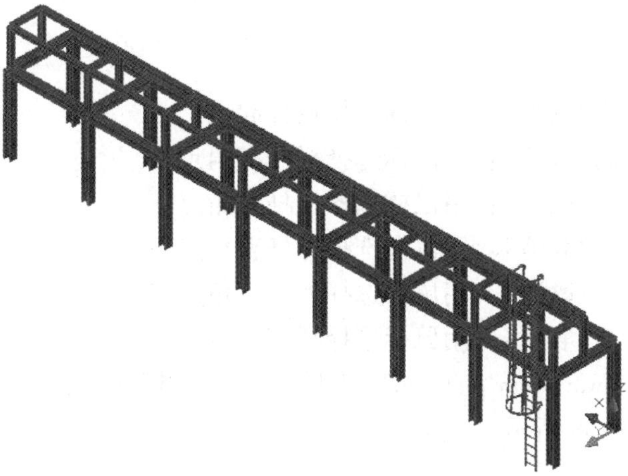

图 5-56　创建的带护笼直梯

7. 插入栏杆　栏杆建模也有两种方式，一种通过点，另一种通过线，这里通过点建模。在 CADWorx Steel / HVAC 选项卡下的 Steel Draw 里，单击“ ”按钮，弹出“Hand Rail”对话框，在“尺寸”选项卡里按默认进行设置，如图 5-57 所示。

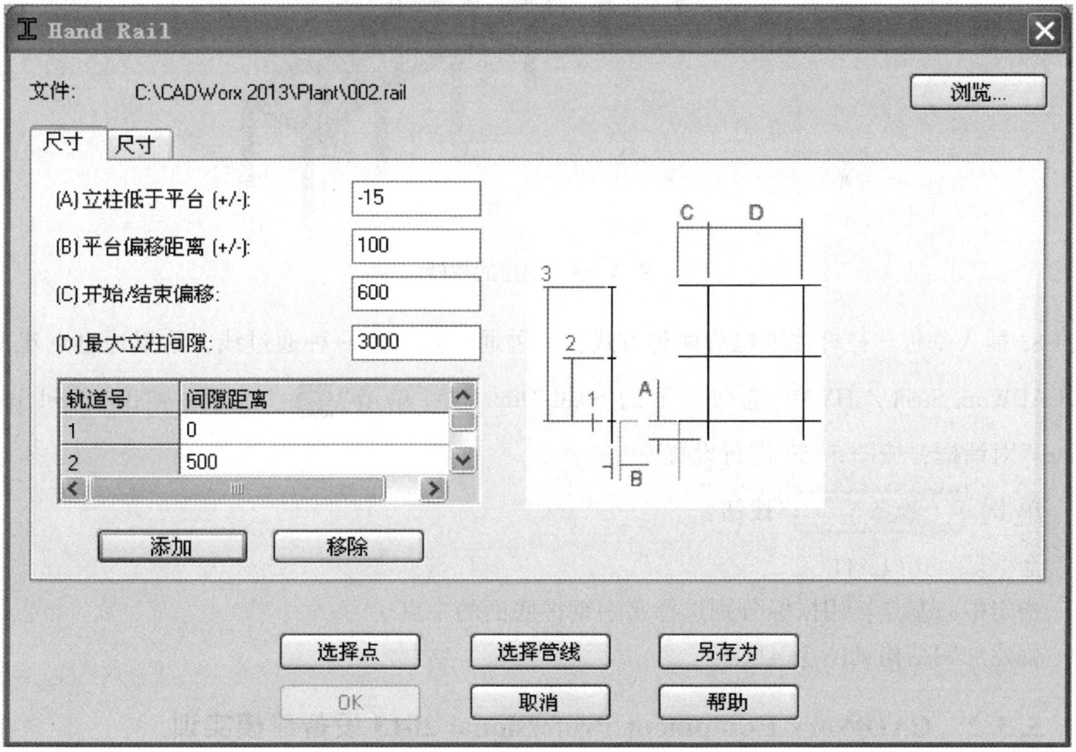

图 5-57　“Hand Rail”对话框

单击“选择点”按钮：

命令：_ SHRAIL
指定起点：
指定下一点或[标高/取消]：用鼠标选择栏杆起点
指定下一点或[标高/取消]：用鼠标选择栏杆直角点
指定下一点或[标高/取消]：用鼠标选择栏杆直角点
指定下一点或[标高/取消]：用鼠标选择栏杆直角点
指定下一点或[标高/取消]：用鼠标选择栏杆直角点
指定下一点或[标高/取消]：用鼠标选择栏杆终点
从平台离开(Pick away from platform)：用鼠标选择栏杆外一点
创建的栏杆如图 5-58 所示。

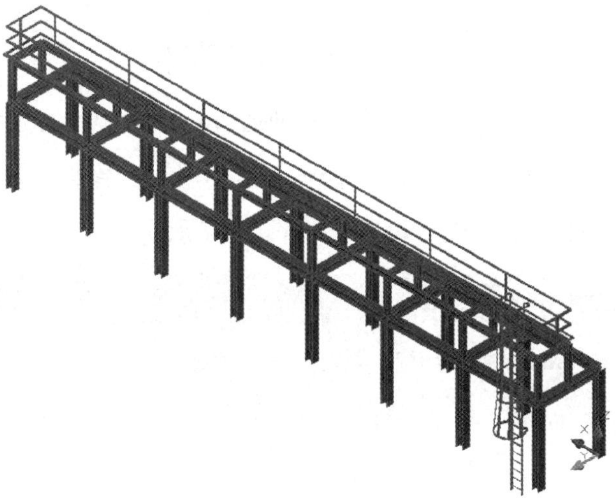

图 5-58　创建的栏杆

8. 插入基板　栏杆建模也有两种方式，一种通过点，另一种通过线，这里通过点建模。在 CADWorx Steel / HVAC 选项卡下的 Steel Draw 里，单击“ ”按钮，弹出“Steel Base Plates”对话框，按图 5-59 进行设置。

单击“选择点”按钮：

命令：_ SBPLATE
指定中心基点：用鼠标分别选择工字钢柱底面的中点
创建的钢结构见图 5-41。

5.3.2　CADWorx Equipment Professional 2013 设备建模实训

5.3.2.1　实训目的

掌握 CADWorx Equipment Professional 2013 设备建模的基本方法。

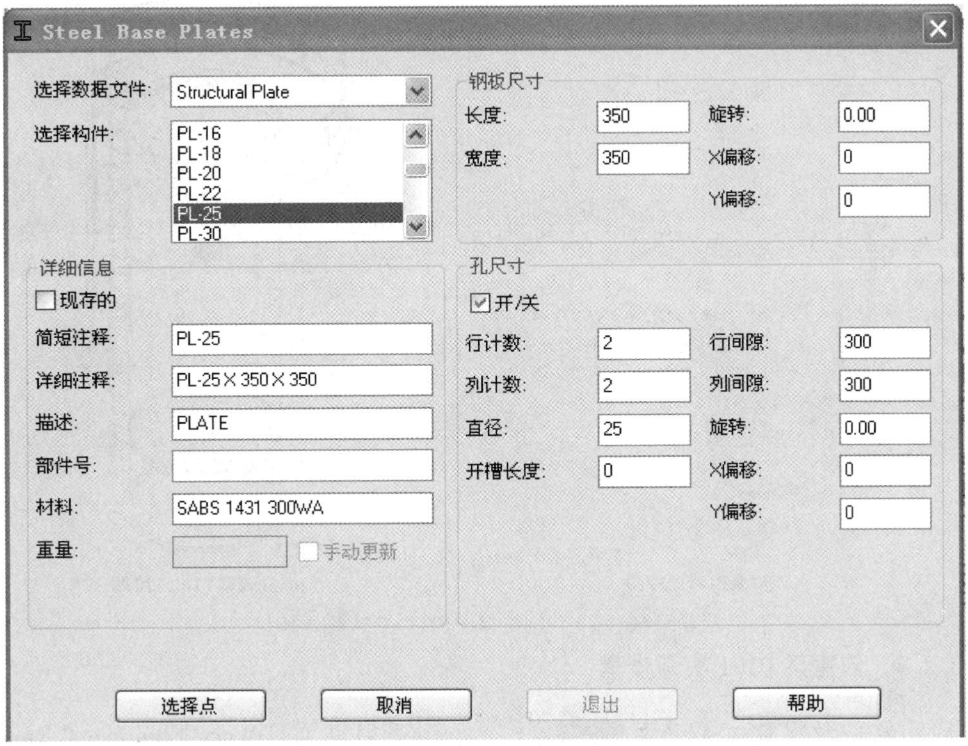

图 5-59 “Steel Base Plates”对话框

5.3.2.2 实训内容

CADWorx 自带设备模块，可以通过参数化创建各种模型，如容器，塔器，泵，再沸器等。创建如图 5-60 所示的泵 P101(a)、立式罐 V101(b)。

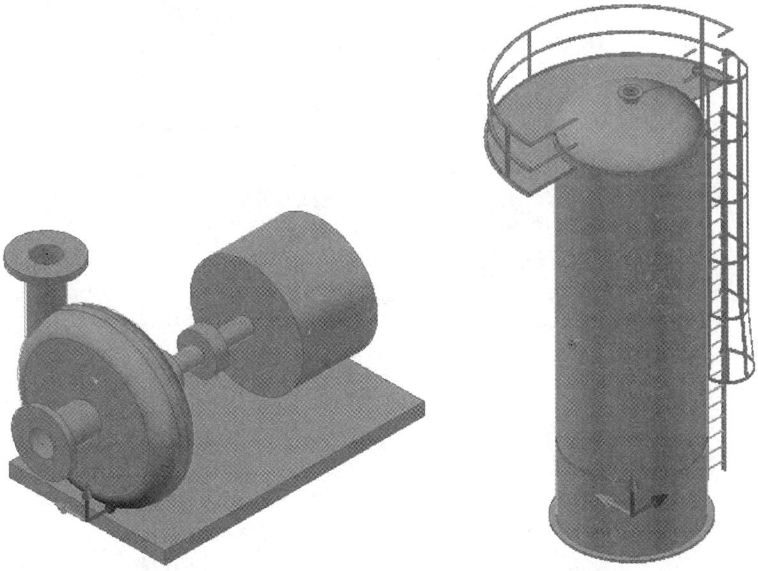

(a) 泵P101立体图　(b) 立式罐V101立体图

图 5-60 创建泵 P101、立式罐 V101

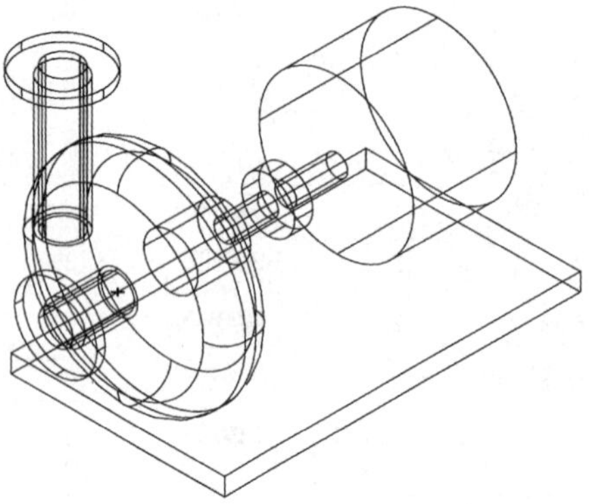

(c) 泵P101三维图

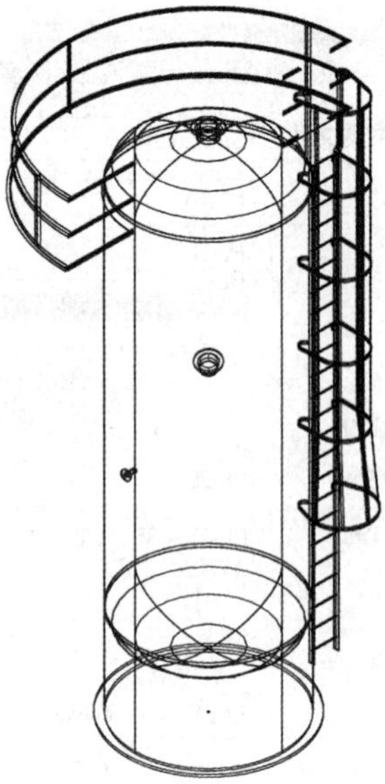

(d) 立式罐V101三维图

图 5-60(续)　创建泵 P101、立式罐 V101

5.3.2.3　创建泵 P101 实训步骤

1. 启动软件及汉化　双击“

”启动 CADWorx Equipment Professional 2013 软件，汉化方法同前(在配置文件里进行设置)。在命令栏中输入命令 EM，弹出设备选项面板，见图 5-61。

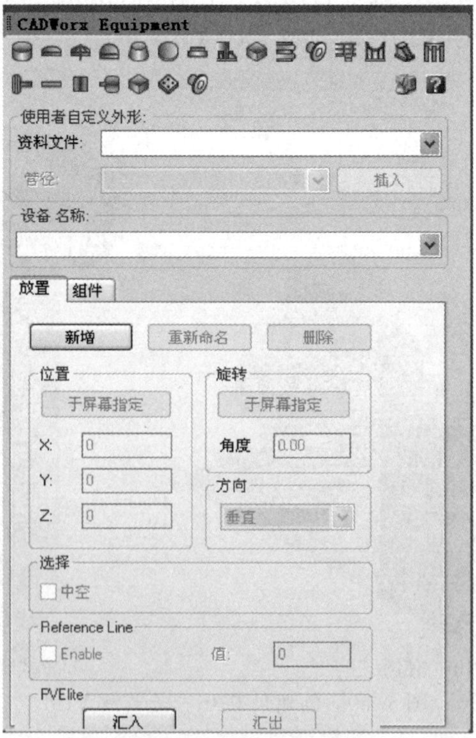

图 5-61　设备选项面板

在设备选项面板里，单击“新增”按钮，在弹出的“输入数值”对话框，在“输入设备名称”栏里输入 P101 作为设备的位号，然后点击“OK”，见图 5-62。

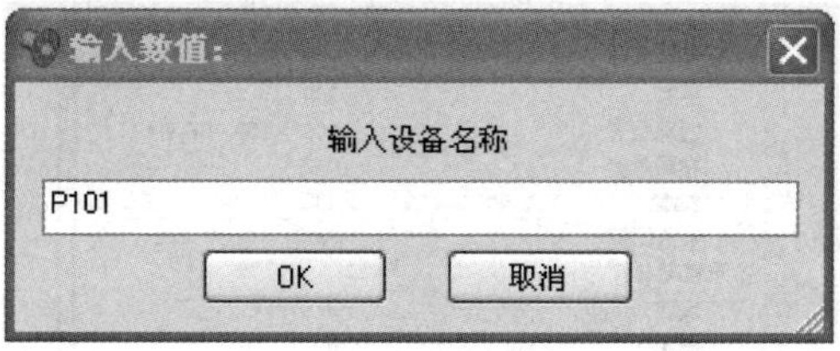

图 5-62 “输入数值”对话框

2. 创建泵的叶轮、轴、联轴器、电动机和泵座　在组件面板( )，依次单击( )叶轮、轴、联轴器和电动机按钮。在“设备名称”对话框里，设备“方向”选择水平。叶轮、轴、联轴器和电动机，按默认设置。然后选中叶轮，单击( )泵座按钮，进行如图 5-63 所示的设置。

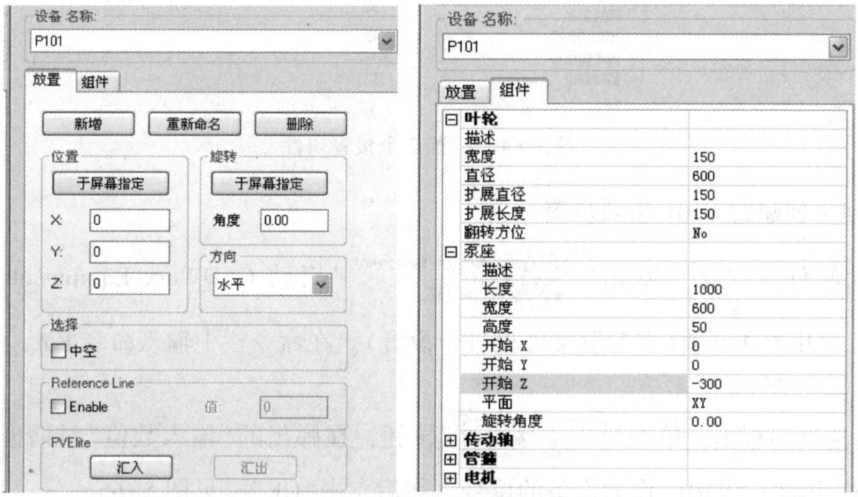

图 5-63 在“设备名称”对话框里泵座设置

3. 在叶轮上增加出口和进口接管　双击叶轮，然后单击( )管嘴按钮，输入接管名称 out1 和 in1，设置 2 个接管属性如图 5-64 所示。

4. 自定义坐标　为了便于将创建的设备插入到其他图纸之中，要将坐标原点移动到泵底板的短边中点。点击“工具”→“新建 UCS”→“原点”：

命令：_ ucs

当前 UCS 名称：* 没有名称 *

指定 UCS 的原点或 [面(F)/命名(NA)/对象(OB)/上一个(P)/视图(V)/世界(W)/X/Y/Z/Z 轴(ZA)] <世界>：_ o 用

指定新原点 <0，0，0>：_ mid 于(用鼠标拾取泵底板的短边中点)

创建完成的泵 P101，见图 5-59(a)。

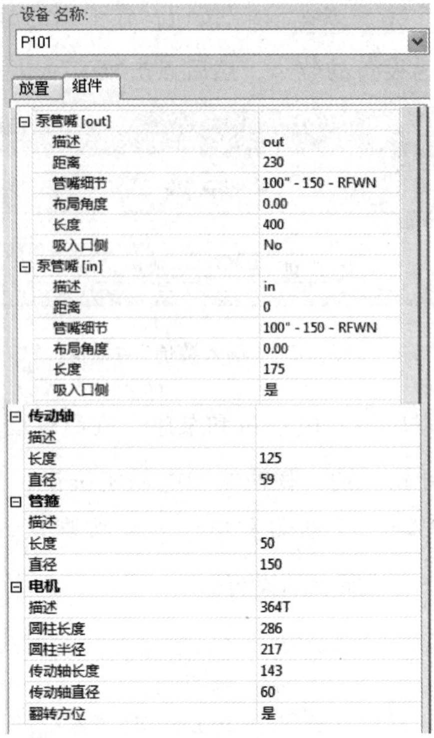

图 5-64　设置 2 个接管属性

5.3.2.4　**创建罐 V101 实训步骤**

1. 启动软件及汉化　双击“

”启动 CADWorx Equipment Professional 2013 软件，汉化方法同前(在配置文件里进行设置)。在命令栏中输入命令 EM，弹出设备选项面板，见图 5-60。

在设备选项面板里，单击“

”按钮，在弹出的“输入数值”对话框，在“输入设备名称”栏里输入“V101”作为设备的位号，然后点击“OK”，见图 5-65。

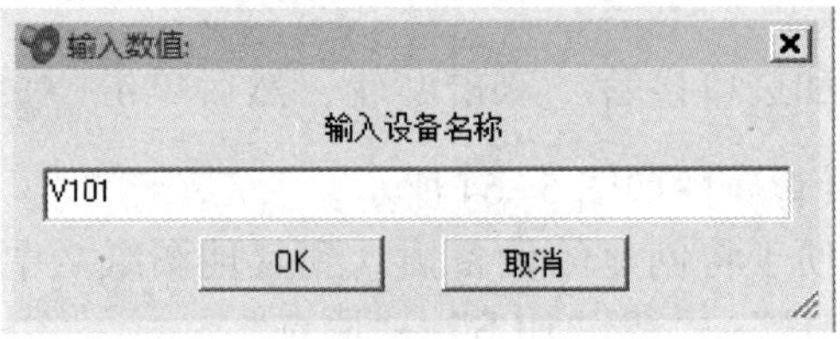

图 5-65　“输入数值”对话框

2. 创建立式罐的裙座、椭圆封头、圆筒和椭圆封头　在组件面板()，依次单击(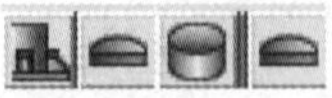)裙座、椭圆封头、圆筒和椭圆封头按钮，并修改裙座、筒体参数进行如图 5-66 所示的设置。

3. 在筒体和上封头上增加管嘴　双击筒体，然后单击( )管嘴按钮，输入管嘴名称 N1、N3，设置 N1、N3 管嘴属性如图 5-66 所示；双击上封头，然后单击( )管嘴按钮，输入管嘴名称 N2，设置 N2 管嘴属性如图 5-65 所示。

4. 增加梯子平台并设置护栏　双击筒体，然后单击( )平台按钮，输入平台名称 platform01，设置属性如图 5-66 所示。

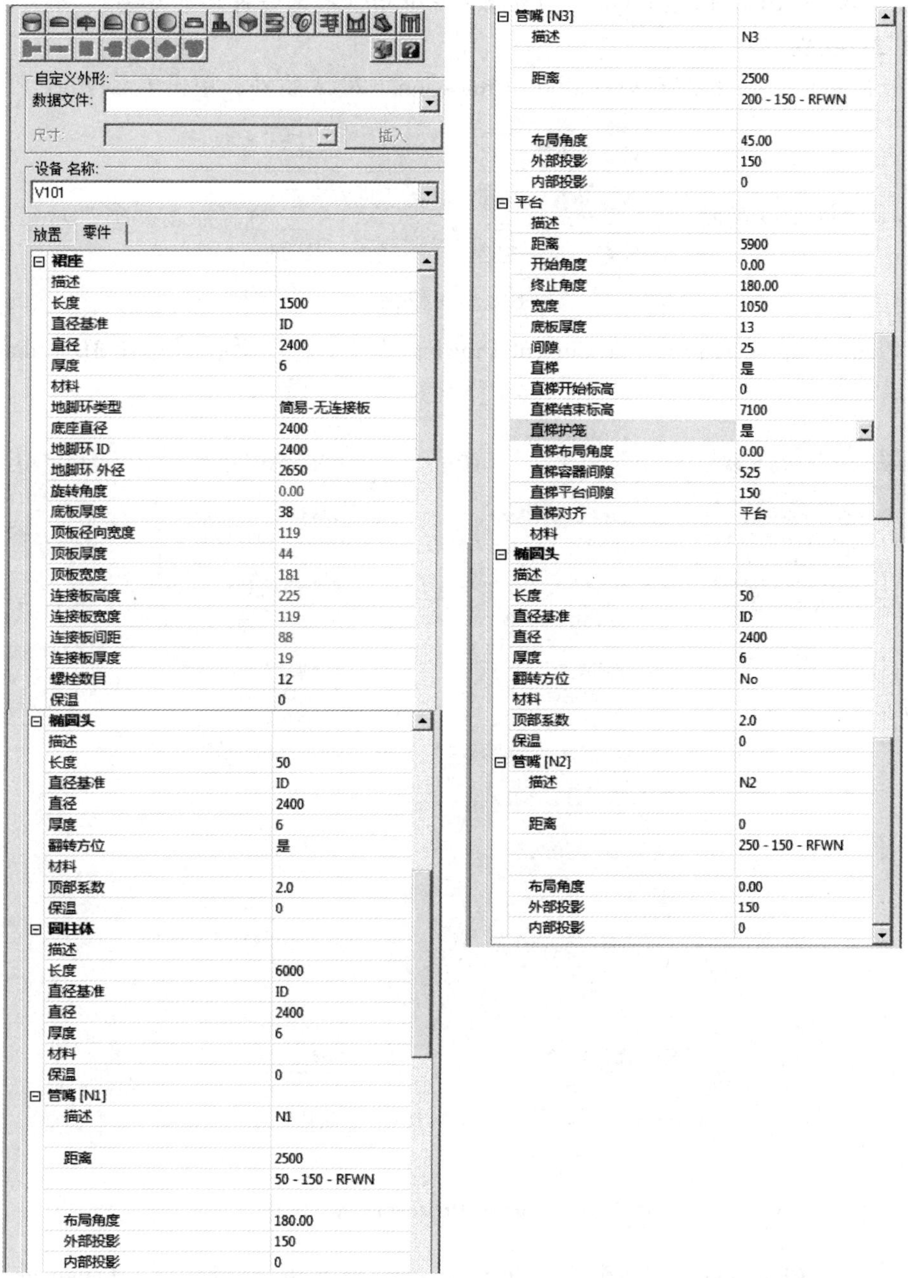

图 5-66　对裙座、筒体、管嘴、梯子平台护栏和椭圆封头进行设置

创建完成的立式罐 V101 见图 5-59(b)。

5.4 CADWorx 智能三维布管实训

5.4.1 CADWorx Plant Professional 2013 智能三维布管系统设置实训

5.4.1.1 实训目的

掌握 CADWorx Plant Professional 2013 智能三维布管系统设置基本方法。

5.4.1.2 实训内容

1. 系统初始化 打开 CADWorx Plant Professional 2013 软件，单击 CADWorx Plant I，进入 CADWorx Plant I 设置面板(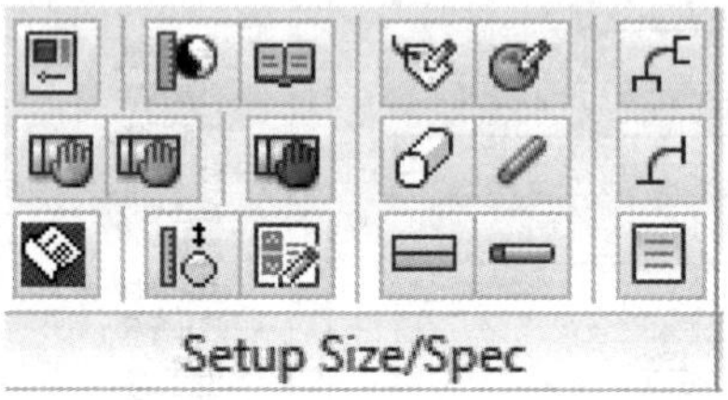

)。点击“”setup 按钮，在 CADWorx Plant setup 对话框里，在 Current Drawing 选项卡，图纸模式选择 3D Enhanced，见图 5-67。

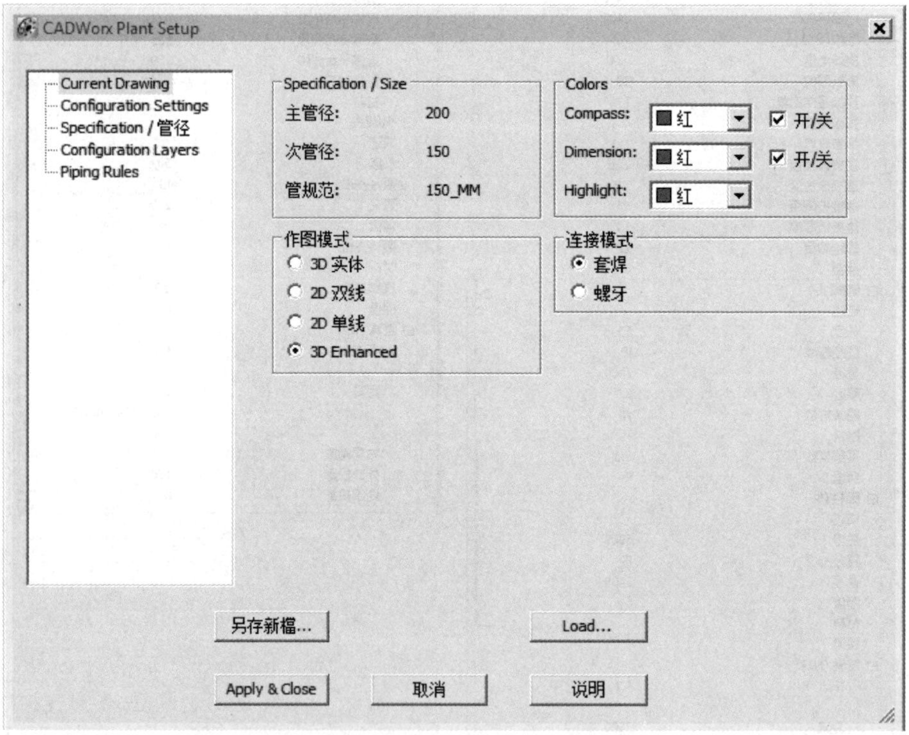

图 5-67 Current Drawing 选项卡设置

在 CADWorx Plant setup 对话框里，在 Configuration Settings 选项卡，Language File 选择 Chinese_ Simplified. dic，见图 5-68。

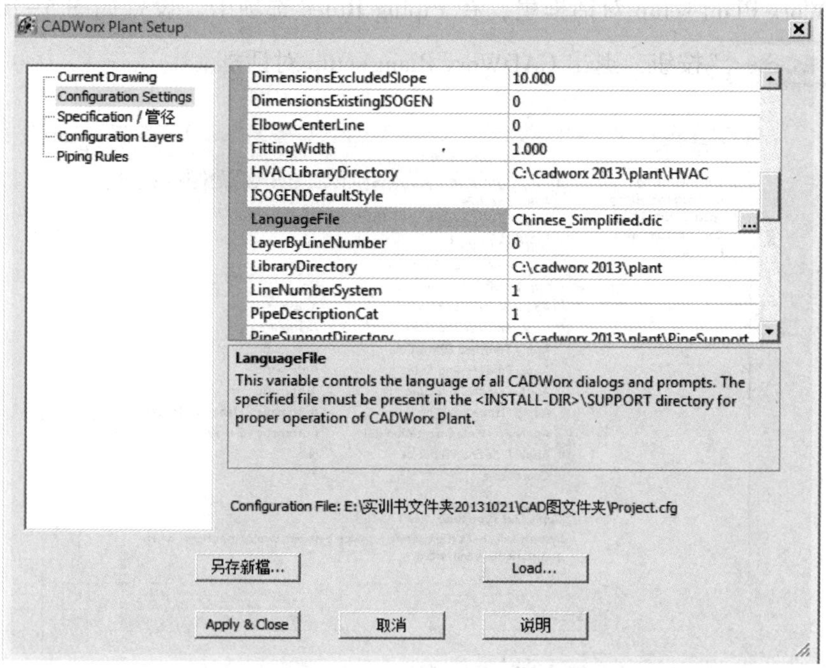

图 5-68 Configuration Settings 选项卡设置

在 CADWorx Plant setup 对话框里，在 Specifications 管径选项卡，专案：选择 Metric_ CS_ 2013_ Specs. prj，Specifications 选择 150_ MM(管道等级)，Main/Reduction Size 选择 200/150(主管尺寸定为 200、变径尺寸定为 150)。层选项默认，见图 5-69。

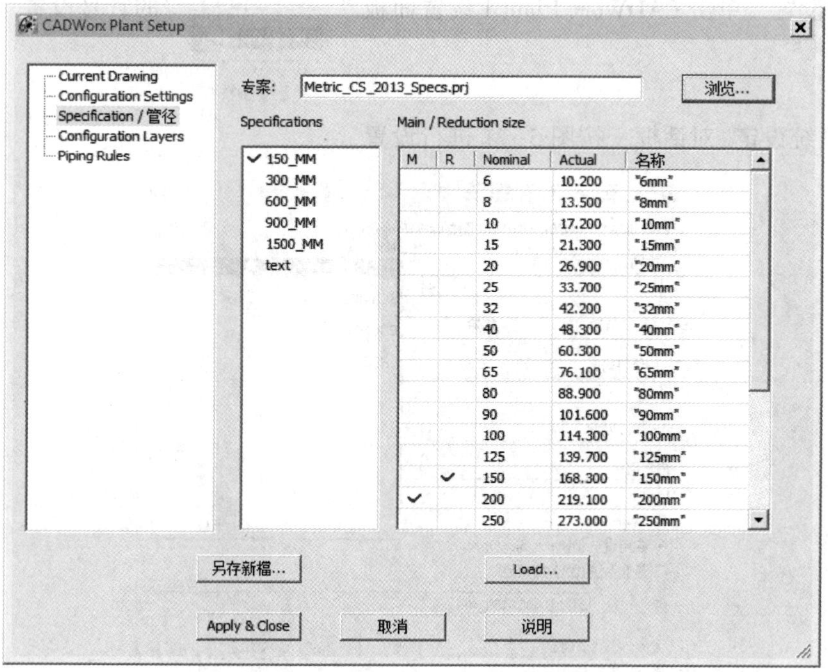

图 5-69 Specifications 管径选项卡设置

在 CADWorx Plant setup 对话框里，在 Piping Rules 选项卡，设置如图 5-70 所示。然后点击“

”按钮，退出 CADWorx Plant setup 对话框。

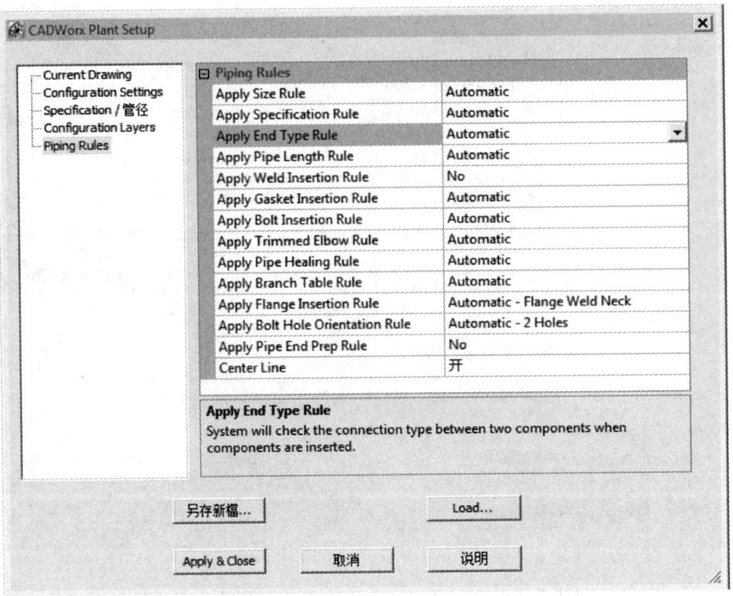

图 5-70　Piping Rules 选项卡设置

2. 管号设置　单击 CADWorx Plant I 设置面板“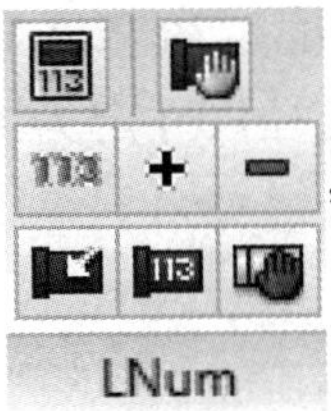

”的管号设置“”按钮，打开“管号系统设定”对话框，按图 5-71 进行设置。

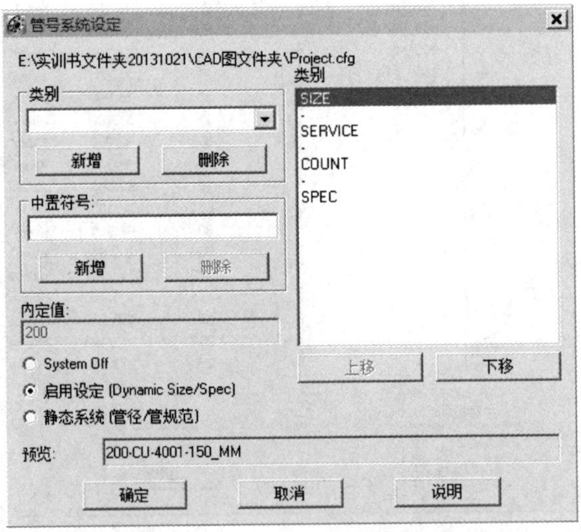

图 5-71　“管号系统设定”对话框

将 SERVICE 的内定值设置为 CU，COUNT 设置为 4001，最终管号如下：200-CU-4001-150_ MM。

5.4.2　CADWorx Plant Professional 2013 智能三维布管实训

5.4.2.1　实训目的

掌握 CADWorx Plant Professional 2013 智能三维布管的方法。

5.4.2.2　实训内容

为图 5-7 所示的 PID 工艺管线配管，即创建图 5-72 所示的三维管道结构。

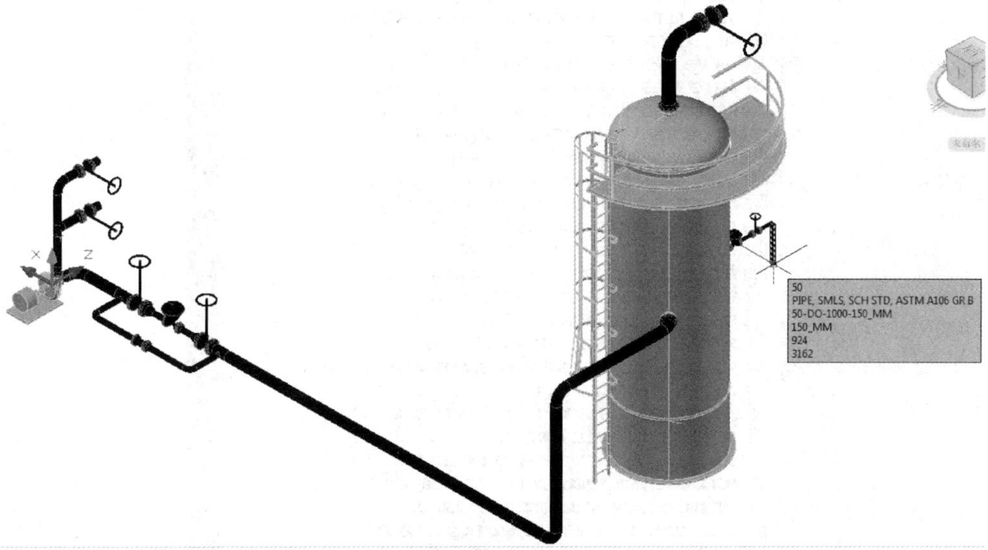

图 5-72　三维管道结构

1. 配 P101 和 V101 之间的工艺管线 200-CU-4001-150_ MM　视图切换到西北等轴侧，放大到泵的位置处。单击 CADWorx Plant I “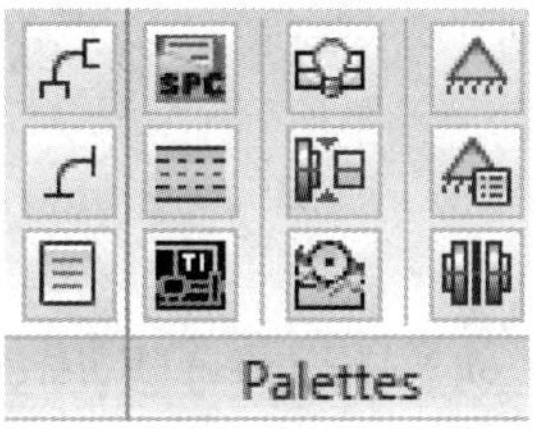

”面板上“

”的 CADWorx Spec View 按钮，弹出“CADWorx Spec View”面板，见图 5-73。

(1) 配 P101 和 V101 之间的工艺管线。在“CADWorx Spec View”面板上，单击“PIPE, SMLS, SCH STD, ASTM A106 GR B [6-600]”(PIPW 命令)。

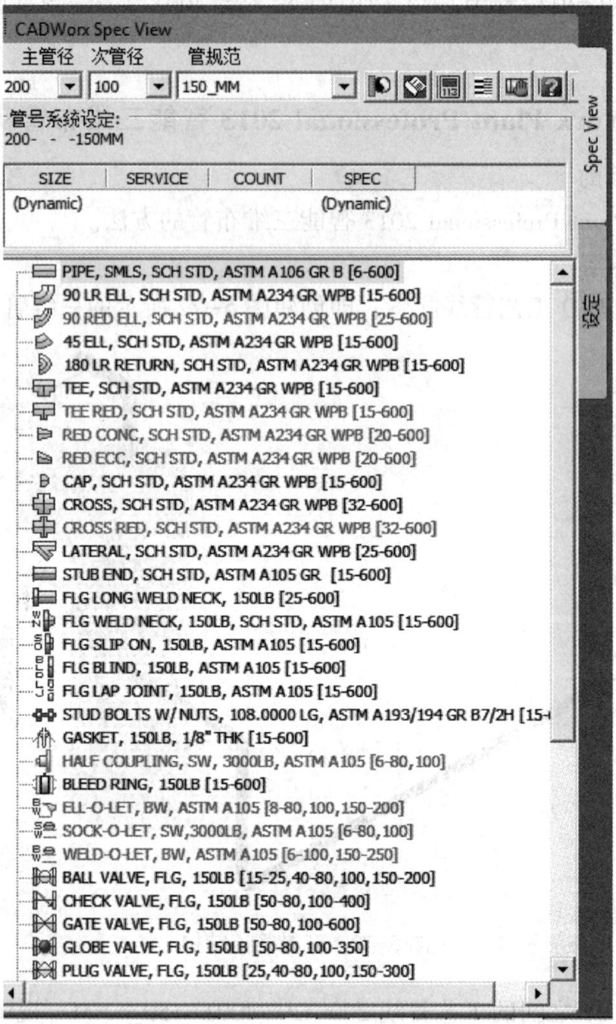

图 5-73　CADWorx Spec View 面板

命令窗口出现：

命令：PIPW

Specify start point or [Alignment/Reference]<last point>：用鼠标单击泵 P101 管嘴(in)的边缘

命令窗口出现：

INTERSECT 所选对象太多

11LR 100 not found

22LR 100 not found

Measuring length from elbow corner...

Pick end point or [component List/Slope/Elevation/Plane/Reference/Fitting mode/Undo/Connect/Toggle length/Alignment]：L↙(显示管件列表)

屏幕上出现管件列表，选择渐缩管(变径)→对焊同心渐缩管→200×100 渐缩管，见图 5-74。

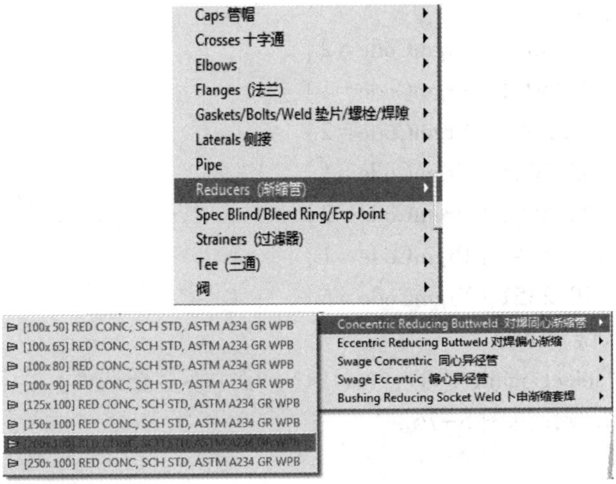

图 5-74 管件列表

命令窗口出现：

Enhanced Weight：6. 3591［PrgmCode = 10］

11LR 200 not found

22LR 200 not found

Pick end point or［component List/Slope/Elevation/Plane/Reference/Fitting mode/Undo/Connect/Toggle length/Alignment］：c↙（智能连接管线）

点一点：用鼠标单击立式罐 V101 管嘴（N3）的边缘

命令窗口出现：

INTERSECT 所选对象太多

Routing preview mode［Components/Lines］<Lines>：↙（按预览模式显示管线）

Select line to preview route：用鼠标单击选择立方体上想要的配管管线形式

出现智能配管的立方体，见图 5-75。

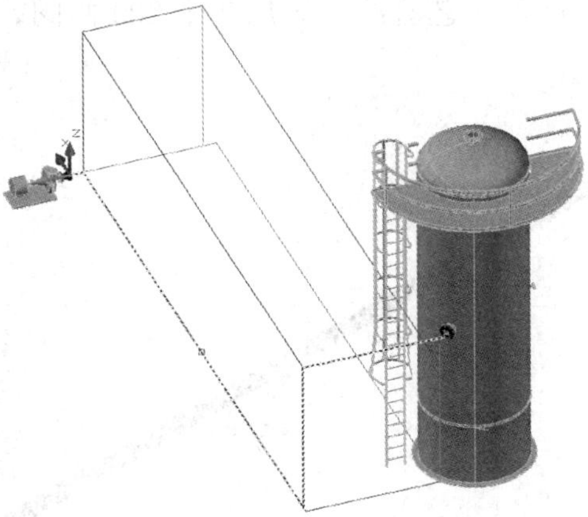

图 5-75 智能配管的立方体

命令窗口出现：

Enhanced Weight：20. 3501 [PrgmCode=2]

Enhanced Weight：42. 5041 [PrgmCode=1]

Enhanced Weight：20. 3501 [PrgmCode=2]

Enhanced Weight：42. 5041 [PrgmCode=1]

Enhanced Weight：20. 3501 [PrgmCode=2]

Enhanced Weight：42. 5041 [PrgmCode=1]

Enhanced Weight：10. 2351 [PrgmCode=5]

Select line to preview route：

Would you like to select again? [Yes/No] <No>↙(不重新选择)

出现智能配管的管线，见图 5-76。

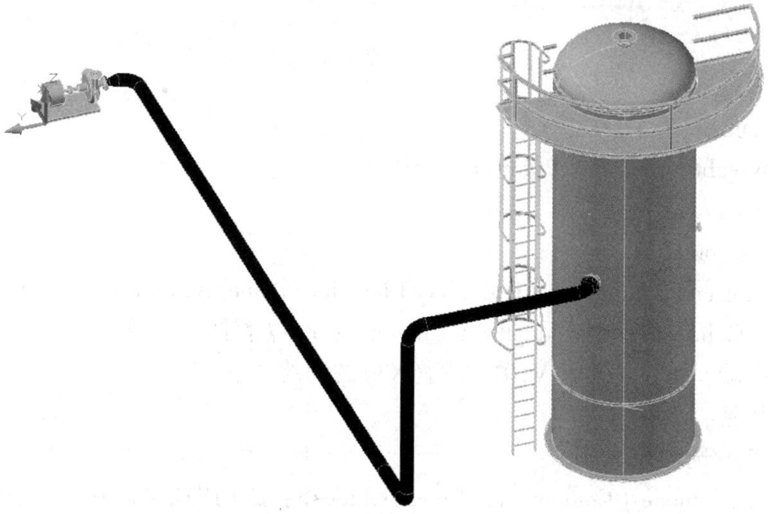

图 5-76　智能配管的管线

(2)在 P101 和 V101 之间的工艺管线上添加 2 个 200 闸阀。点击管线，管线中间出现“粗十字”，见图 5-77。

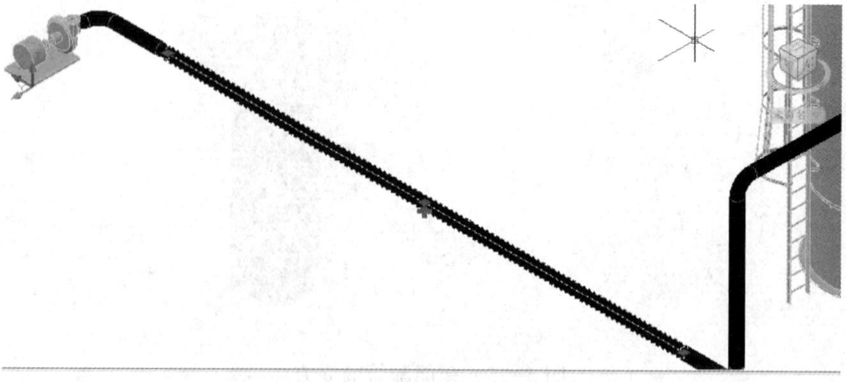

图 5-77　管线上出现的“粗十字”

用鼠标点击管线中间的“粗十字”，出现了添加的三通，见图 5-78。

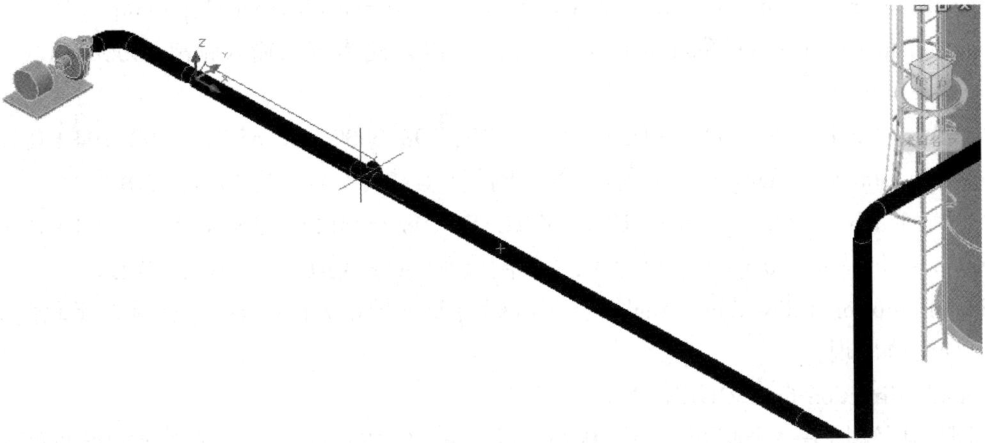

图 5-78　添加的三通

命令窗口出现：

Specify insertion point or [List/poinT distance/Component distance/Pipe end point distance/insertion Justification]：L↙（显示管件列表）

屏幕上出现管件列表，选择阀→闸阀→ [200] GATE VALVE, FLG, 150LB ，见图 5-79。

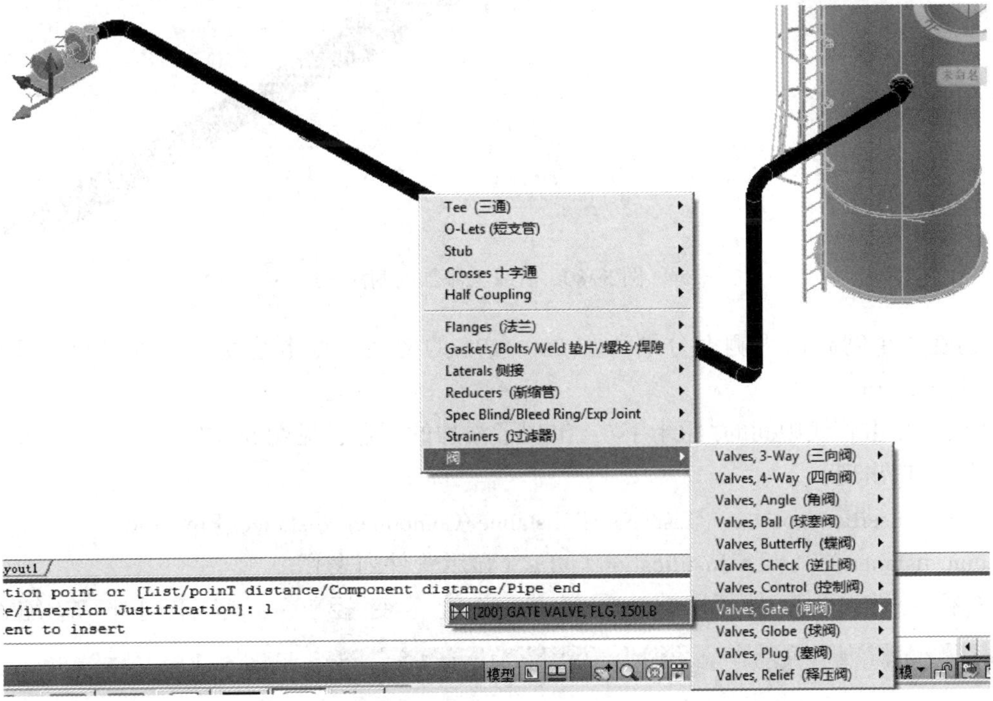

图 5-79　管件阀门列表

命令窗口出现：

Select component to insert

Specify insertion point or [List/poinT distance/Component distance/Pipe end point distance/insertion Justification]: 1000↙(以泵侧为端点输入距离 1000mm)

命令窗口出现:

+1+Added bolt [(8) STUD BOLTS W/ NUTS, 108.0000 LG, ASTM A193/194 GR B7/2H] toGate Valve Buttweld Flanged　对焊 法兰式闸阀 [GATE VALVE, FLG, 150LB]

+2+Added bolt [(8) STUD BOLTS W/ NUTS, 108.0000 LG, ASTM A193/194 GR B7/2H] toGate Valve Buttweld Flanged　对焊 法兰式闸阀 [GATE VALVE, FLG, 150LB]

Specify topworks direction [Angle]: 用鼠标沿着 Z 轴正方向拾取一点(确定手轮的方向)

命令窗口出现:

Spindle direction for ISOGEN: Up

同理，再添加另一个闸阀，两阀相距 1500mm。完成管线上添加的 2 个闸阀见图 5-80。

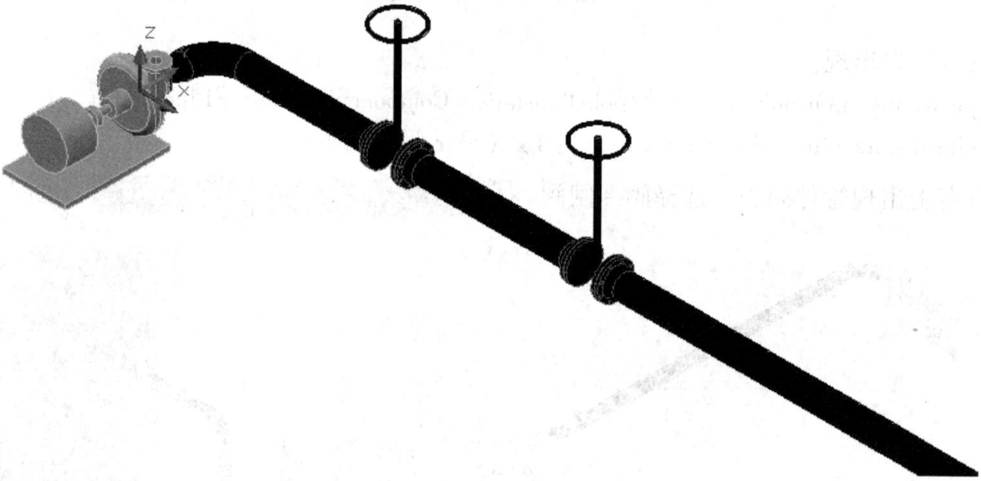

图 5-80　管线上添加的闸阀

(3)在 2 个闸阀的内侧上分别添加 200×100 的变径。点击管线，管线中间出现“粗十字”，见图 5-76。

用鼠标点击管线中间的“粗十字”，出现了添加的三通，见图 5-77。

命令窗口出现:

Specify insertion point or [List/poinT distance/Component distance/Pipe end point distance/insertion Justification]: L↙(显示管件列表)

屏幕上出现管件列表，选择渐缩管(变径)→对焊同心渐缩管→ [200x100] RED CONC, SCH STD, ASTM A234 GR WPB ，见图 5-81。

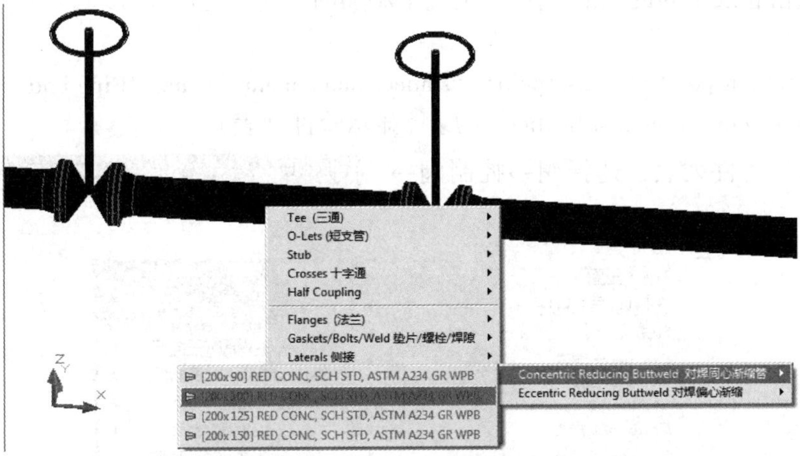

图 5-81　管件变径列表

命令窗口出现：

Select component to insert

Specify insertion point or [List/poinT distance/Component distance/Pipe end point distance/insertion Justification]：0↙(以闸阀侧为端点输入距离 0mm)

命令窗口出现：

Enhanced Weight：6.0129 [PrgmCode=10]

Would you like to change the highlighted component size? [Yes/No]<Yes>：n↙(不改变管件尺寸)

同理，再添加另一个变径，改变变径之间的管线的管径为 100。完成管线上添加变径及改变的管线见图 5-82。

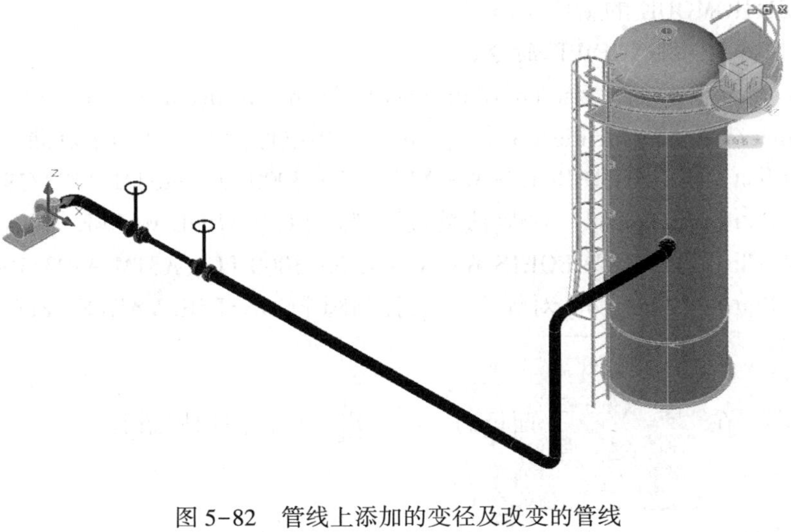

图 5-82　管线上添加的变径及改变的管线

(4)在 2 个变径之间 100 的工艺管线上添加 100 的控制阀。点击管线，管线中间出现"粗十字"，见图 5-76。

用鼠标点击管线中间的“粗十字”，出现了添加的三通，见图 5-77。

命令窗口出现：

Specify insertion point or [List/poinT distance/Component distance/Pipe end point distance/insertion Justification]：L↙（显示管件列表）

屏幕上出现管件列表，选择阀→控制阀→ 

，见图 5-83。

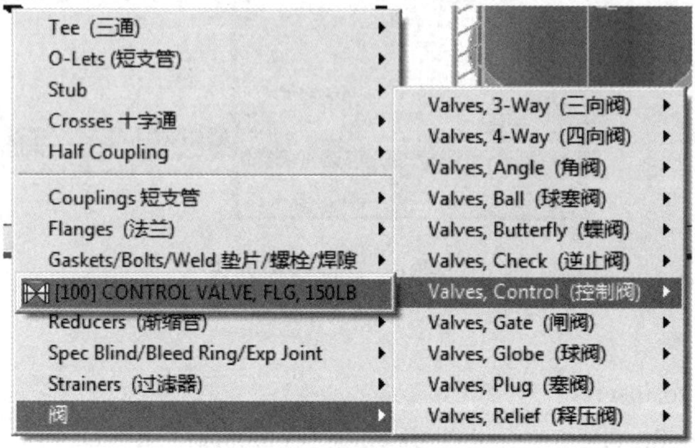

图 5-83 管件阀门列表

命令窗口出现：

Select component to insert

Specify insertion point or [List/poinT distance/Component distance/Pipe end point distance/insertion Justification]：j↙

Specify insertion point or [List/poinT distance/Component distance/Pipe end point distance/insertion Justification]：（通过点过滤寻找 100 管线的中点）

>>输入 ORTHOMODE 的新值 <1>：

正在恢复执行 ROUTINGPIPE 命令。

Specify insertion point or [List/poinT distance/Component distance/Pipe end point distance/insertion Justification]：_ mid 于（用鼠标拾取出现的中点插入控制阀）

+1+Added bolt [(8) STUD BOLTS W/ NUTS, 95.3000 LG, ASTM A193/194 GR B7/2H] toControl Valve Buttweld Flanged 对焊 法兰式控制阀 [CONTROL VALVE, FLG, 150LB]

+2+Added bolt [(8) STUD BOLTS W/ NUTS, 95.3000 LG, ASTM A193/194 GR B7/2H] toControl Valve Buttweld Flanged 对焊 法兰式控制阀 [CONTROL VALVE, FLG, 150LB]

添加控制器。在 

面板的点击“  ”按钮添加控制器。

命令窗口出现：

命令：_ TOPWORKSADD

Select valves：用鼠标选择控制阀

Select valves：找到 1 个，1 个编组

Select valves：↙(在出现列表里选择 ✓ _Sample_Actuator_MM_top)

Specify topworks direction [Angle]：用鼠标 Z 轴正方向拾取一点(确定控制器的方向)

Spindle direction for ISOGEN：Up

(5)添加管号。根据 PID 的管线管号，在 CADWorx Spec View 面板上设置好管线管号 200-CU-4001-150MM 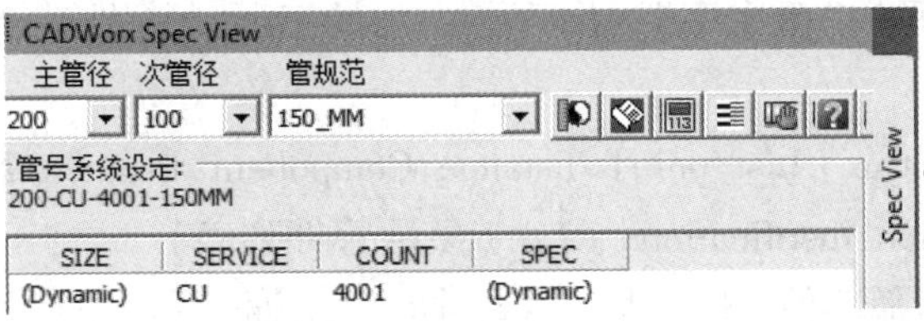

。单击 CADWorx Plant I "

"面板上""的分派管号按钮，添加管号 200-CU-4001-150MM。

命令窗口出现：

命令：_ NUMBERASSIGN

目前管号为 200-CU-4001-150MM

选择对象：用鼠标选择全部的管线及管件

选择对象：找到 52 个，1 个编组，总计 52 个

选择对象：↙

命令窗口出现：

管件有旧有的管号 200- - -150_ MM

替换 200-CU-4001-150_ MM 管号：

输入选择-[No 否/Yes 是/yes to All 全部] <Yes>：a↙(全部)

更新 52 管件...

完成配管的 P101 和 V101 之间的工艺管线 200-CU-4001-150_ MM 见图 5-84。

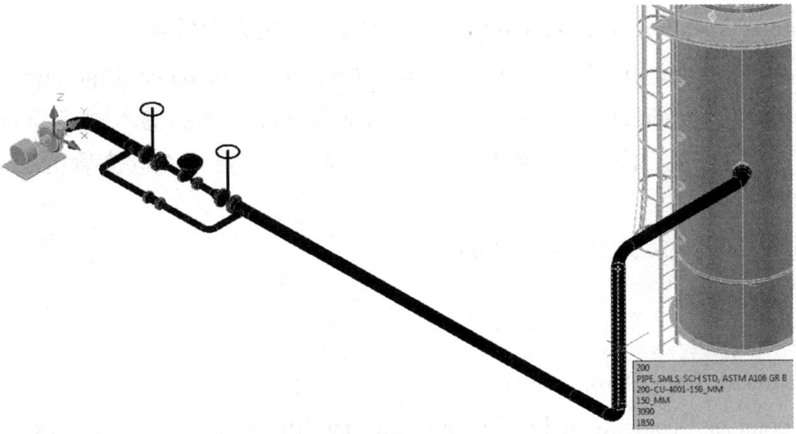

图 5-84　完成配管的工艺管线 200-CU-4001-150_ MM

2. 配 200-CU-4002-150_ MM 的旁路管线 100-CU-4002-150_ MM　旁路管线是在 2 个 200 闸阀的外侧添加 2 个 200×100 变径三通，用 100 的支管连接后，添加一个 100 的球阀。

(1)在 2 个 200 闸阀的外侧添加 2 个 200×100 变径三通及 600mm 的 100 直径的支管。点击管线，管线中间出现“粗十字”，见图 5-76。

用鼠标点击管线中间的“粗十字”，出现了添加的三通，见图 5-77。

命令窗口出现：

Specify insertion point or [List/poinT distance/Component distance/Pipe end point distance/insertion Justification]：L↙(显示管件列表)

屏幕上出现管件列表，选择三通 → 对焊渐缩三通 → 

，见图 5-85。

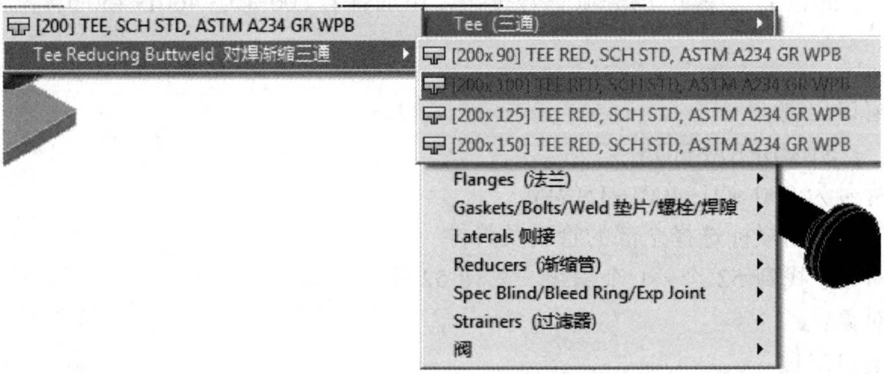

图 5-85　管件三通列表

命令窗口出现：

Select component to insert

Specify insertion point or [List/poinT distance/Component distance/Pipe end point distance/insertion Justification]：p↙(以阀门外侧为起始点)

Specify insertion point or [List/poinT distance/Component distance/Pipe end point distance/insertion Justification]：0↙(以闸阀外侧为端点输入距离 0mm)

点选支管末端方向：用鼠标沿着 Y 轴反方向拾取一点(确定 100 支管的走向为水平)

命令窗口出现：

Enhanced Weight：23. 3721 [PrgmCode=9]

11LR 100 not found

22LR 100 not found

Measuring length from elbow corner...

Pick end point or [component List/Slope/Elevation/Plane/Reference/Fitting mode/Undo/Connect/Toggle length/Alignment]：600↙(100 支管长度为 600mm)

Enhanced Weight：16. 0585 [PrgmCode=1]

Pick end point or [component List/Slope/Elevation/Plane/Reference/Fitting mode/Undo/Connect/Toggle length/Alignment]: ↙

完成的旁路管线 2 个水平支管的配管见图 5-86。

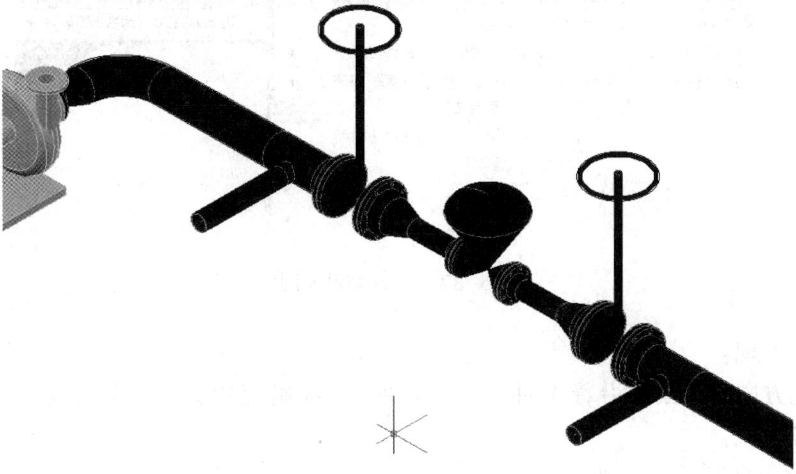

图 5-86　旁路管线的 2 个水平支管

(2) 连接 2 个支管。在"CADWorx Spec View"面板上，单击"PIPE, SMLS, SCH STD, ASTM A106 GR B [6-600]"(PIPW 命令)。

命令: PIPW

Specify start point or [Alignment/Reference] <last point>: 用鼠标拾取一个支管的端点

命令窗口出现:

INTERSECT 所选对象太多

11LR 100 not found

22LR 100 not found

Measuring length from elbow corner...

Pick end point or [component List/Slope/Elevation/Plane/Reference/Fitting mode/Undo/Connect/Toggle length/Alignment]: c↙(智能连接管线)

点一点: 用鼠标拾取另一个支管的端点

命令窗口出现:

INTERSECT 所选对象太多

Cannot auto route to selected component.

Pick end point or [component List/Slope/Elevation/Plane/Reference/Fitting mode/Undo/Connect/Toggle length/Alignment]: L↙

屏幕上出现管件列表，选择弯头 → 90° 弯头 → [100] 90 LR ELL, SCH STD, ASTM A234 GR WPB，见图 5-87。

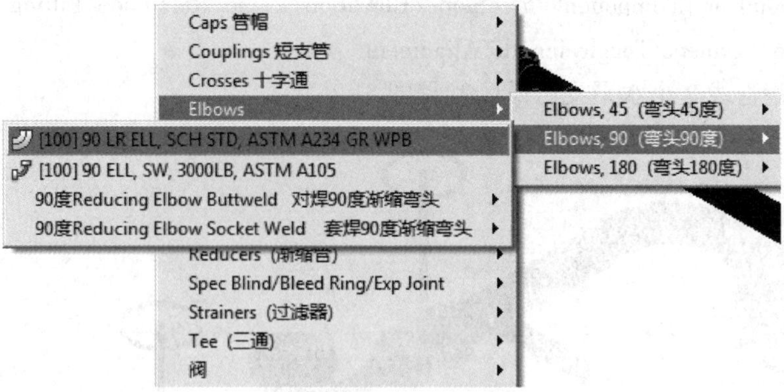

图 5-87 管件弯头列表

命令窗口出现：
点选其他方向：用鼠标沿着 *X* 轴反方向拾取一点(确定弯头的安装方向)
命令窗口出现：
INTERSECT 所选对象太多
Enhanced Weight：3. 8442 [PrgmCode=2]
Pick end point or [component List/Slope/Elevation/Plane/Reference/Fitting mode/Undo/Connect/Toggle length/Alignment]：c↙(智能布管)
点一点：用鼠标拾取另一个支管端点的中心
命令窗口出现：
INTERSECT 所选对象太多
Do you want to shorten the length of the connecting pipe? [Yes/No]<Yes>：n↙
Routing preview mode [Components/Lines]<Lines>：↙
屏幕上出现预览管线见图 5-88。

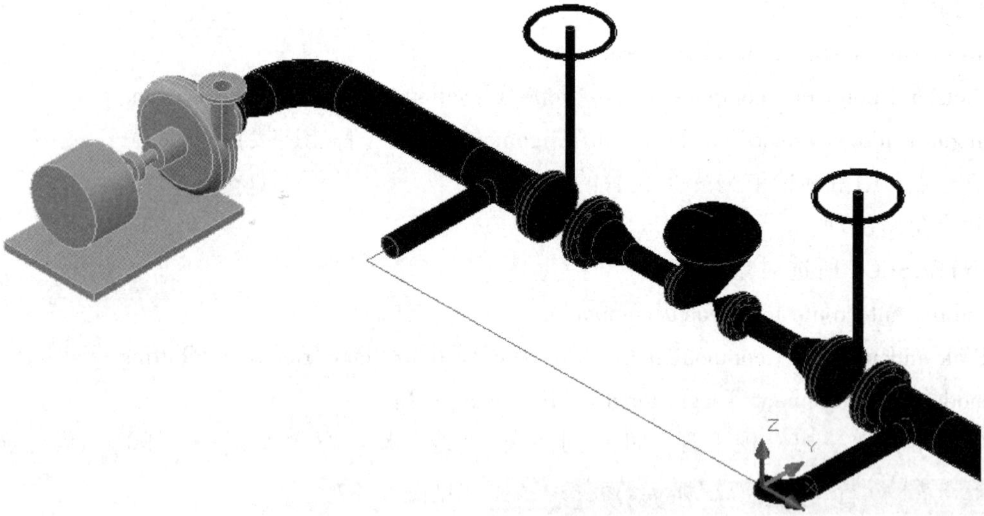

图 5-88 预览管线

Select line to preview route：用鼠标拾取出现的预览管线

Enhanced Weight：3. 8442［PrgmCode＝2］

Enhanced Weight：16. 0585［PrgmCode＝1］

Select line to preview route： ＊取消＊↙

完成的旁路管线 2 个水平支管的连接见图 5-89。

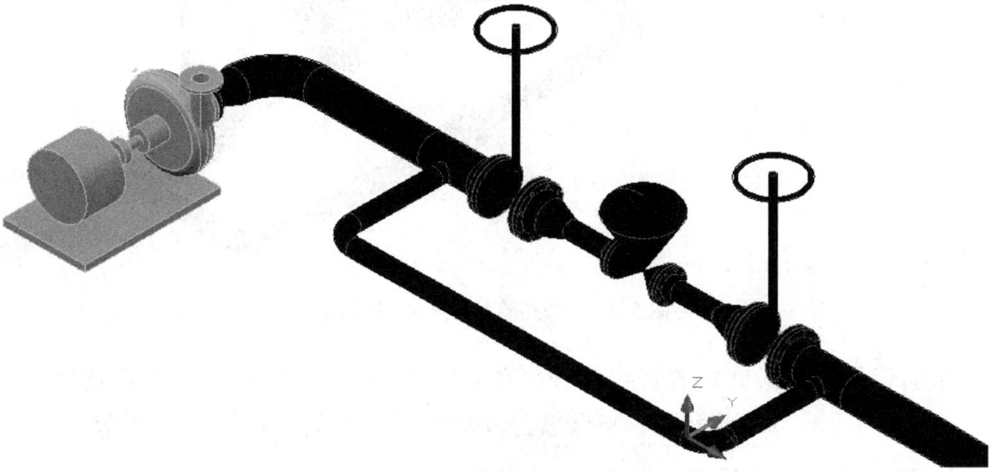

图 5-89　完成的旁路管线 2 个水平支管的连接

(3) 在旁路管线上添加一个 100 的球阀。在“CADWorx Spec View”面板上，单击“GLOBE VALVE, FLG, 150LB [50-80,100-350]”(GLBF 命令)。

命令窗口出现：

命令：GLBF

GLOBE VALVE，FLG，150LB

Pick point or［Start/Middle］<last point>：m↙(拾取点为中点)

命令窗口出现：

Specify insertion point or［poinT distance/Component distance/Pipe end point distance/insertion Justification］：用点过滤选择中点

>>输入 ORTHOMODE 的新值 <1>：

正在恢复执行 GLBF 命令。

Specify insertion point or［poinT distance/Component distance/Pipe end point distance/insertion Justification］：_ mid 于用鼠标拾取出现的中点

+1+Added bolt［(8) STUD BOLTS W/ NUTS，95. 3000 LG，ASTM A193/194 GR B7/2H］toGlobe Valve Buttweld Flanged　对焊 法兰式球阀［GLOBE VALVE，FLG，150LB］

+2+Added bolt［(8) STUD BOLTS W/ NUTS，95. 3000 LG，ASTM A193/194 GR B7/2H］toGlobe Valve Buttweld Flanged　对焊 法兰式球阀［GLOBE VALVE，FLG，150LB］

完成的旁路管线上添加一个 100 的球阀见图 5-90。

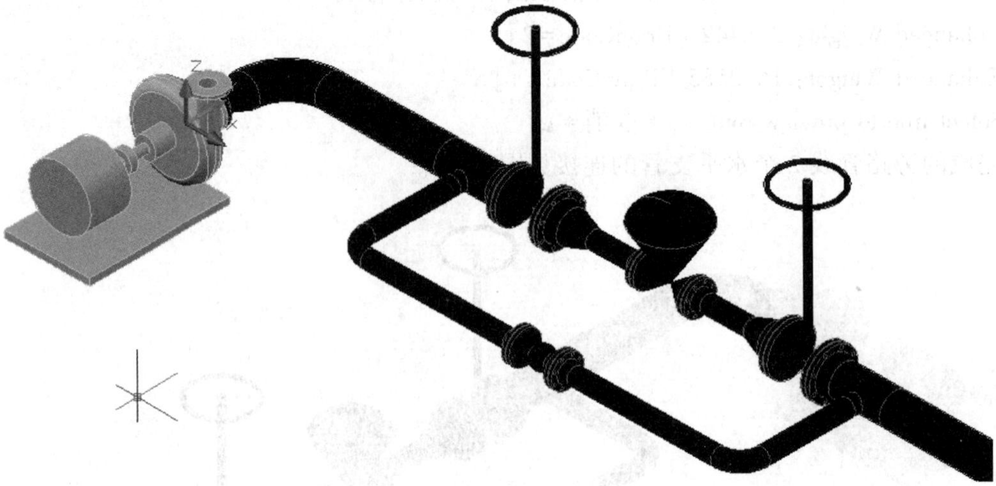

图 5-90　旁路管线上添加的球阀

(4)添加管号。根据 PID 的管线管号，在 CADWorx Spec View 面板上设置好管线管号 200-CU-4001-150MM 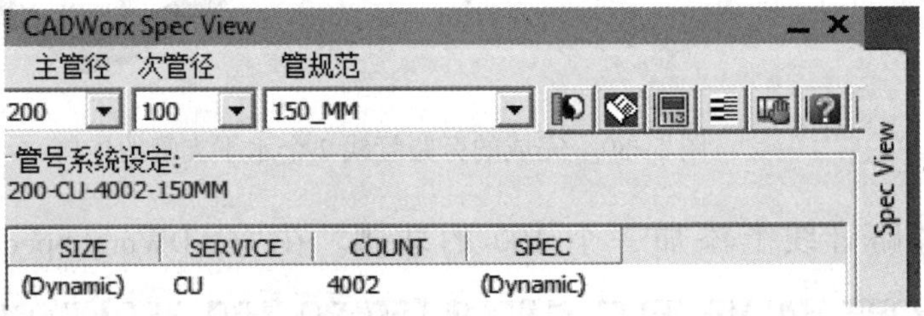

。单击 CADWorx Plant I “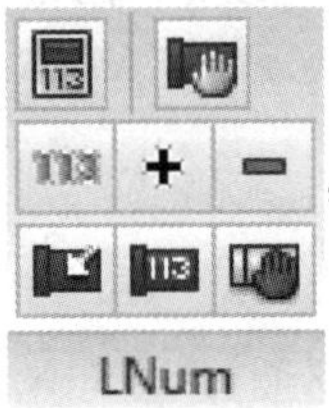

”面板上 “”的分派管号按钮，添加管号 100-CU-4002-150MM。

命令窗口出现：
命令：_ NUMBERASSIGN
目前管号为 100-CU-4002-150MM
选择对象：找到 13 个，1 个组，总计 13 个
选择对象：↙
管件有旧有的管号 100- - -150_ MM
替换 100-CU-4002-150_ MM 管号：
输入选择-［No 否/Yes 是/yes to All 全部］<Yes>：a↙
更新 13 管件。
完成配管的旁路管线 100-CU-4002-150MM 见图 5-91。

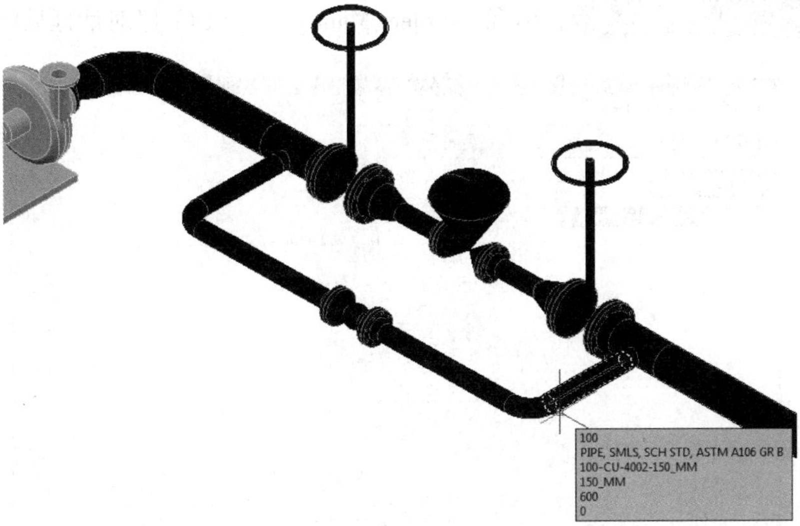

图 5-91　完成配管的旁路管线 100-CU-4002-150MM

3. 其他工艺管线配管　同理，可以为 150-CU-4003-150_ MM、150-CU-4004-150_ MM、50-DO-100-150_ MM 工艺管线配管，完成的工艺管线配管见图 5-71 所示的三维管道结构。

5.4.3　CADWorx Plant Professional 2013 抽 ISO 图实训

5.4.3.1　实训目的

掌握 CADWorx Plant Professional 2013 抽 ISO 图的方法。

5.4.3.2　实训内容

从图 5-71 所示的三维管道结构中抽 ISO 图。

1. 对 ISO 图进行设置　配置一些信息，比如图框，中文字体，显示的内容等等。

(1)ISO 项目建立。首先从计算机屏幕左下角点击“开始”→“程序”从图 5-92 的路径中找到 ISOGEN 的“Project Manager”项目管理器。

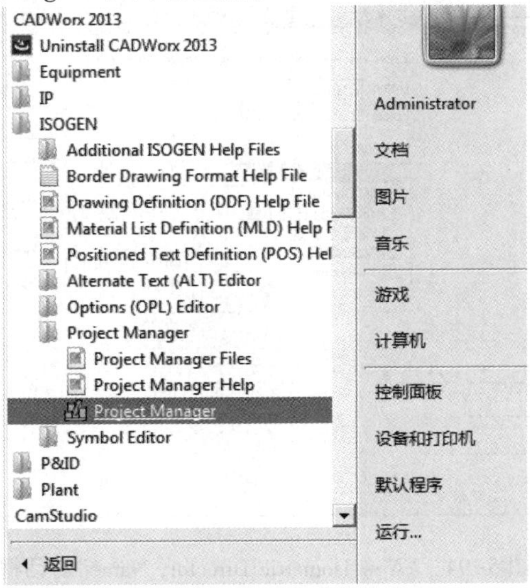

图 5-92　ISOGEN 的“Project Manager”项目管理器路径

点击

，出现“Project Manager [FULL]”对话框见图 5-93。

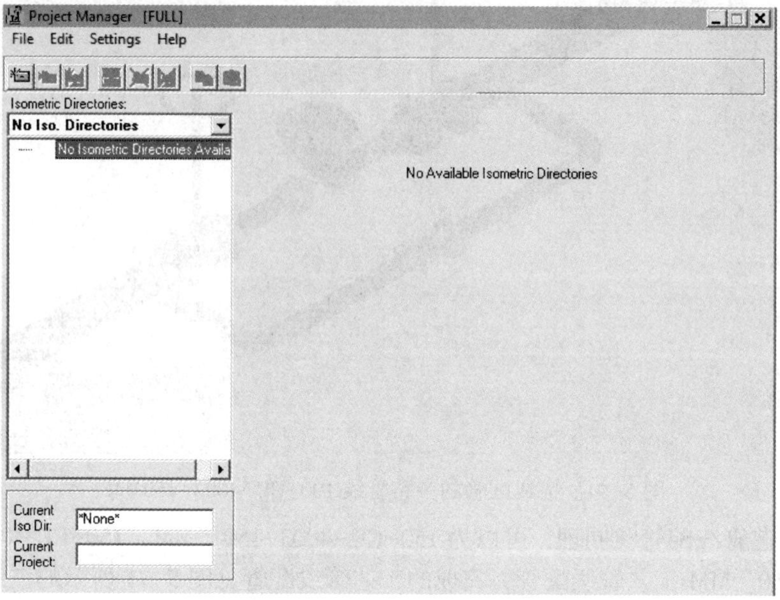

图 5-93 “Project Manager [FULL]”对话框

在“Project Manager [FULL]”对话框里，点击“”“Create New Isometric Directory”按钮，出现“New Isometric Directory Name”对话框，在“Name”栏里输入：iso，点击“OK”见图 5-94。

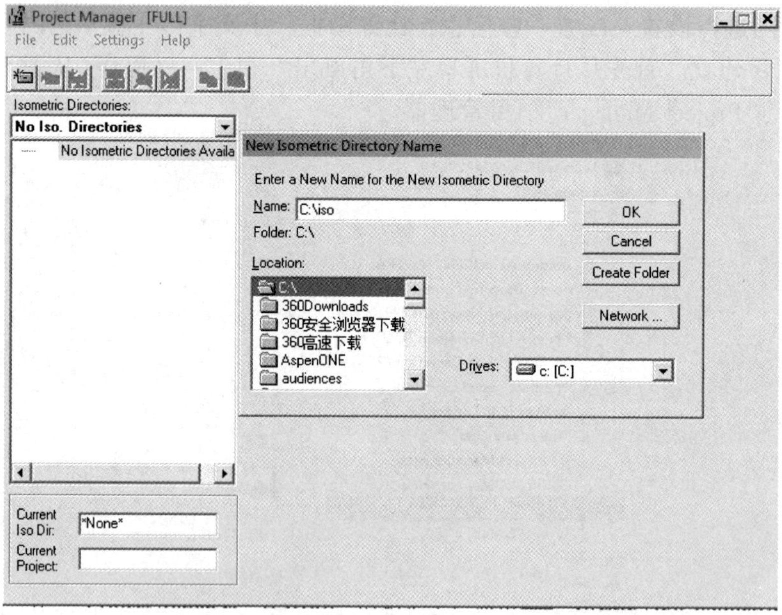

图 5-94 “New Isometric Directory Name”对话框

（2）模板和图纸模式设定。在“Project Manager [FULL]”对话框里，点击“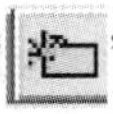”“Create New Project Directory”按钮，出现“New Project”对话框，在“Template Styles to add to Project”栏里选择 Metric_ Metric_ A0、Metric_ Metric_ A1、Metric_ Metric_ A2、Metric_ Metric_ A3、Metric_ Metric_ A4；在“Output Format”栏里选择 AutoCAD DWG [DWG]，点击“OK”，见图 5-95。

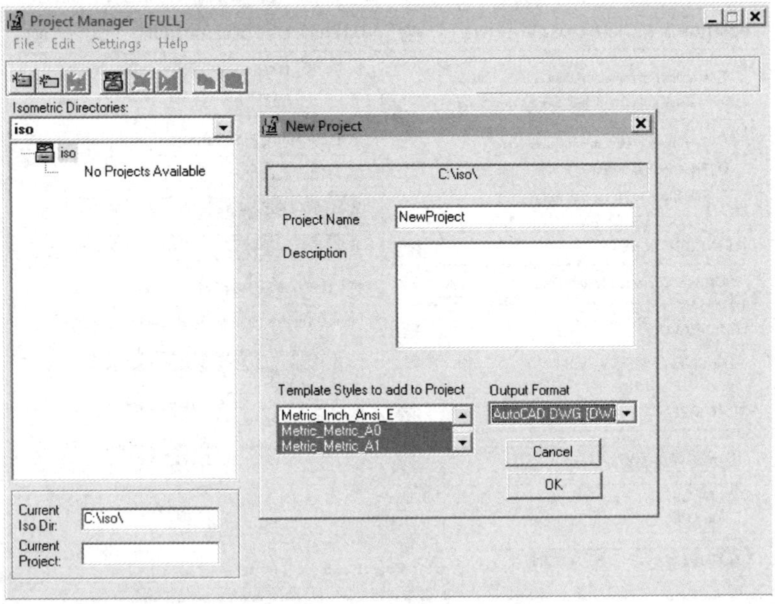

图 5-95 “New Project”对话框

（3）出图模式设定。在“Project Manager [FULL]”对话框里，点击“Isometric Directory”栏里的“Metric_ Metric_ A2”；在“Drawing Control”选项卡里，点击“Options File”栏里的“<..>\METRIC_METRIC_A2.OPL”，见图 5-96。

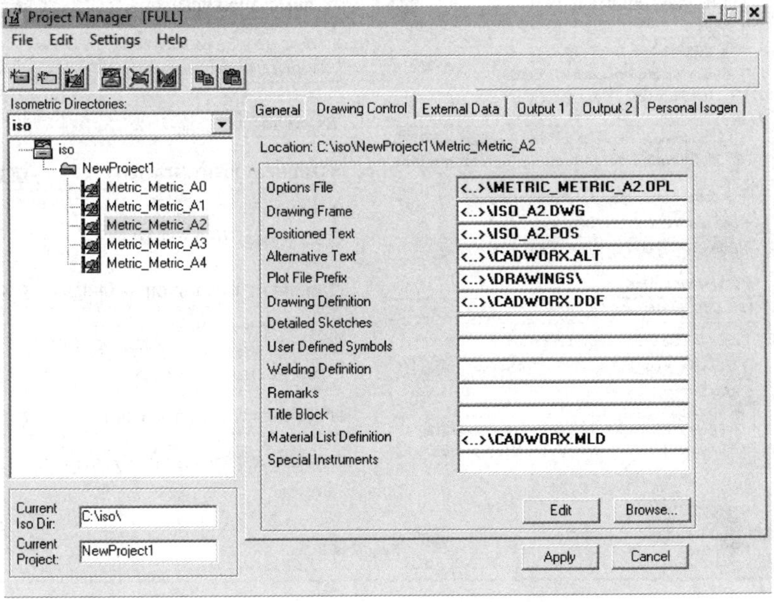

图 5-96 “Drawing Control”选项卡

选择了"Options File"栏里的"<..>\METRIC_METRIC_A2.OPL"后，点击"Edit"，出现"Options Editor"，在"Material List"选项里进行如图 5-97 所示的设置。

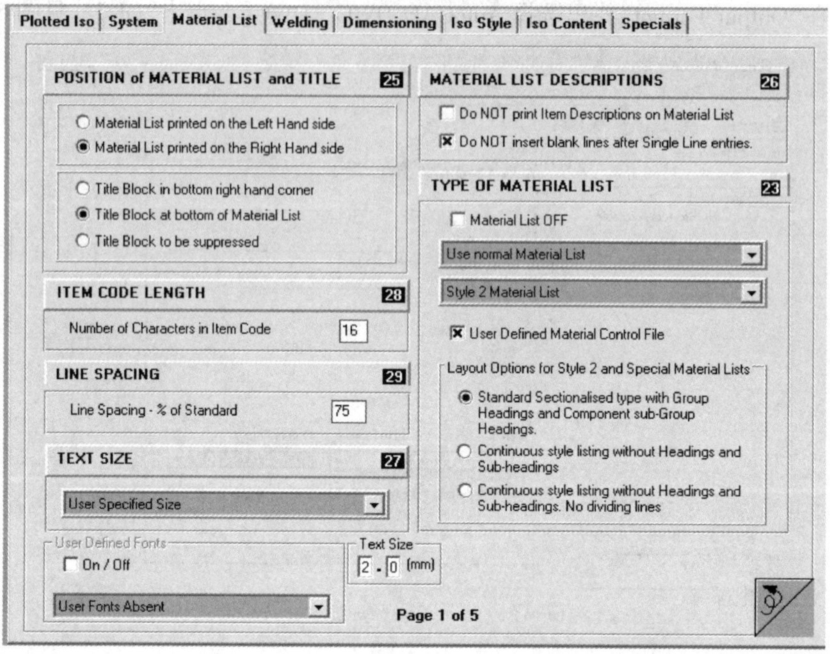

图 5-97 "Options Editor"的"Material List"选项

在"Options Editor"的"Iso Content"选项里进行如图 5-98 所示的设置。

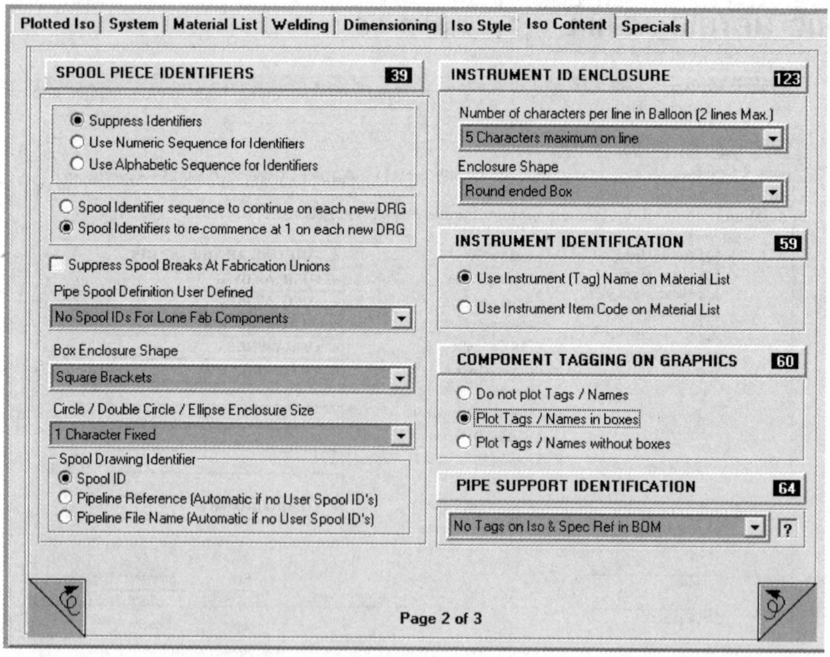

图 5-98 "Options Editor"的"Iso Content"选项

在“Options Editor”的“Welding”选项里进行如图 5-99 所示的设置。

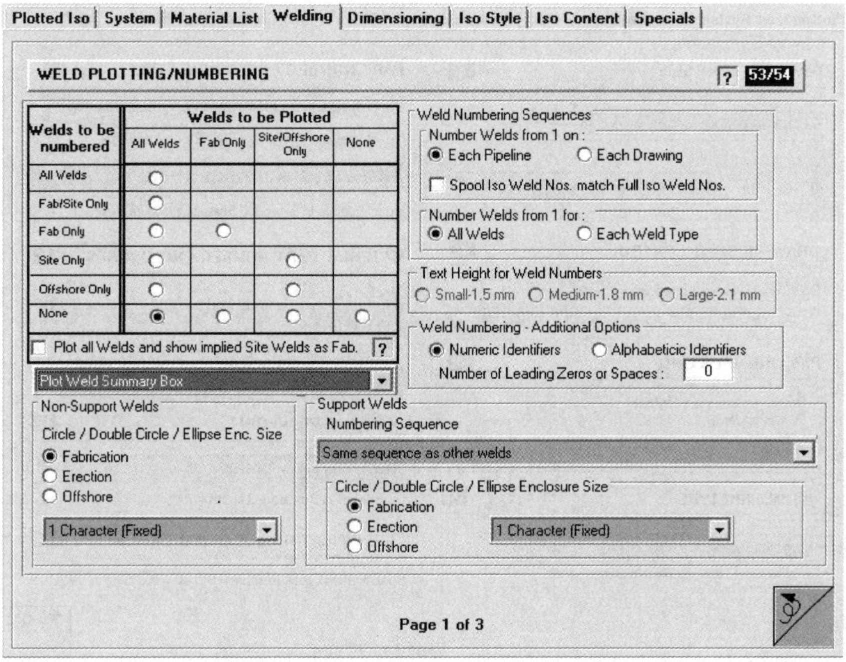

图 5-99 “Options Editor”的“Welding”选项

在“Options Editor”的“Iso Style”选项里进行如图 5-100 所示的设置。

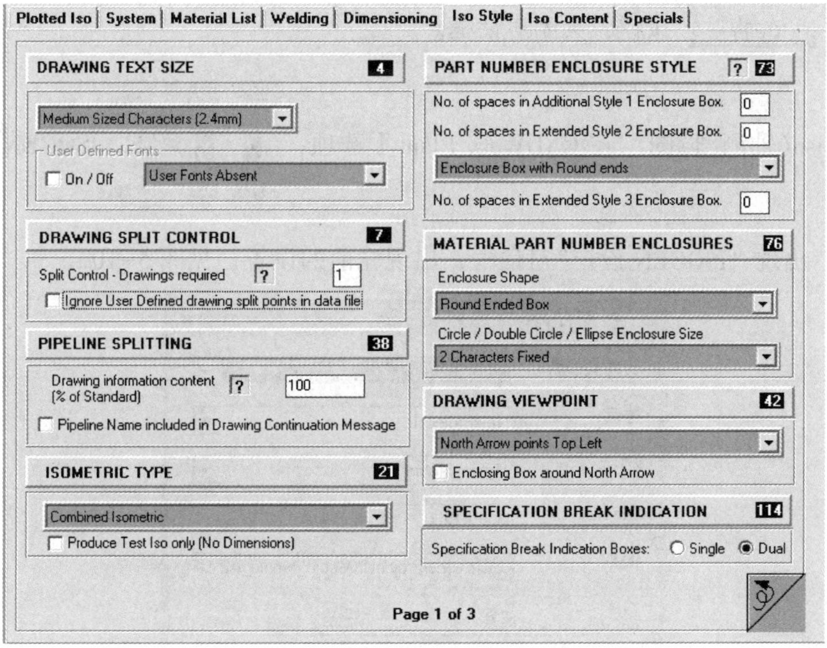

图 5-100 “Options Editor”的“Iso Style”选项

在“Options Editor”的“Iso Style”选项里进行如图 5-101 所示的设置。

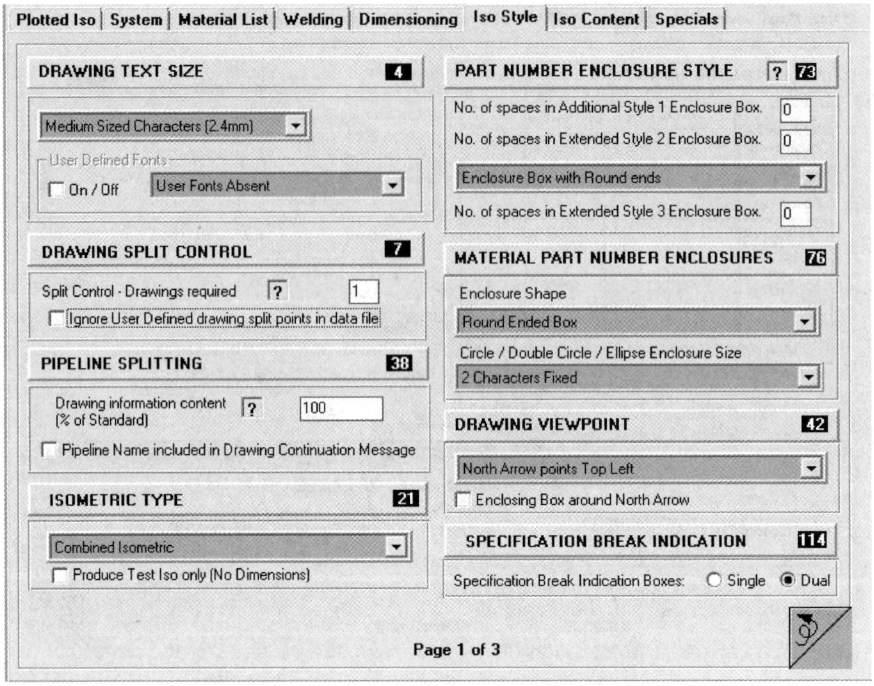

图 5-101 “Options Editor”的“Iso Style”选项

完成了以上的设置后，关闭“Options Editor”，返回到“Project Manager [FULL]”对话框里，点击“”按钮，关闭对话框。

2. 生成 iso(轴测图)图 在 CADWorx Plant Ⅰ 选项，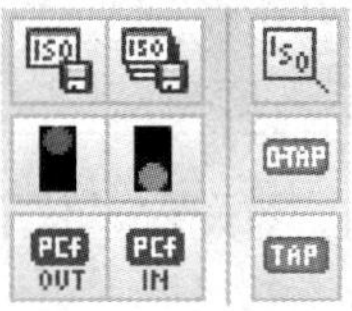 ISOGEN 面板，点击“”按钮，出现“ISOGEN 设定”对话框，出现先前的设置，见图 5-102。

图 5-102 “ISOGEN 设定”对话框

点击“确定”按钮，命令窗口出现：

命令：_ ISOGENOUT

输入选择-［Line number 管号 /Select components 选管件］<Select components>：L↙（选择管号）

输入选择-［List 清单/Select component 选管件］<Select component>：L↙（选择管号清单）

出现“选择项目”对话框，用鼠标选择管号“50-DO-1000-150_ MM”，见图 5-103。

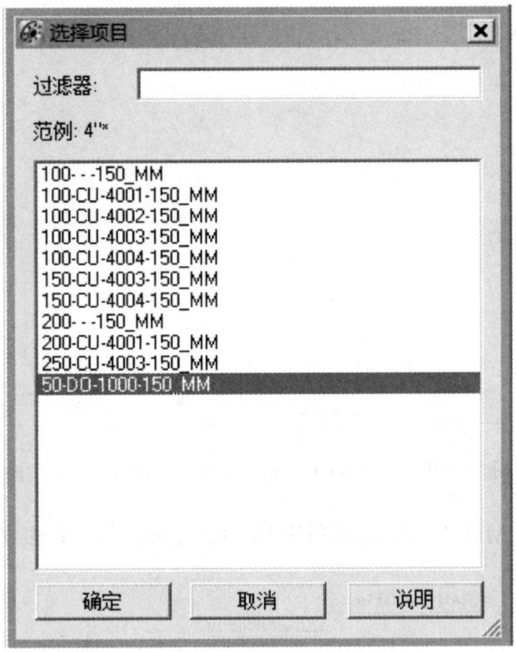

图 5-103 “选择项目”对话框

命令窗口出现：

North direction reset to：135.00

Exported Nozzle 管嘴：V101 $ N1 @ -4202.8659，-13191.9609，3700.0000

PIPELINE-REFERENCE set to 50-DO-1000-150_ MM

处理 22 对象到数据库。

同时屏幕出现“Isogen 结果”对话框见图 5-104。

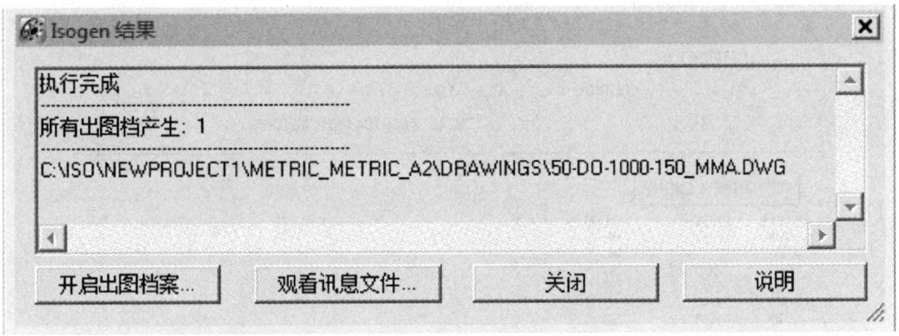

图 5-104 “Isogen 结果”对话框

点击"开启出图档案..."按钮，出现"50-DO-1000-150_ MM"管的轴测图，见图5-105。

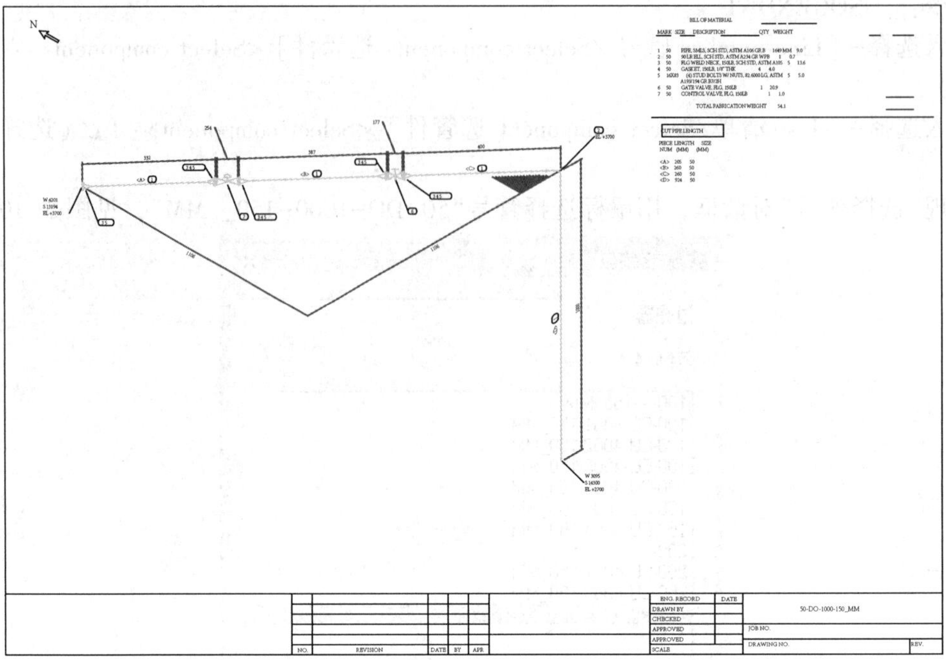

图5-105 "50-DO-1000-150_ MM"管的轴测图

"50-DO-1000-150_ MM"管的轴测图上角为它的材料清单和切管长度，见图5-106。

FABRICATION MATERIALS

BILL OF MATERIAL

MARK	SIZE	DESCRIPTION	QTY	WEIGHT
	PIPE			
1	50	PIPE, SMLS, SCH STD, ASTM A106 GR B	1649 MM	9.0
	FITTINGS			
2	50	90 LR ELL, SCH STD, ASTM A234 GR WPB	1	0.7
	FLANGES			
3	50	FLG WELD NECK, 150LB, SCH STD, ASTM A105	5	13.6
	GASKETS			
4	50	GASKET, 150LB, 1/8" THK	5	5.0
	BOLTS			
5	16X83	(4) STUD BOLTS W/ NUTS, 82.6000 LG, ASTM A193/194 GR B7/2H	5	5.0
	VALVES / IN-LINE ITEMS			
6	50	GATE VALVE, FLG, 150LB	1	20.9
	INSTRUMENTS			
7	50	CONTROL VALVE, FLG, 150LB	1	1.0
		TOTAL FABRICATION WEIGHT		55.1

CUT PIPE LENGTH

PIECE NUM	LENGTH (MM)	SIZE (MM)
<A>	205	50
<B>	260	50
<C>	260	50
<D>	924	50

图5-106 材料清单和切管长度

同理可以分别抽出"100-CU-4002-150_ MM"、"150-CU-4003-150_ MM"、"150-CU-4004-150_ MM"管的轴测图，分别见图 5-107、图 5-108、图 5-109。

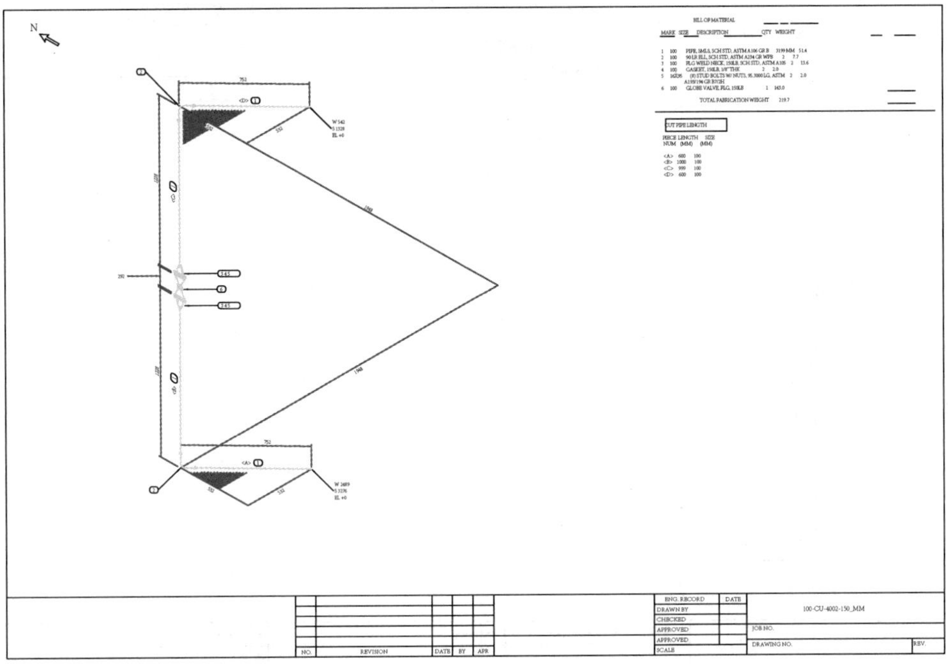

图 5-107　"100-CU-4002-150_ MM"管的轴测图

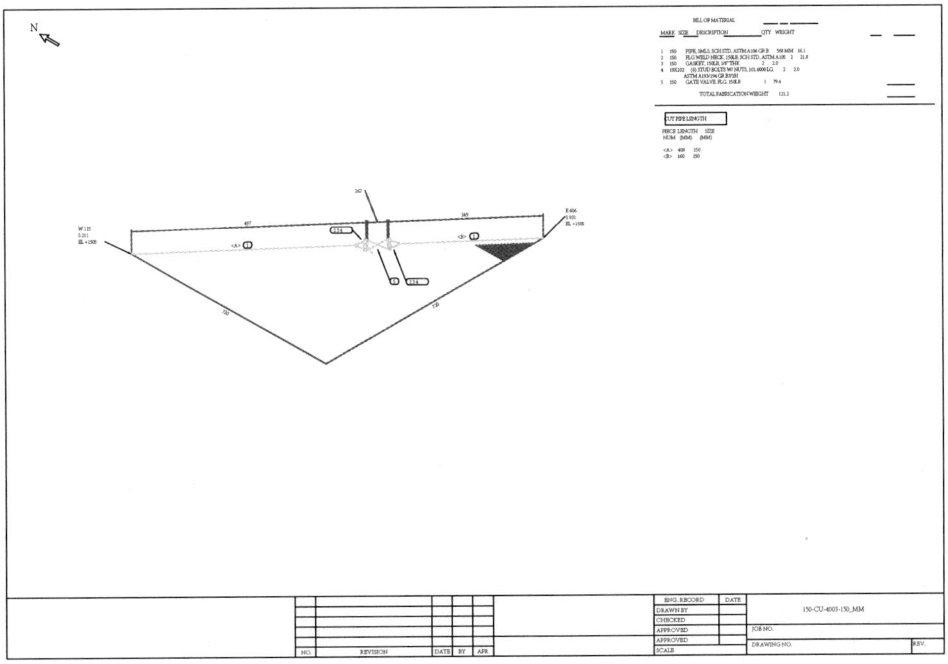

图 5-108　"150-CU-4003-150_ MM"管的轴测图

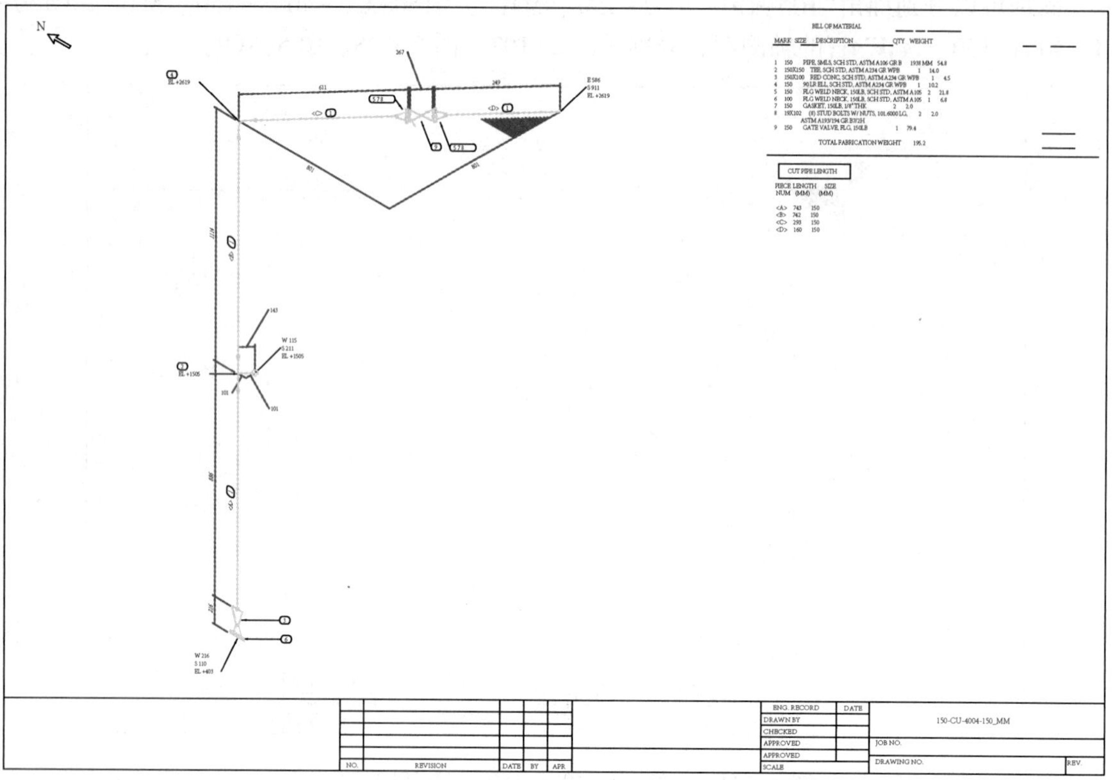

图 5-109 “150-CU-4004-150_ MM”管的轴测图

习　　题

第1章

1. 化工管道标准化的目的是什么？
2. 何谓公称直径、公称压力？有何用途？
3. 截止阀、单向阀、转子流量计的安装应该注意什么？
4. 管道的布置与安装应考虑哪些方面？
5. 化工车间的管道安装应重点检查验收哪些内容？
6. 如何进行水压试验？
7. 什么叫安全阀的排量？
8. 简述阀门的型号表示方法。
9. 阀门一般有哪几种分类方式？
10. 阀门按公称通径分为哪几类？怎样区分？按工作温度分为哪几类？
11. 阀门的主要技术性能指标有哪些？哪两个是最重要的性能指标？
12. 阀门的密封部位有哪三处？哪处泄漏为内漏，哪处泄漏为外漏？对于截断类阀门来说，允许有内漏吗？
13. 阀门主要技术参数有哪些？
14. 公称通径为表征阀门口径的名义内径，与流道的直径一致吗？
15. 阀门与管道的连接方式有哪几种？
16. 阀门出厂检验一般包含哪几方面的内容？
17. 阀门上一般要求有哪些标识？
18. 球阀为何要设计防静电装置？
19. 电动执行机构主要由哪些部件组成？
20. 请写出安全阀的几个性能指标。
21. 请介绍安全阀几种形式。
22. 请介绍阀门执行机构的类型。
23. 简述阀门操作的一般原则。
24. 收发清管器时，如何操作？
25. 为什么齿轮减速器的箱体沿轴线平面剖分？为什么蜗杆减速器的箱体沿蜗杆轴线不剖分？
26. 齿轮减速器上箱体为什么均做成圆弧曲线形？蜗杆减速器上箱体为什么一般做成直线形？
27. 一般的圆锥-圆柱齿轮减速器中为什么把圆锥齿轮放在高速级？
28. 齿轮减速器箱体上的筋板起什么作用？为什么有的上箱体上没有筋板？
29. 齿轮减速器上下箱联接的凸缘为什么在轴承两侧要比其他地方高？
30. 齿轮减速器上箱体上有吊环(或吊钩)，为什么下箱体上还有吊钩？
31. 齿轮减速器联接螺栓处均做成凸台或沉孔平面，为什么？

32. 齿轮减速器上下箱体联接螺栓处及地脚螺栓处的凸缘宽度，受何因素影响？

33. 你认为齿轮减速器的轴承用何种方式润滑？有的轴承孔内侧设有挡油环，有的没有，为什么？

34. 如果齿轮减速器的轴承反装时，轴和箱体的结构应作哪些变化，为什么？

35. 齿轮减速器高、低速轴上齿轮的齿顶圆距箱体内侧的距离为什么不同？

36. 你认为齿轮减速器的结构是否有不合理的地方？

37. “机械装配工作是简单的使零件互相连接的过程”，这种说法对否，为什么？

38. 什么是完全互换法装配？从装配的设计计算上与其他装配方法上有什么关系？

39. 调整法装配的实质是什么？调整环尺寸范围应当怎样确定？

40. 为何不能用公共组成环来做调整环？

41. 各种装配方法各宜用在什么场合？

42. 设计轴承旁边的凸台应该考虑哪些问题？

43. 减速器上有哪些附件？其中吊钩、定位销、起盖螺钉、观察孔的作用是什么？

44. 浮头式换热器优点和缺点是什么？

45. 浮头式换热器的结构是什么？

46. 换热器的作用是什么？

47. 换热器安装法兰是应注意哪些方面的问题？

第2章

1. 简述离心泵的启动步骤。

2. 离心泵启动前为什么要盘泵？如何进行盘泵？

3. 为什么要关闭泵出口阀后，才能启动离心泵？往复泵能否这样做？

4. 当首站提供的能量不足以把相应输量的液体输送到管道终点时，应怎样启动长输管道？这一般发生在什么情况下？

5. 倒流程操作时，为使管道不至于憋压，应注意些什么？

6. 根据哪些参数来判断输油管道运行工况是否正常？

7. 若漏油发生在首站出口处或第三站末端，各站运行参数怎样变化？如何根据参数变化来判断漏点位置？

8. 离心泵的流量调节原理是什么？调节方法有哪些？各有什么优缺点？

9. 离心泵的特性曲线测试条件是什么？条件改变，曲线如何变化？

10. 要测得完整的性能曲线，测点如何分布较为合理？哪些点较为关键？

11. 离心泵的安装高度指什么，有无限制？

12. 离心泵启动前为什么必须灌泵排气？离心泵的送液能力，能否通过进口阀进行调节？

13. 通过实训说明往复式压缩机的排气量调节方式有哪些？其各自特点是什么？

14. 示功(p-V)图随压力升高，呈何变化趋势？

15. 压力-转角(p-α)曲线，压力-行程(p-s)曲线有何异同？

16. 为什么说压力-行程曲线反映的就是示功(p-V)图？

17. 压缩机随排气压力升高，排气量如何变化，为什么？

18. 各组排气温度的变化规律，为什么？
19. 各组轴功率的变化规律，为什么？
20. 示功($p-V$)图的用途何在？试对不同压力下的示功($p-V$)图的形状进行分析？
21. 为什么缩小 V_{max} 与 V_{min} 间差值，能改善双位控制系统的性能？
22. 为什么实际的双位控制特性与理想的双位控制特性有着明显的差异？
23. 有人说：由于积分作用增强，系统会不稳定，为此在积分作用增强的同时应增大比例度 δ。你认为对吗，为什么？
24. 试用控制原理的相关理论分析 PID 调节器的微分作用为什么不能太大？
25. 为什么微分作用的引入必须缓慢进行？这时的比例度 δ 是否要改变，为什么？
26. 调节器参数(“δ、T_i 和 T_d)的改变对整个控制过程有什么影响？
27. 对油罐呼吸阀来说，什么是“大呼吸”和“小呼吸”？
28. 呼吸阀的种类，如何选用？
29. 呼吸阀的使用范围和规格选择？
30. 呼吸阀常见故障主要有哪些？
31. 呼吸阀工作原理及安装位置要求？
32. 旋转黏度计适合测定什么流体的流变性？黏度和温度有什么关系？
33. 流体如何分类？简述牛顿流体和非牛顿流体的区别。
34. 汽油和柴油闪点哪个高？汽油和柴油燃点哪个高？
35. 对于油品而言密度和闪点有什么关系？密度和自燃点有什么关系？
36. 简述测定油品密度过程中可能产生的误差？
37. 大气压力对馏程测定有什么影响？
38. 什么是油品的初馏点、干点？初馏点高低的意义？
39. 油品中水分含量对油品的储存、使用有什么影响？
40. 油品中硫含量对油品储存和使用有什么影响？
41. 什么是油品恩氏黏度、运动黏度、动力黏度？
42. 什么是油品的凝点、冰点、冷滤点？
43. 什么是油品的浊点、冰点、结晶点？
44. 汽油的 10%、50%馏出温度高低说明了什么？
45. 石油中的含硫化合物给石油加工过程和石油产品质量带来的危害有哪些？
46. 对于密闭的等温输油管道全线的能量供需平衡有何关系？
47. 等温输油管道发生管道泄漏时，管道的哪些参数发生了很大的变化？
48. 等温输油管道发生管道堵塞时，管道的哪些参数发生了很大的变化？
49. 如何判断清管球已经发出发球筒？如何判断清管球已经进入收球筒？

第3章

1. 请简述离心泵的工作原理和结构。
2. 请举例说出除离心泵以外你所知道的其他类型的泵。
3. 什么叫汽蚀现象？汽蚀现象有什么破坏作用？
4. 发生汽蚀现象的原因有那些？如何防止汽蚀现象的发生？

5. 为什么启动前一定要将离心泵灌满被输送液体？

6. 离心泵在启动和停止运行时泵的出口阀应处于什么状态，为什么？

7. 一台离心泵在正常运行一段时间后，流量开始下降，可能会有哪些原因？

8. 离心泵出口压力过高或过低应如何调节？

9. 离心泵入口压力过高或过低应如何调节？

10. 若两台性能相同的离心泵串联操作，其输送流量和扬程较单台离心泵相比有什么变化？若两台性能相同的离心泵并联操作，其输送流量和扬程较单台离心泵相比有什么变化？

11. 冷态开车是先送冷物料、后送热物料，而停车时又要先关热物料、后关冷物料，为什么？

12. 开车时不排出不凝气会有什么后果？如何操作才能排净不凝气？

13. 为什么停车后管程和壳程都要高点排气、低点泄液？

14. 影响间壁式换热器传热量的因素有哪些？

15. 传热有哪几种基本方式，各自的特点是什么？

16. 工业生产中常见的换热器有哪些类型？

17. 什么是喘振？如何防止喘振？

18. 压缩机在手动调速状态，为什么防喘振线上的防喘振阀全开，可以防止喘振？

19. 结合伯努利方程，说明压缩机如何做功，进行动能、压力、和温度之间的转换？

20. 根据压缩机仿真单元，理解盘车、手动升速、自动升速的概念？

21. 离心式压缩机的优点是什么？

22. 什么叫工业炉？按热源可分为几类？

23. 油气混合燃烧炉的主要结构是什么？开/停车时应注意哪些问题？

24. 加热炉在点火前为什么要对炉膛进行蒸汽吹扫？

25. 加热炉点火时为什么要先点燃点火棒，再依次开长明线阀和燃料气阀？

26. 在点火失败后应做些什么工作，为什么？

27. 加热炉在升温过程中为什么要烘炉？升温速度应如何控制？

28. 加热炉在升温过程中，什么时候引入工艺物料，为什么？

29. 在点燃燃油火嘴时，应做哪些准备工作？

30. 雾化蒸汽量过大或过小，对燃烧有什么影响？应如何处理？

31. 烟道气出口氧气含量为什么要保持在一定范围？过高或过低意味着什么？

32. 加热过程中，风门和烟道挡板的开度大小，对炉膛负压和烟道气出口氧气含量有什么影响？

33. 什么叫蒸馏？在炼油、化工生产中分离什么样的混合物？蒸馏和精馏的关系是什么？

34. 精馏的主要设备有哪些？

35. 在精馏单元中，如果塔顶温度、压力都超过标准，可以有几种方法将系统调节稳定？

36. 当系统在一较高负荷突然出现大的波动、不稳定，为什么要将系统降到低负荷的稳态，再重新开到高负荷？

37. 根据精馏单元的实际，结合“化工原理”讲述的原理，说明回流比的作用？

38. 若精馏塔灵敏板温度过高或过低，则意味着分离效果如何？应通过改变哪些变量来调节至正常？

39. 请分析精馏流程中如何通过分程控制来调节精馏塔正常操作压力的？

40. 根据精馏单元的实际，理解串级控制的工作原理和操作方法？

41. 吸收岗位的操作是在高压、低温的条件下进行的，为什么说这样的操作条件对吸收过程的进行有利？

42. 对吸收单元请从节能的角度对换热器 E-103 在本单元的作用做出评价？

43. 结合吸收单元的具体情况，说明串级控制的工作原理？

44. 吸收操作时若发现富油无法进入解吸塔，会有哪些原因导致？应如何调整？

45. 假如吸收单元的操作已经平稳，这时吸收塔的进料富气温度突然升高，分析会导致什么现象？如果造成系统不稳定，吸收塔的塔顶压力上升(塔顶 C_4增加)，有几种手段将系统调节正常？

46. 请分析吸收流程的串级控制；如果请你来设计，还有哪些变量间可以通过串级调节控制？这样做的优点是什么？

47. 在吸收单元 C_6储油罐进料阀为一手操阀，有没有必要在此设一个调节阀，使进料操作自动化，为什么？

第 4 章

1. 使用极轴追踪能否绘制水平和垂直的直线？如果能，如何实现？它与正交能够同时实现吗？两种功能的区别是什么？

2. line、pline、spline、mline 创建的线对象有什么不同？

3. 面域的创建对象有什么特点？试说明如何创建面域？

4. 简述模型与布局的区别。

5. 简要回答图块分成几种，说明其不同点。图块和外部参照的区别是什么？

6. 为什么定义好的图块在插入时，图块老会偏离光标位置，甚至超出显示区域？

7. 简述图块与图层的关系。

8. 请列举 Auto CAD 中绘制圆有哪几种方式，如果绘制与三个对象相切的圆，如何激活命令？可以通过键盘输入实现吗？

9. 创建布局有几种方式？

10. 如何将图纸标题和图纸编号设置为字段？如何更新图纸的图纸标题和图纸编号字段？

11. SNAP(捕捉)命令后和 OSNAP(对象捕捉)命令各指什么？从定义，联系，区别方面回答？

12. 简述用 CAD 绘制一幅完整图形的流程。

13. DTEXT(单行文字输入)和 MTEXT(多行文字输入)命令在功能，执行方式和选项上有什么异同处？

14. 对图层进行关闭、冻结、锁定等操作时，屏幕上会有什么变化？

15. 试述块操作的命令，整体块操作命令和属性操作命令的异同处？

16. Auto CAD 的坐标形式有几种？

17. 简述独立块和附属块的异同点。

18. 练习直角坐标、直线命令，如图 1 所示。

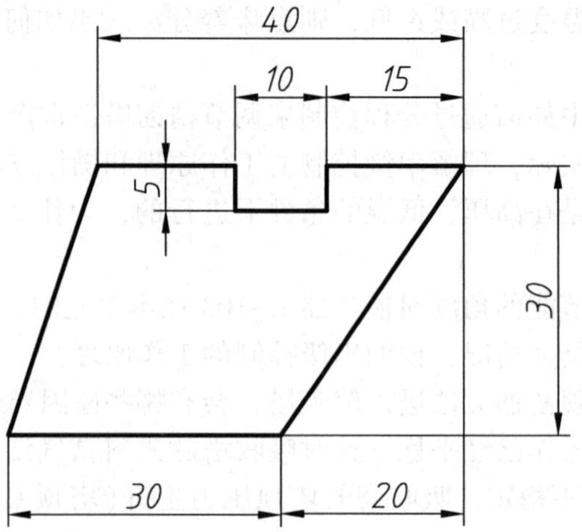

图 1

19. 练习相对极坐标、直线命令，如图 2 所示。

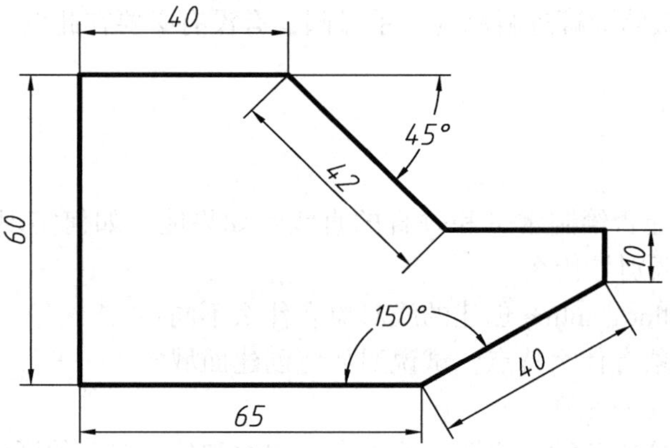

图 2

20. 练习相对极坐标、延伸、修剪，如图 3 所示。

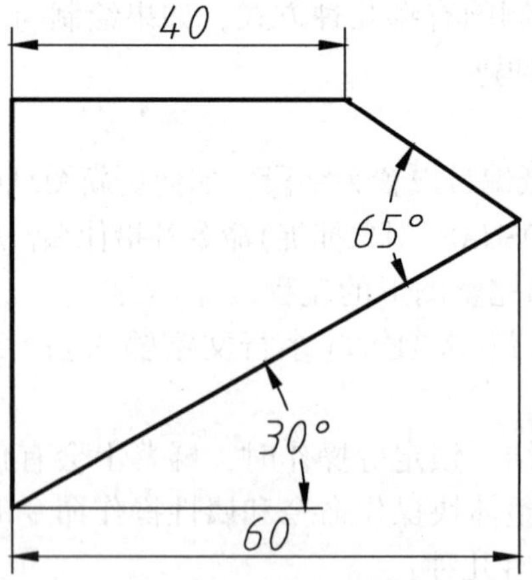

图 3

21. 练习圆、点的定数等分、圆弧(起点、端点、半径)，如图 4 所示。

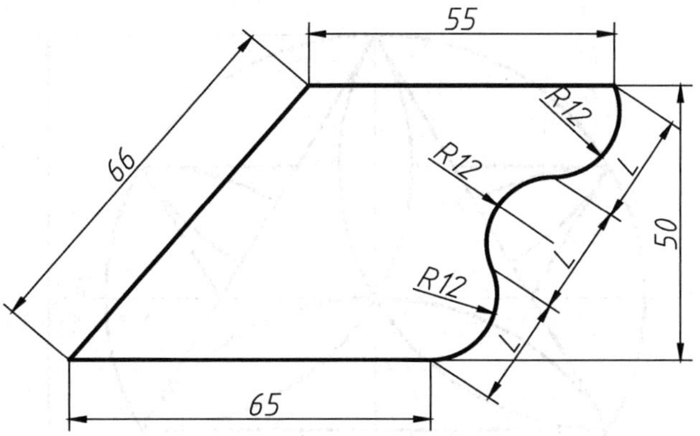

图 4

22. 练习矩形、缩放，如图 5 所示。

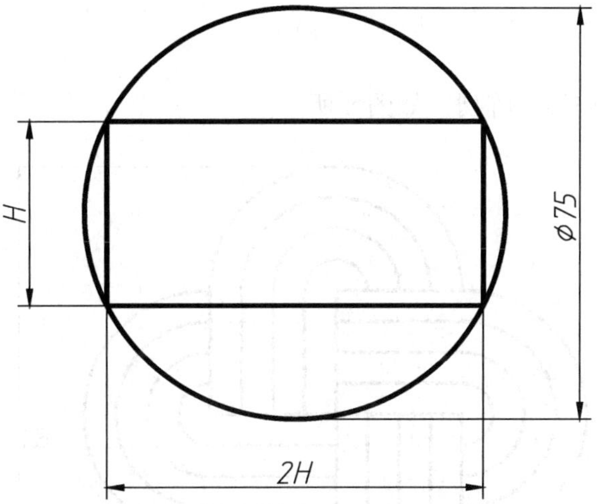

图 5

23. 练习旋转、缩放，如图 6 所示。

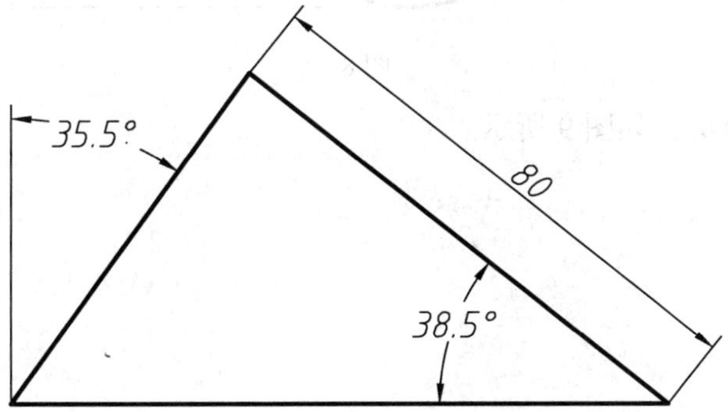

图 6

24. 练习阵列、修剪，如图 7 所示。

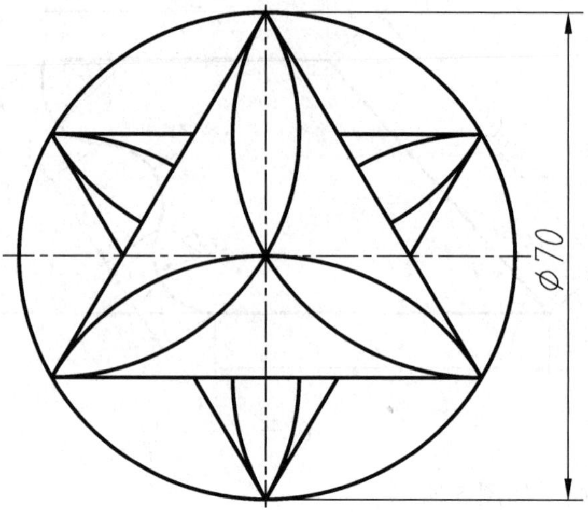

图 7

25. 练习多段线、偏移、阵列，如图 8 所示。

图 8

26. 练习偏移、修剪，如图 9 所示。

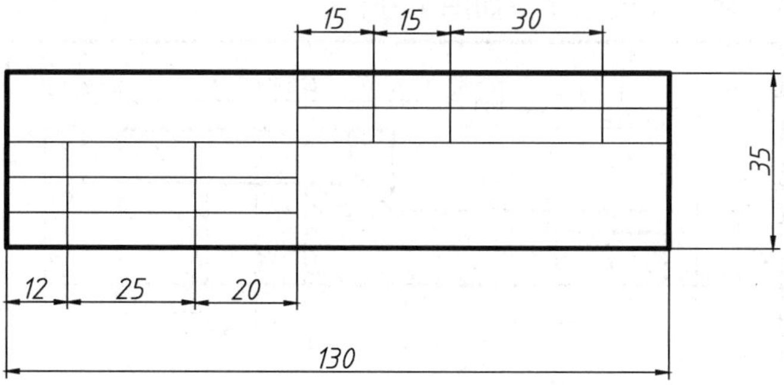

图 9

27. 练习矩形、对象追踪、阵列，如图 10 所示。

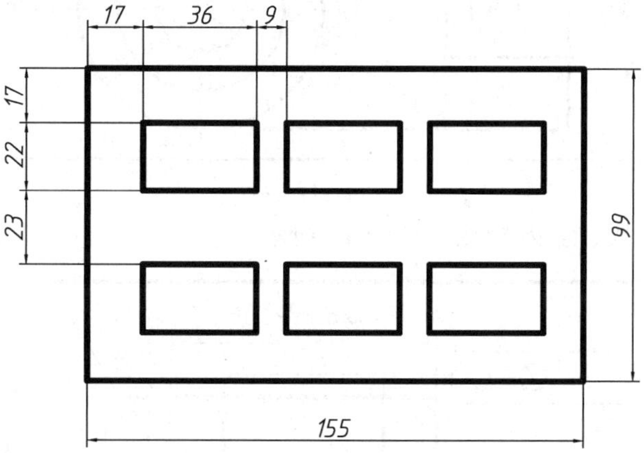

图 10

28. 练习圆、阵列，如图 11 所示。

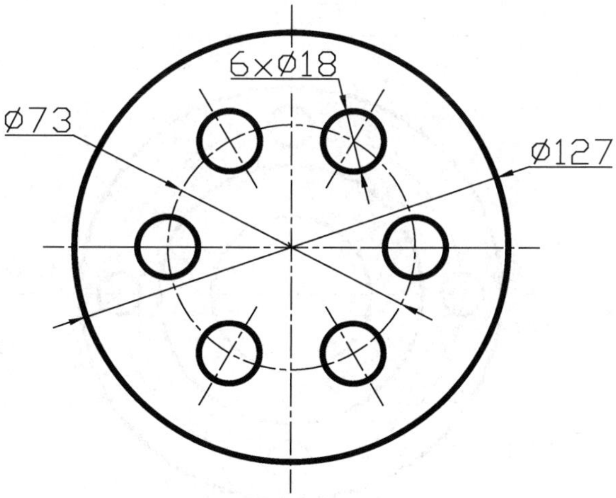

图 11

29. 练习零件图、块、公差标注，如图 12 所示。

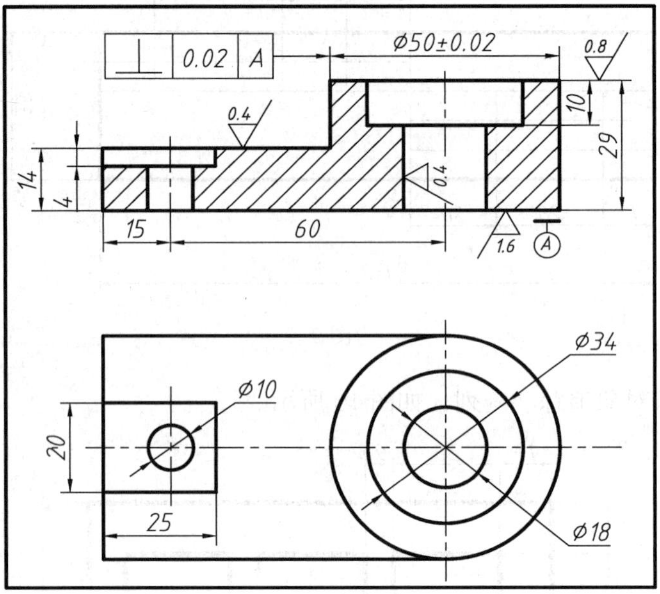

图 12

30. 练习零件图、块、公差标注，如图 13 所示。

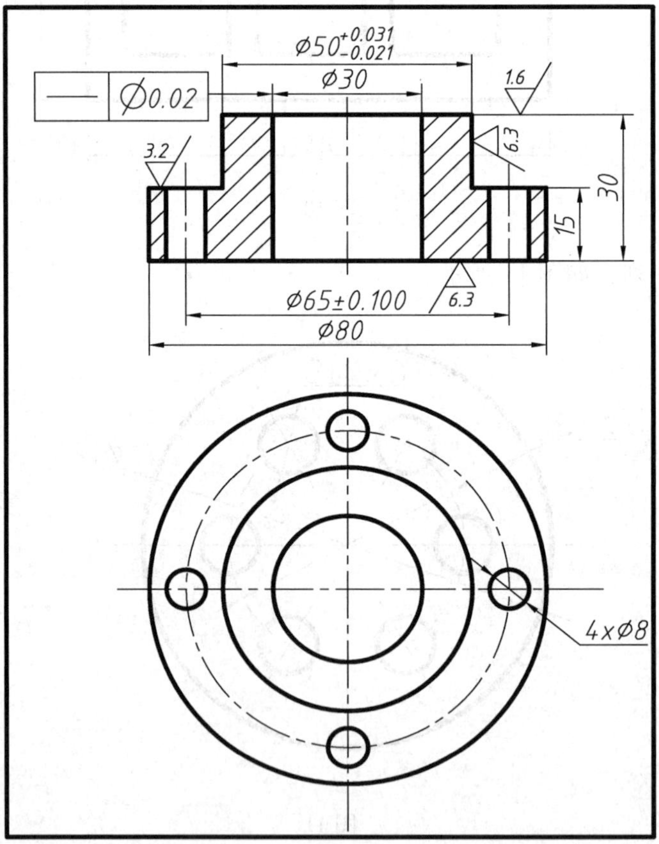

图 13

31. 练习零件图、块、公差标注，如图 14 所示。

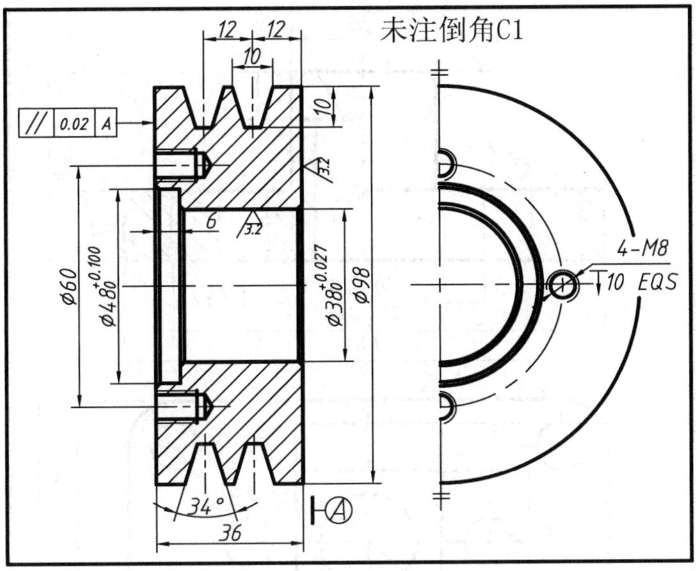

图 14

32. 练习零件图、块、公差标注，如图 15 所示。

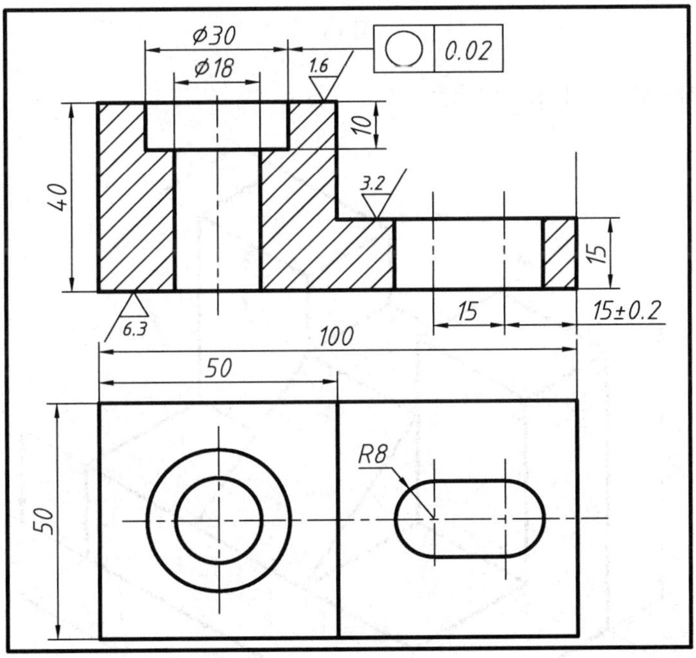

图 15

33. 练习零件图、块、公差标注，如图 16 所示。

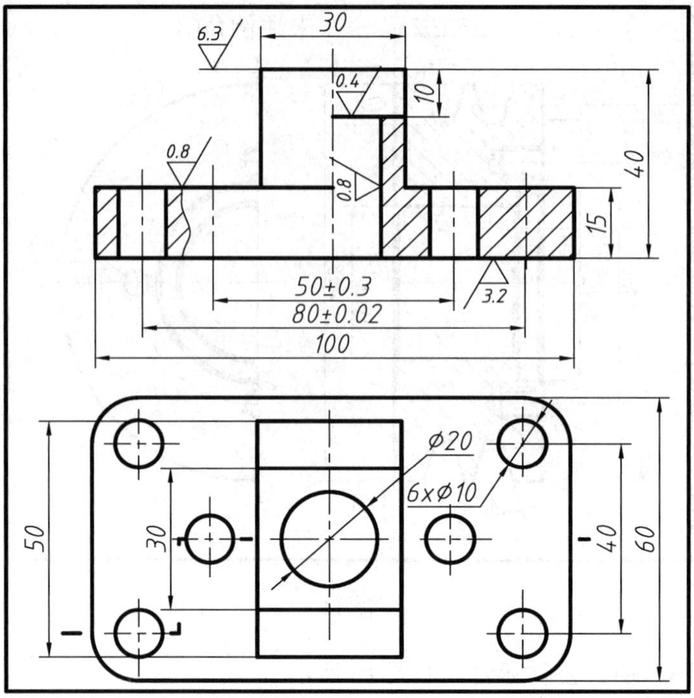

图 16

34. 练习绘制轴测图，如图 17 所示。

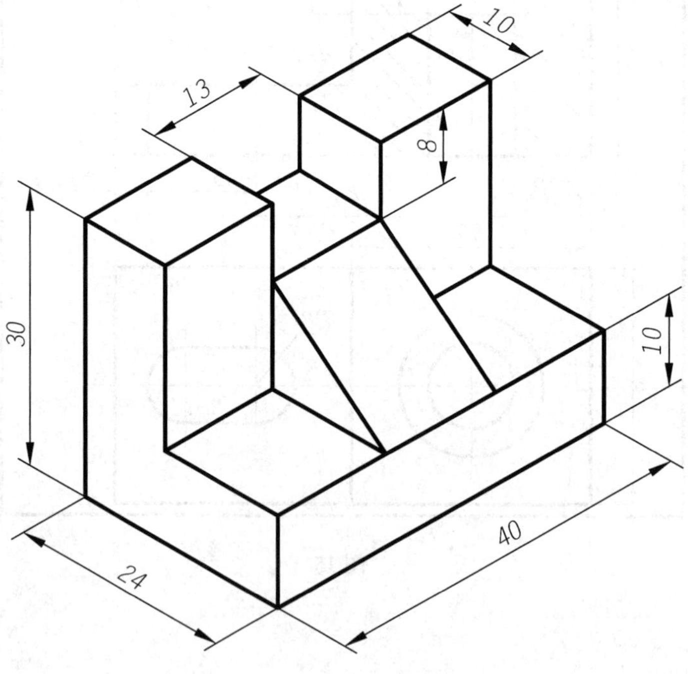

图 17

35. 练习绘制轴测图，如图 18 所示。

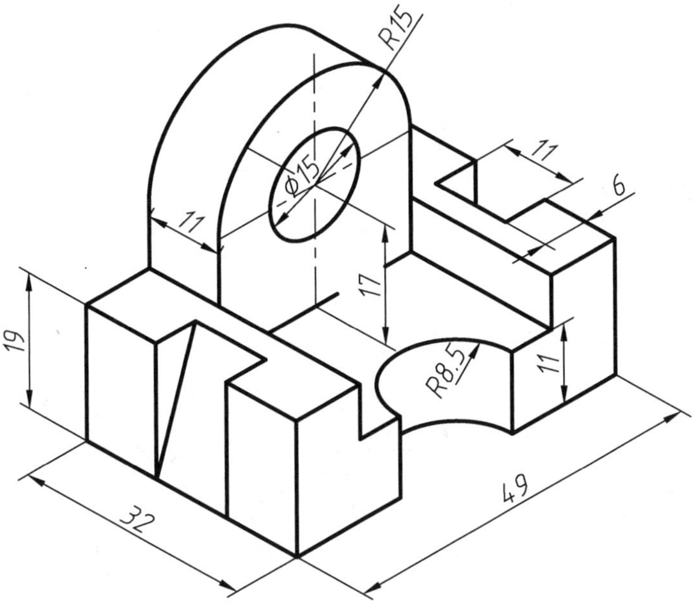

图 18

36. 练习绘制实体模型，如图 19 所示。

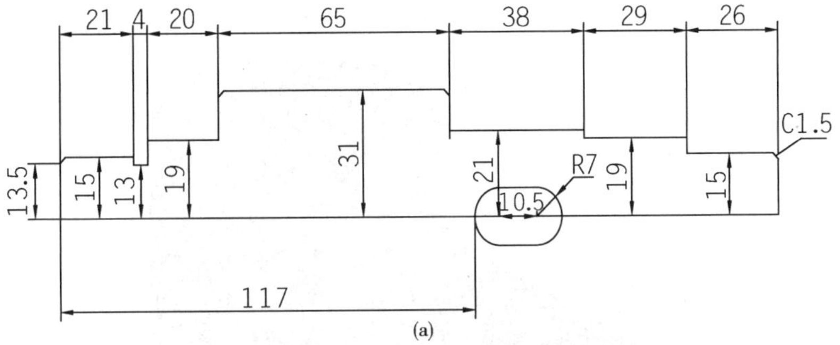

(a)

(b)

图 19

37. 练习绘制实体造型，如图 20 所示。

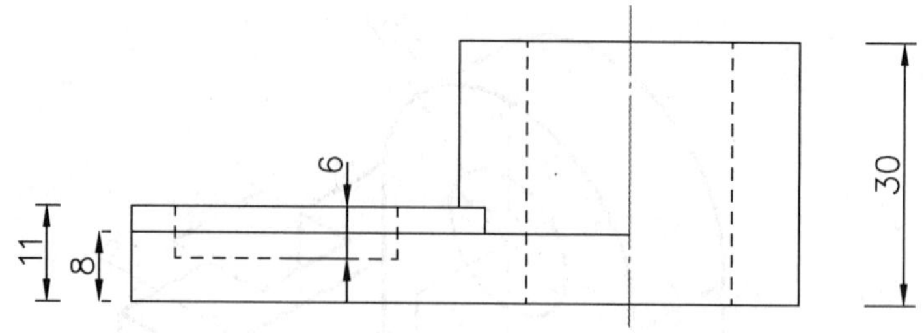

(a)

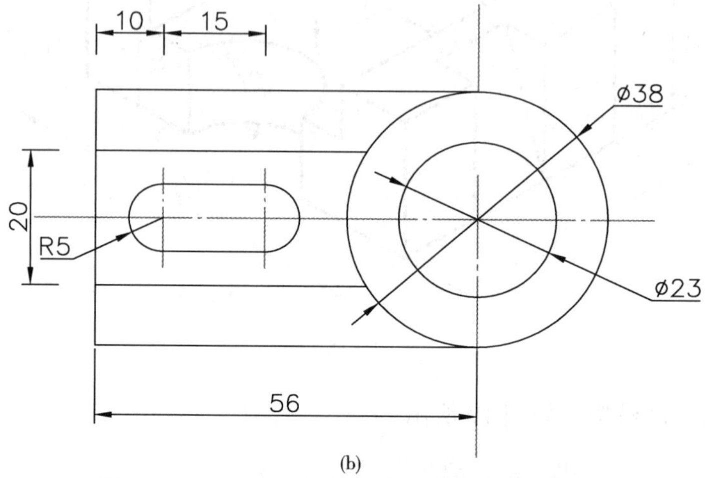

(b)

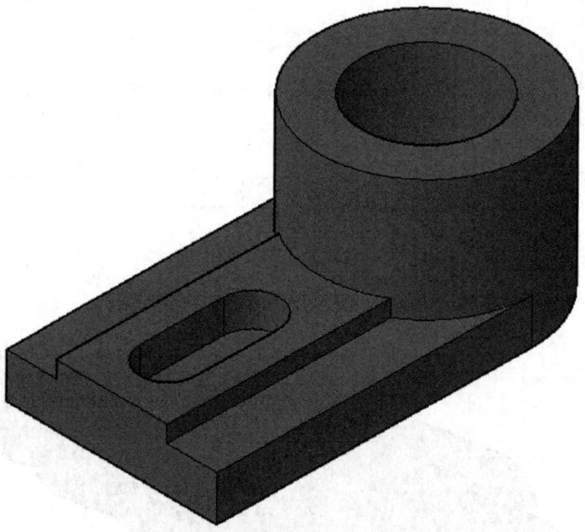

(c)

图 20

38. 练习绘制零件图，如图 21 所示。

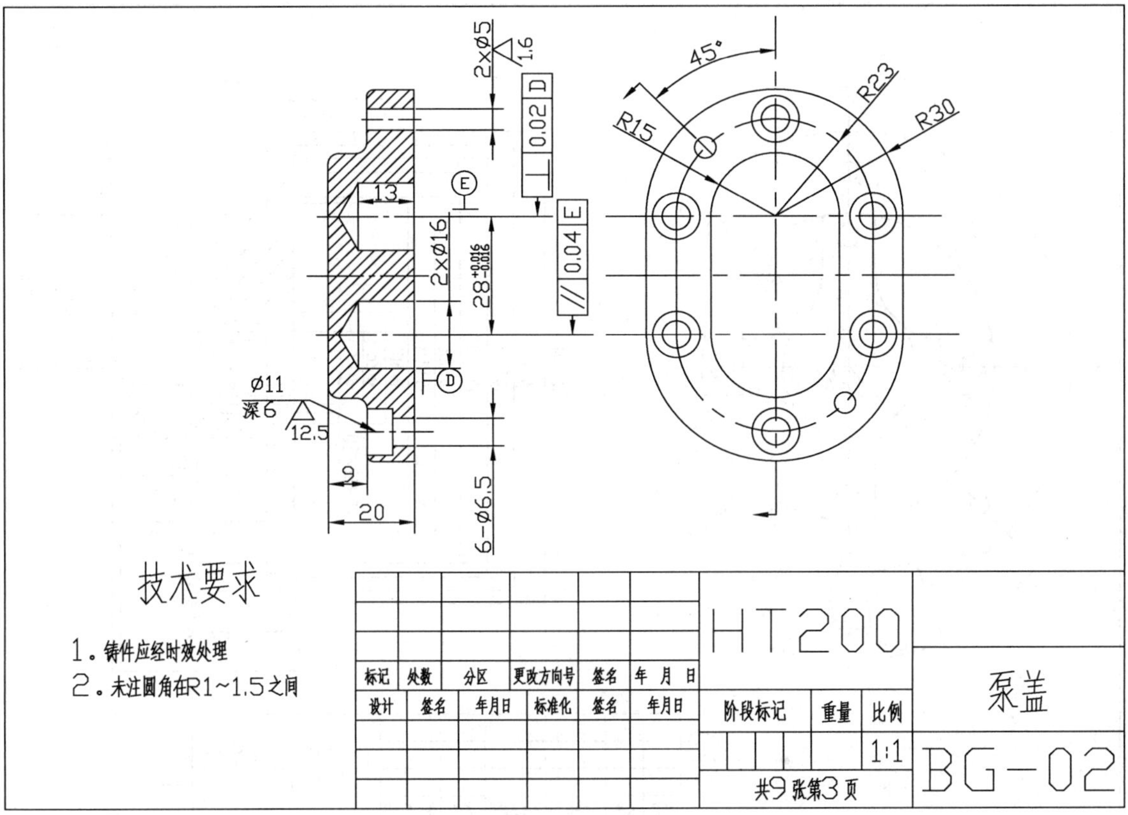

图 21

39. 练习绘制零件图，如图 22 所示。

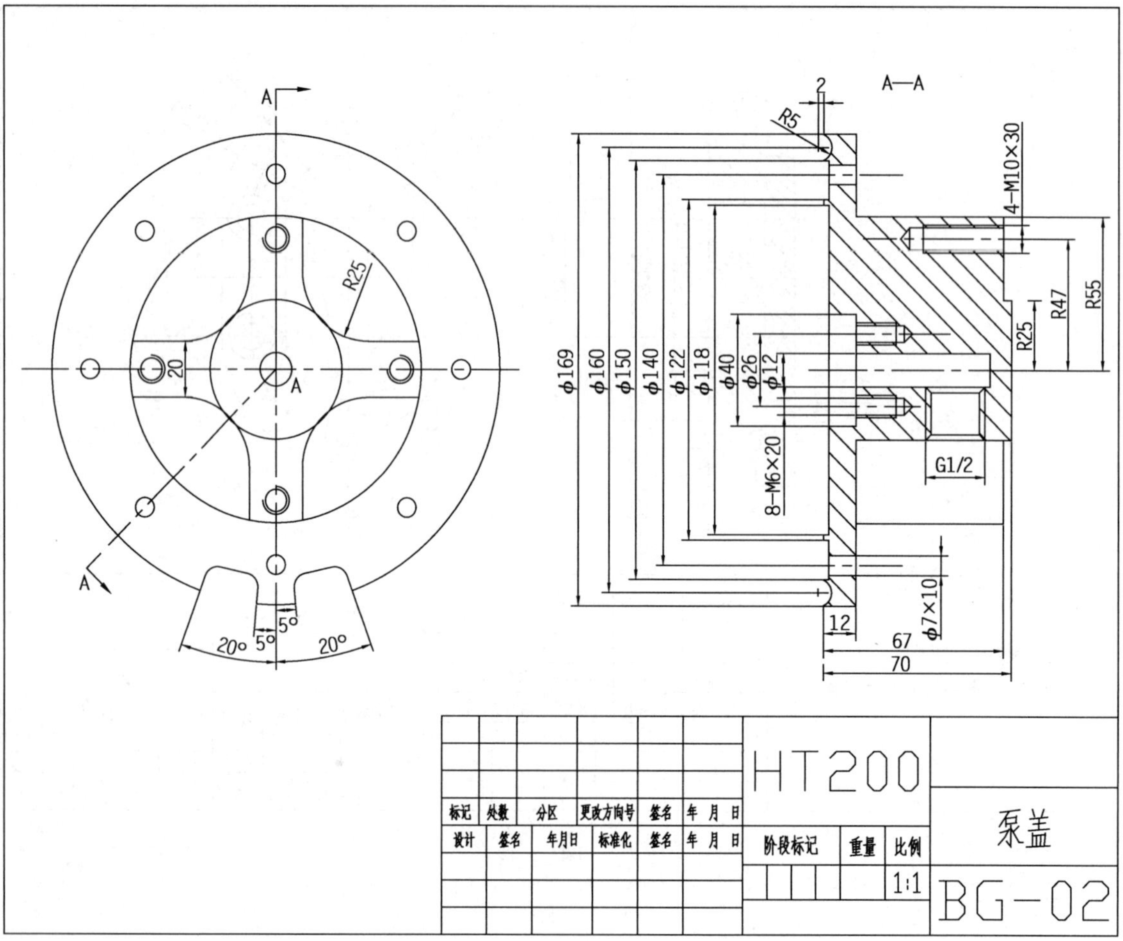

图 22

40. 练习绘制零件图，如图 23 所示。

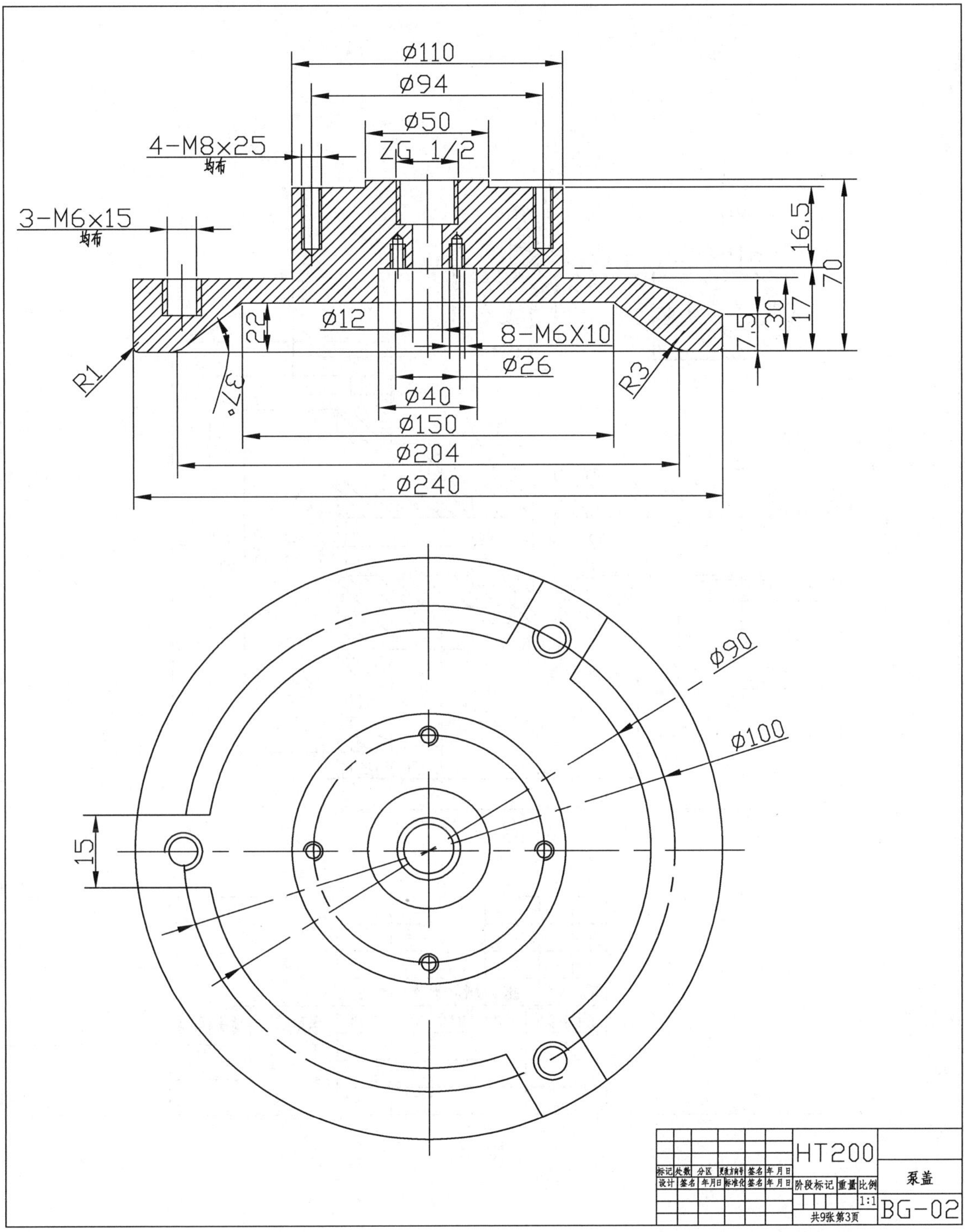

图 23

41. 练习绘制零件图，如图 24 所示。

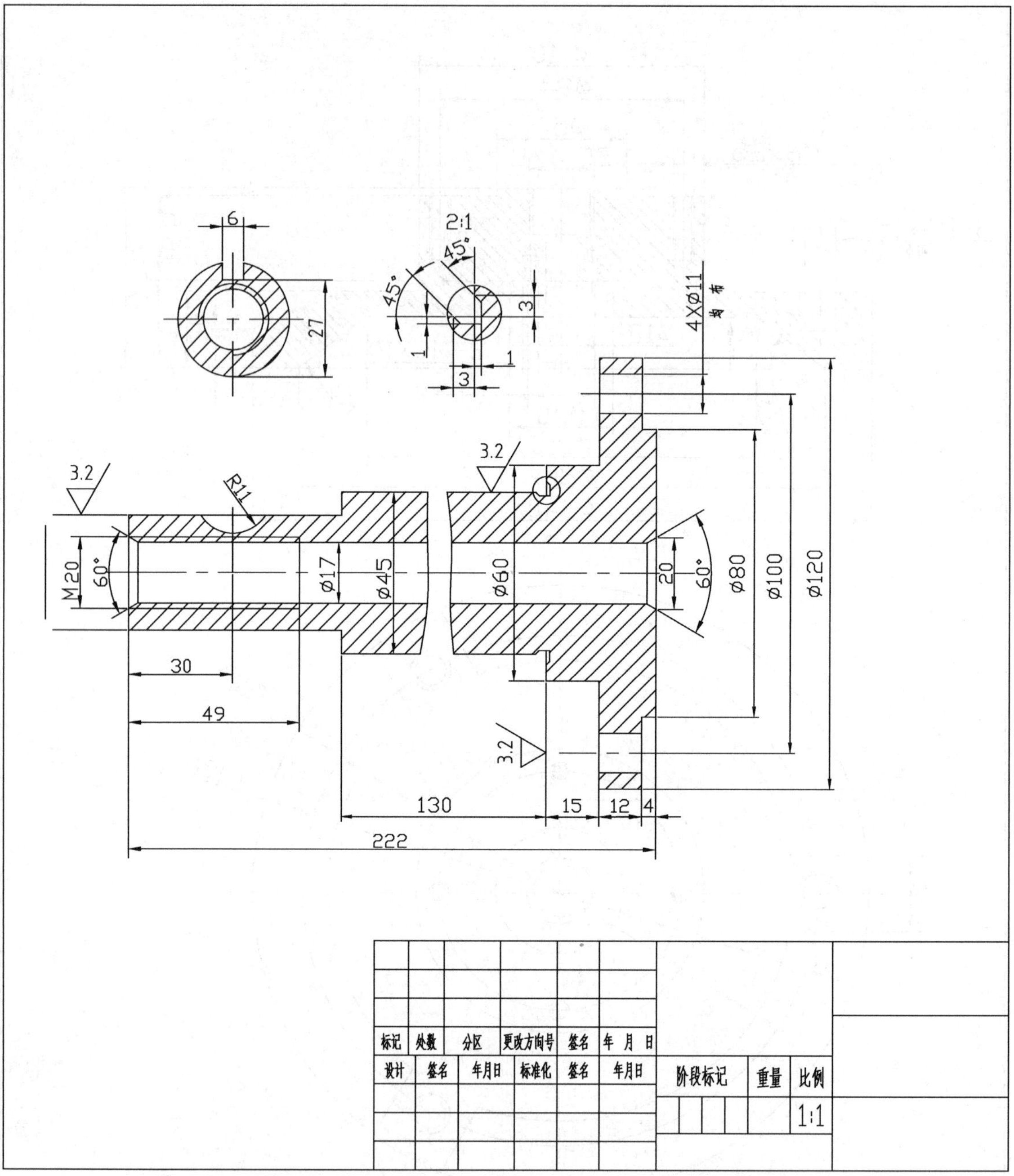

图 24

42. 练习绘制零件图，如图 25 所示。

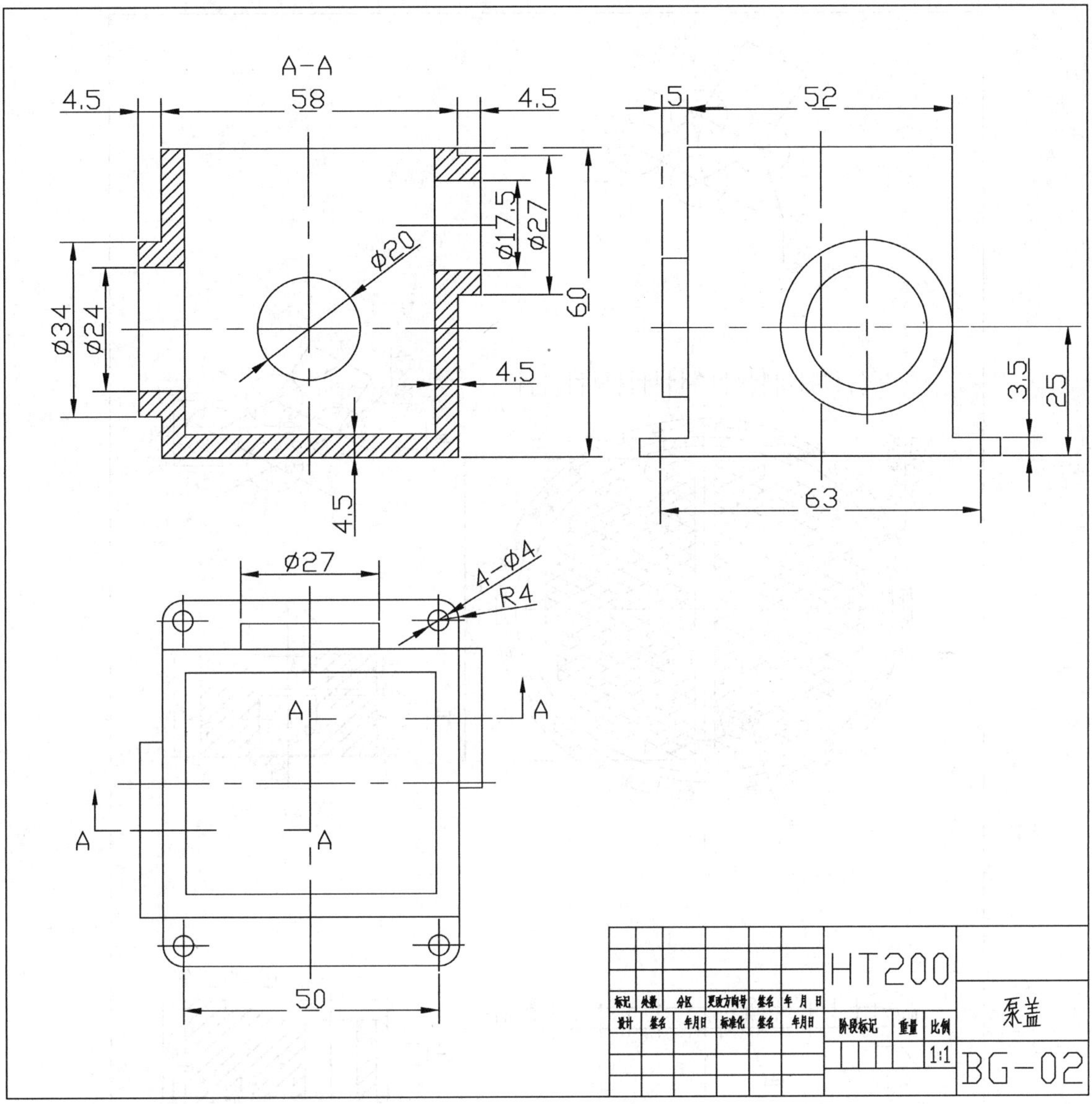

图 25

43. 练习绘制零件图，如图 26 所示。

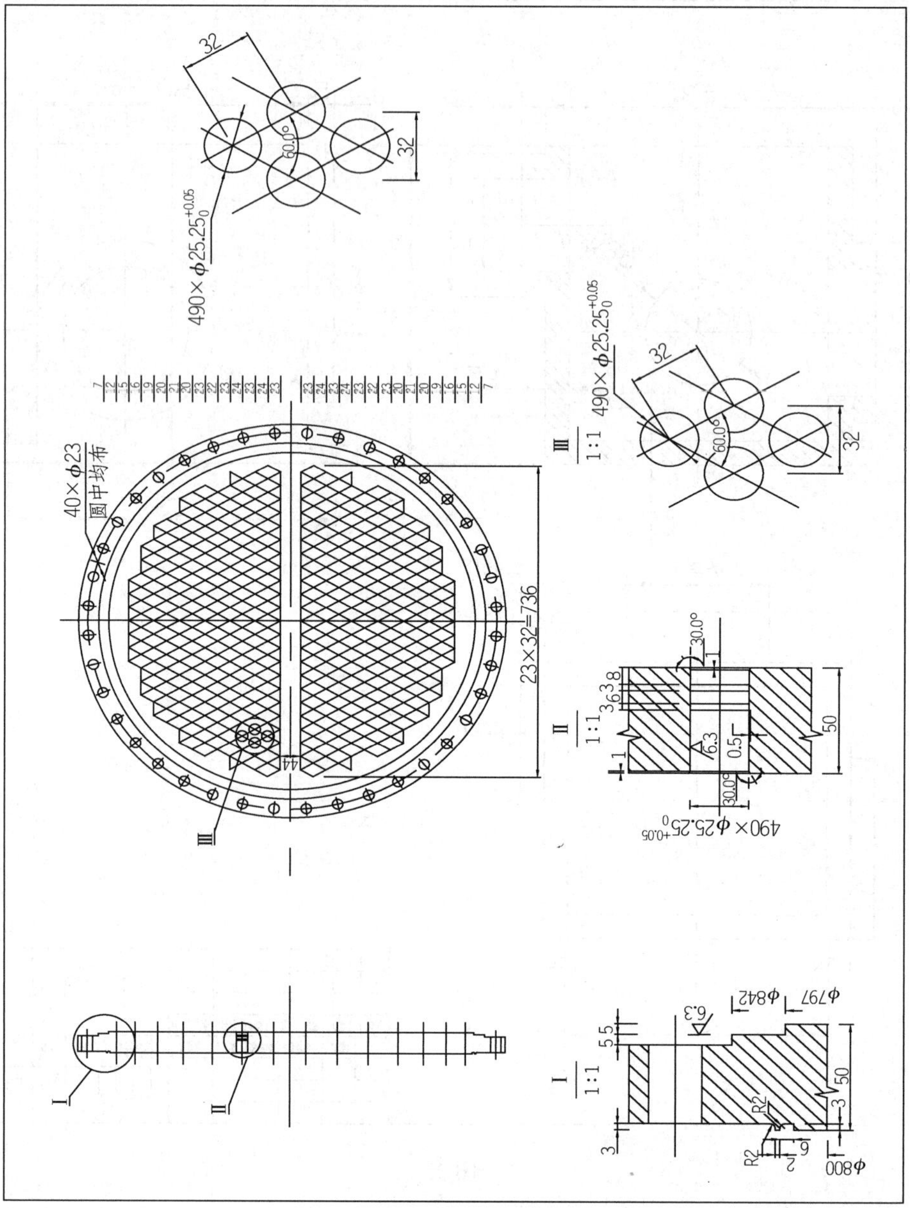

图 26

44. 练习绘制零件图，如图 27 所示。

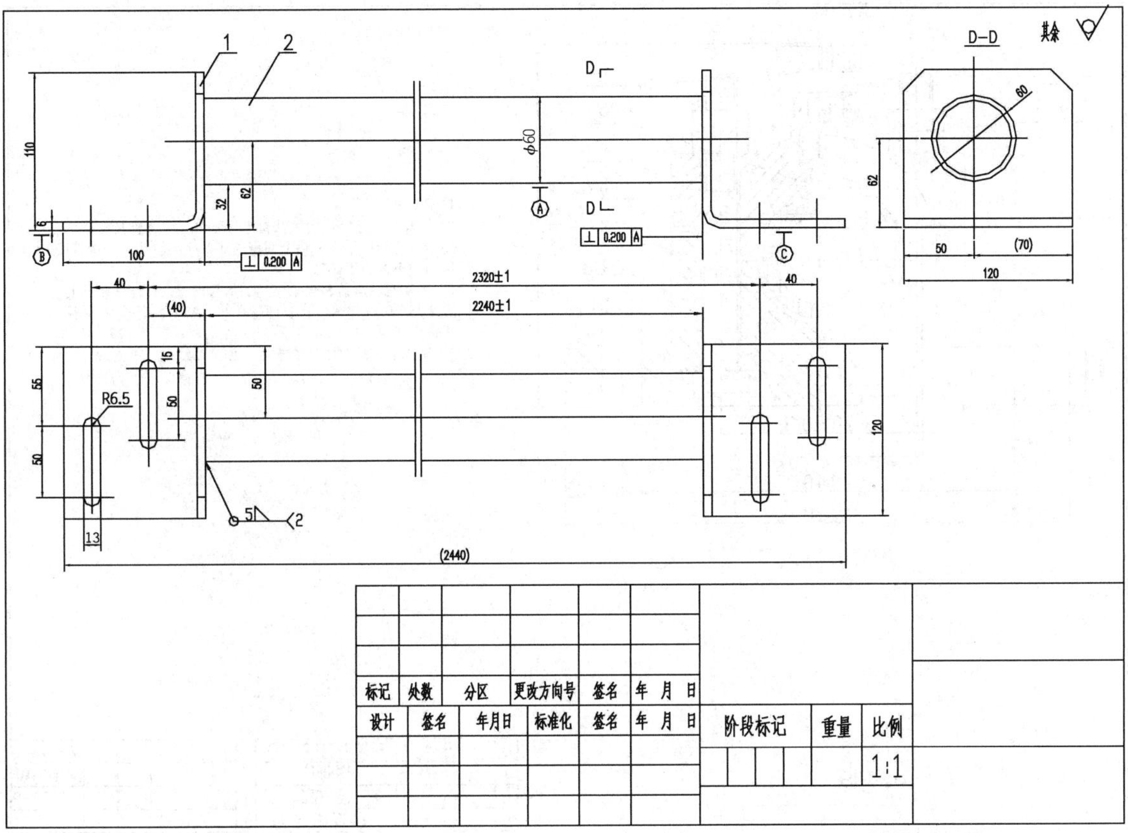

图 27

45. 练习绘制零件图，如图 28 所示。

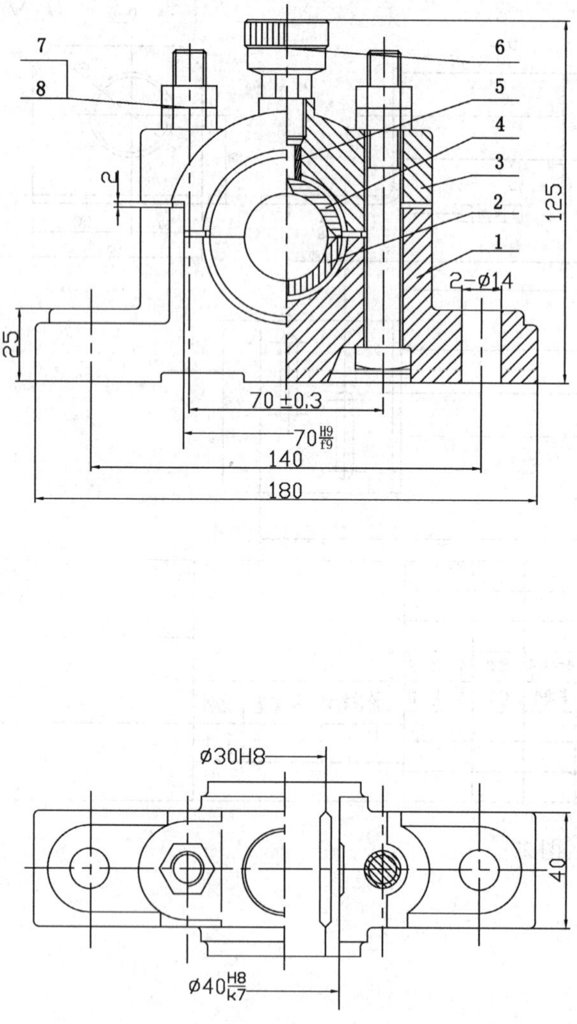

技术要求：
1. 轴瓦和轴承座用着色法检查接触情况，下轴瓦和轴承座接触的面积不小于整个面积的50%，上轴瓦于轴承盖接触面积不得小于40%。
2. 装配时轴承盖和轴承座间加垫片调整，保证和轴瓦间隙0.05至0.06毫米，接触面积在25×25平方毫米内不得小于15至20点
3. 轴承装配达到上述要求后，加工油线。

序号	代号	名称	数量	材料	单重	总重	附注
8	H8	螺栓M12×90	2				GB8-76
7	H7	螺母M12	4				GB6170-86
6	H6	油杯B30	1				GB1154-9
5	H5	轴瓦固定套	1	A3			
4	H4	上轴瓦	1	ZQSN			
3	H3	轴承座	1	HT200			
2	H2	下轴瓦	1	ZQSN			
1	H1	轴承座	1	HT200			

设计		滑动轴承装配图	共 张 重量 比例
校对			第 张
审核	日期	材料	

图 28

46. 练习绘制零件图，如图 29 所示。

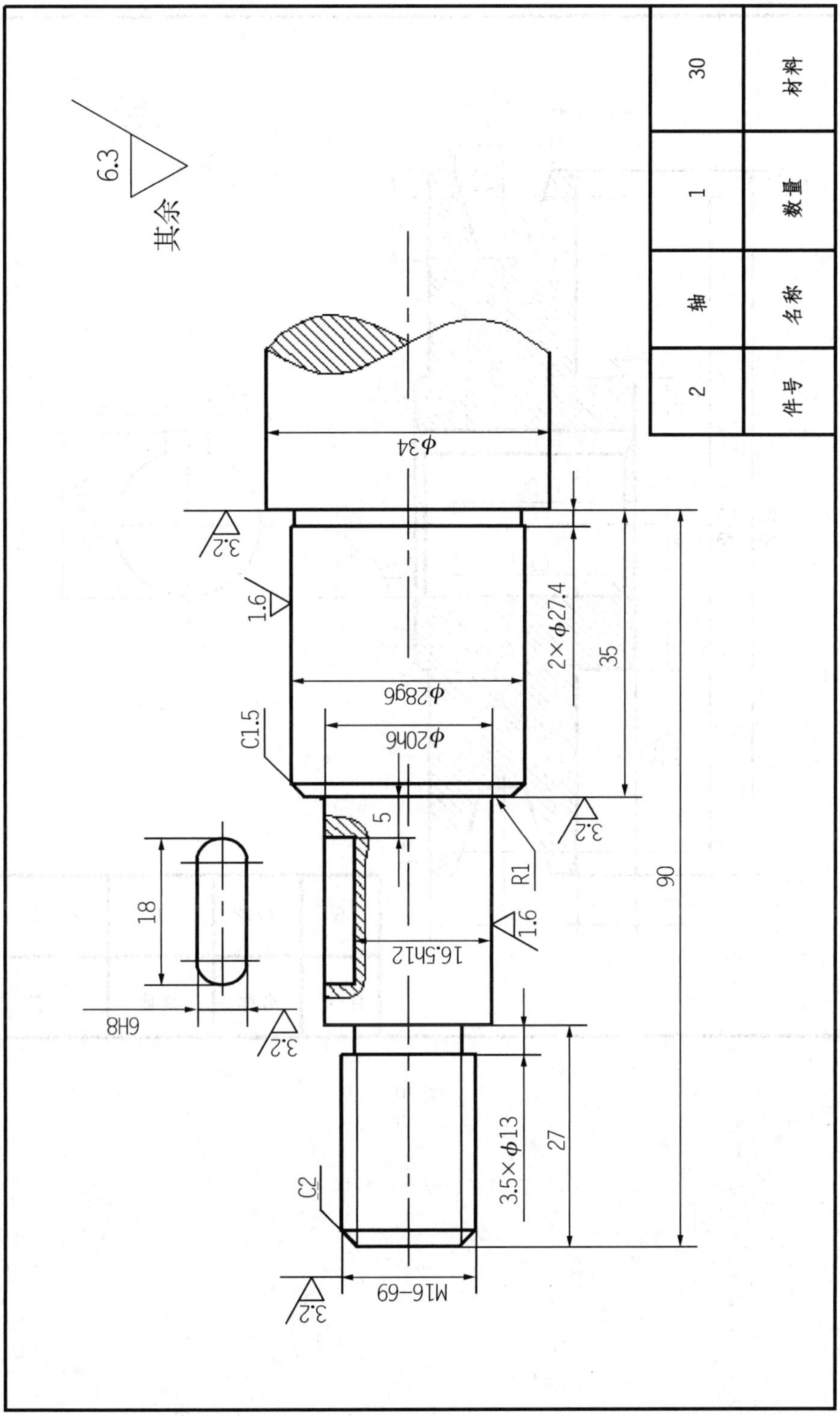

图 29

47. 练习绘制零件图，如图 30 所示。

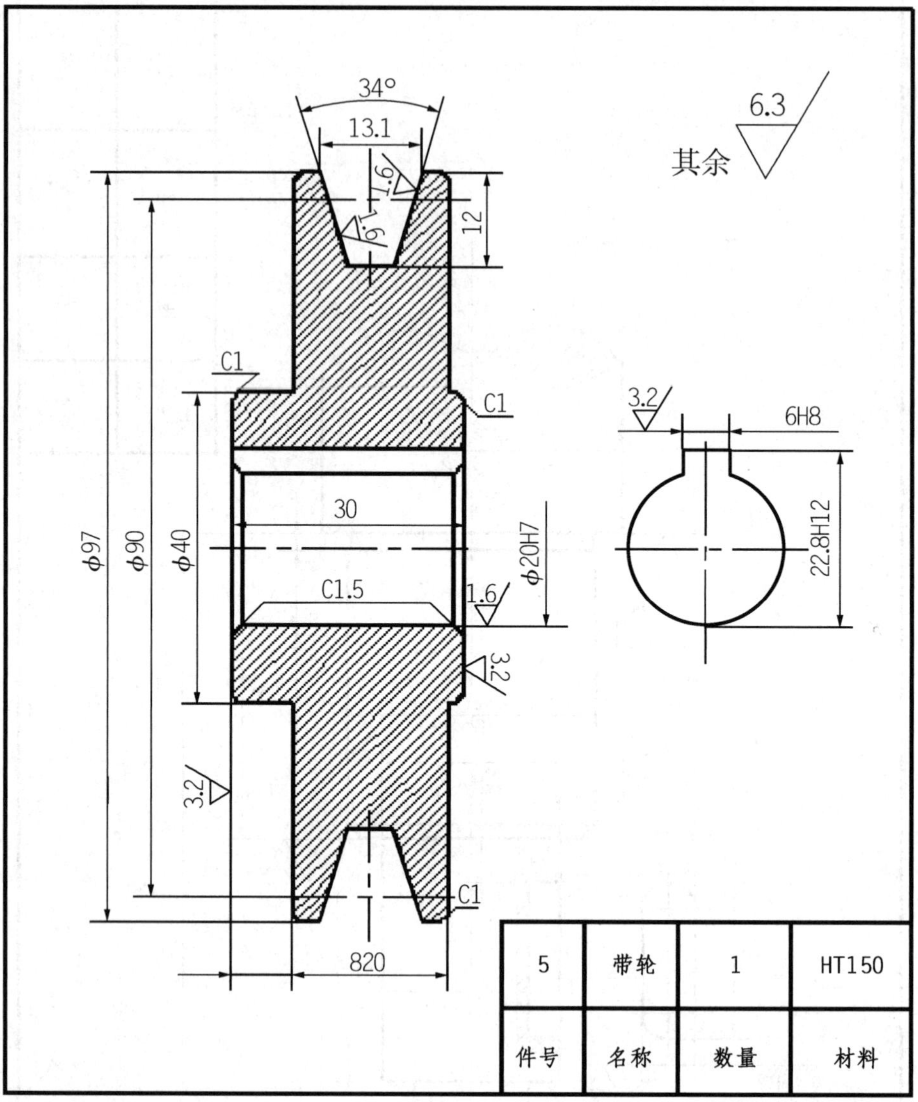

图 30

48. 练习绘制零件图，如图 31 所示。

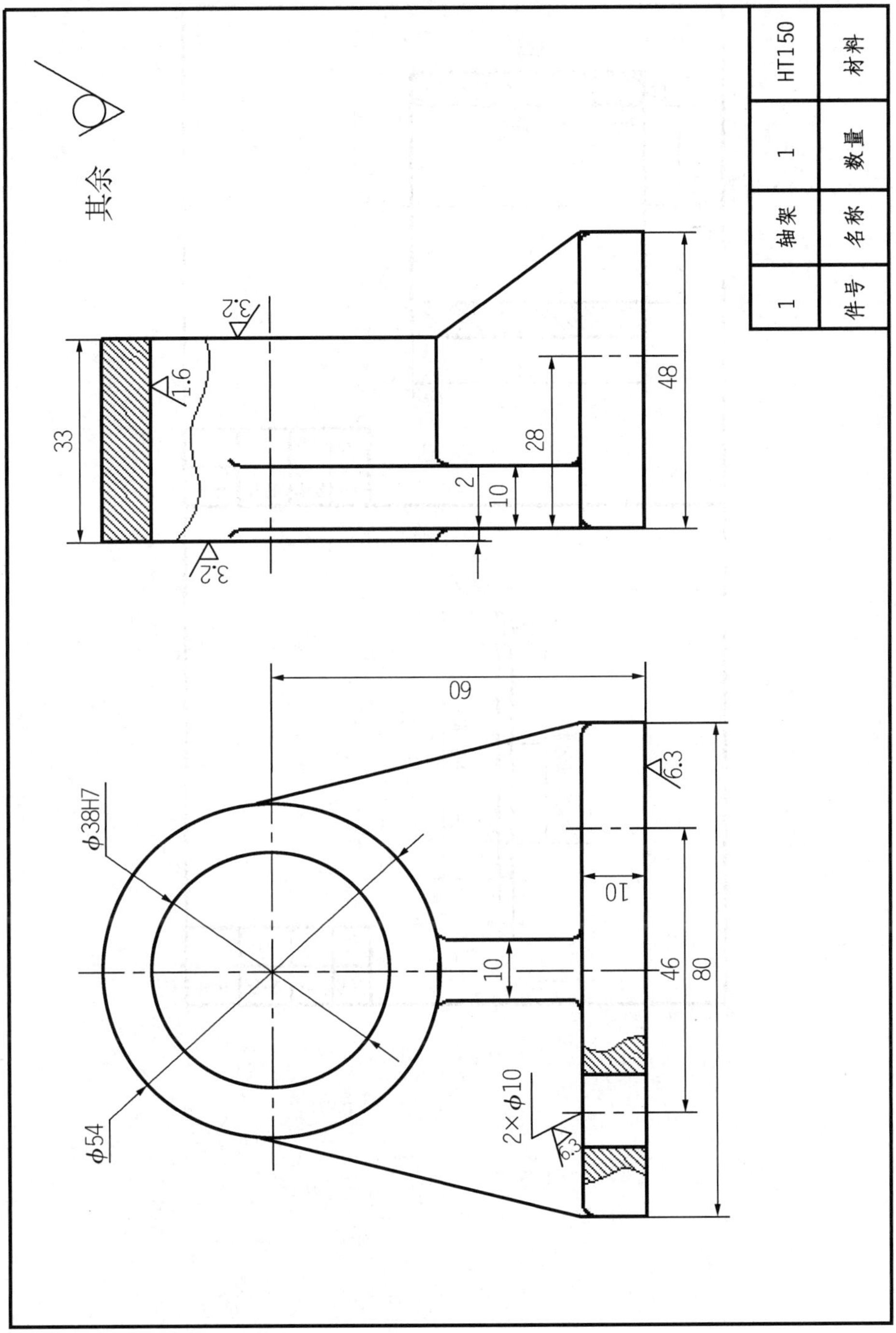

图 31

49. 练习绘制零件图，如图 32 所示。

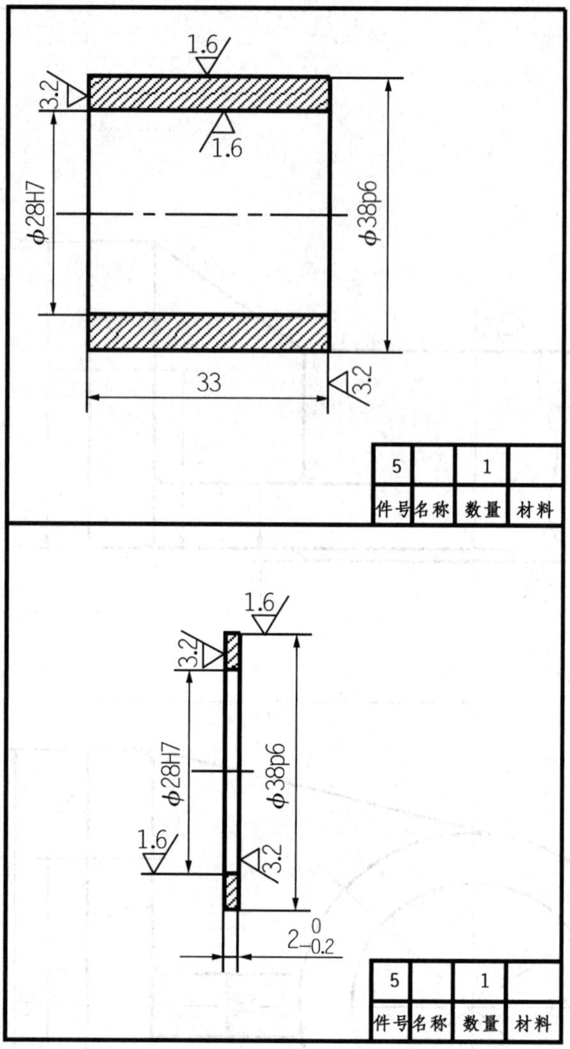

图 32

50. 练习绘制零件图，如图 33 所示。

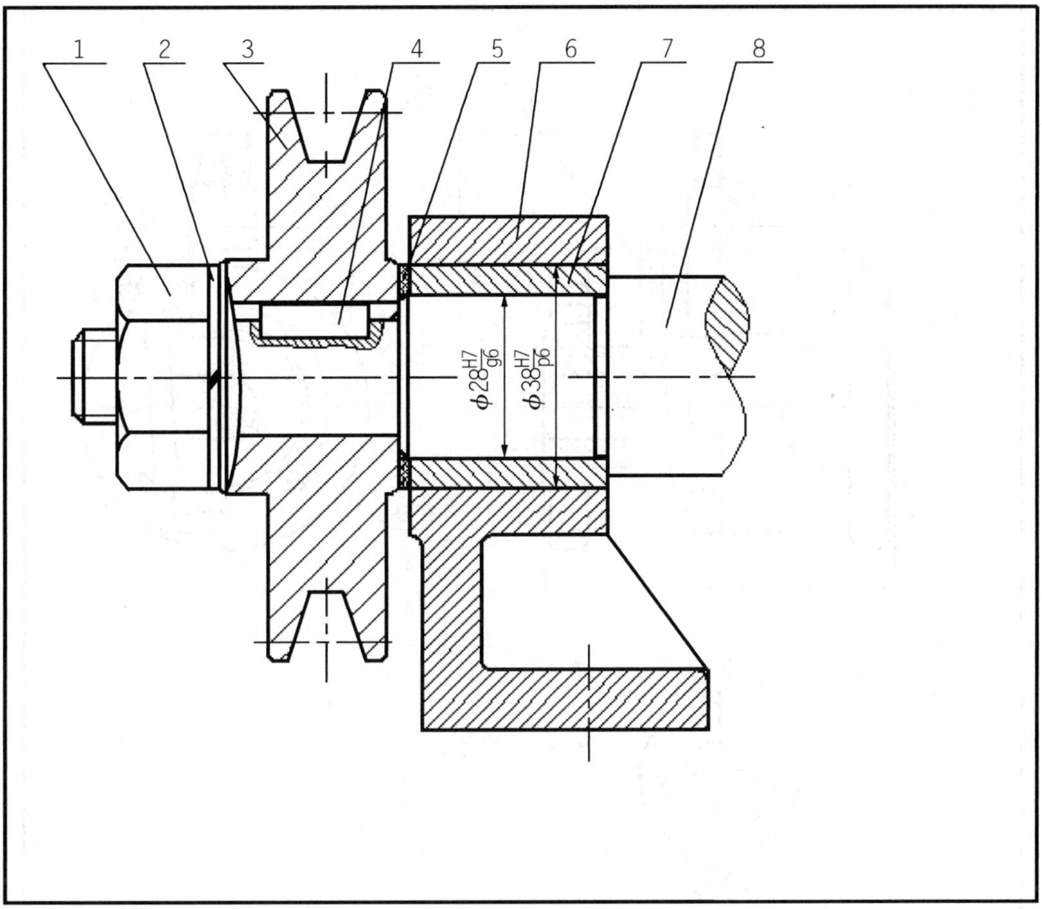

图 33

51. 完成装配图，如图 34 所示。

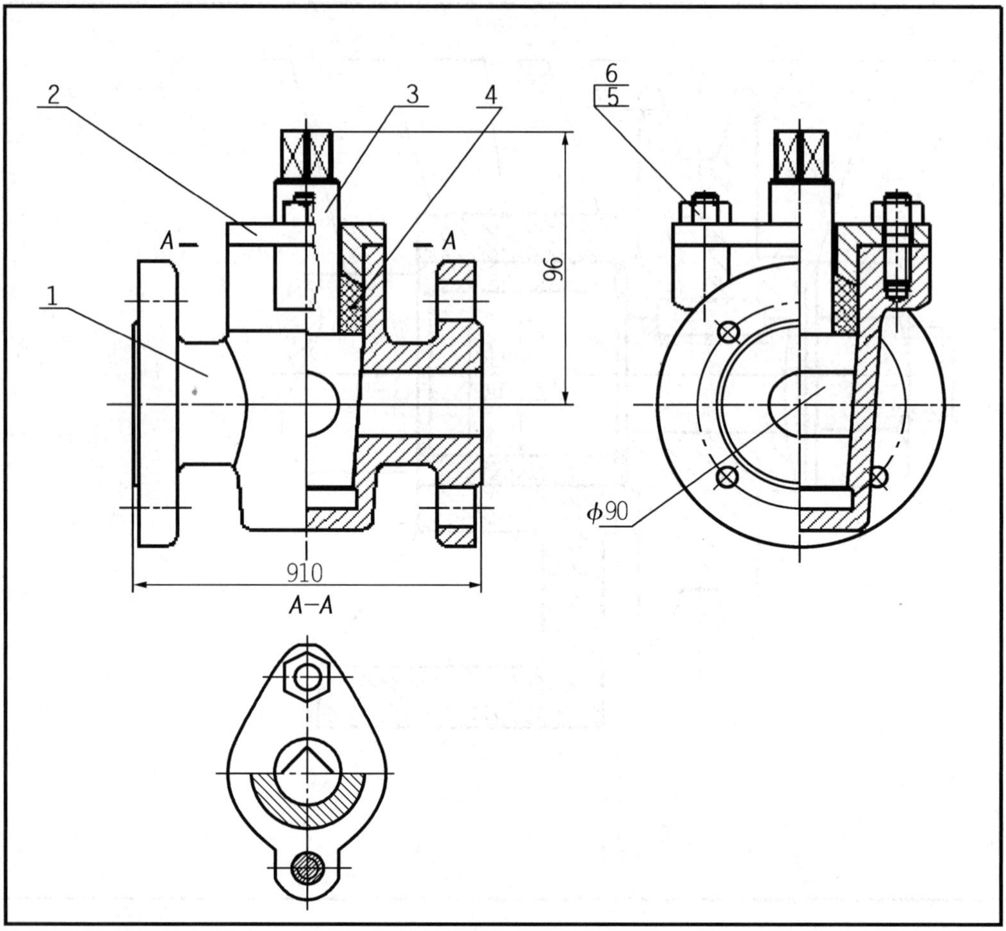

图 34

52. 练习绘制方案流程图(图幅自定)，如图 35 所示。

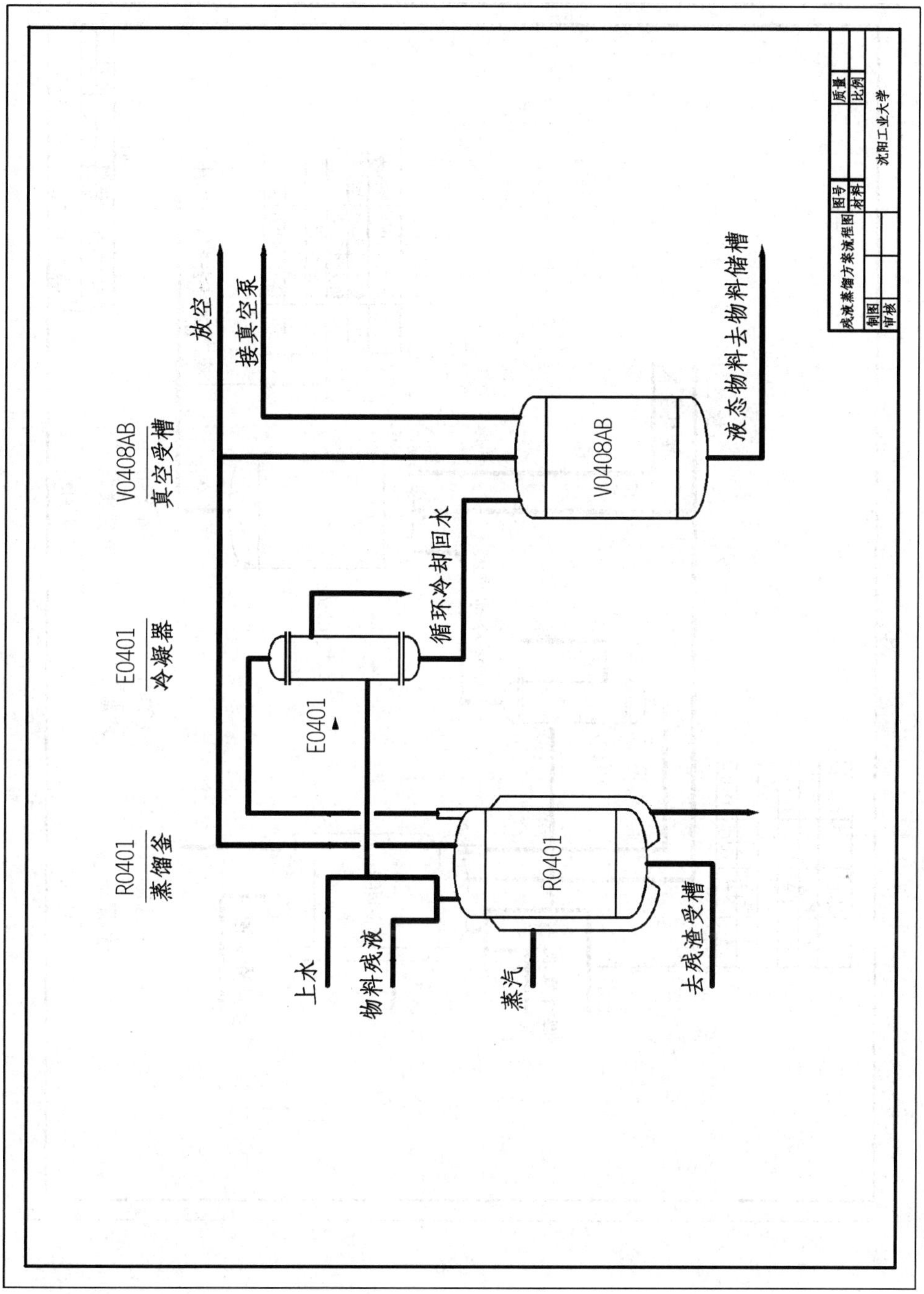

图 35

53. 练习绘制物料流程图(图幅自定)，如图 36 所示。

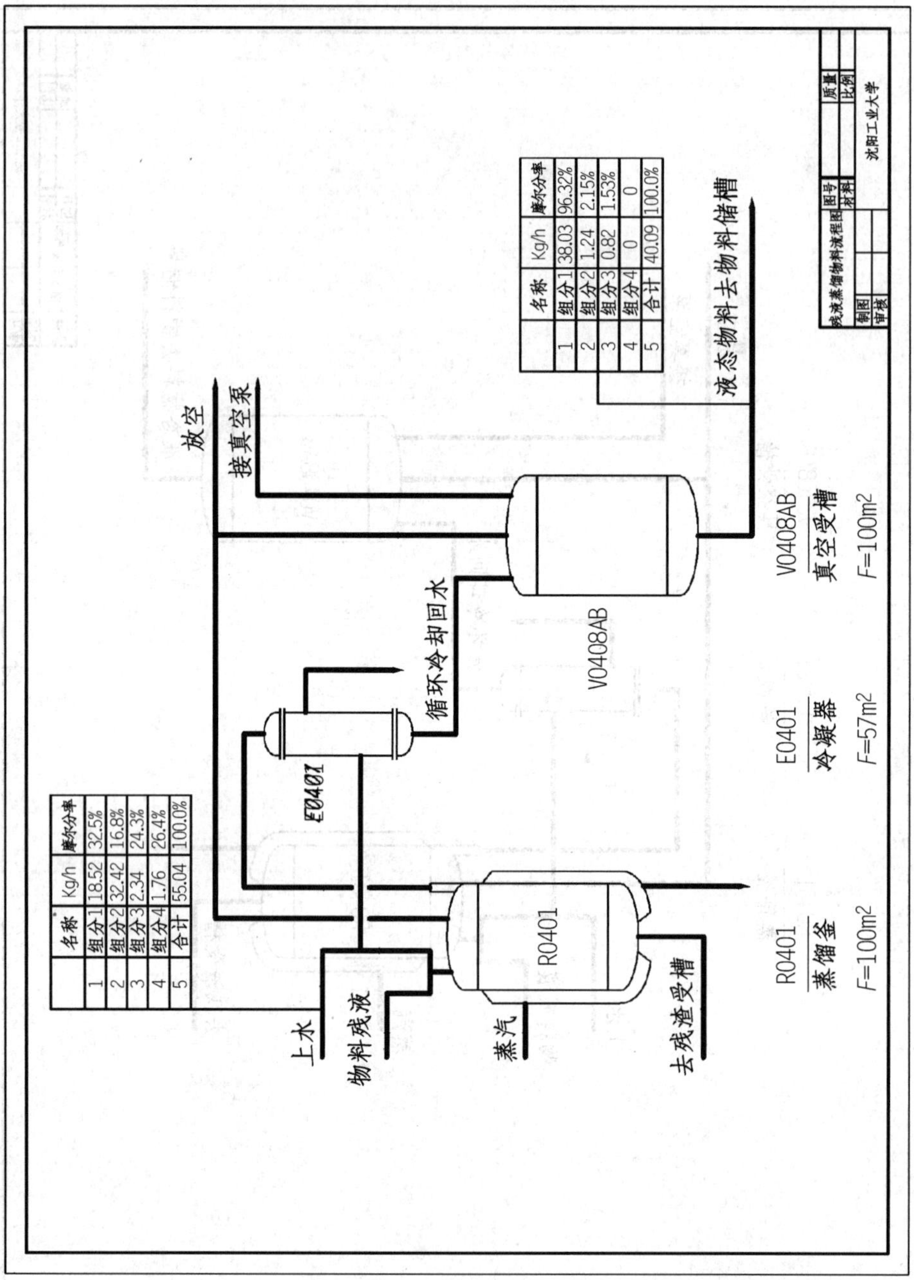

图 36

54. 练习绘制带控制点工艺流程图(图幅自定)，如图 37 所示。

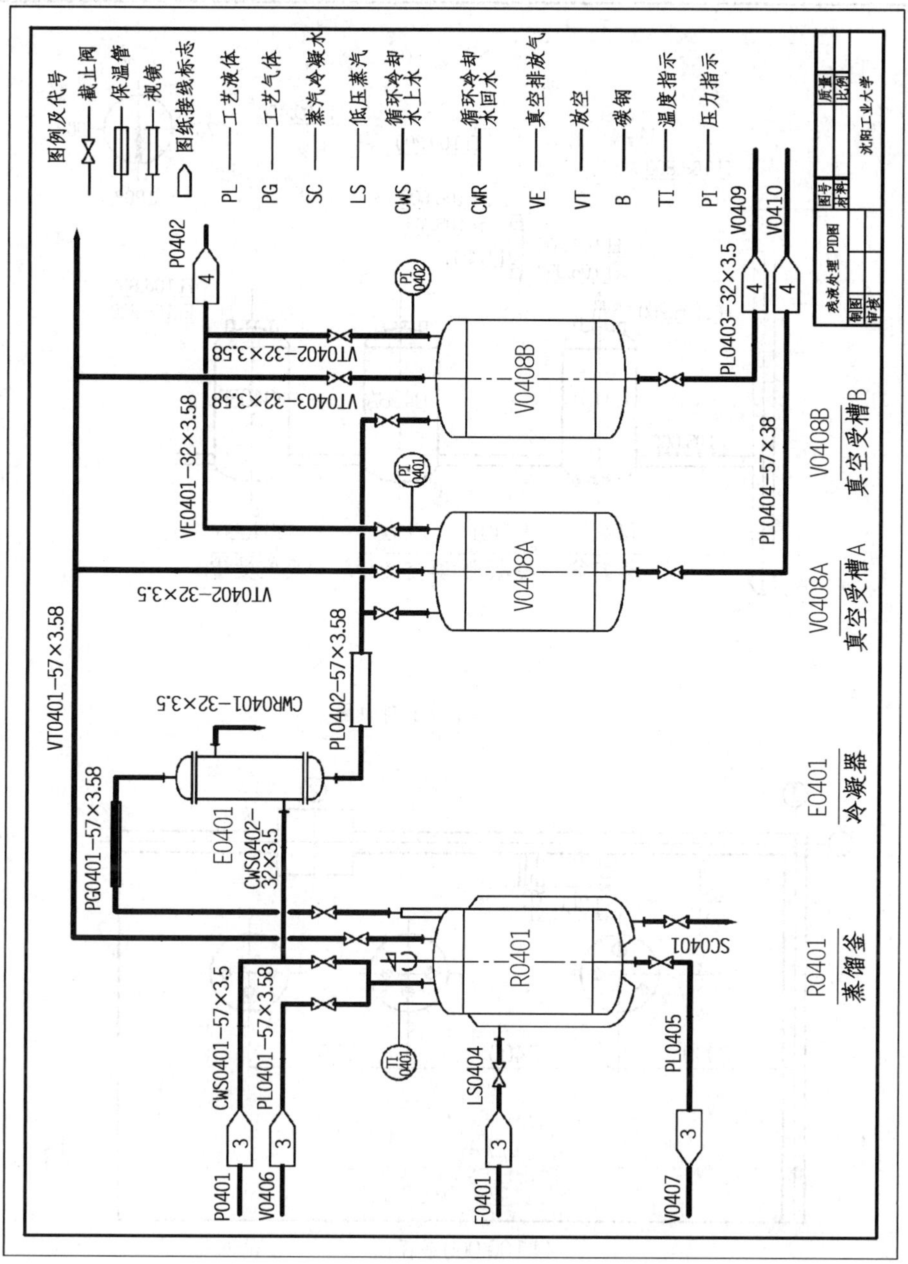

图 37

55. 练习绘制设备布置图(图幅自定)，如图 38 所示。

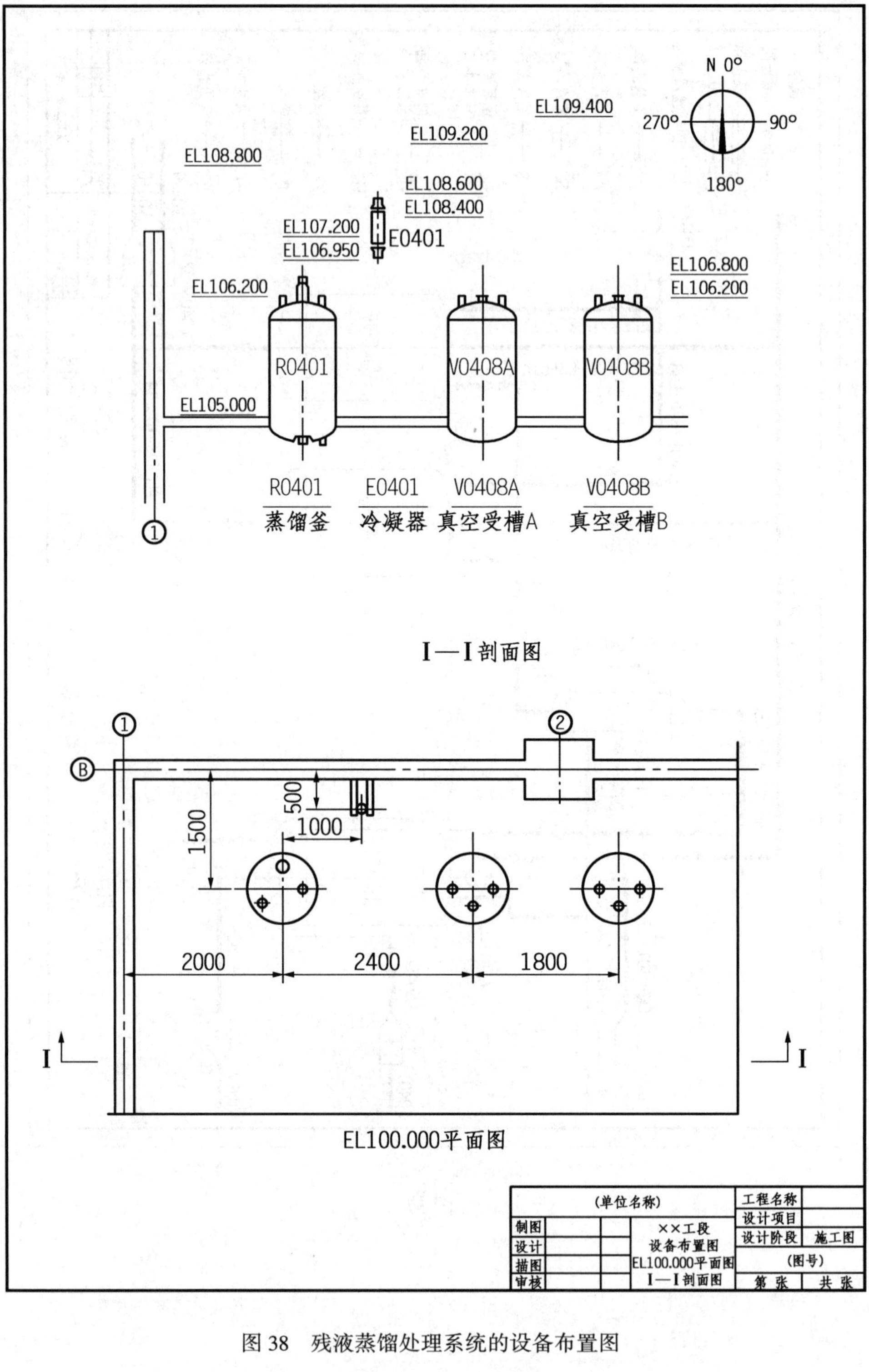

图 38 残液蒸馏处理系统的设备布置图

56. 练习绘制管道布置图(图幅自定)，如图 39 所示。

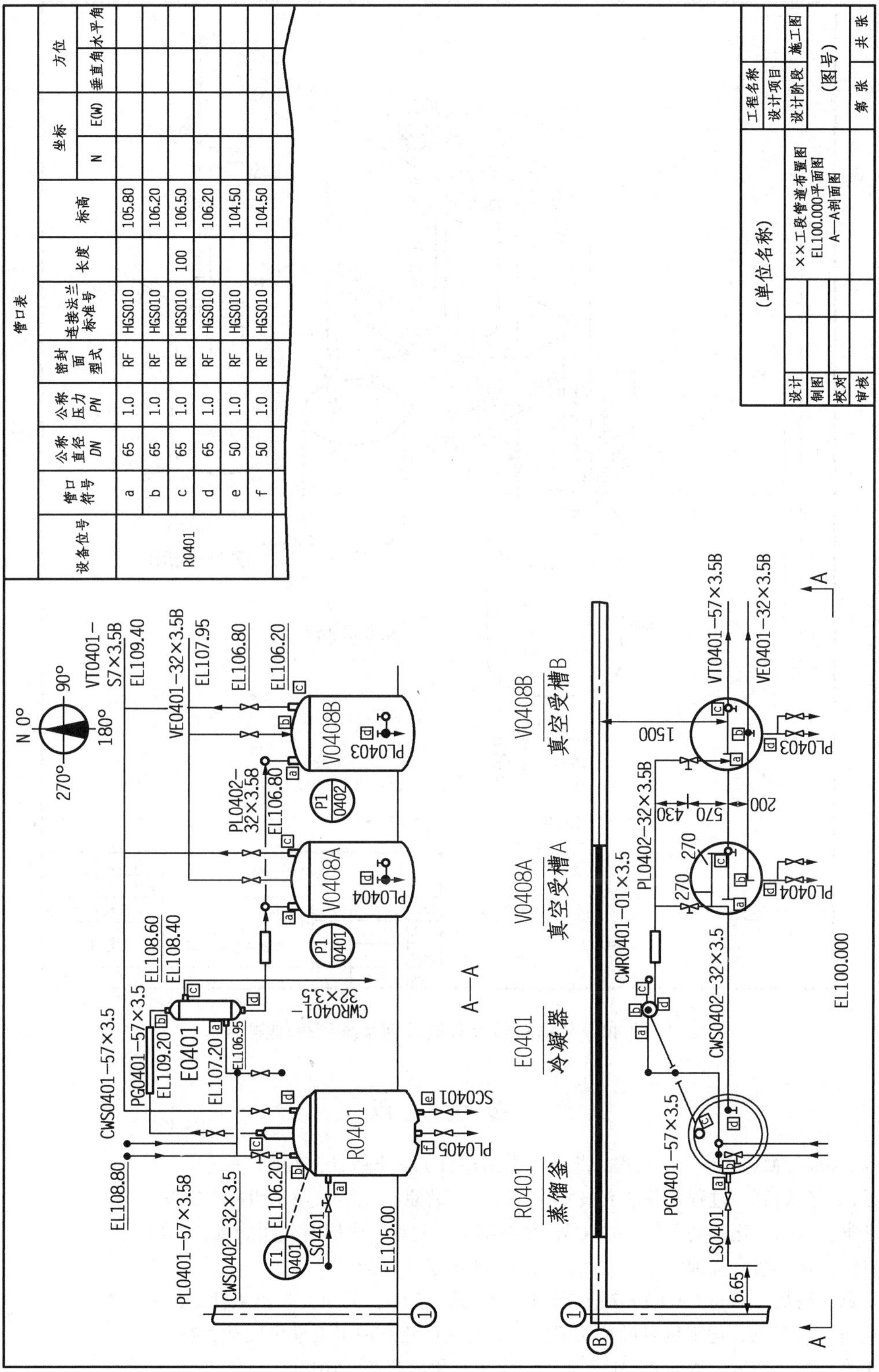

图 39 某工段管道布置图

57. 练习绘制管道轴测图(图幅自定)，如图 40 所示。

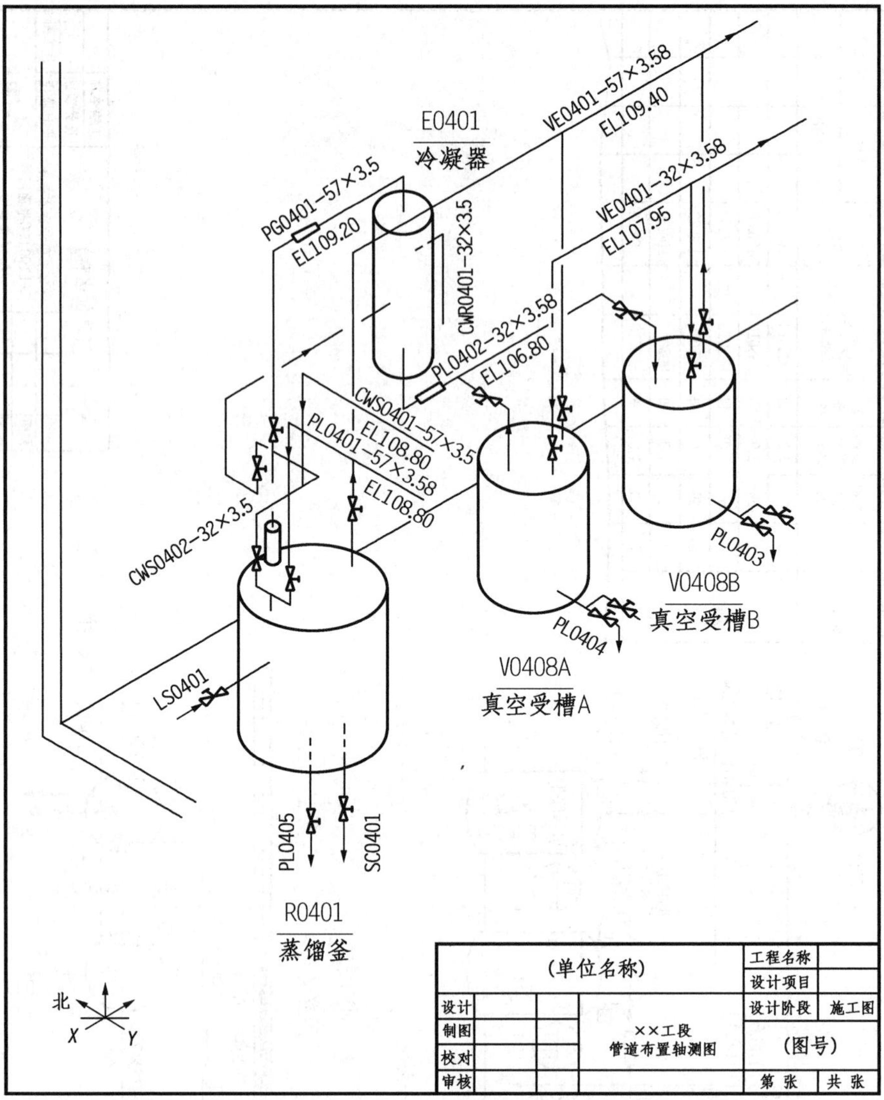

图 40　某物料残液蒸馏处理系统管理轴测图

参 考 文 献

[1] 王磊 . Auto CAD 2010 实用教程 . 北京：中国建材工业出版社，2012.

[2] 黄振仁，魏新利 . 过程装备成套技术：第 2 版 . 北京：化学工业出版社，2008.

[3] 张瑞琳，冯杰 . 化工制图与 Auto CAD 绘图实例 . 北京：中国石化出版社，2013.

[4] 张群安 . 化工实习实训指导 . 北京：化学工业出版社，2011.

[5] 徐承意，冯赟 . Auto CAD 2007 应用教程与实训 . 天津：天津大学出版社，2009.

[6] 李宽圣，马文龙 . 化工机泵拆装实训指导 . 北京：北京理工大学出版社，2013.

[7] 李小艳 . 油气储运工程实验[M]. 北京：中国石化出版社，2014.